Wagner/Erlhof

Praktische Baustatik
Teil 1

Bearbeitet von
Professor Dipl.-Ing. Gerhard Erlhof
Fachhochschule Rheinland-Pfalz, Mainz

19., neubearbeitete und erweiterte Auflage
Mit 506 Bildern und 28 Tafeln

B. G. Teubner Stuttgart 1994

Die Deutsche Bibliothek – CIP-Einheitsaufnahme

Praktische Baustatik : [ein Leitfaden der Baustatik für Studium
und Praxis] / von Walter Wagner und Gerhard Erlhof. –
Stuttgart : Teubner.
  Teilw. verf. von Hermann Ramm und Walter Wagner
NE: Wagner, Walter; Erlhof, Gerhard; Ramm, Hermann
Teil 1. – 19., neubearb. und erw. Aufl. – 1994
  ISBN 3-519-05260-1

© B. G. Teubner Stuttgart 1994
Printed in Germany
Gesamtherstellung: Passavia Druckerei GmbH Passau
Umschlaggestaltung: Peter Pfitz, Stuttgart

Vorwort

Die 19. Auflage des Teils 1 der Praktischen Baustatik erscheint 53 Jahre nach der 1. Auflage, die von C. Schreyer verfaßt wurde. Spätere Auflagen wurden von Hermann Ramm und Walter Wagner bearbeitet.

Von Anfang an hat sich die Praktische Baustatik zwei Aufgaben gestellt: Sie wollte einerseits den Studierenden des Bauwesens ein Leitfaden für das Erlernen der Baustatik sein, und andererseits für die Anwendung der Baustatik in der Praxis eine wesentliche Hilfe darstellen. Um diese Aufgaben zu erfüllen, ist der Lehrstoff didaktisch aufbereitet und systematisch gegliedert, und er enthält eine reichhaltige Auswahl von Anwendungsbeispielen.

Der vorliegende Teil 1 behandelt ausschließlich statisch bestimmte Tragwerke, die allein mit den Gleichgewichtsbedingungen und ohne Zuhilfenahme der Festigkeitslehre berechnet werden können. Am Anfang steht eine Standortbestimmung, in der die geschichtliche Entwicklung der Baustatik und ihr Platz im Rahmen des gesamten Baugeschehens aufgezeigt werden. Normen und Vorschriften werden vorgestellt, insbesondere die Lastannahmen, die im Abschnitt 2 ausführlich an Beispielen erläutert werden. Es schließen sich Abschnitte an, die unter dem Titel Technische Mechanik für Bauingenieure zusammengefaßt werden können und sich mit dem Zusammensetzen und Zerlegen von Kräften und Momenten sowie mit dem Gleichgewicht befassen. Dabei werden Probleme sowohl der Ebene als auch des Raumes behandelt. Neben rechnerischen Verfahren werden zeichnerische geboten, die anschaulich sind und bei vielen Gelegenheiten eine schnelle Kontrolle von Rechenergebnissen ermöglichen. Die Ermittlung von Kipp- und Gleitsicherheit schließt sich an.

Abschnitt 5 ist den Stabwerken oder Vollwandtragwerken gewidmet. Nach der Definition der Schnittgrößen wird ihre Ermittlung und Darstellung an einer Vielzahl von Beispielen aus der ebenen und räumlichen Statik vorgeführt. Mit den Beispielen aus der räumlichen Statik soll das Verständnis für die räumlichen Schnittgrößen, insbesondere für die Torsionsmomente, gestärkt werden.

Eine grundlegende Behandlung mit Ausführungen über den Entwurf und die Bildungsgesetze erfahren im Abschnitt 6 die ebenen und räumlichen Fachwerke. Für die Bestimmung der Stabkräfte von Fachwerken werden rechnerische Methoden dargeboten sowie für ebene Fachwerke das zeichnerische Verfahren des Cremonaplanes, das Anschaulichkeit und Schnelligkeit vereinigt. Bei den Fachwerken wie bei den Stabwerken wird in den Berechnungsbeispielen auch die Frage der ungünstigsten Anordnung von veränderlichen Lasten ausführlich behandelt.

Gemischte Systeme, deren Stäbe teils nur Längskräfte, teils aber Längskräfte, Querkräfte und Biegemomente aufnehmen, werden im Abschnitt 7 berechnet. Der unterspannte Träger und der Langersche Balken oder versteifte Stabbogen, jeweils mit Mittelgelenk statisch bestimmt gemacht, verlangen bei der Ermittlung der Schnittgrößen einen größeren Aufwand und sind als Vorbereitung für die entsprechenden statisch unbestimmten Systeme ohne Mittelgelenk gedacht. Auch hier wird auf die Veranschaulichung von Kraftfluß und Tragverhalten Wert gelegt.

Der letzte Abschnitt des Teils 1 bringt die Einflußlinien statisch bestimmter Stabtragwerke. Nach der Erläuterung von Wesen und Zweck der Einflußlinien werden dargeboten die Einflußlinien des einfachen Trägers auf zwei Lagern, die Auswertung von Einflußlinien, die Berücksichtigung mittelbarer Belastung und die Grenzlinien der

Momente und Querkräfte. Die kinematische Methode der Ermittlung von Einflußlinien schließt sich an, und die Einflußlinien von Fachwerkstäben und Dreigelenkbogen
bilden den Abschluß.

Die 19. Auflage von Teil 1 bringt neben einer Vielzahl kleiner Änderungen, die der Anpas-
sung an den neuesten Stand der Normen und Vorschriften dienen oder als Verbesserung
der Verständlichkeit und Übersichtlichkeit gedacht sind, auch größere Ergänzungen
und Auswechselungen, die ebenfalls die ständige Weiterentwicklung der Baustatik
widerspiegeln:

Der Abschnitt 2.3.2 enthält Bemerkungen zum neuen Sicherheitskonzept (Eurocode 1);
in den Abschnitten 3.4.6 und 4.1.3.4 wurden die Beispiele für das zentrale räumliche
Kräftesystem und für die Ermittlung der Stützgrößen einer räumlich belasteten Platte
durch neue ersetzt; Abschnitt 5.9.2.6 erhielt ein neues Beispiel für die Ermittlung der Stütz-
und Schnittgrößen eines Dreigelenkrahmens, in dem die Stützgrößen und Gelenkdrücke
mit Hilfe der Systemdeterminante D berechnet wurden, und schließlich wurde der
Abschnitt 5.10, der sich mit der Anwendung der Statik des Raumes in der Anwendung
auf Stabwerke befaßt, umbenannt und von Grund auf neu gestaltet. Eine gründliche
Neubearbeitung erfuhr auch der Abschnitt 6.8 mit den Beispielen für die Ermittlung der
Stabkräfte von ebenen Fachwerken: Die Anzahl der Beispiele wurde vermindert, bei den
verbliebenen Beispielen die Berechnung der Stabkräfte mit Hilfe der Knotengleichgewichtsbedingungen $\Sigma X = 0$ und $\Sigma Z = 0$ hinzugefügt. Diese werden computergerecht in Matrizenform dargestellt.

Neu ist der Abschnitt 6.9, Raumfachwerke, der nach einer allgemeinen Einführung
ein Beispiel eines Raumfachwerkes bringt, das ebenfalls computergerecht mit Hilfe der in
Matrizenform dargestellten drei Knotengleichgewichtsbedingungen des
Raumes $\Sigma X = 0$, $\Sigma Y = 0$, $\Sigma Z = 0$ behandelt wird. Im Anschluß an diese abstrakt-mathe-
matische Vorgehensweise wird gezeigt, daß die grafische Statik eine anschauliche und
schnelle Kontrolle von Rechenergebnissen ermöglicht, indem das Gleichgewicht der Lasten
und Stützkräfte des Raumfachwerks zeichnerisch dargestellt wird.

Zugunsten des Hinzufügens der Matrizendarstellung der Berechnung von Stabwerken
(Abschn. 5.9.2.6) und Fachwerken (Abschn. 6.8 und 6.9) wurde im Abschnitt 7, Gemischte
Systeme, auf die statisch bestimmte Hängebrücke verzichtet.

Abschließend danke ich dem Verlag für die vorzügliche Zusammenarbeit wie für die
sorgfältige Herstellung und gute Ausstattung des Buches. Vorschläge aus dem Leserkreis
für Verbesserungen der Praktischen Baustatik sind stets willkommen.

Mainz, im Frühjahr 1994   G. Erlhof

Inhalt

1 Einleitung

1.1 Naturgesetze – Wissenschaft – Technik – Mechanik   9
1.2 Entwicklung zur Baustatik 11
1.3 Regeln, Normen und Vorschriften 12
1.4 Die Rolle der Baustatik im Rahmen des Baugeschehens 14

2 Kräfte und Lasten

2.1 Allgemeines 17
2.2 Maßsystem 19
2.3 Lastannahmen 20
    2.3.1 Allgemeines, Übersicht – 2.3.2 Bemerkungen zum neuen Sicherheits-
    konzept – 2.3.3 Beispiele

3 Zusammensetzen und Zerlegen von Kräften und Momenten

3.1 Allgemeines 31
3.2 Zusammensetzen und Zerlegen von Kraftvektoren in der Ebene 32
    3.2.1 Die Wirkungslinien der Kräfte schneiden sich in einem Punkt – 3.2.2
    Die Wirkungslinien der Kräfte schneiden sich in verschiedenen Punkten
    der Zeichenfläche – 3.2.3 Die Wirkungslinien schneiden sich außerhalb der
    Zeichenfläche
3.3 Kräftepaar 62
    3.3.1 Begriff und Momentenvektor – 3.3.2 Parallelverschieben einer Kraft
3.4 Vektoren im Raum 66
    3.4.1 Zerlegen eines Kraftvektors in rechtwinklige Komponenten – 3.4.2
    Zusammensetzen von Kräften, deren Wirkungslinien sich in einem Punkt
    schneiden – 3.4.3 Das Moment einer Kraft bezüglich eines Punktes – 3.4.4
    Verschieben einer Kraft parallel zu sich selbst – 3.4.5 Die Resultierende eines
    allgemeinen räumlichen Kräftesystems – 3.4.6 Beispiele

4 Gleichgewicht, Kipp- und Gleitsicherheit und Schwerpunkt-
bestimmungen

4.1 Gleichgewichtsbedingungen 77
    4.1.1 Allgemeines – 4.1.2 Gleichgewichtsbedingungen für Kräfte in einer
    Ebene – 4.1.3 Gleichgewichtsbedingungen für Kräfte im Raum
4.2 Arten des Gleichgewichts 96
4.3 Kipp- und Gleitsicherheit 97
    4.3.1 Allgemeines – 4.3.2 Kippsicherheit – 4.3.3 Gleitsicherheit – 4.3.4 An-
    wendungen
4.4 Lagerung und Lager von Bauteilen und Bauwerken 109
    4.4.1 Allgemeines – 4.4.2 Verschiebliches Kipplager – 4.4.3 Unverschiebliches
    Kipplager – 4.4.4 Feste Einspannung – 4.4.5 Lager von räumlichen Tragwer-
    ken

4.5   Schwerpunktbestimmungen 114
       4.5.1 Allgemeines – 4.5.2 Schwerpunkte von Linien – 4.5.3 Schwerpunkte
       von Flächen – 4.5.4 Schwerpunkte von Körpern – 4.5.5 Anwendungen

5 Stabwerke

5.1   Allgemeines, Übersicht über die Tragwerke 125
5.2   Übersicht über die Stabwerke oder Vollwandtragwerke 127
5.3   Schnittgrößen oder innere Kraftgrößen: Längskräfte, Querkräfte, Biege-
       momente 135
       5.3.1 Allgemeines, Schnittverfahren, Schnittgrößen – 5.3.2 Die resultierende
       innere Kraft – 5.3.3 Beanspruchungsflächen, Zustandsflächen
5.4   Einfacher Träger auf zwei Lagern 141
       5.4.1 – Allgemeines – 5.4.2 Einfacher Träger mit einer lotrechten Einzellast
       – 5.4.3 Einfacher Träger mit drei lotrechten Einzellasten – 5.4.4 Einfacher
       Träger mit gleichmäßig verteilter Belastung – 5.4.5 Träger mit Streckenlasten
       – 5.4.6 Dreieckslasten – 5.4.7 Gemischte Belastung – 5.4.8 Anwendungen
5.5   Kragträger 158
       5.5.1 Einzellast am freien Ende – 5.5.2 Mehrere Einzellasten – 5.5.3 Gleich-
       mäßig verteilte Belastung – 5.5.4 Horizontale Kraft – 5.5.5 Gemischte Be-
       lastung
5.6   Einfeldträger mit Kragarmen 160
       5.6.1 Mit einem Kragarm – 5.6.2 Mit beiderseitigen Kragarmen – 5.6.3
       Anwendungen
5.7   Träger mit geknickter und geneigter Achse und mit Verzweigungen 167
       5.7.1 Allgemeines – 5.7.2 Rechtwinklig geknickte Träger – 5.7.3 Geneigte
       und mit beliebigem Winkel geknickte Träger
5.8   Gelenk- oder Gerberträger 186
       5.8.1 Allgemeines und Gelenkanordnungen – 5.8.2 Anwendungen
5.9   Dreigelenkrahmen und Dreigelenkbogen 206
       5.9.1 Allgemeines – 5.9.2 Symmetrischer Dreigelenkrahmen – 5.9.3 Drei-
       gelenkbogen
5.10   Ebene Stabwerke mit räumlicher Belastung und räumliche Stabwerke ... 214
       5.10.1 Allgemeines – 5.10.2 Anwendungen

6 Fachwerke

6.1   Einleitung und Übersicht 226
6.2   Der Entwurf von Fachwerknetzen; das 1. Bildungsgesetz 229
6.3   Unverschieblichkeit und statische Bestimmtheit 230
6.4   Das 2. und 3. Bildungsgesetz für Fachwerke 232
6.5   Ergänzungen zum Rauten- und K-Fachwerk 214
6.6   Belastungszustände von Dachbindern 237
6.7   Ermittlung der Stabkräfte 238
       6.7.1 Allgemeines, Übersicht, Nullstäbe – 6.7.2 Zeichnerische Bestimmung
       der Stabkräfte nach Cremona – 6.7.3 Rechnerische Bestimmung der Stab-
       kräfte
6.8   Anwendungen 250
6.9   Raumfachwerke 263

6.9.1 Allgemeines – 6.9.2 Raumfachwerke einfachster Art, Aufbaukriterium, Abzählkriterium – 6.9.3 Ermittlung der Stabkräfte von Raumfachwerken der einfachsten Art – 6.9.4 Statisch bestimmte Raumfachwerke, die nicht der einfachsten Art angehören – 6.9.5 Beispiel

7 Gemischte Systeme

7.1 Allgemeines 271
7.2 Unterspannter Gelenkträger mit Mittelgelenk 271
7.3 Träger auf zwei Lagern mit Mittelgelenk, in den Drittelspunkten unterstützt durch eine Unterspannung 274
7.4 Doppelstegiger Träger auf zwei Lagern mit Mittelgelenken, Querträgern und Unterspannung 281
7.5 Der Langersche Balken oder versteifte Stabbogen mit Mittelgelenk 285

8 Einflußlinien

8.1 Wesen und Zweck der Einflußlinien 294
8.2 Einflußlinien des vollwandigen Trägers auf zwei Lagern 295
8.2.1 Einflußlinien für Lagerkräfte – 8.2.2 Einflußlinien für Querkräfte – 8.2.3 Einflußlinien für Biegemomente
8.3 Auswertungen von Einflußlinien 300
8.4 Mittelbare Belastung 307
8.5 Die Linien der größten Biegemomente und der größten und kleinsten Querkräfte 308
8.6 Die Ermittlung der Einflußlinien mit der kinematischen Methode 311
8.6.1 Erläuterung des Verfahrens – 8.6.2 Einflußlinien des Einfeldträgers mit Kragarmen – 8.6.3 Einflußlinien von Gerberträgern (Gelenkträgern) – 8.6.4 Hinweis auf die theoretischen Grundlagen des Verfahrens
8.7 Einflußlinien für Stabkräfte von einfachen Fachwerkträgern 319
8.7.1 Einflußlinien für Gurtstäbe – 8.7.2 Einflußlinien für Schrägstäbe – 8.7.3 Einflußlinien für Vertikalstäbe
8.8 Einflußlinien des Dreigelenkbogens 328

Literatur 334

Sachverzeichnis 335

Einschlägige Normen für dieses Buch sind entsprechend dem Entwicklungsstand ausgewertet worden, den sie bei Abschluß des Manuskripts erreicht hatten. Maßgebend sind die jeweils neuesten Ausgaben der Normblätter des DIN Deutsches Institut für Normung e.V., die durch den Beuth-Verlag, Berlin und Köln, zu beziehen sind. – Sinngemäß gilt das gleiche für alle sonstigen angezogenen amtlichen Richtlinien, Bestimmungen, Verordnungen usw.

1 Einleitung

1.1 Naturgesetze – Wissenschaft – Technik – Mechanik

Die Betrachtung der Menschheitsgeschichte zeigt, daß die Menschen während sehr langer Zeiträume der sie umgebenden Natur mit den Kenntnissen begegneten, die sie aufgrund der Überlieferung, der eigenen Erfahrung und der jeweiligen Eingebung gewonnen hatten. Diese Art der Begegnung hat man deshalb auch als das natürliche Verhalten des Menschen gesehen und beurteilt. Wenn man die Reste alter Kulturen studiert, wird in den Bauwerken und Geräten des täglichen Lebens dieses Verhalten sichtbar. Bei der Betrachtung der europäischen Geschichte, insbesondere der Baugeschichte vom Mittelalter bis zum Beginn der Neuzeit, finden wir bestätigt, daß Tradition, Empirie und Intuition die wesentlichen Elemente für jede verändernde Maßnahme in der naturgegebenen Welt und besonders bei der Lösung jeder technischen Aufgabe waren.

Alles handwerkliche Können, das sich überwiegend auf die genannten Elemente gründete, stand in diesen Jahrhunderten hoch im Kurs und genoß lange Zeit teilweise besondere Rechte.

Sehr deutlich läßt sich das Zusammenwirken der drei genannten Prinzipien beim Übergang von der geschlossenen romanischen zur aufgelösten gotischen Bauweise ablesen, besonders wenn der Übergang stufenweise wie beispielsweise an der Kathedrale von Chartres erfolgte.

Vor dem Beginn der Neuzeit waren wenige Naturgesetze formuliert worden (z. B. durch Archimedes). Diese Formulierungen hatten kaum einen entscheidenden Einfluß auf das praktische Handeln der Menschen. Erst mit den Namen Galilei (1565 bis 1642) und Newton (1643 bis 1727) ist der Anfang der Neuzeit gekennzeichnet: Diese beiden Forscher fanden Naturgesetze durch die Verbindung von logischem Denken mit gezielter experimenteller Arbeit. In der Folge breitet sich ein neues Denken aus: Die Natur wird jetzt als ein Gegenüber mit vielen verborgenen Geheimnissen aufgefaßt, die der Naturforscher zu enthüllen trachtet. Es stellt sich heraus, daß Erkenntnisse über das Wesen der Natur und Formulierungen von Naturgesetzen weder auf dem Weg des reinen logischen Denkens noch dem der mystischen Versenkung gefunden werden können. Es muß vielmehr ein dauernder kritischer Dialog zwischen dem forschenden menschlichen Geist und dem Forschungsobjekt hergestellt werden. Zu Beginn des Dialogs muß eine klare Frage formuliert werden, die sich häufig im Laufe der Zeit noch wesentlich verengen kann. Der Weg der Neuzeit ist also durch ein dauerndes Frage- und Antwortspiel, das immer mehr zum Grundsätzlichen vordringen will, gekennzeichnet.

Aufgrund überlieferten Wissens und neuer Untersuchungen werden mögliche Antworten auf die gestellte Frage entworfen. Hierzu benutzt man Hypothesen[1]), um fundierte Erkenntnisse zu gewinnen. Die Hypothese will erklären und Gründe angeben, die zunächst nur wahrscheinlich sind; sie muß widerspruchslos sein, andernfalls ist sie durch eine neue Hypothese zu ersetzen. Es ist möglich, daß für den gleichen Sachverhalt mehrere Hypothesen aufgestellt werden, die miteinander in Konkurrenz treten. Mit Hypothesen wurde in den vergangenen Jahrhunderten in Naturwissenschaft und Technik vielfach gearbeitet, ohne daß ihre Richtigkeit bewiesen werden konnte.

---

[1]) grch. = Unterstellung; noch unbewiesene Annahme als Hilfsmittel wissenschaftlicher Erkenntnis

Die Theorie[1]) muß im Gegensatz zur Hypothese eine logisch und empirisch gesicherte Erklärung darstellen; für den gleichen Sachverhalt kann es nur eine richtige Theorie geben. Als abgeschlossene Theorie wird eine Theorie bezeichnet, die durch kleine Änderungen nicht verbessert werden kann.

Wenn Theorien als allgemein gültig bewiesen werden können, so spricht man von Naturgesetzen. Die Kenntnis von Naturgesetzen gibt die Möglichkeit, den Ablauf eines Naturgeschehens vorauszubestimmen.

Aus dem Gesagten wird deutlich, daß die Erkenntnis und die exakte Formulierung der in der Natur vorhandenen Gesetzmäßigkeiten nicht einfach zu gewinnen sind, sie stellen Probleme dar, die in der Regel heute nicht mehr von einem einzelnen gelöst werden können, sondern vielmehr eine Forschergruppe verlangen. Auch muß man die Forschungsaufgabe, um zu Erkenntnissen zu kommen, in einer früher nicht vermuteten Weise zergliedern, abstrahieren und schließlich wieder verbinden.

Diese Methode der Naturerkenntnis und Naturbeschreibung hat in den Werken der Naturwissenschaft ihren Niederschlag gefunden. Sie hat auch über den Bereich der reinen Naturwissenschaft hinaus tiefgreifende Wirkungen auf unsere moderne Welt hervorgerufen.

Die Technik, ursprünglich ein Kind des Handwerks, wird seit Ende des 18. Jahrhunderts wesentlich aus den Quellen naturwissenschaftlicher Erkenntnis gespeist. Dabei ist jedoch zu beachten, daß es hierbei neben den Prinzipien des Wissens und Erkennens auch wesentlich um die Kunst des schöpferischen Tuns (Kreativität) geht. Bei der Lösung einer technischen Aufgabe ist es erforderlich, die zweckmäßigsten und wirtschaftlichsten Mittel unter Beachtung genügender Sicherheit zu beherrschen und anzuwenden, um das jeweils gesetzte Ziel zu erreichen. Mit Hilfe der Technik hat der Mensch die Umwelt in der Neuzeit entscheidend verändert; in der jetzigen Phase wird dem Menschen immer stärker bewußt, daß er früh genug die Folgen seines die Umwelt verändernden Handelns bedenken muß, damit das für das Leben erforderliche Gleichgewicht der Biosphäre erhalten bleibt.

Die Mechanik – ein grundlegender und klassischer Teil der Physik – trug in entscheidender Weise zur raschen technischen Entwicklung bei. Mit Beginn des industriellen Zeitalters entstand die technische Mechanik, die sich besonders mit den in der Technik auftretenden Fragestellungen befaßte. Die Mechanik beschäftigt sich mit den Bewegungen materieller Körper und mit den Kräften und Momenten, die Bewegungen verursachen. Bewegungen und Bewegungsmöglichkeiten allein im Hinblick auf Raum und Zeit werden in der Kinematik behandelt; die Lehre von den Kräften ist die Dynamik. Wenn ein Körper, auf den Kräfte wirken, sich im Zustand der Ruhe oder der gleichförmigen Bewegung befindet, so müssen die am Körper angreifenden Kräfte sich gegenseitig aufheben; man sagt auch: Die Kräfte am Körper stehen miteinander im Gleichgewicht. Mit dem Gleichgewicht an ruhenden Körpern beschäftigt sich die Statik, mit dem Zusammenwirken von Kräften und Bewegungen die Kinetik. So versteht man von der physikalischen Gliederung her die Statik als die Lehre vom Gleichgewicht starrer Körper im Ruhezustand.

Eine andere Einteilung der Mechanik ergibt sich aus den Eigenschaften der betrachteten Körper. Wir sprechen von der Mechanik starrer Körper (Stereo-Mechanik), der Mechanik elastischer Körper (Elasto-Mechanik), der Mechanik plastischer Körper (Plasto-Mechanik) und der Mechanik flüssiger und gasförmiger Körper (Hydro- und Aeromechanik; Fluidmechanik).

---

[1]) grch. = Anschauen, Untersuchung; Erkenntnis von gesetzmäßigen Zusammenhängen, Erklärung von Tatsachen (im naturwissenschaftlichen Bereich)

1.2 Entwicklung zur Baustatik

Die Erkenntnisse und Hypothesen auf dem Gebiet des Bauwesens waren sowohl im physikalischen Bereich als auch im Ingenieurwesen während des 17. und 18. Jahrhunderts beim Bau von Kanälen, Festungsanlagen, Hoch- und Brückenbauten wesentlich erweitert und vertieft worden. Besondere Verdienste haben sich hierbei zahlreiche Physiker, Mathematiker und Ingenieure aus dem mitteleuropäischen Raum erworben.

Vor allem die beiden französischen Ingenieure Charles Auguste Coulomb (1736 bis 1806) und Louis Marie Henri Navier (1785 bis 1836) sammelten das verstreute Wissen, ordneten es kritisch, bauten es methodisch auf und gaben der Baustatik eine zukunftsweisende Zielrichtung.

Coulomb hat zahlreiche große Bauwerke entworfen, berechnet und ausgeführt. Er hat als erster Fragen der Statik und Festigkeitslehre nach exakt-wissenschaftlichen Methoden behandelt und ihre Lösungen in der Baupraxis ausgeführt. Bemerkenswert ist auch die von ihm eingeführte, sehr fruchtbare Methode, das in einer Aufgabe vorhandene unbekannte Element variieren zu lassen, um auf diese Weise den maximalen und minimalen Grenzwert zu finden (z. B. beim Erddruck und beim Bogen). Bei aller wissenschaftlichen Exaktheit war Coulomb stets um Klarheit und Anschaulichkeit der Lösungsmethoden bemüht.

Navier, der bereits in seinen frühen Berufsjahren Brücken über die Seine gebaut hatte, lehrte ab 1821 an der „École des ponts et chaussées". Sein Lehrziel war es, seinen Studenten des Ingenieurfachs das wissenschaftliche Rüstzeug für ein materialgerechtes und ökonomisches Berechnen und Konstruieren der Bauwerke in die Hand zu geben. Sein großes Verdienst ist es, die bis dahin bekannten Gesetzmäßigkeiten, Erkenntnisse und Methoden der angewandten Mechanik und Festigkeitslehre zu einem einzigen Lehrgebäude zusammengefaßt und viele Probleme (z. B. aus den Bereichen Klassische Biegungslehre, Knicken, Berechnen statisch unbestimmter Systeme) in Grundzügen gelöst, weiterentwickelt oder neu formuliert zu haben. Navier gehört der besondere Ruhm, eine Baustatik, die das Tragverhalten einer Konstruktion im Grundsätzlichen erfaßt, in weniger als einem Jahrzehnt geschaffen zu haben.

Vor Coulomb und Navier hatten die Konstrukteure im wesentlichen die Abmessungen der Bauteile nach der Erfahrung bei entsprechenden älteren Bauwerken bestimmt. Dies wurde nun entscheidend geändert: Der Konstrukteur soll die theoretischen Grundlagen der Baustatik und die Erkenntnisse der Bau- und Werkstoffkunde so sicher beherrschen, daß er mit ihrer Hilfe imstande ist, ein standfestes und zugleich wirtschaftliches Tragwerk zu entwerfen und zu berechnen.

Im 19. Jahrhundert entwickelte Karl Culmann (1821 bis 1881) weitere zeichnerische Methoden der Baustatik sowie die Theorie des Fachwerks unter der Voraussetzung gelenkiger Knotenpunkte. Luigi Cremona (1830 bis 1903) schuf Kräftepläne, mit denen die Stabkräfte von Fachwerken zeichnerisch ermittelt werden. Otto Mohr (1835 bis 1918) wendete als erster das Prinzip der virtuellen Verrückungen an, formulierte eine Analogie für die Berechnung der Biegelinie des elastischen Stabes, stellte allgemeine Spannungszustände grafisch dar und beurteilte sie. Wilhelm Ritter (1847 bis 1906) baute die Anwendung der grafischen Statik weiter aus, während Heinrich Müller-Breslau (1851 bis 1925) eine Systematik der rechnerischen Methoden aufstellte [3].

Großen Einfluß auf die praktische Baustatik gewannen die Momentenausgleichsverfahren von Hardy Cross (1930) und Gaspar Kani (1949), die die Elastizitätsgleichungen statisch unbestimmter Systeme durch schrittweise Näherung lösen. Sie erleichtern die Behandlung vielfach statisch unbestimmter Systeme bei Handrechnung, d. h. bei Verwendung von Rechenschieber und Addiator oder einfachen elektronischen Rechnern.

Die Einführung programmgesteuerter elektronischer Rechenanlagen, die mit kleinerer oder größerer Speicherkapazität heute fast jedem Bauingenieur zur Verfügung stehen, führte zu einem grundsätzlichen Wandel in der praktischen Baustatik. Früher war der Ingenieur bestrebt, Konstruktion, statisches System und Berechnungsverfahren auch unter dem Gesichtspunkt zu wählen, daß der Rechenaufwand möglichst gering blieb. Für den Nutzer einer leistungsfähigen Rechenanlage verliert diese Beschränkung an Bedeutung, er ist daran interessiert, sämtliche in seinem Arbeitsbereich vorkommenden Tragwerke mit einem Programm berechnen zu können. Bei der Aufstellung solcher großer Programme erweist es sich als zweckmäßig, die in der Vergangenheit erarbeiteten Berechnungsverfahren in Matrizenform darzustellen und für die Anwendung in den Rechenanlagen weiterzuentwickeln. Hierbei erhielten das Weggrößenverfahren in Matrizendarstellung und die Methode der Finiten Elemente besondere Bedeutung (s. Teil 3, [1]).

Auch das leistungsfähigste Programm einer Großrechenanlage kann dem Bauingenieur nicht die Aufgabe abnehmen, die Konstruktion zu entwerfen und dann aus ihr durch Idealisierung und Abstraktion ein statisches System abzuleiten, das der Berechnung zugrunde gelegt wird. Weiterhin muß der Ingenieur prüfen, ob die zum gewählten statischen System gehörenden Lagerungsbedingungen und Baustoffeigenschaften von dem zur Verfügung stehenden Programm richtig berücksichtigt werden und ob Näherungsannahmen, die in das Programm eingearbeitet sind, auf das vorliegende statische System anwendbar sind. Schließlich müssen die Ergebnisse der elektronischen Berechnung geprüft werden.

Diese Ausführungen sollen andeuten, was die Erfahrungen aus dem Einsatz großer Rechenanlagen zeigen: Es bleibt unumgänglich, dem angehenden Bauingenieur die Grundlagen der Baustatik in anschaulicher Weise zu vermitteln. Die Kenntnis dieser Grundlagen bildet die beste Voraussetzung für ein späteres Einarbeiten in Sondergebiete und Sonderverfahren, z. B. in die abstrakte, auf Rechenanlagen zugeschnittene Matrizenstatik.

Am Schluß des Abschn. 1.1 war die Definition des Wissenschaftsbegriffs „Statik" als eines begrenzten Teiles der Mechanik starrer Körper dargestellt worden. Im folgenden wird erläutert, welche Unterschiede im Verständnis dieses Begriffs aus physikalischer und aus ingenieurwissenschaftlicher Sicht vorhanden sind.

In der Statik des Bauwesens, die wir in Zukunft kurz als Baustatik bezeichnen wollen, ist das im Ruhezustand vorhandene Gleichgewicht der gegebene Ausgangspunkt der Untersuchung. Mit Hilfe von Gleichgewichts- und Arbeitsbedingungen werden dann in der Baustatik die Stützgrößen, inneren Kräfte, Spannungen und Formänderungen eines Systems berechnet. Dazu sind Kenntnisse des Verhaltens und der Festigkeiten der Baustoffe sowie der Zusammenhänge zwischen idealisierten Annahmen und den wirklichen Eigenschaften der Bau- und Werkstoffe unerläßlich. Das bedeutet, daß aus der Sicht der Ingenieurwissenschaft Erkenntnisse der Festigkeitslehre, der Stabilitätstheorie und Kenntnisse der verschiedenen Methoden der Berechnung von Tragwerken in dem Wissensgebiet „Baustatik" enthalten sind. Die Baustatik hilft dem entwerfenden Ingenieur, Tragwerke so zu planen und zu bemessen, daß sie funktionsgerecht und wirtschaftlich sind, den vorgeschriebenen Sicherheitsgrad nicht unterschreiten und eine genügende Steifigkeit besitzen. Diese hier dargestellte umfassendere Definition der Baustatik ist – wie wir oben sahen – aus der geschichtlichen Entwicklung und den von diesem Fachgebiet zu erfüllenden Aufgaben entstanden.

1.3 Regeln, Normen und Vorschriften

Bereits die Baumeister der Antike haben Regeln und Erfahrungssätze der Baukunst aufgestellt und zum Teil veröffentlicht: Vitruv gab zur Zeit des Augustus 10 Bücher heraus, die Fragen der Baustoffkunde, Bauregeln, Wasserleitungen, Zeitmessung und der allgemeinen Mechanik behandeln, Frontius (40 bis 103 n. Chr.) stellte die römische Wasserwirtschaft dar. Im Mittelalter befleißigte man sich, in den Bauhütten die Berufserfahrungen zusammenzufassen und daraus mathematisch-geometrische Konstruktionsregeln zu gewinnen. Diese Regeln bezogen sich hauptsächlich auf Fragen der Formgebung und der Komposition [2]. Allerdings bewahrte man die Kenntnisse als Berufsgeheimnis meist ängstlich für sich selbst und gab sie nur von Meister zu Meister weiter. Erwähnenswerte Ausnahmen sind das Skizzenbuch des Villard de H o n n e c o u r t ([2] S. 51) sowie die „Zehn Bücher über die Baukunst" von Leon Battista A l b e r t i , Florenz 1485. Die aufgrund von Erfahrungen gewonnenen Regeln wären heute als „Faustregeln" zu klassifizieren; gleichwohl sind sie aufgrund ihrer mathematischen Formulierung und ihres direkten Praxisbezugs als Anfänge der Ingenieurwissenschaft und als Vorläufer unserer Normen anzusehen.

In der Mitte des 18. Jh. war die Mechanik von Naturwissenschaftlern und Mathematikern so weit entwickelt worden, daß ihre Methoden erstmals auf praktische Bauaufgaben angewandt werden konnten. In der Folgezeit wurden bei der Gestaltung und Ausführung von Bauwerken anstelle von Erfahrungsregeln und statischem Gefühl zunehmend wissenschaftlich fundierte Erkenntnisse gesetzt, die aus Berechnung und Experiment gewonnen wurden.

Heute sind von jedem Ingenieur, der ein Bauprojekt verantwortlich plant oder ausführt, die „anerkannten Regeln der Baukunst" zu beachten. Auch Strafgesetzbuch § 330 nimmt auf diese Bezug. Es gelten diejenigen Regeln als „anerkannte Regeln der Baukunst", die in der Technik als richtig anerkannt sind[1]. Zu ihnen gehören die in der bautechnischen Praxis angewandten Regeln, vor allem aber die vom Normenausschuß Bauwesen (NABau) im DIN Deutsches Institut für Normung e.V. herausgegebenen Normen. Einen bedeutenden Anteil an der Erarbeitung von Normen haben die im Rahmen des NABau tätigen Arbeitsgruppen „Einheitliche Technische Baubestimmungen" (ETB-Ausschuß), „Beton- und Stahlbeton" (Deutscher Ausschuß für Stahlbeton), „Stahlbau" (Deutscher Ausschuß für Stahlbau), sowie die Länder- und Bundesbaubehörden.

Normung ist ein wichtiges Mittel zur Ordnung. Marksteine der Normung waren in unserer technischen Entwicklung die Einführung des metrischen Maßsystems (in den meisten deutschen Ländern im 18. Jahrhundert begonnen) und die Normierung der gewalzten Stahlprofile im Jahre 1869 durch den Verein Deutscher Ingenieure. Im 19. Jh. hatten die stürmischen Entwicklungen auf den Gebieten des Maschinen- und Schiffsbaus, der Elektrotechnik und des Eisenbahnwesens zu recht unterschiedlichen Ausführungen und mannigfaltigen Formen, auch der Bauelemente, geführt. Im Jahr 1917 wurde deshalb in Berlin der „Normenausschuß der Deutschen Industrie" als e.V. gegründet, der sich als zentrale Organisation das Ziel setzte, alle technischen Dinge, für die ein gemeinsames Interesse bestand, durch Normen festzulegen. So wurde die Deutsche Normung ins Leben gerufen, die für die folgende technische Entwicklung von großer Bedeutung war. Aus den Anfangsbuchstaben der Worte „Deutsche Industrie-Normen" entstand das Kurzzeichen DIN. Durch den Beitritt von Behörden und Verbänden wurde der Normenausschuß erweitert, im Jahre 1926 entstand der D e u t s c h e N o r m e n a u s s c h u ß (DNA), im Jahre 1975 erfolgte die Umbenennung in DIN Deutsches Institut für Normung e.V.

Die Arbeit der Normung wird von zahlreichen Normenausschüssen (NA) geleistet[2]. Für enger begrenzte Sachgebiete innerhalb eines NA können Arbeitsausschüsse gebildet werden, z.B. der Ausschuß für Einheitliche Technische Baubestimmungen (ETB) als Arbeitsgruppe des NA Bau im Deutschen Institut für Normung e.V.

---

[1] s. Entscheidungen des Reichsgerichts in Strafsachen, Band 44, S. 75
[2] Weiteres s. DIN 820 Bl. 1: Normungsarbeit, Grundbegriffe, Grundsätze, Geschäftsgang

Bevor ein neues DIN-Blatt in Kraft gesetzt werden kann, ist ein Norm-Entwurf mit einer Einspruchsfrist zu veröffentlichen. Nach dieser Frist prüft der zuständige Ausschuß die eingegangenen Anregungen und legt, falls nicht ein zweiter Entwurf veröffentlicht werden muß, die endgültige Fassung des Normblattes fest, die alsdann noch von der Normenprüfstelle mit Ausgabedatum zu verabschieden ist. Vielfach führen die Obersten Bauaufsichtsbehörden DIN-Normen in Einführungserlassen als Richtlinien für die Bauaufsicht ein (Nachweisung A), oder sie weisen auf solche DIN-Normen hin (Nachweisung B).

Im Zeichen der über die Grenzen der Staaten hinausgreifenden technischen Verflechtungen besteht eine internationale Normungsgemeinschaft „International Organization for Standardization" (ISO), der Deutschland seit 1952 als Mitglied angehört. „Zweck ist die Förderung der Normung in der Welt, um den Austausch von Gütern und Dienstleistungen zu unterstützen und die gegenseitige Zusammenarbeit im Bereich des geistigen, wissenschaftlichen, technischen und wirtschaftlichen Schaffens zu entwickeln" (nach Ziff. 2.1 der Satzung der ISO). Technische Komitees (TC) leisten die Normungsarbeit. Die Ergebnisse der Arbeit werden als ISO-Empfehlungen veröffentlicht.

Zwischen den Ebenen der nationalen und weltweiten internationalen Normung liegt die Ebene der e u r o p ä i s c h e n N o r m u n g, die vom E u r o p ä i s c h e n I n s t i t u t f ü r N o r m u n g betrieben wird. Dieses Institut gliedert sich in das Europäische Komitee für Normung (CEN) und das Europäische Komitee für Elektrotechnische Normung (CENELEC).

Das Ingenieurwesen ist in der heutigen Zeit so umfangreich und vielschichtig geworden, daß ein einzelner das Wissen über mehrere Fachgebiete nicht ständig präsent haben kann. In den letzten Jahrzehnten wurde deshalb von der Normung neben dem Gesichtspunkt einer einheitlichen Ordnung zunehmend auch der Gesichtspunkt verfolgt, dem Ingenieur mit einem DIN-Blatt zugleich ein geeignetes Hilfsmittel für seine Arbeit in die Hand zu geben.

1.4 Die Rolle der Baustatik im Rahmen des Baugeschehens

Die Lehren der Baustatik werden angewendet beim Aufstellen der statischen Berechnung eines Bauwerkes. Eine statische Berechnung wird in „Positionen" gegliedert; jede Position enthält die Berechnung eines Bauwerksteiles, das herausgelöst und für sich betrachtet werden kann. Oftmals wird eine Position von anderen Positionen belastet.

So können sich z. B. bei einem Wohngebäude mit Holzdachstuhl die folgenden, nacheinander zu berechnenden Positionen ergeben:

- Sparren, Pfetten, Stützen unter den Pfetten, Streben, Windaussteifungen
- Decke über dem obersten Geschoß (u. U. in mehrere Positionen aufgeteilt), Decken über den übrigen Geschossen
- Kellerdecke, Treppen, Tür- und Fensterstürze, Unterzüge, Überzüge, Holz-, Stahlbetonträger
- tragende Wände (Außenwände und mittlere Längswand bei quergespannten Decken; tragende Querwände bei der Schottenbauweise)
- Mauerpfeiler, Holz-, Stahlbeton- und Stahlstützen, Fundamente.

Die statische Berechnung einer Halle weist oftmals die folgenden Positionen auf:

- Dachplatten (Gasbetonplatten, Bimsstegdielen, Trapezbleche, Faserzement-Wellplatten)
- Pfetten, Binder, Stützen, Wandriegel, Torträger, Krananlagen, Bremsverbände, Windverbände
- Fundamente

Eine Position der statischen Berechnung kann man im allgemeinen in die folgenden Abschnitte unterteilen:

1. Beschreibung des Tragwerksteils oder des Tragwerks: Art des statischen Systems, Abmessungen, Abstände, Stützweiten, Höhen
2. Lastaufstellung
3. Stütz- und Schnittgrößen
4. Bemessung.

Beim Erstellen der ersten drei Abschnitte bewegt man sich auf dem Gebiet der Baustatik; das Abfassen des 4. Abschnitts setzt zwar ebenfalls viele baustatische Kenntnisse voraus, verlangt aber auch die Beachtung einer großen Zahl von Regeln und Bestimmungen, die jeweils nur für einen Baustoff oder eine Bauweise gelten. Von Ausnahmen abgesehen, können diese Regeln und Bestimmungen nicht in der Baustatik behandelt werden, sie gehören zum Lehrstoff des Grund-, Holz-, Massiv- oder Stahlbaus. Die Grenzen zwischen der Baustatik und den anderen erwähnten Fächern sind dabei weder deutlich ausgeprägt noch allgemeingültig festgelegt, jedoch wird der Bereich einer „praktischen Baustatik" weiter gezogen als der einer abstrakten Statik und Festigkeitslehre.

Der 3. Abschn. „Stütz- und Schnittgrößen" der Positionen einer statischen Berechnung kann in seinem Umfang sehr unterschiedlich ausfallen: Während er im Hochbau bei einfachen Trägern auf zwei Lagern vielfach nur aus zwei Zeilen besteht, kann er bei Stockwerkrahmen viele Seiten Berechnung erfordern.

Die statische Berechnung soll vor Baubeginn fertig aufgestellt sowie von Bauaufsicht oder Prüfingenieur geprüft und in Ordnung befunden sein. Sie ist die Grundlage für die Erstellung der Ausführungspläne (Schal- und Bewehrungspläne, Werkpläne), die ebenfalls der Prüfung und Genehmigung durch Bauaufsicht oder Prüfingenieur bedürfen.

Nach dem Schritt von der Baustatik zur statischen Berechnung soll noch der Zusammenhang zwischen der statischen Berechnung und dem gesamten bautechnischen Geschehen ins Auge gefaßt werden, an dessen Ende das fertige Bauwerk steht. Hierbei bietet sich die chronologische Betrachtungsweise an. Wir beschränken uns dabei auf den Fall, daß ein Bauherr einen Architekten mit der Vorbereitung und Durchführung der Baumaßnahme beauftragt.

Am Anfang steht der Bauherr mit seinen Vorstellungen über die Funktionen des geplanten Bauwerks. In manchen Fällen wird er Architekten oder Verfahrensingenieure hinzuziehen, um seinen Vorstellungen mehr Klarheit und Genauigkeit geben zu können. Als nächstes werden diese Vorstellungen in einen Vorentwurf im Maßstab 1:200 oder 1:100 umgesetzt. Die Aufstellung des Vorentwurfs kann der Bauherr einem Architekten unmittelbar übertragen, er kann aber auch einen öffentlichen oder beschränkten Wettbewerb veranstalten. Der Vorentwurf sollte bereits die Vorschriften der Bauordnung, der Gewerbe- und Feuerpolizei sowie die Unfallverhütungsvorschriften weitgehend erfüllen.

Bestehen beim Bauherrn und seinem Architekten Unklarheiten über die Vorschriften des Bebauungsplanes oder will der Bauherr von diesen Vorschriften abweichen, so reicht er den Vorentwurf als Bauvoranfrage bei der Bauaufsicht ein, die darauf eine verbindliche Antwort erteilt.

Die nächsten Schritte sind das Zeichnen der Entwurfspläne im Maßstab 1:100, in denen gegebenenfalls die Antwort auf die Bauvoranfrage berücksichtigt wurde, und das Einreichen des Bauantrags, der diese Pläne enthält, beim Bauordnungsamt. Zum Bauantrag gehört in der Regel auch die statische Berechnung, deren Aufstellung bei unbekanntem Baugrund die Durchführung einer Baugrunduntersuchung voraussetzt.

Nachdem der Bauantrag genehmigt worden ist – u. U. mit Auflagen –, beginnt die Ausführungsplanung: Die Ausführungszeichnungen (üblicher Maßstab 1:50) werden erarbeitet, Sonderfachleute für Heizung und Lüftung, Elektro, Sanitär sowie für Aufzüge werden herangezogen. In ständiger Zusammenarbeit zwischen Architekt, Bauingenieur (Statiker, Konstrukteur) und Sonderfachleuten werden neben den Ausführungszeichnungen die Detailzeichnungen (Maßstäbe 1:20, 1:10, 1:5, 1:1) fertiggestellt.

Auf der Grundlage der Ausführungsplanung erstellt der Architekt das Leistungsverzeichnis oder eine Baubeschreibung und vergibt die Arbeiten freihändig oder mit Wettbewerb nach einer beschränkten oder öffentlichen Ausschreibung.

Abschließend wollen wir uns noch einen kurzen Überblick über die Arbeiten des Bauunternehmers bis zur Fertigstellung des Rohbaues verschaffen: Bevor dem Bauunternehmer der Zuschlag erteilt wurde, mußte er das Angebot bearbeiten, also Preise ermitteln. Nach Erhalt des Auftrages beginnt die Arbeitsvorbereitung: Der Bauunternehmer wählt die Baustelleneinrichtung, ermittelt den Bedarf an Geräten, Arbeitskräften und Material und führt die Bauablaufplanung durch (Netzplan, Balkendiagramm). Dann beginnt die Bauausführung mit dem Herrichten der Zufahrtswege, dem Einrichten der Baustelle, der Versorgung der Baustelle mit Strom, Wasser und Fernsprecher, der Schaffung von Arbeitsplätzen und Unterkünften.

Als nächstes wird das Baufeld freigemacht, die Baugrube ausgehoben und die Gründung hergestellt, worauf mit den Schalungsarbeiten, dem Bewehren und Betonieren oder dem Mauern der aufgehenden Teile oder der Montage, dem Aufrichten des Bauwerks, begonnen werden kann.

Während des Bauens obliegen dem Konstrukteur, dem Prüfingenieur und der Bauaufsicht Abnahmen z. B. der Bewehrung oder der Verbindungsmittel sowie Kontrollen der Baustoffgüten.

2 Kräfte und Lasten

2.1 Allgemeines

Wir können eine Kraft nicht unmittelbar, sondern nur mittelbar, an ihrer Wirkung innerhalb von Raum und Zeit erkennen. Während Aristoteles die Größe der einen Körper bewegenden Kraft durch das Produkt des Gewichts mit der Geschwindigkeit ausdrückte – diese Auffassung herrschte von etwa 350 v. Chr. bis in das 17. Jh. –, hat Galileo Galilei (1564 bis 1642) aufgrund seiner Beobachtungen und Experimente erstmals den Kraftbegriff richtig erfaßt, indem er den Zusammenhang zwischen Kraft und Beschleunigung erkannte.

Isaac Newton (1643 bis 1727) hat in seinem 2. Axiom die Definition gegeben: „Die zeitliche Änderung der Bewegungsgröße ist der einwirkenden Kraft proportional und geschieht in Richtung der Kraft."

Unter der Bewegungsgröße ist der Impuls $m \cdot \vec{v}$ zu verstehen, das Produkt von Masse und Geschwindigkeit. Die Änderung der Bewegungsgröße ist die Ableitung des Impulses nach der Zeit $\mathrm{d}(m \cdot \vec{v})/\mathrm{d}t$; die Masse m können wir für unsere Betrachtungen als in der Zeit unveränderlich ansehen: $\mathrm{d}(m \cdot \vec{v})/\mathrm{d}t = m \cdot \mathrm{d}\vec{v}/\mathrm{d}t$; beachten wir dann, daß die Ableitung der Geschwindigkeit nach der Zeit die Beschleunigung $\vec{a}$ und die Beschleunigung $\vec{a}$ die zweite Ableitung des Weges nach der Zeit ist, so erhalten wir die Gleichungskette

$$ \vec{F} = \frac{\mathrm{d}(m \cdot \vec{v})}{\mathrm{d}t} = m\,\frac{\mathrm{d}\vec{v}}{\mathrm{d}t} = m \cdot \vec{a} = m\,\frac{\mathrm{d}^2\vec{s}}{\mathrm{d}t^2} $$

Betrachten wir in dieser Gleichungskette das erste und vierte Glied, so erhalten wir das dynamische Grundgesetz

$$ \vec{F} = m \cdot \vec{a} $$

in Worten: **„Kraft gleich Masse mal Beschleunigung"** oder nach einer Definition von Westphal [5]: **„Die Kraft ist ein Vektor, der die gleiche Richtung hat wie die von ihm bewirkte Beschleunigung und dessen Betrag der Beschleunigung proportional ist."**

Die Masse oder träge Masse m eines Körpers kann in dieser Gleichung als Proportionalitätskonstante gedeutet werden; sie hängt von der Stoffart und dem Volumen des Körpers ab. Die Masse ist unabhängig von dem Ort, an dem sich der Körper befindet. Diese Unabhängigkeit macht die Masse zu einer in Naturwissenschaft und Technik unentbehrlichen Größe.

Vektoren oder gerichtete Größen, zu denen neben Kräften auch Geschwindigkeiten, Beschleunigungen, Verschiebungen und Drehmomente gehören, können frei, linienflüchtig oder gebunden sein.

Freie Vektoren dürfen beliebig in ihrer Wirkungslinie und parallel zu sich selbst verschoben werden; sie sind bestimmt durch 1. Betrag und 2. Richtung.

Linienflüchtige Vektoren dürfen beliebig in ihrer Wirkungslinie, jedoch nicht parallel zu sich selbst verschoben werden; zu ihnen gehört neben dem Betrag und der Richtung als 3. Bestimmungsstück die L a g e   d e r   W i r k u n g s l i n i e , d. h. die Gleichung oder ein beliebiger Punkt der Wirkungslinie.

G e b u n d e n e   Ve k t o r e n dürfen weder in ihrer Wirkungslinie noch parallel zu sich selbst verschoben werden, ihr 3. Bestimmungsstück ist ihr A n g r i f f s p u n k t .

Der B e t r a g eines Vektors setzt sich aus Z a h l e n w e r t oder Maßzahl und M a ß e i n h e i t zusammen. Die R i c h t u n g eines Vektors können wir bei ebenen Problemen auf verschiedene Weise festlegen:

1. Wir geben den Winkel α zwischen der Richtung des Vektors und einer gerichteten Bezugsgeraden, z. B. der x-Achse, an, wobei wir mit den Grenzen $0° \leqq \alpha \leqq 360°$ arbeiten. Das ist für Rechenprogramme am zweckmäßigsten (**2.1**).

2. Wir geben den W i n k e l α zwischen der Wirkungslinie des Vektors und einer Bezugsgeraden sowie den R i c h t u n g s s i n n des Vektors an. Für α gilt dann $0° \leqq \alpha < 180°$ (**2.2**).

3. Wir legen ein Koordinatenkreuz fest und verstehen unter α den Winkel zwischen der Wirkungslinie des Vektors und der x-Achse in den Grenzen $0° \leqq \alpha \leqq 90°$; die Richtung des Vektors wird dann durch den W i n k e l α und den Q u a d r a n t e n eindeutig bestimmt (**2.3**).

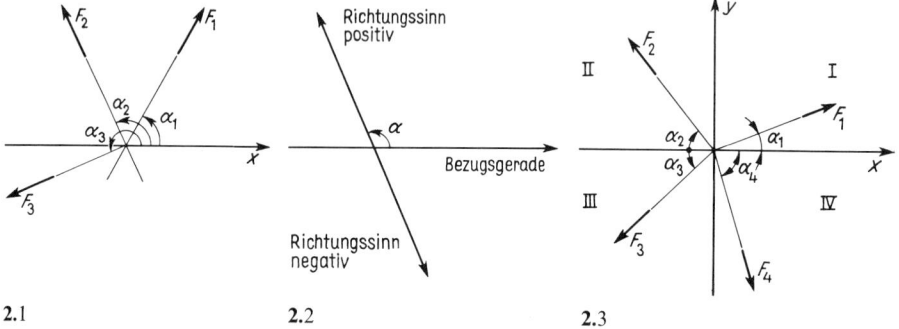

2.1   2.2   2.3

K r ä f t e   s i n d   g e b u n d e n e   Ve k t o r e n . Bei allen Aufgaben dieses Teils der Praktischen Baustatik können sie jedoch als l i n i e n f l ü c h t i g e   Ve k t o r e n behandelt werden. Das Ansetzen einer Kraft als gebundener Vektor wird erforderlich im Teil 2, Abschn. 8.1.2 bei der Lösung eines S t a b i l i t ä t s p r o b l e m s .

D r e h m o m e n t e   o d e r   M o m e n t e   v o n   K r ä f t e n bezüglich eines Punktes sind an diesen Bezugspunkt g e b u n d e n ; der Momentenvektor eines K r ä f t e p a a r e s ist ein f r e i e r Ve k t o r .

Als S y m b o l eines Vektors ist ein Frakturbuchstabe, ein lateinischer Buchstabe mit darüberliegendem Pfeil oder ein lateinischer Buchstabe in Fettdruck üblich (DIN 1303).

Bei der M a s s e genügt zur eindeutigen Bestimmung die Angabe von Zahlenwert und Maßeinheit; die Masse ist ein S k a l a r oder eine skalare Größe wie der Winkel, die Länge, die Temperatur, die Dichte, der barometrische Druck, das elektrische Potential, die Zeit und die Arbeit.

Die L a s t e n unserer irdischen Welt kommen überwiegend infolge der Massenanziehung der Erde zustande. G a l i l e i stellte 1590 fest, daß alle Körper am gleichen Ort gleich schnell fallen, wenn außer der Schwerkraft keine weiteren Kräfte wirken. Alle Körper erfahren am gleichen Ort also die gleiche Erd- oder Fallbeschleunigung $\vec{g}$, die zwischen 9,781 m/s² am Äquator und 9,832 m/s² an den Polen schwankt. In mittleren Breiten ($\varphi \approx 45°$) beträgt sie 9,80665 m/s²; dieser Wert wird als Normalfallbeschleunigung g_n bezeichnet. Ein Körper von der schweren Masse m wird also im freien Fall durch die Fallbeschleunigung $\vec{g}$ beschleunigt; wenn der freie Fall gehindert wird, erfährt er die Schwerkraft oder Eigenlast

$$\vec{G} = m \cdot \vec{g} \tag{2.1}$$

Bis zur Einführung des Internationalen Einheitensystems (s. Abschn. 2.2) lautete diese Gleichung in Worten: **Gewicht ist gleich Masse mal Fallbeschleunigung;** das Gewicht war eine K r a f t. Nach der z. Z. im Bauwesen gültigen Regelung (DIN 1080 T 1, Ausg. Juni 1976) ist das Gewicht eine M a s s e, so daß Gl. (2.1) zu lesen ist: **Eigenlast ist gleich Masse mal Fallbeschleunigung oder Eigenlast ist gleich Gewicht mal Fallbeschleunigung.**

Die s c h w e r e M a s s e eines Körpers, die bei der Erdanziehung wirksam wird, ist übrigens gleich seiner t r ä g e n M a s s e, die bei einer beliebigen anderen Beschleunigung in die dynamische Grundgleichung eingeht. Aus diesem Grunde darf einfach von der M a s s e m eines Körpers gesprochen werden.

Zum Schluß dieser Betrachtung sei an den ersten Teil des 1. N e w t o n schen Axioms (1687) – der Definition des Kraftbegriffs – erinnert: „Wo wir eine Beschleunigung eines Körpers beobachten, betrachten wir als deren unmittelbare Ursache eine Kraft oder mehrere gleichzeitig wirkende Kräfte."
Auf einen frei fallenden Körper, der sich auf die Erde oder einen anderen Himmelskörper mit zunehmender Geschwindigkeit hinbewegt, wirken die Gravitationskräfte des betreffenden Himmelskörpers. Diese Gravitations- oder Schwerkraft wird auch als F e r n k r a f t bezeichnet, weil ihre Wirkung ohne einen direkten Kontakt zwischen den Körpern besteht. Die Raumfahrten, besonders die Fahrten zum Mond, bewiesen die Gültigkeit der über die Fernkräfte gefundenen Gesetze. Im Unterschied zu den Fernkräften bezeichnet man die Kräfte, die durch unmittelbaren Kontakt ihre Wirkung ausüben, als N a h k r ä f t e. Solche Nahkräfte treten bei unmittelbarer Berührung oder bei einem durch ein verbindendes Medium hergestellten Kontakt auf. Als Beispiele seien Zug-, Druck-, Stoß- und Reibungskräfte, Wasser- und Gasdrücke angeführt.
Für den Bereich des Bauwesens ist diese für den Physiker wichtige Unterscheidung zwischen Fern- und Nahkräften nicht wesentlich. Die im Bauwesen auftretenden Eigenlasten und Nutzlasten sind zwar Kräfte, die aus der Gravitation herrühren, bei der Aufstellung einer statischen Berechnung greifen sie jedoch als Nahkräfte am idealisierten, gewichtslos gedachten Tragwerk an.

2.2 Maßsystem[1])

Durch das „Gesetz über Einheiten im Meßwesen" vom 2. 7. 1969 wurde in der Bundesrepublik Deutschland das I n t e r n a t i o n a l e E i n h e i t e n s y s t e m (SI = System International) eingeführt. In diesem System werden als unabhängige Grundgrößen die Masse, der Weg und die Zeit, als abgeleitete Größe wird die Kraft eingeführt.
Die Kraft 1 N (Newton) erteilt der Masse 1 kg die Beschleunigung 1 m/s²

$$1 \text{ N} = 1 \text{ kg} \cdot 1 \text{ m/s}^2$$

---

[1]) Im folgenden wird darauf verzichtet, bei Kräften, Momenten und Beschleunigungen den Pfeil über dem Buchstaben anzugeben, wenn nicht eine besondere Veranlassung dazu besteht.

Für die Eigenlast gilt nun in unseren Breiten

$$G = m \cdot g_n$$

Eigenlast = Masse × Normalfallbeschleunigung, und die Eigenlast von 1 kg Masse hat die Größe

$$G_{(1\,kg)} = 1 \text{ kg} \cdot 9{,}80665 \text{ m/s}^2 = 9{,}80665 \text{ N}$$

Anstelle dieses Genauwertes kann in der Bautechnik wegen der dafür stets ausreichenden Sicherheiten die Näherung

$$G_{(1\,kg)} = 1 \text{ kg} \cdot 10 \text{ m/s}^2 = 10 \text{ N} = 0{,}01 \text{ kN (Kilonewton)} \tag{2.2}$$

verwendet werden. Ferner gilt 10^6 N $= 10^3$ kN $= 1$ MN (Meganewton).

Die Einheit 1 kN soll im Bauwesen vorwiegend verwandt werden; sie entspricht dem früheren Doppelzentner (dz).

2.3 Lastannahmen

2.3.1 Allgemeines, Übersicht

Allen statischen Untersuchungen müssen die am Bauwerk später auftretenden Lasten in ungünstigster Anordnung zugrunde gelegt werden. In der Mehrzahl der Fälle kennt man diese Lasten nicht genau. Auch bringt die technische Entwicklung eine gewisse Variationsbreite mit sich. Die Vorschriften geben jedoch dem Bauingenieur für die verschiedenen Gebiete des Bauwesens in der Regel so viele Einzelangaben und Klassifizierungen, daß mit diesen „Lastannahmen" eine ausreichende Sicherheit der Bauwerke erreicht werden kann.

Die meisten Lasten des Bauwesens sind Volumenkräfte, d.h., Körper haben durch ihre Ausdehnung in drei Dimensionen ein bestimmtes Volumen V m^3; multipliziert man dieses Volumen mit der Dichte ϱ kg/m^3 des Körpers, so erhält man die Masse des Körpers

$$m = \varrho\, V.$$

Wenn diese Masse die Wirkung eines Beschleunigungsvektors erfährt, so ist eine Kraft vorhanden, die man auch als Volumenkraft bezeichnet.

Der Sonderfall der Volumenkraft unter der Wirkung der Fallbeschleunigung ist die Eigenlast

$$G = m \cdot g = \varrho \cdot V \cdot g.$$

Die Lasten des Bauwesens können nach zwei Gesichtspunkten eingeteilt werden: einmal nach ihrer räumlichen Verteilung und zum anderen nach ihrem Vorhandensein im Laufe der Zeit.

Wenn eine Last über eine Fläche verteilt angreift, sprechen wir von einer Flächenlast mit der Einheit kN/m^2; hat die Flächenlast in jedem Punkt der Fläche dieselbe Größe, so liegt eine gleichmäßig verteilte Flächenlast vor. Eine solche ist z.B. die Eigenlast einer Stahlbetonplatte konstanter Dicke mit gleichbleibendem Belag und Putz. Der Wasserdruck auf eine senkrechte oder geneigte Wand ist demgegenüber eine Flächenlast, die proportional zur Wassertiefe zunimmt.

Bei der Eigenlast eines Stahlträgers kann in der Regel die Breite der Last gegenüber ihrer Länge vernachlässigt werden; wir erhalten dann eine Linienlast mit einer Einheit kN/m. Im Falle eines Walzprofils ist die Eigenlast an jeder Stelle des Trägers gleich groß, und wir sprechen von einer gleichmäßig verteilten Linienlast. Als Linienlast idealisiert wird z.B. auch die Lagerkraft einer Platte auf einem Balken (2.4).

Gleichmäßig verteilte Flächen- und Linienlasten werden meistens kurz Gleichlasten genannt. Greift eine Linienlast nicht auf der ganzen Länge des Trägers, sondern nur längs eines Teils der Trägerlänge an, so liegt eine Streckenlast vor; ändert sich ihre Größe nicht, so ist sie eine Gleichstreckenlast. Als Bezeichnung von Flächen- und Linienlasten verwenden wir Kleinbuchstaben.

In der Fläche, mit der ein Stahl-, Stahlbeton- oder Holzträger auf einer Wand oder Stütze aufliegt, tritt die Lagerkraft des Trägers als eine Flächenlast auf. Wenn Länge und Breite der Lagerfläche klein sind gegenüber der Länge des Trägers, fassen wir die Flächenlast zu einer punktförmig angreifenden Einzellast oder Punktlast zusammen. Als Bezeichnung von Einzellasten verwenden wir Großbuchstaben.

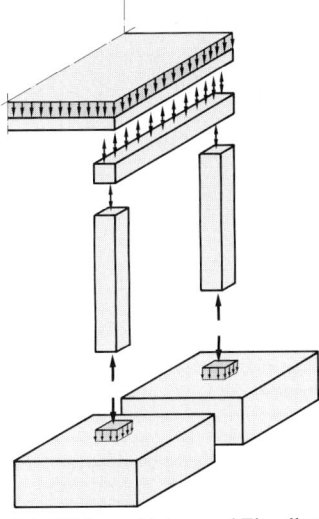

2.4 Flächen-, Linien- und Einzellast

In Bild 2.4 sind Flächen- und Einzellast an einem auseinandergeschnittenen Bauwerk schematisch dargestellt; wie bereits bemerkt, entstehen dabei Linien- und Einzellasten durch Zusammenfassen oder Idealisieren der Flächenlasten in den Lagerflächen.

Bei der Berücksichtigung der zeitlichen Dauer einer Lasteinwirkung können wir unterscheiden zwischen Lasten, die ständig und solchen, die nicht ständig vorhanden sind. Ständige Lasten sind u.a. die Eigenlasten der Bauwerke und ihrer Teile. Bei einer Stahlbetondecke z.B. gehören zur ständigen Last nicht nur die Eigenlast der tragenden Stahlbetonplatte, sondern auch die Eigenlasten von Fußbodenbelag, Estrich, Dämmschicht und Putz. Ständige Lasten sind aber auch die Erdüberschüttung eines Trinkwasserbehälters und der Erddruck aus der Erdhinterfüllung einer Stützmauer.

Bei den nicht ständig vorhandenen Lasten begegnet uns eine große Vielfalt; zu nennen sind hier lotrechte und waagerechte Verkehrslasten, Erddruck auf Stützmauern infolge von Verkehrslast auf der Hinterfüllung, Windlast, Schneelast und Eislast, Bremslasten, Lasten infolge Fahrzeuganprall, von Maschinen hervorgerufene dynamische Lasten, Glockenlasten, Erdbebenlasten.

Es ist im Rahmen dieses Buches nicht möglich, auf alle diese Lasten einzugehen. Wir beschränken uns hier auf die Erläuterung der bei üblichen Hochbauten auftretenden Lasten und verweisen im übrigen auf die einschlägigen Normblätter.

Das wichtigste Normblatt für die Aufstellung von Belastungen ist DIN 1055 Lastannahmen für Bauten. Es ist in 6 Teile gegliedert, die im folgenden kurz besprochen werden.

Teil 1 Lagerstoffe, Baustoffe und Bauteile ist maßgebend für die ständigen Lasten (Eigenlasten) der Bauwerke und für die nicht ständig vorhandenen Lasten in Lagerräumen und Lagerhäusern. Die in DIN 1055 Teil 1 aufgeführten Stoffe umfassen das ganze Alphabet von Äther bis Ziegelsplitt.

Teil 2 Bodenkenngrößen gibt die Grundlagen für die Berechnung der Standsicherheit und der Abmessungen baulicher Anlagen, die durch die Eigenlast des Bodens oder durch Erddruck belastet werden. Dieser Teil ist eine grundlegende Vorschrift für die Bodenmechanik und den Grundbau.

Teil 3 Verkehrslasten: In diesem Teil ist am wichtigsten die Tabelle 1 Gleichmäßig verteilte lotrechte Verkehrslasten für Dächer, Decken und Treppen. Die hierin angegebenen Flächenlasten reichen von $1 \, kN/m^2$ für bedingt begehbare Spitzböden bis zu $30 \, kN/m^2$ für Werkstätten, Fabriken und Lagerräume mit schwerem Betrieb. Hervorheben wollen wir die Verkehrslasten $1,5 \, kN/m^2$ für Decken mit ausreichender Querverteilung der Lasten (z.B. mit Stahlbetondecken nach DIN 1045) unter Wohnräumen; $2,0 \, kN/m^2$ für Flure und Dachbodenräume in Wohn- und Bürogebäuden; $3,5 \, kN/m^2$ für Hörsäle und Klassenzimmer und für Treppen in Wohngebäuden; $5,0 \, kN/m^2$ für Balkone bis 10 m² Grundfläche, für Geschäfts- und Warenhäuser und für Flure zu Hörsälen und Klassenzimmern.

Teil 4 Windlasten bei nicht schwingungsanfälligen Bauwerken: Die Windlast auf ein Bauwerk setzt sich aus Druck-, Sog- und Reibungskräften zusammen. Die Reibungskräfte sind im allgemeinen vernachlässigbar. Die Größe der resultierenden Windlast am gesamten Bauwerk ergibt sich zu $W = c_f \cdot q \cdot A$; in dieser Gleichung ist c_f ein aerodynamischer Kraftbeiwert, q der Staudruck in kN/m² und A die Bezugsfläche in m². Der auf die Bauwerksoberfläche wirkende Winddruck berechnet sich nach der Formel $w = c_p \cdot q$, wobei c_p der aerodynamische Druckbeiwert und q der Staudruck der betrachteten Flächeneinheit ist. Die Beiwerte c_f und c_p sind für eine Reihe baupraktisch bedeutsamer Grundformen in Abschnitt 6 zusammengestellt; der Staudruck q ist abhängig von der Höhe des Bauwerksteils über Gelände in Tabelle 1 zu finden.

Teil 5 Schneelast und Eislast: Die Vorschrift geht von einer Regelschneelast s_0 aus, deren Größe von der Schneelastzone, in der sich ein Bauwerk befindet, und von der Geländehöhe des Bauwerkstandortes über NN abhängt. Die in Tabelle 2 angegebenen Werte für s_0 schwanken zwischen 0,75 und 5,50 kN/m² Grundrißprojektion der Dachfläche. Aus der Regelschneelast wird der Rechenwert der Schneelast s gewonnen, und zwar ist für Dachneigungen $\alpha = 0$ bis $30° s = s_0$, für steilere Neigungen $s = k_s \cdot s_0$. Der Beiwert k_s nimmt für Dachneigungen zwischen 30 und 70° geradlinig von 1,00 auf 0,00 ab und bleibt für steilere Neigungen gleich Null. Der Rechenwert der Schneelast ist wie die Regelschneelast auf den m² Grundrißprojektion der Dachfläche bezogen.

Für die Ermittlung der Lasten von Bauten außerhalb des üblichen Hochbaues sind folgende Normblätter zu nennen, ohne daß Vollständigkeit angestrebt wird:

DIN 1072 Straßen- und Wegbrücken, Lastannahmen; DIN 4112 Fliegende Bauten; DIN 4118 Fördergerüste für Bergbau; DIN 4131 Antennentragwerke aus Stahl; DIN 4132 Kranbahnen; DIN 4149 Bauten in deutschen Erdbebengebieten; DIN 4178 Glockentürme; DIN 4420 Arbeits- und Schutzgerüste; DIN 11535 Gewächshäuser; DIN 15018 Krane; ferner die Bundesbahn-Dienstvorschrift 804 Verkehrslasten für Eisenbahnbrücken.

Beim Studium der Vorschriften über Lastannahmen finden wir noch zwei weitere Gesichtspunkte, nach denen Lasten eingeteilt werden können: 1.) Es gibt vorwiegend ruhende und nicht vorwiegend ruhende Lasten (s. DIN 1055 Teil 3 Abschn. 1.4 und 1.5). 2.) Es gibt Hauptlasten H, Zusatzlasten Z und Sonderlasten S (s. DIN 1072 Abschn. 2).

2.3.2 Bemerkungen zum neuen Sicherheitskonzept

Im Zuge der Vereinheitlichung der technischen Regelwerke in der EG wird unter dem Namen Eurocode 1, Abkürzung EC 1, eine Vorschrift mit dem Titel „Einwirkungen auf Tragwerke" erarbeitet. Einwirkungen, allgemeines Formelzeichen F, sind Lasten und vorgegebene Verformungen. Nachdem wir im Abschnitt 2.3.1 mit Bezug auf DIN 1055 Lasten behandelt haben, halten wir jetzt fest, was in DIN 1072 Abschn. 2 an vorgegebenen Verformungen aufgeführt ist:

als Hauptlasten: Schwinden des Betons, wahrscheinliche Baugrundbewegung, Anheben zum Auswechseln von Lagern, als Zusatzlast: Wärmewirkungen,

als Sonderlast: mögliche Baugrundbewegungen.

EC 1 unterscheidet weiter zwischen ständigen Einwirkungen G, veränderlichen Einwirkungen Q und außergewöhnlichen Einwirkungen A. Für diese Einwirkungen wird EC 1 charakteristische Werte F_k enthalten; solange EC 1 noch nicht vorliegt oder noch nicht eingeführt ist, gelten die in DIN 1055 und 1072 aufgeführten Lasten und vorgegebenen Verformungen als charakteristische Werte.

Bei der Bemessung eines Bauteils sind aus den charakteristischen Werten F_k die Bemessungswerte F_d wie folgt zu ermitteln:

Ständige charakteristische Einwirkungen G_k werden mit dem Teilsicherheitsbeiwert für ständige Einwirkungen γ_k malgenommen:

$$G_d = \gamma_G\, G_k,$$

veränderliche charakteristische Einwirkungen Q_k werden mit dem Teilsicherheitsbeiwert für veränderliche Einwirkungen γ_Q und dem Kombinationsfaktor ψ malgenommen, der die Wahrscheinlichkeit des Zusammentreffens mehrerer veränderlicher charakteristischer Einwirkungen berücksichtigt:

$$Q_d = \gamma_Q\, \psi\, Q_k,$$

außergewöhnliche Einwirkungen A_k werden mit dem Teilsicherheitsbeiwert für außergewöhnliche Einwirkungen γ_A malgenommen:

$$A_d = \gamma_A\, A_k.$$

Die Sammelbezeichnung für die bei den Einwirkungen verwendeten Teilsicherheitsbeiwerte γ_G, γ_Q, γ_A ist γ_F. Mit diesen Teilsicherheitsbeiwerten werden die räumliche und zeitliche Streuung der Einwirkungen sowie Unsicherheiten im mechanischen Modell des Tragwerks berücksichtigt.

Aus den verschiedenen, an einem Bauwerk auftretenden Bemessungswerten F_d stellen wir die vorgeschriebenen Kombinationen der Lasten und vorgegebenen Verformungen zusammen, und für jede Kombination ermitteln wir den Bemessungswert der Beanspruchung S_d des Tragwerks. S_d kann sein eine Schnittgröße (Moment, Querkraft, Längskraft), eine Spannung, Dehnung oder Durchbiegung.

Dem Bemessungswert der Beanspruchung S_d wird der Bemessungswert der Beanspruchbarkeit R_d gegenübergestellt, und es muß sein

$$S_d \le R_d \quad \text{oder} \quad S_d/R_d \le 1.$$

Der Bemessungswert der Beanspruchbarkeit R_d ist in der vorstehenden Ungleichung eine mechanische Größe derselben Art wie der Bemessungswert der Beanspruchung S_d. R_d wird ermittelt aus Bemessungswerten von Baustoffeigenschaften X_d (z. B. Zugfestigkeit, Streckgrenze) und aus geometrischen Größen a_d (z. B. Querschnittsfläche, Flächenmoment 2. Grades).

Die Bemessungswerte der Baustoffeigenschaften X_d erhalten wir, indem wir die charakteristischen Werte der Baustoffeigenschaften X_k dividieren durch die Teilsicherheitsbeiwerte γ_M und gegebenenfalls malnehmen mit einem Faktor k_{mod}, der z. B. den Einfluß der Lasteinwirkungsdauer auf die Baustoffeigenschaften berücksichtigt:

$$X_d = X_k/\gamma_M \quad \text{oder} \quad X_d = k_{mod}\, X_k/\gamma_M.$$

Mit den Teilsicherheitswerten γ_M werden Streuungen der Baustoffeigenschaften und geometrischen Größen sowie Ungenauigkeiten im mechanischen Modell des Tragwerks berücksichtigt.

Baustoffeigenschaften oder Werkstoffkennwerte X und geometrische Größen a, die gemeinsam den Widerstand des Tragwerks gegen die Einwirkungen bestimmen, werden zusammenfassend als Widerstandsgrößen M bezeichnet, und zwar steht M_d für die Bemessungswerte, M_k für die charakteristischen Werte der Widerstandsgrößen.

Tabellen mit den Teilsicherheitsbeiwerten γ_F und γ_M sind z. B. in [4] zu finden; Beispiele für die Anwendung des neuen Sicherheitskonzeptes s. Teil 2, Abschn. 8 und 9 dieses Werkes.

2.3.3 Beispiele

Beispiel 1 Der Querschnitt der D e c k e e i n e s G e b ä u d e s ist in Bild **2.5** angegeben. Die Eigenlast g
der Decke für 1 m^2 Fläche soll nach DIN 1055 Bl. 1 bestimmt werden.

3	mm	Kunststoffplatten	$0,3$ cm $\cdot$ $0,15$ kN/(cm $\cdot$ m^2) $= 0,05$ kN/m^2
4	cm	Zementestrich	$4,0$ cm $\cdot$ $0,22$ kN/(cm $\cdot$ m^2) $= 0,88$ kN/m^2
2	cm	Faserdämmplatte	$2,0$ cm $\cdot$ $0,02$ kN/(cm $\cdot$ m^2) $= 0,04$ kN/m^2
12	cm	Stahlbeton	$0,12$ m $\cdot 25,00$ kN/m^3 $= 3,00$ kN/m^2
1,5 cm		Kalkzementputz	$1,5$ cm $\cdot$ $0,20$ kN/(cm $\cdot$ m^2) $= 0,30$ kN/m^2

Eigenlast der Decke: $g = 4,27$ kN/m^2

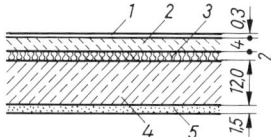

2.5 Deckenquerschnitt
1 Kunststoffplatten 3 mm
2 Zementestrich 4 cm
3 Faserdämmplatte 2 cm
4 Stahlbetonplatte 12 cm
5 Kalkzementputz 1,5 cm

Beispiel 2 L a u f p l a t t e e i n e r T r e p p e in e i n e m E i n f a m i l i e n h a u s (Bild **2.6**). Gesucht ist die
Eigenlast der Laufplatte je lfd. m Grundrißprojektion. Die tragende Platte besteht aus
Stahlbeton, die Zwickel unter den Stufen sind unbewehrt, die beiderseits auskragenden
Trittstufen werden als Betonwerksteinelemente hergestellt.

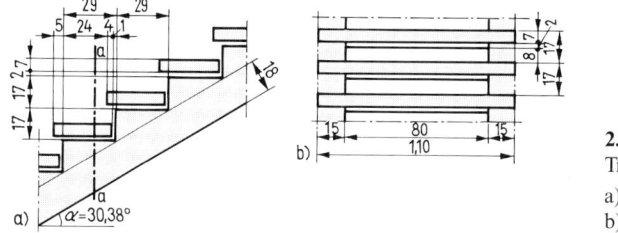

2.6
Treppe
a) Seitenansicht
b) Schnitt $a-a$

Vorbemerkungen: Die Treppe hat die Neigung $\alpha = \arctan(17/29) = \arctan 0,5862 = 30,38°$.
Die T r i t t s t u f e n überdecken sich jeweils um 4 cm; anders ausgedrückt: für jeden Auftritt
von 29 cm Tiefe gibt es eine Trittstufe von 33 cm Tiefe. Auf den lfd. m Laufplatte entfallen
$n = 1,00/0,29 = 3,448$ Trittstufen mit je 0,33 m Tiefe. Jeder Z w i c k e l unter einer Trittstufe
hat eine von 0 auf 17 cm zunehmende Höhe; das Gewicht der Zwickel wird gleichmäßig
verteilt angenommen, berechnet aus der mittleren Höhe $17/2 = 8,5$ cm. Das auf 1 lfd. m
Grundrißprojektion entfallende Stück der tragenden S t a h l b e t o n p l a t t e erscheint in der
Ansicht als Trapez mit den beiden langen (geneigten) Seiten $1,00/\cos 30,38° = 1,159$ m
und den beiden kurzen (lotrechten) Seiten $0,18/\cos 30,38° = 0,2086$ m. Die Trapezfläche
(Ansichtsfläche) hat also die Größe $1,00/\cos 30,38° \cdot 0,18 = 1,00 \cdot 0,18/\cos 30,38° =$
$0,2086$ m^2.

Berechnung der Eigenlast

Trittstufen	$1,10$ m $\cdot 0,07$ m $\cdot 0,33$ m $\cdot$	24 kN/m$^3 \cdot 3,448$	$= 2,10$ kN/lfd. m
Mörtelbett	$0,80$ m $\cdot 0,02$ m $\cdot$	21 kN/m^3	$= 0,34$ kN/lfd. m
Mörtelverguß zwischen			
Trittstufe und Zwickel	$0,80$ m $\cdot 0,07$ m $\cdot 0,01$ m $\cdot$	21 kN/m$^3 \cdot 3,448$	$= 0,04$ kN/lfd. m
Zwickel	$0,80$ m $\cdot 0,085$ m $\cdot$	24 kN/m^3	$= 1,63$ kN/lfd. m
Stahlbetonplatte	$0,80$ m $\cdot 0,18$ m/$\cos 30,38° \cdot 25$ kN/m^3		$= 4,17$ kN/lfd. m

$g = 8,28$ kN/lfd. m

Beispiel 3 Betrachtet wird ein Bürogebäude, das aus Stahlbetonfertigteilen erstellt wurde (TT-Platten, Unterzüge zwischen Stützen, Köcherfundamente) (Bild **2.7**). Gesucht ist die Last, die eine Innenstütze aus einer Geschoßdecke erhält.

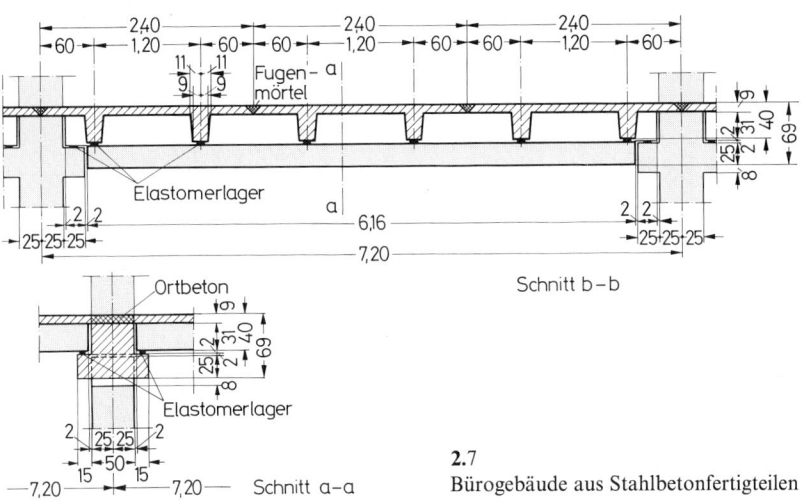

2.7
Bürogebäude aus Stahlbetonfertigteilen

1. Ständige Last

1.1 Fußbodenkonstruktion:

3 mm Kunststoffplatten	$0.3\ \text{cm} \cdot 0.15\ \text{kN}/(\text{cm} \cdot \text{m}^2)$	$= 0.05\ \text{kN/m}^2$
22 mm Holzfaserplatten	$2.2\ \text{cm} \cdot 0.10\ \text{kN}/(\text{cm} \cdot \text{m}^2)$	$= 0.22\ \text{kN/m}^2$
2 cm Styropor	$2.0\ \text{cm} \cdot 0.005\ \text{kN}/(\text{cm} \cdot \text{m}^2)$	$= 0.01\ \text{kN/m}^2$
		$= 0.28\ \text{kN/m}^2$

Untergehängte Decke:

10 mm Holzfaserplatten	$1.0\ \text{cm} \cdot 0.10\ \text{kN}/(\text{cm} \cdot \text{m}^2)$	$= 0.10\ \text{kN/m}^2$
Holzlatten $3 \cdot 5\ \text{cm}^2$, Abstand 50 cm	$0.03\ \text{m} \cdot 0.05\ \text{m} \cdot 6\ \text{kN/m}^3 \cdot 2\ \text{m/m}^2$	$= 0.02\ \text{kN/m}^2$
		$= 0.12\ \text{kN/m}^2$

Fußboden und untergehängte Decke	$= 0.40\ \text{kN/m}^2$

1.2 Gewicht einer TT-Platte (einschließlich Fugenmörtel zwischen den Platten)

9 cm dicke Platte	$(7.20 - 0.50)\ \text{m} \cdot 2.40\ \text{m} \cdot 0.09\ \text{m} \cdot 25\ \text{kN/m}^3$	$= 36.18\ \text{kN}$
Rippen	$(7.20 - 0.54)\ \text{m} \cdot 0.40\ \text{m} \cdot 0.31\ \text{m} \cdot 25\ \text{kN/m}^3$	$= 20.65\ \text{kN}$
Fußboden, Decke	$(7.20 - 0.50)\ \text{m} \cdot 2.40\ \text{m} \cdot 0.40\ \text{kN/m}^2$	$= 6.43\ \text{kN}$
		$= 63.26\ \text{kN}$

1.3 Gewicht eines Unterzuges einschließlich oberem Ortbeton

Steg oberhalb Flansch	$(7.20 - 0.54)\ \text{m} \cdot 0.50\ \text{m} \cdot 0.42\ \text{m} \cdot 25\ \text{kN/m}^3$	$= 34.97\ \text{kN}$
unterer Flansch	$(7.20 - 1.04)\ \text{m} \cdot 0.80\ \text{m} \cdot 0.27\ \text{m} \cdot 25\ \text{kN/m}^3$	$= 33.26\ \text{kN}$
Fußboden, Decke	$(7.20 - 0.50)\ \text{m} \cdot 0.50\ \text{m} \cdot 0.40\ \text{kN/m}^2$	$= 1.34\ \text{kN}$
		$= 69.57\ \text{kN}$

1.4 Zusammenstellung der ständigen Last

Aus Symmetriegründen gibt jede TT-Platte an jedem Ende die Hälfte ihrer Eigenlast an einen Unterzug ab; aus denselben Gründen leitet jeder Unterzug an jedem Ende die Hälfte seiner Eigenlast und die Hälfte der auf ihn entfallenden TT-Platten-Last in eine Stützenkonsole ein. Auf eine Stütze entfällt daher die Last von $2/2 = 1$ Unterzug und $4/2 + 4/4 = 3$ TT-Platten.

Beispiel 3 Der „Einzugsbereich" einer Stütze ist in Bild **2.**8 schraffiert dargestellt. Eine Stütze erhält
Forts.   demnach aus einer Geschoßdecke die Eigenlast

$$G = 3 \cdot 63,26 + 69,57 = 259,35 \text{ kN}$$

2. Verkehrslast

Büroräume und Flure in Bürogebäuden	2,00 kN/m²
Zuschlag für unbelastete leichte Trennwände	1,25 kN/m²
	$p = 3,25 \text{ kN/m}^2$

Auf eine Stütze entfallen aus einem Geschoß an Verkehrslast

$$P = 7,20 \cdot 7,20 \cdot 3,25 = 168,48 \text{ kN},$$

wenn der Einfachheit halber der Stützenquerschnitt mit übermessen wird.

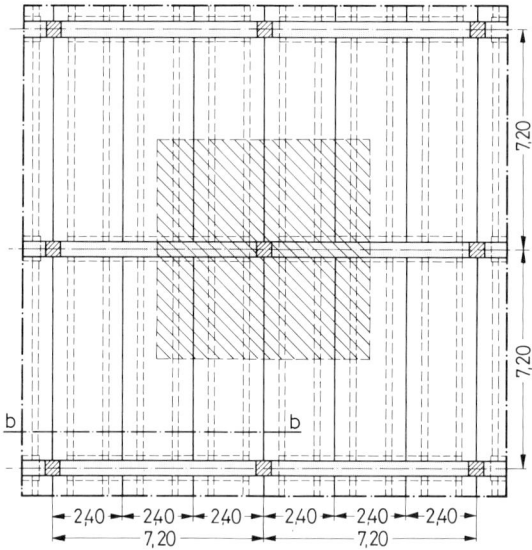

2.8
Draufsicht auf eine Decke

Beispiel 4 Für ein unter $\alpha = 41,18°$ geneigtes, symmetrisches Satteldach sollen die Belastungen aus
Eigenlast, Schnee und Wind berechnet werden. Die Traufe des Daches liegt 9,0 m über
Gelände. Die Dachhaut besteht aus Flachdachpfannen nach DIN 456, die Sparren liegen
in 75 cm Abstand. Der Bauwerkstandort befindet sich im Rheintal bei Mainz.

Die gesuchten Belastungen ergeben sich aus der DIN 1055 so, daß sie nicht ohne Umrechnung addiert werden können: Die ständige Last der Dachhaut ist auf den m² Dachfläche
(DF) bezogen und wirkt lotrecht; die Schneelast ist für den m² Grundfläche (GF) gegeben
und wirkt ebenfalls lotrecht; die Windlast schließlich ist je m² Dachfläche anzusetzen und
wirkt senkrecht zur Dachfläche.

Ständige Last:

Flachdachpfannen nach DIN 456		= 0,55 kN/m² DF
Sparren	$0,08 \cdot 0,16 \cdot 6 \cdot 1/0,75$	= 0,10 kN/m² DF
		$g = 0,65 \text{ kN/m}^2 \text{ DF} \downarrow$

Für manche Teile der statischen Berechnung
ist es zweckmäßig, die ständige Last von
Dachhaut und Sparren auf den m² G r u n d -
f l ä c h e zu beziehen. Bei der Umrechnung
ist zu beachten, daß zu 1 m² Dachfläche
nur 1 · cos α m² Grundrißprojektion gehört;
um die Last auf 1 m² Grundrißprojektion
(Grundfläche GF) zu erhalten, muß darum
die Last von mehr als 1 m² Dachfläche,
nämlich von 1/cos α m² Dachfläche angesetzt werden (Bild **2.9**). Es ist also

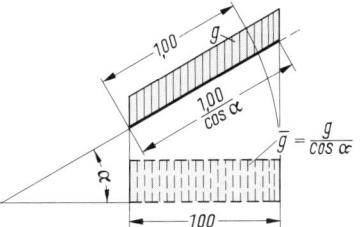

2.9 Eigenlast der Dachhaut

$$\bar{g} = g/\cos\alpha = 0{,}65/\cos 41{,}18° = 0{,}86 \text{ kN/m}^2 \text{ GF} \downarrow$$

Schneelast. Wie im Abschn. 2.3.1 erwähnt, ist die Schneelast $s = k_s \cdot s_0$ kN/m² GF.
Das Rheintal bei Mainz liegt in Schneelastzone II und etwas unter 100 m über NN.
Nach Tabelle 2 von DIN 1055 T 5 ist also $s_0 = 0{,}75$ kN/m² GF. Bei der Dachneigung
$\alpha = 41{,}18°$ wird

$$k_s = 1 - \frac{41{,}18° - 30°}{40°} = 0{,}72;$$

dieser Wert kann auch direkt aus Tabelle 1 von DIN 1055 T 5 entnommen werden. Damit
wird $s = 0{,}72 \cdot 0{,}75 = 0{,}54$ kN/m² GF $\downarrow$. Soll dieser Wert auf den m² DF umgerechnet
werden, so sind die umgekehrten Überlegungen wie bei der ständigen Last anzustellen,
und es ergibt sich $s_< = s \cdot \cos\alpha = 0{,}54 \cdot \cos 41{,}18° = 0{,}41$ kN/m² DF $\downarrow$.

Windlast. Die Belastung aus Wind wird nach DIN 1055 T 4 (8.86) ermittelt. Die Größe
des auf 1 m² einer Bauwerksoberfläche wirkenden Winddrucks ist danach

$$w = c_p \cdot q,$$

worin c_p der aus Bild 12 zu entnehmende a e r o d y n a m i s c h e D r u c k b e i w e r t und q
der S t a u d r u c k des Windes nach Tab. 1 ist.
Für die dem Wind zugewandte Dachfläche mit $\alpha = +41{,}18°$ ist $c_p = 0{,}02\,\alpha - 0{,}2 = 0{,}624$
(Druck), die dem Wind abgewandte Dachfläche ($\alpha = -41{,}18°$) ist mit $c_p = -0{,}600$ zu
berechnen. Da unser Dach zwischen 8 m und 20 m über Gelände liegt, müssen wir den
Staudruck $q = 0{,}8$ kN/m² ansetzen. Dieser Wert tritt bei einer Windgeschwindigkeit von
35,8 m/s = 128,8 km/h auf.
Es ergibt sich also für die dem Wind zugewandte Dachfläche

$$w_d = 0{,}624 \cdot 0{,}8 = 0{,}499 \text{ kN/m}^2 \text{ Druck} \perp \text{zur Dachfläche } (\searrow)$$

und für die dem Wind abgewandte Dachfläche

$$w_s = -0{,}600 \cdot 0{,}8 = -0{,}480 \text{ kN/m}^2 \text{ Sog} \perp \text{zur Dachfläche } (\nearrow)$$

Das n e g a t i v e V o r z e i c h e n soll ausdrücken, daß eine S o g b e l a s t u n g vorliegt (**2**.10).
Bei der B e m e s s u n g e i n z e l n e r T r a g g l i e d e r wie Sparren und Pfetten sind die Werte
für D r u c k um ¼ zu e r h ö h e n. Wir müssen in diesem Fall also rechnen mit

$$w'_d = 1{,}25\, w_d = 0{,}624 \text{ kN/m}^2 \ (\searrow).$$

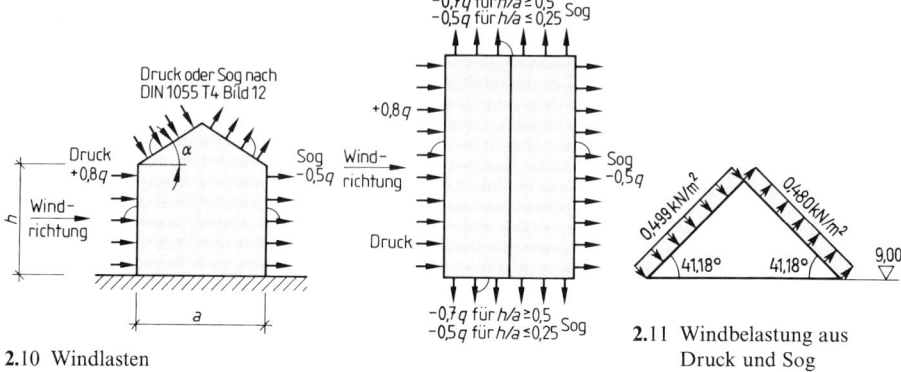

2.10 Windlasten

2.11 Windbelastung aus
         Druck und Sog

Bei unmittelbar durch Wind belasteten Einzelbauteilen, z. B. Wand- und Dachtafeln, sind an den Schnittkanten von Wand- und Dachflächen prismatischer Baukörper zur Erfassung von Sogspitzen erhöhte Beiwerte nach DIN 1055 T4 Abschn. 6.3.1, Tab. 11 in den dort angegebenen Bereichen anzunehmen.

Beispiel 5   Die auf die linke Außenwand entfallenden Lasten des Wohngebäudes nach Bild **2.**12 sind
                zu berechnen.

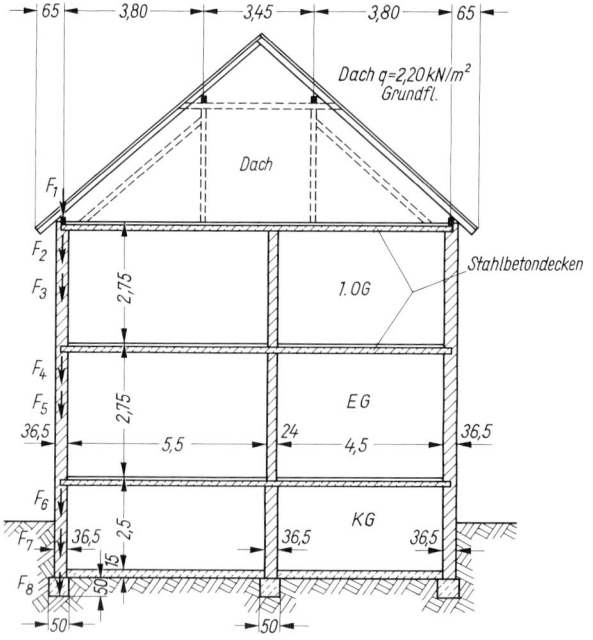

2.12
Querschnitt durch ein
Wohngebäude

Beispiel 5 Die Dachlast beträgt einschließlich Schnee- und Windlast 2,2 kN/m² Grundfläche. Im
Forts. vorliegenden Fall sind die Binder so angeordnet, daß sie ihre Lasten unmittelbar in die
vorhandenen Querwände übertragen; die Außenwände erhalten dann Dachlasten nur über
die Fußpfetten.

Über dem Kellergeschoß (KG)

Verkehrslast		$p = 1{,}50$ kN/m²
ständige Last	0,8 cm Teppichboden	0,08 kN/m²
	4 cm Zementestrich	0,88 kN/m²
	2 cm Faserdämmplatten	0,04 kN/m²
	14 cm Stahlbetonplatte	3,50 kN/m²
		$g = 4{,}50$ kN/m²
Gesamtlast		$q = g + p = 4{,}50 + 1{,}50 = 6{,}00$ kN/m²

Über dem Erdgeschoß (EG)

Verkehrslast wie Decke über KG		$p = 1{,}50$ kN/m²
ständige Last	wie Decke über KG	4,50 kN/m²
	1,5 cm Deckenputz	0,30 kN/m²
		$g = 4{,}80$ kN/m²
Gesamtlast		$q = g + p = 4{,}80 + 1{,}50 = 6{,}30$ kN/m²

Über dem 1. Obergeschoß (1.OG)

Verkehrslast wie Decke über KG		$p = 1{,}50$ kN/m²
ständige Last	wie Decke über EG	4,80 kN/m²
	abzüglich Teppichboden	$\approx -\,0{,}10$ kN/m²
		$g = 4{,}70$ kN/m²
Gesamtlast		$q = g + p = 4{,}70 + 1{,}50 = 6{,}20$ kN/m²

Um die Lasten, die auf einen laufenden Meter Wand entfallen, zu berechnen, denkt man
sich bei derartigen Aufgaben aus dem Haus einen Streifen von 1 m Länge herausgeschnitten.
Dabei werden volle Wände (ohne Ausschnitte für Fenster und Türen) angenommen.

Die Außenwände werden im EG und OG aus Leichtbeton-Vollsteinen V 0,8/2 (Roh-
dichteklasse 0,8 kg/dm³; Steinfestigkeitsklasse 2 N/mm²), im Kellergeschoß aus Hohl-
blocksteinen Hbl 1,4/4 erstellt; in allen Geschossen wird Mörtelgruppe II verwendet und
außen ein 2 cm dicker Zementputz, innen ein 1,5 cm dicker Kalkgipsputz aufgebracht.
Die Wandgewichte betragen dann im
EG und 1.OG

$$2{,}0 \cdot 0{,}20 + 0{,}365 \cdot 10 + 1{,}5 \cdot 0{,}18 = 4{,}32 \text{ kN/m}^2$$

KG

$$2{,}0 \cdot 0{,}20 + 0{,}365 \cdot 15 + 1{,}5 \cdot 0{,}18 = 6{,}15 \text{ kN/m}^2$$

Die Decken laufen von einer Außenwand über die Mittelwand zur anderen Außenwand
durch. Die Berechnung von durchlaufenden Platten und Balken wird im T 2 Abschn. 11
gebracht, hier kann nur das Ergebnis der statisch unbestimmten Rechnung angegeben
werden: Der Einzugsbereich der linken Außenwand reicht für ständige Last 2,28 m und
für Verkehrslast 2,50 m weit in das Feld hinein.

Beispiel 5 Diese Ausgangswerte ergeben folgende Belastungen für die l i n k e A u ß e n w a n d :
Forts.

Dach	$F_1 = (0{,}65 + 3{,}80/2)\,2{,}20$	$= \ \ 5{,}61\ \text{kN/m}$
Decke über 1. OG	$F_2 = 2{,}28 \cdot 4{,}7 + 2{,}50 \cdot 1{,}5$	$= 14{,}47\ \text{kN/m}$
Wand im 1. OG	$F_3 = 2{,}75 \cdot 4{,}32$	$= 11{,}88\ \text{kN/m}$
Last bis Decke über EG		$= 31{,}96\ \text{kN/m}$
Decke über EG	$F_4 = 2{,}28 \cdot 4{,}8 + 2{,}50 \cdot 1{,}5$	$= 14{,}69\ \text{kN/m}$
Wand im EG	$F_5 = 2{,}75 \cdot 4{,}32$	$= 11{,}88\ \text{kN/m}$
Last bis OK Decke über KG		$= 58{,}53\ \text{kN/m}$
Decke über KG	$F_6 = 2{,}28 \cdot 4{,}5 + 2{,}50 \cdot 1{,}5$	$= 14{,}01\ \text{kN/m}$
Wand im KG	$F_7 = 2{,}65 \cdot 6{,}15$	$= 16{,}28\ \text{kN/m}$
Last bis OK Fundament		$= 88{,}82\ \text{kN/m}$
Fundament aus unbewehrtem Beton B 15	$F_8 = 0{,}50 \cdot 0{,}50 \cdot 24$	$= \ \ 6{,}00\ \text{kN/m}$
Last in der Bodenfuge		$94{,}82\ \text{kN/m}$

Die durchschnittliche Last, die von der linken Außenwand bei ungünstigster Belastung der
Decken und des Daches in den Baugrund übertragen wird, beträgt also 94,82 kN/m.
Ein weiteres Beispiel mit umfangreicher Lastermittlung ist das Beispiel 3 im Abschn. 4.3.4,
das sich mit einem Fernmeldeturm befaßt.

3 Zusammensetzen und Zerlegen von Kräften und Momenten

3.1 Allgemeines

In der Regel stellt jedes Bauwerk ein räumliches Gebilde dar. Im Raume verstreut liegen daher auch die auf einen Baukörper wirkenden Kräfte. Aber wie man nun Bauten in Ebenen – im Grundriß, Querschnitt, Längsschnitt usw. – darstellt, so untersucht man der Einfachheit halber meist auch die sie belastenden Kräfte und ihre Abtragung in Ebenen. Diese wählt man in der Regel ⊥ zueinander, um die Raumwirkung leichter erfassen zu können. Auch für die folgenden Untersuchungen wird zunächst die Voraussetzung gemacht, daß die jeweils betrachteten K r ä f t e i n e i n e r E b e n e liegen. Man spricht dann von der S t a t i k d e r E b e n e und von e b e n e n T r a g w e r k e n mit Belastung in ihrer Ebene im Gegensatz zur S t a t i k d e s R a u m e s oder zu den r ä u m l i c h e n T r a g w e r k e n (z. B. gekrümmte Brücken, räumliche Rahmen, Kuppeln und Schalen).

Die Forderungen an die Statik bestehen zunächst darin, die an und in einem Bauwerk auftretenden äußeren Kräfte sicher zu berechnen und bis zu ihrer Einleitung in die Erdscheibe zu verfolgen. Dabei treten zwei Aufgaben auf:

1. Das Zusammensetzen und Zerlegen von Kräften und

2. das Herstellen bzw-. der Nachweis des Gleichgewichts.

Die 1. Aufgabe wird im vorliegenden Abschn. 3, die 2. im folgenden Abschn. 4 behandelt.

Die Lösungen beider Aufgaben können sowohl rechnerisch als auch zeichnerisch gefunden werden. Die rechnerischen sind bei parallelen oder sich rechtwinklig schneidenden Kräften einfacher, man bevorzugt sie aber heute allgemein. Zeichnerische Verfahren sind bei beliebig gerichteten Kräften geeignet; sie erfordern jedoch stets genaues maßstäbliches Zeichnen, damit die unvermeidlichen zeichnerischen Ungenauigkeiten in bescheidenen Grenzen bleiben. Die zeichnerischen Lösungen haben meist den Vorteil der Anschaulichkeit, dadurch führen sie oft schneller zum Verständnis der statischen Methoden. Im folgenden werden aus didaktischen Gründen oft beide Wege nebeneinander besprochen. In manchen Fällen wird man auch eine rechnerisch gewonnene Lösung mit dem zeichnerischen Verfahren nachprüfen oder umgekehrt.

Bei g r a p h i s c h e n Lösungen werden Kraftvektoren als Pfeile in einem bestimmten Maßstab, dem Kräftemaßstab, dargestellt. Diese Darstellungsweise wurde zuerst von S i m o n S t e v i n (1548 bis 1620) angewendet. Dabei ist die sprachliche Eigenheit zu beachten, daß das Pfeilende der Anfangspunkt des Kraftvektors und die Pfeilspitze der Endpunkt des Kraftvektors ist. Die Größe des K r ä f t e m a ß s t a b e s (Kr.-M.) ist nach folgenden Gesichtspunkten zu wählen:

1. nach der G r ö ß e der darzustellenden Kräfte

2. nach der zur Verfügung stehenden Z e i c h e n f l ä c h e

3. nach der angestrebten G e n a u i g k e i t.

Zum Beispiel:

Kr.-M. 1 cm ≙ 5 kN oder
Kr.-M. 1 cm ≙ 20 kN (3.1)

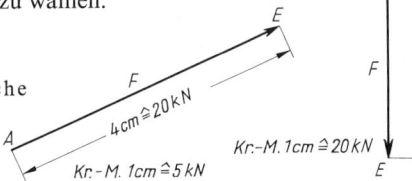

3.1 Maßstäbliche Darstellung von Kräften mit Kräftemaßstäben

Wie bereits im Abschn. 2.1 festgestellt wurde, ist ein Kraftvektor ein g e b u n d e n e r
V e k t o r ; zu seiner eindeutigen Bestimmung sind in der Ebene drei Stücke erforderlich,
und zwar

1. Betrag, bestehend aus Zahlenwert oder Maßzahl und Maßeinheit
2. Richtung
3. Angriffspunkt.

Der Angriffspunkt eines Kraftvektors ist der Punkt, in dem er auf das Bauwerk oder das
idealisierte Tragsystem wirkt. Wie wir später sehen werden, gehört es zu den Methoden
der Statik, die Tragwerke in Gedanken zu z e r s c h n e i d e n und die Teile für sich zu
betrachten. Bei der Anwendung dieser Methode muß von jedem Kraftvektor bekannt sein,
auf welches der beim Zerschneiden entstehenden Teile des Tragwerks er wirkt. Ist
die Zuordnung der Kraftvektoren zu den Teilen des Tragwerks klar, dürfen sie im Rahmen der hier behandelten Probleme bei der weiteren rechnerischen oder zeichnerischen Untersuchung der Tragwerksteile, auf die sie wirken, b e l i e b i g   i n   i h r e r   W i r k u n g s l i n i e
v e r s c h o b e n   werden. Aus g e b u n d e n e n   V e k t o r e n dürfen also l i n i e n f l ü c h t i g e
V e k t o r e n gemacht werden. Das gilt auch, wenn das g a n z e   T r a g w e r k betrachtet wird,
um die L a g e r k r ä f t e oder S t ü t z g r ö ß e n zu ermitteln (Bild 3.2).

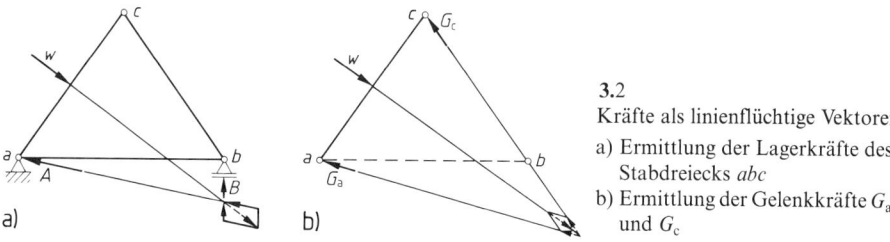

a)

b)

3.2
Kräfte als linienflüchtige Vektoren
a) Ermittlung der Lagerkräfte des
   Stabdreiecks *abc*
b) Ermittlung der Gelenkkräfte G_a
   und G_c

3.2 Zusammensetzen und Zerlegen von Kraftvektoren in der Ebene

Bei den Aufgaben, Kraftvektoren zusammenzusetzen oder zu zerlegen, ist grundsätzlich
zu unterscheiden, ob die Wirkungslinien der Kraftvektoren sich in einem Punkt schneiden
oder nicht.

3.2.1 Die Wirkungslinien der Kräfte schneiden sich in einem Punkt

3.2.1.1 Zerlegen

Die Aufgabe, eine Kraft *F* im Punkt *A* in zwei Komponenten zu zerlegen, die die Richtungen *1* und *2* haben, erfolgt zeichnerisch mit Hilfe des P a r a l l e l o g r a m m s   d e r   K r ä f t e
(Bild 3.3): Die Kraft wird mit ihrem Anfangspunkt in den Punkt *A* verschoben; dann
zeichnet man durch den Endpunkt *E* der Kraft Parallelen zu den Richtungen *1* und *2*. Die
von *A* ausgehenden Seiten des so entstehenden Parallelogramms sind die Komponenten
F_1 und F_2 der Kraft *F*. Kraft und Komponenten sind mit demselben Kräftemaßstab

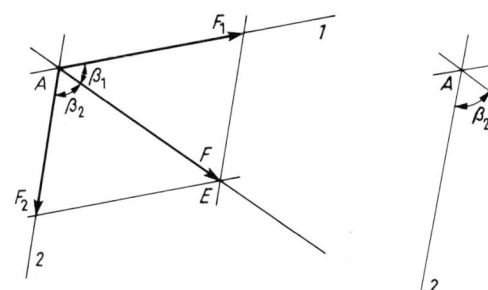 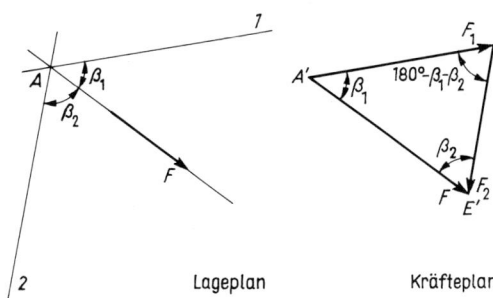

Lageplan   Kräfteplan

3.3 Lageplan mit Kräfteparallelogramm   **3.4** Kraftzerlegung mit Lage- und Kräfteplan

zu messen; die Pfeilrichtungen der Komponenten sind so anzubringen, daß Kraft und Komponenten vom Punkt A wegweisen. Bei dieser Konstruktion haben beide Komponenten die richtige Lage: beide gehen durch den Punkt A, in dem die Kraft zerlegt werden sollte.

Eine zweite Möglichkeit, die Aufgabe zeichnerisch zu lösen, ergibt sich, wenn man die Konstruktion nicht in der Hauptfigur oder dem Lageplan durchführt, sondern in einem eigenen Kräfteplan oder Krafteck. Das erhöht die Übersichtlichkeit und macht es möglich, nur das halbe Kräfteparallelogramm, das Kräftedreieck, zu zeichnen (Bild **3.4**). Man erhält das Kräftedreieck, wenn man durch den Anfangspunkt von F die Parallele zu der Richtung der einen Komponente und durch den Endpunkt von F die Parallele zu der Richtung der anderen Komponente zieht. Die Pfeile der Komponenten sind so zu setzen, daß die Komponenten hintereinander herlaufen und wie die Kraft F von A' nach E' führen.

Die rechnerische Lösung ergibt sich aus dem Krafteck mit Hilfe des Sinussatzes

$$\frac{F_1}{F} = \frac{\sin\beta_2}{\sin(180° - \beta_1 - \beta_2)} = \frac{\sin\beta_2}{\sin(\beta_1 + \beta_2)}$$

$$F_1 = F\frac{\sin\beta_2}{\sin(\beta_1 + \beta_2)} \quad \text{und sinngemäß} \quad F_2 = F\frac{\sin\beta_1}{\sin(\beta_1 + \beta_2)}$$

Für den Sonderfall rechtwinkliger Komponenten wird $\beta_1 + \beta_2 = 90°$, $\sin(\beta_1 + \beta_2) = 1$, und es ergibt sich $F_1 = F\sin\beta_2$, $F_2 = F\sin\beta_1$. Bezeichnen wir die Richtung 1 als x-Richtung, die Richtung 2 als y-Richtung und den Winkel gegen die x-Achse als α, so ist $\beta_1 = \alpha$; $\beta_2 = 90° - \alpha$; $\sin\beta_2 = \sin(90° - \alpha) = \cos\alpha$, und wir erhalten die wichtigen Formeln für das Zerlegen einer Kraft in rechtwinklige Komponenten

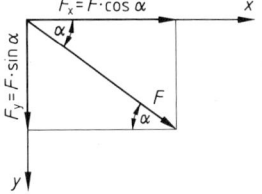

3.5 Zerlegen einer Kraft in rechtwinklige Komponenten

$$F_x = F \cdot \cos\alpha \qquad F_y = F \cdot \sin\alpha \qquad (3.1)$$

Diese Beziehungen können wir auch unmittelbar aus Bild **3.5** ablesen.

Nach DIN 1080 T 1 (6.76) Abschnitt 7 sind x und y die Koordinaten der horizontalen Ebene; die positive Koordinate z ist abwärts gerichtet. x, y, z bilden in dieser Reihenfolge ein R e c h t s s y s t e m : Eine Drehung um die z-Achse, die auf kürzerem Wege von der positiven x-Achse zur positiven y-Achse führt, erscheint als Rechtsdrehung, wenn man in Richtung der positiven z-Achse blickt (Bild **3.6**).

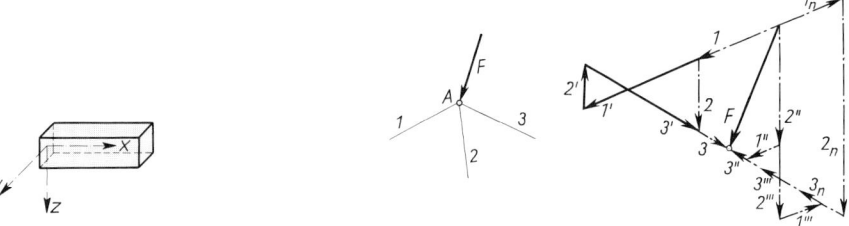

3.6 Koordinaten nach DIN 1080   **3.7** Zerlegen einer Kraft nach drei Richtungen

Die Aufgabe, eine Kraft F in einem Punkt A i n d r e i R i c h t u n g e n z u z e r l e g e n , ist mit Hilfsmitteln der Statik n i c h t e i n d e u t i g l ö s b a r , es gibt u n e n d l i c h v i e l e L ö s u n g e n (Bild **3.7**). Die Aufgabe ist s t a t i s c h unbestimmt. Um eine eindeutige Lösung zu erhalten, müssen Steifigkeiten festgelegt und Hilfsmittel der F e s t i g k e i t s l e h r e benutzt werden, die in Teil 2 dargestellt sind.

Beispiel 1   Ein Fahrzeug B mit der Eigenlast 40 kN steht auf einer Straße mit 20% Steigung (**3.8**). Wie groß sind die Eigenlastkomponenten $\perp$ und $\parallel$ zur Straßenoberfläche?

a) Zeichnerische Lösung. Die erste Komponente muß um den $\measuredangle$ α von der Lotrechten, die zweite Komponente um den gleichen Winkel von der Waagerechten abweichen. Die Aufgabe kann mit dem Kräfteparallelogramm (**3.9**a) oder mit dem Krafteck (**3.9**b) gelöst werden.

Gemessen wird

$$D = 39\ \text{kN} \quad \text{und} \quad Z = 8\ \text{kN}$$

Die Komponente D wirkt als Druckkraft der Räder auf die Straßendecke, während die Komponente Z das Abrollen des Fahrzeuges auf der schiefen Ebene verursacht, wenn es nicht gebremst wird.

b) Rechnerische Lösung. Zuerst wird der Neigungswinkel der Straße bestimmt (**3.10**).

$$\tan\alpha = \frac{20}{100} = 1/5 = 0{,}2 \qquad \alpha = 11{,}3°$$

Aus dem Krafteck (**3.9**b) ist ersichtlich

$$D = G \cdot \cos\alpha = 40 \cdot 0{,}981 = 39{,}2\ \text{kN}$$

$$Z = G \cdot \sin\alpha = 40 \cdot 0{,}196 = 7{,}84\ \text{kN}$$

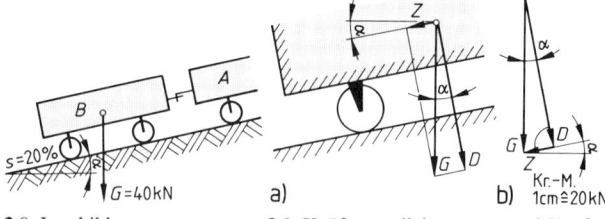

3.8 Lastbild   **3.9** Kräfteparallelogramm und Krafteck   **3.10** Neigung der Schiefen
                                                                                                      Ebene

Beispiel 2 Eine Segeljolle mit e i n e m Segel segelt beim Wind, der Winkel zwischen Kiellinie und Wind beträgt $\alpha = 60°$. Die das Boot vorwärtstreibende Kraft P (**3.**11) soll als Funktion des das Segeltuch im Segelschwerpunkt treffenden Windes W in einer idealisierenden und vereinfachten Betrachtung (ohne Beachtung der Wölbung des Segels, der Sogwirkung des Windes, der Krängung, des Driftwinkels und der Rumpfkräfte am Boot) bei einem $\sphericalangle \beta = 15°$ bestimmt werden.

Ferner soll ermittelt werden, welcher Winkel β bei unverändertem Winkel α zu max P führt.

Wir benutzen das grapho-analytische Lösungsverfahren. Zu unterscheiden sind grundsätzlich die Wirkung des Windes auf das Segel und die Wirkung vom Segel auf das Boot.

Um die Wirkung des Windes auf das Segel zu erhalten, bilden wir die Kraftvektoren

‖ zum Segel W_a (= abfließender Wind) und
⊥ zum Segel W_w (= wirkender Wind) (**3.**11 b) $W_w = W \cdot \sin(\alpha - \beta)$

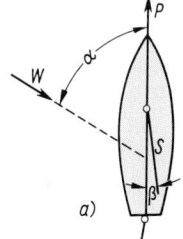
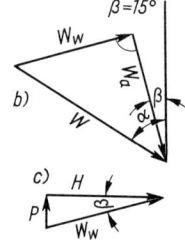
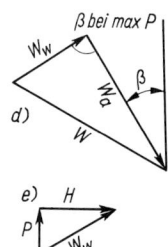

3.11 Segeljolle bei Fahrt am Wind

Der wirkende Wind wird vom Segel über Mast, Stags, Wanten und Schoten auf den Bootskörper übertragen. Ein gut gebauter Bootskörper ist (ggf. mit Hilfe des „beweglichen Ballastes", der Besatzung) in der Lage, die normalerweise auftretenden Kräfte auszubalancieren und in Fahrt nach vorwärts umzusetzen.

Die Frage, welche Wirkungen vom Segel auf das Boot ausgehen, beantwortet das Kraftdreieck (**3.**11 c). W_w wird zerlegt in einen Komponentenvektor H quer zur Fahrtrichtung und einen Komponentenvektor P in Fahrtrichtung. Wenn das Boot einen tiefgehenden Kiel oder ein Schwert und ein Ruder besitzt, kann dadurch ein großer Teil der H-Kraft in das Wasser abgegeben werden (abhängig vom „Lateralplan", der die Fläche des Längsschnitts des Bootes unter der Wasserlinie angibt) und die seitliche Verschiebung des Bootes ist nur relativ gering (gekennzeichnet durch den Begriff „Abdrift"). Ein flaches Brett jedoch würde der H-Kraft einen geringen Verschiebungswiderstand entgegensetzen. Der Komponentenvektor P stellt die gefragte vorwärtstreibende Kraft dar

$$P = W_w \sin\beta = W \cdot \sin(\alpha-\beta) \cdot \sin\beta$$

Berechnung

a) für $\alpha = 60°$ und $\beta = 15°$:

$$P = W \cdot \sin 45° \cdot \sin 15° = W \cdot 0,707 \cdot 0,258 \qquad P = W \cdot 0,182$$

Bei Annahme von $W = 0,5$ kN ist $P = 0,091$ kN.

b) Um max P in Abhängigkeit von β zu erhalten, brauchen wir lediglich die Funktion nach β zu differenzieren und die Ableitung Null zu setzen.

Es ist $P = W (\sin\alpha\cos\beta - \cos\alpha\sin\beta) \sin\beta$

$$P' = \frac{dP}{d\beta} = W [\sin\alpha (\cos^2\beta - \sin^2\beta) - \cos\alpha (2\sin\beta \cdot \cos\beta)] =$$
$$= W [\sin\alpha \cdot \cos 2\beta - \cos\alpha \cdot \sin 2\beta] = 0$$

Beispiel 2   daraus $\tan 2\beta = \tan \alpha$ $\beta = \dfrac{\alpha}{2}$ $\beta = 30°$
Forts.

$$P = W \cdot \sin 30° \cdot \sin 30° = W \cdot 0{,}5 \cdot 0{,}5 \qquad P = W \cdot 0{,}25 \qquad P = 0{,}125 \text{ kN}$$

Die Kraftdreiecke in Bild **3.**11 d und e ergeben graphisch die Komponentenvektoren W_w, H und P. Es ist dabei gut ersichtlich, daß W_w und H wesentlich kleiner als im vorher untersuchten Fall (**3.**11 b und c), dagegen P merklich größer ist.

3.2.1.2 Zusammensetzen oder Reduktion

Der einfachste Fall des Zusammensetzens mehrerer Kräfte liegt vor, wenn die Wirkungs-linien sämtlicher Kräfte zusammenfallen (**3.**12). Die zeichnerische Lösung der Aufgabe besteht darin, nach Wahl eines Kräftemaßstabes die Kräfte in beliebiger Reihenfolge aneinanderzureihen; der Endpunkt eines Vektors ist dabei der Anfangspunkt des nächsten. Der besseren Übersichtlichkeit halber zeichnet man die Vektoren nicht alle in eine Linie, sondern in zwei oder mehrere parallele Linien. Die R e s u l t i e r e n d e aller Kräfte ergibt sich, wenn man den Anfangspunkt der zuerst angereihten Kraft mit dem Endpunkt der zuletzt gezeichneten Kraft verbindet (Bild **3.**12 b: Reihenfolge der Kräfte $F_1 F_2 F_3 F_4 F_5$; R ist der Vektor von A_1 nach E_5; Bild **3.**12 c: Reihenfolge der Kräfte $F_1 F_4 F_2 F_3 F_5$; R ist wieder der Vektor von A_1 nach E_5).

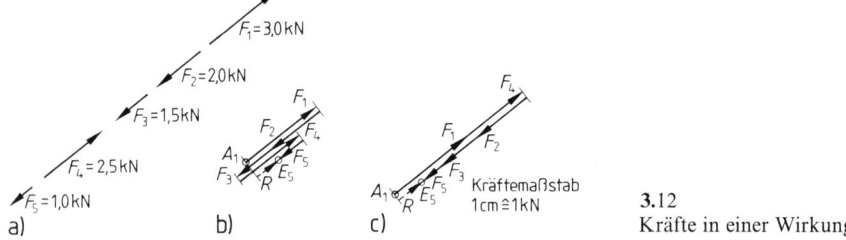

a)   b)   c)   **3.**12
                                                                                            Kräfte in einer Wirkungslinie

Bei der r e c h n e r i s c h e n L ö s u n g der Aufgabe wird einer der beiden Richtungssinne der Kräfte als p o s i t i v angenommen, z. B. $+\nearrow$, der entgegengesetzte Richtungssinn ist n e g a t i v.

Unter Beachtung der so festgelegten Vorzeichen können die Kraftvektoren dann wie S k a l a r e addiert werden: In dem betrachteten einfachen Sonderfall wird aus der v e k t o - r i e l l e n A d d i t i o n die s k a l a r e oder a l g e b r a i s c h e A d d i t i o n.

Ergibt sich die Resultierende p o s i t i v, so hat sie den als positiv angenommenen Richtungs-sinn; kommt sie mit n e g a t i v e n V o r z e i c h e n heraus, so ist sie e n t g e g e n dem positiv angenommenen Richtungssinn gerichtet.

Beispiel 3   Die in Bild **3.**12 gegebenen Kräfte werden rechnerisch mit der Festlegung $+\nearrow$ wie folgt addiert: $R = + F_1 - F_2 - F_3 + F_4 - F_5 = + 3{,}0 - 2{,}0 - 1{,}5 + 2{,}5 - 1{,}0 = + 1{,}0 \text{ kN}$: das bedeutet $R = 1{,}0 \text{ kN} \nearrow$

Mit der Festlegung $+\swarrow$ müßten wir schreiben $R = - F_1 + F_2 + F_3 - F_4 + F_5 = - 3{,}0 + 2{,}0 + 1{,}5 - 2{,}5 + 1{,}0 = - 1{,}0 \text{ kN}$; das bedeutet wiederum $R = + 1{,}0 \text{ kN} \nearrow$

Das Z u s a m m e n s e t z e n von zwei K r ä f t e n, deren Wirkungslinien sich i n e i n e m P u n k t schneiden, geschieht zeichnerisch mit Hilfe des K r ä f t e p a r a l l e l o g r a m m s.

Das Axiom vom Kräfteparallelogramm, das auf Stevin (1548 bis 1620) zurück-geht, kann folgendermaßen formuliert werden (**3**.13):

Um die Resultierende $\vec{R}$ zu erhalten, die die beiden in a angreifenden Kräfte $\vec{F}_1$ und $\vec{F}_2$ ersetzt, zeichnen wir mit Hilfe der maßstäblich aufgetragenen Kräfte $\vec{F}_1$ und $\vec{F}_2$ ein Parallelogramm. In diesem ist die von a nach b gerichtete Diagonale nach Betrag, Richtung und Angriffspunkt gleich $\vec{R}$. In dem Kräfteparallelogramm müssen die drei Kräfte $\vec{F}_1$, $\vec{F}_2$ und $\vec{R}$ alle vom Angriffspunkt a weg- (**3**.13a) oder zum Angriffspunkt hinweisen (**3**.13b).

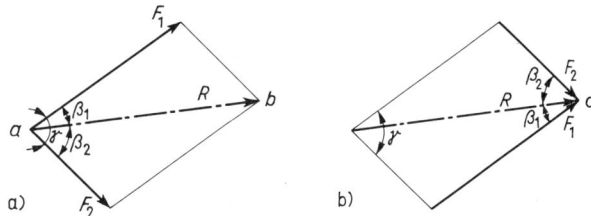

3.13
Kräfteparallelogramme mit
Angriffspunkt a der Kräfte

In vielen Fällen ist es zweckmäßig, bei der Konstruktion der Resultierenden zwei Zeich-nungen zu benutzen: die Hauptfigur oder den Lageplan und das Kräftedreieck (**3**.14). Das Kräftedreieck ist gleich einer Hälfte des Kräfteparallelogramms; im Kräfte-dreieck reihen wir $\vec{F}_1$ und $\vec{F}_2$ so aneinander, daß die Pfeile hintereinander herlaufen. Die Resultierende ergibt sich als Schlußlinie des von $\vec{F}_1$ und $\vec{F}_2$ gebildeten Kräfte-zuges und ist vom Anfangspunkt des ersten zum Endpunkt des zweiten Kraftvektors ge-richtet. Beim Arbeiten mit Lageplan und Kräftedreieck erhalten wir Betrag und Rich-tung der Resultierenden aus dem Kräftedreieck, während sich ein Punkt der Wirkungslinie der Resultierenden, nämlich der Schnittpunkt a der Wirkungslinien von $\vec{F}_1$ und $\vec{F}_2$, aus dem Lageplan ergibt.

3.14
Zusammensetzen von zwei
Kräften zur Resultierenden

a) Hauptfigur oder Lageplan
b) Kräftedreieck mit An-
fangspunkt A und End-
punkt E des Kräftezuges

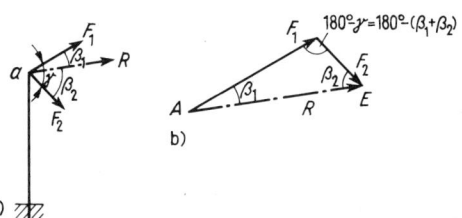

Sind mehrere Kräfte vorhanden, deren Wirkungslinien sich in einem Punkt schneiden, sprechen wir von einem zentralen Kräftesystem. Die Resultierende der Kräfte er-halten wir zeichnerisch durch Erweiterung des Kräftedreiecks zum Kräftevieleck, Kräftepolygon oder kurz Krafteck (**3**.15). In ihm sind die gegebenen Kräfte so aneinanderzureihen, daß das Ende der einen Kraft der Anfang der nächsten ist. Die Resultierende läuft wiederum vom Anfangs- zum Endpunkt des Kräftezuges, sie hat den umgekehrten Umfahrungssinn gegenüber den Kräften. Ihre Wirkungslinie geht durch den gemeinsamen Schnittpunkt aller Kräfte im Lageplan (**3**.15).

Die Reihenfolge der Einzelkräfte im Krafteck ist, wie Bild **3**.15c zeigt, beliebig, es gilt das Gesetz der Vertauschbarkeit, das kommutative Gesetz.

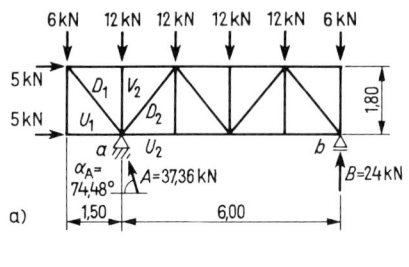

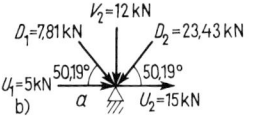

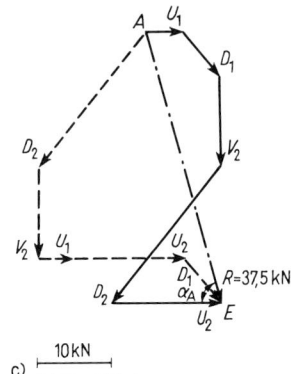

3.15 Lager a als zentrales Kräftesystem
a) Lageplan, b) auf das Lager wirkende Stabkräfte, c) Resultierende der Stabkräfte

Bei der rechnerischen Lösung der Aufgabe, die Resultierende zweier Kraftvektoren zu ermitteln, bieten sich zwei Wege an: einmal das Ausrechnen der Resultierenden an Hand einer Skizze des Kräftedreiecks und zum andern das Aufbauen der Resultierenden aus rechtwinkligen Komponenten der Kräfte. Der zweite Weg ist übersichtlicher, erweiterungsfähig und allgemein üblich; der Vollständigkeit halber soll der erste Weg aber auch vorgeführt werden.

1. Weg: An Hand von Bild **3.**14 b ergibt sich mit dem Kosinussatz

$$R^2 = F_1^2 + F_2^2 - 2 F_1 \cdot F_2 \cdot \cos(180° - \gamma)$$

Nun gilt $\cos(180° - \gamma) = - \cos\gamma$ und es wird

$$R^2 = F_1^2 + F_2^2 + 2 F_1 \cdot F_2 \cdot \cos\gamma \tag{3.2}$$

Nach der Bestimmung der Größe von R erhalten wir ihre Richtung mit Hilfe von

$$\sin\beta_1 = \frac{F_2}{R} \sin(180° - \gamma) \qquad \sin\beta_2 = \frac{F_1}{R} \sin(180° - \gamma)$$

Wegen $\sin(180° - \gamma) = \sin\gamma$ können wir schreiben

$$\sin\beta_1 = \frac{F_2}{R} \sin\gamma \qquad \sin\beta_2 = \frac{F_1}{R} \sin\gamma \tag{3.3}$$

Im Sonderfall rechtwinklig aufeinanderstehender Kräfte ist $\gamma = 180° - \gamma = 90°$ und die Gl. (3.2) und (3.3) gehen über in

$$R^2 = F_1^2 + F_2^2 \tag{3.4}$$

$$\sin\beta_1 = F_2/R \qquad \sin\beta_2 = F_1/R$$

2. Weg: Wir verschieben die Vektoren F_1 und F_2 in ihren Wirkungslinien so, daß sie mit ihren Anfangspunkten in den Schnittpunkt ihrer Wirkungslinien zu liegen kommen

(Bild **3**.16). Dann legen wir in diesen Schnittpunkt den Ursprung eines rechtwinkligen (x, y)-Koordinatensystems. Im nächsten Schritt zerlegen wir jede Kraft F_i $(i = 1,2)$ in ihre Komponenten F_{ix} und F_{iy}; das geschieht mit den Gl. (3.1), in denen nur die B e t r ä g e der Vektoren auftreten:

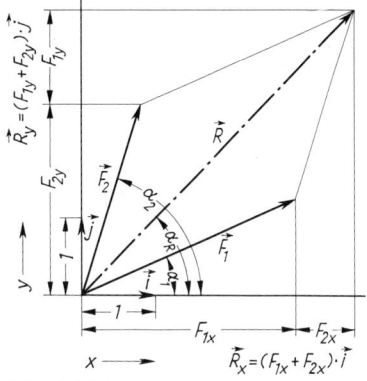

$$F_{ix} = F_i \cdot \cos\alpha_i \qquad F_{iy} = F_i \cdot \sin\alpha_i.$$

In Vektorschreibweise sieht diese Zerlegung so aus:

$$\vec{F}_i = F_{ix} \cdot \vec{i} + F_{iy} \cdot \vec{j};$$

dabei ist $\vec{i}$ der E i n h e i t s - oder E i n s v e k t o r in R i c h t u n g der p o s i t i v e n x-A c h s e und $\vec{j}$ der E i n s v e k t o r in R i c h t u n g der p o s i t i v e n y-A c h s e; jeder Einsvektor hat den Betrag 1.

3.16 Addition zweier Vektoren

Die Komponenten F_{ix} und F_{iy} erhalten das positive Vorzeichen, wenn sie in die Richtungen der positiven Achsen x und y zeigen; bei entgegengesetztem Richtungssinn sind sie negativ. Die Vorzeichen ergeben sich automatisch aus den Vorzeichen der Winkelfunktionen, wenn wir die Winkel α_i von der positiven x-Achse aus linksherum (im mathematischen Sinn) von $0°$ bis $360°$ messen (Bild **3**.17). Bei praktischen Aufgaben erweist es sich jedoch meist als zweckmäßiger, mit α_i den kleineren Winkel zwischen der Kraft F_i und der x-Achse zu bezeichnen $(0° \leq \alpha_i \leq 90°)$ und die Vorzeichen der Komponenten nach dem Lageplan festzulegen.

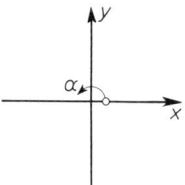

3.17 Positive Richtungen von x, y und α

3.18 Richtungsbestimmung in den vier Quadranten

$$\text{für } \tan\alpha_R = \frac{R_y}{R_x}$$

Nach dem Zerlegen der Kräfte in x- und y-Komponenten liegen sowohl in der x-Achse als auch in der y-Achse Komponentenvektoren mit gleicher Wirkungslinie, die jeweils a l g e - b r a i s c h a d d i e r t werden können. Die Summe der Komponentenvektoren in der x-Achse ist die x-Komponente der Resultierenden, die Summe der Komponentenvektoren in der y-Achse ist die y-Komponente der Resultierenden:

$$F_{1x} + F_{2x} = R_x \qquad\qquad F_{1y} + F_{2y} = R_y$$

oder in vektorieller Schreibweise

$$F_{1x} \cdot \vec{i} + F_{2x} \cdot \vec{i} = R_x \cdot \vec{i} \qquad\qquad F_{1y} \cdot \vec{j} + F_{2y} \cdot \vec{j} = R_y \cdot \vec{j}$$

Die Komponenten der Resultierenden können nun mit Gl. (3.4) zur Resultierenden zusammengefaßt werden: $R = \sqrt{R_x^2 + R_y^2}$, und die Neigung der Resultierenden ergibt sich aus $\tan\alpha_R = R_y/R_x$. Der Winkel α_R liegt zwischen $0°$ und $360°$, bei seiner Festlegung ist nicht nur das Vorzeichen von $\tan\alpha_R$, sondern es sind auch die Vorzeichen von R_y und R_x zu beachten (Bild **3**.18).

Der für zwei Vektoren erläuterte zweite Weg läßt sich auch mit beliebig vielen Vektoren beschreiten: Jeder der beliebig vielen Vektoren wird in x- und y-Komponente zerlegt, gleiche Komponenten werden algebraisch addiert. Die algebraische Addition drücken wir zweckmäßigerweise durch das Summenzeichen aus; bei n Vektoren schreiben wir also

$$R_x = \sum_{i=1}^{n} F_{ix} \qquad R_y = \sum_{i=1}^{n} F_{iy} \qquad R = \sqrt{R_y^2 + R_x^2} \qquad \tan \alpha_R = \frac{R_y}{R_x} \qquad (3.5)$$

hierbei ist i die laufende Variable und nicht mit dem Einsvektor $\vec{i}$ zu verwechseln. – Bei mehreren Kräften ist es übersichtlicher, die Rechnung tabellarisch durchzuführen, wie es in Beispiel 3 gezeigt wird.

Beispiel 4   Gesucht ist die Resultierende aus Winddruck und Windsog für das Dach nach Bild **3.19**. Die Belastungen je m² Dachfläche wurden im Beispiel 4 des Abschnitts 2.3.3 ermittelt; sie haben die Größe

$$w_d = 0,499 \text{ kN/m}^2 \qquad\qquad w_s = 0,480 \text{ kN/m}^2$$

1. Geometrische Größen

$$\text{Dachneigung } \alpha = 41,18° \qquad\qquad h = 5,00 \cdot \tan 41,18° = 4,374 \text{ m}$$
$$l_s = 5,00/\cos 41,18° = 6,643 \text{ m}$$

2. Windkräfte und ihre Komponenten

Wir berechnen die Kräfte für einen lfd. m Hauslänge

$$W_d = 0,499 \cdot 6,643 = 3,315 \text{ kN} \qquad\qquad W_{dx} = W_d \cdot \sin \alpha = 2,183 \text{ kN} \rightarrow$$
$$W_{dy} = W_d \cdot \cos \alpha = 2,495 \text{ kN} \downarrow$$
$$W_s = 0,480 \cdot 6,643 = 3,189 \text{ kN} \qquad\qquad W_{sx} = W_s \cdot \sin \alpha = 2,100 \text{ kN} \rightarrow$$
$$W_{sy} = W_s \cdot \cos \alpha = 2,400 \text{ kN} \uparrow$$

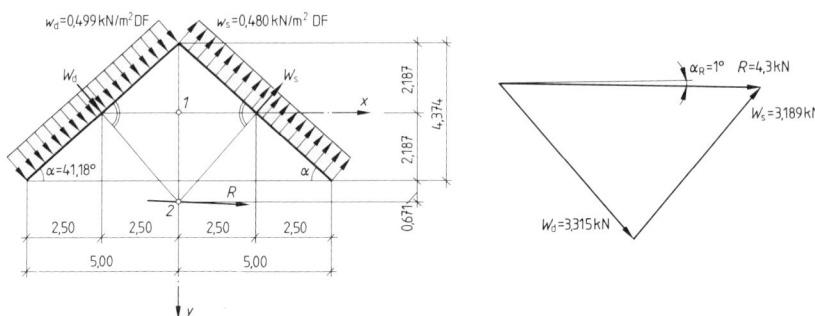

3.19 Resultierende aus W_d und W_s, Lage-   3.20 Resultierende aus W_d und W_s, Kraft-
      plan   eck

3. Zeichnerische Lösung

Die resultierenden Windkräfte W_d und W_s greifen in den Mitten der beiden Dachflächen an und sind jeweils senkrecht zu ihrer Dachfläche gerichtet. Ihre Wirkungslinien schneiden sich im Punkt 2, durch ihn geht die Wirkungslinie der Resultierenden R. Damit ist die Lage der Resultierenden im Lageplan festgelegt. Betrag und Richtung der Resultierenden erhalten wir im Krafteck Bild **3.20**; wir messen $R = 4,3$ kN; $\alpha_R = 1°$

Beispiel 4 **4. Rechnerische Lösung**
Forts.   Die Komponenten der Resultierenden haben die Beträge

$$\overset{\pm}{\rightarrow} R_x = W_{dx} + W_{sx} = 2,183 + 2,100 = 4,282 \text{ kN} \rightarrow$$

$$\downarrow + R_y = W_{dy} - W_{sy} = 2,495 - 2,400 = 0,095 \text{ kN} \downarrow$$

Betrag und Richtung der Resultierenden errechnen wir zu

$$R = \sqrt{R_x^2 + R_y^2} = 4,283 \text{ kN} \searrow \quad \alpha_R = \arctan(R_y/R_x) = 1,27°$$

Die Wirkungslinie der Resultierenden schneidet die y-Achse im Punkt mit der Ordinate

$$y_2 = 2,50/\tan 41,18° = 2,858 \text{ m}.$$

Beispiel 5 Ein über eine Rolle geführtes Seil hat eine Zugkraft von $S = 5$ kN zu übertragen. Die Resultierende aus beiden Kräften ist zu bestimmen (3.21).

Bei relativ großen Rollendurchmessern, wie sie im Bauwesen und Kranbau vorkommen, kann die Biegesteifigkeit des Seiles vernachlässigt und die Berechnung allein auf Zug durchgeführt werden. Dadurch wird die Betrachtung sehr einfach: Das Seil und damit die Seilkräfte werden zwar über die Rolle umgelenkt, aber in der Ruhelage (Gleichgewichtslage) müssen die Seilkräfte auf beiden Seiten der Rolle gleich groß sein. Die Reibung zwischen Rolle und Rollenlager wird vernachlässigt.

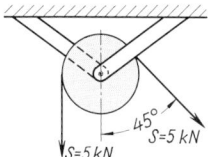 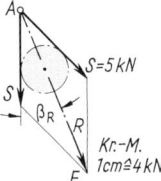

3.21 Seilrolle   3.22 Kräfteparallelogramm

a) Lösung mit Kräfteparallelogramm (3.22). Die Seilkräfte schneiden sich im Punkt A. Von diesem Schnittpunkt aus werden die Kräfte im gewählten Maßstab angetragen, durch den Endpunkt jeder Kraft wird die Parallele zur anderen Kraft gezogen. Das so entstehende Kräfteparallelogramm ist eine Raute. Die von A ausgehende Diagonale ist Resultierende nach Lage, Betrag und Richtung; sie geht durch das Lager der Rolle. Nach Messung ist

$$R = 2,3 \cdot 4 = 9,2 \text{ kN} \qquad \beta_R = 22,5°$$

b) Lösung mit Krafteck. Die Kräfte werden im Kräfteplan (3.23) aneinandergereiht, womit R nach Betrag und Richtung gefunden ist; ihre Lage ist durch den Schnittpunkt der Seilkräfte in der Hauptfigur gegeben. Die Ergebnisse sind die gleichen wie in Lösung a).

c) Rechnerische Lösung. Am schnellsten wird die Aufgabe mit einer Skizze des Kraftecks (3.24) gelöst. Das Krafteck ist ein gleichschenkliges Dreieck. Aus dem Außenwinkel von 45° ergeben sich die beiden nicht anliegenden Innenwinkel als halb so groß, somit

$$\beta_R = 22,5°$$

Weiter ist $R/2 = S \cdot \cos\beta_R = 5 \cdot 0,923 = 4,62 \text{ kN}$ $R = 2 \cdot 4,62 = 9,24 \text{ kN}$

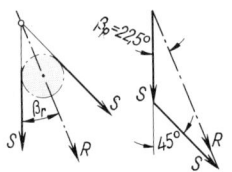 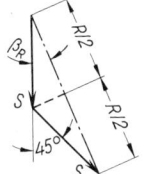

3.23 Hauptfigur und Krafteck   3.24 Skizze des Kraftecks

Beispiel 6 Als Kontrolle einer elektronischen Berechnung soll die Resultierende der auf das Lager *a* wirkenden Stabkräfte des Fachwerks nach Bild **3.15** zeichnerisch und rechnerisch ermittelt werden.

a) Zeichnerische Lösung. Dem Krafteck **3.**15c, in dem gezeigt wird, daß die Reihenfolge der Kräfte beliebig ist, entnehmen wir durch Messen

$$R = 37,4 \text{ kN} \qquad\qquad \alpha_R = 74,5°$$

b) Rechnerische Lösung. Wir arbeiten mit Winkeln α' zwischen $0°$ und $360°$, die gemäß **3.**25 zwischen der positiven *x*-Achse und der vom Koordinatenursprung wegweisenden Kraft l i n k s h e r u m zu messen sind. Zweckmäßigerweise führen wir die Rechnung t a b e l l a - r i s c h durch (**3.**26).

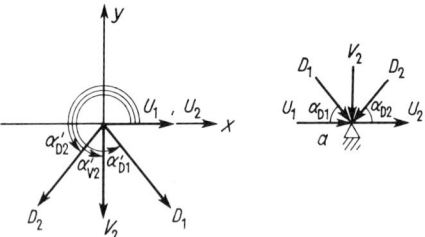

3.25
Winkel der Stabkräfte am Lager *a* des Fachwerkträgers Bild **3.**15

Tafel **3.**26   Berechnung von R_x und R_y

Kraft	Betrag in kN	Winkel α' in °	Winkelfunktion $\sin\alpha'$	$\cos\alpha'$	$F_y = F\sin\alpha'$ in kN	$F_x = F\cos\alpha'$ in kN
U_1	5,00	0	0	1,000	0	+ 5,0
D_1	7,81	309,81	− 0,7628	+ 0,6402	− 6,0	+ 5,0
V_2	12,00	270,00	− 1,0000	0	− 12,0	0
D_2	23,43	230,19	− 0,7682	− 0,6402	− 18,0	− 15,0
U_2	15,00	0	0	+ 1,000	0	+ 15,0

$$R_y = -36,0; \qquad R_x = +10,0$$

In dieser Tabelle stimmen die p o s i t i v e n   K r a f t r i c h t u n g e n mit den p o s i t i v e n   K o o r - d i n a t e n r i c h t u n g e n überein (**3.**25): nach r e c h t s und nach o b e n gerichtete Komponenten sind p o s i t i v. Die Vorzeichen der K o m p o n e n t e n sind dann gleich den Vorzeichen der W i n k e l f u n k t i o n e n $\sin\alpha'$ und $\cos\alpha'$, brauchen also nicht nach der Anschauung festgesetzt zu werden.

Aus den Komponenten der Resultierenden berechnen wir mit Pythagoras

$$R = \sqrt{R_y^2 + R_x^2} = \sqrt{36^2 + 10^2} = 37,36 \text{ kN}$$

Wegen $R_y < 0$ und $R_x > 0$ liegt die Resultierende im 4. Quadranten (s. **3.**18), und wir erhalten

$$\alpha_R = \arctan(R_y/R_x) = \arctan(-36,0/(+10)) = -74,48° = +285,52°$$

Die Resultierende *R* ist die B e l a s t u n g des Lagers *a* (a c t i o, A k t i o n s k r a f t); ihr hält die L a g e r k r a f t *A* (r e a c t i o, R e a k t i o n s k r a f t) das Gleichgewicht (s. Abschn. 4).

3.2.2   Die Wirkungslinien der Kräfte schneiden sich in verschiedenen Punkten der Zeichenfläche

Die Einschränkung im vorigen Abschnitt, daß die Wirkungslinien sich in einem Punkt schneiden, wird nun fallengelassen. Die Kräfte liegen verstreut in der Ebene, sie bilden ein allgemeines ebenes Kräftesystem. Zunächst wird noch vorausgesetzt, daß die Kraftvektoren sich in verschiedenen Punkten der Zeichenfläche schneiden. Für das Zusammensetzen und das Zerlegen der Kräfte gibt es wieder zeichnerische und rechnerische Verfahren. Zunächst stellen wir zwei graphische Methoden vor.

3.2.2.1 Zeichnerische Lösungen

1. Schrittweises Zusammensetzen. Betrag und Richtung der Resultierenden finden wir wieder durch Aneinanderreihen der Kräfte im Krafteck. Außer der Resultierenden werden im Krafteck sämtliche von Anfangspunkt A des Kräftezuges ausgehenden Teilresultierenden gezeichnet und nacheinander durch Parallelverschiebung in den Lageplan übertragen. Der Schnittpunkt der Wirkungslinien von letzter Teilresultierender und letzter Kraft ist ein Punkt der Wirkungslinie der Resultierenden.

So ergeben z. B. in Bild **3.**27 die Kräfte F_1 und F_2 zunächst die Teilresultierende $R_{1,2}$, die durch den Schnittpunkt a dieser beiden Kräfte verlaufen muß. $R_{1,2}$ mit F_3 zusammengesetzt ergibt die Teilresultierende $R_{1,2,3}$, die durch den Schnittpunkt b von $R_{1,2}$ und F_3 geht, und so fort, bis man zur Resultierenden R aller Kräfte gelangt.

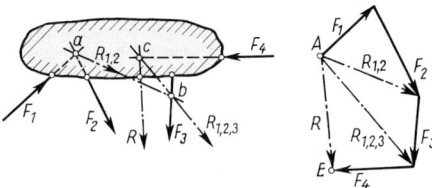

3.27 Schrittweises Zusammensetzen der Kräfte

Beispiel 7 Für die den halben Mansardendachbinder (**3.**28) belastenden Einzelkräfte ist die Resultierende zeichnerisch zu bestimmen.

Im vorliegenden Falle setzen wir zweckmäßigerweise zuerst W_1 und F_1 sowie W_2 und F_2 zu Teilresultierenden R_1 und R_2 zusammen, die wir im Punkt a zum Schnitt bringen. Durch diesen Punkt muß R_3 gehen, die F_3 im Punkt b schneidet. Dieser ist schließlich ein Durchgangspunkt für die Gesamtresultierende R. Durch Messen finden wir

$$R = 7{,}1 \cdot 5 = 35{,}5 \text{ kN} \qquad \alpha_R = 75° \qquad x = 3{,}45 \text{ m} \quad \text{bzw.} \quad x' = 2{,}70 \text{ m}$$

3.28 Mansardendachbinder mit Wind- und lotrechten Lasten

Beispiel 8 Für die Stützmauer nach Bild **3.**29 ist die Resultierende in der Bodenfuge zeichnerisch zu ermitteln. Wir untersuchen einen laufenden m Stützmauer, verzichten aber bei den Einheiten auf die Angabe „je lfd. m".

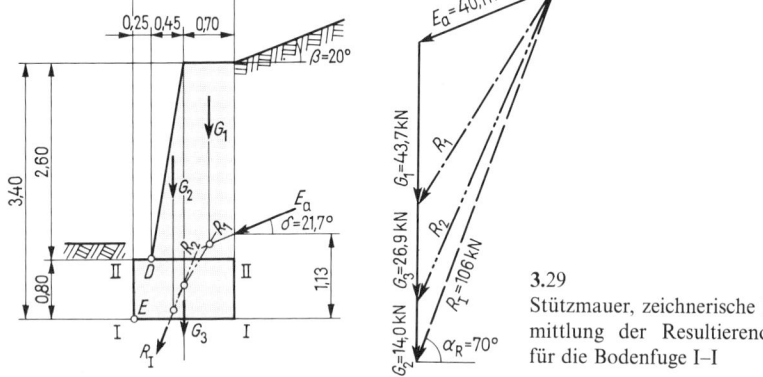

3.29
Stützmauer, zeichnerische Ermittlung der Resultierenden für die Bodenfuge I–I

Berechnung des Erddrucks (s. [4]). Die Hinterfüllung besteht aus mitteldicht gelagertem Kies-Sand. $E_a = 0,5 \cdot \gamma \cdot h^2 \cdot K_a$. Der Erddruckbeiwert K_a ergibt sich bei Geländeneigung $\beta = 20°$, Winkel zwischen Mauerrückwand und Vertikale $\alpha = 0°$, Reibungswinkel der Hinterfüllung $\varphi = 32,5°$ und Wandreibungswinkel $\delta = 2/3\,\varphi = 21,7°$ zu $K_a = 0,3649$.

Mit der Wichte des Bodens $\gamma = 19\ \mathrm{kN/m^3}$ erhalten wir

$$E_a = 0,5 \cdot 19 \cdot 3,40^2 \cdot 0,3649 = 40,1\ \mathrm{kN}$$

Berechnung der Eigenlast der Mauer. Wir teilen den Mauerquerschnitt gemäß Bild **3.**29 in zwei Rechtecke und ein Dreieck, setzen $\gamma = 24\ \mathrm{kN/m^3}$ für Beton B 15 an und ermitteln

$$
\begin{aligned}
G_1 &= 0,70 \cdot 2,60 \cdot 24 = 43,7\ \mathrm{kN} \\
G_2 &= 0,5 \cdot 0,45 \cdot 2,60 \cdot 24 = 14,0\ \mathrm{kN} \\
G_3 &= 1,40 \cdot 0,80 \cdot 24 = 26,9\ \mathrm{kN} \\
\hline
\text{Gesamtlast } G & = 84,6\ \mathrm{kN}
\end{aligned}
$$

Aus diesen Kräften konstruieren wir in der Reihenfolge $E_a\, G_1\, G_3\, G_2$ ein K r a f t e c k, und in dieses Krafteck zeichnen wir die T e i l r e s u l t i e r e n d e n R_1 aus E_a und G_1, R_2 aus E_a, G_1 und G_3 sowie die G e s a m t r e s u l t i e r e n d e R_I ein. Das s c h r i t t w e i s e Z u s a m m e n s e t-z e n geht dan folgendermaßen vor sich:

1. Wir bringen im Lageplan die Wirkungslinien von E_a und G_1 zum Schnitt und zeichnen durch den Schnittpunkt die Wirkungslinie von R_1 parallel zu R_1 im Krafteck.

2. Wir bringen die Wirkungslinien von R_1 und G_3 zum Schnitt und zeichnen durch den Schnittpunkt die Wirkungslinie von R_2 parallel zu R_2 im Krafteck.

3. Wir bringen die Wirkungslinien von R_2 und G_2 zum Schnitt und zeichnen durch den Schnittpunkt die Wirkungslinie der Gesamtresultierenden R_I parallel zur Gesamtresultie-renden im K r a f t e c k.

Diese Konstruktion liefert n i c h t die R e s u l t i e r e n d e R_{II} der in der F u n d a m e n t f u g e II–II übertragenen Kräfte. Wenn wir im Zuge des schrittweisen Zusammensetzens R_{II} erhalten wollen, müssen wir den Erddruck E_a in die oberhalb und unterhalb der Fuge II–II angreifenden Erddrücke

$$E_{a1} = 0,5 \cdot \gamma \cdot h_1^2 \cdot K_a = 0,5 \cdot 19 \cdot 2,60^2 \cdot 0,3649 = 23,4\ \mathrm{kN}$$

Beispiel 8 und $E_{a2} = 0.5 \cdot \gamma (h_1 + h)(h - h_1) K_a = 0.5 \cdot 19 (2.60 + 3.40)(3.40 - 2.60) 0.3649$
Forts. $= 16.6 \text{ kN}$

aufspalten und die Kräfte in der Reihenfolge $E_{a1} G_1 G_2 G_3 E_{a2}$ zusammensetzen (**3.30**). Die zweite Teilresultierende aus E_{a1}, G_1 und G_2 ist dann die Resultierende R_{II} in der Fuge II–II. Um die Übersichtlichkeit zu wahren, wurde als nächster Schritt die Teilresultierende R_3 aus G_3 und E_{a2} gebildet, die dann im letzten Schritt mit R_{II} zur Resultierenden R_I der Bodenfuge zusammengesetzt wurde.

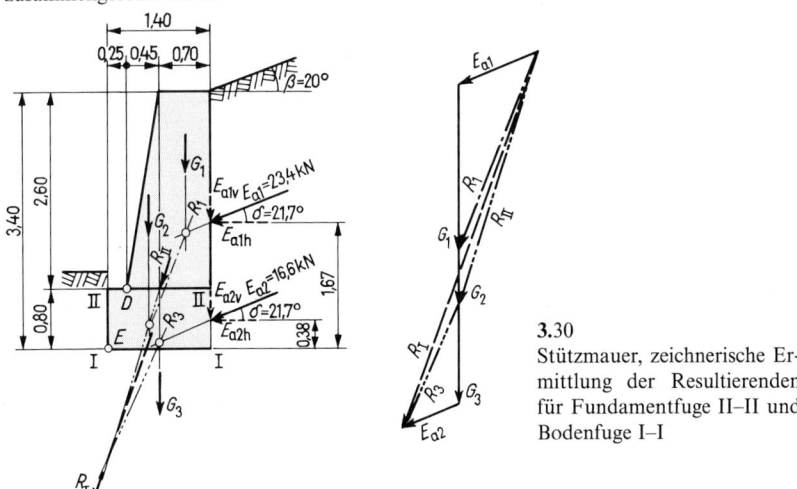

3.30
Stützmauer, zeichnerische Ermittlung der Resultierenden für Fundamentfuge II–II und Bodenfuge I–I

2. Schrittweises Zerlegen in drei Richtungen, die sich nicht in einem Punkt schneiden. Dieses von Culmann stammende Verfahren setzt ferner voraus, daß die drei Richtungen nicht alle einander parallel sind und daß sie sich nicht auf der Wirkungslinie der Resultierenden schneiden. Durch schrittweises Zerlegen nach jeweils zwei Richtungen gelangen wir bei Kräften in der Ebene zu einer eindeutigen Lösung, wie sie Bild **3.31** für den Fall einer Ufermauer auf Pfahlrost veranschaulicht.

Wir bringen die auf den Pfahlrost wirkende Resultierende R zunächst mit einer Pfahlkraft (S_1) zum Schnitt. Durch diesen Schnittpunkt a muß auch die Teilresultierende $R_{2,3}$ der beiden anderen Pfahlkräfte S_2 und S_3 hindurchgehen. Ein zweiter Punkt, durch den $R_{2,3}$ hindurchgehen muß, ist der Schnittpunkt b der Pfahlkräfte S_2 und S_3. Ziehen wir die Culmannsche Hilfsgerade ab, so läßt sich R zunächst in a nach S_1 und $R_{2,3}$ zerlegen. $R_{2,3}$ kann dann in b in die Pfahlkräfte S_2 und S_3 eindeutig zerlegt werden. Die beiden vorderen Pfahlreihen S_1 und S_2 haben danach Druckkräfte, die hintere S_3 dagegen hat Zugkräfte aufzunehmen.

Die Zerlegung einer Kraft nach mehr als drei Richtungen, die in derselben Ebene liegen, läßt wieder unendlich viele Lösungen zu, auch wenn sich die Kräfte in verschiedenen Punkten schneiden. Die Aufgabe ist wieder statisch unbestimmt.

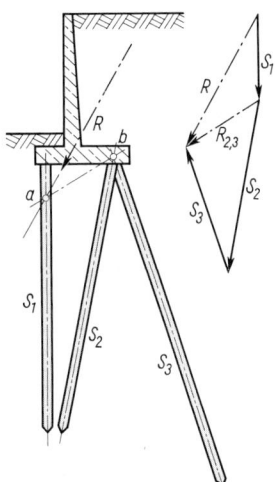

3.31 Zerlegen einer Resultierenden in drei Richtungen, die sich nicht in einem Punkt schneiden

3.2.2.2 Drehmoment und Momentenvektor

Bei der rechnerischen Ermittlung der Resultierenden eines allgemeinen Kräftesystems benötigen wir die Drehmomente, statischen Momente oder kurz Momente von Kräften und die zugehörigen Momentenvektoren.

Unter dem statischen Moment der Kraft F bezüglich des Punktes 1 verstehen wir das Produkt aus der Kraft F und dem Abstand a_1 des Punktes 1 von der Wirkungslinie der Kraft F (3.32a):

$$M_1 = F \cdot a_1 \text{ kNm} \tag{3.6}$$

Der Punkt 1 ist hierbei der Momentenbezugspunkt, Bezugspunkt oder Drehpunkt, und a_1 ist der Hebelarm der Kraft.

Zur Veranschaulichung stellen wir uns eine Scheibe vor (3.32b), die im Punkt 1 drehbar gelagert ist. Unter der Wirkung der Kraft F würde sie sich um den Punkt 1 drehen, wenn sie nicht durch den Stab 23 daran gehindert würde. Für die Größe der Drehwirkung ist nicht nur der Betrag der Kraft F, sondern auch die Länge des Hebelarms a_1 von Bedeutung: Das Produkt aus Kraft und Hebelarm, eben das Moment, ist das Maß für die Größe der Drehwirkung. In Bild 3.32 b würde die Drehung um den Punkt 1 rechtsherum erfolgen ($\curvearrowright$); diese Angabe ist nötig, um das Moment eindeutig zu bestimmen, und sie zeigt, daß das Moment eine gerichtete Größe oder ein Vektor ist.

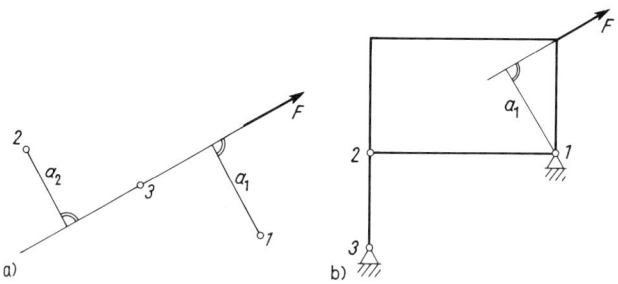

3.32
Momente der Kraft F

Für den Momentenbezugspunkt 2 gilt sinngemäß (3.32a)

$$M_2 = F \cdot a_2 \text{ linksdrehend } (\curvearrowleft),$$

und für den Momentenbezugspunkt 3 ergibt sich

$$M_3 = F \cdot a_3 = F \cdot 0 = 0, \text{ in Worten:}$$

Das statische Moment einer Kraft für einen Punkt ihrer Wirkungslinie ist gleich Null.

In unseren Rechnungen unterscheiden wir die Drehrichtungen durch Vorzeichen, indem wir einen Drehsinn als positiv, den anderen als negativ festsetzen; wir vereinbaren also z. B.: Linksdrehende Momente sind positiv ($\oplus$).

Der Baustatik liegt der Zustand der Ruhe zugrunde; ein Drehen von Bauteilen unter der Wirkung von Momenten soll nicht stattfinden. Wir sprechen daher nur von dem Bestreben einer Kraft, eine Drehbewegung um den Bezugspunkt zu erzeugen. Anders als im Maschinenbau, wo z. B. bei einem Kurbeltrieb im Laufe der Drehung der Kurbel die Kraft in der Pleuelstange ständig ihre Richtung ändert (**3.33**), behalten die Kräfte in der Statik im allgemeinen auch bei Verformungen der Tragwerke ihre Richtung bei; die Kräfte in der Statik sind im Rahmen der in diesem Teil behandelten Probleme r i c h t u n g s t r e u.

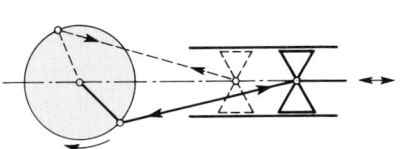

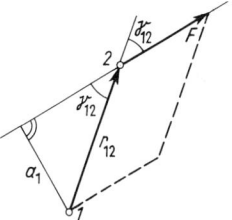

3.33 Richtungsänderungen der Kraft in der Pleuelstange

3.34 Ortsvektor r_{12} und Hebelarm a_1 der Kraft F

In den vorstehenden Ausführungen haben wir noch nicht mit dem M o m e n t e n v e k t o r $\vec{M}$, sondern nur mit seinem B e t r a g $|\vec{M}| = M = F \cdot a_1$ und seinem D r e h s i n n gearbeitet, wie es beim Aufstellen statischer Berechnungen allgemein üblich ist. Wenn wir nun zur Vertiefung und weiteren Veranschaulichung den Momentenvektor $\vec{M}$ darstellen wollen, schreiben wir das Moment als V e k t o r p r o d u k t aus O r t s v e k t o r und K r a f t v e k t o r:

$$\vec{M}_1 = \vec{r}_{12} \times \vec{F} \tag{3.7}$$

Der Ortsvektor r_{12} zeigt vom Momentenbezugspunkt *1* zum Anfangspunkt des Kraftvektors F im beliebigen Punkt *2* der Wirkungslinie der Kraft (**3.34**). D e r M o m e n t e n v e k t o r $\vec{M}_1$ s t e h t a u f d e r d u r c h $\vec{r}_{12}$ u n d $\vec{F}$ b e s t i m m t e n E b e n e s e n k r e c h t, u n d d i e d r e i V e k t o r e n $\vec{r}_{12}, \vec{F}, \vec{M}$ b i l d e n i n d i e s e r R e i h e n f o l g e e i n R e c h t s s y s t e m. Was das bedeutet, können wir mit d r e i F i n g e r n d e r r e c h t e n H a n d zeigen: Halten wir den D a u m e n in die Richtung von r_{12} und den Z e i g e-f i n g e r in die Richtung von F, dann weist der rechtwink-lig zur Ebene von Daumen und Zeigefinger abgeknickte M i t t e l f i n g e r in die Richtung des Momentenvektors $\vec{M}$ (Rechte-Hand-Regel). Eine andere Veranschaulichung liefert eine S c h r a u b e m i t R e c h t s g e w i n d e, deren Längsachse im Punkt *1* auf der durch r_{12} und F bestimm-ten Ebene senkrecht steht (**3.35**): D r e h e n w i r d i e S c h r a u b e i m S i n n e d e s M o m e n t s $F \cdot a_1$, s o v e r-schiebt sie sich in Richtung des Momenten-v e k t o r s.

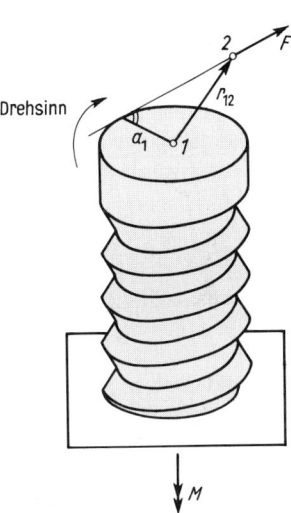

3.35 Bestimmung der Richtung des Momentenvektors mit Hilfe einer rechtsgängigen Schraube

Im Beispiel des Bildes **3.34** zeigt der Momentenvektor n a c h u n t e n; zur Unterscheidung von Kraftvektoren geben wir ihm z w e i P f e i l s p i t z e n (**3.35** und **3.36**).

Wollen wir den Momentenvektor in der Ebene von Ortsvektor und Kraftvektor darstellen, zeichnen wir einen K r e i s m i t P u n k t, wenn der Momentenvektor a u f u n s z u w e i s t, und einen K r e i s m i t K r e u z, wenn der Momentenvektor v o n u n s w e g weist. Der Punkt bedeutet die S p i t z e, das Kreuz die F i e d e r u n g des Pfeils (**3.37**).

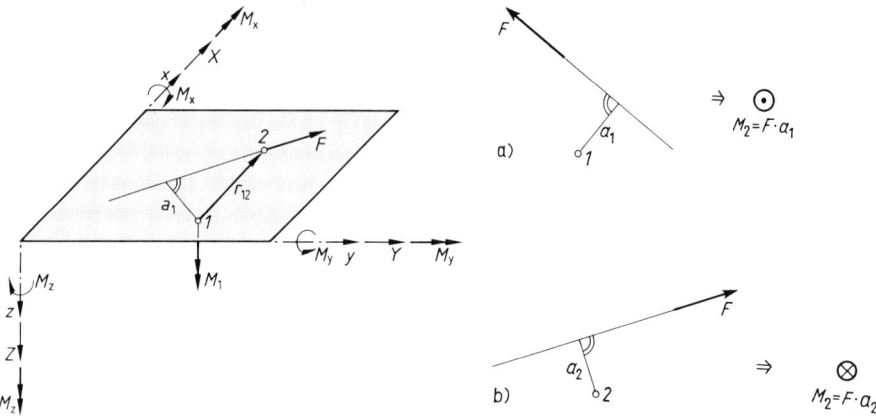

3.36 Ortsvektor, Kraftvektor und Momentenvektor in axonometrischer Darstellung, positive Achs- und Kraftrichtungen und Drehsinne nach DIN 1080

3.37 Darstellung eines senkrecht zur Zeichenebene stehenden Momentenvektors
a) Vektor weist auf den Betrachter hin
b) Vektor weist vom Betrachter weg

Die Festlegung des positiven Drehsinns für Momente in der horizontalen Zeichenebene
ist gleichbedeutend mit der Entscheidung, ob nach o b e n oder u n t e n weisende
M o m e n t e n v e k t o r e n das p o s i t i v e V o r z e i c h e n e r h a l t e n. DIN 1080 T I (6.76)
bringt die in Bild 3.36 angegebenen Regeln für positive K o o r d i n a t e n r i c h t u n g e n, K r a f t - und
Momentenvektoren und nennt das dadurch gegebene Koordinatensystem r e c h t w i n k l i g
und r e c h t s d r e h e n d. Die Momente sind in Bild 3.36 doppelt dargestellt, nämlich als um
die Koordinatenachsen gekrümmte Pfeile und als Momentenvektoren mit zwei Pfeilspitzen.

Beim V e k t o r p r o d u k t gilt n i c h t das k o m m u t a t i v e G e s e t z, das Gesetz von der
V e r t a u s c h b a r k e i t d e r F a k t o r e n. Mit Hilfe der Rechte-Hand-Regel läßt sich ableiten

$$\vec{a} \times \vec{b} = -\vec{b} \times \vec{a}.$$

Der B e t r a g des Momentenvektors ist

$$|\vec{M}_1| = M_1 = r_{12} \cdot F \cdot \sin \gamma_{12}$$

Wie Bild 3.34 zeigt, ist $r_{12} \cdot \sin\gamma_{12} = a_1$, so daß wir Gl. (3.7) in Gl. (3.6) umwandeln
können. Gl. (3.7) erlaubt es, den Betrag des Momentes M_1 als F l ä c h e n i n h a l t d e s

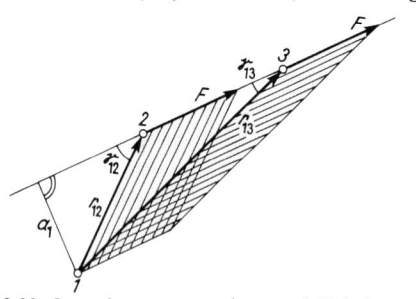

3.38 Ortsvektoren r_{12} und r_{13} und Hebelarm a_1
der Kraft F

P a r a l l e l o g r a m m s darzustellen, das
v o n d e n V e k t o r e n $\vec{r}_{12}$ und $\vec{F}$ a u f g e -
s p a n n t w i r d.

Bild 3.38 zeigt das zum Ortsvektor $\vec{r}_{12}$ gehö-
rende Parallelogramm noch einmal; außer-
dem ist das Parallelogramm gezeichnet, das
sich nach Verschieben der Kraft in den
Punkt 3 mit dem Ortsvektor $\vec{r}_{13}$ ergibt. Wie
wir sehen, besitzen alle Parallelogramme,
die mit einem vom Bezugspunkt *I* ausgehenden Ortsvektor $\vec{r}_{li}$ und der im Punkt *i*
($i = 2, 3 \ldots$) ihrer Wirkungslinie angreifen-

den Kraft $\vec{F}$ gezeichnet werden, denselben Flächeninhalt. Eine Verschiebung der Kraft F in ihrer Wirkungslinie ändert nichts an ihrem Moment bezüglich des beliebigen Punktes 1.

Da der Betrag des Momentenvektors vom Bezugspunkt abhängt, ist der Vektor des Moments einer Kraft bezüglich eines Punktes an diesen Bezugspunkt gebunden, seine Bestimmungsstücke sind

1. Betrag, bestehend aus Zahlenwert oder Maßzahl und Maßeinheit

2. Drehsinn

3. Bezugspunkt.

Im Gegensatz dazu ist der Vektor des Moments eines Kräftepaares, den wir im Abschn. 3.3 kennenlernen werden, ein freier Vektor mit den Bestimmungsstücken Betrag und Drehsinn.

Beim Übergang von ebenen zu räumlichen Problemen (s. Abschn. 3.4) wird der in diesem Abschnitt eingeführte Momentenbezugspunkt zum Durchstoßpunkt der auf der betrachteten (x, y)-Ebene senkrecht stehenden, zur z-Achse parallelen Momentenbezugsachse.

3.2.2.3   Momentensatz

Für die folgende Betrachtung wird vorausgesetzt, daß die Kräfte in der (x, y)-Ebene wirken. Dann zeigt der resultierende Momentenvektor gemäß Abschn. 3.2.2.2 in die Richtung der positiven oder negativen z-Achse.

1. Betrachtung des Moments einer Kraft und der Summe der Momente ihrer rechtwinkligen Komponenten (3.39). Das statische Moment wird für den Drehpunkt D aufgestellt. In diesen Punkt legen wir ein rechtwinkliges (x, y)-Koordinatensystem. Linksherum drehende Momente erhalten das positive Vorzeichen. Das Moment der Kraft F ist

$$M_F = F \cdot a$$

Die Summe der Momente der Komponenten ist

$$M_K = F_y \cdot x_A - F_x \cdot y_A \qquad (3.8)$$

3.39 Momentensatz

Nach Einführung des Winkels α können wir schreiben

$$M_K = F \cdot x_A \cdot \sin\alpha - F \cdot y_A \cdot \cos\alpha = F(x_A \cdot \sin\alpha - y_A \cdot \cos\alpha)$$

Nun ist im $\triangle DBE$ $\overline{EB} = x_A \cdot \sin\alpha$ und im $\triangle ABC$ $\overline{BC} = y_A \cdot \cos\alpha$; aus Bild **3.39** ergibt sich weiter

$$x_A \cdot \sin\alpha - y_A \cdot \cos\alpha = \overline{EB} - \overline{BC} = a$$

Somit erhalten wir

$$M_K = M_F = F \cdot a$$

In Worten: **Für jeden beliebigen Punkt ist das Moment einer Kraft gleich der Summe der Momente der rechtwinkligen Komponenten dieser Kraft.**

Nach einer leichten Abwandlung (Bild **3.**40) können wir dieses Beispiel mit dem Ortsvektor $\vec{r}$ und seinen Komponenten $r_x \cdot \vec{i}$ und $r_y \cdot \vec{j}$ in Vektorschreibweise darstellen:

$$\vec{M} = \vec{r} \times \vec{F} = (r_x \cdot \vec{i} + r_y \cdot \vec{j}) \times (F_x \cdot \vec{i} + F_y \cdot \vec{j})$$
$$= r_x F_x (\vec{i} \times \vec{i}) + r_y F_y (\vec{j} \times \vec{j}) + r_x F_y (\vec{i} \times \vec{j})$$
$$+ r_y F_x (\vec{j} \times \vec{i}).$$

Nun ist $\vec{i} \times \vec{i} = \vec{j} \times \vec{j} = 0$, da jeder Vektor, mit sich selbst vektoriell multipliziert, Null ergibt; ferner ist $\vec{i} \times \vec{j} = \vec{k}$ und $\vec{j} \times \vec{i} = -\vec{k}$: Das vektorielle Produkt zweier Einsvektoren ergibt je nach ihrer Reihenfolge den positiven oder negativen dritten Einsvektor. Wir erhalten schließlich

$$\vec{M} = \vec{k} (r_x F_y - r_y F_x)$$

Der Betrag dieses Moments ist

$$M = r_x F_y - r_y F_x$$

und ergibt mit $r_x = x_A$ und $r_y = y_A$ dasselbe wie Gl. (3.8) (**3.**40).

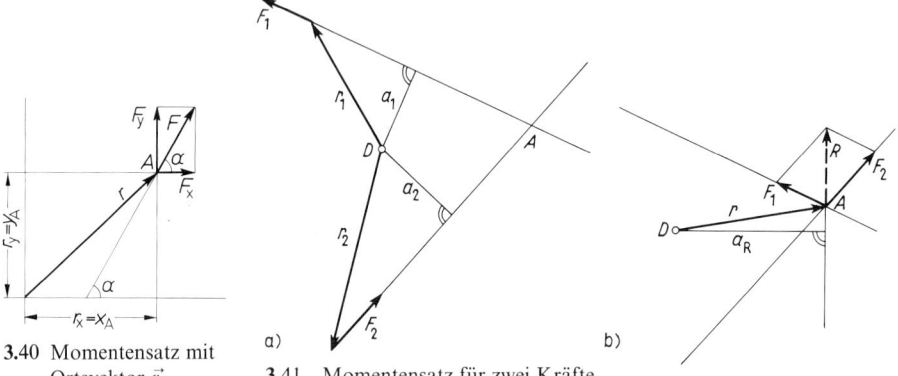

3.40 Momentensatz mit
         Ortsvektor $\vec{r}$

3.41   Momentensatz für zwei Kräfte

2. Betrachtung des Moments zweier Kräfte, deren Wirkungslinien sich in einem Punkt schneiden, und des Moments ihrer Resultierenden (3.41 a). Da sich das Moment einer Kraft nicht ändert, wenn wir sie in ihrer Wirkungslinie verschieben, lassen wir beide Kräfte im Schnittpunkt ihrer Wirkungslinien, dem Punkt A, angreifen (**3.**41 b). Für den Bezugspunkt D ergibt sich dann das Drehmoment aus den beiden Kräften in vektorieller Schreibweise

$$\vec{M}_D = \vec{r}_1 \times \vec{F}_1 + \vec{r}_2 \times \vec{F}_2 = \vec{r} \times \vec{F}_1 + \vec{r} \times \vec{F}_2$$

Da beide Kräfte denselben Ortsvektor $\vec{r}$ besitzen, kann dieser ausgeklammert werden:

$$\vec{M} = \vec{r} \times (\vec{F}_1 + \vec{F}_2)$$

In der runden Klammer steht jetzt die Vektorsumme der beiden Kräfte $\vec{F}_1 + \vec{F}_2 = \vec{R}$, die in Bild **3.**41 b zeichnerisch ermittelt wurde. Setzen wir diesen Wert ein, so erhalten wir

$$M_D = \vec{r} \times \vec{R}$$

Was hier für zwei Kräfte bewiesen wurde, läßt sich durch schrittweises Zusammensetzen auf beliebig viele Kräfte erweitern. Es gilt also ganz allgemein der M o m e n t e n s a t z

$$\sum_{i=1}^{n} (F_i a_i) = R \cdot a_R$$

worin a_i der Abstand der Kraft F_i und a_R der Abstand der Resultierenden R vom Drehpunkt ist, in Worten:

> **Die algebraische Summe der statischen Momente der Einzelkräfte um einen beliebigen Drehpunkt ist gleich dem statischen Moment der Resultierenden um denselben Drehpunkt.**

3.2.2.4 Rechnerische Ermittlung der Resultierenden

Für die rechnerische Ermittlung der Resultierenden von verstreut in der Ebene liegenden Kräften F_i ($i = 1 \ldots n$) ist es ohne Bedeutung, ob sich die Wirkungslinien der Kräfte a u f der Zeichenfläche schneiden oder nicht: Der Rechengang ist für jede Art eines allgemeinen ebenen Kräftesystems derselbe.

Zunächst ermitteln wir Betrag und Richtung der Resultierenden wie bei einem zentralen ebenen Kräftesystem mit den Gl. (3.5):

$$R_y = \sum_{i=1}^{n} F_{iy} \qquad R_x = \sum_{i=1}^{n} F_{ix} \qquad R = \sqrt{R_y^2 + R_x^2} \qquad \alpha_R = \arctan(R_y/R_x)$$

Als nächstes wählen wir einen beliebigen, aber günstig gelegenen Bezugspunkt D und berechnen für ihn die Summe der Momente aller Kräfte F_i. Dabei werden z. B. linksherum drehende Momente als positiv, rechtsherum drehende als negativ eingeführt. Das Ergebnis ist (vgl. Gl. (3.8))

$$\curvearrowleft M_D = \Sigma(F_i a_i) = \Sigma(F_{iy} x_i - F_{ix} y_i)$$

Damit haben wir das gegebene allgemeine ebene Kräftesystem a u f d e n P u n k t D r e d u - z i e r t : Die Wirkungen aller Kräfte F_i können ersetzt werden durch die Wirkung der im Punkt D angreifenden Resultierenden R zuzüglich der Wirkung des Momentes M_D.

Reduzieren wir die Kräfte F_i auf einen anderen Punkt, z. B. den Punkt E, so erhalten wir dieselbe Resultierende R_i, im allgemeinen jedoch ein Moment $M_E \neq M_D$.

Die Kräfte F_i wirken in der (x, y)-Ebene, die Momentenvektoren der einzelnen Kräfte wie auch die Vektoren M_D und M_E stehen senkrecht auf dieser Ebene, sind also Momente M_z.

Die Tatsache, daß die Resultierende R bezüglich der Punkte D und E ein Moment ausübt, bedeutet, daß diese Punkte nicht auf der Wirkungslinie der Resultierenden liegen. Mit Hilfe des umgeformten Momentensatzes können wir nun den Abstand der Wirkungslinie der Resultierenden von den Punkten D und E wie auch von jedem anderen Bezugspunkt ermitteln; es zeigt sich dabei, daß wir unabhängig vom Bezugspunkt immer dieselbe Wirkungslinie der Resultierenden erhalten.

Für den Punkt D ergibt sich (**3.**42)

$$R a_R = \Sigma(F_i a_i); \quad a_R = \Sigma(F_i a_i)/R = M_D/R$$

> In Worten: **Der Abstand der Resultierenden eines allgemeinen ebenen Kräftesystems vom Bezugspunkt D ist gleich der Summe der Momente aller Kräfte bezüglich dieses Punktes, dividiert durch den Betrag der Resultierenden.**

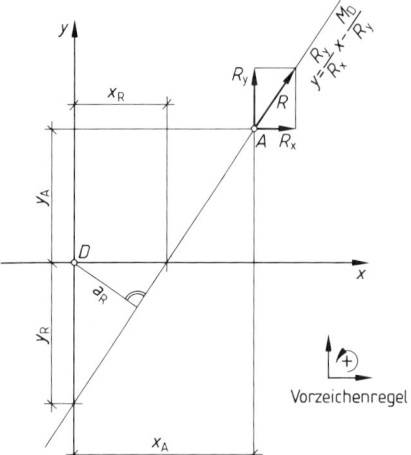

3.42 Wirkungslinie der Resultierenden, Gleichung und Achsenabschnitte x_R und y_R

Im allgemeinen interessiert nur der a b s o l u t e B e t r a g $|a_R|$; die R i c h t u n g, in die wir a_R vom Bezugspunkt D aus abtragen, ergibt sich anschaulich aus zwei Bedingungen:

1. a_R steht senkrecht auf der Wirkungslinie der Resultierenden,

2. die Resultierende muß bezüglich des Punktes D denselben Drehsinn haben wie die Summe der Momente der Kräfte.

Die praktische Durchführung des besprochenen Verfahrens wird an zwei Beispielen erläutert; zuvor wollen wir jedoch noch die G l e i c h u n g d e r W i r k u n g s l i n i e d e r R e s u l t i e r e n d e n ermitteln.

Wir legen dazu in den Momentenbezugspunkt D den Ursprung eines rechtwinkligen Koordinatensystems; die Resultierende verschieben wir in den beliebigen Punkt $A(x_A; y_A)$ ihrer Wirkungslinie und zerlegen sie dort in ihre Komponenten R_y und R_x.

Das Moment der Resultierenden können wir dann wie das Moment einer Kraft mit Hilfe von Gl. (3.8) ausdrücken (**3.42**):

$$M_D = R_y x_A - R_x y_A$$

In dieser Gleichung sind M_D, R_y und R_x konstante Werte und x_A, y_A die Koordinaten eines beliebigen, d. h. veränderlichen Punktes der Wirkungslinie der Resultierenden. Schreiben wir mit $x_A = x$ und $y_A = y$ die Veränderlichen ohne Fußzeiger und lösen wir nach y auf, so erhalten wir die G l e i c h u n g d e r W i r k u n g s l i n i e d e r R e s u l t i e r e n d e n

$$y = \frac{R_y}{R_x} x - \frac{M_D}{R_x} \qquad (3.9)$$

Bei der Aufstellung dieser Gleichung sind nach rechts und oben wirkende Kräfte sowie linksdrehende Momente positiv einzuführen; die positive x-Achse zeigt nach rechts, die positive y-Achse nach oben (**3.42**).

Gl. (3.9) können wir dazu benutzen, den horizontalen Abstand x_R und den vertikalen Abstand y_R der Wirkungslinie der Resultierenden vom Bezugspunkt D zu ermitteln:

$$\text{aus} \quad y = 0 \quad \text{folgt} \quad x = x_R = M_D/R_y$$
$$\text{aus} \quad x = 0 \quad \text{folgt} \quad y = y_R = -M_D/R_x \qquad (3.10)$$

Um den w a a g e r e c h t e n A b s t a n d e i n e r R e s u l t i e r e n d e n v o n e i n e m P u n k t zu erhalten, teilen wir das M o m e n t d e r R e s u l t i e r e n d e n bezüglich dieses Punktes durch die l o t r e c h t e K o m p o n e n t e der Resultierenden. Sinngemäß errechnen wir den l o t r e c h t e n A b s t a n d einer Resultierenden von einem Punkt, indem wir das Moment der Resultierenden bezüglich dieses Punktes durch die w a a g e r e c h t e K o m p o n e n t e der Resultierenden teilen.

Beim Reduzieren eines allgemeinen ebenen Kräftesystem auf einen Punkt D können drei Sonderfälle auftreten, die wie angegeben zu deuten sind:

1. $R \neq 0; M_D = 0$
   Der Punkt D liegt auf der Wirkungslinie der Resultierenden

2. $R = 0; M_D \neq 0$
   Das Kräftesystem ist einem Kräftepaar gleichwertig oder äquivalent

3. $R = 0; M_D = 0$
   Das Kräftesystem ist im Gleichgewicht, die Kräfte bilden eine Gleichgewichtsgruppe.

Beispiel 9 Eine Kranbahnstütze nach Bild **3.43** a ist für die folgende Lastkombination zu untersuchen, die die Resultierende mit der geringsten Neigung ergibt:

aus dem Dachbinder F_1 = 240 kN

horizontale Last aus der Kranbahn F_4 = 20 kN

Wind auf die anteilige Dachfläche F_2 = 25 kN

Wind auf die anteilige Hallenfront F_5 = 16 kN

vertikale Last aus der Kranbahn F_3 = 100 kN

Eigenlasten Stütze und Fundament F_6 = 190 kN

Gefragt ist nach der **Resultierenden in der Bodenfuge.**

Als **Momentenbezugspunkt** wählen wir die **Mitte der Bodenfuge;** wie bei der Ableitung des Momentensatzes geben wir nach rechts und aufwärts gerichteten Kräften sowie linksdrehenden Momenten das positive Vorzeichen.

Da die Kräfte F_1 bis F_6 entweder vertikal oder horizontal gerichtet sind, können wir sofort hinschreiben:

$$R_y = -F_1 - F_3 - F_6 = -240 - 100 - 190 = -530 \text{ kN}$$

$$R_x = +F_2 + F_4 + F_5 = +25 + 20 + 16 = +61 \text{ kN}$$

Mit Hilfe des Pythagoras ergibt sich

$$R = \sqrt{R_y^2 + R_x^2} = 533,5 \text{ kN}$$

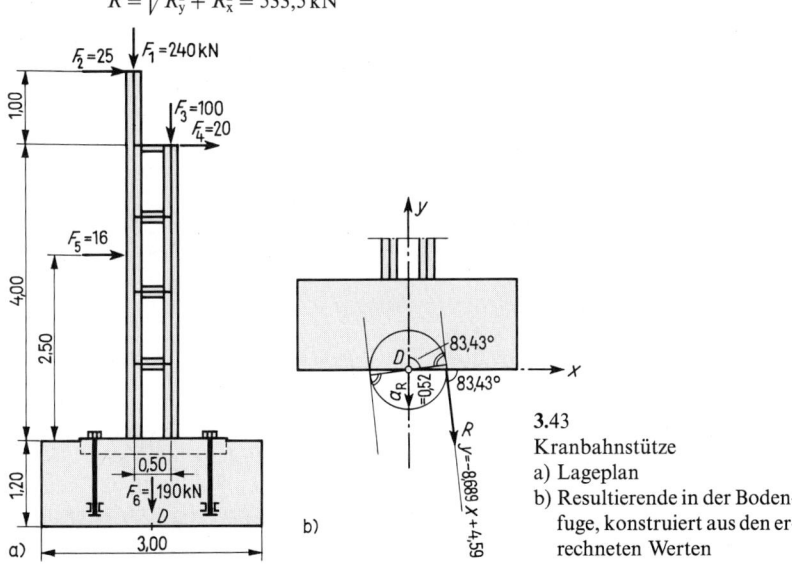

3.43
Kranbahnstütze
a) Lageplan
b) Resultierende in der Bodenfuge, konstruiert aus den errechneten Werten

Beispiel 9 R_y ist nach unten, R_x nach rechts gerichtet; die Resultierende wirkt also nach rechts unten
Forts.   (4. Quadrant): $R = 533{,}5$ kN ↘ . Den Winkel α_R berechnen wir aus

$$\tan\alpha_R = R_y/R_x = -530/(+61) = -8{,}689 \text{ zu } \alpha_R = -83{,}43° = +276{,}57°$$

Auch aus den Vorzeichen von $\tan\alpha_R$ können wir ersehen, daß R im 4. Quadranten liegt
(s. **3.**18).

Drehmoment M_D und Hebelarm a_R ergeben sich wie folgt:

$$M_D = +240 \cdot 0{,}25 - 25 \cdot 6{,}20 - 100 \cdot 0{,}25 - 20 \cdot 5{,}20 - 16 \cdot 3{,}50 + 190 \cdot 0$$
$$= -280 \text{ kNm}$$

Die Kräfte und damit auch ihre Resultierende drehen um den Punkt D also r e c h t s h e r u m.

$$a_R = |M_D|/R = 280/533{,}5 = 0{,}5248 \approx 0{,}52 \text{ m}$$

Mit den Bestimmungsstücken R, α_R und a_R konstruieren wir die W i r k u n g s l i n i e d e r
R e s u l t i e r e n d e n wie folgt (**3.**43b): Wir schlagen um den Momentenbezugspunkt D
einen Kreis mit dem Halbmesser a_R; die Resultierende ist dann eine der unendlich vielen
Tangenten an diesem Kreis. Die Zahl der in Frage kommenden Tangenten reduziert sich
auf zwei, wenn wir den Winkel $\alpha_R = 276{,}57°$ in die Betrachtung einbeziehen, und die
eindeutige Festlegung erfolgt unter Berücksichtigung der Tatsache, daß die Resultierende
n a c h r e c h t s u n t e n g e r i c h t e t ist und ein r e c h t s d r e h e n d e s M o m e n t erzeugen
muß; sie schneidet demnach die Bodenfuge r e c h t s vom Momentenbezugspunkt D.

Den horizontalen Abstand der Resultierenden von Punkt D erhalten wir mit Vorzeichen
aus Gl. (3.10):

$$x_R = M_D/R_y = -280/(-530) = +0{,}528 \approx 0{,}53 \text{ m}$$

Die Gleichung der Wirkungslinie der Resultierenden lautet nach Gl. (3.9), (**3.**43):

$$y = \frac{R_y}{R_x}x - \frac{M_D}{R_x} = \frac{-530}{+61}x - \frac{-280}{+61} \qquad y = -8{,}689\,x + 4{,}590$$

Beispiel 10 Für die Stützmauer nach Bild **3.**29 soll die Resultierende in der Fundamentfuge II–II und
in der Bodenfuge I–I nach Betrag, Richtung und Lage r e c h n e r i s c h ermittelt werden. Im
Beispiel 8 des Abschn. 3.2.2.1 wurde diese Aufgabe z e i c h n e r i s c h gelöst; wir können die
Eigenlasten G_1 bis G_3 und die Erddrücke E_{a1} und E_{a2} von dort übernehmen.

Bei der rechnerischen Bearbeitung zerlegen wir die Erddrücke in ihre lotrechten und
waagerechten Komponenten:

$E_{a1h} = E_{a1}\cos\delta = 23{,}4 \cdot \cos 21{,}7° = 21{,}8$ kN	$E_{a1v} = E_{a1}\sin\delta = 23{,}4 \cdot \sin 21{,}7° = $ 8,7 kN
$E_{a2h} = E_{a2}\cos\delta = 16{,}6 \cdot \cos 21{,}7° = 15{,}5$ kN	$E_{a2v} = E_{a2}\sin\delta = 16{,}6 \cdot \sin 21{,}7° = $ 6,1 kN
E_{ah} $\qquad\qquad\qquad\qquad\qquad\qquad = 37{,}2$ kN	E_{av} $\qquad\qquad\qquad\qquad\qquad\qquad = 14{,}8$ kN

Für die weitere Rechnung setzen wir fest: Nach rechts und oben gerichtete Komponenten sowie linksdrehende Momente sind positiv.

Untersuchung der Fuge II–II. Die Resultierende in dieser Fuge setzt sich zusammen
aus G_1, G_2, E_{a1h} und E_{a1v}; es ergibt sich

$$R_y = -G_1 - G_2 - E_{a1v} = -43{,}7 - 14{,}0 - 8{,}7 = -66{,}4 \text{ kN (n. unten gerichtet)}$$

$$R_x = -E_{a1h} \qquad\qquad\qquad\qquad\qquad = -21{,}8 \text{ kN (n. links gerichtet)}$$

Die Resultierende hat den Betrag

$$R = \sqrt{R_y^2 + R_x^2} = \sqrt{66{,}4^2 + 21{,}8^2} = 66{,}9 \text{ kN}$$

und ist nach l i n k s u n t e n gerichtet (3. Quadrant).

$$\tan\alpha_R = R_y/R_x = -66{,}4/(-21{,}8) = 3{,}05 \quad \alpha_R = 71{,}8° + 180° = 251{,}8° (\text{vgl. } \mathbf{3.}18)$$

Beispiel 10 Momente der oberhalb der Fuge II–II angreifenden Kräfte um den Punkt D:
Forts.
$$M_D = -43{,}7 \cdot 0{,}80 - 14{,}0 \cdot 0{,}30 - 8{,}7 \cdot 1{,}15 + 21{,}8 \cdot 0{,}87 = -30{,}2 \text{ kNm};$$
das Moment dreht rechts herum.

Wir rechnen gleich den waagerechten Abstand der Resultierenden vom Momentenbezugspunkt D aus:

$$x_{RD} = M_D/R_y = -30{,}2/(-66{,}4) = 0{,}454 \text{ m}$$

Dieser Wert ist der Abschnitt, den die Wirkungslinie des Resultierenden auf der x-Achse abschneidet. Er ergibt sich mit Vorzeichen: die Resultierende durchstößt die Fundamentfuge 0,454 m rechts vom Punkt D.

Da Koordinatensystem und Vorzeichen oft anders festgelegt werden als in diesem Beispiel, wollen wir die Lage der Resultierenden auch auf anschauliche Weise ermitteln: $|x_{RD}| = 0{,}454$ bedeutet dann, daß der Durchstoßpunkt der Resultierenden durch die horizontale Ebene II–II 0,454 m r e c h t s o d e r l i n k s vom Punkt D liegt. Nun ist die Resultierende nach l i n k s u n t e n gerichtet, und sie erzeugt bezüglich des Punktes D ein r e c h t s d r e h e n d e s Moment – diese beiden Bedingungen sind nur erfüllt, wenn die Resultierende die Fuge II–II r e c h t s v o m P u n k t D trifft.

Untersuchung der Fuge I–I. Die Rechnung entspricht genau der für die Fuge II–II, es treten nur die Kräfte G_3, E_{a2v} und E_{a2h} hinzu:

$$R_y = -G_1 - G_2 - G_3 - E_{a1v} - E_{a2v} = -99{,}4 \text{ kN} \quad \text{(nach unten gerichtet)}$$
$$R_x = -E_{a1h} - E_{a2h} \qquad\qquad\quad = -37{,}2 \text{ kN} \quad \text{(nach links gerichtet)}$$
$$R = \sqrt{R_y^2 + R_x^2} = 106{,}1 \text{ kN} \quad \text{(nach links unten gerichtet, 3. Quadrant)}$$
$$\tan \alpha_R = R_y/R_x = -99{,}4/(-37{,}2) = 2{,}669 \qquad \alpha_R = 69{,}5° + 180° = 249{,}5°$$

Als Momentenbezugspunkt wählen wir den Punkt E (**3.30**):

$$M_E = -43{,}7 \cdot 1{,}05 - 14{,}0 \cdot 0{,}55 - 26{,}9 \cdot 0{,}70 - (8{,}7 + 6{,}1) 1{,}40$$
$$+ 21{,}8 \cdot 1{,}67 + 15{,}5 \cdot 0{,}38 = -50{,}9 \text{ kN} \quad \text{(rechtsdrehend)}$$

Der horizontale Abstand der Resultierenden von Punkt E beträgt

$$x_{RE} = M_E/R_y = -50{,}9/(-99{,}4) = +0{,}512 \text{ m} \quad \text{(rechts vom Punkt } E)$$

Anschaulich: Die beiden Bedingungen 1. R nach links unten gerichtet und 2. R erzeugt bezüglich E ein rechtsdrehendes Moment werden nur von einer Resultierenden erfüllt, die die Bodenfuge r e c h t s vom Punkt E durchstößt.

Nach DIN 1054 Abschn. 4.1.3.1 muß die Resultierende unseres Beispiels, die nur aus ständigen Lasten zusammengesetzt ist, i m m i t t l e r e n D r i t t e l d e r B o d e n f u g e liegen. Diese Bedingung ist mit $1{,}40/3 = 0{,}467 \text{ m} < x_{RE} = 0{,}512 \text{ m} < 2 \cdot 1{,}40/3 = 0{,}933 \text{ m}$ erfüllt.

3.2.3 Die Wirkungslinien schneiden sich außerhalb der Zeichenfläche

3.2.3.1 Zeichnerische Lösung mit Hilfe von Polfigur und Seileck

Schneiden sich die Kräfte nicht mehr auf der Zeichenfläche, weil sie z. B. parallel sind, oder werden ihre Schritte schleifend und damit ungenau, dann geht man bei ihrem Zusammensetzen in der Weise vor, daß man die gegebenen Kräfte durch solche Komponenten ersetzt, deren Schnittpunkte wieder günstig auf der Zeichenfläche liegen. Damit ist dann die Aufgabe auf das in Abschn. 3.2.1 besprochene Verfahren zurückgeführt. Es wird zunächst an zwei Kräften erläutert (**3.44**).

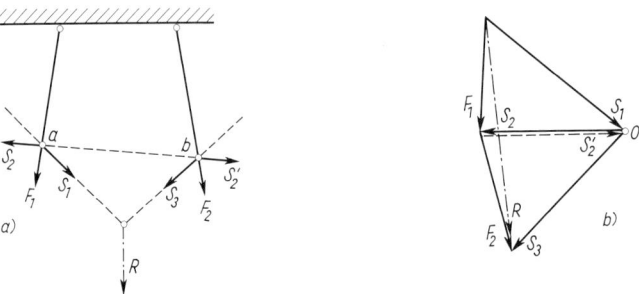

3.44 Seil- oder Hilfskräfte zur Bestimmung der Lage der Resultierenden
  a) Seileck, b) Krafteck und Polfigur

Wir zerlegen zunächst F_1 in einem Krafteck (**3.44**b) in zwei beliebige Komponenten S_1 und S_2, die wir in der Hauptfigur (**3.44**a) in dem beliebigen Punkt a auf F_1 antragen. Dann zerlegen wir F_2 in die zwei Komponenten S_2' und S_3, die wir aber nicht mehr beliebig wählen; wir machen vielmehr S_2' entgegengesetzt gleich groß S_2 und führen die Zerlegung von F_2 im Schnittpunkt b von S_2 und F_2 durch. S_2' fällt dann in die Wirkungslinie von S_2; S_2' und S_2 heben sich vollständig auf, und F_1 und F_2 sind allein durch die beiden äußeren Kräfte S_1 und S_3 ersetzt worden, die sich auf der Zeichenfläche schneiden. Durch ihren Schnittpunkt c muß die Resultierende R der beiden Kräfte F_1 und F_2 hindurchgehen.

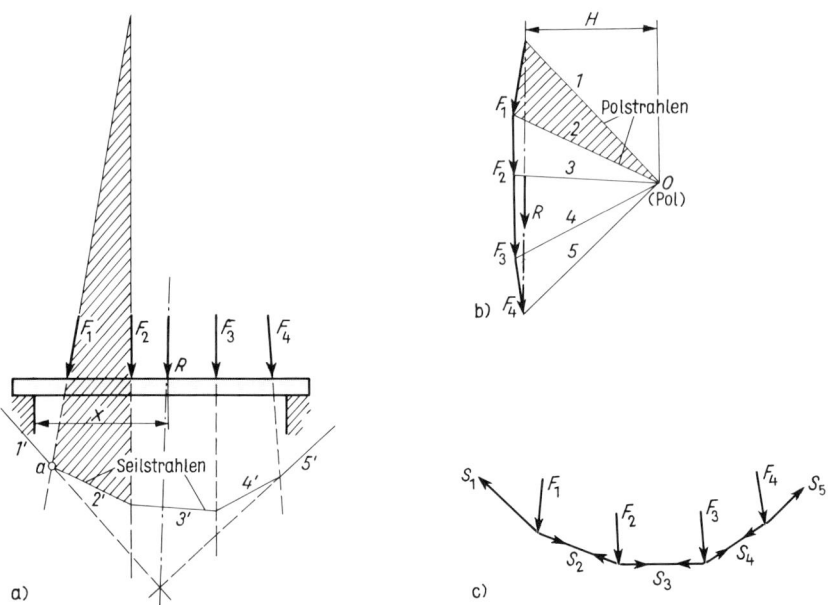

3.45 Bestimmen der Resultierenden einer Kräftegruppe
  a) Hauptfigur mit Seileck, b) Krafteck mit Polfigur, c) Seil, das die Lasten F_i abträgt

Praktisch führen wir die Lösung in folgender Weise durch (**3.**45): Zu den gegebenen Kräften zeichnen wir zunächst das Krafteck. Hiermit erhalten wir R nach Betrag und Richtung. Zur Bestimmung ihrer Lage wählen wir neben dem Krafteck einen beliebigen Punkt O, den P o l, und verbinden diesen mit den Anfangs- und Endpunkten der einzelnen Kräfte. Die P o l s t r a h l e n stellen S e i l k r ä f t e oder E r s a t z k r ä f t e (**3.**45) dar. Demgemäß ist auch die Polweite H als Kraft, die im Kräfte-Maßstab gemessen werden kann, aufzufassen. Zu den P o l s t r a h l e n ziehen wir in der Hauptfigur von einem geeigneten, sonst aber beliebigen Punkte a auf F_1 beginnend Parallelen zu den Polstrahlen, die wir S e i l s t r a h l e n nennen (die „Seilkräfte" sind in Bild **3.**45c verdeutlicht). Die i n n e r e n S e i l k r ä f t e, in diesem Falle $2'$, $3'$ und $4'$, heben sich gegenseitig auf. Bringen wir daher die beiden äußeren Seilstrahlen (hier $1'$ und $5'$) zum Schnitt, so muß durch ihren Schnittpunkt c die gesuchte Resultierende R hindurchgehen, deren Lage damit festgelegt ist.

Mit einem Seil in der Form des Seilecks könnten die gegebenen Lasten abgetragen werden (**3.**45c).

Bild **3.**46 veranschaulicht, daß sowohl der Pol O als auch die Ansatzstelle a des ersten Seilstrahles ganz beliebig gewählt werden können, da sich die beiden äußeren Seilstrahlen immer wieder auf der Wirkungslinie der Resultierenden schneiden müssen (s. a. Bild **3.**48).

Werden die Kräfte im Krafteck der Polfigur so aneinandergereiht, wie sie von links nach rechts aufeinanderfolgen, und wird der Pol nach rechts gelegt, so ergeben sich die Seilkräfte als Z u g k r ä f t e. Legt man dagegen bei gleicher Anordnung der Kräfte den Pol nach links, so wirken in den Seilstrahlen D r u c k k r ä f t e, das Seileck wird zur S t ü t z l i n i e. Diese spielt bei der Untersuchung von Bogen und Gewölben eine Rolle (s. Abschn. 5.9.3).

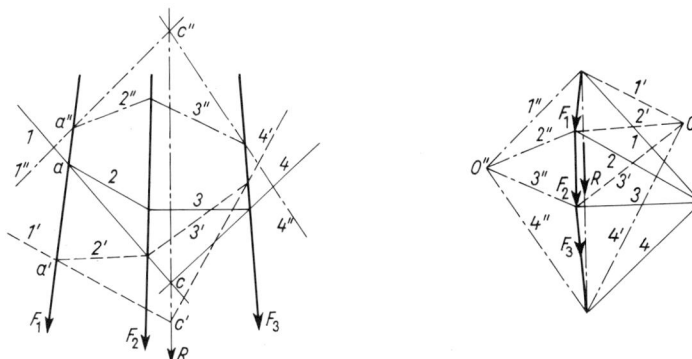

3.46 Die Lage des Poles O und die des Seileckes sind beliebig

Um einen möglichst genauen Schnittpunkt der beiden äußeren Seilstrahlen zu erhalten, wählen wir den Pol bei Aufgaben der hier vorgestellten Art so, daß er ungefähr in der Mitte der Höhe des Krafteckes liegt und daß die beiden äußeren Polstrahlen etwa einen rechten Winkel bilden. Um Fehler und Irrtümer zu vermeiden, ist es ferner zweckmäßig, einander entsprechend Pol- und Seilstrahlen mit den gleichen Zahlen zu versehen.

Für die zeichnerische Durchführung beachte man, daß sich Kräfte, die i n d e r P o l f i g u r ein Dreieck bilden, z. B. 1, 2 und F_1, i m S e i l e c k i n e i n e m P u n k t e s c h n e i d e n m ü s s e n (**3.**45). Umgekehrt müssen sich Kräfte, die in der Seilfigur ein Dreieck bilden, z. B. F_1, $2'$, F_2, in der Polfigur in einem Punkt schneiden; ferner müssen sich S t r a h l e n, d i e i n d e r P o l f i g u r z w e i K r ä f t e t r e n n e n, i m S e i l e c k z w i s c h e n den betreffenden Kräften liegen.

Beispiel 11 Für den Mittelpfeiler einer alten Sprengwerkbrücke nach Bild **3.**47 ist die Resultierende aller gegebenen Kräfte für die Fundamentsohle zeichnerisch nachzuprüfen. Gegeben sind

$$F_1 = 32 \text{ kN} \qquad S_1 = 30 \text{ kN} \qquad G_1 = 54 \text{ kN}$$
$$F_2 = 40 \text{ kN} \qquad S_2 = 45 \text{ kN} \qquad G_2 = 85 \text{ kN}$$
$$S_3 = 48 \text{ kN} \qquad G_3 = 42 \text{ kN}$$

Um ein günstiges Seileck zu erhalten, wurde der Pol in der oberen Hälfte des Krafteckes gewählt. Die Seilstrahlen *7′* und *8′* treten nicht in Erscheinung, da G_1, G_2 und G_3 in derselben Wirkungslinie liegen. Die zeichnerische Untersuchung ergibt

$$R = 7{,}20 \cdot 50 = 360 \text{ kN} \qquad a_R = 86° \qquad x = 1{,}33\text{m}$$

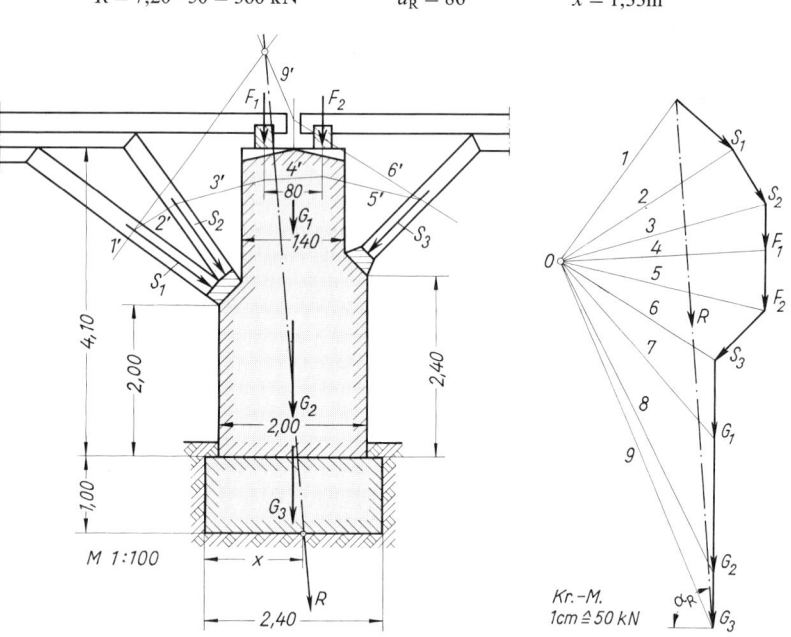

3.47 Resultierende eines Brückenpfeilers

Beispiel 12 Für die Kranbahnstütze des Beispiels 9 in Abschnitt 3.2.2.4 (**3.**43) soll die Resultierende in der Bodenfuge mit Polfigur und Seileck konstruiert werden.

Die Lösung der Aufgabe zeigt Bild **3.**48. Die Lage des Pols wurde so gewählt, daß die Polstrahlen von oben nach unten entsprechend ihrer Numerierung aufeinanderfolgen. Mit diesen Polstrahlen wurden in der Hauptfigur z w e i S e i l e c k e gezeichnet, ausgehend von zwei verschiedenen Punkten der Wirkungslinie von F_1. Dadurch ergeben sich z w e i P u n k t e der Wirkungslinie der Resultierenden, jeweils als Schnittpunkt der Seilstrahlen *1′* und *7′*. Die dadurch festgelegte R i c h t u n g der Resultierenden muß mit der Richtung der Resultierenden im Krafteck übereinstimmen. Das Nachmessen ergibt $R = 533$ kN, $\alpha_R = 83°$, $x_R = 0{,}55$ m.

Das vorliegende Beispiel ist gut geeignet, das Konstruieren eines Seilecks zu üben. Schneller und genauer als mit Polfigur und Seileck erhält man die Resultierende rechnerisch oder aber zeichnerisch durch schrittweises Zusammensetzen der Kräfte.

Beispiel 12
Forts.

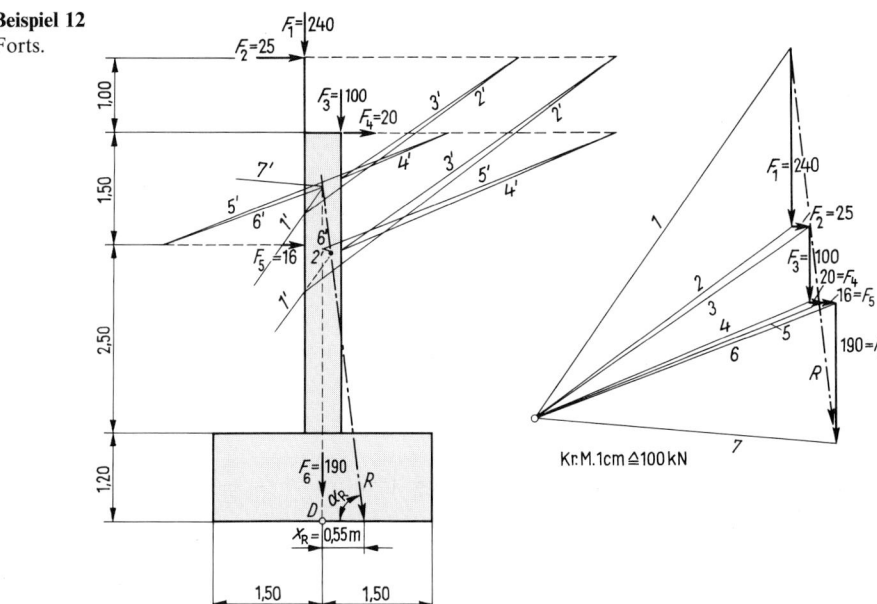

3.48 Resultierende einer Kranbahnstütze in der Bodenfuge

3.2.3.2 Rechnerische Lösung

Für die rechnerische Ermittlung der Resultierenden von Kräften, deren Wirkungslinien sich nicht auf der Zeichenfläche schneiden, ist kein neues Verfahren erforderlich, da das im Abschnitt 3.2.2.4 abgeleitete und durch einfache Beispiele erläuterte Verfahren bereits die allgemeine Lösung darstellt. Im folgenden wird die Berechnung der Resultierenden für den häufig vorkommenden Fall paralleler Kräfte behandelt. Zum Vergleich wird die zeichnerische Lösung in zwei Beispielen angegeben.

Parallele Kräfte sind ein Sonderfall beliebig gerichteter Kräfte, deren Wirkungslinien sich nicht auf der Zeichenfläche schneiden. Die zeichnerische und rechnerische Bestimmung der Resultierenden erfolgt daher nach den Grundsätzen der Abschnitte 3.2.3.1 und 3.2.2.4.

Beispiel 13 Für die den Träger nach Bild **3.49** belastenden Einzelkräfte ist die Lage der Resultierenden zu bestimmen.

a) **Rechnerische Lösung.** Sie führt in diesem Falle schneller als die zeichnerische zum Ziel.

Da die Kräfte nicht nur parallel sind, sondern auch denselben Richtungssinn haben, ergibt sich durch Addition

$$R = \sum_{i=1}^{4} F_i = 16 + 22 + 18 + 24 = 80\,\text{kN}$$

Wegen

$$\sum_{i=1}^{4} F_{ix} = 0 \ \text{wird} \ \tan\alpha_R = \infty \ \text{und} \ \alpha_R = 90°$$

Beispiel 13
Forts.

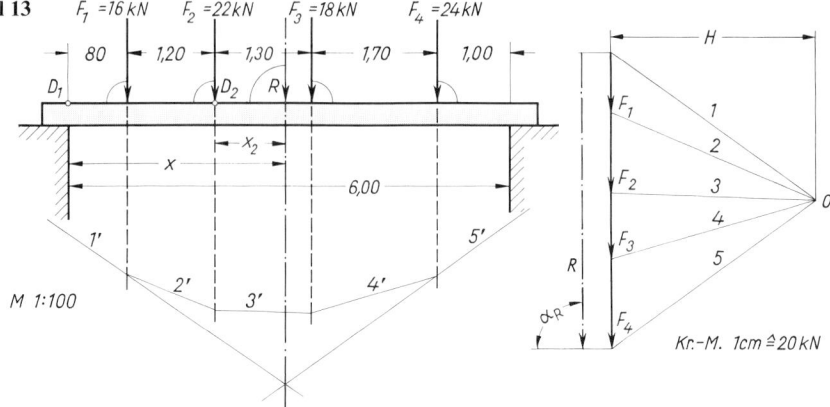

3.49 Träger mit parallelen Einzellasten

Waagerechter Abstand der Resultierenden vom Punkt D_1, rechtsherum drehende Momente positiv:

$$x = \frac{\sum_{i=1}^{4}(F_i a_i)}{R} = \frac{16 \cdot 0{,}8 + 22 \cdot 2{,}0 + 18 \cdot 3{,}3 + 24 \cdot 5{,}0}{80} = \frac{236}{80} = 2{,}95 \text{ m}$$

R liegt rechts von D_1, da alle parallelen und gleichgerichteten Kräfte rechts von D_1 angreifen. Waagerechter Abstand der Resultierenden vom Punkt D_2:

Da der Drehpunkt beliebig gewählt werden kann, ist es zweckmäßig, ihn auf einer der gegebenen Kräfte, z. B. in D_2 auf F_2, anzunehmen. Das Moment dieser Kraft wird dann gleich Null, und die Rechnung vereinfacht sich durch Wegfallen eines Summanden in der Summe der Momente. Wenn der Momentenbezugspunkt nicht auf einer der beiden äußeren Kräfte F_1 oder F_4 liegt, drehen die Kräfte um ihn teils links-, teils rechtsherum. Mit dem positiven Vorzeichen für rechtsdrehende Momente ergibt sich

$$x_2 = \frac{-16 \cdot 1{,}2 + 18 \cdot 1{,}3 + 24 \cdot 3{,}0}{80} = \frac{76{,}2}{80} = 0{,}95 \text{ m}$$

$$x = 2{,}00 + 0{,}95 = 2{,}95 \text{ m}$$

b) Zeichnerische Lösung. Sie ergibt sich mit Polfigur und Seileck aus Bild **3.49**. Gemessen wird

$$R = 4{,}0 \cdot 20 = 80 \text{ kN} \qquad \alpha_R = 90° \qquad x = 2{,}95 \text{ m}$$

Beispiel 14 Für die beiden Kräfte F_1 und F_2 (**3.50**) ist die Resultierende zu bestimmen. Die rechnerische Lösung ist wesentlich einfacher als die zeichnerische.

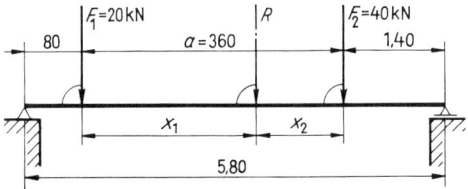

3.50
Träger mit zwei parallelen Einzellasten gleicher Richtung

Beispiel 14 Wir erhalten
Forts.

$$R = F_1 + F_2 = 20 + 40 = 60 \text{ kN} \qquad \alpha_R = 90°$$

Für einen Drehpunkt auf F_1 wird

$$x_1 = \frac{40 \cdot 3,6}{60} = 2,40 \text{ m}$$

und damit

$$x_2 = 3,60 - 2,40 = 2,10 \text{ m}$$

oder allgemein

$$x_1 = a \cdot \frac{F_2}{F_1 + F_2} \qquad x_2 = a \cdot \frac{F_1}{F_1 + F_2} \qquad x_1 : x_2 = F_2 : F_1$$

In Worten: **Die Resultierende zweier paralleler Kräfte gleicher Richtung teilt den Abstand der Kräfte im umgekehrten Verhältnis ihrer Größe.**

Beispiel 15 Wo liegt die Resultierende der beiden parallelen, aber entgegengesetzt gerichteten Lasten F_1 und F_2 (3.51)? Wir setzen fest: Abwärts gerichtete Kräfte und rechtsdrehende Momente sind positiv.

Es wird $\quad R = + F_2 - F_1 = 9 - 3 = + 6 \text{ kN}$

R hat also den Richtungssinn der größeren Kraft.

Für einen Drehpunkt auf F_1 erhalten wir $M_1 = + 9 \cdot 3,00 = + 27 \text{ kNm}$ (rechtsdrehend)

$$x = M_1/R = 27/6 = 4,50 \text{ m}$$

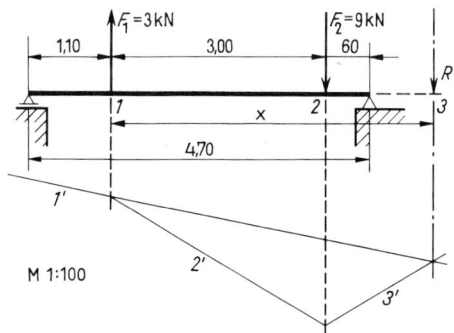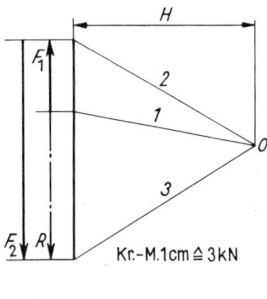

3.51 Träger mit zwei parallelen Einzellasten entgegengesetzter Richtung

Da die a b w ä r t s gerichtete Resultierende im Punkt *1* ein r e c h t s d r e h e n d e s Moment erzeugen soll, muß ihre Wirkungslinie r e c h t s vom Punkt *1* verlaufen.

Zur Kontrolle wird ΣM mit Drehpunkt auf R gebildet

$$\Sigma M_3 = + 3 \cdot 4,5 - 9 \cdot 1,5 = 0$$

Die Lage von R ist also richtig errechnet.

Das Ergebnis, zu dem auch die zeichnerische Lösung (**3.51**) führt, können wir wie folgt formulieren:

Die Resultierende zweier paralleler, aber entgegengesetzt gerichteter Kräfte liegt außerhalb beider auf seiten der größeren und hat deren Richtung.

3.3 Kräftepaar

3.3.1 Begriff und Momentenvektor

Zwei parallele, entgegengesetzt gerichtete Kräfte mit gleichem Betrag bezeichnen wir als K r ä f t e p a a r (3.52). Die R e s u l t i e r e n d e eines Kräftepaares ist gleich N u l l; trotzdem hat ein Kräftepaar bezüglich jedes beliebigen Punktes ein M o m e n t. Den Betrag dieses Moments ermitteln wir an Hand der Bilder **3**.53; beim Wechsel des Bezugspunktes ändern wir auch die Richtung der parallelen Wirkungslinien unter Beibehaltung des Abstandes a und des Betrages F der Kräfte. Linksdrehende Momente erhalten das positive Vorzeichen.

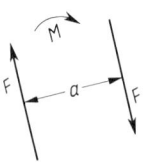 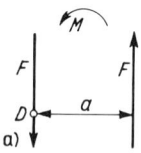 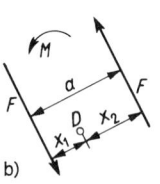 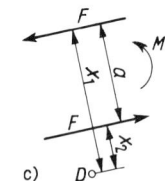

3.52 Kräftepaar   **3**.53 Moment eines Kräftepaares

a) Drehpunkt auf einer der beiden Kräfte $M = P \cdot a$, b) Drehpunkt zwischen beiden Kräften
c) Drehpunkt außerhalb beider Kräfte

Legen wir den Momentenbezugspunkt auf eine der beiden Kräfte (3.52 a), so erhalten wir

$$M_\mathrm{D} = + F \cdot a$$

Für den Momentenbezugspunkt E zwischen den beiden Kräften (3.52 b) ergibt sich

$$M_\mathrm{E} = F \cdot x_1 + F \cdot x_2 = F(x_1 + x_2) = F \cdot a,$$

und für den Momentenbezugspunkt G außerhalb beider Kräfte ermitteln wir (3.52 c)

$$M_\mathrm{G} = F \cdot x_1 - F \cdot x_2 = F(x_1 - x_2) = F \cdot a$$

Wir können also feststellen:

Das Moment eines Kräftepaares ist für jede beliebige Richtung der parallelen Kräfte und für jeden beliebigen Drehpunkt gleich groß, und zwar gleich dem Produkt aus einer der beiden Kräfte und dem Abstand beider:

$$M = F \cdot a$$

Da beide Kraftrichtungen gemeinsam in ihrer Ebene beliebig verändert werden können, ergibt sich weiter:

Ein Kräftepaar läßt sich in seiner Wirkungsebene beliebig verschieben und verdrehen.

Kräftepaare, die in derselben Ebene liegen, lassen sich zu einem Kräftepaar mit vorgegebenem Betrag der Kraft oder mit vorgegebenem Abstand der Kräfte algebraisch addieren.

Beispiel 16 Die drei Kräftepaare in Bild **3.**54 sind zu einem einzigen Kräftepaar mit $F = 4$ kN zusammenzusetzen. Es wird

$$\widehat{\varphi} M_R = M_1 + M_2 + M_3 = F_1 \cdot a_1 - F_2 \cdot a_2 + F_3 \cdot a_3 = F \cdot x$$

$$M_R = 5 \cdot 2,4 - 6 \cdot 1,8 + 3 \cdot 3,0 = 10,2 \text{ kNm} \curvearrowleft \qquad x = \frac{M_R}{F} = \frac{10,2}{4} = 2,55 \text{ m}$$

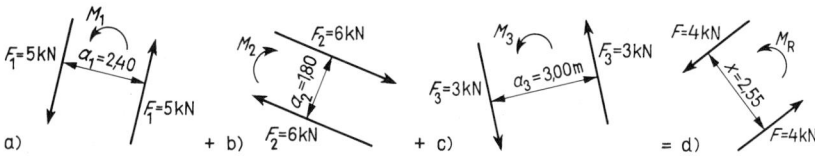

3.54 Zusammensetzen von Kräftepaaren

Das Moment, das durch ein Kräftepaar erzeugt wird, ist ebenso wie das Moment einer Kraft um einen Punkt ein Vektor und wird als der Momentenvektor aus einem Kräftepaar bezeichnet. Der Momentenvektor steht senkrecht auf der Ebene des Kräftepaars (**3.**55, **3.**56) und zeigt in die Richtung, in die sich eine Schraube mit Rechtsgewinde unter der Wirkung des Kräftepaares bewegen würde. Der gebogene Pfeil, der in der Ebene des Kräftepaares liegt und den wir in vielen Zeichnungen (**3.**53) zur Darstellung eines Momentes benutzen, ist nicht der Momentenvektor. Da man das Kräftepaar beliebig in seiner Ebene verschieben darf, kann der Momentenvektor aus einem Kräftepaar parallel zu sich selbst beliebig verschoben werden. Es läßt sich ferner zeigen, daß der Momentenvektor aus einem Kräftepaar auch in seiner Wirkungslinie beliebig verschoben werden darf; der Momentenvektor aus einem Kräftepaar ist demnach ein freier Vektor.

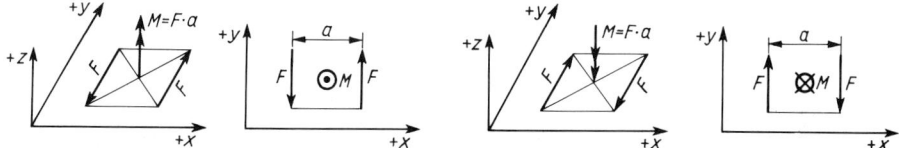

3.55 Linksdrehendes Kräftepaar mit Momentenvektor   3.56 Rechtsdrehendes Kräftepaar mit Momentenvektor

Beispiel 17 An einer Scheibe (**3.**57) greifen die Kräfte F_i an. Gesucht ist die Resultierende. Die beiden schräggerichteten Kräfte F_3 und F_5 bilden ein Kräftepaar; sie liefern deshalb keinen Beitrag zu Betrag und Richtung der Resultierenden, beeinflussen aber deren Lage.

Wir bilden zunächst die waagrechte und senkrechte Teilresultierende und bestimmen R nach Betrag und Richtung.

$$\overset{\rightarrow}{\mp} R_x = F_4 = 4,0 \text{ kN}$$

$$+\uparrow R_y = -F_1 - F_2 = -3,0 - 1,0 = -4,0 \text{ kN}$$

$$R = \sqrt{R_x^2 + R_y^2} = \sqrt{4,0^2 + 4,0^2} = 5,66 \text{ kN} \searrow$$

$$\tan \alpha_R = \frac{R_y}{R_x} = \frac{-4,0}{+4,0} = -1,0 \quad \text{(s. Bild 3.18)} \quad \alpha_R = -45° = +315°$$

Zur Ermittlung des Drehmomentes des Kräftepaares zerlegen wir die Kräfte des Kräftepaares in ihre waagrechten und senkrechten Komponenten, deren Hebelarme unmittelbar ablesbar sind; zur Kontrolle errechnen wir zusätzlich das Drehmoment des Kräftepaares aus $M = r \cdot F \cdot \sin \gamma$.

Beispiel 17 Drehmoment des Kräftepaares aus Bild **3.**58:
Forts.

$$|F_{3x}| = |F_{5x}| = 2,0 \cdot \cos 60° = 2,0 \cdot 0,500 = 1,0 \text{ kN}$$

$$|F_{3y}| = |F_{5y}| = 2,0 \cdot \sin 60° = 2,0 \cdot 0,866 = 1,732 \text{ kN}$$

$$\curvearrowright M_{\text{Krp}} = -1,0 \cdot 60 - 1,732 \cdot 140 = -60 - 242,49 = -302,49 \text{ kN cm}$$

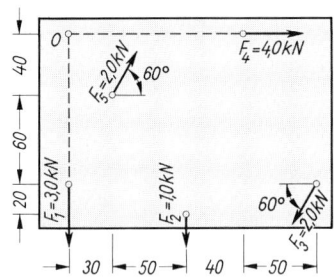

3.57 Ebene Scheibe mit 5 Kräften

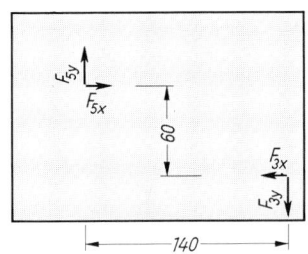

3.58 Kräftepaar zerlegt

und zur Kontrolle das Drehmoment aus Bild **3.**59:

Länge des Ortsvektors $\vec{r}$:

$$r^2 = 60^2 + 140^2 = 23\,200 \text{ cm}^2 \qquad r = 152,32 \text{ cm}$$

Neigung des Ortsvektors $\vec{r}$ gegen die x-Achse:

$$\tan\beta = \frac{60}{140} = 0,4286 \qquad \beta = 23,2°$$

Winkel zwischen Orts- und Kraftvektor

$$\gamma = 180° - 60° - \beta = 96,8°$$

$$M = -r \cdot F \cdot \sin\gamma = -152,32 \cdot 2 \cdot \sin 96,8° = -302,49 \text{ kNcm}$$

Zum Drehmoment des Kräftepaares sind die Drehmomente der Kräfte F_1, F_2 und F_4 zu addieren.

Wir wählen als Momentenbezugspunkt den Schnittpunkt O der Wirkungslinien von F_1 und F_4; dann liefert außer dem Kräftepaar nur die Kraft F_2 einen Beitrag:

$$\curvearrowright M_O = -1,0 \cdot 80 - 302,5 = -382,5 \text{ kNcm}$$

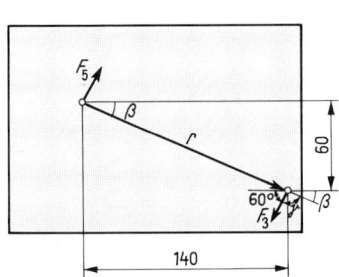

3.59 Drehmoment des Kräftepaares

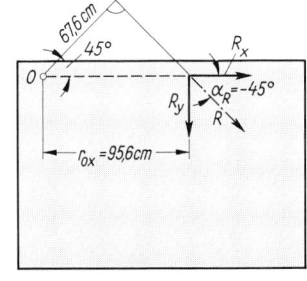

3.60   Lage der Resultierenden und ihrer Komponenten

Beispiel 17 Die Kräfte F_1 bis F_5 haben also bezüglich des Punktes O ein rechtsdrehendes Moment.
Forts.   Abstand der Resultierenden vom Punkt O:

$$a_R = \frac{M_O}{R} = \frac{382,5}{5,66} = 67,6 \text{ cm}$$

Da die Resultierende nach rechts unten gerichtet ist und ein rechtsdrehendes Moment
bezüglich des Punktes O hat, liegt ihre Wirkungslinie rechts oberhalb des Punktes O im
Abstand von 67,6 cm (**3.60**). Ihr horizontaler Abstand vom Punkt O beträgt

$$x_R = \frac{M_O}{R_y} = \frac{-382,5}{-4,0} = +95,6 \text{ cm}.$$

Die Wirkungslinie der Resultierenden hat die Gleichung (s. Gl. (3.9))

$$y = \frac{R_y}{R_x} x - \frac{M_D}{R_x} = \frac{-4,0}{4,0} x - \frac{-382,5}{4,0} = -x + 95,6$$

Darin ist 95,6, zu messen in cm, der Abschnitt der Geraden auf der y-Achse.

3.3.2   Parallelverschieben einer Kraft

Jede Kraft F läßt sich in der Ebene nach einem beliebigen Punkt C im Abstand a verschieben, wenn man ihrer Wirkung diejenige eines Kräftepaares von der Größe $M = F \cdot a$
hinzufügt (**3.61**). Bringt man nämlich im Punkt C parallel zu F zwei entgegengesetzt
gerichtete Kräfte F' und F'' vom Betrag F an (**3.61**), so ändert sich an dem ursprünglichen
Kraftzustand nichts, da sich die beiden neuen Kräfte in ihren Wirkungen aufheben (Nullvektor).

3.61 Parallelverschieben einer Kraft in den Punkt C

Die Wirkung der drei Kräfte läßt sich nun aufteilen 1. in die Wirkung der Einzelkraft F'
im Punkt C und 2. in die der restlichen beiden Kräfte, die ein Kräftepaar mit dem Moment
$M = F \cdot a$ ergeben (**3.61** c). Dieses Moment bezeichnen wir als Versatzmoment.

Von solchen Parallelverschiebungen wird in
der Statik bei der Ermittlung von ausmitti-
gen Kraftwirkungen oft Gebrauch gemacht. Will man z. B. untersuchen, welche
Wirkung in Bild **3.**62 die den Kragarm bela-
stende Kraft F auf die Stütze ausübt, so
verschiebt man F unter Hinzufügen eines
Kräftepaares bis zu der Stütze. Diese hat
dann 1. eine Druckkraft F und 2. ein Moment von der Größe $M = F \cdot c$ aufzunehmen; d. h., sie ist auf Druck und Biegung
beansprucht.

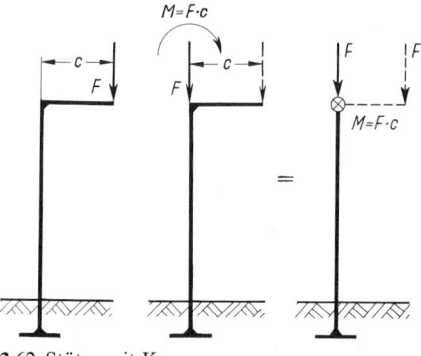

3.62 Stütze mit Kragarm

3.4 Vektoren im Raum

In diesem Abschnitt werden die Grundlagen für die Lösung von Aufgaben der Statik des Raumes behandelt. Ein Problem der Statik des Raumes oder der räumlichen Statik liegt vor, wenn

1. die Stäbe des Tragwerks nicht alle in einer Ebene liegen oder
2. die Stäbe des Tragwerks zwar alle in einer Ebene liegen, die Wirkungslinien der angreifenden Kräfte jedoch nicht alle dieser Ebene angehören.

Im ersten Fall haben wir es mit einem echten räumlichen Tragwerk zu tun, im zweiten Fall mit einem ebenen System, das räumlich belastet ist.

3.4.1 Zerlegen eines Kraftvektors in rechtwinklige Komponenten

Gegeben ist der Kraftvektor $\vec{F}$, der im Punkt i angreift und im gewählten Kräftemaßstab bis zum Punkt j reicht (**3.**63). Wir ziehen durch die Punkte i und j Parallelen zu x-, y- und z-Achse und konstruieren mit ihnen den Quader mit der Raumdiagonale $\vec{F}$. Die von i ausgehenden Kanten dieses Quaders sind dann die Komponenten $\vec{F}_x$, $\vec{F}_y$ und $\vec{F}_z$ der Kraft $\vec{F}$. Wir berechnen ihre Beträge mit Hilfe der Winkel α, β und γ, die zwischen der Kraft F und den drei Koordinatenachsen liegen (**3.**64):

$$F_x = F \cos\alpha \qquad\qquad F_y = F \cos\beta \qquad\qquad F_z = F \cos\gamma \qquad\qquad (3.11)$$

Um die Kosinuswerte der Winkel α, β und γ auszurechnen, die als Richtungskosinus der Kraft F bezeichnet werden, benötigen wir die Koordinaten von zwei Punkten der Wirkungslinie der Kraft F, z. B. die Koordinaten der Punkte $i(x_i;\, y_i;\, z_i)$ und $k(x_k;\, y_k;\, z_k)$ (**3.**65). Wir berechnen dann zuerst die Länge l_{mk} der Flächendiagonale mk mit Hilfe des Satzes von Pythagoras. Der Eckpunkt m hat die Koordinaten $m\,(x_i;\, y_i;\, z_k)$, so daß sich ergibt:

$$l_{mk} = \sqrt{(x_k - x_m)^2 + (y_k - y_m)^2} = \sqrt{(x_k - x_i)^2 + (y_k - y_i)^2}$$

Aus dem Dreieck imk erhalten wir als nächstes die Länge l_{ik} der Raumdiagonalen ik oder den Abstand der Punkte i und k:

$$l_{ik} = \sqrt{l_{mk}^2 + l_{im}^2} \qquad\qquad l_{ik} = \sqrt{(x_k - x_i)^2 + (y_k - y_i)^2 + (z_k - z_i)^2} \qquad (3.12)$$

Die Richtungskosinus der Kraft $\vec{F}$ und ihrer Wirkungslinie ergeben sich dann zu

$$\cos\alpha = (x_k - x_i)/l_{ik} \qquad \cos\beta = (y_k - y_i)/l_{ik} \qquad \cos\gamma = (z_k - z_i)/l_{ik} \quad (3.13)$$

Die Kosinuswerte können positiv oder negativ sein; das Vorzeichen eines Richtungskosinus ist gleich dem Vorzeichen der zugehörigen Kraftkomponente, wenn wir den positiven Kraftkomponenten die Richtungssinne der positiven Koordinatenachsen geben.

Als Kontrolle dient:

$$\cos^2\alpha + \cos^2\beta + \cos^2\gamma = (x_k - x_i)^2/l_{ik}^2 + (y_k - y_i)^2/l_{ik}^2 + (z_k - z_i)^2/l_{ik}^2 =$$

$$= [(x_k - x_i)^2 + (y_k - y_i)^2 + (z_k - z_i)^2]/[(x_k - x_i)^2 + (y_k - y_i)^2 + (z_k - z_i)^2] = 1$$

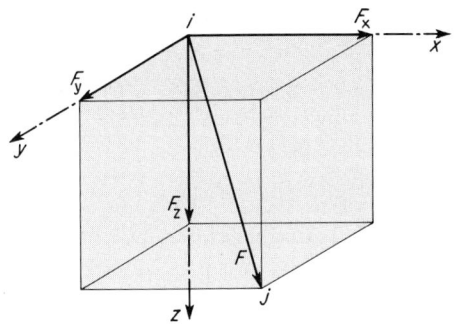

3.63 Kraft F und räumliche Komponenten F_x, F_y, F_z

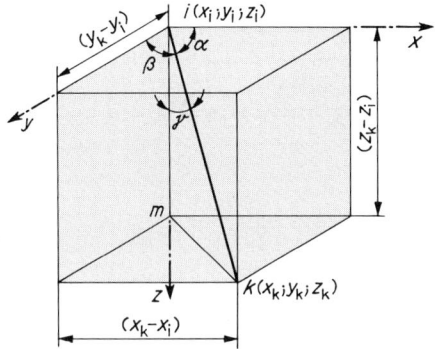

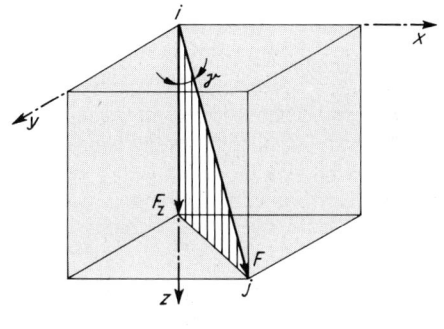

3.65 Wirkungslinie der Kraft F zwischen den Punkten i und k, Raumdiagonale ik und Flächendiagonale mk

3.64 Winkel zwischen Komponenten und Koordinatenachsen

3.4.2 Zusammensetzen von Kräften, deren Wirkungslinien sich in einem Punkt schneiden

Die Resultierende eines zentralen räumlichen Kräftesystems ermitteln wir sinngemäß wie die eines zentralen ebenen Kräftesystems; zu den Komponenten F_{ix} und F_{iy} der Ebene kommen lediglich noch die Komponenten F_{iz} hinzu. Wir zerlegen die Kräfte F_i in ihre Komponenten F_{ix}, F_{iy}, F_{iz} und addieren gleichnamige Komponenten algebraisch, wodurch wir die Komponenten der Resultierenden erhalten:

$$\Sigma F_{ix} = R_x$$
$$\Sigma F_{iy} = R_y \qquad (3.14)$$
$$\Sigma F_{iz} = R_z$$

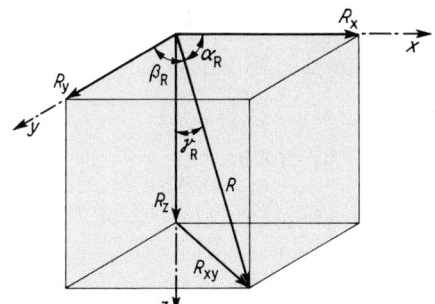

3.66 Zusammensetzen der Resultierenden R aus ihren Komponenten R_x, R_y, R_z

Aus den Komponenten der Resultierenden setzen wir dann durch zweimalige Anwendung des Satzes von Pythagoras die Resultierende zusammen (**3.66**):

$$R_{xy} = \sqrt{R_x^2 + R_y^2} \qquad R = \sqrt{R_{xy}^2 + R_z^2} \qquad R = \sqrt{R_x^2 + R_y^2 + R_z^2} \qquad (3.15)$$

Die Richtungskosinus der Resultierenden haben die Größe

$$\cos\alpha_R = R_x/R \qquad \cos\beta_R = R_y/R \qquad \cos\beta_R = R_z/R \qquad (3.16)$$

Die Wirkungslinie der Resultierenden geht durch den Schnittpunkt der Wirkungslinien aller Kräfte des zentralen räumlichen Kräftesystems.

3.4.3 Das Moment einer Kraft bezüglich eines Punktes

Gegeben ist die im Punkt A angreifende Kraft F mit den Richtungskosinus $\cos\alpha$, $\cos\beta$, $\cos\gamma$ sowie der Momentenbezugspunkt O (**3.67**). Wir legen in den Momentenbezugspunkt O ein rechtwinkliges rechtsdrehendes (x, y, z)-Koordinatensystem, wodurch der Kraftangriffspunkt die Koordinaten $(x_A; y_A; z_A)$ erhält. Für das Moment der Kraft F bezüglich des Punktes O können wir dann schreiben

$$\vec{M}_O = \vec{r}_{OA} \times \vec{F} \qquad\qquad M_O = r_{OA}\, F \sin\gamma_{rF}$$

$\vec{M}_O$ steht senkrecht auf der durch $\vec{r}_{OA}$ und $\vec{F}$ bestimmten Ebene, d.h. $\vec{M}_O \perp \vec{r}_{OA}$ und $\vec{M}_O \perp \vec{F}$.

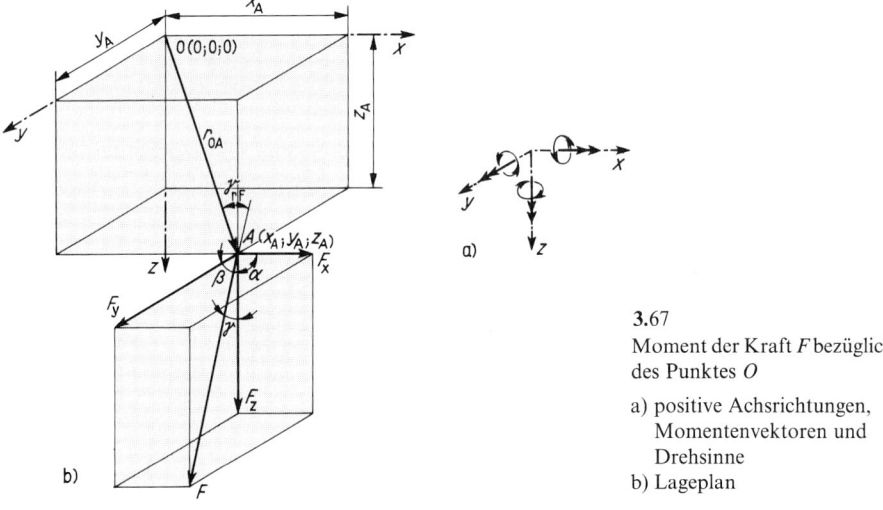

3.67

Moment der Kraft F bezüglich des Punktes O

a) positive Achsrichtungen, Momentenvektoren und Drehsinne

b) Lageplan

Für die praktische Berechnung zerlegen wir F in seine Komponenten F_x, F_y und F_z und ermitteln M_O als Summe der Momente dieser Komponenten. Wir erhalten (**3.67**b) mit den in (**3.67**a) festgelegten Vorzeichen und unter Berücksichtigung der Tatsache, daß die zu einer Achse parallelen Komponenten bezüglich dieser Achse kein Moment haben

$$M_x = y_A F_z - z_A F_y = \begin{vmatrix} y_A & z_A \\ F_y & F_z \end{vmatrix}$$

$$M_y = z_A F_x - x_A F_z = \begin{vmatrix} z_A & x_A \\ F_z & F_x \end{vmatrix} \qquad (3.17)$$

$$M_z = x_A F_y - y_A F_x = \begin{vmatrix} x_A & y_A \\ F_x & F_y \end{vmatrix}$$

Die drei zweireihigen Determinanten können wir zu einer dreireihigen zusammenfassen, wenn wir zur **vektoriellen Schreibweise** übergehen und dabei die **Einsvektoren** $\vec{i}, \vec{j}$ und $\vec{k}$ hinzufügen:

$$\vec{M}_O = \vec{r}_{OA} \times \vec{F} = \vec{M}_x + \vec{M}_y + \vec{M}_z = \begin{vmatrix} \vec{i} & \vec{j} & \vec{k} \\ x_A & y_A & z_A \\ F_x & F_y & F_z \end{vmatrix}$$

Verschieben wir die Kraft F in den Punkt B ihrer Wirkungslinie, so ändert sich ihr Moment bezüglich des Punktes O nicht, und auch die Komponenten des Moments behalten ihre Größe:

$$\vec{M}_O = \vec{r}_{OA} \times \vec{F} = \vec{r}_{OB} \times \vec{F} = \vec{M}_x + \vec{M}_y + \vec{M}_z \quad \begin{vmatrix} \vec{i} & \vec{j} & \vec{k} \\ x_B & y_B & z_B \\ F_x & F_y & F_z \end{vmatrix}$$

Mit den **Beträgen** der Komponenten des Momentenvektors können wir schreiben

$$M_O = r_{OA} F \sin\gamma_{rF} = \sqrt{M_x^2 + M_y^2 + M_z^2}$$

und die **Richtungskosinus** des Momentenvektors haben die Größe

$$\cos\alpha_{MR} = M_x/M \qquad \cos\beta_{MR} = M_y/M \qquad \cos\gamma_{MR} = M_z/M$$

Der Momentenvektor $\vec{M}_O$ steht senkrecht auf der durch $\vec{r}_{OA}$ und $\vec{F}$ aufgespannten Ebene, er steht also auch senkrecht auf $\vec{F}$. Aus diesem Grund gilt für die Richtungskosinus beider Größen die Beziehung

$$\cos\vartheta = \cos\alpha_R \cos\alpha_{MR} + \cos\beta_R \cos\beta_{MR} + \cos\gamma_R \cos\gamma_{MR} = \cos 90° = 0 \qquad (3.18)$$

3.4.4 Verschieben einer Kraft parallel zu sich selbst

Das Moment der Kraft F bezüglich des Punktes O können wir als **Versatzmoment** auffassen: Die Kraft F im Punkt A ist **gleichwertig** oder **äquivalent** der Kraft F im Punkt O, wenn wir das **Versatzmoment** $\vec{M} = \vec{r}_{OA} \times \vec{F}$ hinzufügen. Bei praktischen Berechnungen arbeiten wir mit den **Komponenten** von Kraft und Moment, so daß wir formulieren können:

Die im Punkt A angreifenden, nach Gl. (3.11) ermittelten Komponenten F_x, F_y, F_z der Kraft F können wir ersetzen durch dieselben, im Punkt O wirkenden Komponenten, wenn wir die nach Gl. (3.17) berechneten Versatzmomente M_x, M_y, M_z der Kraft F bezüglich der Koordinatenachsen durch Punkt O hinzufügen (3.68).

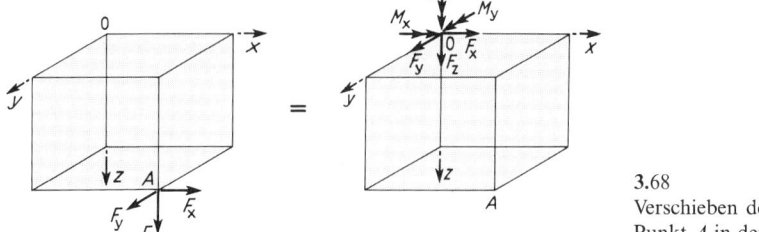

3.68
Verschieben der Kraft F vom
Punkt A in den Punkt O

3.4.5 Die Reduktion eines allgemeinen räumlichen Kräftesystems

Die folgenden Ausführungen gelten auch für räumliche Systeme mit K r a f t - und
M o m e n t e n v e k t o r e n ; entweder verwandeln wir bei solchen Systemen die Momentenvektoren in gleichwertige Kräftepaare, wodurch wir reine Kräftesysteme erhalten, oder
wir zerlegen die gegebenen Momentenvektoren in ihre Komponenten M_x, M_y und M_z und
berücksichtigen diese bei den Momentensummen M_{Rx}, M_{Ry} und M_{Rz}.

Bei der Berechnung der Wirkungen eines a l l g e m e i n e n   r ä u m l i c h e n   K r ä f t e s y s t e m s
bezüglich eines Punktes O erweitern wir das beim allgemeinen e b e n e n Kräftesystem
angewendete Verfahren, indem wir zusätzlich die Komponenten F_{iz} sowie die Momente
M_{ix} und M_{iy} berücksichtigen.

Das bei e b e n e n Problemen a l l e i n auftretende Moment M, das als Kräftepaar in der
(x, y)-Ebene dargestellt werden kann, bezeichnen wir jetzt mit M_z.

B e t r a g   u n d   R i c h t u n g s k o s i n u s der Resultierenden aller angreifenden Kräfte bestimmen wir dann wie beim z e n t r a l e n räumlichen Kräftesystem: Wir legen in den Punkt O
ein rechtwinkliges Koordinatensystem, zerlegen die Kräfte in ihre Komponenten (Gl.
(3.11)), addieren gleichnamige Komponenten algebraisch (Gl. (3.14)) und setzen die Kom-
ponentensummen vektoriell zusammen (Gl. (3.15)). Die Richtungskosinus der Resultierenden erhalten wir mit Gl. (3.16).

Wenn wir nun die Resultierende in Punkt O angreifen lassen, müssen wir die V e r s a t z m o -
m e n t e   d e r   e i n z e l n e n   K r ä f t e berücksichtigen. Diese Versatzmomente ermitteln wir
zweckmäßigerweise aus den Komponenten der Kräfte mit den Gleichungen (3.17). Die
Addition gleichnamiger Komponenten der Momente liefert uns die Komponenten M_{Rx},
M_{Ry}, M_{Rz} des resultierenden Versatzmoments. Bezeichnen wir den Angriffspunkt der
beliebigen Kraft F_i mit $A_i(x_{Ai}; y_{Ai}; z_{Ai})$ und ihre Komponenten mit F_{xi}, F_{yi}, F_{zi}, so können
wir schreiben

$$M_{Rx} = \sum_i (y_{Ai}F_{zi} - z_{Ai}F_{yi}); \quad M_{Ry} = \sum_i (z_{Ai}F_{xi} - x_{Ai}F_{zi}); \quad M_{Rz} = \sum_i (x_{Ai}F_{yi} - y_{Ai}F_{xi})$$

Aus diesen Momenten erhalten wir durch vektorielle Addition (räumlicher Pythagoras)
das resultierende Versatzmoment $\vec{M}_R$ mit dem Betrag

$$M_R = \sqrt{M_{Rx}^2 + M_{Ry}^2 + M_{Rz}^2}$$

$\vec{M}_R$ steht im allgemeinen n i c h t   s e n k r e c h t   a u f   d e r   R e s u l t i e r e n d e n $\vec{R}$.

Reduzieren wir das Kräftesystem auf einen beliebigen anderen Punkt O', so erhalten wir dieselbe Resultierende R, jedoch einen anderen Momentenvektor M'_R, es sei denn, der neue Bezugspunkt O' liegt auf der Wirkungslinie der nach O verschobenen Resultierenden. Die Kombinationen R, M_R sowie R, M'_R werden in der Festigkeitslehre D y n a m e n oder K r a f t w i n d e r genannt. Sofern nicht der erwähnte Sonderfall vorliegt, hat also ein allgemeines räumliches Kräftesystem für jeden Bezugspunkt eine andere Dyname, die Dynamen verschiedener Bezugspunkte unterscheiden sich jedoch nur in ihrem Momentenanteil M_R.

Für besondere Bezugspunkte wird die Dyname zu einer K r a f t s c h r a u b e; dann sind R und M_R parallel, und die Wirkungslinie der Resultierenden wird zur Z e n t r a l a c h s e d e s K r ä f t e s y s t e m s.

Von den Sonderfällen, die bei der Reduktion eines allgemeinen räumlichen Kräftesystems in einen Punkt auftreten können, wollen wir nur zwei erwähnen:

1. $R = 0$; $M_R \neq 0$ Die Kräftegruppe ist einem K r ä f t e p a a r gleichwertig
2. $R = 0$; $M_R = 0$ Die Kräftegruppe befindet sich im G l e i c h g e w i c h t.

3.4.6 Beispiele

Beispiel 18 Z e n t r a l e s r ä u m l i c h e s K r ä f t e s y s t e m. In einer Kirche[1]) laufen auf einem Stahlbetonpfeiler sechs Holzstreben zusammen, die das Dach unterstützen (Bild **3.69**). Gesucht ist die Resultierende der sechs Strebenkräfte.

1. Koordinaten

Wir wählen den Schnittpunkt sämtlicher Strebenachsen als Ursprung 0(0;0;0) unseres Koordinatensystems; die Richtungen und positiven Richtungssinne der Achsen zeigt Bild **3.71**. Tafel **3.70** listet die Koordinaten der Strebenenden auf, aus denen wir die Längen und Richtungskosinus der Streben errechnen.

2. Strebenlängen

Die Entfernung der Punkte $i(x_i; y_i; z_i)$ und $j(x_j; y_j; z_j)$ und damit die Länge der Strebe ij ist

$$l_{ij} = \sqrt{(x_j - x_i)^2 + (y_j - y_i)^2 + (z_j - z_i)^2}$$

Tafel **3.70**

Punkt	x m	y m	z m
0	0	0	0
1	− 1,36	+ 1,50	+ 7,77
2	+ 1,59	+ 4,50	+ 6,68
3	+ 3,99	+ 1,50	+ 5,80
4	+ 3,99	− 1,50	+ 5,80
5	+ 1,59	− 4,10	+ 6,68
6	− 1,36	− 1,50	+ 7,77

3.69   Zentrales räumliches Kräftesystem, gebildet von 6 Holzstreben

[1]) Bauen mit Holz 5/81 (Ökumenisches Gemeindezentrum Darmstadt-Kranichstein, Planung/Konstruktion: Prof. Dr.-Ing. R. R o m e r o und L. W i l l i u s, Darmstadt; Statik: Ing.-Büro M a r k s und Z i m m e r m a n n, Siegen)

Beispiel 18
Forts.

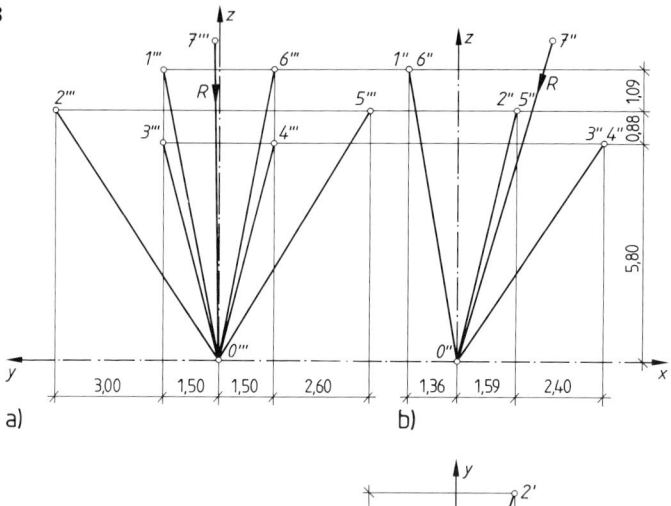

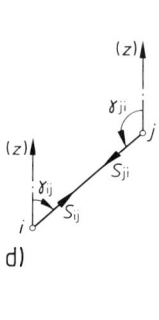

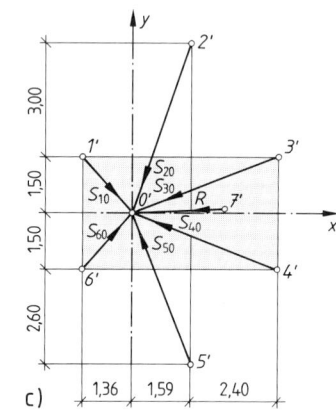

a)   b)   c)   d)

3.71   Streben unter einem Dach
a) Seitenriß, b) Aufriß, c) Grundriß mit Strebenkräften, d) Kräfte S_{ij} und S_{ji}, Winkel γ_{ij} und γ_{ji}

$l_{ij} = l_{ji}$ ist eine skalare, ungerichtete Größe, die das positive Vorzeichen erhält.

Für den Fall, daß der Punkt i oder der Punkt j mit dem Koordinatenursprung 0 zusammenfällt, vereinfachen sich diese Formeln zu

$$l_{0j} = \sqrt{x_j^2 + y_j^2 + z_j^2} \quad \text{oder} \quad l_{i0} = \sqrt{x_i^2 + y_i^2 + z_i^2}$$

3. Richtungskosinus

Der Kraftvektor $\vec{S}_{ij}$, der in der Strebe ij mit dem Richtungssinn von i nach j wirkt, hat dieselben Richtungskosinus wie die mit dem Richtungssinn $i \to j$ versehene Strebenachse, nämlich

$$\cos\alpha_{ij} = (x_j - x_i)/l_{ij}; \qquad \cos\beta_{ij} = (y_j - y_i)/l_{ij}; \qquad \cos\gamma_{ij} = (z_j - z_i)/l_{ij}$$

Mit diesen Werten errechnen wir deshalb die Komponenten der Strebenkräfte

$$S_{ijx} = S_{ij} \cos\alpha_{ij} \qquad\qquad S_{ijy} = S_{ij} \cos\beta_{ij} \qquad\qquad S_{ijz} = S_{ij} \cos\gamma$$

Beispiel 18 Die Komponenten der entgegengesetzt gerichteten Strebenkraft S_{ji} ergeben sich
Forts.   mit den Richtungskosinus

$$\cos_{ji}\alpha = -\cos\alpha_{ij}; \quad \cos\beta_{ji} = -\cos\beta_{ij}; \quad \cos\gamma_{ji} = -\cos\gamma_{ij}$$

In die Formeln für die Komponenten setzen wir die Strebenkräfte mit ihren absoluten Beträgen ein; das Vorzeichen jeder Komponente ist nämlich gleich dem Vorzeichen ihres Richtungskosinus. Eine Komponente ist positiv, wenn sie denselben Richtungssinn wie die zu ihr parallele positive Koordinatenachse hat. Mit der Festsetzung der Richtungssinne der positiven Koordinatenachsen bestimmen wir also zugleich die Richtungssinne der positiven Komponenten der Kräfte.

Im vorliegenden Beispiel sind alle Strebenkräfte zum gemeinsamen Fußpunkt *0* gerichtet; wir benötigen daher die Richtungskosinus der gerichteten Strecken $ij = i0$ für $i = 1$ bis *6*. Die obigen Formeln für die Richtungskosinus vereinfachen sich mit $j(0;0;0)$ zu

$$\cos\alpha_{i0} = -x_i/l_{0i}; \quad \cos\beta_{i0} = -y_i/l_{0i}; \quad \cos\gamma_{i0} = -z_i/l_{01}$$

Strebe *01*

$$l_{01} = \sqrt{x_1^2 + y_1^2 + z_1^2} = \sqrt{(-1,36)^2 + 1,50^2 + 7,77^2} = 8,03 \text{ m}$$
$$\cos\alpha_{10} = -x_1/l_{01} = +1,36/8,03 = \quad 0,1694$$
$$\cos\beta_{10} = -y_1/l_{01} = -1,50/8,03 = -0,1868$$
$$\cos\gamma_{10} = -z_1/l_{01} = -7,77/8,03 = -0,9677$$

Strebe *02*

$$l_{02} = \sqrt{x_2^2 + y_2^2 + z_2^2} = \sqrt{(1,59^2 + 4,50^2 + 6,68^2} = 8,21 \text{ m}$$
$$\cos\alpha_{20} = -x_2/l_{02} = -1,59/8,21 = -0,1937$$
$$\cos\beta_{20} = -y_2/l_{02} = -4,50/8,21 = -0,5481$$
$$\cos\gamma_{20} = -z_2/l_{02} = -6,68/8,21 = -0,8138$$

Strebe *03*

$$l_{03} = \sqrt{x_3^2 + y_3^2 + z_3^2} = \sqrt{3,99^2 + 1,50^2 + 5,80^2} = 7,20 \text{ m}$$
$$\cos\alpha_{30} = -x_3/l_{03} = -3,99/7,20 = -0,5543$$
$$\cos\beta_{30} = -y_3/l_{03} = -1,50/7,20 = -0,2084$$
$$\cos\gamma_{30} = -z_2/l_{03} = -5,80/7,20 = -0,8058$$

Strebe *04*

$$l_{04} = \sqrt{x_4^2 + y_4^2 + z_4^2} = \sqrt{3,99^2 + (-1,50)^2 + 5,80^2} = 7,20 \text{ m}$$
$$\cos\alpha_{40} = -x_4/l_{04} = -3,99/7,20 = -0,5543$$
$$\cos\beta_{40} = -y_4/l_{04} = +1,50/7,20 = +0,2084$$
$$\cos\gamma_{40} = -z_4/l_{04} = -5,80/7,20 = -0,8058$$

Strebe *05*

$$l_{05} = \sqrt{x_5^2 + y_5^2 + z_5^2} = \sqrt{1,59^2 + (-4,10)^2 + 6,68^2} = 8,00 \text{ m}$$
$$\cos\alpha_{50} = -x_5/l_{05} = -1,59/8,00 = -0,1988$$
$$\cos\beta_{50} = -y_5/l_{05} = +4,10/8,00 = +0,5127$$
$$\cos\gamma_{50} = -z_5/l_{05} = -6,68/8,00 = -0,8353$$

Strebe *06*

$$l_{06} = \sqrt{x_6^2 + y_6^2 + z_6^2} = \sqrt{(-1,36)^2 + (-1,50)^2 + 7,77^2} = 8,03 \text{ m}$$
$$\cos\alpha_{60} = -x_6/l_{06} = +1,36/8,03 = +0,1694$$
$$\cos\beta_{60} = -y_6/l_{06} = +1,50/8,03 = +0,1868$$
$$\cos\gamma_{60} = -z_6/l_{06} = -7,77/8,03 = -0,9677$$

Beispiel 18 4. Berechnung und Darstellung der Resultierenden

Forts.
    Tafel **3.**72 zeigt die Strebenkräfte, die Komponenten der Strebenkräfte, die Summen der gleichnamigen Komponenten der Strebenkräfte $\Sigma S_x = R_x$, $\Sigma S_y = R_y$, $\Sigma S_z = R_z$ und die aus diesen Summen errechnete Resultierende $R = \sqrt{R_x^2 + R_y^2 + R_z^2}$. In der letzten Zeile sind die Richtungskosinus der Resultierenden angegeben.

Die negativen Vorzeichen der Richtungskosinus und der Komponenten der Resultierenden bedeuten, daß die Komponenten den entgegengesetzten Richtungssinn haben wie die zugeordneten positiven Koordinatenachsen.

Zum Schluß tragen wir die Resultierenden R im Kräftemaßstab 30 kN = 1 m in die Zeichnung 3.70 ein, und zwar so, daß sich der Endpunkt des Vektors im Koordinatenursprung 0 befindet – aus Gründen der deutlicheren Darstellung zeichnen wir die Pfeilspitze nicht an das Vektorende, sondern in die Nähe des Vektoranfanges. Der Vektoranfang, den wir Punkt 7 nennen, hat dann die Koordinaten

$$x_7 = \quad 77,728/30 \quad = 2,591 \text{ m},$$

$$y_7 = \quad 3,5931/30 = 0,1198 \text{ m},$$

$$z_7 = 149,2/30 \quad = 8,549 \text{ m}.$$

Tafel **3.**72 Berechnung der Resultierenden, Kräfte in kN

Strebenkraft	$S_{ix} = S_{i0}\cos\alpha_{i0}$	$S_{iy} = S_{i0}\cos\beta_{i0}$	$S_{iz} = S_{i0}\cos\gamma_{i0}$
$S = 43{,}1$	7,3001	$-$ 8,0516	$-$ 41,707
$S = 58{,}7$	$-$ 11,369	$-$ 32,175	$-$ 47,762
$S = 55{,}5$	$-$ 30,765	$-$ 11,566	$-$ 44,721
$S = 62{,}4$	$-$ 34,59	13,004	$-$ 50,281
$S = 60{,}6$	$-$ 12,048	31,067	$-$ 50,617
$S = 22{,}1$	3,7432	4,1285	$-$ 21,386
Resultierende $R = 268{,}02$	$R\cos\alpha_R = -77{,}728$	$R\cos\beta_R = -3{,}5931$	$R\cos\gamma_R = -256{,}47$
	$\cos\alpha_R = -0{,}29001$	$\cos\beta_R = -0{,}013406$	$\cos\gamma_R = -0{,}95693$

Beispiel 19 Allgemeines räumliches Kräftesystem. Gegeben ist ein Verkehrszeichenträger an einer Autobahn (3.73); gesucht sind die Resultierende der angreifenden Kräfte für die Lastkombination Eigenlast von Verkehrsschild, Ausleger und Mast zuzüglich Wind in Fahrtrichtung sowie die Komponenten des Versatzmoments, die sich bei der Verschiebung dieser Resultierenden in den Fußpunkt des Mastes ergeben.

Bild 3.74a zeigt das idealisierte Tragwerk mit seiner Belastung: Am Mast 02 greift in halber Höhe die Windlast $F_1 = 5$ kN an; $F_2 = 10$ kN ist die Eigenlast des Mastes, $F_3 = 11$ kN die Eigenlast des Auslegers 26. Der Schwerpunkt des Verkehrsschildes (Punkt 5) liegt in Fahrtrichtung gesehen 0,5 m vor der Achse des Auslegers; der Stab 45 stellt schematisch die Befestigungselemente zwischen Verkehrsschild und Ausleger dar. Im Schwerpunkt des Verkehrsschildes greifen die Eigenlast $F_{5v} = 8$ kN und die Windlast $F_{5h} = 50$ kN des Verkehrsschildes an.

Mast und Ausleger liegen in der lotrechten (x,z)-Ebene und bilden daher ein ebenes Tragwerk. Würden wir nur die Eigenlasten F_2 und F_3 von Mast und Ausleger betrachten, deren Wirkungslinien ebenfalls in der (x,z)-Ebene liegen, hätten wir ein Problem aus der Statik der Ebene zu lösen. Die Lasten F_1, F_{5v} und F_{5h}, deren Wirkungslinien nicht in die durch Mast und Ausleger bestimmte Ebene fallen, machen die Aufgabe zu einem Problem der Statik des Raumes.

Bild 3.74b zeigt die Vorzeichenfestsetzung für Kräfte und Momente.

Beispiel 19
Forts.

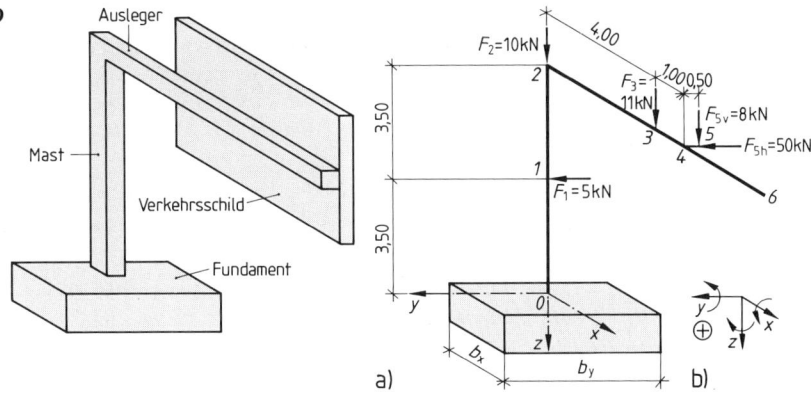

3.73 Verkehrszeichenträger

3.74 Verkehrszeichenträger
a) statisches System mit Belastung
b) Vorzeichenfestsetzung

1. Betrag und Richtung der Resultierenden

Da sämtliche Lasten parallel zu y- oder z-Achse sind, können wir sofort hinschreiben

$$R_x = 0$$

$$R_y = F_1 + F_{5h} = 5 + 50 = 55 \text{ kN}$$

$$R_z = F_2 + F_3 + F_{5v} = 10 + 11 + 8 = 29 \text{ kN}$$

$$R = \sqrt{R_x^2 + R_y^2 + R_z^2} = \sqrt{0^2 + 55^2 + 29^2} = 62{,}18 \text{ kN}$$

$$\cos\alpha_R = R_x/R = 0 \qquad\qquad = \cos 90°$$

$$\cos\beta_R = R_y/R = 55/62{,}18 = 0{,}8846 = \cos 27{,}80°$$

$$\cos\gamma_R = R_z/R = 29/62{,}18 = 0{,}4664 = \cos 62{,}20°$$

Kontrolle: $\cos^2\alpha_R + \cos^2\beta_R + \cos^2\gamma_R \qquad = 1$

2. Momente um die Koordinatenachsen durch den Fußpunkt 0 des Mastes

$$M_{Rx} = + F_1 \cdot 3{,}50 - F_{5v} \cdot 0{,}50 + F_{5h} \cdot 7{,}00 = 5 \cdot 3{,}50 - 8 \cdot 0{,}50 + 50 \cdot 7{,}00 =$$
$$= 17{,}50 - 4{,}00 + 350{,}00 = + 363{,}50 \text{ kNm}$$

Die Kräfte F_2 und F_3 haben keine Drehwirkung bezüglich der x-Achse, da ihre Wirkungslinien die Achse schneiden.

$$M_{Ry} = - F_3 \cdot 4{,}00 - F_{5v} \cdot 5{,}00 = - 11{,}00 \cdot 4{,}00 - 8 \cdot 5{,}00 =$$
$$= - 44{,}00 - 40{,}00 = - 84{,}00 \text{ kNm}$$

Die Kräfte F_1 und F_{5h} sind parallel zur y-Achse gerichtet, die Wirkungslinie von F_2 schneidet die y-Achse; alle drei Kräfte haben kein Moment bezüglich der y-Achse.

$$M_{Rz} = + F_{5h} \cdot 5{,}00 = + 50 \cdot 5{,}00 = + 250{,}00 \text{ kNm}$$

F_{5h} ist die einzige Kraft mit einem Moment um die z-Achse: die Wirkungslinie von F_2 fällt mit der z-Achse zusammen, F_3 und F_{5v} wirken parallel zur z-Achse, und die Wirkungslinie von F_1 schneidet die z-Achse.

Beispiel 19 **3. Verschiebung der Resultierenden in den Fußpunkt des Mastes (Punkt _0_)**
Forts.
Die Wirkung des allgemeinen Kräftesystems nach Bild **3.**74 auf den Punkt _0_ ist gleichwertig oder äquivalent der Wirkung der Resultierenden $\vec{R}$ oder ihrer Komponenten im Punkt _0_ zuzüglich der Wirkung der Versatzmomente M_{Rx}, M_{Ry}, M_{Rz} (3.75).

Der resultierende Vektor des Versatzmoments $\vec{M}_R$ hat den Betrag

$$M_R = \sqrt{M_{Rx}^2 + M_{Ry}^2 + M_{Rz}^2} = \sqrt{363{,}50^2 + 84{,}00^2 + 250{,}00^2} = 449{,}1 \ \text{kNm}$$

und die Richtungskosinus

$$\cos\alpha_{MR} = M_{Rx}/M_R = \ \ 363{,}5/449{,}1 = \ \ \ \ 0{,}8094 = \cos \ \ 35{,}96°$$
$$\cos\beta_{MR} = M_{Ry}/M_R = \ -84{,}0/449{,}1 = \ -0{,}1870 = \cos 100{,}78°$$
$$\cos\gamma_{MR} = M_{Rz}/M_R = \ \ 250{,}0/449{,}1 = \ \ \ \ 0{,}5567 = \cos \ \ 56{,}17°$$

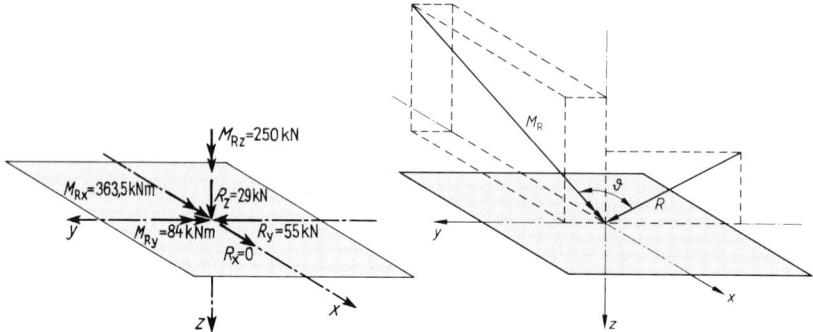

3.75 Fußpunkt 0 des Mastes mit Wirkung der angreifenden Kräfte auf das Fundament

3.76 Dyname $\vec{R}$, $\vec{M}_R$ für den Fußpunkt des Mastes
R ist eine Diagonale des Rechtecks mit den Seitenlängen R_x und R_y; M_R ist eine Raumdiagonale des Quaders mit den Kantenlängen M_{Rx}, M_{Ry}, M_{Rz}

Für den Winkel ϑ zwischen R und M_R erhalten wir

$$\cos\vartheta = \cos\alpha_R \cos\alpha_{MR} + \cos\beta_R \cos\beta_{MR} + \cos\gamma_R \cos\gamma_{MR} = 0{,}094186 = \cos 84{,}6°$$

$\vec{M}_R$ steht nicht senkrecht auf der Resultierenden $\vec{R}$ (3.76).
Für die in Bild **3.**75 dargestellten Kraftgrößen (Kräfte und Momente) müssen die Verbindung zwischen Mast und Fundament sowie das Fundament selbst bemessen werden.

4. Anmerkung zur Bemessung des Fundaments

Die an Mast und Ausleger angreifenden Lasten haben verhältnismäßig große Hebelarme bezüglich des Fundaments. Dessen Abmessungen müssen so gewählt werden, daß die am gesamten Bauwerk angreifenden Lasten einschließlich der Eigenlast des Fundaments ein Klaffen der Sohlfuge höchstens bis zum Schwerpunkt der Sohlfuge verursachen (DIN 1054, Abschn. 4.1.3.1; s. Teil 2 dieses Werkes, Abschn. 9.5). Diese Bedingung ist unter der Wirkung jeder vorgeschriebenen Kombination von Lasten zu erfüllen; außerdem müssen die zulässige Bodenpressung und die Gleitsicherheit eingehalten werden.

4 Gleichgewicht, Kipp- und Gleitsicherheit und Schwerpunktbestimmungen

4.1 Gleichgewichtsbedingungen

4.1.1 Allgemeines

Die im vorigen Abschnitt behandelten Resultierenden und resultierenden Momente würden, wenn sie an einem starren Körper angriffen, diesen beschleunigen: Der resultierende Kraftvektor würde eine beschleunigte geradlinige Bewegung (Translation) verursachen, der resultierende Momentenvektor eine beschleunigte Drehbewegung (Rotation).

Wenn die äußeren Kräfte und Momente, die an einem starren Körper angreifen, so beschaffen sind, daß sie sich in ihren Wirkungen gegenseitig insgesamt aufheben, befindet sich der starre Körper im Gleichgewicht. Das vorhandene System aus Kräften und Momenten nennen wir dann ein Gleichgewichtssystem oder eine Gleichgewichtsgruppe.

Als Folge des Gleichgewichts von Kräften und Momenten an einem Körper stellt sich eine gleichförmige Bewegung des Körpers ein. Die Ruhelage mit $v = 0$ gilt als ein Sonderfall der gleichförmigen Bewegung. Die Baustatik setzt diesen Sonderfall in der Regel voraus, weil die Bauwerke sich in Ruhe befinden sollen. Wie wir in den Abschn. 3.2.2.4 und 3.4.5 bereits festgestellt haben, befindet sich ein allgemeines Kräftesystem im Gleichgewicht, wenn erfüllt ist

$$\vec{R} = 0 \quad \text{und} \quad \vec{M}_\mathrm{R} = 0$$

$\vec{M}_\mathrm{R}$ ist dabei die Summe der Momente der Kraftvektoren für den gewählten Bezugspunkt zuzüglich der Summe der etwa vorhandenen Momentenvektoren.

Die beiden Nullbedingungen der Kraft- und Momentenvektoren werden im folgenden für eine Reihe von allgemeinen und besonderen Fällen der Baupraxis so umgeformt, daß sie einfach zu handhaben sind.

Die Bedingungen des Gleichgewichts sind für die Baustatik von größter Bedeutung: Wir benötigen sie bei der Ermittlung der äußeren und inneren Kräfte der Tragwerke (s. Abschn. 5 für Stabwerke und 6 für Fachwerke). Im vorliegenden Abschn. 4.1 beschäftigen wir uns mit dem Gleichgewicht der äußeren Kräfte, d. h. der Lasten und Lagerkräfte eines Tragwerks.

4.1.2 Gleichgewichtsbedingungen für Kräfte in einer Ebene

4.1.2.1 Kräfte in einer Wirkungslinie

Da wir Kräfte in einer Wirkungslinie beliebig verschieben können, lassen sich Kräfte mit gemeinsamer Wirkungslinie auch alle in einen und denselben Punkt dieser Wirkungslinie verschieben.

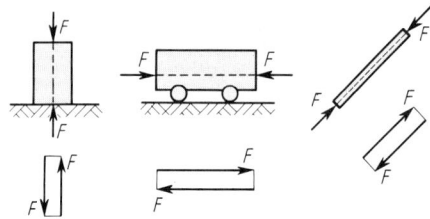

4.1 Gleichgewicht für zwei Kräfte in einer
Wirkungslinie

Insofern stellen Kräfte in einer Wirkungslinie einen Sonderfall von Kräften an einem
Punkt dar. Für das Gleichgewicht gilt:

Zwei Kräfte können nur im Gleichgewicht sein, wenn sie in einer Wirkungslinie liegen, entgegengesetzt gerichtet und gleich groß sind (**4.**1).

Für mehrere Kräfte in einer Wirkungslinie kann die Gleichgewichtsbedingung
$R = 0$ auf diese Wirkungslinie bezogen werden. Das bedeutet

a) für die rechnerische Lösung: Die algebraische Addition aller Kräfte F auf der Wirkungslinie muß Null ergeben:

$$\Sigma F = 0$$

b) für die zeichnerische Lösung: Der Kräftezug muß vom Anfangspunkt beginnend wieder
zum gleichen Anfangspunkt zurückkehren; das Kraftteck ist geschlossen, stellt sich aber
nur als eine Linie dar. Um die Übersichtlichkeit zu verbessern, zeichnen wir die Kräfte
unmittelbar nebeneinander (**4.**1, **4.**3).

Beispiel 1   In einer Wirkungslinie liegen 4 Kraftvektoren (**4.**2). Gesucht wird die Gleichgewichtskraft G.

Rechnerisch

Vorbemerkung: Beim Aufstellen jeder Gleichung mit unbekannten Vektoren muß
man eine Annahme über den Richtungssinn der Unbekannten treffen und die
Wahl des positiven Richtungssinns vornehmen. Ergibt die Berechnung für den ge-
suchten Vektor zum Schluß ein positives Vorzeichen, so war der anfänglich angenommene
Richtungssinn der Unbekannten richtig; ergibt sich ein negatives Vorzeichen, so ist der
Richtungssinn der Unbekannten umzukehren.

Hier nehmen wir an, daß die Gleichgewichtskraft nach links unten gerichtet ist, und wir
wählen diesen Richtungssinn für alle Kräfte als positiven Richtungssinn.

Dann liefert die Gleichung $\Sigma F = 0$:

$$G + F_1 + F_2 + F_3 - F_4 = 0 \qquad G = -2 - 3 - 1 + 3{,}5$$
$$G = -F_1 - F_2 - F_3 + F_4 \qquad G = -2{,}5 \text{ kN}$$

d. h., der Richtungssinn von G ist umzukehren, G ist also nach rechts oben gerichtet. Wir
kennzeichnen dies durch einen entsprechenden Pfeil

$$G = 2{,}5 \text{ kN} \nearrow$$

Zeichnerisch. Die Kräfte werden im Kraftteck im Kräftemaßstab angetragen. Damit die
Resultierende zu Null wird, muß der Endpunkt der letzten Kraft mit dem Anfangspunkt
der ersten Kraft durch einen Vektor verbunden werden; dieser Vektor ist die gesuchte
Gleichgewichtskraft G (**4.**3). Das gezeichnete Kraftteck ist also bei der Gleichgewichtsaufgabe geschlossen. Abgelesen wird $G = 2{,}5$ kN, nach rechts oben gerichtet.

4.2 Vier Kräfte in einer Wirkungslinie

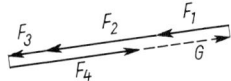

4.3 Kraftteck für Gleichgewichtskraft

4.1.2.2 Kräfte in verschiedenen Wirkungslinien, die sich in einem Punkt schneiden

Das zentrale ebene Kräftesystem befindet sich im Gleichgewicht, wenn die Resultierende verschwindet. Ein Kräftepaar oder ein freier Momentenvektor kann dann nicht vorhanden sein, so daß die Bedingung $M_R = 0$ nicht benötigt wird.

Zeichnerische Lösung. Das Krafteck muß geschlossen sein, dabei müssen alle Kraftvektoren hintereinander herlaufen, das Krafteck muß einen stetigen Umfahrungssinn haben (**4.5**).

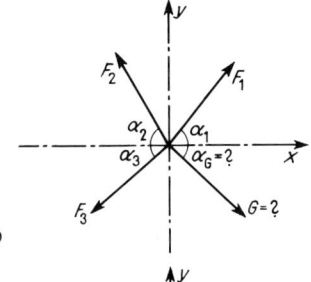

i	F_i in kN	α_i	
		$0 \leq \alpha_i \leq 90$	$0 \leq \alpha_i \leq 360$
1	5	50°	50°
2	4	60°	120°
3	6	40°	220°

a)

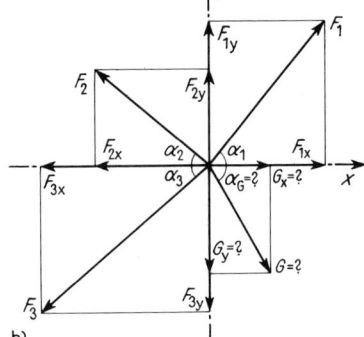

b)

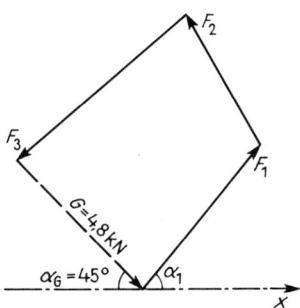

4.4 Zentrales Kräftesystem, rechnerische Lösung   **4.5** Krafteck
    a) Lageplan, Tabelle mit Beträgen und Richtungen der Kräfte
    b) Zerlegung der Kräfte in Komponenten

Rechnerische Lösung. Wir legen in den gemeinsamen Punkt der Wirkungslinien den Ursprung eines rechtwinkligen Koordinatensystems, zerlegen alle Kräfte in Komponenten parallel zu den Koordinatenachsen und geben den Komponenten, die in Richtung der positiven Koordinatenachsen wirken, das positive Vorzeichen (**4.4**). Die Resultierende aller Kräfte

$$R = \sqrt{\left(\sum_i F_{ix}\right)^2 + \left(\sum_i F_{iy}\right)^2}$$

ist gleich Null, wenn jeder der beiden Summanden unter der Wurzel gleich Null ist. Die rechnerischen Gleichgewichtsbedingungen für das zentrale ebene Kräftesystem lauten also

$$\sum_i F_{ix} = 0 \qquad \sum_i F_{iy} = 0 \qquad\qquad\qquad (4.1)$$

Sollen sich Kräfte an einem Punkt im Gleichgewicht befinden, müssen die Komponentengleichgewichtsbedingungen (4.1) erfüllt sein.

Beispiel 2 Für die Kräfte nach Bild **4.**4a ist die G l e i c h g e w i c h t s k r a f t G gesucht. Wir setzen sie nach r e c h t s u n t e n gerichtet an, legen ein Koordinatensystem fest und zerlegen angreifende Kräfte und Gleichgewichtskraft in Komponenten parallel zu den Koordinatenachsen (**4.**4b). Die Gleichgewichtsbedingungen lauten dann

$$\xrightarrow{+} \Sigma F_{ix} = 0 = F_{1x} - F_{2x} - F_{3x} + G_x \quad \uparrow + \Sigma F_{iy} = 0 = F_{1y} + F_{2y} - F_{3y} - G_y \quad (4.2)$$

und wir erhalten aus ihnen

$$G_x = -F_{1x} + F_{2x} + F_{3x} = -5\cos 50° + 4\cos 60° + 6\cos 40°$$
$$= -3,21 + 2,00 + 4,60 = +3,38\,\text{kN}$$
$$G_y = +F_{1y} + F_{2y} - F_{3y} = 5\sin 50° + 4\sin 60° - 6\sin 40°$$
$$= 3,83 + 3,46 - 3,86 = +3,44\,\text{kN}$$

Beide Komponenten ergeben sich p o s i t i v, die Gleichgewichtskraft ist demnach wie a n g e n o m m e n n a c h r e c h t s u n t e n gerichtet. Sie hat den Betrag

$$G = \sqrt{G_x^2 + G_y^2} = \sqrt{3,38^2 + 3,44^2} = 4,82\,\text{kN}$$

und gegen die x-Achse die Neigung

$$\alpha_G = \arctan(G_y/G_x) = 45,46°.$$

In der vorstehenden Rechnung haben wir mit Winkeln $0° \leqq a \leqq 90°$ gearbeitet und die V o r z e i c h e n der Komponenten bereits in den Gl. (4.2) nach der S k i z z e festgelegt. Beim Arbeiten mit einem programmierbaren Rechner ist es vorteilhafter, die Winkel im Bereich $0° \leqq \alpha \leqq 360°$ anzugeben; dann ergeben sich nämlich die Vorzeichen der Komponenten a u s d e n W i n k e l f u n k t i o n e n. In die Gleichgewichtsbedingungen werden dann sämtliche Komponenten mit p o s i t i v e n Vorzeichen eingeführt, und die Rechnung sieht folgendermaßen aus:

$$\xrightarrow{+} \Sigma F_{ix} = 0 = F_1 \cos 50° + F_2 \cos 120° + F_3 \cos 220° + G_x$$
$$\uparrow + \Sigma F_{iy} = 0 = F_1 \sin 50° + F_2 \cos 120° + F_3 \cos 220° + G_y$$
$$G_x = -5\cos 50° - 4\cos 120° - 6\cos 220° = -3,21 + 2,00 + 4,60 = +3,38\,\text{kN}$$
$$G_y = -5\sin 50° - 4\sin 120° - 6\sin 220° = -3,83 - 3,46 + 3,86 = -3,44\,\text{kN}$$

Die Vorzeichen von G_x und G_y geben jetzt an, ob die Komponenten in Richtung der positiven oder negativen Koordinatenachse gerichtet sind: $G_x = 3,38\,\text{kN} \rightarrow$, $G_y = 3,44\,\text{kN} \downarrow$. Die Gleichgewichtskraft ist wie zuvor ermittelt n a c h r e c h t s u n t e n gerichtet, sie liegt im 4. Quadranten.

Zeichnerische Lösung (4.5): Die Gleichgewichtskraft G muß das Krafteck schließen, alle Kräfte müssen h i n t e r e i n a n d e r h e r l a u f e n (s t e t i g e r U m f a h r u n g s s i n n). Wir entnehmen der Zeichnung $G = 4,8\,\text{N} \searrow$, $\alpha_G = 45°$.

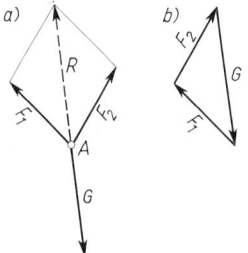

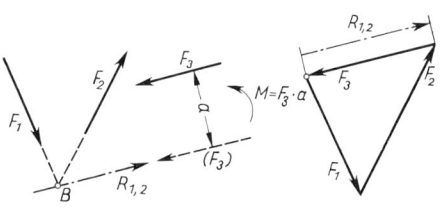

4.6 Gleichgewichtskraft für zwei Kräfte   **4.7** Drei Kräfte, die nicht an einem Punkt angreifen

Aus dem S o n d e r f a l l   v o n   d r e i   K r ä f t e n   a n   e i n e m   P u n k t (**4.**6) läßt sich die folgende wichtige Regel ableiten:

D r e i   K r ä f t e in einer Ebene sind nur dann im Gleichgewicht, wenn sich ihre Wirkungslinien in e i n e m Punkte schneiden und ihre R e s u l t i e r e n d e gleich N u l l ist. Schneiden sich nämlich die Kräfte nicht in einem Punkte (**4.**7), so verbleibt, auch wenn das zugehörige Krafteck geschlossen ist, ein Drehmoment (s. Abschn. 3.3).

4.1.2.3   Kräfte in verschiedenen Wirkungslinien, die sich nicht in einem Punkt schneiden (Allgemeines ebenes Kräftesystem)

Zeichnerische Lösung. Die erste Gleichgewichtsbedingung $R = 0$ ist erfüllt, wenn wie beim zentralen ebenen Kräftesystem das K r a f t e c k   g e s c h l o s s e n ist; die zweite Gleichgewichtsbedingung $M_R = 0$ wird bei der zeichnerischen Lösung zu der Forderung, daß der e r s t e   u n d   d e r   l e t z t e   S e i l s t r a h l   z u s a m m e n f a l l e n müssen, oder daß auch das S e i l e c k   g e s c h l o s s e n sein muß. Wenn bei geschlossenem Krafteck der erste und der letzte Seilstrahl nebeneinander herlaufen, sind sämtliche Kräfte des allgemeinen ebenen Kräftesystems gleichwertig einem K r ä f t e p a a r (Abschn. 4.2, Fall 2). Dessen Betrag ist gleich der Kraft im ersten oder letzten Seilstrahl, multipliziert mit dem Abstand von erstem und letztem Seilstrahl (**4.**8).

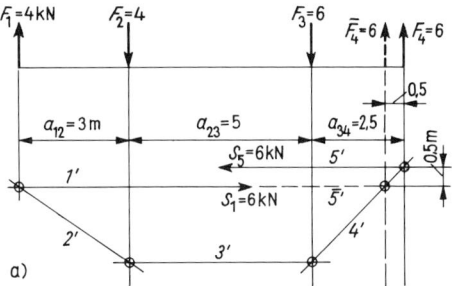 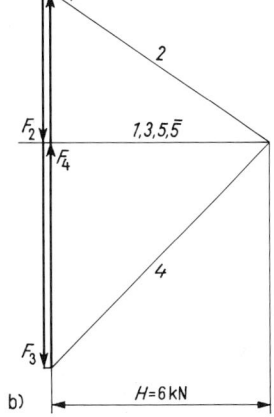

4.8 Zeichnerische Überprüfung des Gleichgewichts
    a) F_1, F_2, F_3, F_4: Seileck offen, $M = 6 \cdot 0{,}5 = 3$ kNm,
       F_1, F_2, F_3, $\bar{F}_4$: Seileck geschlossen, $M = 0$
    b) Krafteck geschlossen, $R = 0$

Für die rechnerische Lösung werden die Gleichgewichtsbedingungen $\vec{R} = 0$ und $\vec{M}_R = 0$ meist in der folgenden Form geschrieben

$$\sum_i F_{ix} = 0 \qquad \sum_i F_{iy} = 0 \qquad \sum M_a = 0 \qquad (4.3)$$

in Worten:

Die algebraische Summe aller Komponenten parallel zur *x*-Achse muß gleich Null sein,

die algebraische Summe aller Komponenten parallel zur *y*-Achse muß gleich Null sein,

die algebraische Summe aller Momente der Kräfte oder ihrer Komponenten bezüglich des beliebigen Drehpunktes *a* muß gleich Null sein.

Es ist möglich und in vielen Fällen zweckmäßig, in den Gleichungen (4.3) e i n e   K r ä f t e g l e i c h g e w i c h t s b e d i n g u n g   d u r c h   e i n e   M o m e n t e n g l e i c h g e w i c h t s b e d i n -

gung bezüglich eines zweiten Punktes zu ersetzen. Die Gleichgewichtsbedingungen
erhalten dann die Form

$$\sum_i F_{ix} = 0 \qquad \sum M_a = 0 \qquad \sum M_b = 0 \tag{4.4}$$

oder

$$\sum_i F_{iy} = 0 \qquad \sum M_a = 0 \qquad \sum M_b = 0 \tag{4.5}$$

Wenn wir diese Gleichgewichtsbedingungen anwenden, müssen wir darauf achten, daß die
Verbindungslinie der Momentenbezugspunkte a und b nicht senkrecht
auf der Richtung steht, für die wir die Kräftegleichgewichtsbedingung
aufstellen. Die Momentenbezugspunkte
a und b könnten nämlich zufälligerweise auf
der Wirkungslinie der Resultierenden liegen; wir erhalten dann trotz vorhandener
Resultierenden $\sum M_a = 0$ und $\sum M_b = 0$. Berechnen wir danach als dritte Gleichgewichtsbedingung die Summe der Kraftkomponenten senkrecht zur Richtung ab, ergibt
sich ebenfalls Null, da die Resultierende bei
Zerlegung in Komponenten parallel und
senkrecht zu sich selbst keine Komponente
senkrecht zu ihrer Richtung besitzt. Somit
wird fälschlicherweise Gleichgewicht errechnet, obwohl eine Resultierende wirkt
(**4.9**).

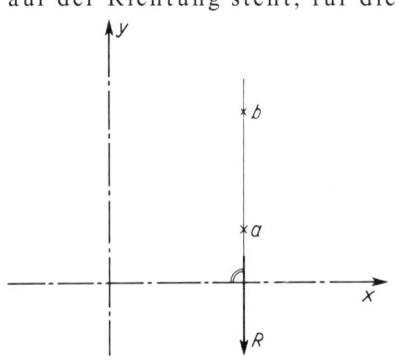

4.9 Veranschaulichung der falsch gewählten
Gleichgewichtsbedingungen
$\sum M_a = 0, \sum M_b = 0, \sum X = 0$

Die in den Gleichungen (4.4) oder (4.5) verbliebene Kräftegleichgewichtsbedingung darf
durch eine Momentengleichgewichtsbedingung um einen dritten Punkt ersetzt werden:

$$\sum M_a = 0 \qquad \sum M_b = 0 \qquad \sum M_c = 0$$

In diesem Fall dürfen die Punkte a, b und c nicht auf einer Geraden liegen, da
sonst die dritte Gleichung keine unabhängige Aussage darstellt, so daß die Nennerdeterminante des Gleichungssystems gleich Null wird. Mit Hilfe der drei Gleichgewichtsbedingungen können wir drei Unbekannte berechnen, und zwar entweder

- die Beträge von drei Gleichgewichtskräften, deren Richtungen und Angriffspunkte bekannt sind, oder
- Betrag und Richtung einer Gleichgewichtskraft, deren Angriffspunkt bekannt ist, und den Betrag einer zweiten Gleichgewichtskraft, von der Richtung
  und Angriffspunkt festliegen, oder
- Betrag, Richtung und Lage einer Gleichgewichtskraft.

Nach dem Übergang vom abstrakten allgemeinen ebenen Kräftesystem zu konkreten
statischen Systemen und ihren Teilen (s. Abschn. 5 und 6) werden wir nicht mehr von
Gleichgewichtskräften, sondern von Stütz- und Schnittgrößen sprechen. Unter
Stützgrößen verstehen wir Lagerkräfte sowie Lager- oder Einspannmomente;
als Schnittgrößen oder innere Kraftgrößen bezeichnen wir die in den Stäben wirkenden
Biege- und Torsionsmomente, Quer- und Längskräfte.

Die drei Gleichgewichtsbedingungen können wir zu einem System linearer Gleichungen zusammenfassen, dessen Gleichungen im allgemeinen voneinander abhängig sind.
Durch geschickte Wahl der Momentenbezugspunkte lassen sich die Gleichungen teilweise

oder ganz entkoppeln, was die Handrechnung vereinfacht (s. die Beispiele des Abschn. 5). Wenn wir die Gleichgewichtsbedingungen richtig angesetzt haben, ist die aus den Koeffizienten der unbekannten Größen gebildete Determinante D ein K r i t e r i u m f ü r S t a b i l i t ä t u n d s t a t i s c h b e s t i m m t e L a g e r u n g eines Tragwerks: $D \neq 0$ bedeutet, daß das Tragwerk s t a b i l und s t a t i s c h b e s t i m m t g e l a g e r t ist; bei $D = 0$ ist das System v e r s c h i e b l i c h und daher u n b r a u c h b a r. $D = 0$ ergibt sich auch, wenn infolge falschen Ansetzens der Gleichgewichtsbedingungen eine Gleichung durch Malnehmen mit einem konstanten Faktor in eine andere umgewandelt werden kann.

Für die Komponentengleichgewichtsbedingungen $\Sigma F_{ix} = 0$ und $\Sigma F_{iy} = 0$ sind auch folgende Schreibweisen gebräuchlich:

$$\left.\begin{array}{l} \Sigma X = 0 \\ \Sigma Y = 0 \end{array}\right\} \quad \text{oder} \quad \left.\begin{array}{l} \Sigma V = 0 \\ \Sigma H = 0 \end{array}\right\}$$

4.1.2.4 Anwendungen

Beispiel 3 Welche Kraft G ist im Lager (**4.**10) bei den gegebenen Kräften erforderlich, damit Gleichgewicht herrscht?

Zeichnerische Lösung. Im Krafteck werden die Kräfte F_1 und F_2 aneinandergereiht. Die Gleichgewichtskraft G muß das Krafteck schließen (**4.**11). Gemessen wird

$$G = 220 \text{ kN} \qquad \beta = 18°$$

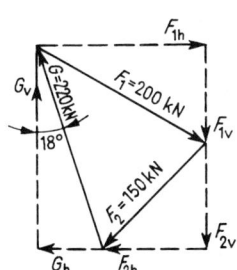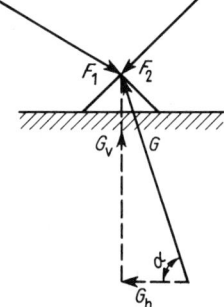

4.10 Lager mit zwei angreifenden Kräften   **4.**11 Krafteck geschlossen   **4.**12 Gleichgewichtskraft = Lagerkraft

Rechnerische Lösung. Die Summen der Komponenten in vertikaler und horizontaler Richtung einschließlich der Komponenten der Gleichgewichtskraft G müssen zu Null werden (**4.**12). Wir setzen G nach links oben gerichtet an (**4.**12) und erhalten

1. $+ \uparrow \Sigma V = G_v - F_{1v} - F_{2v} = 0$

$G_v = F_{1v} + F_{2v} = 200 \cdot \sin 30° + 150 \cdot \sin 45° = 100 + 106 = 206 \text{ kN}$

2. $\overset{+}{\rightarrow} \Sigma H = F_{1h} - F_{2h} - G_h = 0$

$G_h = F_{1h} + F_{2h} = 200 \cdot \cos 30° - 150 \cdot \cos 45° = 173,5 - 106 = 67,5 \text{ kN}$

$G = \sqrt{G_v^2 + G_h^2} = \sqrt{206^2 + 67,5^2} = 217 \text{ kN} \nwarrow$

Die angenommenen Richtungssinne von G_v und G_h liefern für diese Größen positive Zahlenwerte (**4.**12); sie sind also richtig. Bei einem negativen Zahlenwert hätte der Richtungssinn der betreffenden Komponente umgekehrt werden müssen.

Die Lagerkraft G, die den angreifenden Kräften das Gleichgewicht hält, bildet mit der Horizontalen den Winkel $\alpha_G = \arctan(G_v/G_h) = \arctan(206/67,5) = 61,86°$ (G liegt im 2. Quadranten).

Beispiel 4 Für einen Zweibock nach Bild **4.**13 sollen die Stabkräfte S_1 und S_2 infolge einer Kraft $F = 40$ kN ermittelt werden.

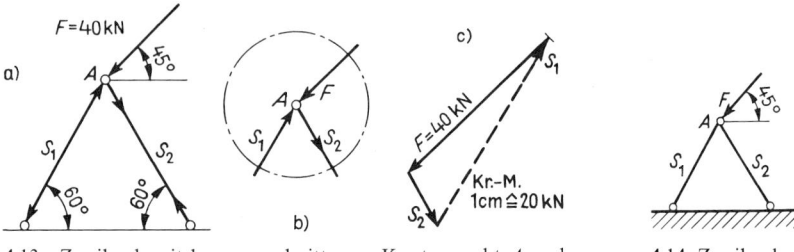

4.13 Zweibock mit herausgeschnittenem Knotenpunkt A und Kräfteplan

4.14 Zweibock

Vorbemerkung: Einen Punkt, in dem zwei oder mehr Stäbe zusammenlaufen wie im Bild **4.**14, bezeichnet man als Knotenpunkt. Wenn in der Stabstatik die Annahme einer gelenkigen Verbindung der Stäbe im Knotenpunkt zulässig ist und alle äußeren Kräfte in den Knotenpunkten angreifen, entstehen in den Stäben nur Normalkräfte oder Längskräfte, d.h. innere Kräfte, die in Richtung der Stabachsen laufen. Diese Längskräfte sind entweder Zug- oder Druckkräfte. Zugkräfte erhalten das positive, Druckkräfte das negative Vorzeichen; die Richtungssinne der äußeren und inneren Kräfte sind für den Zug- und den Druckstab in den Bildern **4.**15 und **4.**16 dargestellt. Immer ist der Pfeil einer Zugkraft vom Knotenpunkt weg, der Pfeil einer Druckkraft zum Knotenpunkt hin gerichtet.

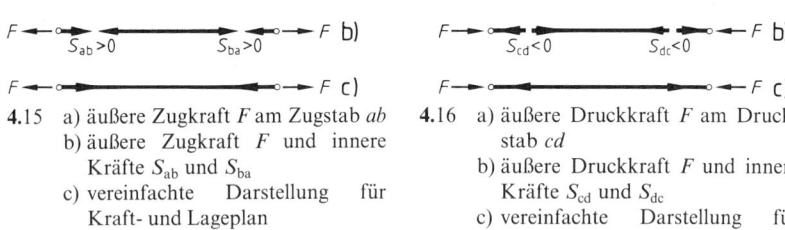

4.15 a) äußere Zugkraft F am Zugstab ab
b) äußere Zugkraft F und innere Kräfte S_{ab} und S_{ba}
c) vereinfachte Darstellung für Kraft- und Lageplan

4.16 a) äußere Druckkraft F am Druckstab cd
b) äußere Druckkraft F und innere Kräfte S_{cd} und S_{dc}
c) vereinfachte Darstellung für Kraft- und Lageplan

Graphische Lösung. Der Knotenpunkt A wird herausgeschnitten (**4.**13b). Im Kräfteplan (**4.**13c) werden im Kräftemaßstab die Kraft F und durch deren Anfangs- und Endpunkt die Parallelen zu den Stäben gezogen. Beim nochmaligen Umfahren des Kraftecks stellt man die Richtungssinne der neugefundenen Stabkräfte fest und trägt sie in die Zeichnungen ein. Die Stabkraft S_1 geht auf den Knotenpunkt zu, ist also eine Druckkraft ($-$); Die Stabkraft S_2 geht vom Knotenpunkt weg, ist also eine Zugkraft ($+$). In farbigen Zeichnungen stellt man meist positive Stabkräfte blau und negative Stabkräfte rot dar (hier sind die Zugkräfte voll ausgezogen, die Druckkräfte dagegen gestrichelt dargestellt). Durch Messen findet man

$$S_1 = -44{,}5 \text{ kN} \qquad\qquad S_2 = +12 \text{ kN}$$

Rechnerische Lösung. Sie ist auf zwei Wegen möglich, und zwar a) grapho-analytisch unter Benutzung einer Skizze des Kraftecks (**4.**17, **4.**13c) und b) analytisch unter Verwendung der Gleichgewichtsbedingungen. Zu a) Nach dem Sinussatz wird

$$\frac{S_1}{F} = \frac{\sin 105°}{\sin 60°} \qquad\qquad S_1 = 40 \cdot \frac{\sin 75°}{\sin 60°} = 40 \cdot \frac{0{,}966}{0{,}866} = 44{,}6 \text{ kN}$$

Beispiel 4
Forts.

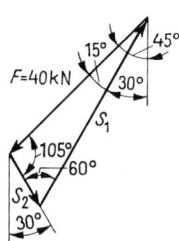

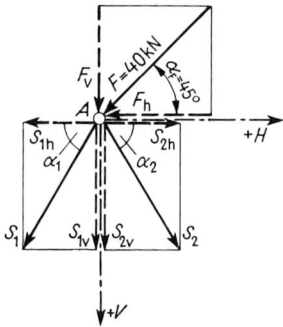

4.17 Krafteckskizze mit Winkeln

4.18 Knotenpunkt A mit Kraft F, Komponenten V und H und zunächst positiv angenommenen Kräften S

Da S_1 gemäß Krafteckskizze auf den Knotenpunkt A h i n gerichtet ist, ist die Stabkraft ein Druckstab, also $S_1 = -44,6$ kN.

$$S_2 = F \cdot \frac{\sin 15°}{\sin 60°} = 40 \cdot \frac{0,258}{0,866} = 11,95 \text{ kN}$$

S_2 ist vom Knotenpunkt A w e g gerichtet, folglich $S_2 = +11,95$ kN.

Zu b): Wir denken uns den Knotenpunkt A vom Tragwerk abgetrennt und zeichnen ihn mit den auf ihn wirkenden inneren Kräften S_1 und S_2 sowie mit der äußeren Kraft F heraus (**4.**18). Dabei nehmen wir die inneren Kräfte S_1, S_2 als Zugkräfte an. Ergibt sich für eine Stabkraft am Ende der Rechnung ein positives Ergebnis, war diese Annahme richtig, und das errechnete Vorzeichen ist zutreffend für einen Zugstab. Erhalten wir für eine andere Stabkraft einen negativen Wert, war die Annahme als Zugstab falsch, der Stab hat eine Druckkraft aufzunehmen, das errechnete negative Vorzeichen ist aber ebenfalls zutreffend für die wirklich vorhandene Kraft, die in diesem Falle eine Druckkraft ist.

Wir führen ein Koordinatensystem mit horizontaler und vertikaler Achse ein, zerlegen die Kräfte in ihre Komponenten und stellen die Komponentengleichgewichtsbedingungen auf.

$$\downarrow + \Sigma V = F_v + S_{1v} + S_{2v} = 0$$

$$S_1 \cdot \sin\alpha_1 + S_2 \sin\alpha_2 = -F \cdot \sin\alpha_F$$

$$\overset{+}{\rightarrow} \Sigma H = -F_h - S_{1h} + S_{2h} = 0 \rightarrow -S_1 \cdot \cos\alpha_1 + S_2 \cdot \cos\alpha_2 = +F \cdot \cos\alpha_F$$

Damit haben wir zwei Gleichungen mit den beiden Unbekannten S_1 und S_2. Mit den gegebenen Winkeln wird

$$+0,866\,S_1 + 0,866\,S_2 = -40 \cdot 0,707$$

$$-0,500\,S_1 + 0,500\,S_2 = +40 \cdot 0,707$$

In M a t r i z e n s c h r e i b w e i s e und als Raster sieht das Gleichungssystem zur Berechnung von S_1 und S_2 folgendermaßen aus:

$$\begin{pmatrix} \sin\alpha_1 & \sin\alpha_2 \\ -\cos\alpha_1 & \cos\alpha_2 \end{pmatrix} \begin{pmatrix} S_1 \\ S_2 \end{pmatrix} = \begin{pmatrix} -F \cdot \sin\alpha_F \\ +F \cdot \cos\alpha_F \end{pmatrix}$$

S_1	S_2	rechte Seite
$+0,866$	$+0,866$	$-28,3$
$-0,500$	$+0,500$	$+28,3$

Die Lösungen lauten

$$S_1 = -44,60 \text{ kN}, \ S_2 = +11,95 \text{ kN}.$$

S_1 ist eine D r u c k k r a f t und e n t g e g e n der A n n a h m e auf den Knoten h i n gerichtet. S_2 ist eine Z u g k r a f t und w i e a n g e n o m m e n vom Knoten w e g gerichtet.

Beispiel 5 An einem über zwei Rollen geführten Seil ist eine Last $Q = 5,0$ kN in der Mitte des
Rollenabstandes aufzuhängen (**4.19**). Wir groß müssen die Kräfte F an den Seilenden sein,
damit das Seil in der gegebenen Lage in Ruhe bleibt?

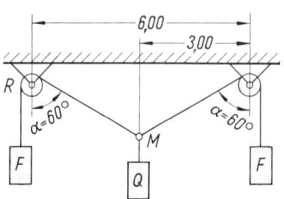 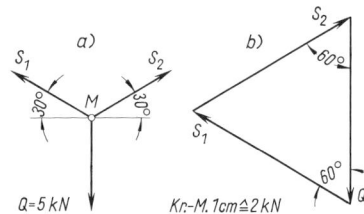

4.19 Last Q am Seil   **4.20** Gleichgewicht im Punkt M

Zunächst muß der K n o t e n p u n k t M, in dem die Last Q aufgehängt ist, im Gleichgewicht
sein. Um diese Gleichgewichtsaufgabe zu lösen, wird ein Rundschnitt um den Knoten M
geführt (**4.20**a), und die Seilkräfte werden mit dem Krafteck bestimmt (**4.20**b). Wegen der
Symmetrie wird

$$S_1 = S_2 = S = \frac{Q/2}{\cos 60°} = \frac{2,5}{0,5} = 5,0 \text{ kN}$$

Das Ergebnis konnte hier aus dem gleichseitigen Dreieck sofort abgelesen werden.

Das Gleichgewicht erfordert weiter, daß an den Rollen Ruhe herrscht. An der Rolle R
(**4.21**) greift die Seilkraft $S = 5,0$ kN an. Aus der Seilaufgabe des Abschn. 3.2.1 ist bekannt,
daß die Kraft F an der anderen Seite der Rolle mit gleicher Größe ziehen muß, damit die
Rolle in Ruhe bleibt. Folglich ist $F = 5,0$ kN.

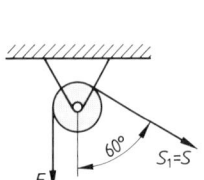 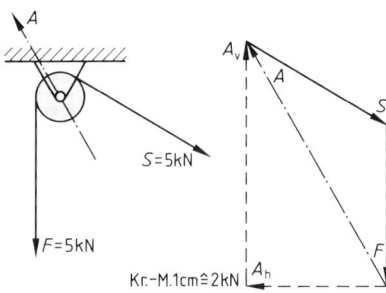

4.21 Gleichgewicht an der Rolle R **4.22** Erforderliche Lagerkraft der Rolle

Damit das Seil bei einer aufgehängten Last $Q = 5,0$ kN in der gegebenen Lage gehalten
wird, muß an jeder Seite eine Last $F = 5,0$ kN angreifen, insgesamt also $2F = 10,0$ kN.
Mit wachsendem Winkel α müßte die Kraft F größer, mit abnehmendem Winkel α dagegen
kleiner werden.

Die an der Rollenaufhängung nötige Stützkraft (Aufhängung) erhalten wir durch das
geschlossene Krafteck (**4.22**)

$$A_v = 7,5 \ \text{kN}$$
$$A_h = 4,33 \text{ kN}$$
$$A = 8,64 \text{ kN}$$

Wird die Last Q außerhalb der Mitte aufgehängt, dann werden die Neigungswinkel des
Seiles und damit $S_1 = F_1$ und $S_2 = F_2$ verschieden groß.

Beispiel 6 Für die in Bild **4.**23 gegebene Scheibe, die nur in der (x, y)-Ebene (Zeichenebene) belastet ist, sollen die Gleichgewichtskräfte rechnerisch und zeichnerisch ermittelt werden. Weil die Kräfte in der Ebene zerstreut angreifen, stehen d r e i G l e i c h g e w i c h t s b e d i n g u n g e n zur Verfügung.

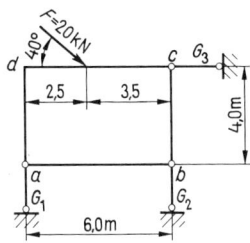

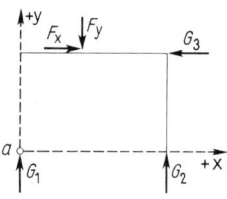

4.23 Scheibe, durch drei Gleichgewichts-
      kräfte (Stäbe) gehalten

4.24 Annahme des Koordinatenursprungs
      und der Richtungen der Gleichge-
      wichtskräfte

Rechnerische Lösungen. Zunächst treffen wir die in Bild **4.**24 dargestellten Annahmen: Der Koordinatenursprung liege in a, und die Gleichgewichtskräfte werden mit den angegebenen Richtungen in die Rechnung eingeführt.

a) Zuerst werden zwei Komponentenbedingungen und eine Momentenbedingung angesetzt; sie liefern

$$\uparrow + \Sigma Y = 0 = -F_y + G_1 + G_2 \qquad \overset{+}{\rightarrow} \Sigma X = 0 = F_x - G_3 \qquad G_3 = F_x = F \cdot \cos 40°$$

Da der Kraftvektor G_3 sich positiv ergibt, war seine Richtung richtig angenommen. G_3 ist nach links gerichtet.

$$G_3 = 20 \cdot 0,766 = 15,32 \text{ kN} \leftarrow$$

Als Bezugspunkt der Momentengleichgewichtsbedingung wird der Ursprung (Punkt a) gewählt

$$\text{⟳} \Sigma M_a = 0 = G_1 \cdot 0 + G_2 \cdot 6 + G_3 \cdot 4 - F_y \cdot 2,5 - F_x \cdot 4$$

$$G_2 \cdot 6 = -G_3 \cdot 4 + 20 \sin 40° \cdot 2,5 + 20 \cos 40° \cdot 4$$

$$G_2 = \frac{1}{6}(-15,32 \cdot 4 + 32,15 + 15,32 \cdot 4) = 5,35 \text{ kN} \uparrow$$

G_2 ist also nach oben gerichtet.

Das Ergebnis wird in die erste Gleichung eingesetzt und liefert

$$G_1 = +F_y - G_2 = 20 \cdot \sin 40° - 5,35 = 12,86 - 5,35 = 7,51 \text{ kN} \uparrow$$

b) Mit Hilfe von M o m e n t e n g l e i c h g e w i c h t s b e d i n g u n g e n kann die Aufgabe noch einfacher gelöst werden, wenn wir nämlich die Summen der Momente auf Punkte beziehen, i n d e n e n s i c h j e w e i l s z w e i G l e i c h g e w i c h t s k r ä f t e s c h n e i d e n. Auf diese Weise ergeben sich im günstigsten Fall drei e n t k o p p e l t e oder v o n e i n a n d e r u n a b h ä n g i g e Gleichungen für die Gleichgewichtskräfte. Im vorliegenden Beispiel sind solche Bezugspunkte die Punkte c (Schnittpunkt von G_2 und G_3) und d (Schnittpunkt von G_1 und G_3); der Schnittpunkt von G_1 und G_2 liegt im Unendlichen, als dritte Gleichgewichtsbedingung bietet sich daher $\Sigma X = 0$ an.

$$\text{⟳} \Sigma M_c = 0 = +F_y \cdot 3,5 - G_1 \cdot 6 \qquad G_1 = +20 \cdot \sin 40° \cdot \frac{3,5}{6,0} = 7,5 \text{kN} \uparrow$$

Die Gleichgewichtskraft G_1 ist nach oben gerichtet

$$\text{⟳} \Sigma M_d = 0 = -F_y \cdot 2,5 + G_2 \cdot 6 \qquad G_2 = +F \cdot \sin 40° \frac{2,5}{6,0} = 20 \cdot 0,643 \cdot 0,416$$

$$G_2 = 5,35 \text{ kN} \uparrow$$

Beispiel 6 Weiter benutzen wir
Forts.

$$\overset{+}{\rightarrow} \Sigma X = 0 = F_x - G_3 \qquad\qquad G_3 = F_x = 15{,}32 \text{ kN}$$

Als Kontrollen können $\Sigma Y = 0$ und $\Sigma M_b = 0$ benutzt werden

$$\Sigma Y = G_1 + G_2 - F_y = 7{,}5 + 5{,}35 - 12{,}86 \approx 0$$

$$\overset{\curvearrowleft}{\mathrm{+}} \Sigma M_b = - G_1 \cdot 6 + F_{1y} \cdot 3{,}5 - F_{1x} \cdot 4 + G_3 \cdot 4$$

$$= - 7{,}5 \cdot 6 + 12{,}86 \cdot 3{,}5 - 15{,}32 \cdot 4 + 15{,}32 \cdot 4 = 0$$

Zeichnerische Lösungen

a) Zuerst ermitteln wir die Gleichgewichtskräfte mit dem Culmannschen Verfahren (s. Abschn. 3.2.2.1). Wir überlegen zunächst, welche beiden Gleichgewichtskräfte wir zu einer Teilresultierenden zusammenfassen und wählen hier G_2 und G_3, deren Wirkungslinien sich in c schneiden (**4.25**). Die Gleichgewichtskraft G_1 bringen wir nun mit der angreifenden Kraft F in e zum Schnitt. Da drei Kräfte nur im Gleichgewicht stehen können, wenn sie sich in einem Punkt schneiden, muß $R_{2,3}$ auch durch e gehen; wir verbinden die Punkte c und e und kennen damit den Richtungswinkel von $R_{2,3}$.

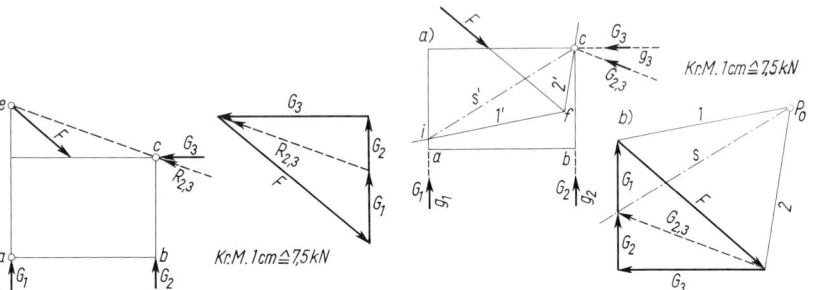

4.25 Lösung nach Culmann   **4.26** Gleichgewichtskräfte mittels Polfigur und Seileck

Im Krafteck werden dann die Beträge und Richtungssinne der Gleichgewichtskräfte ermittelt. Nachdem F maßstäblich gezeichnet ist, erhält man durch Zeichnen der Parallelen zu G_1 und $R_{2,3}$ deren Beträge und durch nochmaliges Umfahren (hier linksherum) deren Richtungssinne. Die Hilfsgröße $R_{2,3}$ wird nun in die beiden Gleichgewichtskräfte G_2 und G_3 zerlegt; die Komponenten G_2 und G_3 müssen $R_{2,3}$ ersetzen, daher ist deren Umfahrungssinn dem von $R_{2,3}$ entgegengesetzt. Für die angreifende Kraft $F = 20$ kN liefert das Krafteck die Richtungssinne der Gleichgewichtskräfte in einem einheitlichen Umfahrungssinn und die Beträge

$$G_1 = 7{,}5 \text{ kN} \qquad\qquad G_2 = 5{,}35 \text{ kN} \qquad\qquad G_3 = 15{,}3 \text{ kN}$$

Dieses Verfahren ist geeignet, wenn die Wirkungslinien der Kräfte gut auf der Zeichenebene zum Schnitt gebracht werden können.

b) Wenn mehrere Kräfte vorhanden sind, deren Wirkungslinien sich auf der Zeichenfläche unter sehr spitzen Winkeln oder erst außerhalb der Zeichenfläche schneiden, löst man die Aufgabe zeichnerisch mittels Polfigur und Seileck. Natürlich kann man dieses Verfahren auch bei günstig liegenden Schnittpunkten – wie in der vorliegenden Aufgabe – anwenden.

In Bild **4.26**a sind die Wirkungslinien g_1, g_2 und g_3 der Gleichgewichtskräfte an der Scheibe eingetragen. In Bild **4.26**b wird zuerst die gegebene Kraft F im gewählten Kräftemaßstab gezeichnet. Nun nehmen wir einen geeigneten Punkt P_O als Pol an und ziehen die Polstrahlen *1* und *2*. Wenn wir die zu den Polstrahlen *1* und *2* parallelen Seilstrahlen *1'* und *2'* ganz beliebig in den Lageplan a eintragen würden, so würden wir keine eindeutige Lösung der Aufgabe erhalten, weil die Zahl der Bestimmungsgrößen nicht ausreichte. Wir gelangen jedoch durch folgende Überlegung zum Ziel:

Beispiel 6 Wir bringen zwei Wirkungslinien zum Schnitt und erhalten dadurch den gemeinsamen
Forts. Durchgangspunkt von zwei Gleichgewichtskräften. In unserer Aufgabe werden die Wirkungslinien g_2 und g_3 in c zum Schnitt gebracht. Jetzt legen wir den Seilstrahl $2'$ durch c; er schneidet die Wirkungslinie des Kraftvektors F in f; durch f ziehen wir den Seilstrahl $1'$, der die Wirkungslinie g_1 in i schneidet. G_1 schneidet das Seileck also in i, G_2 und G_3 schneiden mit ihrer gemeinsamen Resultierenden $G_{2,3}$ das Seileck in c. Das Gleichgewicht erfordert nun ein geschlossenes Seileck und ein geschlossenes Krafteck; wir ziehen in Figur a die Schlußlinie s von i nach c und haben damit das S e i l e c k g e s c h l o s s e n. Die Schlußlinie s' übertragen wir in die Figur b) als Schlußlinie s durch P_0, mit deren Hilfe das g e s c h l o s s e n e K r a f t e c k $\vec{F} \vec{G}_{2,3} \vec{G}_1$ gezeichnet werden kann. Die Kraftvektoren G_2 und G_3 erhalten wir, indem wir $G_{2,3}$ parallel den Wirkungslinien g_2 und g_3 zerlegen. Insgesamt sind damit die Gleichgewichtskräfte G_1, G_2 und G_3 ermittelt, die F das Gleichgewicht halten. Die Zahlenwerte ergeben sich wie unter a).

Das richtige Vorgehen wird geprüft an Hand der Tatsache, daß einem Punkt im Seileck ein Dreieck in der Polfigur entspricht (vgl. Abschn. 3.2.3.1): Im Punkt i schneiden sich G_1 und die Seilstrahlen $1'$ und s', in der Polfigur entspricht dem das Dreieck G_1–1–s. Im Punkt c schneiden sich $G_{2,3}$ und die Seilstrahlen $2'$ und s', in der Polfigur bilden die entsprechenden Kraftvektoren das Kraftdreieck $G_{2,3}$–s–2. Diese Beziehung zwischen Seileck und Polfigur liefert immer eine schnelle grundsätzliche Kontrolle.

4.1.3 Gleichgewichtsbedingungen für Kräfte im Raum

4.1.3.1 Allgemeines

Auch für jedes räumliche Gleichgewichtssystem gilt, wie bereits in Abschn. 3.4.5 und 4.1.1 ausgeführt, daß

$$\vec{R} = 0 \qquad\qquad \vec{M}_R = 0$$

sein müssen. Diese beiden Vektorbedingungen formen wir für die praktische Anwendung um und unterscheiden dabei zwischen Kräftegruppen, die a n e i n e m P u n k t a n g r e i f e n (z e n t r a l e s r ä u m l i c h e s K r ä f t e s y s t e m) und Kräftegruppen, die n i c h t a n e i n e m P u n k t a n g r e i f e n (allgemeines räumliches Kräftesystem). Die Gleichgewichtskräfte können auch bei räumlichen Problemen z e i c h n e r i s c h oder r e c h n e r i s c h bestimmt werden; wir beschränken uns zunächst auf die rechnerische Lösung und stellen im Beispiel 7 des Abschn. 4.1.3.4 auch eine zeichnerische Lösung vor.

4.1.3.2 Zentrales räumliches Kräftesystem

Wenn alle räumlich orientierten Kräfte an einem Punkt angreifen, genügt die Gleichgewichtsbedingung $\vec{R} = 0$. Wie bei einem zentralen ebenen Kräftesystem kann ein Kräftepaar oder ein freier Momentenvektor nicht vorhanden sein; die zweite Gleichgewichtsbedingung $\vec{M}_R = 0$ wird nicht benötigt.

Für die praktische Rechnung legen wir in den gemeinsamen Angriffspunkt aller Kräfte F_i den Ursprung eines rechtwinkligen rechtsdrehenden Koordinatensystems und zerlegen mit den Gl. (3.11) die Kräfte F_i in ihre Komponenten F_{ix}, F_{iy} und F_{iz}. Als nächstes setzen wir in Richtung der positiven Koordinatenachsen die Komponenten G_x, G_y und G_z der Gleichgewichtskraft G an und summieren gleichnamige Komponenten algebraisch:

$$\Sigma X = \Sigma F_{ix} + G_x \qquad\qquad \Sigma Y = \Sigma F_{iy} + G_y \qquad\qquad \Sigma Z = \Sigma F_{iz} + G_z$$

Die Resultierende aus angreifenden Kräften und Gleichgewichtskraft hat den Betrag

$$R = \sqrt{(\Sigma X)^2 + (\Sigma Y)^2 + (\Sigma Z)^2},$$

er muß im Falle des Gleichgewichts gleich Null sein. Das ist nur möglich, wenn jeder Summand unter der Wurzel gleich Null ist. Damit erhalten wir für die rechnerische Behandlung eines zentralen räumlichen Kräftesystems die drei Gleichgewichtsbedingungen

$$\Sigma X = 0 \qquad\qquad \Sigma Y = 0 \qquad\qquad \Sigma Z = 0 \qquad\qquad (4.6)$$

Jede Summe enthält Komponenten der angreifenden Kräfte und eine Komponente der Gleichgewichtskraft; wir können also G_x, G_y und G_z aus drei voneinander unabhängigen Gleichungen bestimmen. Betrag und Richtungskosinus der Gleichgewichtskraft G berechnen wir mit

$$G = \sqrt{G_x^2 + G_y^2 + G_z^2}$$

$$\cos\alpha_G = G_x/G \qquad\qquad \cos\beta_G = G_y/G \qquad\qquad \cos\gamma_G = G_z/G$$

Mit den Gl. (4.6) können wir auch drei Gleichgewichtskräfte bestimmen, deren Wirkungslinien durch den Angriffspunkt der Kräfte F_i gehen und deren Richtungen beliebig, aber bekannt sind. Für die Lösung einer solchen Aufgabe zerlegen wir angreifende Kräfte F_i und Gleichgewichtskräfte G_j ($j = 1, 2, 3$) in ihre Komponenten F_{ix}, F_{iy}, F_{iz} und $G_j\cos\alpha_j$, $G_j\cos\beta_j$, $G_j\cos\gamma_j$ und stellen wieder die Gl. (4.6) auf. Dadurch erhalten wir drei Gleichungen mit den drei Unbekannten G_j, die im allgemeinen nicht entkoppelt, sondern voneinander abhängig sind: In jeder der drei Komponentengleichgewichtsbedingungen kann eine Komponente von jeder der drei Gleichgewichtskräfte auftreten (s. Beispiel 7 des Abschn. 4.1.3.4).

4.1.3.3 Allgemeines räumliches Kräftesystem

Ein allgemeines räumliches Kräftesystem befindet sich im Gleichgewicht, wenn die Bedingungen $\vec{R} = 0$ und $\vec{M}_R = 0$ erfüllt sind. Nach Einführung eines (x, y, z)-Koordinatensystems können wir für die Resultierende wieder schreiben

$$R = \sqrt{(\Sigma X)^2 + (\Sigma Y)^2 + (\Sigma Z)^2} = 0$$

und für den resultierenden Momentenvektor ergibt sich sinngemäß

$$M_R = \sqrt{(\Sigma M_x)^2 + (\Sigma M_y)^2 + (\Sigma M_z)^2} = 0$$

Die Resultierende und der resultierende Momentenvektor sind nur gleich Null, wenn alle Summanden unter den Wurzeln verschwinden. Damit erhalten wir für die praktische Berechnung eines allgemeinen räumlichen Kräftesystems die sechs Gleichgewichtsbedingungen

$$\begin{array}{lll} \Sigma X = 0 & \Sigma Y = 0 & \Sigma Z = 0 \\ \Sigma M_x = 0 & \Sigma M_y = 0 & \Sigma M_z = 0 \end{array} \qquad (4.7)$$

In den Summen sind sowohl die Komponenten aller angreifenden Kräfte und Momente (Lasten, Lastmomente, Aktionen) als auch die Komponenten von Gleichgewichtskräften und -momenten (Stützgrößen, Reaktionen) enthalten. Gehören zu dem System räumlicher

Kraftgrößen nur Kräfte und keine Momente, können wir die drei Momentengleichgewichtsbedingungen in der folgenden Form darstellen:

$$\Sigma(F_{iz}y_i - F_{iy}z_i) = 0$$
$$\Sigma(F_{ix}z_i - F_{iz}x_i) = 0$$
$$\Sigma(F_{iy}x_i - F_{ix}y_i) = 0$$

Dabei ist $I(x_i; y_i; z_i)$ der Angriffspunkt der Kraft F_i.

Auch in der räumlichen Statik können wir Kräftegleichgewichtsbedingungen durch weitere Momentengleichgewichtsbedingungen ersetzen.

4.1.3.4 Anwendungen

Beispiel 7 Zentrales räumliches Kräftesystem: In der Spitze des in Bild **4**.28 dargestellten Dreibocks greift eine vertikale Last $F = 35$ kN an. Zur besseren Verdeutlichung ist neben Grund- und Aufriß auch der Seitenriß gezeichnet. Die Stabkräfte S_1, S_2 und S_3 sollen ermittelt werden.

Die gewählten positiven Koordinatenrichtungen x, y, z sind in Bild **4**.29 eingetragen. F wirkt also in Richtung z. Wir führen zunächst alle Stabkräfte als Zugkräfte ein. Im Knotenpunkt a greifen Last und Stabkräfte dann gemäß Bild **4**.29 an.

Tabelle **4**.27 Koordinaten der Stabendpunkte und Verknüpfungstabelle

Punkt	x	y	z	Stab	von Knoten	nach Knoten
0	0	0	0			
1	+ 4,00	− 2,00	+ 3,50	*1*	0	1
2	− 2,00	− 1,20	+ 3,50	*2*	0	2
3	+ 1,00	+ 2,50	+ 3,50	*3*	0	3

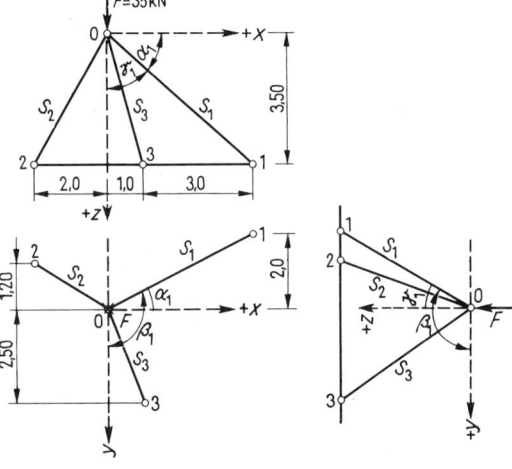

4.28 Dreibock (räumliche Winkel verzerrt abgebildet)

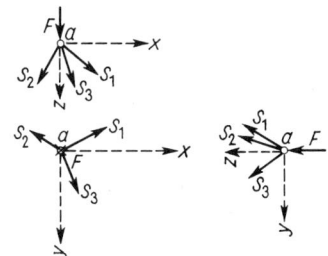

4.29 Last F und Annahme der Stabkräfte in Punkt a

Beispiel 7 Die drei Gleichgewichtsbedingungen des zentralen räumlichen Kräftesystems (Gl. 4.6))
Forts.   lauten dann

$$\Sigma X = 0 = S_1 \cos\alpha_1 + S_2 \cos\alpha_2 + S_3 \cos\alpha_3$$

$$\Sigma Y = 0 = S_1 \cos\beta_1 + S_2 \cos\beta_2 + S_3 \cos\beta_3$$

$$\Sigma Z = 0 = S_1 \cos\gamma_1 + S_2 \cos\gamma_2 + S_3 \cos\gamma_3 + F$$

Die in diesen Gleichungen auftretenden Richtungskosinus der Stabkräfte S_i sind gleich den Richtungskosinus der Stäbe $\overline{0i}$, da die Stabkräfte in den Achsen der Stäbe wirken. Alle Komponenten der Stabkräfte wurden p o s i t i v eingeführt; Komponenten, die in Richtung der negativen Koordinatenachsen wirken, erhalten das negative Vorzeichen durch den Z a h l e n w e r t   d e s   R i c h t u n g s k o s i n u s.

Wir berechnen die Richtungskosinus wie im Beispiel 19 in Abschn. 3.4.6:

Stab *1* zwischen den Punkten *0* und *1*:

$$l_{01} = \sqrt{(x_1 - x_0)^2 + (y_1 - y_0)^2 + (z_1 - z_0)^2}$$

$$= \sqrt{(+4)^2 + (-2)^2 + (+3,5)^2} = 5,679 \text{ m}$$

$$\cos\alpha_1 = (x_1 - x_0)/l_{01} = \quad 4,0/5,679 = \quad 0,7044 = \cos 45,22°$$

$$\cos\beta_1 = (y_1 - y_0)/l_{01} = -2,0/5,679 = -0,3522 = \cos 110,62°$$

$$\cos\gamma_1 = (z_1 - z_0)/l_{01} = \quad 3,5/5,679 = \quad 0,6163 = \cos 51,95°$$

Stab *2* zwischen den Punkten *0* und *2*:

$$l_{02} = \sqrt{(x_2 - x_0)^2 + (y_2 - y_0)^2 + (z_2 - z_0)^2}$$

$$= \sqrt{(-2)^2 + (-1,2)^2 + (+3,5)^2} = 4,206 \text{ m}$$

$$\cos\alpha_2 = (x_2 - x_0)/l_{02} = -2,0/4,206 = -0,4755 = \cos 118,39°$$

$$\cos\beta_2 = (y_2 - y_0)/l_{02} = -1,2/4,206 = -0,2853 = \cos 106,58°$$

$$\cos\gamma_2 = (z_2 - z_0)/l_{02} = \quad 3,5/4,206 = \quad 0,8322 = \cos 33,68°$$

Stab *3* zwischen den Punkten *0* und *3*:

$$l_{03} = \sqrt{(x_3 - x_0)^2 + (y_3 - y_0)^2 + (z_3 - z_0)^2}$$

$$= \sqrt{(+1)^2 + (+2,5)^2 + (+3,5)^2} = 4,416 \text{ m}$$

$$\cos\alpha_3 = (x_3 - x_0)/l_{03} = 1,0/4,416 = 0,2265 = \cos 76,91°$$

$$\cos\beta_3 = (y_3 - y_0)/l_{03} = 2,5/4,416 = 0,5661 = \cos 55,52°$$

$$\cos\gamma_3 = (z_3 - z_0)/l_{03} = 3,5/4,416 = 0,7926 = \cos 37,57°$$

Wenn wir diese Zahlenwerte einsetzen und das Lastglied $F = 35$ kN auf die rechte Seite schreiben, lautet das Gleichungssystem

$$+0,7044\,S_1 - 0,4755\,S_2 + 0,2265\,S_3 = \quad 0$$

$$-0,3522\,S_1 - 0,2853\,S_2 + 0,5661\,S_3 = \quad 0$$

$$+0,6163\,S_1 + 0,8322\,S_2 + 0,7926\,S_3 = -35$$

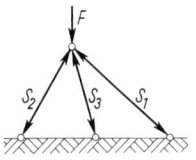

Seine Auflösung ergibt die Stabkräfte

$$S_1 = -8,77 \text{ kN} \qquad S_2 = -20,52 \text{ kN} \qquad S_3 = -15,80 \text{ kN}$$

Die negativen Vorzeichen bedeuten, daß die Stabkräfte n i c h t w i e a n g e s e t z t a l s Z u g k r ä f t e vom Knoten 0 weg, sondern als D r u c k k r ä f t e a u f d e n K n o t e n 0 h i n wirken (**4.30**).

4.30 Druckstäbe infolge *F*

Beispiel 7 **Die zeichnerische Lösung** der Aufgabe finden wir mittels Aufriß und Grundriß nach dem
Forts. von Culmann angegebenen Verfahren (**4.31**). Dabei formulieren wir das Gleichgewicht im
Punkt *0* als Gleichgewicht zwischen der Kraft *F*, der Stabkraft S_1 und der Resultierenden
R_{23} aus den Stabkräften S_2 und S_3. *F*, S_1 und R_{23} müssen ein g e s c h l o s s e n e s K r a f t e c k
bilden; das ist nur möglich, w e n n d i e d r e i K r ä f t e i n e i n e r E b e n e l i e g e n. Diese
Ebene E_{F1} wird bestimmt durch die Wirkungslinien von *F* und S_1; E_{F1} ist eine v e r t i k a l e
E b e n e, ihre S p u r i m G r u n d r i ß ist die Gerade, die wir durch beiderseitiges Verlängern

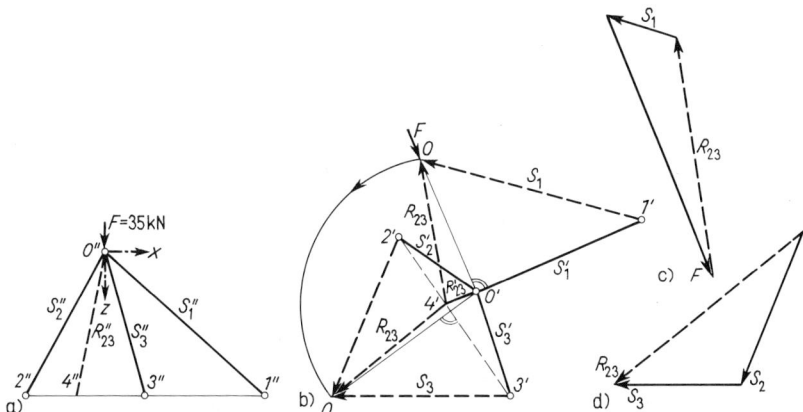

4.31 Zeichnerische Ermittlung der Stabkräfte

a) Ansicht, b) Grundriß mit umgeklappten Dreiecken *014* sowie *024* und *034*,
c) Ermittlung von S_1 und R_{23}, d) Ermittlung von S_2 und S_3

der Grundrißprojektion von S_1 erhalten. Andererseits muß die Resultierende R_{23} in der
durch S_2 und S_3 festgelegten Ebene E_{23} liegen, deren Spur im Grundriß die Gerade durch
die Fußpunkte *2* und *3* ist. Die W i r k u n g s l i n i e v o n R_{23} ist somit die S c h n i t t g e r a d e
d e r E b e n e n E_{F1} u n d E_{23}; ein Punkt dieser Schnittgeraden ist der Schnittpunkt *4* der
Grundrißspuren von E_{F1} und E_{23}, ein zweiter der Knotenpunkt *0*.

Damit ergibt sich die folgende Konstruktion: Wir zeichnen die Grundrißprojektion des
Dreibocks (**4.31** b) mit den Grundrißspuren der Ebenen E_{F1} und E_{23} und klappen in sie das
Dreieck *014* in wahrer Größe um. Dem umgeklappten Dreieck entnehmen wir die Richtungen von *F*, S_1 und R_{23}, mit denen wir das Krafteck dieser Kräfte konstruieren (**4.31** c).
Außerdem liefert uns das umgeklappte Dreieck *014* die wahre Länge der Strecke *04*, mit
deren Hilfe wir die in der Ebene E_{23} liegenden Dreiecke *024* und *034* in wahrer Größe in
den Grundriß umklappen können. Aus diesen Dreiecken erhalten wir die Richtungen der
Kräfte S_1, S_2 und R_{23}, so daß wir abschließend die· Resultierende R_{23} in die Stabkräfte S_2
und S_3 zerlegen können (**4.31** d).

Beispiel 8 In einem Bergsenkungsgebiet wird die Stahlbetonplatte unter einer Maschine statisch bestimmt gelagert, um jederzeit mit Hilfe von Pressen die Höhenlage regulieren zu können.
Gesucht sind die Lagerkräfte der Stahlbetonplatte für den gegebenen Lastfall.

1. Abmessungen und Lagerung der Stahlbetonplatte

Bild **4.32** zeigt in Grund- und Aufriß die Abmessungen der Stahlbetonplatte, das gewählte
Koordinatensystem und die Lagerpunkte *1*, *2* und *3*. Alle drei Lager sind P u n k t k i p p -
l a g e r; sie können keine Lager- oder Einspannmomente übertragen, sie erlauben aber
Verdrehungen um Parallelen zu allen drei Koordinatenachsen. Die drei Punktkipplager
unterscheiden sich jedoch in ihrer V e r s c h i e b l i c h k e i t:

Beispiel 8
Forts.

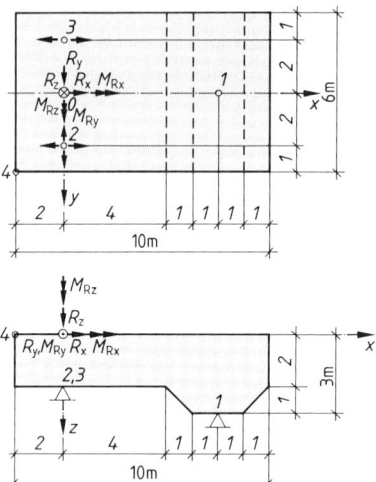

4.32 Stahlbetonplatte, Grund- und Aufriß, mit Lagerung sowie positiven Last- und Lastmomentenvektoren

Tafel **4.33**

Punkt	Koordinaten			Lagerkräfte		
	x m	y m	z m	X_i	Y_i	Z_i
0	0	0	0			
1	6	0	3	X_1	Y_1	Z_1
2	0	2	2			Z_2
3	0	-2	2		Y_3	Z_3
4	-2	3	0			

1. das Lager in Punkt *1* ist u n v e r s c h i e b l i c h , daher treten an ihm die Lagerkraftkomponenten X_1, Y_1 und Z_1 auf,

2. das Lager im Punkt *2* kann sich in der h o r i z o n t a l e n E b e n e , d. h. in x- und y-Richtung, verschieben, so daß die Lagerkraft lotrecht gerichtet ist und allein durch Z_2 beschrieben wird,

3. das Lager im Punkt *3* kann sich n u r in x - R i c h t u n g verschieben, wir haben in diesem Punkt also die Lagerkraftkomponenten Y_3 und Z_3.

Die Koordinaten der Lagerpunkte sowie der für die Berechnung benötigten Punkte *0* und *4* sind in Tafel **4.33** zusammengestellt; die Tafel enthält ferner die in den Punkten *1*, *2* und *3* vorhandenen Komponenten der Lagerkräfte.

X_1, Y_1 und Y_3 werden in Richtung der positiven Koordinatenachsen angesetzt, Z_1, Z_2 und Z_3 jedoch in Richtung der negativen z-Achse, d. h. aufwärts gerichtet.

2. Belastung

Die Belastung der Stahlbetonplatte ist in Tafel **4.35** angegeben, und zwar ist das allgemeine räumliche Kräftesystem des gegebenen Lastfalles bereits auf den Koordinatenursprung

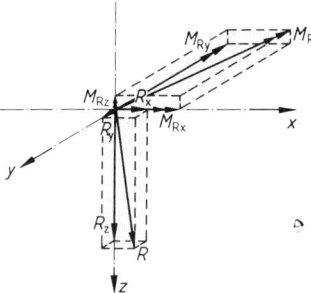

4.34 Dyname der Fundamentbelastung, bezogen auf den Koordinatenursprung; gezeichnet sind die wirklich vorhandenen Richtungssinne der Vektoren

Tafel **4.35**

$R = 1035,6$ kN

Achse	R_i kN	Richtungskosinus
x	250	$\cos\alpha_R = 0,2414$
y	100	$\cos\beta_R = 0,09656$
z	1000	$\cos\gamma_R = 0,9656$

$M_R = 2245$ kNm

Achse	M_{Ri} kNm	Richtungskosinus
x	$+ 1000$	$\cos\alpha_{MR} = + 0,4454$
y	$- 2000$	$\cos\beta_{MR} = - 0,8909$
z	$- 200$	$\cos\gamma_{MR} = - 0,08909$

Beispiel 8   reduziert worden. Die Tafel enthält den Kraftvektor R, den Momentenvektor M_R sowie die
Forts.   Komponenten und Richtungskosinus beider Vektoren.

Bild **4.**34 zeigt die Dyname R, M_R des gegebenen Lastfalles; mit Hilfe von Tafel **4.**34 und
Gl. (3.18) errechnen wir den Winkel zwischen $\vec{R}$ und $\vec{M}_R$:

$$\cos \vartheta = \cos(R, M_R) = 0{,}2414 \cdot 0{,}4454 + 0{,}09656$$
$$\cdot (-0{,}8909) + 0{,}9656 \cdot (-0{,}08909) = -0{,}06452$$
$$\vartheta = 93{,}7°$$

3. Gleichgewichtsbedingungen

Wir stellen die drei Komponentengleichgewichtsbedingungen $\Sigma X = 0, \Sigma Y = 0, \Sigma Z = 0$ auf,
ferner die Summe der Momente um die Parallele zur x-Achse durch den Punkt *1*, die
Summe der Momente um die Parallele zur y-Achse durch die Punkte *2* und *3* sowie die
Summe der Momente um die z-Achse. Mit positivem Vorzeichen führen wir Kraft- und
Momentenvektoren ein, die die Richtungen der positiven Koordinatenachsen haben.

4.36
Axonometrische Darstellung
von Belastung und Lager-
kräften; alle Vektoren sind mit
dem angenommenen positiven
Richtungssinn gezeichnet

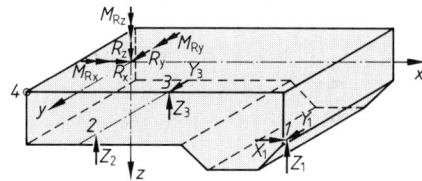

Bild **4.**36 soll das Aufstellen der Gleichgewichtsbedingungen veranschaulichen.

1. $\Sigma X = X_1 + R_x = 0$
2. $\Sigma Y = Y_1 + Y_3 + R_y = 0$
3. $\Sigma Z = -Z_1 - Z_2 - Z_3 + R_z = 0$
4. $\Sigma M_{x,1} = +Y_3 \cdot 1 - Z_2 \cdot 2 + Z_3 \cdot 2 + R_y \cdot 3 + M_{Rx} = 0$
5. $\Sigma M_{y,23} = +X_1 \cdot 1 + Z_1 \cdot 6 - R_x \cdot 2 + M_{Ry} = 0$
6. $\Sigma M_z = +Y_1 \cdot 6 + M_{Rz} = 0$

4. Gleichungssystem und Lösung

Wir bringen die bekannten Größen auf die rechte Seite (s. S. 96 oben) und schreiben das
Gleichungssystem in Rasterform (Tafel **4.**37). In der untersten Zeile ist der Platz für die
Lösung.

Tafel **4.**37

	X_1	Y_1	Y_3	Z_1	Z_2	Z_3	rechte Seite
1	1	0	0	0	0	0	− 250
2	0	1	1	0	0	0	− 100
3	0	0	0	1	1	1	1000
4	0	0	1	0	−2	2	− 1300
5	1	0	0	6	0	0	2500
6	0	6	0	0	0	0	200
	− 250	33,33	− 133,33	458,33	562,50	− 20,83	

Beispiel 8 1. $X_1 = - R_x = - 250 \text{ kN}$
Forts.   2. $Y_1 + Y_3 = - R_y = - 100 \text{ kN}$
             3. $Z_1 + Z_2 + Z_3 = + R_z = 1000 \text{ kN}$
             4. $1 \cdot Y_3 - 2 \cdot Z_2 + 2 \cdot Z_3 = - 3 \cdot R_y - M_{Rx} = - 300 - 1000 = - 1300$
             5. $1 \cdot X_1 + 6 \cdot Z_1 = 2 \cdot R_x - M_{Ry} = 500 + 2000 = 2500$
             6. $6 \cdot Y_1 = - M_{Rz} = + 200$

Das vorliegende Gleichungssystem ist – zufälligerweise – sehr einfach durch Handrechnung zu lösen. Als den Statikern noch keine programmierbaren Rechner zur Verfügung standen, bemühten sie sich, durch geschicktes Ansetzen der Gleichgewichtsbedingungen derartige leicht zu lösende Gleichungssysteme mit weitgehend entkoppelten Gleichungen zu erhalten. Überlegungen dieser Art können noch heute nützlich sein, wenn sie es z. B. ermöglichen, eine durch ein Rechenprogramm bestimmte Stütz- oder Schnittgröße mit einer entkoppelten, d. h. keine weitere Unbekannte enthaltenden Gleichgewichtsbedingung nachzuprüfen.

5. Kontrollen

Zur Kontrolle überprüfen wir, ob die Summe der Momente um die drei zu den Koordinatenachsen parallelen Achsen durch den Punkt *4* gleich Null ist

$$\Sigma M_{x4} = - Y_1 \cdot 3 - Y_3 \cdot 2 + Z_1 \cdot 3 + Z_2 \cdot 1 + Z_3 \cdot 5 - R_z \cdot 3 + M_{Rx}$$
$$= - 33{,}33 \cdot 3 + 133{,}33 \cdot 2 + 458{,}33 \cdot 3 + 562{,}5 \cdot 1 - 20{,}83 \cdot 5 - 1000 \cdot 3$$
$$+ 1000 \approx 0$$
$$\Sigma M_{y4} = + X_1 \cdot 3 + Z_1 \cdot 8 + Z_2 \cdot 2 + Z_3 \cdot 2 - R_z \cdot 2 + M_{Ry}$$
$$= - 250 \cdot 3 + 458{,}33 \cdot 8 + 562{,}5 \cdot 2 - 20{,}83 \cdot 2 - 1000 \cdot 2 - 2000 \approx 0$$
$$\Sigma M_{z4} = X_1 \cdot 3 + Y_1 \cdot 8 + Y_3 \cdot 2 + R_x \cdot 3 + R_y \cdot 2 + M_{Rz}$$
$$= - 250 \cdot 3 + 33{,}33 \cdot 8 - 133{,}33 \cdot 2 + 250 \cdot 3 + 100 \cdot 2 - 200 \approx 0$$

4.2   Arten des Gleichgewichts

Bei der Beurteilung der Standsicherheit von Körpern werden d r e i Gleichgewichtszustände unterschieden:

Man spricht von s t a b i l e m Gleichgewicht (**4.**38a und b), wenn der a u f g e h ä n g t e o d e r u n t e r s t ü t z t e Körper bei kleinen Auslenkungen aus der Gleichgewichtslage das Bestreben hat, wieder in seine ursprüngliche Lage zurückzukehren. Das bei der Auslenkung auftretende Kräftepaar aus *F* und *G* ist ein s t a b i l i s i e r e n d e s M o m e n t und dreht den Körper in die Ausgangslage zurück. Im Ruhezustand hat der Schwerpunkt seine tiefste Lage.

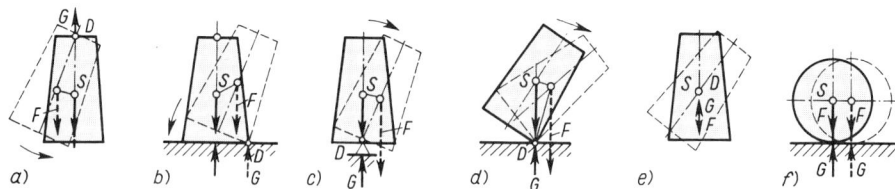

4.38 Gleichgewichtsarten
a) und b) stabil, c) und d) labil, e) und f) indifferent

L a b i l nennt man einen Gleichgewichtszustand, wenn die geringste Störung den Körper aus seiner Ruhelage bringt, in die er nicht zurückkehrt (**4.**38c und d). Hier verursacht das bei der Auslenkung entstehende Kräftepaar aus F und G eine immer größer werdende Entfernung von der Ausgangslage, es ist ein destabilisierendes Moment.

Indifferent ist ein Gleichgewichtszustand dann, wenn der Schwerpunkt bei Bewegung des Körpers seine Höhenlage nicht ändert. Der Körper kann dann in allen Lagen in Ruhe sein (4.38 e und f). Die Kräfte F und G haben auch nach einer Auslenkung eine gemeinsame Wirkungslinie und verursachen daher kein Drehmoment.

Schließlich können wir feststellen, daß oft nur eine relativ kleine Arbeit nötig ist, um Körper aus einer noch stabilen in eine labile Gleichgewichtslage zu überführen. Aus diesem Grund bezeichnet man die Standsicherheit als um so größer, je mehr Arbeit aufgewendet werden muß, um einen Körper aus einer stabilen Gleichgewichtslage in eine nächstbenachbarte labile Gleichgewichtslage zu bringen.

Eine typisch technische Lösung eines Gleichgewichtsproblems zeigen die Bilder 4.39 und 4.40. Das Laufrad einer Seilbahn allein auf dem Seil angebracht, befände sich in einer labilen Gleichgewichtslage. Kommt jedoch durch einen Bügel der Schwerpunkt S der Konstruktion (Sessel, Aufhängung und Laufrad) unterhalb der Auflagerung zu liegen, so entsteht bei einer Auslenkung aus der vertikalen Lage ein Kräftepaar, dessen Drehmoment M_D die Konstruktion wieder in die Ausgangslage dreht.

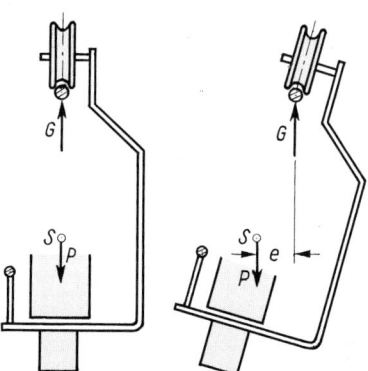

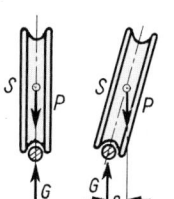

4.39 Laufrad am Seil   4.40 Sesselbahn an Laufrad

4.3 Kipp- und Gleitsicherheit

4.3.1 Allgemeines

Während der Nachweis der Belastbarkeit und der Verformungen des Baugrundes Aufgaben der Bodenmechanik und des Grundbaues sind, wird der Nachweis der Kipp- und Gleitsicherheit des Bauwerks unter der Voraussetzung eines standfesten Baugrundes in der Regel von der Baustatik geführt.

Die Gefahren des Kippens und Gleitens können nicht nur bei ganzen Bauwerken auftreten, sondern auch bei Teilen eines Bauwerkes, z. B. beim Überbau einer Brücke. Deswegen verlangt DIN 1072 Straßen- und Wegbrücken, Lastannahmen, Abschn. 6.2, in Lagerfugen die Lagesicherheit nachzuweisen. Unter Lagesicherheit verstehen wir die Sicherheit gegen Gleiten, Abheben und Umkippen.

4.3.2 Kippsicherheit

Damit ein Baukörper sich in einem stabilen Gleichgewichtszustand befindet, muß er zu seiner sicheren Unterstützung mindestens drei nicht in einer Geraden liegende Lagerpunkte (**4.41**) haben (vgl. den dreibeinigen Schemel). Die Resultierende aller auf den Körper wirkenden Kräfte darf dabei nicht aus der durch die Umhüllenden der drei Punkte gebildeten Stützfläche herausfallen. Trifft die Resultierende gerade auf eine Stützkante, so befindet sich der Körper im labilen Gleichgewicht, weil in diesem Fall nämlich eine kleinste Störung die Resultierende R bereits aus der Stützfläche herausbringen würde. Schneidet R die Stützfläche außerhalb, so kippt der Körper um, wenn er nicht an den Stützpunkten verankert ist.

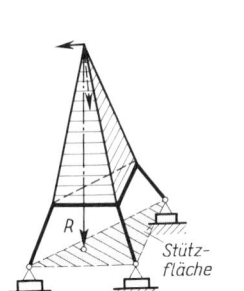
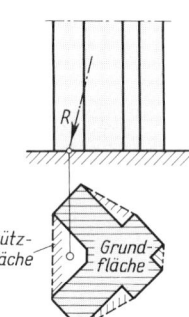
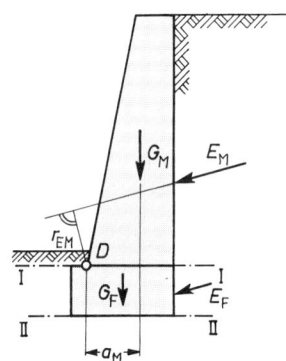

4.41 Räumliche 3-Punkt-Stützung **4.42** Grund- und Stützfläche   **4.43** Stand- und Kippmoment

Die meisten Baukörper sind am Boden nicht auf einzelnen Punkten, sondern auf Flächen gelagert. Als Stützfläche bei der Bestimmung der Standsicherheit gilt dann die Fläche, die von den Umhüllenden der Grundfläche gebildet wird, d.h., einspringende Ecken und Kanten beeinträchtigen die Größe der Stützfläche nicht (**4.42**).

Ein Körper ist standfest, d.h., er kippt nicht, wenn wie in Bild **4.43** für die aufgehende Mauer oberhalb I–I dargestellt das Moment aller kippenden Kräfte für die Kippkante D kleiner ist als das Moment der Kräfte, die dem Kippen entgegenwirken. Das Moment $M_K = E_M \cdot r_{EM}$ aus den kippenden Kräften heißt Kippmoment, während man das Moment aus den widerstehenden Kräften $M_S = G_M \cdot a_M$ mit Standmoment bezeichnet. Das Verhältnis beider ist die Kippsicherheit γ_K:

$$\gamma_K = \frac{M_S}{M_K} \qquad \textbf{Kippsicherheit} = \frac{\textbf{Standmoment}}{\textbf{Kippmoment}} \qquad (4.8)$$

Im allgemeinen fordert man im Hochbau nach DIN 1055 Teil 4 Abschn. 3.3 bei Ansatz einer Gesamtsicherheitszahl die Kippsicherheit

$$\gamma_K \geqq 1{,}5$$

(vgl. auch DIN 1053 T2, Mauerwerk nach Eignungsprüfung, Abschn. 7.1). Für Brücken ist die Kippsicherheit in DIN 1072 Abschn. 6.2 und in der Druckschrift 804 der Deutschen Bundesbahn festgelegt. In diesen Vorschriften wie im Abschn. 5.4 der neuen Stahlbaunorm DIN 18 800 T 1 wurde der Nachweis der Sicherheit gegen das Umkippen um eine Bauwerkskante nach Gl. (4.8) ersetzt durch den Nachweis, daß in der untersuchten Fuge eine kritische Pressung nicht überschritten wird. Dadurch wird gewährleistet, daß die Resultierende in der Fuge stets einen ausreichenden Abstand von der möglichen Kippkante aufweist und daß unter der Wirkung der Resultierenden die Festigkeit der vorhandenen Baustoffe nicht überschritten wird. Diese Normung zieht die Folgerung daraus, daß die Definition der Kippsicherheit als Momentenverhältnis nicht befriedigt, weil die errechnete Sicherheit nicht linear von den kippenden Kräften abhängt. Das Kippen von Fundamenten wird nach DIN 1054 durch Begrenzung der Ausmittigkeit der Resultierenden in der Bodenfuge und den Nachweis der Grundbruchsicherheit vermieden (s. DIN 1054 Abschn. 2.3 und 4.1.3).

4.3.3   Gleitsicherheit

Wenn wir versuchen, einen Körper auf einer Unterlage zu verschieben, so bemerken wir einen Widerstand. Dieser Widerstand ist vorhanden, bevor die Bewegung eintritt, und er bleibt während der Bewegung bestehen. Er hängt vom Gewicht des zu verschiebenden Körpers und von der Art der sich berührenden Oberflächen ab. Den Widerstand v o r d e m E i n t r e t e n d e r B e w e g u n g nennen wir R e i b u n g d e r R u h e oder H a f t r e i b u n g, den Widerstand w ä h r e n d d e r B e w e g u n g R e i b u n g d e r B e w e g u n g oder G l e i t - r e i b u n g. Der Widerstand, der beim A b r o l l e n einer Fläche auf einer anderen auftritt, wird vielfach r o l l e n d e R e i b u n g oder R o l l r e i b u n g genannt, eine treffendere Bezeichnung ist jedoch R o l l w i d e r s t a n d.

Die G l e i t r e i b u n g ist im M a s c h i n e n b a u von großer Bedeutung; durch glatte Oberflächen und Schmiermittel bemüht man sich an vielen Stellen, Reibungswiderstände möglichst klein zu halten. Im B a u w e s e n ist die H a f t r e i b u n g wichtiger, da ja ein Gleiten oder Verschieben der Baukörper auf dem Baugrund oder gegeneinander vermieden werden muß. Neben einer ausreichenden Kippsicherheit muß also auch eine genügende G l e i t - s i c h e r h e i t bei Bauwerken und Bauwerksteilen gewährleistet sein. Nach DIN 1055 Lastannahmen für Bauten, T4 Windlasten, Abschn. 4.3, muß die Gleitsicherheit 1,5fach sein; denselben Sicherheitsbeiwert verlangt DIN 1054 Baugrund, Abschn. 4.1.3.3, im Lastfall 1 (ständige Lasten und regelmäßig auftretende Verkehrslasten einschließlich Wind).

Die vor dem Eintreten einer Bewegung vorhandene Haftreibung kann Werte zwischen Null und einem M a x i m a l w e r t annehmen. Der Maximalwert ist nach Versuchen mit guter Näherung der in der Berührungsfläche übertragenen N o r m a l k r a f t N proportional; eine ausschlaggebende Rolle spielt die R a u h i g k e i t d e r O b e r f l ä c h e n, was durch den R e i b u n g s b e i w e r t μ ausgedrückt wird. Wir können also schreiben

maximaler Haftreibungswiderstand = Reibungsbeiwert mal Normalkraft

$$\max F_R = \mu \cdot N$$

Der Haftreibungswiderstand F_R ist stets der versuchten Bewegung entgegen gerichtet.

Solange die parallel oder tangential zur möglichen Gleitfläche wirkende Kraft oder Kraftkomponente F_t nicht größer ist als der maximale Haftreibungswiderstand $\max F_R$, tritt keine Bewegung ein. Zeichnen wir im Grenzfall $\max F_t = \max F_R = \mu \cdot N$ die Resultierende R aus $\max F_t$ und N (**4.44**), so hat sie gegenüber der Normalen auf die Gleitfläche die Neigung φ, und es gilt die Beziehung

$$\tan \varphi = \frac{\max F_t}{N} = \frac{\max F_R}{N} = \frac{\mu \cdot N}{N} = \mu$$

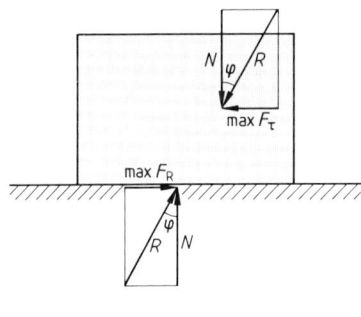

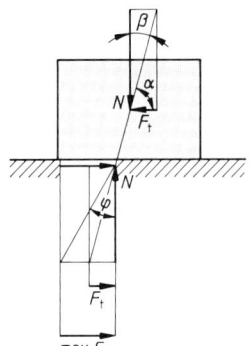

4.44 Grenzfall der Haftreibung   4.45 Gleitsicherheit $\gamma_G = \tan\varphi / \tan\beta$

darin ist φ der R e i b u n g s w i n k e l , der wie μ von den Rauhigkeiten der sich berührenden Oberflächen abhängt. Mit seiner Hilfe kann die Frage des Gleitens oder Nicht-Gleitens wie folgt dargestellt werden: Hat die Resultierende aller in einer Gleitfläche zu übertragenden Kräfte gegen die Normale auf die Gleitfläche eine Neigung $\beta \le \varphi$, so tritt kein Gleiten ein, denn es ist $F_t = R \cdot \sin\beta = N \cdot \tan\beta \le \max F_R = N \cdot \tan\varphi = \mu \cdot N$.

In Worten: **Für $\beta > \varphi$ ist die schiebende Kraft F_t nicht größer als der mögliche Reibungswiderstand oder die maximale Haftreibung max F_R.**

Die Gleitsicherheit wird nun wie folgt definiert (**4.45**):

$$\gamma_G = \frac{\textbf{maximaler Haftreibungswiderstand}}{\textbf{Kraft parallel zur Gleitfläche}} = \frac{\max F_R}{F_t} = \frac{\mu \cdot N}{F_t} = \frac{\mu}{\tan\beta} = \frac{\tan\varphi}{\tan\beta}$$

Tafel **4.46** gibt einige Reibungsbeiwerte μ und Reibungswinkel φ an. Mit $\tan\beta = \tan\varphi / \gamma_G$ und $\gamma_G = 1,5$ kann die größte zulässige Neigung der Resultierenden gegen die Normale auf die Gleitfläche errechnet werden:

Tafel **4.46** Reibungsbeiwerte der Ruhe

	φ	$\mu = \tan\varphi$
Metall auf Metall, glatt und trocken	8,5°	0,15
Metall auf Metall, etwas rostig	22°	0,40
Holz auf Holz, trocken und rauh	26,5°	0,50
Mauerwerk auf Mauerwerk	**37°**	**0,75**
rauhes Mauerwerk oder Beton		
– auf nassem Lehm	17°	0,30
– auf Sand und Kies	**31°**	**0,60**
nach DIN 18 800 T 1:		
Stahl auf Stahl	5,7°	0,10
Stahl auf Beton	16,7°	0,30
nach DIN 4141 T 1:		
Stahl auf Stahl	11,3°	0,20
Stahl auf Beton, Beton auf Beton	26,5°	0,50

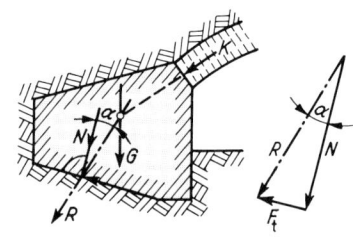

4.47 Gleitwinkel α bei schrägen Fugen

für Mauerwerk auf Mauerwerk

$$\tan \beta = 0{,}75/1{,}5 = 0{,}50; \quad \beta = 26{,}6°$$

und für Mauerwerk oder Beton auf sandigem Boden

$$\tan \beta = 0{,}60/1{,}5 = 0{,}40; \quad \beta = 21{,}8°$$

Werden diese Winkel überschritten, so müssen entweder die Abmessungen der Baukörper oder die Neigungen der Fugen geändert werden.

Der Reibungsbeiwert μ wird in DIN 4141 T1 Lager im Bauwesen Reibungszahl f genannt.

Im Grundbau wird die Gleitsicherheit mit η_g bezeichnet.

4.3.4 Anwendungen

Beispiel 9 Für die Stützmauer aus unbewehrtem Beton (Bild **4.**48) sind folgende Nachweise zu führen:

Fuge I–I (Fundamentfuge):
Abstand der Resultierenden von der Kippkante, Kippsicherheit, Gleitsicherheit;

Fuge II–II (Boden- oder Sohlfuge):
Abstand der Resultierenden von der Vorderkante, Gleitsicherheit.

Die Stützmauer wird nur durch ständige Lasten beansprucht:

1. durch ihre Eigenlast,

2. durch den Erddruck der unbelasteten Erdhinterfüllung.

Veränderliche Lasten wie Verkehrslast auf der Mauerkrone oder Erddruck infolge Verkehrslast auf der Erdhinterfüllung treten nicht auf.

Untersucht wird ein laufender m Stützmauer; auf die Angabe „je laufendem m" wird im folgenden der Einfachheit halber verzichtet.

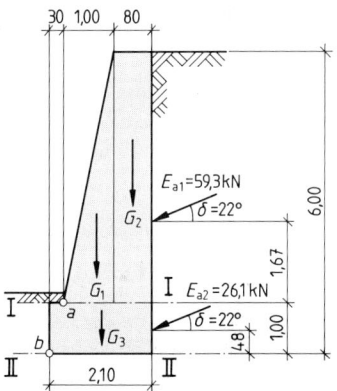

4.48 Stützmauer aus unbewehrtem Beton

Berechnung der Eigenlasten

Wir zerlegen den Mauerquerschnitt oberhalb der Fuge I–I in Dreieck und Rechteck, um die Hebelarme der Lasten einfacher angeben zu können:

$$
\begin{aligned}
G_1 &= 0{,}5 \cdot 1{,}00 \cdot 5{,}00 \cdot 23 = 57{,}5 \text{ kN} \\
G_2 &= \quad\quad 0{,}80 \cdot 5{,}00 \cdot 23 = 92{,}0 \text{ kN} \\
G_3 &= \quad\quad 2{,}10 \cdot 1{,}00 \cdot 23 = \underline{48{,}3 \text{ kN}} \\
G &= \quad\quad\quad\quad\quad\quad\quad\quad = 197{,}8 \text{ kN}
\end{aligned}
$$

Die E r d d r ü c k e werden in der Mauerrückfläche in waagerechte und lotrechte Komponenten zerlegt:

$$E_{a1h} = 59{,}3 \cdot \cos 22° = 55{,}0 \text{ kN}; \quad\quad E_{a1v} = 59{,}3 \cdot \sin 22° = 22{,}2 \text{ kN}$$

$$E_{a2h} = 26{,}1 \cdot \cos 22° = \underline{24{,}2 \text{ kN}}; \quad\quad E_{a2v} = 26{,}1 \cdot \sin 22° = \underline{9{,}8 \text{ kN}}$$

$$\quad\quad\quad\quad E_{ah} = 79{,}2 \text{ kN} \quad\quad\quad\quad\quad\quad\quad\quad\quad E_{av} = 32{,}0 \text{ kN}$$

Beispiel 9 Untersuchung der Fundamentfuge I–I

Forts.   Resultierende R_I in der Fuge I–I:

$$R_{I\,v} = G_1 + G_2 + E_{a\,I\,v} = 57,5 + 92,0 + 22,2 = 171,7 \text{ kN} \downarrow$$

$$R_{I\,h} = E_{a\,I\,h} = 55,0 \text{ kN} \leftarrow$$

$$R_I = \sqrt{R_{I\,v}^2 + R_{I\,h}^2} = 180,3 \text{ kN} \swarrow$$

$$\alpha_{R\,I} = \arctan(R_{I\,v}/R_{I\,h}) = 72,2°$$

Moment um die Kippkante:

$$M_a = 57,5 \cdot 0,67 + 92,0 \cdot 1,40 - 55,0 \cdot 1,67 + 22,2 \cdot 1,80$$
$$= 38,4 + 128,8 - 91,9 + 40,0 =$$
$$= 167,2 - 51,9 = 115,3 \text{ kNm}$$

Waagerechter Abstand der Resultierenden von der Kippkante:

$$x_{R\,I} = M_a/R_{I\,v} = 115,3/171,7 = 0,67 \text{ m}$$

> $1,80/6 = 0,30$ m d. h. der Mindestabstand, der eine klaffende Fuge bis höchstens zum Schwerpunkt garantiert, ist eingehalten (s. Teil 2, Abschnitt 9.5, klaffende Fuge und DIN 1045, Abschnitt 17.9)

> $1,80/3 = 0,60$ m d. h. die Resultierende greift im Kern an (s. Teil 2, Abschnitt 9.4, Querschnittskern)

Standmoment:

$$M_S = G_1 \cdot 0,67 + G_2 \cdot 1,40 = 167,3 \text{ kNm} \curvearrowright$$

Kippmoment:

$$M_K = E_{A\,I\,h} \cdot 1,67 - E_{A\,I\,v} \cdot 1,80 = 51,89 \text{ kNm} \curvearrowleft$$

Kippsicherheit:

$$\gamma_K = M_S/M_K = 167,3/51,89 = 3,22 > 1,5$$

Die Summanden, aus denen sich Stand- und Kippmoment zusammensetzen, sind die Summanden von M_a (s. o.), jedoch gilt bei der Berechnung der Kippsicherheit mit Gefahr des Umkippens nach links;

Anteile des Standmoments $\oplus$, Anteile des Kippmoments $\ominus$. In das Kippmoment sind die Momente b e i d e r Erddruckkomponenten aufzunehmen, also auch das g ü n s t i g wirkende Moment der lotrechten Komponente $E_{a\,I\,v}$.

Gleitsicherheit:

$$\gamma_G = \mu R_{I\,v}/R_{I\,h} = 0,75 \cdot 171,7/55,0 = 2,34 > 1,5$$

Der außerdem noch erforderliche Nachweis, daß der Beton in der Fuge I–I nicht überbeansprucht wird, setzt Kenntnisse der Festigkeitslehre voraus und wird im Teil 2, Abschn. 9, ausmittiger Kraftangriff, behandelt.

Untersuchung der Bodenfuge II–II

Resultierende R_{II} in der Fuge II–II:

$$R_{II\,v} = R_{I\,v} + G_3 + E_{a\,2\,v} = 171,7 + 48,3 + 9,8 = 229,8 \text{ kN} \downarrow$$

$$R_{II\,h} = R_{I\,h} + E_{a\,2\,h} = E_{a\,h} \qquad\qquad = 79,2 \text{ kN} \leftarrow$$

$$R_{II} = \sqrt{R_{II\,v}^2 + R_{II\,h}^2} = 243,1 \text{ kN} \swarrow$$

$$\alpha_{R\,II} = \arctan(R_{II\,v}/R_{II\,h}) = 71°$$

Moment um die Vorderkante:

$$M_b = 57,5 \cdot 0,97 + 92,0 \cdot 1,70 + 48,3 \cdot 1,05$$
$$- 55,0 \cdot 2,67 - 24,2 \cdot 0,48 + (22,2 + 9,8)2,10 =$$
$$= 55,6 + 156,4 + 50,7 - 146,9 - 11,6 + 67,2 = 262,7 - 91,3 = 171,4 \text{ kNm}$$

Beispiel 9
Forts.
Waagerechter Abstand der Resultierenden von der Vorderkante:

$$x_{R\,II} = M_b/R_{II\,v} = 171{,}4/229{,}8 = 0{,}75 \text{ m} > 2{,}10/3 = 0{,}70 \text{ m}$$

Nach DIN 1054, Abschn. 4.1.3.1, muß die aus ständigen Lasten resultierende Kraft in der Bodenfuge einen Abstand von mindestens $d/3 = 2{,}10/3 = 0{,}70$ m von der Kippkante haben; treten neben ständigen Lasten auch veränderliche, z. B. Verkehrslasten sowie Erddrücke aus Verkehrslasten auf, darf die Gesamtresultierende bis auf $d/6 = 2{,}10/6 = 0{,}35$ m an die Kippkante herankommen.

Gleitsicherheit

$$\eta_g = \mu\, R_{II\,v}/R_{II\,h} = 0{,}60 \cdot 229{,}8/79{,}2 = 1{,}74 > 1{,}5$$

Das K i p p e n des F u n d a m e n t s braucht nach DIN 1054, 2.3.3, nicht untersucht zu werden. Da es sich bei der Stützmauer um ein Bauwerk an einem G e l ä n d e s p r u n g handelt, müssen jedoch G r u n d b r u c h s i c h e r h e i t und G e l ä n d e b r u c h s i c h e r h e i t nachgewiesen werden. Beide Nachweise werden im G r u n d b a u behandelt (s. [6] sowie DIN 1054, DIN 4017, DIN 4084).

Beispiel 10
Für den Fernmeldeturm nach Bild **4.**49 sollen die Lage der Resultierenden und die Gleitsicherheit unter ständiger Last, halbseitiger Verkehrslast auf den Plattformen und Winddruck nach DIN 1055 T 3 ermittelt werden.

Der Erschließung des Turmes dienen ein Aufzug (Aufzugschacht von $-2{,}10$ bis $+60{,}90$), eine Stahlbetontreppe mit Stahlbetonpodesten von $-2{,}10$ bis $+33{,}60$, eine Stahlwendeltreppe von $+33{,}60$ bis $+48{,}90$ und Steigeisen von $+48{,}90$ bis $+60{,}90$. Stahlwendeltreppe, Steigeisen und zugehörige Deckenaussparungen werden in der Berechnung vernachlässigt, desgleichen das Treppenloch und die teilweise Dickenminderung in der Decke auf $+33{,}60$ sowie die Türen im Aufzugschacht.

1. Vorberechnungen

1.1 Außen- und Innendurchmesser des Turmschaftes:

Höhe	Außen-durchmesser	Innen-durchmesser
$+64{,}60$	7,74	
$+60{,}90$	7,88	7,38
$+54{,}90$	8,12	7,62
$+48{,}90$	8,36	7,86
		7,66
$+43{,}80$	8,56	7,86
$+38{,}70$	8,77	8,07
$+33{,}60$	8,97	8,27
$+33{,}10$	8,99	8,19
$+20{,}00$	9,52	8,62
$+15{,}75$	9,69	8,99
$+\ 8{,}00$	10,00	9,30
$\pm\ \ 0{,}00$	10,32	9,62
$-\ 2{,}10$	10,40	9,70

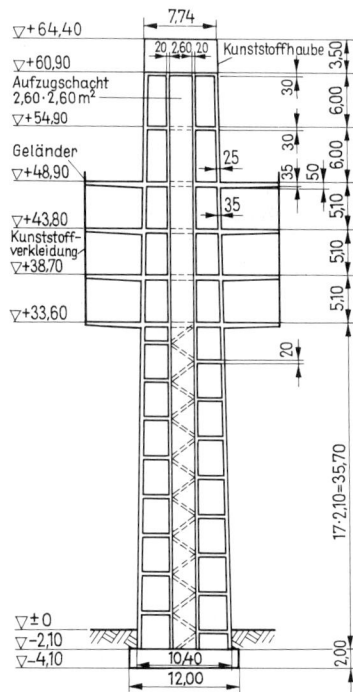

4.49 Fernmeldeturm

Beispiel 10 1.2 Gartenmannbelag auf der oberen Plattform
Forts.

12 cm Stahlbeton	$12 \cdot 0,25 = 3,00 \text{ kN/m}^2$
6 cm Kies	$6 \cdot 0,20 = 1,20 \text{ kN/m}^2$
Dachhaut und Dampfsperre	$0,30 \text{ kN/m}^2$
8 cm Wärmedämmung	$8 \cdot 0,01 = 0,08 \text{ kN/m}^2$
Gesamtlast:	$= 4,58 \text{ kN/m}^2$

$$\pi (21,00^2 - 8,36^2)/4 \cdot 4,58 = 1335 \text{ kN}$$

1.3 Plattformen

Der Turmschaft verjüngt sich von der untersten bis zur obersten Plattform um 63 cm; Plattformaußendurchmesser 21,00 m, Dicke am äußeren Rand 35 cm und Dicke innerhalb des Turmschaftes 50 cm sind jedoch bei allen Plattformen gleich groß. Zur Vereinfachung werden alle vier Plattformen zusammengefaßt, wobei mit einem Turmschaftaußendurchmesser von 8,66 m gerechnet wird (**4**.50).

Abstand des Trapezschwerpunktes von Außenseite Turmschaft:

$$\Delta r_S = \frac{6,17}{3} \frac{0,50 + 2 \cdot 0,35}{0,50 + 0,35} = 2,90 \text{ m}$$

Abstand des Trapezschwerpunktes von der Achse des Turmes:

$$r_S = 4,33 + 2,90 = 7,23 \text{ m}$$

Trapezfläche:

$$A_{Tr} = 0,5(0,50 + 0,35)6,17 = 2,62 \text{ m}^2$$

Betonvolumen einer Plattform außerhalb des Turmschaftes mit Hilfe der Guldinschen Regel (s. Abschn. 4.5.3):

$$V_a = A_{Tr} \cdot 2\pi \cdot r_S = 2,62 \cdot 2\pi \cdot 7,23 = 119,12 \text{ m}^3$$

Betonvolumen einer Plattform innerhalb des Turmschaftes (Kreisplatte mit quadratischem Loch):

$$V_i = (\pi \cdot 7,96^2/4 - 3,00 \cdot 3,00)0,50 = 20,38^3$$

Eigenlast von vier Plattformen:

$$(119,12 + 20,38)4 \cdot 25 = 13\,950 \text{ kN}$$

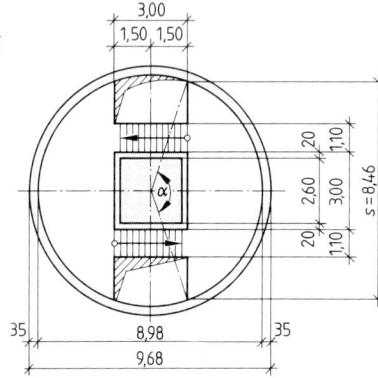

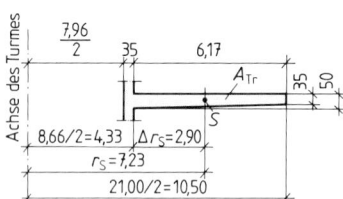

4.50 Halber Querschnitt der Plattform   4.51 Podest, Draufsicht

1.4 Treppenpodeste (**4**.51) von ± 0,00 bis ± 31,50:

Die 16 Podeste werden zusammengefaßt; dabei wird mit einem mittleren Turmschaft-Innendurchmesser von 8,98 m gerechnet.

Beispiel 10 Länge der Sehne s mit Hilfe des Satzes von Pythagoras:
Forts.

$$\frac{s}{2} = \sqrt{(4{,}49^2 - 1{,}50^2)} = 4{,}23 \text{ m};$$

$$s = 8{,}46 \text{ m}$$

Zugehöriger Mittelpunktswinkel:

$$\tan\frac{\alpha}{2} = \frac{4{,}23}{1{,}50} = 2{,}821 = \tan 70{,}48°;$$

$$\alpha = 140{,}97°$$

Grundfläche eines Podestes:

$$A = \frac{\pi \cdot 8{,}98^2}{4} \frac{140{,}97°}{360{,}00°} - \frac{8{,}46 \cdot 1{,}50}{2} = 24{,}80 - 6{,}35 = 18{,}46 \text{ m}^2$$

Eigenlast je m² Podest:

4 cm Zementestrich	$4 \cdot 0{,}22 = 0{,}88 \text{ kN/m}^2$
20 cm Stahlbeton	$20 \cdot 0{,}25 = 5{,}00 \text{ kN/m}^2$
	$5{,}88 \text{ kN/m}^2$

Eigenlast der 16 Podeste:

$$18{,}46 \cdot 5{,}88 \cdot 16 = 1736 \text{ kN}$$

1.5 Treppenläufe (**4.**52). Jeder Lauf besitzt 12 Stufen und das Steigungsverhältnis 17,5/25,0;
$\tan\beta = 17{,}5/25{,}0 = 0{,}70 = \tan 34{,}99°$.

Eigenlast je m² Treppenlauf:

Laufplatte	$16/\cos 34{,}99° \cdot 0{,}25 = 4{,}88 \text{ kN/m}^2$
Zwickel	$17{,}5/2 \cdot 0{,}25 = 2{,}19 \text{ kN/m}^2$
Estrich	$4 \cdot 0{,}22 = 0{,}88 \text{ kN/m}^2$
	$7{,}95 \text{ kN/m}^2$

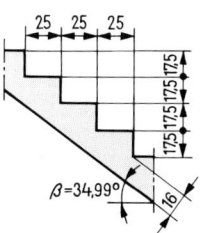

Eigenlast von 17 Treppenläufen:

$$3{,}00 \cdot 1{,}10 \cdot 7{,}95 \cdot 17 = 446 \text{ kN}$$

4.52 Einzelheit Treppenlauf

2. Ständige Last

Haube aus glasfaserverstärktem Kunststoff von + 60,90 bis + 64,40; Eigenlast 0,25 kN/m²;

Decke: $\pi \cdot 7{,}74^2/4 \cdot 0{,}25$ = 12 kN

Wand: $\pi \cdot 7{,}81 \cdot 3{,}5 \cdot 0{,}25$ = 21 kN

Decke auf +60,90:

$$\pi \cdot 7{,}38^2/4 \cdot 0{,}30 \cdot 25 \qquad\qquad = 321 \text{ kN}$$

Decke auf +54,90:

$$(\pi \cdot 7{,}62^2/4 - 3{,}00 \cdot 3{,}00)0{,}30 \cdot 25 \qquad = 275 \text{ kN}$$

Turmschaft oberhalb +48,90: mittlerer Außendurchmesser 8,12 m;
zugehöriger Durchmesser von Wandmitte bis Wandmitte $8{,}12 - 2 \cdot 0{,}25/2 = 7{,}87$ m;

$$\pi \cdot 7{,}87 \cdot 12{,}00 \cdot 0{,}25 \cdot 25 \qquad\qquad = 1854 \text{ kN}$$

Beispiel 10 Aufzugschacht oberhalb + 48,90:
Forts.

$(2 \cdot 3{,}00 + 2 \cdot 2{,}60)\,0{,}20 \cdot 12{,}00 \cdot 25$ $=$ 672 kN

Geländer an der obersten Plattform (1 kN/m):

$\pi \cdot 21{,}00 \cdot 1{,}00$ $=$ 66 kN

Gartenmannbelag auf der obersten Plattform (s. 1.2) $=$ 1335 kN

Plattform auf + 48,90, + 43,80, + 38,70, + 33,60 (s. 1.3) $=$ 13950 kN

Verkleidung mit Kunststoffhaut von + 33,60 bis + 48,90; Eigenlast 0,25 kN/m²;

$\pi \cdot 21{,}00 \cdot 15{,}30 \cdot 0{,}25$ $=$ 252 kN

Turmschaft von + 33,60 bis + 48,90: mittlerer Außendurchmesser 8,66 m;

zugehöriger Durchmesser von Wandmitte bis Wandmitte $8{,}66 - 2 \cdot 0{,}35/2 = 8{,}31$ m;

$\pi \cdot 8{,}31 \cdot 15{,}30 \cdot 0{,}35 \cdot 25$ $=$ 3495 kN

Aufzugschaft von + 33,60 bis + 48,90:

$(2 \cdot 3{,}00 + 2 \cdot 2{,}60)\,0{,}20 \cdot 15{,}30 \cdot 25$ $=$ 857 kN

Turmschaft von − 2,10 bis + 33,60: mittlerer Außendurchmesser 9,68 m;

zugehöriger Durchmesser von Wandmitte bis Wandmitte $9{,}68 - 2 \cdot 0{,}35/2 = 9{,}33$ m;

$\pi \cdot 9{,}33 \cdot 35{,}70 \cdot 0{,}35 \cdot 25$ $=$ 9156 kN

Aufzugschacht von − 2,10 bis + 33,60:

$(2 \cdot 3{,}00 + 2 \cdot 2{,}60)\,0{,}20 \cdot 35{,}70 \cdot 25$ $=$ 1999 kN

Treppenpodeste (s. Abschn. 1.4) $=$ 1736 kN

Treppenläufe (s. Abschn. 1.5) $=$ 446 kN

Fundamentplatte

$\pi \cdot 12{,}00^2/4 \cdot 2{,}00 \cdot 25$ $=$ 5655 kN
                                                                                                     _____
                                                                                                      42102 kN

3. Halbseitige Verkehrslast $p = 5$ kN/m² auf den Plattformen + 48,90, + 43,80, + 38,70 und + 33,60

Die Grundflächen von Aufzugschacht und Turmwand werden nicht abgezogen.

$\pi \cdot 21{,}00^2/8 \cdot 5{,}00 \cdot 4 = \underline{3464 \text{ kN}}$

Abstand der Resultierenden der Verkehrslast von der Turmachse:

$\pi_R \cdot 0{,}4244 \cdot 10{,}5 = 4{,}46$ m   (s. Abschn. 4.5.3)

Moment aus einseitiger Verkehrslast:

$M_p = 3464 \cdot 4{,}46 = \underline{15449 \text{ kNm}}$

4. Wind nach DIN 1055 T 4

Der aerodynamische Kraftbeiwert hat die Größe

$c_f = c_{f0} \cdot \psi$ (DIN 1055 T 4, Tab. 3)

Beispiel 10 darin ist c_{f0} der Grundkraftwert und ψ der Ab-
Forts. minderungsbeiwert zur Berücksichtigung des
Völligkeitsgrades. Wir setzen $c_{f0} = 1,2$ und verzichten damit auf die genaue Bestimmung
nach DIN 1055 T 4 Bild 2. Mit dem Völligkeitsgrad $\varphi = 1,0$ für ein vollwandiges Bauwerk ohne
Durchbrüche und Einschnitte sowie mit der
aus dem Turmschaft errechneten Streckung
$\lambda = 0,7 \cdot l/d \approx 0,7 \cdot 64,40/9,07 = 4,97$ erhalten
wir aus DIN 1055 T 4 Bild 14 den Abminderungs-
beiwert $\psi = 0,67$ und damit den Kraftbeiwert
$c_f = 1,2 \cdot 0,67 = 0,804$.

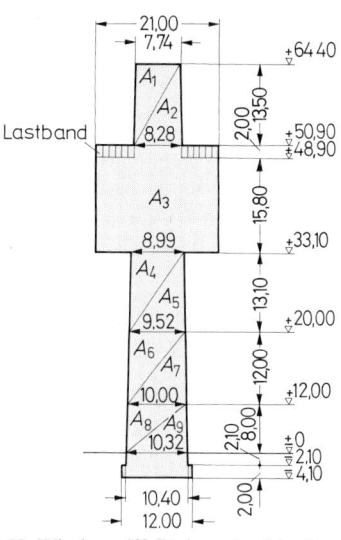

4.53 Windangriffsfläche einschl. 2 m
hohem Lastband auf der Plattform + 48,90

Winddruck w in kN/m^2 in Abhängigkeit von der
Höhe über Gelände:

Höhe über Gelände in m	$c_f \cdot q = w$
20 bis 100	$0,804 \cdot 1,10 = 0,884$
8 bis 20	$0,804 \cdot 0,80 = 0,643$
0 bis 8	$0,804 \cdot 0,50 = 0,402$

Windkräfte $W = A \cdot w$ in kN und ihre Momente in kNm bezüglich der Gründungssohle
(**4**.53):

Fläche	Kraft	in kN	Hebelarm in m	Moment in kNm
A_1	$0,5 \cdot 7,74 \cdot 13,50 \cdot 0,884$	$= 46,2$	64,00	2957
A_2	$0,5 \cdot 8,28 \cdot 13,50 \cdot 0,884$	$= 49,4$	59,50	2941
A_3	$21,00 \cdot 17,80 \cdot 0,884$	$= 330,6$	46,10	15240
A_4	$0,5 \cdot 8,99 \cdot 13,10 \cdot 0,884$	$= 52,1$	32,83	1710
A_5	$0,5 \cdot 9,52 \cdot 13,10 \cdot 0,884$	$= 55,1$	28,47	1570
A_6	$0,5 \cdot 9,52 \cdot 12,00 \cdot 0,643$	$= 36,7$	20,10	738
A_7	$0,5 \cdot 10,00 \cdot 12,00 \cdot 0,643$	$= 38,6$	16,10	621
A_8	$0,5 \cdot 10,00 \cdot 8,00 \cdot 0,402$	$= 16,1$	9,43	152
A_9	$0,5 \cdot 10,32 \cdot 8,00 \cdot 0,402$	$= 16,6$	6,77	112
		$\underline{641,5}$		$\underline{26042}$

5. Zusammenstellung der Lasten und Momente, Lage der Resultierenden, Gleitsicherheit

Lastfall	V in kN	H in kN	M in kNm
g	42102	0	0
p	3464	0	15449
w	0	641,5	26042
	$\underline{45566}$	$\underline{641,5}$	$\underline{41491}$

Ausmitte der Resultierenden in
der Bodenfuge:

$$x_R = \frac{M_R}{R_v} = \frac{41491}{45566} = 0,91 \text{ m} <$$

$$< \frac{d}{8} = \frac{12,00}{8} = 1,50 \text{ m}$$

(s. Teil 2, Abschn. 9.4, Quer-
schnittskern)

Gleitsicherheit bei einem Reibungswinkel $\varphi = 25°$:
mit $\mu = \tan \varphi = 0,4663$ ergibt sich

$$\eta_g = \frac{\mu \cdot G}{W} = \frac{0,4663 \cdot 42102}{641,5} = 30,6 > 1,5$$

Beispiel 10 **6. Schlußbemerkungen**
Forts.   Zu vorstehendem Beispiel ist noch folgendes zu bemerken:

6.1 DIN 1055 T4 Windlasten nicht schwingungsanfälliger Bauten ist für den Fernmelde-
turm nicht die zutreffende Norm, da der Fernmeldeturm schwingungsanfällig ist. Der
Fernmeldeturm müßte deswegen unter Berücksichtigung der dynamischen Wirkung der
Windkräfte, d.h. unter Berücksichtigung der Stoßwirkung von Böen bemessen werden.
Grundlagen hierfür können aus DIN 4131 Antennentragwerke aus Stahl entnommen
werden.

6.2 Ein Bauherr kann in seinen Ausschreibungsunterlagen verlangen, daß der Berechnung
seines Bauwerkes höhere Lasten zugrunde gelegt werden, als die einschlägigen Normen
vorsehen. So wird für die Berechnung von Fernmeldetürmen häufig über die gesamte
Höhe des Turmes die Windgeschwindigkeit 180 km/h = 50 m/s angesetzt, die den Staudruck
$q = 1,56$ kN/m^2 verursacht. Zu dieser statischen Last kommt dann noch die in Ziffer 1
erwähnte Stoßwirkung von Böen hinzu. Diese dynamische Wirkung rechnet man zweckmäßigerweise in einen Zuschlag zur statischen Belastung um, der im vorliegenden Beispiel
etwa die gleiche Größe erreicht wie die statische Belastung.

6.3 Neben den vorgerechneten Lastfällen ständige Last, ausmittige Verkehrslast auf den
Plattformen und statisch wirkender Winddruck müssen in der vollständigen statischen
Berechnung des Fernmeldeturmes noch folgende Lastfälle berücksichtigt werden:

6.3.1 Vollbelastung durch Verkehrslast.

6.3.2 Sonneneinstrahlung: Sie führt infolge ungleichmäßiger Erwärmung zu einer Verbie-
gung des Turmes von der Sonne weg, wodurch sich die Hebelarme der vertikalen Lasten
ändern. Am unverformten System mittig wirkende vertikale Lasten erhalten einen Hebelarm
und verursachen dadurch Momente, die bei der Bemessung berücksichtigt werden müssen
(Theorie II. Ordnung, s. Teil 2, Abschn. 9.2) (**4.54** a).

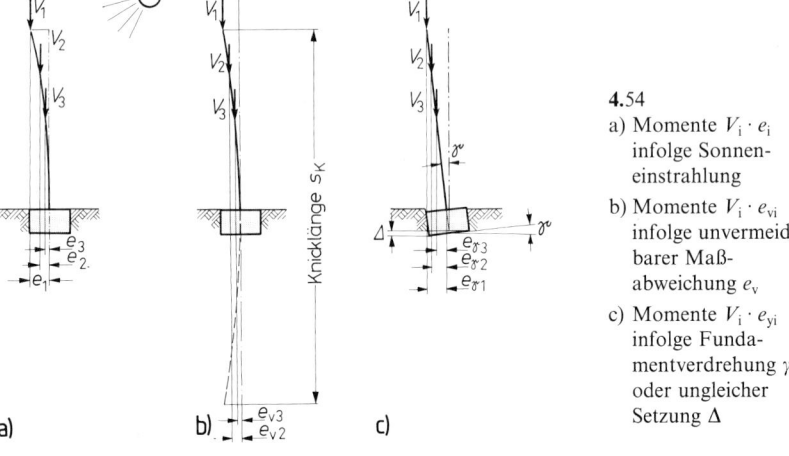

4.54
a) Momente $V_i \cdot e_i$
   infolge Sonnen-
   einstrahlung
b) Momente $V_i \cdot e_{vi}$
   infolge unvermeid-
   barer Maß-
   abweichung e_v
c) Momente $V_i \cdot e_{yi}$
   infolge Funda-
   mentverdrehung γ
   oder ungleicher
   Setzung Δ

6.3.3 Unvermeidbare Maßabweichungen (DIN 1045, 17.4.6): Bei der Herstellung eines
Fernmeldeturmes werden Abweichungen von der Planform durch besondere Maßnahmen,
z.B. optisches Lot, weitgehend vermieden; als Vorverformung wird darum nicht $e_v = s_K/$
$300 = 2 \cdot 65,00/300 = 0,43$ m, sondern nur ein Betrag in der Größenordnung von 5 cm
angesetzt. Hinsichtlich der Knicklänge s_K s. Teil 2, Abschn. 8.2.2.

Auch durch unvermeidbare Maßabweichungen entstehen Momente, die bei der Bemessung
zu berücksichtigen sind (**4.54** b).

Beispiel 10 6.3.4 Fundamentverdrehungen (**4.**54c) wirken ähnlich wie unvermeidbare Maßabweichun-
Forts. gen und Sonneneinstrahlung. Was an Fundamentverdrehung oder ungleicher Setzung zu
erwarten ist, kann dem Gutachten des Sachverständigen für Grundbau und Bodenmechanik
entnommen werden.

6.3.5 Verformungen aus Wind und halbseitiger Verkehrslast sind ebenfalls bei der Ermittlung der Momente aus vertikalen Lasten zu berücksichtigen. Aus den unter Ziffer 3 und 4
berechneten Lastfällen müssen also die Verformungen ermittelt werden, und am verformten
System sind dann die vertikalen Lasten aus Ziffer 2 und 3 anzusetzen. Auch dies ist eine
Berechnung nach Theorie II. Ordnung.

Angesichts der Vielzahl der Lastfälle und der in unserem Beispiel überhaupt nicht behandelten Bemessung wird es verständlich, daß die vollständige statische Berechnung eines solchen
Fernmeldeturmes einen Umfang von 200 bis 300 Seiten aufweist.

4.4 Lagerung und Lager von Bauteilen und Bauwerken

4.4.1 Allgemeines

Nach DIN 4141 Lager im Bauwesen bezeichnen wir als L a g e r u n g die Gesamtheit aller
baulichen Maßnahmen, welche es ermöglichen, daß

1. an den Verbindungsstellen von Bauteilen die in der statischen Berechnung ermittelten
S c h n i t t g r ö ß e n (Kräfte, Momente) von einem Bauteil in ein anderes ü b e r t r a g e n
w e r d e n, und

2. an diesen Verbindungsstellen die Bauteile sich p l a n m ä ß i g v e r f o r m e n.

L a g e r sind b e s o n d e r e B a u t e i l e, durch die aus einem Bauteil in ein anderes nur e i n
T e i l der Komponenten von Kräften und Momenten übertragen wird, die durch eine starre
Verbindung von Bauteilen weitergeleitet werden könnten.

In H o c h b a u t e n werden in der Regel keine Lager angeordnet: Decken werden unmittelbar auf gemauerten Wänden gelagert oder monolithisch mit Unterzügen verbunden, und
Stahlbetonunterzüge werden in biegesteifer Verbindung mit Stahlbetonstützen hergestellt.
Da der Ingenieur der statischen Berechnung ein B e r e c h n u n g s m o d e l l, d. h. ein durch
I d e a l i s i e r e n und A b s t r a h i e r e n geschaffenes T r a g s y s t e m zugrunde legt, muß er
bei der Umsetzung eines Hochbaues in ein Tragsystem häufig Lager a n n e h m e n, auch
wenn keine ausgeführt werden.

E b e n e T r a g s y s t e m e können zwei A r t e n v o n L a g e r n aufweisen, die wir im folgenden behandeln; außerdem beschäftigen wir uns im Rahmen der ebenen Statik mit der
f e s t e n E i n s p a n n u n g eines Bauteils in ein anderes. Zum Schluß gehen wir auf die
Lagerung von r ä u m l i c h e n T r a g w e r k e n ein.

4.4.2 Verschiebliches Kipplager

Die klassische Form dieses Lagers, das auch als b e w e g l i c h e s o d e r e i n w e r t i g e s
L a g e r bezeichnet wird, ist das R o l l e n l a g e r (**4.**55a). Neuere Ausführungen sind Ver-
f o r m u n g s l a g e r (Elastomerlager, bewehrt oder unbewehrt) (**4.**55b) und Verfor-
m u n g s g l e i t l a g e r (**4.**55c). Ein verschiebliches Kipplager kann auch durch eine P e n d e l-
s t ü t z e gebildet werden (**4.**55d).

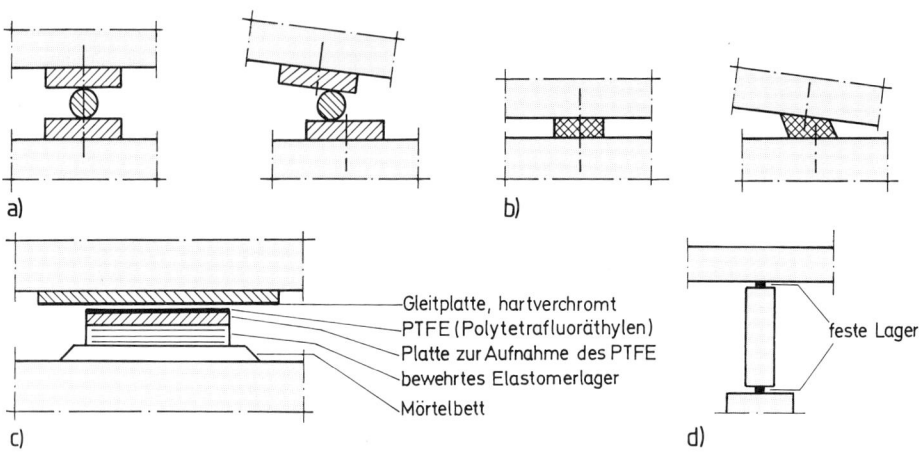

4.55 a) Stählernes Rollenlager in mittiger Stellung und nach Verschiebung und Verdrehung des Träger-endes, b) Elastomerlager vor und nach Verschiebung und Verdrehung des Trägerendes, c) Verformungsgleitlager (schematisch), d) Pendelstütze

Bild **4.56** gibt die zukünftig in Systemskizzen benutzten Sinnbilder für bewegliche Lager an.

Ein Bauwerk, das im Punkt k ein verschiebliches Kipplager aufweist, kann sich in diesem Punkt in einer vorgegebenen Richtung verschieben sowie um diesen Punkt in der betrachteten (x, z)-Ebene verdrehen. Die Lagerkraft C steht senkrecht auf der Richtung der möglichen Verschiebung; ein Lager- oder Einspannmoment M kann nicht aufgenommen werden.

Im allgemeinen ist die Richtung der möglichen Verschiebung die Horizontale; die Lagerkraft C_k ist in diesem Falle lotrecht gerichtet: $C_k = Z_k$ (**4.56**b).

Eine Pendelstütze mit der Neigung α_k, die ein Bauwerk im Punkt k unterstützt, erlaubt dem Bauwerk dort eine Verschiebung senkrecht zur Achse der Pendelstütze sowie eine Verdrehung in der betrachteten (x, z)-Ebene. Die Stützkraft C_k wirkt in der Achse der Pendelstütze, ihre Komponenten sind $Z_k = C_k \cdot \sin\alpha_k = C_k \cos\gamma_k$ und $X_k = C_k \cdot \cos\alpha_k$ (**4.56**c).

Von den drei Bestimmungsstücken der Lagerkraft $\vec{C}_k$ ist sowohl beim verschieblichen Kipplager als auch bei einer Pendelstütze nur eins unbekannt, nämlich der Betrag C_k. Bekannt sind der Angriffspunkt k sowie die Neigung der Lagerkraft: diese wirkt senkrecht zur Richtung der möglichen Verschiebung bzw. in der Achse der Pendelstütze.

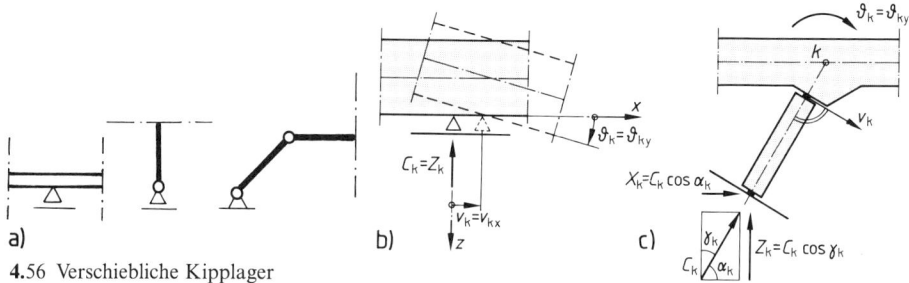

4.56 Verschiebliche Kipplager

a) sinnbildliche Darstellung, b), c) ausführliche Darstellung bei Lager und Pendelstütze

4.4.3   Unverschiebliches Kipplager

Ein unverschiebliches Kipplager, festes Lager oder zweiwertiges Lager kann in Stahl ausgeführt werden (**4.**57 a); eine neuere Form ist das beidseitig feste Elastomerlager (**4.**57 b) oder das feste Topflager.

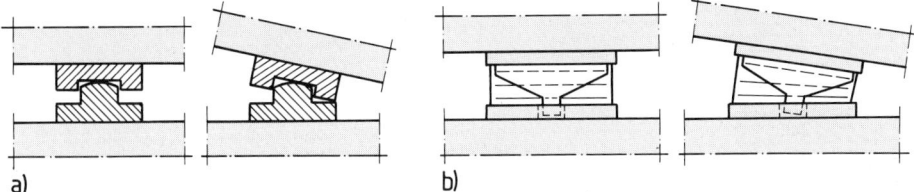

4.57   a) Stählernes unverschiebliches Kipplager in Nullstellung und nach Kippbewegung, b) beidseitig
festes bewehrtes Elastomerlager

An einem unverschieblichen Kipplager im Punkt i ist weder eine Verschiebung v_{iz} in lotrechter Richtung noch eine Verschiebung v_{ix} in waagerechter Richtung möglich; das Lager nimmt daher die zugeordneten Lagerkraftkomponenten X_i und Z_i auf. Eine Verdrehung des gelagerten Bauwerks in der betrachteten (x, z)-Ebene wird im Punkt i nicht verhindert; die zugeordnete Kraftgröße, das Lager- oder Einspannmoment M_i, ist deswegen gleich Null. Von den drei Bestimmungsstücken der Lagerkraft $\vec{C}_i$ ist nur der Angriffspunkt i bekannt; unbekannt sind die beiden anderen Bestimmungsstücke, nämlich entweder der Betrag C_i und der Richtungswinkel α_{ci}, oder die waagerechte Komponente X_i und die lotrechte Komponente Z_i. Die beiden Formulierungen für die unbekannten Bestimmungsstücke sind verbunden durch die beiden Gleichungen

$$C_i = \sqrt{X_i^2 + Z_i^2} \quad \text{und} \quad \tan\alpha_{Ci} = Z_i/X_i \qquad\qquad (4.58\,\text{b})$$

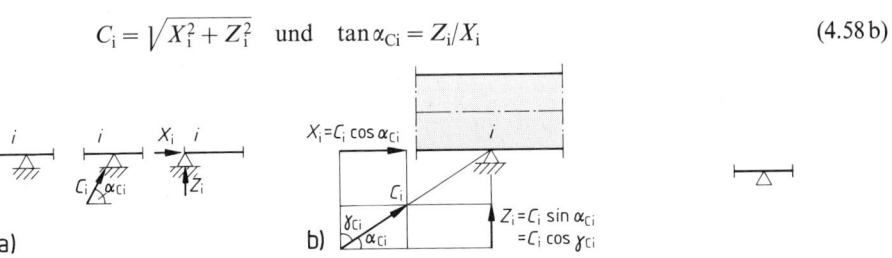

4.58   Unverschiebliches Kipplager
    a) sinnbildliche Darstellung, b) ausführliche Darstellung

4.59   Sinnbild eines Lagers
(fest oder beweglich)

Bei einigen statischen Systemen ist für bestimmte Belastungen die Unterscheidung zwischen beweglichem und festem Lager in der statischen Berechnung ohne Bedeutung. Das gilt z. B. für Durchlaufträger unter lotrechten Lasten. In solchen Fällen verwendet man als sinnbildliche Darstellung eines festen oder beweglichen Lagers ein einfaches Dreieck (**4.**59).

4.4.4   Feste Einspannung

Feste Einspannungen finden wir im Bauwesen hauptsächlich bei Stützen. Den Fuß einer eingespannten Stahlstütze zeigt Bild **4.**60 a; eine Stahlbetonfertigteilstütze in einem Becher-, Hülsen- oder Köcherfundament ist in Bild **4.**60 b dargestellt.

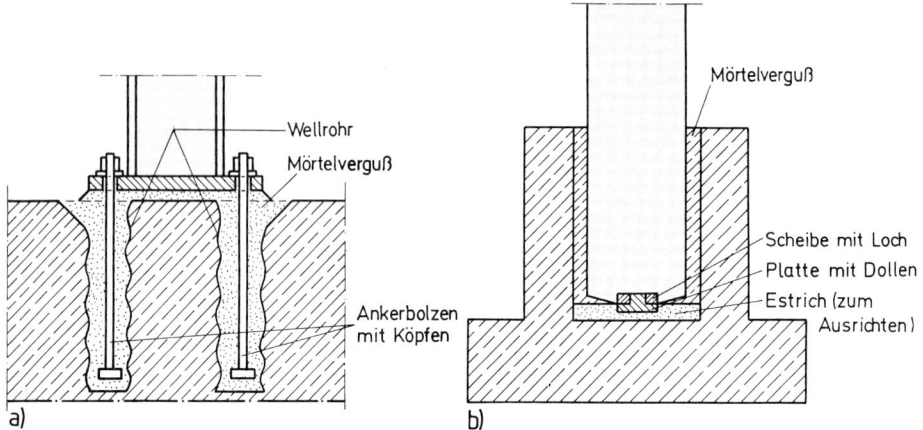

4.60 a) Fuß einer eingespannten Stahlstütze, b) Stahlbetonstütze in Köcherfundament

Eine feste Einspannung im Punkt j verhindert Verschiebungen v_{jz} in lotrechter und v_{jx} in waagerechter Richtung sowie Verdrehungen in der betrachteten (x, z)-Ebene.

Als Folge dieses dreifachen Zwanges treten die drei zugeordneten Kraftgrößen Z_j, X_j und M_j auf. Eine feste Einspannung wird deswegen auch als dreiwertiges Lager bezeichnet. Aus den Komponenten Z_j und X_j der Lagerkraft können wir Betrag und Richtung der Lagerkraft errechnen:

$$C_j = \sqrt{X_j^2 + Z_j^2}; \quad \tan\alpha_{Cj} = Z_j/X_j.$$

Fassen wir das Einspannmoment als Versatzmoment $M_j = C_j \cdot a$ der Lagerkraft $\vec{C}_j$ auf und verschieben wir $\vec{C}_j$ parallel zu sich selbst um die Strecke a in die versatzmomentenfreie Ausgangslage (s. Abschn. 3.3.2), so können wir die Kraftgrößen der festen Einspannung darstellen allein durch die nicht im Lagerpunkt angreifende Kraft $\vec{C}_j$, von

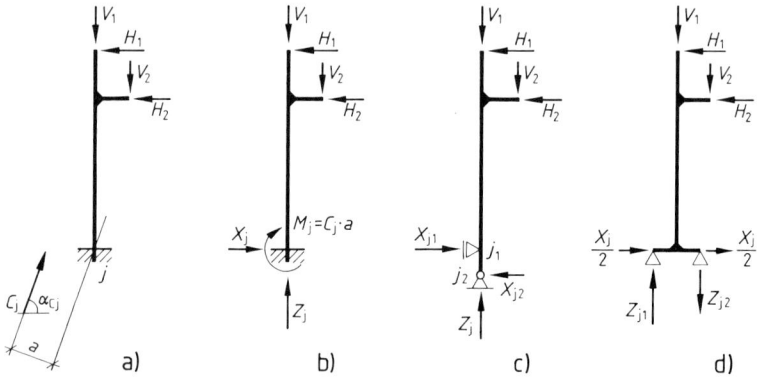

4.61 Feste Einspannung

a) unbekannt C_j, α_{Cj}, a, b) unbekannt Z_j, X_j, M_{Cj}, c) Gedankenmodell: Stütze einbetoniert (Einspannmoment durch waagerechte Reaktionen aufgenommen), d) Gedankenmodell: Stütze mit Fußplatte (Einspannmoment durch senkrechte Reaktionen aufgenommen)

der alle drei Bestimmungsstücke unbekannt sind: der Betrag C_j, der Richtungswinkel α_j und der Abstand a der Wirkungslinie vom Lagerpunkt j (**4.**61 a). Diese Betrachtungsweise kann im Zusammenhang mit dem Stützlinienverfahren von Nutzen sein bei der Veranschaulichung der Schnittgrößen von statisch unbestimmten Bogen und Rahmen; bei der rechnerischen Behandlung einer festen Einspannung im Punkt j arbeiten wir zweckmäßigerweise mit den drei unbekannten Stützgrößen X_j, Z_j und M_j.

Eine feste Einspannung können wir auch darstellen durch die Kombination eines festen und eines beweglichen Lagers (**4.**61 c) sowie durch zwei feste Lager mit angenommener gleichmäßiger Aufteilung der waagerechten Komponente X_j (**4.**61 d). Auch dabei sind drei Bestimmungsstücke unbekannt: die Komponenten Z_j und X_{j2} in j_2 und die Komponente X_{j1} in j_1 (**4.**61 c) bzw. Z_{j1}, Z_{j2} und X_j (**4.**61 d).

Die Annahme einer starren, festen oder vollen Einspannung setzt voraus, daß jegliche Verdrehung des Stabendes ausgeschaltet wird. Dies bedeutet für Fundamente, daß eine genügend große Auflast und ein unnachgiebiger Baugrund zur Verfügung stehen müssen.

Beispiele für die Ermittlung von Lagerkräften und Einspannmomenten sind in den Abschn. 5.4 bis 5.9 enthalten.

4.4.5 Lager von räumlichen Tragwerken

Wie wir im Beispiel 2 des Abschn. 3.4.6 gesehen haben, können durch die starre Verbindung eines Mastes mit einem Fundament, die gleichbedeutend mit einer allseitig festen oder räumlichen Einspannung ist, die Kraftkomponenten F_x, F_y, F_z und die Momentenkomponenten M_x, M_y, M_z übertragen werden (**3.**75). Diese sechs Komponenten sind die durch eine starre Verbindung übertragbaren Schnittgrößen oder inneren Kraftgrößen räumlicher Stabwerke. Lager haben die Aufgabe, von diesen sechs möglichen Schnittgrößen nur bestimmte, ausgewählte zu übertragen, die Hauptschnittgrößen genannt werden. Im Wirkungssinn der übrigen Schnittgrößen sollen die Lager Bewegungen, d. h. Verschiebungen oder Verdrehungen, ermöglichen. Dabei können wir den Kraftkomponenten F_x, F_y, F_z die Verschiebungen v_x, v_y, v_z, den Momentenkomponenten M_x, M_y, M_z die Verdrehungen ϑ_x, ϑ_y, ϑ_z zuordnen, und zwar in dem Sinne, daß bei Übertragung einer Kraftgröße F_i oder M_i durch ein Lager die zugeordnete Bewegung v_i oder ϑ_i nicht möglich ist. Da Lagerbewegungen in der Praxis nicht völlig ohne Widerstände ablaufen, treten bei Lagerbewegungen die diesen zugeordneten Nebenschnittgrößen auf.

Von den vielen Lagerarten, die in DIN 4141 T 1 Tab. 1 aufgeführt sind (s. a. [1]) und die sehr unterschiedliche Kombinationen von Hauptschnittgrößen übertragen, werden im folgenden drei vorgestellt:

1. Zweiachsig verschiebliches Punktkipplager (**4.**62 a). Ein solches Lager überträgt nur die Kraftkomponente F_z senkrecht zur Bewegungsebene $((x, y)$-Ebene); eine Verschiebung v_z ist nicht möglich, Verschiebungen v_x, v_y sowie Verdrehungen ϑ_x, ϑ_y, ϑ_z können auftreten.

2. Unverschiebliches Punktkipplager (**4.**62 b). Übertragen werden die Kraftkomponenten F_x, F_y, F_z; Verschiebungen v_x, v_y, v_z sind unmöglich, Verdrehungen ϑ_x, ϑ_y, ϑ_z des aufgelagerten Bauteils werden nicht behindert.

3. Zweiachsig verschiebliches Linienkipplager (4.62 c). Dieses Lager überträgt die Kraftkomponente F_z und die Momentenkomponente M_x; Verschiebungen v_x, v_y und Verdrehungen ϑ_y, ϑ_z können auftreten; eine Verschiebung in Richtung der z-Achse und eine Verdrehung um die x-Achse werden verhindert.

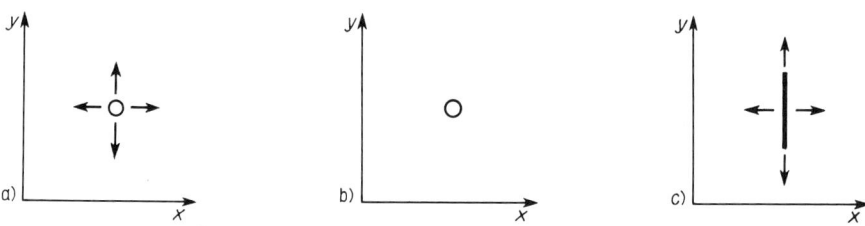

4.62 Symbole von Lagern, Grundrißdarstellung
   a) zweiachsig verschiebliches Punktkipplager
   b) unverschiebliches Punktkipplager
   c) zweiachsig verschiebliches Linienkipplager

4.5   Schwerpunktbestimmungen

4.5.1   Allgemeines

Jeden Körper kann man sich aus vielen kleinen Massenteilchen, den Massenpunkten, zusammengesetzt denken. Diese erfahren beim freien Fall infolge der Schwerkraft der Erde eine vertikale Beschleunigung, bei Aufhängung oder Lagerung wird ihre Eigenlast wirksam. Für die folgenden Betrachtungen ist die Eigenlast jedes Massenpunktes ein gebundener Vektor; Angriffspunkt des Vektors ist der Massenpunkt. Aus den Eigenlasten aller Massenpunkte eines Körpers läßt sich mit Hilfe des Momentensatzes die Resultierende, die Eigenlast G des Körpers berechnen. G ist hier ebenfalls ein gebundener Vektor; seinen Angriffspunkt nennen wir den S c h w e r p u n k t des Körpers. Jede durch diesen Punkt gehende Linie heißt S c h w e r l i n i e. Unterstützt man einen Körper in seinem Schwerpunkt, so bleibt er auch nach jeder Drehung um diesen Punkt in Ruhe (indifferentes Gleichgewicht, **4.**38 e).

Wir beschäftigen uns nur mit Körpern, die aus g l e i c h m ä ß i g   d i c h t e m   S t o f f bestehen (homogene Körper); bei ihnen ist die Lage des Schwerpunktes nur von der G e s t a l t, nicht aber von der A r t   d e s   S t o f f e s abhängig.

Will man den Schwerpunkt eines Körpers, z. B. den einer gleichmäßig dünnen Platte, praktisch bestimmen, so hängt man ihn an zwei verschiedenen Punkten auf (**4.**63). Die Vertikalen von den Aufhängepunkten sind, wenn der Körper zur Ruhe gekommen ist, Schwerlinien (in Bild **4.**63 Linie I–I und II–II). Zeichnet man sie ein, so ist ihr Schnittpunkt S der Schwerpunkt der Fläche $ABCD$. Der gesuchte Schwerpunkt des Körpers liegt hinter S in der Mitte der Platte.

Bei der rechnerischen oder zeichnerischen Bestimmung des Schwerpunktes dreht man nun nicht den Körper, sondern läßt der Einfachheit halber die Massenkräfte senkrecht zur Zeichenfläche wirken und wendet den Momentensatz nacheinander um die beiden in der Zeichenfläche liegenden Koordinatenachsen an (**4.**64).

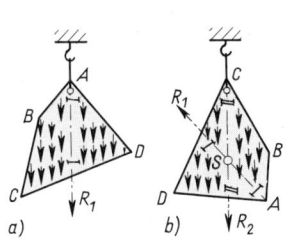

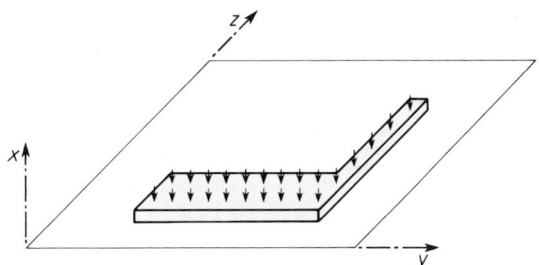

4.63 Schwerpunktbestimmung
durch mehrfaches Aufhängen
des gedrehten Körpers

4.64 Annahme: Massenkräfte wirken senkrecht zur Zeichenfläche

Die Schwerpunkte von Linien und Flächen bestimmt man in ähnlicher Weise, indem man
sie sich gleichmäßig mit Masse behaftet denkt. Man spricht dann von einer materiellen
Linie oder materiellen Fläche. Das Auffinden ihrer Schwerpunkte wird erleichtert, wenn
man beachtet, daß jede Mittellinie und jede Symmetrieachse eine Schwerlinie
ist.

Wir benötigen die Koordinaten oder vielfach nur eine Koordinate des Schwerpunkts
einer Fläche, um die Wirkungslinie einer Last zu bestimmen (4.48); in der Festigkeitslehre (s. Teil 2 dieses Werkes) ermitteln wir die Schwerpunkte von Querschnitts-
flächen, wenn es um die Beanspruchung der Querschnitte durch die vorhandenen Schnittgrößen geht.

Da der Schwerpunkt ein Durchgangspunkt der Resultierenden der Eigenlasten aller Massenpunkte ist, läßt sich seine Lage auch zeichnerisch mit Hilfe von Polfigur und Seileck
ermitteln. Als gedachter Punkt kann der Schwerpunkt bei besonderen Formen auch außerhalb der betreffenden Körper, Flächen oder Linien liegen.

4.5.2 Schwerpunkte von Linien

Gerade Linie. Ihr Schwerpunkt liegt in der Mitte der Länge l (**4.65**).

Einfach gebrochener Linienzug. Man ermittelt zuerst die Einzelschwerpunkte S_1 und S_2 in
der Mitte der Linien l_1 und l_2 (**4.66**). Der Gesamtschwerpunkt S muß dann die Verbindungslinie $S_1 S_2$ dieser Punkte im umgekehrten Verhältnis der Längen teilen: $a:b = l_2:l_1$ (vgl.
Abschn. 3.2.3.2 Beispiel 2). Eine Unterstützung des Linienzuges ABC im Punkte S ist
freilich nur in Gedanken durch Anbringen eines gewichtslosen Verbindungsstabes möglich.

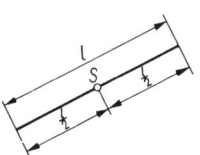

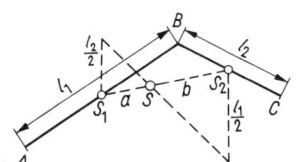

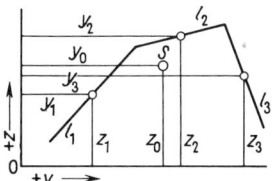

4.65 Schwerpunkt einer
geraden Linie

4.66 Schwerpunkt eines
einfach gebrochenen
Linienzuges

4.67 Schwerpunkt eines
mehrfach gebrochenen
Linienzuges

Mehrfach gebrochener Linienzug. Bezieht man diesen auf ein rechtwinkliges Achsenkreuz (4.67), so kann man die Lage des Schwerpunktes durch zweimaliges Anwenden des entsprechend umgeformten Momentensatzes bestimmen. Dieser lautet $R \cdot a_R = \Sigma (F_i \cdot a_i)$. An die Stelle der Einzelkräfte F treten jetzt die Längen der einzelnen Strecken l, und die Resultierende $R = \Sigma F$ (bei parallelen Kräften) ist durch die Gesamtlänge des im Schwerpunkt vereinigt gedachten Stabzuges $L = \Sigma l$ zu ersetzen. Die Gleichungen gehen daher über in

$$L \cdot y_0 = \Sigma (l \cdot y) \quad \text{und} \quad L \cdot z_0 = \Sigma (l \cdot z)$$

und hieraus

$$y_0 = \frac{\Sigma (l \cdot y)}{L} \qquad\qquad z_0 = \frac{\Sigma (l \cdot z)}{L}$$

Diese Beziehungen werden nachfolgend auf den K r e i s b o g e n angewandt.

Kreisbogen. Der Schwerpunkt liegt zunächst auf der Symmetrieachse MC, die man als z-Achse wählt (4.68). Die y-Achse läßt man zweckmäßigerweise winkelrecht hierzu durch den Mittelpunkt des Kreises gehen. Es ist dann nur noch der Abstand z_0 des Schwerpunktes S vom Mittelpunkt M zu berechnen.

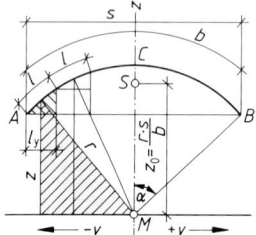

Den Kreisbogen von der Gesamtlänge b kann man sich nun als einen gebrochenen Linienzug aus vielen gleichlangen Strecken l zusammengesetzt denken, deren Einzelmomente in bezug auf die y-Achse $M = l \cdot z$ werden. Der Schwerpunktabstand z_0 berechnet sich dann aus der Gleichung

4.68 Schwerpunkt eines Kreis-
        bogens

$$z_0 = \frac{\Sigma (l \cdot z)}{b}$$

Aus der Ähnlichkeit der schraffierten Dreiecke folgt

$$l : l_y = r : z \qquad l \cdot z = l_y \cdot r \quad \text{folglich} \quad \Sigma (l \cdot z) = \Sigma (l_y \cdot r) = r \cdot \Sigma l_y$$

Σl_y ist gleich der Sehnenlänge s des Kreisbogens, mithin

$$z_0 = \frac{r \cdot s}{b} \qquad\qquad\qquad\qquad\qquad (4.9)$$

Mit $s = 2r \sin \alpha$ und $b = 2 r \alpha$ können wir auch schreiben

$$y_0 = \frac{r \sin \alpha}{\alpha}$$

Für den H a l b k r e i s mit $s = 2r$ und $b = \pi \cdot r$ erhält man (4.69a)

$$z_0 = \frac{r \cdot 2r}{\pi \cdot r} = \frac{2r}{\pi} \approx 0,6366\,r$$

In der Schreibweise der Integralrechnung hat der Schwerpunktabstand z_0 die Größe

$$z_0 = \frac{\int z\,\mathrm{d}l}{\int \mathrm{d}l} = \frac{1}{L} \int z\,\mathrm{d}l$$

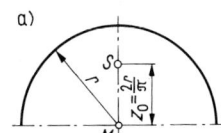

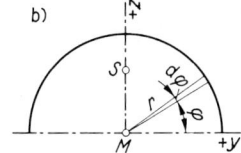

4.69
Schwerpunkt eines
Halbkreisbogens

Für den Halbkreis wird mit dem Linienelement $dl = r \cdot d\varphi$ und der Ordinate $y = r \cdot \sin\varphi$
(**4.69**b)

$$z_0 = \frac{1}{b} \int_0^{\pi} r^2 \cdot \sin\varphi \, d\varphi = \frac{1}{\pi \cdot r} \cdot r^2 [-\cos\varphi]_0^{\pi} \qquad z_0 = -\frac{r}{\pi}[-1-1] = +\frac{2r}{\pi}$$

Für einen Kreisbogen mit dem Mittelpunktswinkel $\varphi = 90°$ nach Bild **4.70**a wird

$$z_0 = \frac{1}{b} \int_{\pi/4}^{3\pi/4} r^2 \cdot \sin\varphi \, d\varphi = \frac{1 \cdot 2}{\pi \cdot r} r^2 [-\cos\varphi]_{\pi/4}^{3\pi/4} = \frac{2{,}8284\,r}{\pi}$$

$$z_0 = 0{,}9003\,r \qquad z_1 = z_0 - r \cdot \sin 45° = 0{,}1932\,r$$

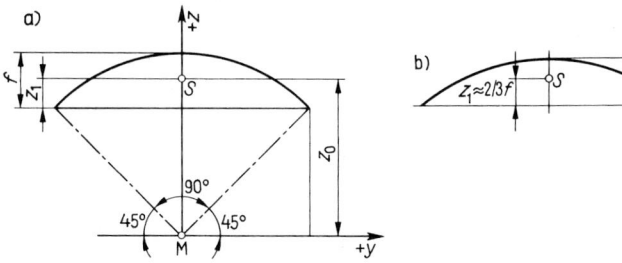

4.70
Schwerpunkt eines
flachen Kreisbogens

bezieht man z_1 auf die Pfeilhöhe f, so ist

$$z_1 = 0{,}66\,f$$

Bei f l a c h e n K r e i s b o g e n kann man somit näherungsweise setzen (**4.70**b)

$$z_1 \approx \frac{2}{3}\,f$$

In dieser Formel zählt z_1 nicht vom Mittelpunkt, sondern von der Sehne aus.

4.5.3 Schwerpunkte von Flächen

Allgemeine Formeln. Bezeichnet man den Gesamtinhalt einer beliebigen Fläche mit A, den
Inhalt kleiner Flächenteilchen mit ΔA, so erhält man nach Bild **4.71** entsprechend den
Ausführungen im vorigen Abschnitt für die Schwerpunktabstände von Flächen den Mo-
mentensatz in folgender Form

$$A \cdot y_0 = \Sigma(\Delta A \cdot y) \qquad\qquad A \cdot z_0 = \Sigma(\Delta A \cdot z)$$

In Worten: **Für jede beliebige Achse ist das statische Moment einer Fläche gleich der algebraischen Summe der Momente aller Flächenteilchen.**

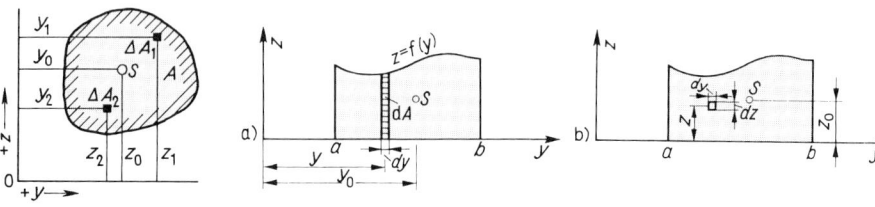

4.71 Schwerpunkt einer   **4.72** Statische Momente der Flächenteilchen
beliebigen Fläche

Die Schwerpunktabstände selbst ergeben sich hieraus zu

$$y_0 = \frac{\Sigma(\Delta A \cdot y)}{A} \quad z_0 = \frac{\Sigma(\Delta A \cdot z)}{A} \quad \text{oder} \quad y_0 = \frac{\int y \, dA}{A} \quad z_0 = \frac{\int z \, dA}{A} \qquad (4.10)$$

Zur weiteren Erläuterung betrachten wir eine Fläche, die von der y-Achse, der Kurve $z = f(y)$ und den Geraden $y = a$ und $y = b$ begrenzt ist (**4.72**a und b). Die allgemeinen Ausdrücke für die Schwerpunktabstände y_0 und z_0 der Fläche A sind gesucht.

Für den Schwerpunktabstand y_0 gilt

$$y_0 \cdot A = \int\limits_{y=a}^{y=b} y \cdot dA$$

Die rechte Seite der Gleichung stellt das statische Moment der Fläche um die z-Achse dar. Für das Flächenteilchen dA kann das Rechteck $dA = z \cdot dy$ mit der Höhe z (wie in Bild **4.72**a eingetragen) eingesetzt werden, also

$$y_0 = \frac{1}{A} \int\limits_{y=a}^{y=b} y \cdot z \cdot dy \qquad\qquad (4.11)$$

Zur Ermittlung des S c h w e r p u n k t a b s t a n d e s z_0 gehen wir aus von der Gleichung

$$z_0 \cdot A = \int\limits_{y=a}^{y=b} z \cdot dA$$

Die rechte Seite stellt jetzt das statische Moment der Fläche um die y-Achse dar, worin z den Hebelarm von der y-Achse zum Flächenelement dA darstellt; dA führen wir in dieser Betrachtung als Element $dy \cdot dz$ ein (**4.72**b), weswegen wir zuerst über dz integrieren müssen. So erhalten wir das Doppelintegral

$$z_0 \cdot A = \int\limits_{y=a}^{y=b} \int\limits_{z=0}^{z=f(y)} z \cdot dy \cdot dz = \int\limits_{y=a}^{y=b} \frac{z^2}{2} \cdot dy \quad \text{daraus folgt} \quad z_0 = \frac{1}{2A} \int\limits_{y=a}^{y=b} z^2 \cdot dy$$

$$(4.12)$$

Wenn man als dA wieder das Rechteck $z \cdot \mathrm{d}y$ eingeführt hätte, so wäre der senkrechte Hebelarm für jedes Rechteck gleich dem Abstand $z/2$ des jeweiligen Rechteckschwerpunktes von der y-Achse. Somit wäre also ebenfalls

$$z_0 \cdot A = \int\limits_{y=a}^{y=b} \frac{z}{2} \cdot z \cdot \mathrm{d}y = \int\limits_{y=a}^{y=b} \frac{z^2}{2}\,\mathrm{d}y$$

Man kann den Schwerpunkt statt dessen auch mit der Guldinschen Regel finden. Es ist

$$z_0 = \frac{\int z\,\mathrm{d}A}{A} = \frac{2\pi \int z\,\mathrm{d}A}{2\pi \cdot A} = \frac{V_{(y)}}{2\pi \cdot A} \qquad y_0 = \frac{\int y\,\mathrm{d}A}{A} = \frac{2\pi \int y\,\mathrm{d}A}{2\pi \cdot A} = \frac{V_{(z)}}{2\pi \cdot A} \qquad (4.13)$$

Darin ist $V_{(y)}$ bzw. $V_{(z)}$ das Volumen des Rotationskörpers, das bei Drehung der Fläche um die y-Achse bzw. die z-Achse entsteht.

Wählt man als Drehachse eine Schwerachse der Fläche (4.73), so wird der Hebelarm der Gesamtfläche gleich Null und daher auch das Moment $A \cdot y_0$ bzw. $A \cdot z_0$:

$$\int y\,\mathrm{d}A = \Sigma(\Delta A \cdot y) = 0$$

$$\int z\,\mathrm{d}A = \Sigma(\Delta A \cdot z) = 0 \qquad\qquad (4.14)$$

Hieraus folgt der wichtige Satz:

> **Für die Schwerachse einer Fläche ist die algebraische Summe der Momente aller Flächenteilchen gleich Null.**

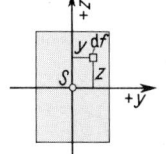

4.73 Schwerachse als Drehachse gewählt

Dreieck (4.74). Weil jede Mittellinie eine Schwerlinie ist, liegt der Schwerpunkt im Schnittpunkt zweier Mittellinien. Diese teilen sich im Verhältnis $1:2$. Der Schwerpunkt hat demnach von den Grundlinien einen Abstand von $^1/_3$ der zugehörigen Höhe.

$$z_0 = \frac{h}{3}$$

Für ein Dreieck nach Bild **4.75** ist mit Gl. (4.11)

$$y_0 = \frac{1 \cdot 2}{c \cdot h} \int\limits_{y=0}^{y=c} y \cdot \frac{h}{c} \cdot y \cdot \mathrm{d}y = \frac{2}{c \cdot h} \cdot \frac{h}{c} \int\limits_0^c y^2 \cdot \mathrm{d}y \qquad y_0 = \frac{2}{c^2} \cdot \frac{c^3}{3} = \frac{2}{3}c$$

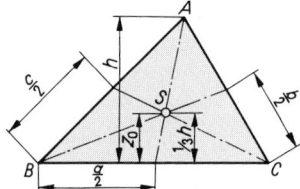

4.74 Schwerpunkt des Dreiecks

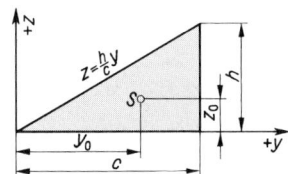

4.75 Schwerpunkt des Dreiecks

und mit Gl. (4.12)

$$z_0 = \frac{1 \cdot 2}{2 \cdot c \cdot h} \int\limits_{y=0}^{y=c} \left(\frac{h}{c} y\right)^2 \cdot \mathrm{d}y = \frac{h^2}{c \cdot h \cdot c^2} \int\limits_0^c y^2 \cdot \mathrm{d}y \qquad z_0 = \frac{h}{c^3} \cdot \frac{c^3}{3} = \frac{h}{3}$$

Rechteck, Parallelogramm und Viereck (4.76). Beim Rechteck und Parallelogramm liegt der Schwerpunkt sowohl im Schnittpunkt der Mittellinien als auch in dem der Diagonalen.

$$z_0 = \frac{h}{2}$$

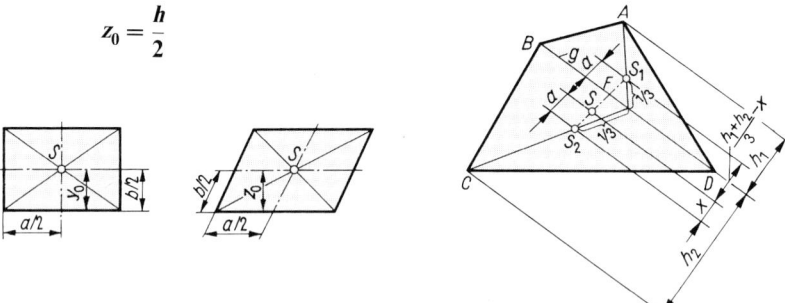

4.76 Schwerpunkt des Rechtecks und Parallelo-   4.77 Schwerpunkt des allgemeinen Vierecks
     gramms

Im allgemeinen Viereck bestimmt man den Schwerpunkt dadurch, daß man das Viereck durch eine Diagonale in zwei Dreiecke zerlegt und für diese zunächst die Einzelschwerpunkte S_1 und S_2 durch Drittelung einer Mittellinie ermittelt (4.77). Der Gesamtschwerpunkt muß auf der Verbindungslinie $S_1 S_2$ als Schwerachse liegen und diese im umgekehrten Verhältnis der Flächeninhalte der beiden Dreiecke teilen. Da beide Dreiecke die gleiche Grundlinie g haben, braucht man zu diesem Zwecke von S_2 aus nur die Strecke $S_2 S = S_1 F = a$ abzutragen.

Für die Parallele zu g durch S ergibt sich nämlich entsprechend Gl. (4.14)

$$x\frac{g \cdot h_2}{2} - \left(\frac{h_1 + h_2}{3} - x\right)\frac{g \cdot h_1}{2} = 0$$

und daraus $x = h_1/3$

Infolge der Proportionalität der Geradenabschnitte zwischen Parallelen kann a abgegriffen werden.

Trapez (4.78). Der Schwerpunkt liegt auf der Mittellinie der beiden Grundseiten a und b. Eine zweite Schwerachse findet man z e i c h n e r i s c h ähnlich wie beim allgemeinen Viereck durch Zerlegen in zwei Dreiecke.

Der Abstand z_u des Gesamtschwerpunktes S von der Grundlinie a läßt sich rechnerisch mit Hilfe des Momentensatzes nach Gl. (4.10) ermitteln. Mit den in Bild **4.78** angegebenen Bezeichnungen erhält man

$$z_u = \frac{\dfrac{a \cdot h}{2}\dfrac{1}{3}h + \dfrac{b \cdot h}{2} \cdot \dfrac{2}{3}h}{\dfrac{a+b}{2} \cdot h} = \frac{\dfrac{a \cdot h}{3} + \dfrac{2b \cdot h}{3}}{a+b}$$

$$z_u = \frac{h}{3} \cdot \frac{a+2b}{a+b} \qquad z_o = \frac{h}{3} \cdot \frac{2a+b}{a+b} \qquad\qquad (4.15)$$

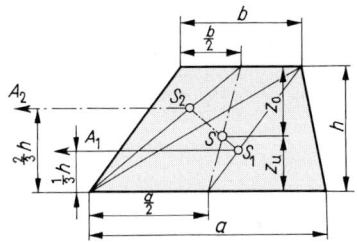

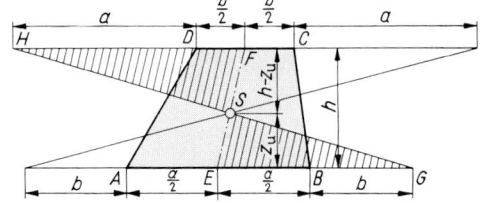

4.78 Schwerpunkt des Trapezes

4.79 Schwerpunktbestimmung eines Trapezes mit Hilfe verschränkter Diagonalen

Auf Grund dieser Gleichung läßt sich der Schwerpunkt des Trapezes auch leicht mit den oft angewandten verschränkten Diagonalen (**4.**79) bestimmen, die man erhält, indem man auf den verlängerten Grundlinien die Länge der gegenüberliegenden Grundlinie beiderseits abträgt und die so erhaltenen Endpunkte miteinander verbindet.

Beweis   Der Beweis ergibt sich aus der Ähnlichkeit der beiden Dreiecke *SEG* und *SFH*.

$$\left(\frac{a}{2}+b\right):\left(\frac{b}{2}+a\right)=z_\mathrm{u}:(h-z_\mathrm{u})$$

$$z_\mathrm{u}\cdot\frac{b+2a}{2}=(h-z_\mathrm{u})\frac{a+2b}{2}$$

$$z_\mathrm{u}(2a+b)+z_\mathrm{u}(a+2b)=h(a+2b)$$

$$z_\mathrm{u}(3a+3b)=h(a+2b)\quad\text{hieraus wie Gl. (4.15)}$$

$$z_\mathrm{u}=\frac{h}{3}\cdot\frac{a+2b}{a+b}$$

Zuweilen, z. B. bei Gewölbeuntersuchungen (**4.**80), Schubspannungsflächen im Stahlbetonbau, Spannungsdiagrammen von Pfahlrosten, ist nur die den Grundlinien parallele Schwerachse des Trapezes zu bestimmen. Man teilt dann nach Bild **4.**80 die Strecke *BD* in drei

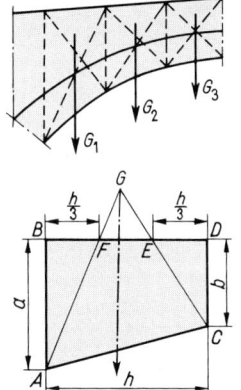

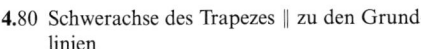

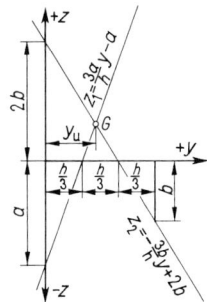

4.80 Schwerachse des Trapezes ∥ zu den Grundlinien

4.81 Gleichungen der Geraden z_1 und z_2

gleiche Teile, zieht die Linien AF und CE, deren Verlängerungen sich in Punkt G schneiden. Durch G geht die gesuchte, zu den Grundlinien des Trapezes parallele Schwerachse. Will man den Schwerpunkt S des Trapezes auch der Höhe nach festlegen, so bringt man die Mittellinie des Trapezes mit der gefundenen Schwerachse zum Schnitt.

Beweis Die Gleichungen der Geraden AF und CF werden nach der Gleichung der Geraden ermittelt

$$y = m \cdot x + n$$

Nach Bild **4.**81 lauten die Gleichungen mit den dort eingetragenen Maßen

$$z_1 = \frac{3a}{h} y - a \qquad z_2 = -\frac{3b}{h} y + 2b$$

Da im Punkt G beide Werte gleich sind, wird für diesen Punkt

$$\frac{3a}{h} y - a = -\frac{3b}{h} y + 2b$$

daraus

$$\frac{3}{h} y (a + b) = a + 2b \text{ und } y = y_\mathrm{u} = \frac{h}{3} \cdot \frac{a + 2b}{a + b}$$

Das ist aber die der Gl. (4.15) entsprechende Formel.

Die Konstruktion der zu den Grundlinien des Trapezes parallelen Schwerachse gilt auch für das allgemeine Trapez, wenn also AB nicht $\perp$ zu DB steht.

Kreis, Kreisringfläche und Ellipse (**4.**82). Bei allen Flächen, deren Mittelpunkt als Schnittpunkt mindestens zweier Mittellinien oder Symmetrieachsen gegeben ist, fällt der Schwerpunkt mit diesem Punkte zusammen.

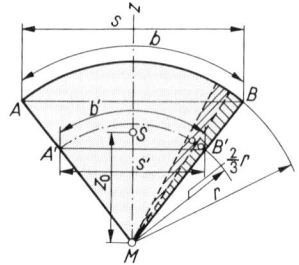

  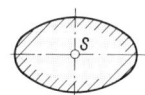

4.82 Schwerpunkt von Kreis, Kreisringfläche und Ellipse

4.83 Schwerpunkt des Kreisausschnittes

Kreisausschnitt (**4.**83). Der Schwerpunkt liegt zunächst auf der Symmetrieachse, die durch den Mittelpunkt des Kreises geht. Denkt man sich nun den ganzen Ausschnitt aus sehr vielen und so kleinen Kreisausschnitten zusammengesetzt, daß man diese näherungsweise als Dreiecke von der Höhe r auffassen kann, so liegen deren Schwerpunkte alle auf einem Kreisbogen im Abstand $2/3 r$ vom Mittelpunkt des Kreises. Der Gesamtschwerpunkt dieser Schwerpunktslinie $A'B'$ hat nach Gl. (4.9) vom Mittelpunkt M einen Abstand von

$$z_0 = \frac{2}{3} r \cdot \frac{s'}{b'}$$

Da sich nun $s':b' = s:b$ verhält, ergibt sich

$$z_0 = \frac{2}{3} r \cdot \frac{s}{b}$$

Für den Halbkreis folgt hieraus (4.84)

$$z_0 = \frac{2}{3} r \cdot \frac{2r}{\pi r} \qquad\qquad z_0 = \frac{4r}{\pi \cdot 3} = 0{,}4244\,r \qquad (4.16)$$

Man kann z_0 auch mit der Guldinschen Regel finden: dreht sich nämlich die Halbkreis-fläche mit $A = \dfrac{\pi r^2}{2}$ um die y-Achse, so entsteht die Kugel mit $V = \dfrac{4}{3}\,\pi \cdot r^3$. So ergibt sich mit Gl. (4.13)

$$z_0 = \frac{V_{(y)}}{2\pi A} = \frac{\frac{4}{3}\pi \cdot r^3}{2\pi \cdot \frac{\pi \cdot r^2}{2}} = \frac{4r}{3\pi}$$

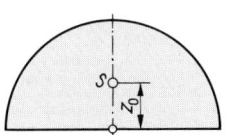 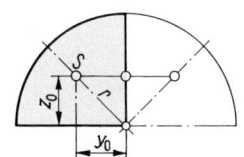 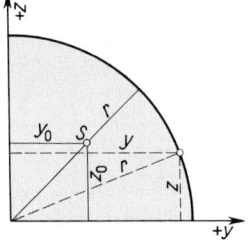

| 4.84 Schwerpunkt des Halbkreises | 4.85 Schwerpunkt des Viertelkreises | 4.86 Beziehungen am Viertelkreis |

Beim Viertelkreis (4.85) wird wie für den Halbkreis

$$y_0 = z_0 = \frac{4r}{\pi \cdot 3} = 0{,}4244\,r$$

und der Abstand vom Mittelpunkt

$$r_0 = \sqrt{2} \cdot y_0 = 0{,}6002\,r$$

Zur Bestimmung des Schwerpunktabstandes z_0 kann man auch Gl. (4.12) benutzen:

$$z_0 = \frac{1}{2A} \int_{y=0}^{y=r} z^2 \cdot \mathrm{d}y$$

z ist gegeben durch die Kreisgleichung (4.86)

$$z^2 = r^2 - y^2$$

Damit

$$z_0 = \frac{1 \cdot 4}{2\pi \cdot r^2} \int\limits_{y=0}^{y=r} (r^2 - y^2)\,\mathrm{d}y = \frac{2}{\pi \cdot r^2} \cdot r^3 - \frac{2}{\pi \cdot r^2} \cdot \frac{r^3}{3} \qquad z_0 = \frac{2}{3} \cdot \frac{2r^3}{\pi \cdot r^2} = \frac{4}{3} \cdot \frac{r}{\pi}$$

Kreisabschnitt (4.87). Die genaue Lage des Schwerpunktes läßt sich mit Hilfe der Schwerpunkte des zugehörigen Kreisausschnittes und des hiervon abzuziehenden Dreieckes nach den im folgenden für zusammengesetzte Flächen angegebenen Regeln berechnen. Bezeichnet man den Flächeninhalt des Kreisabschnittes mit A, so erhält man den Abstand vom Kreismittelpunkt zu

$$z_{0M} = \frac{s^3}{12\,A}$$

Für flache Kreisabschnitte, die als Parabelschnitte aufgefaßt werden können, kann man näherungsweise und einfacher von der Sehne aus setzen

$$z_1 \approx \frac{2}{5} h$$

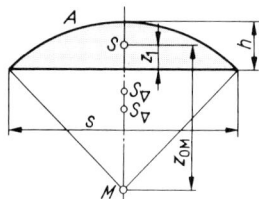
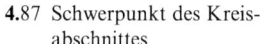
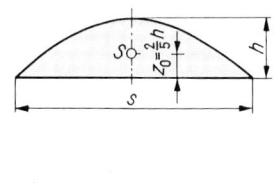
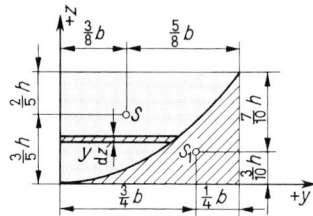

4.87 Schwerpunkt des Kreis-   4.88 Schwerpunkt des ganzen   4.89 Schwerpunkt der halben
       abschnittes   Parabelabschnittes   Parabel und der Restfläche

Parabelabschnitt. Beim ganzen (symmetrischen) Parabelabschnitt (4.88), dessen Flächeninhalt $A = {}^2/_3 s \cdot h$ ist, hat der Schwerpunkt von der Sehne den Abstand

$$z_0 = \frac{2}{5} h$$

Der halbe Parabelabschnitt spielt bei späteren Betrachtungen über Momentenflächen eine Rolle. Sein Schwerpunkt ist mit der Parabelgleichung und der Integralrechnung zu bestimmen.

Mit der Gleichung der Parabel $y^2 = 2pz$ wird (4.89)

$$2p = \frac{y^2}{z} = \frac{b^2}{h}$$

$$y = \sqrt{\frac{b^2}{h} \cdot z}$$

Die Parabelfläche ergibt sich dann zu

$$A = \int_0^h \sqrt{\frac{b^2}{h}z} \cdot \mathrm{d}z = \sqrt{\frac{b^2}{h}} \int_0^h z^{1/2} \cdot \mathrm{d}z = \left.\frac{\sqrt{\frac{b^2}{h}} \cdot z^{3/2}}{\frac{3}{2}}\right|_0^h \qquad A = \left.\frac{2}{3}z\sqrt{\frac{b^2}{h}z}\right|_0^h = \frac{2}{3}b \cdot h$$

Mit dem Momentensatz bilden wir auf der rechten Seite der Gleichung die statischen Momente der Flächenteilchen $\mathrm{d}A = y \cdot \mathrm{d}z$ mit den Hebelarmen $\frac{y}{2}$ um die z-Achse.

$$y_0 \cdot \frac{2}{3}b \cdot h = \int_0^h \frac{y}{2}y \cdot \mathrm{d}z = \int_0^h \frac{y^2}{2}\,\mathrm{d}z = \frac{b^2}{2h}\int_0^h z \cdot \mathrm{d}z = \left.\frac{b^2}{2h}\cdot\frac{z^2}{2}\right|_0^h = \frac{b^2 \cdot h}{4} \qquad y_0 = \frac{3}{8}b$$

Um den Schwerpunktabstand z_0 zu erhalten, bilden wir

$$z_0 \cdot \frac{2}{3}b \cdot h = \int_0^h y \cdot z \cdot \mathrm{d}z = \int_0^h z\sqrt{\frac{b^2}{h}z} \cdot \mathrm{d}z = \left.\frac{b}{\sqrt{h}}\frac{2}{5}z^{5/2}\right|_0^h = \frac{2}{5}b \cdot h^2 \qquad z_0 = \frac{3}{5}h$$

Die Lage des Schwerpunktes S_1 der schraffierten R e s t f l ä c h e des Rechtecks findet man am einfachsten, indem man die statischen Momente der ganzen Rechteckfläche und des halben Parabelabschnitts bildet

$$y_1 \cdot \frac{1}{3}A = \frac{1}{2} \cdot b \cdot A - \frac{3}{8}b \cdot \frac{2}{3}A \qquad y_1 = \frac{3}{4}b$$

$$z_1 \cdot \frac{1}{3}A = \frac{1}{2}h \cdot A - \frac{3}{5}h \cdot \frac{2}{3}A \qquad z_1 = \frac{3}{10}h$$

Zusammengesetzte Flächen. Bei r e g e l m ä ß i g e n und s y m m e t r i s c h e n Flächen liegt der Schwerpunkt im Schnittpunkt zweier S y m m e t r i e - oder M i t t e l a c h s e n (4.90).

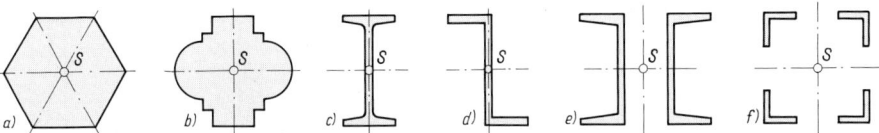

4.90 Schwerpunkte regelmäßiger und symmetrischer Flächen

Beliebige F l ä c h e n u n r e g e l m ä ß i g e r G e s t a l t unterteilt man in solche einfachen Flächen, deren Inhalte und Schwerpunkte nach den vorbeschriebenen Regeln leicht anzugeben sind. In einfacheren Fällen ermittelt man dann die Lage des Gesamtschwerpunktes rechnerisch durch zweimaliges Anwenden des Momentensatzes, während bei schwierigen Figuren auch das zeichnerische Verfahren mit Pol- und Seileck Anwendung findet. Für Walzprofile sind die Schwerpunktlagen geeigneten Zahlentafeln zu entnehmen. Die folgenden Beispiele in Abschn. 4.5.5 zeigen die Anwendung dieser Verfahren.

4.5.4 Schwerpunkte von Körpern

Im Bauwesen hat man es meist nur mit prismatischen Körpern zu tun, von denen man im allgemeinen nur Teile von 1,00 m Höhe untersucht. Mit der Bestimmung des Schwerpunktes der Grundflächen dieser Prismen ist dann auch die Lage des Körperschwerpunktes in halber Länge hinter der Grundfläche oder halber Höhe über oder unter ihr gegeben.

Der Vollständigkeit halber sei hier nur kurz darauf hingewiesen, daß die Schwerpunkte von Pyramiden und Kegeln in ein Viertel der Höhe dieser Körper liegen.

4.5.5 Anwendungen

Beispiel 11 Der Schwerpunkt des T-Profiles nach Bild **4.**91 ist rechnerisch zu bestimmen und mit den Angaben der Zahlentafel zu vergleichen.

Der Schwerpunkt liegt erstens auf der vertikalen Symmetrieachse. Der Abstand z_0 der hierzu winkelrechten Schwerachse von der oberen Kante wird mit Hilfe des Momentensatzes gefunden, nachdem man den T-Querschnitt in zwei Rechteckquerschnitte zerlegt hat. In bezug auf die obere Kante als Drehachse ergibt sich

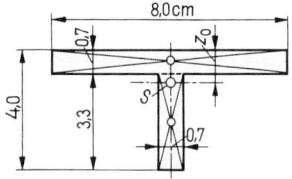

4.91 Schwerpunkt eines T-Profils

$$z_0 = \frac{8,0 \cdot 0,7 \cdot 0,35 + 3,3 \cdot 0,7 \cdot 2,35}{8 \cdot 0,7 + 3,3 \cdot 0,7} = \frac{7,389}{7,910} = 0,934 \text{ cm}^1)$$

Beispiel 12 Wo liegt der Schwerpunkt des gleichschenkligen Winkelprofiles (**4.**92)?

Der Schwerpunkt liegt hier auf der den Winkel halbierenden Symmetrieachse. Sein Abstand von der linken Kante berechnet sich nach Aufteilung des Querschnittes in zwei Rechtecke zu

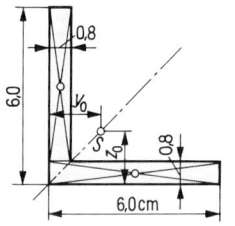

$$y_0 = \frac{5,2 \cdot 0,8 \cdot 0,4 + 6,0 \cdot 0,8 \cdot 3,0}{(5,2 + 6,0)\,0,8} = \frac{16,06}{8,96} = 1,793 \text{ cm}$$

$$z_0 = y_0 = 1,793 \text{ cm}$$

4.92 Schwerpunkt eines gleichschenkligen Winkelprofils

Beispiel 13 Bestimme den Schwerpunkt des ungleichschenkligen Winkelprofiles (**4.**93).

In diesem Falle ist keine Symmetrieachse vorhanden. Es ist deshalb sowohl der Schwerpunktabstand von der linken als auch von der unteren Kante zu berechnen. Nach der Flächenaufteilung wird

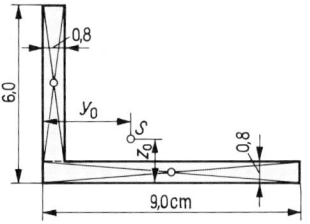

$$y_0 = \frac{5,2 \cdot 0,8 \cdot 0,4 + 9,0 \cdot 0,8 \cdot 4,5}{(5,2 + 9,0)\,0,8} = \frac{34,06}{11,36} = 2,999 \text{ cm}$$

$$z_0 = \frac{5,2 \cdot 0,8 \cdot 3,4 + 9,0 \cdot 0,8 \cdot 0,4}{(5,2 + 9,0)\,0,8} = \frac{17,02}{11,36} = 1,499 \text{ cm}$$

4.93 Schwerpunkt eines ungleichschenkligen Winkelprofiles

---

^{1}) Die geringen Abweichungen in den Beispielen 11 bis 13 gegenüber den Angaben in den Zahlentafeln rühren daher, daß hier die Abschrägungen und Ausrundungen der Profile nicht berücksichtigt wurden.

Beispiel 14 Wo liegt der Schwerpunkt des zusammengesetzten Profiles (**4.94**)?

Den Profiltafeln für ⊏-Stähle entnimmt man

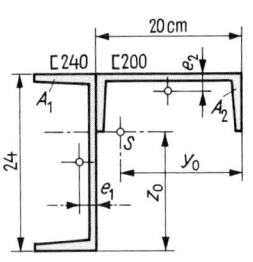

für ⊏240 $A_1 = 42,3$ cm^2 $e_1 = 2,23$ cm

und für ⊏200 $A_2 = 32,2$ cm^2 $e_2 = 2,01$ cm

Mithin erhält man mit der rechten Kante des ⊏200 als Drehachse

$$y_0 = \frac{32,2 \cdot 10,0 + 42,3\,(20,0 + 2,23)}{32,2 + 42,3} = \frac{1262}{74,5} = 16,94 \text{ cm}$$

4.94 Schwerpunkt eines zusammengesetzten Profils

und mit der unteren Kante des ⊏240 als Drehachse

$$z_0 = \frac{42,3 \cdot 12,0 + 32,2\,(24,0 - 2,01)}{42,3 + 32,2} = \frac{1216}{74,5} = 16,32 \text{ cm}$$

Beispiel 15 Bestimme den Schwerpunkt der Querschnittsfläche des Stahlbetonfertigteilbinders **4.95**!

Der Schwerpunkt liegt auf der vertikalen Symmetrieachse; gesucht ist also nur noch die Höhenlage des Schwerpunkts. Wir errechnen zunächst die Querschnittsfläche:

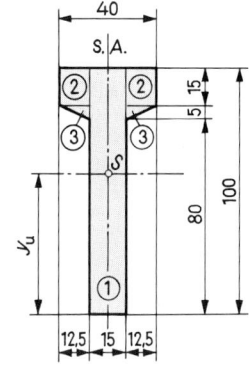

$A = 15,0 \cdot 100,0 + 2 \cdot 12,5 \cdot 15,0 + 2 \cdot 0,5 \cdot 12,5 \cdot 5,0 =$
$= 1500,0 + 375,0 + 62,5 = 1937,5$ cm^2

Der Abstand des Schwerpunkts vom unteren Rand ergibt sich dann zu

$z_u = (1500,0 \cdot 50,0 + 375,0 \cdot 92,5 +$
$+ 62,5 \cdot 83,3)/1937,5 = 59,3$ cm

4.95 Stahlbetonfertigteilbinder

Beispiel 16 Für die Rundstahleinlagen des Stahlbetonbalkens (**4.96**) ist der Schwerpunktabstand a vom unteren Betonrande zu berechnen.

Bei 1,5 cm Betondeckung der Bügel ⌀8 ist der Schwerpunkt der unteren Lage

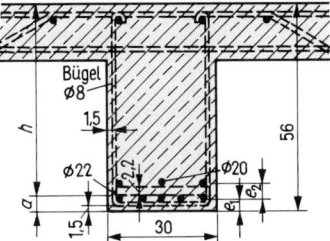

$$e_1 = 1,5 + 0,8 + \frac{2,2}{2} = 3,4 \text{ cm}$$

vom unteren Betonrande entfernt. Der Abstand der Schwerachsen der beiden Stahllagen beträgt untereinander $e_2 = 1/2 \cdot 2,2 + 2,2 + 1/2 \cdot 2,0 = 4,3$ cm.

4.96 Schwerpunktabstand der Stahleinlagen eines Stahlbetonbalkens

Dieser Abstand e_2 muß von der Gesamtschwerachse im umgekehrten Verhältnis der Stahlquerschnitte geteilt werden (s. Gl. in Abschn. 3.2.3.2., Beispiel 14). Es wird daher

$$a = e_1 + e_2 \cdot \frac{3 \cdot 3,14}{3 \cdot 3,14 + 5 \cdot 3,8} = 3,4 + 4,3 \cdot \frac{9,42}{28,4} = 4,8 \text{ cm}$$

$$h = 56,0 - 4,8 = 51,2 \text{ cm}$$

Beispiel 17 Für den in Bild **4.**97 gezeichneten Querschnitt eines Werksteinpfeilers ist die Lage des Schwerpunktes rechnerisch zu ermitteln.

Wir zerlegen die Querschnittsfläche des Werksteinpfeilers gemäß Bild **4.**97 in fünf Teilflächen; um unnötig große Zahlen zu vermeiden, arbeiten wir mit der Längeneinheit dm

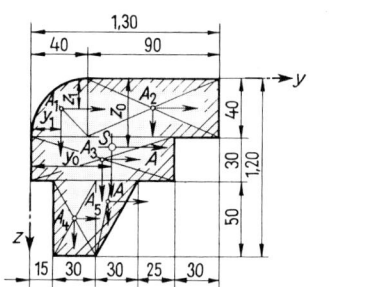

$$A_1 = \frac{\pi \cdot 4{,}0^2}{4} = 12{,}6 \text{ dm}^2$$

$$A_2 = 4{,}0 \cdot 9{,}0 = 36{,}0 \text{ dm}^2$$

$$A_3 = 3{,}0 \cdot 10{,}0 = 30{,}0 \text{ dm}^2$$

$$A_4 = 3{,}0 \cdot 5{,}0 = 15{,}0 \text{ dm}^2$$

$$A_5 = \frac{3{,}0 \cdot 5{,}0}{2} = 7{,}5 \text{ dm}^2$$

$$A = 101{,}1 \text{ dm}^2$$

4.97 Rechnerische Bestimmung des Schwerpunktes eines Werksteinpfeilers

Der Schwerpunktabstand des Viertelkreises von den Außenkanten berechnet sich nach Gl. (4.16) zu $y_1 = z_1 = 4{,}0 - 0{,}424 \cdot 4{,}0 = 2{,}3$ dm. Die übrigen Schwerpunktabstände können aus den Querschnittsmaßen sofort abgelesen werden. In bezug auf die linke und die oberen Kante des Pfeilerquerschnittes als z- und y-Achse erhalten wir dann

$$y_0 = \frac{12{,}6 \cdot 2{,}3 + 36{,}0 \cdot 8{,}5 + 30{,}0 \cdot 5{,}0 + 15{,}0 \cdot 3{,}0 + 7{,}5 \cdot 5{,}5}{101{,}1} = \frac{571}{101{,}1} =$$
$$= 5{,}65 \text{ dm} = 56{,}5 \text{ cm}$$

$$z_0 = \frac{12{,}6 \cdot 2{,}3 + 36{,}0 \cdot 2{,}0 + 30{,}0 \cdot 5{,}5 + 15{,}0 \cdot 9{,}5 + 7{,}5 \cdot 8{,}67}{101{,}1} = \frac{473}{101{,}1} =$$
$$= 4{,}68 \text{ dm} = 46{,}8 \text{ cm}$$

5 Stabwerke

5.1 Allgemeines, Übersicht über die Tragwerke

Die im Bauwesen verwendeten Tragwerke können wir einteilen in Flächentragwerke und Stabtragwerke.

Bei Flächentragwerken sind zwei Abmessungen bedeutend größer als die dritte ($l \gg d$; $b \gg d$); sie werden unter Vernachlässigung ihrer Dicke d idealisiert dargestellt durch ihre Mittelfläche, die eben oder gekrümmt sein kann. Bei den ebenen Flächentragwerken unterscheiden wir zwischen Platten und Scheiben: Ein ebenes Flächentragwerk trägt als Platte, wenn seine Belastung nur senkrecht zu seiner Mittelfläche gerichtet ist; es trägt als Scheibe, wenn sämtliche Wirkungslinien der Lasten in

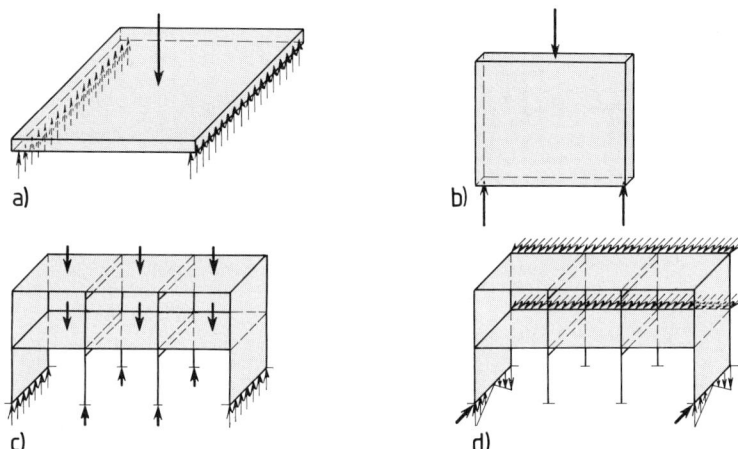

a) b) c) d)

5.1 a) Platte (Deckenplatte), b) Scheibe (Wandscheibe), c) lotrechte Lasten: Decken tragen als Platten, Wände als Scheiben, d) Windbelastung Decken und Wände tragen als Scheiben

seiner Mittelfläche liegen (**5.1**). Die Unterscheidung zwischen Platte und Scheibe ist also nicht eine Frage des Tragwerks, sondern der Belastung, und viele ebene Flächentragwerke tragen gleichzeitig als Platte und als Scheibe.

Aus kraftschlüssig miteinander verbundenen Scheiben lassen sich Faltwerke aufbauen, von denen Bild **5.2** ein Beispiel zeigt.

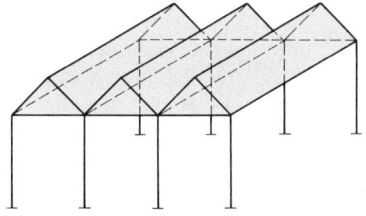

5.2 Faltwerk

Gekrümmte Flächentragwerke begegnen uns in vielerlei Gestalt; als Beispiele nennen wir die einfach gekrümmten Shed- und Tonnenschalen und die doppelt gekrümmten Schalenkuppeln und Hyperboloidschalen (**5.3**).

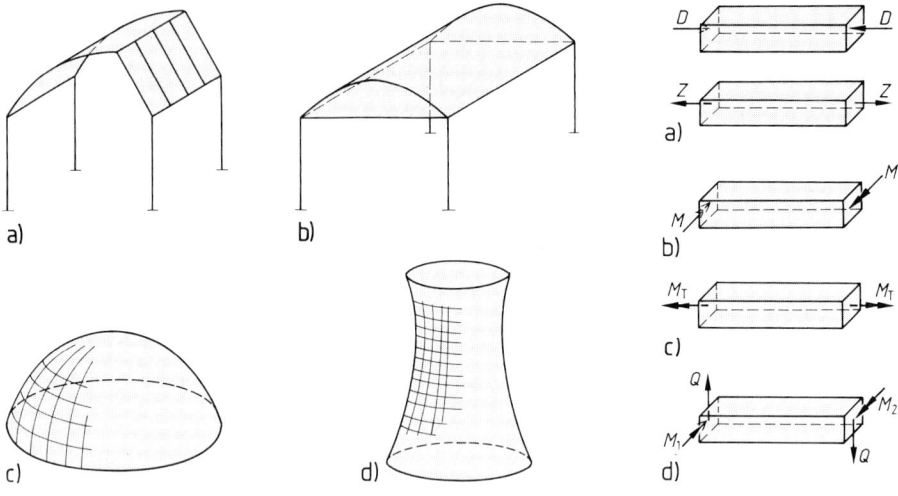

5.3 a) Shedschale, b) Tonnenschale, c) Schalenkuppel, d) Hyperboloidschale

5.4 Stab
a) mit Zug- und Druck-
   beanspruchung
b) mit Biegebeanspru-
   chung
c) mit Querkräften und
   Biegemomenten
d) mit Torsions- oder
   Drillmomenten

Stabtragwerke bestehen aus e i n e m Stab oder aus m e h r e r e n Stäben. Ein Stab ist ein Körper, dessen Länge groß ist gegenüber seiner Breite und seiner Höhe ($l > 4b$ und $l > 4h$); er kann idealisiert dargestellt werden durch seine Längsachse.

In der Baupraxis begegnen uns Stäbe in der Gestalt von Sparren, Holzbalken, Holzstützen, Walzprofilen, Stahlvollwandträgern, Stahlrohren, Stahlbetonstützen und Stahlbetonunter-zügen. Alle diese Stäbe sind grundsätzlich in der Lage, Zug- und Druckkräfte, Querkräfte, Biegemomente und Torsions- oder Drillmomente aufzunehmen (**5.4**). Es lassen sich nun aber durch die Art der Anordnung und Verbindung der Stäbe und die Art der Einleitung der Lasten Stabtragwerke entwickeln, bei denen die B i e g e s t e i f i g k e i t und die D r i l l-s t e i f i g k e i t der Stäbe n i c h t b e n ö t i g t wird. Ihr Element ist der F a c h w e r k s t a b, der i. a. n u r L ä n g s k r ä f t e (Zug oder Druck), aber keine Querkräfte, Biegemomente und Drillmomente erhält, und die Tragwerke sind die F a c h w e r k e, die wir in Abschn. 6 behandeln.

Das Gegenstück zu den Fachwerken sind die S t a b w e r k e oder V o l l w a n d t r a g w e r k e. Die kennzeichnende Beanspruchung der Stäbe von Stabwerken ist das Biegemoment; außerdem können Längskräfte, Querkräfte und Drillmomente auftreten.

Schließlich gibt es Stabwerke, deren einzelne Stäbe z. T. nur durch Längskräfte, z. T. aber durch eine beliebige Kombination von Längskräften, Querkräften, Biegemomenten und Drillmomenten beansprucht werden; diese Stabtragwerke nennen wir g e m i s c h t e S y-s t e m e, und wir behandeln sie in Abschnitt 7.

Die Unterabschnitte 5.3 bis 5.9 befassen sich mit ebenen Problemen, d. h. mit ebenen Stabtragwerken, deren Lasten in derselben Ebene wirken, in der sämtliche Stäbe des Tragwerks liegen. Bei ebenen Problemen treten in den Stäben keine Torsions- oder Drillmomente auf. Im Abschn. 5.10 behandeln wir dann ebene Stabwerke mit räumlicher Belastung, d. h. Stabwerke, deren Stäbe zwar alle in einer Ebene liegen, bei denen jedoch mindestens die Wirkungslinie einer Last nicht in der Ebene des Tragwerks liegt, sowie räumliche Stabwerke, deren Stäbe nicht in einer Ebene liegen. Bei beiden Aufgabengebieten ist die räumliche Statik anzuwenden.

Alle Stabtragwerke, die im Teil 1 der Praktischen Baustatik behandelt werden, sind statisch bestimmte Systeme. Zu ihrer Berechnung reichen als Hilfsmittel die Gleichgewichtsbedingungen aus: bei ebenen Systemen die drei Gleichgewichtsbedingungen $\Sigma V = 0$, $\Sigma H = 0$, $\Sigma M = 0$; bei räumlichen Systemen die sechs Gleichgewichtsbedingungen $\Sigma X = 0$, $\Sigma Y = 0$, $\Sigma Z = 0$, $\Sigma M_x = 0$, $\Sigma M_y = 0$, $\Sigma M_z = 0$. Verformungsfälle wie Verschiebungen und Verdrehungen der Lager, Temperaturdehnungen sowie Schwinden des Betons verursachen in statisch bestimmten Systemen keine Schnittgrößen. Statisch unbestimmte Systeme werden in den Teilen 2 und 3 behandelt; um diese Systeme berechnen zu können, müssen wir Formänderungen der Stäbe mit in unsere Betrachtungen einbeziehen.

Bei einer Reihe von Stabtragwerken ist es zweckmäßig und anschaulich, zwischen äußerer und innerer statischer Bestimmtheit oder Unbestimmtheit zu unterscheiden. Ein ebenes Stabtragwerk ist äußerlich statisch bestimmt oder es ist statisch bestimmt gelagert, wenn seine Stützgrößen mit Hilfe der drei Gleichgewichtsbedingungen $\Sigma V = 0$, $\Sigma H = 0$, $\Sigma M = 0$ ermittelt werden können. Unter Berücksichtigung unserer Ausführungen in Abschn. 4.4.1 können wir zunächst feststellen: Ein ebenes Stabtragwerk ist statisch bestimmt gelagert oder es ist äußerlich statisch bestimmt, wenn es entweder eine feste Einspannung oder ein unverschiebliches und ein verschiebliches Kipplager besitzt. Wie wir in Abschn. 5.2 sehen werden, erfaßt diese Feststellung nicht alle statisch bestimmt gelagerten Systeme.

5.2 Übersicht über die Stabwerke oder Vollwandtragwerke

5.2.1 Statisch bestimmte Stabwerke

Einfacher Träger auf zwei Lagern. Unter diesem Begriff verstehen wir den an einem Ende mit einem unverschieblichen, am anderen Ende mit einem verschieblichen Kipplager versehenen Stab. Von den vielen in der Literatur benutzten Bezeichnungen dieses Stabwerks wollen wir noch nennen: an beiden Enden frei drehbarer Balken, statisch bestimmt gelagerter Einfeldbalken. Bild **5.**5a zeigt die genaue Systemskizze mit unverschieblichem und verschieblichem Kipplager, Bild **5.**5b die im üblichen Hochbau bei lotrechten Lasten verwendete Systemskizze, Bild **5.**5c die tatsächliche Ausführung bei der Auflagerung einer Stahlbetondecke, eines Stahlträgers oder eines Holzbalkens auf Mauerwerk mit der Lichtweite l_w und der Lagertiefe a. Die Lagertiefe a muß nachgewiesen werden (Einhaltung der zulässigen Pressung in der Lagerfuge), außerdem gibt es Vorschriften über Mindestmaße der Lagertiefe, über das Verhältnis von Lichtweite und Stützweite und über die Lage der Lagerkraft innerhalb der Lagertiefe (DIN 1045, 15.2, 20.1.2, 21.1.1; DIN 1052, 5.1).

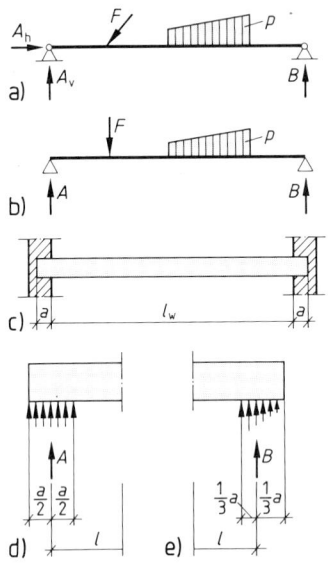

5.5 Einfacher Träger auf zwei Lagern

Die Stützweite oder Spannweite eines Trägers ist die Entfernung der Angriffspunkte der Stützkräfte. Bei Annahme gleichmäßig verteilter Lagerpressungen greifen die Stützkräfte in den Mitten der Lagertiefe an (**5.5** d), und für die Stützweite ergibt sich $l = l_\mathrm{w} + 2 \cdot a/2 = l_\mathrm{w} + a$. Nach DIN 1045, 15.2 gilt als Stützweite bei Annahme beiderseits frei drehbarer Lagerung der Abstand der vorderen Drittelspunkte der Lagertiefe (**5.5** e) oder bei sehr großer Lagertiefe die um 5% vergrößerte Lichtweite; der kleinere Wert ist maßgebend.

Bei Stahlbetonplatten darf die Tiefe eines Lagers auf Mauerwerk 7 cm nicht unterschreiten. Bei Stahlträgern muß die Lagertiefe $\geq 5\%$ der Lichtweite und ≥ 12 cm betragen, sofern die zulässige Beanspruchung des unterstützenden Bauteils nicht einen größeren Wert verlangt. Es ergibt sich dann $l \geq 1{,}05\, l_\mathrm{w}$ und $l \geq l_\mathrm{w} + 0{,}12$ m. Für Holzbalken auf Mauerwerk ist als Stützweite die um mindestens $^1/_{20}$ vergrößerte lichte Weite anzunehmen.

Kragträger oder Freiträger. Ein Ende ist fest eingespannt, das andere nicht gelagert (**5.6**). Kragträger begegnen uns im Bauwesen meistens in der Gestalt von Fertigteilstützen, die in Köcher- oder Becherfundamente eingebunden sind (**5.6** b), oder von eingespannten Stahlstützen.

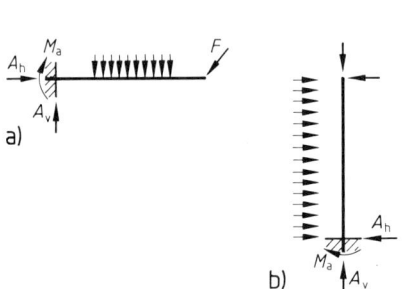

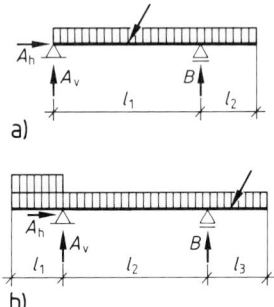

5.6 Kragträger

    a) horizontal
    b) vertikal (eingespannte Stütze)

5.7 Träger auf zwei Lagern

    a) mit einem Kragarm
    b) mit zwei Kragarmen

Gelenkträger oder Gerberträger. Hierbei handelt es sich um Träger, die über zwei oder mehr Felder durchlaufen. Durch Einschaltung von Gelenken erreicht man, daß die Träger statisch bestimmt bleiben. Die Anzahl der Gelenke muß gleich der

Anzahl der inneren Lager sein, ferner dürfen sich zwischen zwei Lagern nicht mehr als zwei Gelenke und an einem Teilträger nicht mehr als zwei Lager befinden. Zwei Beispiele für Gelenkträger zeigt Bild **5.8**. Während im üblichen Hallenbau für die als Gelenkträger ausgeführten Pfettenstränge an allen Unterstützungen feste Lager ausgebildet werden, nehmen wir in einer statisch korrekten Skizze an einem Lager ein unverschiebliches Kipplager und an allen anderen Lagern verschiebliche Kipplager an.

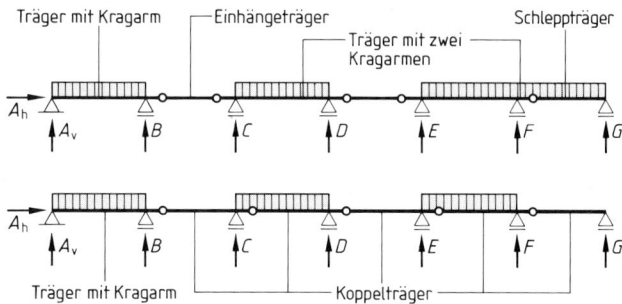

5.8
Gelenkträger

Dreigelenkrahmen und Dreigelenkbogen (**5.9**). Beide Systeme sind statisch gesehen eng verwandt: Für die Berechnung der vier unbekannten Komponenten der beiden Stützkräfte eines Dreigelenkrahmens oder -bogens stehen zunächst die drei Gleichgewichtsbedingungen zur Verfügung; die vierte Bedingung lautet $\Sigma M_g = 0$ und ist nur am Teil links oder rechts vom Gelenk g mit dem Gelenk als Bezugspunkt aufzustellen.

Das gemeinsame Kennzeichen beider Tragwerke ist, daß eine ausschließlich lotrechte Belastung nicht nur lotrechte, sondern auch waagerechte Lagerkraftkomponenten, nämlich die Horizontalschübe H_a und H_b, hervorruft.

Dieses Tragverhalten, das sich auch bei den statisch unbestimmten Zweigelenk- und eingespannten Rahmen und Bogen findet, bezeichnen wir als Rahmen- oder Bogenwirkung.

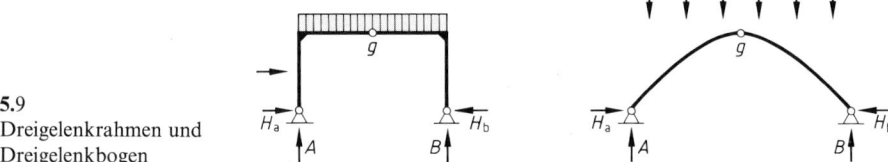

5.9
Dreigelenkrahmen und
Dreigelenkbogen

Geknickte Träger, Träger mit Verzweigungen, allgemeine Träger. Diese Stabwerke haben als Stabachse einen beliebigen Linienzug, der Knicke, Krümmungen und Verzweigungen, jedoch keine geschlossenen Zellen aufweisen darf. Derartige Träger ergeben sich mitunter bei Bauaufgaben wie Treppenläufen, Tribünen und Dächern als zweckmäßige Lösung. Wenn ein Träger dieser Art ein unverschiebliches und ein verschiebliches Kipplager besitzt, ist er statisch bestimmt. Beispiele für die Ermittlung der Stütz- und Schnittgrößen bringen wir im Abschn. 5.7.

5.2.2 Statisch unbestimmte Stabwerke

Durchlaufträger, kontinuierlicher Träger, Träger auf mehreren Lagern, Träger über mehrere Felder: Ein Durchlaufträger auf n Lagern mit e i n e m u n v e r s c h i e b l i c h e n K i p p l a g e r (zwei unbekannte Stützgrößen) und $(n - 1)$ v e r s c h i e b l i c h e n K i p p l a g e r (je eine unbekannte Stützgröße) ist $(n + 1) - 3 = (n - 2)$fach u n b e s t i m m t. Der Grad der statischen Unbestimmtheit ist gleich der A n z a h l d e r I n n e n l a g e r. Ein über 5 Lager durchlaufender Träger ist also $5 - 2 = 3$fach statisch unbestimmt (5.10).

Statisch unbestimmte Einfeldträger ergeben sich, wenn wir Stäbe an einem Ende fest einspannen und am anderen Ende verschieblich und drehbar lagern, oder wenn wir Stäbe an beiden Enden fest einspannen. Im 1. Fall ist der Träger e i n f a c h, im 2. Fall d r e i f a c h

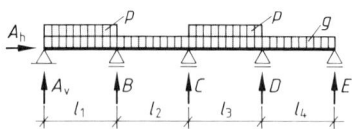

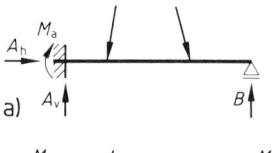

a)

5.10 Durchlaufträger

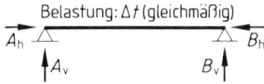

5.12 Einfeldträger mit zwei festen Lagern

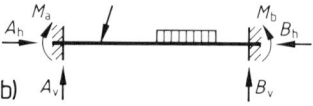

b)

5.11 a) einseitig und b) beiderseits eingespannter
      Einfeldträger

s t a t i s c h u n b e s t i m m t (5.11). Auch die Anordnung von z w e i f e s t e n L a g e r n führt zu einem e i n f a c h s t a t i s c h u n b e s t i m m t e n S y s t e m (5.12); diese Art der Lagerung wird angesetzt, wenn man die Wirkung einer gleichmäßigen Erwärmung des Trägers bei behinderter Längsdehnung errechnen will.

Zweigelenkbogen und Zweigelenkrahmen sind e i n f a c h statisch unbestimmt (5.13).

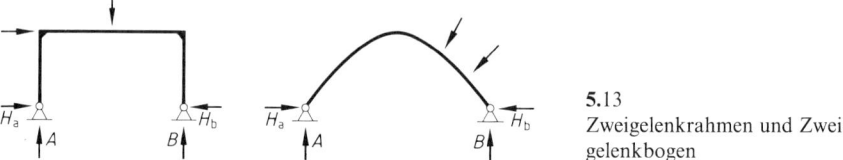

5.13
Zweigelenkrahmen und Zweigelenkbogen

Eingespannte zweistielige eingeschossige Rahmen und eingespannte Bogen sind d r e i f a c h statisch unbestimmt (5.14).

Zum Abschluß dieser keineswegs vollständigen Übersicht ist zu vermerken, daß sämtliche hier als S t a b w e r k oder V o l l w a n d s y s t e m vorgestellten statisch bestimmten und unbestimmten Tragwerke a u c h a l s F a c h w e r k e ausgeführt werden können.

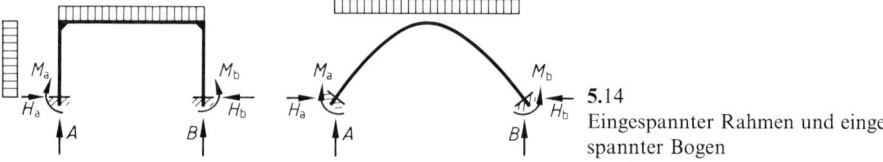

5.14
Eingespannter Rahmen und eingespannter Bogen

5.3   Schnittgrößen oder innere Kraftgrößen: Längskräfte, Querkräfte, Biegemomente

5.3.1   Allgemeines, Schnittverfahren, Schnittgrößen

Die Belastungen bilden zusammen mit den Stützgrößen, mit denen sie im Gleichgewicht stehen müssen, die ä u ß e r e n Kraftgrößen. Um die Wirkung dieser äußeren Kräfte und Momente auf das Innere eines Balkens festzustellen, benutzen wir das S c h n i t t p r i n z i p , das folgendes aussagt:

> **Befindet sich ein Tragwerk unter der Wirkung seiner äußeren Kraftgrößen im Gleichgewicht, dann ist auch jeder durch einen Schnitt senkrecht zur Trägerachse abgetrennte Teil des Tragwerks im Gleichgewicht, wenn wir an seiner Schnittfläche die Kraftgrößen wirken lassen, die im unzerschnittenen Tragwerk an der Schnittstelle als innere Kraftgrößen wirksam sind.**

Durch das A b s c h n e i d e n e i n e s T r a g w e r k s t e i l s machen wir die i n n e r e n K r a f t - g r ö ß e n an der Schnittstelle zu ä u ß e r e n K r a f t g r ö ß e n des abgeschnittenen Teils; die inneren Kraftgrößen werden f r e i g e s c h n i t t e n und können dadurch mit Hilfe der am abgeschnittenen Teil angesetzten Gleichgewichtsbedingungen berechnet werden.

Da die inneren Kraftgrößen nur durch das Zerschneiden eines Tragwerks der Berechnung zugänglich werden, bezeichnen wir sie auch als S c h n i t t g r ö ß e n .

In der ebenen Statik treten in einem Stabwerk d r e i S c h n i t t g r ö ß e n auf:

1. Eine Kraft, die i n d e r S t a b a c h s e und infolgedessen s e n k r e c h t z u r S c h n i t t - f l ä c h e wirkt; sie wird L ä n g s k r a f t oder N o r m a l k r a f t genannt und mit N bezeichnet.

2. Eine Kraft, die i n d e r S c h n i t t f l ä c h e und infolgedessen senkrecht zur S t a b a c h s e wirkt; sie wird Q u e r k r a f t genannt und mit Q bezeichnet.

3. Ein B i e g e m o m e n t M, dessen Vektor senkrecht auf der Lastebene steht und deswegen parallel zur y-Achse gerichtet ist. In Zeichnungen wird das Moment meistens nicht durch seinen Momentenvektor, sondern durch einen in der Lastebene liegenden gekrümmten Pfeil dargestellt. In der räumlichen Statik ist es erforderlich, dieses Moment ausführlich mit M_y zu bezeichnen.

Die positiven Richtungen von Längs- und Querkraft sowie der positive Drehsinn des Biegemoments sind in DIN 1080 T 1, Abschn. 7.5 festgelegt, und zwar in Abhängigkeit von den dort ebenfalls definierten p o s i t i v e n u n d n e g a t i v e n S c h n i t t - f l ä c h e n (**5.15**).

In den beiden Schnittflächen, die bei einem Schnitt entstehen, treten die Schnittgrößen p a a r w e i s e g l e i c h g r o ß u n d e n t g e - g e n g e s e t z t g e r i c h t e t auf. Diese Tatsache wird als W e c h s e l w i r k u n g s g e s e t z

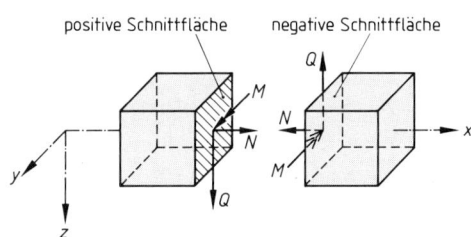

5.15 Koordinaten, Vorzeichen von Schnittgrößen und Schnittflächen nach DIN 1080

oder R e a k t i o n s p r i n z i p bezeichnet. Beim Zusammenfügen der beiden Teile des Stabwerks heben sich die Schnittgrößen von positiver und negativer Schnittfläche auf, sie werden dann wieder i n n e r e K r a f t g r ö ß e n , die in die Gleichgewichtsbedingungen für das unzerschnittene Tragwerk nicht eingehen.

Die Schnittgrößen werden an der Schnittfläche mit positivem Richtungs- oder Drehsinn angebracht. Ergibt sich am Schluß der Berechnung für eine Schnittgröße ein positives Vorzeichen, so hat sie den angenommenen positiven Wirkungssinn; ist das Ergebnis negativ, so ist der ursprünglich angesetzte Wirkungssinn umzukehren.

Die praktische Durchführung der Berechnung der Schnittgrößen eines ebenen Stabwerks wird im folgenden kurz zusammengefaßt: Wir führen an der Stelle i, an der wir die Schnittgrößen berechnen wollen, einen gedachten Schnitt durch das Stabwerk. Dadurch entstehen zwei Stabwerksteile. Einen von ihnen betrachten wir als abgeschnitten und legen ihn unserer Berechnung zugrunde. Welchen Teil wir auswählen, hat keinen Einfluß auf das Ergebnis der Berechnung, oftmals jedoch Einfluß auf deren Umfang. Es empfiehlt sich, den Teil zu untersuchen, dessen Berechnung weniger Aufwand erfordert.

Als nächstes zeichnen wir den abgeschnittenen Teil mit sämtlichen auf ihn wirkenden äußeren Kräften heraus. Um deutlich alle Belastungen und Stützgrößen zu erkennen, die an dem abgeschnittenen Teil angreifen, machen wir aus dem Schnitt durch das Stabwerk einen Rundschnitt um den abgeschnittenen Teil. Schließlich setzen wir an der Schnittfläche die drei Schnittgrößen N_i, Q_i und M_i mit positivem Richtungs- oder Drehsinn an, stellen für den abgeschnittenen Teil die drei Gleichgewichtsbedingungen auf und lösen diese nach den drei gesuchten Schnittgrößen auf.

An einem Beispiel soll das Verfahren erläutert werden:

Beispiel 1 Einfacher Träger mit Einzellasten (5.16). Gesucht sind die Schnittgrößen im Punkt 4 mit der Abszizze $x_4 = 3{,}00$ m.

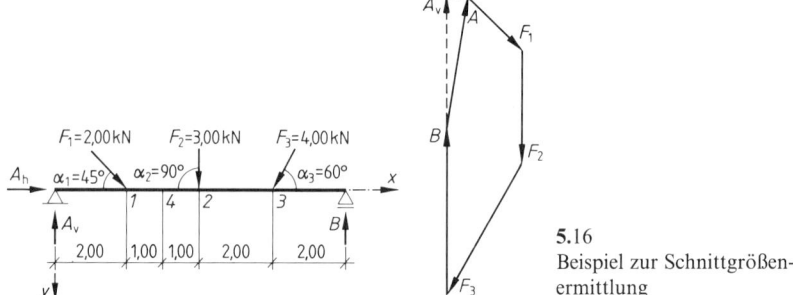

5.16
Beispiel zur Schnittgrößenermittlung

Wir zerlegen die Kräfte in lotrechte und waagerechte Komponenten und berechnen die Stützgrößen des Systems. Dazu setzen wir die drei Gleichgewichtsbedingungen am gesamten System an.

Komponenten der Kräfte:

$$F_{1v} = 2{,}00 \cdot \sin 45° \quad = 1{,}414 \text{ kN} \qquad F_{1h} = + 2{,}00 \cdot \cos 45° \quad = + 1{,}414 \text{ kN}$$
$$F_{2v} = 3{,}00 \cdot \sin 90° \quad = 3{,}000 \text{ kN} \qquad F_{2h} = \pm 3{,}00 \cdot \cos 90° \quad = \pm 0 \quad\ \text{ kN}$$
$$F_{3v} = 4{,}00 \cdot \sin 60° \quad = 3{,}464 \text{ kN} \qquad F_{3h} = - 4{,}00 \cdot \cos 60° \quad = - 2{,}000 \text{ kN}$$

$$\overline{\Sigma F_{iv} \qquad\qquad\ = 7{,}878 \text{ kN}} \qquad \overline{\Sigma F_{ih} \qquad\qquad\quad = - 0{,}586 \text{ kN}}$$

Stützgrößen:

$$\overset{\rightarrow}{} \Sigma H = 0 = + A_h + F_{1h} - F_{3h}; \qquad A_h = - 1{,}414 + 2{,}000 = + 0{,}586 \text{ kN}$$

$$\overset{\curvearrowright}{+} \Sigma M_b = 0 = A_v \cdot 8{,}00 - 1{,}414 \cdot 6{,}00 - 3{,}00 \cdot 4{,}00 - 3{,}464 \cdot 2{,}00;$$

Beispiel 1
Forts.

$$A_v = \frac{1}{8,00} (8,485 + 12,000 + 6,928)$$

$$A_v = 3,427 \text{ kN}$$

$$\curvearrowright \Sigma M_a = 0 = 1,414 \cdot 2,00 + 3,00 \cdot 4,00 + 3,464 \cdot 6,00 - B \cdot 8,00;$$

$$B = \frac{1}{8,00} (2,828 + 12,000 + 20,785)$$

$$B = 4,452 \text{ kN}$$

Kontrolle:

$$+ \downarrow \Sigma V = 0 = - 3,427 + 7,878 - 4,452$$

Resultierende Lagerkraft A:

$$A = 3,467 \text{ kN} \nearrow; \qquad \alpha_A = 80,30°$$

Als nächstes führen wir einen gedachten Schnitt senkrecht zur Trägerachse durch den Punkt *4* (5.17a) und entschließen uns, den l i n k e n Trägerteil zu untersuchen, weil an ihm weniger Kräfte angreifen. Um den zu untersuchenden Trägerteil deutlich vor Augen zu haben, zeichnen wir ihn mit den auf ihn wirkenden Kräften heraus; zweckmäßigerweise arbeiten wir wie bei der Ermittlung der Stützgrößen mit den K o m p o n e n - t e n der Kräfte.

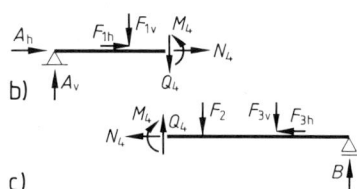

An der Schnittfläche bringen wir die Schnittgrößen N_4, Q_4 und M_4 in positivem Sinne an. Wie bereits erwähnt, stellen wir das Moment M_4 durch einen in der Zeichenebene liegenden gekrümmten Pfeil dar (5.17b). Das abgeschnittene Trägerteil

5.17 a) Schnitt durch Punkt 4, b) linker Balkenteil, c) rechter Balkenteil

muß unter den äußeren Kräften und den Schnittgrößen im G l e i c h g e w i c h t sein; anders ausgedrückt: Die Schnittgrößen müssen so groß sein, daß sie am abgeschnittenen Trägerteil das Gleichgewicht herstellen.

Auf das abgeschnittene Trägerteil mit seinen bekannten äußeren Kräften und seinen drei unbekannten Schnittgrößen wenden wir nun die drei Gleichgewichtsbedingungen an:

$$\xrightarrow{+} \Sigma H = 0 = + A_h + F_{1h} + N_4; \qquad N_4 = - A_h - F_{1h} = - 0,586 - 1,414$$
$$N_4 = - 2,000 \text{ kN}$$

N_4 ist also nicht wie angesetzt eine Zugkraft, sondern eine D r u c k k r a f t.

$$+ \downarrow \Sigma V = 0 = - A_v + F_{1v} + Q_4; \qquad Q_4 = A_v - F_{1v} = 3,427 - 1,414 = + 2,012 \text{ kN}$$

Die Querkraft in der positiven Schnittfläche durch den Punkt *4* ist wie angenommen a b w ä r t s gerichtet.

Als Bezugspunkt für die dritte Gleichgewichtsbedingung wählen wir den Punkt *4*; wir müssen dann unterscheiden zwischen der Summe der Momente um den Punkt *4* „ΣM_4" und der Schnittgröße Moment im Punkt *4* „M_4":

$$\curvearrowright \Sigma M_4 = 0 = A_v \cdot x_4 - F_{1v}(x_4 - x_1) - M_4;$$
$$M_4 = A_v \cdot x_4 - F_{1v}(x_4 - x_1) = 3,427 \cdot 3,00 - 1,414 \cdot 1,00$$
$$= 10,280 - 1,414 = 8,866 \text{ kNm} \quad \text{(linksherum drehend)}$$

Beispiel 1 Wenn die Stützgrößen des Trägers richtig ermittelt wurden, führt die Berechnung der
Forts. Schnittgrößen im Punkt *4* am r e c h t e n Trägerteil zu d e n s e l b e n W e r t e n: Wir zeichnen
als Kontrolle den Trägerteil rechts von Punkt *4* mit seinen Kräften heraus und bringen in
der Schnittfläche die positiven Schnittgrößen N_4, Q_4 und M_4 an (**5.**17c). Sie haben in der
jetzt betrachteten n e g a t i v e n Schnittfläche die e n t g e g e n g e s e t z t e Richtung wie in der
zuvor betrachteten p o s i t i v e n Schnittfläche des l i n k e n Trägerteils. Die drei Gleichgewichtsbedingungen führen am rechten Trägerteil dann zu den folgenden Schnittgrößen:

$$\overset{+}{\rightarrow}\Sigma H = 0 = -N_4 - F_{3h}; \qquad\qquad N_4 = -F_{3h} = -2{,}000 \text{ kN}$$

$$+\downarrow \Sigma V = 0 = -Q_4 + F_2 + F_{3v} - B;$$

$$Q_4 = F_2 + F_{3v} - B = 3{,}000 + 3{,}464 - 4{,}452 = +2{,}012 \text{ kN}$$

$$\overset{\curvearrowright}{+}\Sigma M_4 = 0 = M_4 + F_2(x_2 - x_4) + F_{3v}(x_3 - x_4) - B(l - x_4);$$

$$M_4 = -3{,}000 \cdot 1{,}00 - 3{,}464 \cdot 3{,}00 + 4{,}452 \cdot 5{,}00$$

$$M_4 = 3{,}000 - 10{,}392 + 22{,}258 = 8{,}866 \text{ kNm} \qquad \text{(rechtsherum drehend)}$$

In diesem Beispiel wurden beim ersten Schritt, der Zerlegung der Kräfte in Komponenten,
vier tragende Ziffern hingeschrieben, was bei den gegebenen Zahlenwerten zu drei Nachkommastellen führte. Diese Anzahl der Nachkommastellen wurde im weiteren Verlauf der
Rechnung beibehalten. Sämtliche Zwischenergebnisse wurden in Speichern mit größerer
Genauigkeit festgehalten und bei Bedarf wieder abgerufen, wodurch einerseits Ablese- und
Eingabefehler vermieden, andererseits Zahlenwerte errechnet wurden, die geringfügig von
den Ergebnissen einer Rechnung ohne Speicherung von Zwischenergebnissen abweichen
können. Im allgemeinen genügt es, mit 3 bis 4 tragenden Ziffern zu rechnen.

5.3.2 Die resultierende innere Kraft

Mit der Berechnung der Schnittgrößen N, Q und M haben wir eine wichtige Voraussetzung
für die B e m e s s u n g eines Tragwerks geschaffen (s. Teil 2); im folgenden wollen wir unter
Zuhilfenahme z e i c h n e r i s c h e r Verfahren das Gleichgewicht an einem Balkenteil noch
etwas deutlicher darstellen. Die Schnittgrößen N_i, Q_i und M_i, die auf die Schnittfläche des
linken Balkenteils mit der Abszisse $x = x_i$ wirken, lassen sich zusammenfassen: wir bilden
zunächst die Resultierende aus N_i und Q_i: $S_i = \sqrt{Q_i^2 + N_i^2}$ und sehen dann M_i als V e r s a t z-
m o m e n t an: $M_i = S_i \cdot a_i$. Wenn wir jetzt S_i unter Beachtung des Drehsinns von M_i parallel
zu sich selbst um a_i aus dem Punkt i heraus verschieben, steht S_i stellvertretend für alle
drei Schnittgrößen N_i, Q_i und M_i. So wie vorher die drei Schnittgrößen N_i, Q_i und M_i
gemeinsam den äußeren Kräften am linken Balkenteil das Gleichgewicht gehalten haben,
ist jetzt S_i a l l e i n die G l e i c h g e w i c h t s k r a f t für die äußeren Kräfte am linken Balkenteil. Was für den linken Balkenteil gilt, trifft auch für den rechten zu: Aus den Schnittgrößen
N_i, Q_i und M_i der Schnittfläche des rechten Balkenteils läßt sich eine Resultierende ermitteln, die die Gleichgewichtskraft für die äußeren Kräfte am rechten Balkenteil ist.
Mit den Zahlen des 1. Beispiels soll das erläutert werden:

Linker Trägerteil (5.18):

$$S_{41} = \sqrt{Q_4^2 + N_4^2} = \sqrt{2{,}012^2 + 2{,}000^2} = 2{,}837 \text{ kN}$$

Da Q_4 abwärts und N_4 nach links gerichtet ist, wirkt S_{41} nach links unten.

$$\alpha_{S4} = 45{,}18°$$

$$a_4 = M_4/S_{41} = 8{,}866/2{,}873 = 3{,}125 \text{ m}$$

Das Moment M_4 dreht am linken Trägerteil linksherum; verschieben wir S_{4l} parallel zu sich selbst 3,125 m nach links oben, so ersetzt sie nicht nur N_4 und Q_4, sondern auch M_4, S_{4l} ist nach der Verschiebung die r e s u l t i e r e n d e   i n n e r e   K r a f t am linken Trägerteil, die den linken Teil in der Ruhelage, im Gleichgewicht hält. Durch das Zusammenfassen der drei Schnittgrößen N_4, Q_4 und M_4 zur Resultierenden S_{4l} hat freilich die Anschaulichkeit insofern verloren, als S_{4l} gar nicht an der zugehörigen Schnittfläche angreift. Diese Tatsache werden wir sehr häufig beobachten.

Bild **5.**18 b zeigt durch schrittweises Zusammensetzen, daß S_{4l} die gleiche Größe, die gleiche Wirkungslinie und die entgegengesetzte Richtung wie die Resultierende $R_{A,Fl}$ aus A und F_1 hat; das bedeutet, daß tatsächlich sämtliche am linken Trägerteil angreifenden äußeren und inneren Kraftgrößen eine G l e i c h g e w i c h t s g r u p p e bilden.

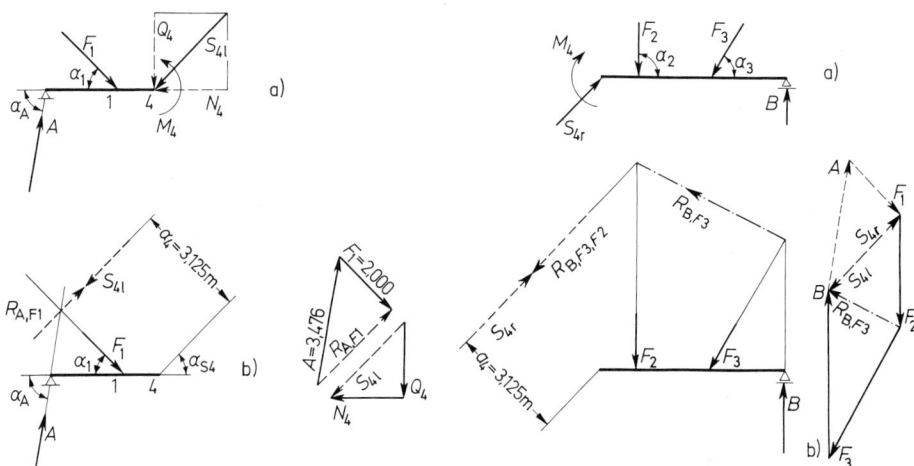

5.18 Linker Balkenteil mit S_{4l} und $R_{A,Fl}$ 5.19 Rechter Balkenteil und Krafteck für den ganzen Balken

Rechter Trägerteil (5.19): Da die Schnittgrößen am linken und rechten Trägerteil paarweise gleich groß und entgegengesetzt gerichtet sind, ist S_{4r} genauso groß, aber entgegengesetzt gerichtet wie S_{4l}. Zur Berücksichtigung von M_4 als Versatzmoment muß S_{4r} um 3,125 m nach links oben verschoben werden, in dieselbe Wirkungslinie, in der S_{4l} wirkt: Wegen des Wechselwirkungsgesetzes müssen sich auch S_{4l} und S_{4r} gegenseitig aufheben. Bild **5.**19 b zeigt durch schrittweises Zusammensetzen, daß sich andererseits S_{4r} und $R_{B,F3,F2}$ gegenseitig aufheben: Alle inneren und äußeren Kraftgrößen am rechten Trägerteil bilden eine Gleichgewichtsgruppe. Die rechnerische Ermittlung der Schnittgröße wird so auf zeichnerischem Wege bestätigt.

In Bild **5.**19 b ist das Krafteck aus den äußeren Kräften am rechten Trägerteil und der Schnittkraft S_{4r} noch ergänzt worden um die Kräfte A, F_1 und S_{4l}. An diesem Krafteck läßt sich folgende Beziehung ablesen:

> **Die innere Gleichgewichtskraft für den linken Trägerteil ist die Resultierende der äußeren Kräfte am rechten Trägerteil, und die innere Gleichgewichtskraft am rechten Trägerteil ist die Resultierende der äußeren Kräfte am linken Trägerteil.**

Mit den Fußzeigern unseres Beispiels:

$$S_{41} = R_{B,F3,F2} \quad \text{und} \quad S_{4r} = R_{A,F1}$$

Abschließend ist noch festzustellen, daß nicht in jedem Querschnitt eines belasteten Tragwerks eine innere Kraft übertragen wird: Es gibt Querschnitte, in denen N und Q gleich Null sind, während $M \neq 0$ ist. Dieser Fall der quer- und längskraftfreien Biegung ist z. B. bei dem Träger in Bild **5.**24 für die Querschnitte zwischen den Punkten *1* und *2* gegeben.

5.3.3 Beanspruchungsflächen, Zustandsflächen

Mit dem im Abschnitt 5.3.1 besprochenen Schnittverfahren können wir die Schnittgrößen oder inneren Kraftgrößen oder Beanspruchungsgrößen N, Q und M in jedem Querschnitt eines Stabwerks berechnen. Führen wir dabei den Schnitt an der veränderlichen Stelle i mit der Abszisse x_i, so erhalten wir die Schnittgrößen als Funktionen der Abszisse x: $N(x)$, $Q(x)$, $M(x)$. Diese Funktionen lassen sich zeichnerisch darstellen; wir erhalten so die Beanspruchungsflächen oder Zustandsflächen, die ein anschauliches und übersichtliches Bild der Beanspruchung des Stabwerks vermitteln. Im einzelnen gehen wir folgendermaßen vor:

Nach Wahl eines Kräftemaßstabes für N und Q und eines Momentenmaßstabes für M tragen wir getrennt voneinander die errechneten Schnittgrößen senkrecht zur Stabachse auf. Die Zustandsflächen sind dann die Flächen zwischen der Stabachse (x-Achse) und den Funktionen $N(x)$, $Q(x)$ und $M(x)$. Die Bilder (Geraden oder Kurven) der Funktionen $N(x)$, $Q(x)$ und $M(x)$ selbst werden als Längskraft-, Querkraft- und Momentenlinie bezeichnet.

Für die Stabseite, an der die Schnittgrößen angetragen werden, gelten folgende Regeln: Momente werden grundsätzlich an der Seite angetragen, an der sie Zug erzeugen. Bei strenger Befolgung dieser Regel vermittelt eine Momentenfläche sogleich einen Eindruck von der Biegebeanspruchung und Biegeverformung des Stabwerks.

Um den Momenten ein Vorzeichen zuweisen zu können, führen wir die Bezugsfaser, gekennzeichnete Seite, gestrichelte Faser oder gestrichelte Stabseite ein und setzen fest: Momente, die in der Bezugsfaser oder gestrichelten Stabseite Zug erzeugen und deswegen an der gestrichelten Stabseite angetragen werden, erhalten das positive Vorzeichen.

Bei Längskräften und Querkräften halten wir es mit den Vorzeichen genauso: An der gestrichelten Stabseite tragen wir die positiven Werte ab. Diese einheitliche Regelung ist bei der Anfertigung von Zustandsflächen durch EDV-Anlagen zweckmäßiger als die früher übliche Regelung.

In Bild **5.**20 sind positive und negative Schnittgrößen an Trägerteilen und an einem durch zwei Schnitte abgetrennten Trägerelement noch einmal dargestellt. Wir wollen in diesem Zusammenhang betrachten, welche Wirkung ein bloßer Wechsel der gestrichelten Stabseite ohne Änderung des Tragwerks und seiner Belastung auf die Zustandsflächen hat:

Beim Biegemoment ändert sich das Vorzeichen; die Stabseite, an der das Biegemoment angetragen wird, ändert sich nicht, denn das Biegemoment wird an der Stabseite angetragen, an der es Zug erzeugt.

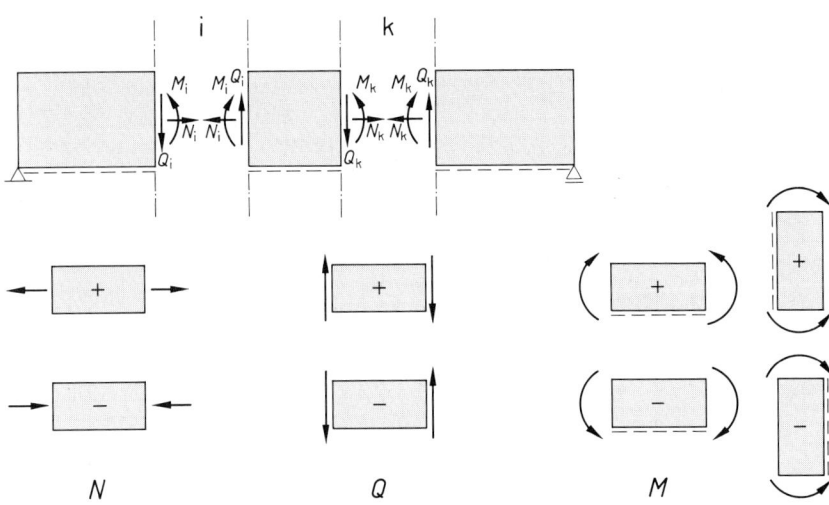

5.20   Vorzeichenregelung für die Schnittgrößen

Bei Längskraft und Querkraft ändern sich die Vorzeichen nicht, denn die Vorzeichen beider Schnittgrößen sind von der gestrichelten Stabseite unabhängig; die Stabseite, an der N oder Q anzutragen sind, ändert sich, da wir positive Längskräfte und Querkräfte an der gestrichelten Stabseite antragen.

Bei horizontalen oder leicht geneigten Trägern legen wir die Bezugsfaser oder gestrichelte Stabseite nach unten.

5.4   Einfacher Träger auf zwei Lagern

5.4.1   Allgemeines

Für verschiedene Belastungen des horizontalen, statisch bestimmt gelagerten Einfeldträgers ohne Kragarme werden im folgenden die Lagerkräfte, Querkräfte, Biegemomente und gegebenenfalls Längskräfte bestimmt, die als Grundlagen für die weitere Berechnung dienen.

Für die Stütz- und Schnittgrößen aus verschiedenen Belastungen gilt das Superpositionsgesetz: Eine aus ständigen und veränderlichen Einzel-, Strecken- und Gleichlasten zusammengesetzte Belastung darf in einzelne Lastfälle aufgespalten werden, die Schnittgrößen aus den einzelnen Lastfällen dürfen getrennt ermittelt und dann überlagert werden. Die ständige Last eines Trägers wird als ein eigener Lastfall behandelt, wenn sie anders verteilt ist als die veränderliche Last oder wenn von den unterstützenden Bauteilen her eine Aufteilung in ständige und veränderliche Lasten erforderlich ist. Bei der Behandlung der veränderlichen Lasten wird dann der Träger als gewichtslos angesehen.

5.4.2   Einfacher Träger mit einer lotrechten Einzellast (5.21)

Stützgrößen. Sie werden ermittelt, indem wir die drei Gleichgewichtsbedingungen auf das ganze Tragwerk anwenden.

Wir beginnen mit $\Sigma H = 0$: In diese Gleichung geht wegen der lotrechten Last und der lotrechten Lagerkraft des waagerecht verschieblichen Lagers nur A_h ein:

$$\xrightarrow{+} \Sigma H = 0 = A_h; \qquad A_h = 0.$$

Als Folge davon ist A lotrecht gerichtet: $A = A_v$. Verallgemeinernd können wir feststellen, daß bei l o t r e c h t e n   L a s t e n und h o r i z o n t a l e r   V e r s c h i e b l i c h k e i t des beweglichen Lagers die Stützgrößen A und B l o t r e c h t gerichtet sind.

Als nächstes setzen wir die Gleichgewichtsbedingung $\Sigma M_B = 0$ an:

$$\curvearrowright \Sigma M_B = 0 = A \cdot l - F \cdot b \qquad A = \frac{F \cdot b}{l} \qquad\qquad (5.1)$$

Sinngemäß ergibt sich aus $\Sigma M_A = 0$

$$\curvearrowright \Sigma M_A = 0 = F \cdot a - B \cdot l \qquad B = \frac{F \cdot a}{l} \qquad\qquad (5.2)$$

Als Kontrolle verwenden wir $\Sigma V = 0$:

$$+\downarrow \Sigma V = 0 = -A + F - B =$$

$$= -\frac{F \cdot b}{l} + F - \frac{F \cdot a}{l} = \frac{F}{l}(-b + l - a)$$

$$= \frac{F}{l}(-l + l) = 0$$

Die beiden wichtigen Formeln (5.1) und (5.2) lassen sich in Worte fassen:

> **Wir erhalten die Lagerkraft des einen Lagers, wenn wir die Last mit ihrem Abstand vom anderen Lager multiplizieren und das Produkt durch die Stützweite dividieren.**

Schnittgrößen. Wir schneiden einen Teil des Tragwerks ab, bringen an der Schnittfläche die Schnittgrößen Q, M und N an und berechnen sie mit Hilfe der drei Gleichgewichtsbedingungen.

Den 1. Schnitt führen wir an der Stelle x zwischen dem Lager A und dem Lastangriffspunkt 1 durch den Träger; wir betrachten den l i n k e n Teil als abgeschnitten, zeichnen ihn mit äußeren Kräften und Schnittgrößen heraus (**5.21** b) und setzen die drei Gleichgewichtsbedingungen an; als Momentenbezugspunkt wählen wir den Schwerpunkt der Schnittfläche:

$$\xrightarrow{+} \Sigma H = 0 = N(x) \qquad\qquad N(x) \equiv 0$$

$$\downarrow + \Sigma V = 0 = -A + Q(x) \qquad Q(x) = A = \text{const}$$

$$\curvearrowright \Sigma M = 0 = A \cdot x - M(x) \qquad M(x) = A \cdot x = F \cdot b \cdot x / l$$

Die Gleichungen für die Schnittgrößen gelten im Bereich $0 < x < a$.

Um die Schnittgrößen zwischen l und B zu erhalten, führen wir einen 2. Schnitt im Abstand x' vom Lager B und betrachten den rechten Teil als abgeschnitten. Die drei Gleichgewichtsbedingungen am herausgezeichneten, mit Schnittgrößen versehenen Teil (5.21 c) ergeben dann

$$\overset{+}{\rightarrow} \Sigma H = 0 = -N(x')$$

$$N(x') \equiv 0$$

$$\downarrow + \Sigma V = 0 = -Q(x') - B$$

$$Q(x') = -B = -\frac{F \cdot a}{l} = \text{const}$$

und mit dem Schwerpunkt der Schnittfläche als Momentenbezugspunkt

$$\overset{\curvearrowright}{+} \Sigma M = 0 = M(x') - B \cdot x'$$

$$M(x') = B \cdot x' = \frac{F \cdot a \cdot x'}{l}$$

Diese Gleichungen gelten für $0 < x' < b$.

Bei der Angabe der Bereichsgrenzen haben wir den Lastangriffspunkt l ausgeschlossen. Für die Ermittlung des Moments dürfen wir ihn jedoch beiden Bereichen zuschlagen:

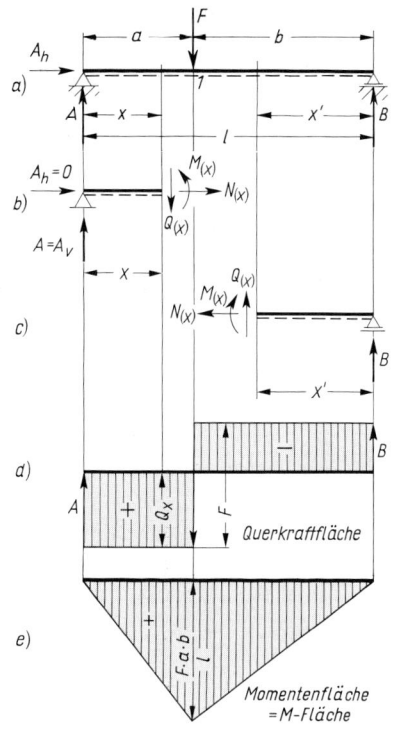

5.21 Einzellast an beliebiger Stelle

Für $x = a$ wird $M_1 = F \cdot b \cdot a/l$ und für $x' = b$ ergibt sich $M_1 = F \cdot a \cdot b/l$. Unter der Einzellast weist die Momentenlinie einen Knick auf und es entsteht hier das größte Moment. Bei gleichbleibendem Trägerquerschnitt liegt hier hinsichtlich der Biegebeanspruchung der gefährdete Querschnitt.

Die Querkraft ist im Lastangriffspunkt unstetig: Unmittelbar links neben dem Lastangriffspunkt hat sie die Größe $Q_{1l} = +A = F \cdot b/l$, unmittelbar rechts neben dem Lastangriffspunkt beträgt sie $Q_{1r} = -B = -F \cdot a/l$; im Lastangriffspunkt macht sie einen Sprung mit Vorzeichenwechsel von der Größe $Q_{1l} - Q_{1r} = A + B = F$.

Q- und M-Fläche sind in Bild 5.21 aufgezeichnet.

Für den Sonderfall einer mittigen Einzellast ergibt sich (5.22).

$$A = B = \frac{F}{2}$$

$$\max M = \frac{F \cdot l}{4}$$

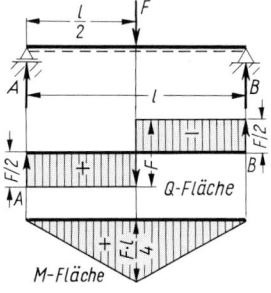

5.22 Einzellast in der Mitte

5.4.3   Einfacher Träger mit drei lotrechten Einzellasten

Stützgrößen. Wegen der lotrechten Lasten und der lotrecht gerichteten Lagerkraft am waagerecht verschieblichen Lager B (5.23) ist wieder $A_h = 0$, $A = A_v$ und über den ganzen Träger $N \equiv 0$. Die Gleichgewichtsbedingungen $\Sigma M_B = 0$ und $\Sigma M_A = 0$ liefern dann

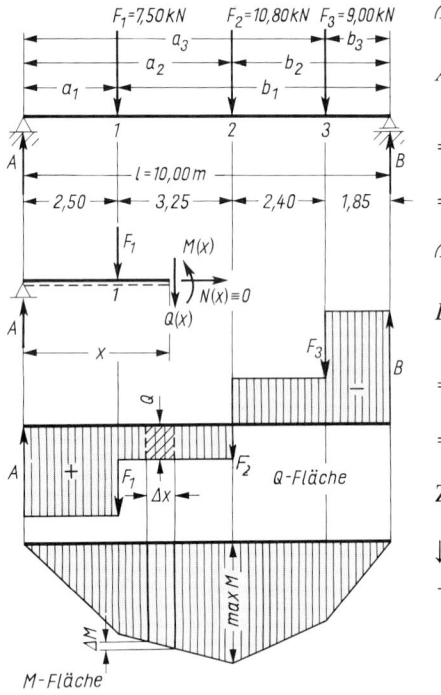

$$\curvearrowright \Sigma M_B = 0 = A \cdot l - F_1 \cdot b_1 - F_2 \cdot b_2 - F_3 \cdot b_3$$

$$A = \frac{1}{l}(F_1 \cdot b_1 + F_2 \cdot b_2 + F_3 \cdot b_3) = \frac{1}{l} \Sigma (F_i \cdot b_i)$$

$$= \frac{1}{10,00}(7,50 \cdot 7,50 + 10,80 \cdot 4,25 + 9,00 \cdot 1,85)$$

$$= 11,88 \text{ kN}$$

$$\curvearrowright \Sigma M_A = 0 = F_1 \cdot a_1 + F_2 \cdot a_2 + F_3 \cdot a_3 - B \cdot l$$

$$B = \frac{1}{l}(F_1 \cdot a_1 + F_2 \cdot a_2 + F_3 \cdot a_3) = \frac{1}{l} \Sigma (F_i \cdot a_i)$$

$$= \frac{1}{10,00}(7,50 \cdot 2,50 + 10,80 \cdot 5,75 + 9,00 \cdot 8,15)$$

$$= 15,42 \text{ kN}$$

Zu empfehlen ist stets die Kontrolle

$$\downarrow + \Sigma V = \Sigma F_i - A - B = 7,50 + 10,80 + 9,00$$
$$-11,88 - 15,42 = 0$$

5.23 Mehrere Einzellasten

Schnittgrößen. Die Ermittlung der S c h n i t t g r ö ß e n bringt nichts Neues; wir wollen deswegen nur einen Schnitt an der Stelle x zwischen F_1 und F_2 vorrechnen ($a_1 = 2,50$ m $< x < a_2 = 5,75$ m) (5.23):

$$\downarrow + \Sigma V = 0 = -A + F_1 + Q(x)$$
$$Q(x) = A - F_1 = 11,88 - 7,50 = 4,38 \text{ kN} = \text{const}$$

und mit dem Schwerpunkt der Schnittfläche als Momentenbezugspunkt

$$\curvearrowright \Sigma M = 0 = A \cdot x - F_1(x - a_1) - M(x)$$
$$M(x) = A \cdot x - F_1(x - a_1) = 11,88 \cdot x - 7,50(x - 2,50) =$$
$$= 11,88x - 7,50x + 18,75 = 18,75 + 4,38x$$

Das Moment ist eine l i n e a r e   F u n k t i o n der in der Trägerachse liegenden Abszisse x, das Bild dieser Funktion ist eine G e r a d e.

Die Untersuchung weiterer Schnitte führt zu folgenden Ergebnissen:

$$Q_{A\ldots1} = + A = + 11{,}88 \text{ kN}$$

$$Q_{1\ldots2} = + A - F_1 = 4{,}38 \text{ kN}$$

$$Q_{2\ldots3} = + A - F_1 - F_2 = - 6{,}42 \text{ kN}$$

$$Q_{3\ldots B} = + A - F_1 - F_2 - F_3 = - 15{,}42 \text{ kN} = - B$$

$$M_1 = A \cdot a_1 = 11{,}88 \cdot 2{,}50 = 29{,}70 \text{ kNm}$$

$$M_2 = A \cdot a_2 - F_1(a_2 - a_1) = 11{,}88 \cdot 5{,}75 - 7{,}50 \cdot 3{,}25 = 43{,}94 \text{ kNm}$$

$$= B \cdot b_2 - F_3(b_2 - b_3) = 15{,}42 \cdot 4{,}25 - 9{,}00 \cdot 2{,}40 = 43{,}94 \text{ kNm}$$

$$M_3 = B \cdot b_3 = 15{,}42 \cdot 1{,}85 = 28{,}53 \text{ kNm}$$

Die Querkräfte sind zwischen den Lastangriffspunkten konstant, während in den Lastangriffspunkten Sprünge von der Größe der jeweils vorhandenen Last auftreten; die Momente verlaufen von Lastangriffspunkt zu Lastangriffspunkt geradlinig und weisen in den Lastangriffspunkten Knicke auf.

Mathematischer Zusammenhang zwischen Q und M. Vergleichen wir Querkräfte und Momente, so stellen wir fest, daß das Moment $M_1 = A \cdot a_1$ gleich dem Inhalt der Querkraftfläche im Bereich $A\ldots1$ ist. Für den Bereich $A\ldots2$ gilt dasselbe: Der Inhalt der Querkraftfläche ist $A \cdot a_1 + (A - F_1)(a_2 - a_1) = A \cdot a_1 + A \cdot a_2 - A \cdot a_1 - F_1(a_2 - a_1) = A \cdot a_2 - F_1(a_2 - a_1)$, also gleich dem Moment M_2.

Die hier gefundene Regel gilt nicht nur für die Punkte *1* und *2*, sondern auch für die Zwischenpunkte *r*, sie gilt ferner bei beliebiger Gestalt der Querkraftfläche, so daß wir allgemein schreiben können

$$M_r = \int_{x=0}^{x=r} Q \, dx$$

Soll ein Moment durch Integration der Querkraftfläche vom Auflager B ermittelt werden, so lautet die Formel

$$M_r = \int_{x=l}^{x=r} Q \, dx$$

Als Beispiel kann dienen

$$M_3 = \int_{x=0}^{x=a_3} Q \, dx = Q \int_{x=l}^{x=a_3} dx = Q x \Big|_{x=l}^{x=a_3} = Q(a_3 - l) = - B(-b_3) = B \cdot b_3 = 28{,}53 \text{ kNm}$$

Wird der Inhalt der Querkraftfläche vom Lager B her nicht durch Integration, sondern mit den Flächeninhaltsformeln der Planimetrie ermittelt, so ist sein Vorzeichen umzukehren.

Das maximale Moment, das im vorliegenden Beispiel im Punkt *2* auftritt, kann wie jedes andere Moment von links oder von rechts ermittelt werden:

$$M_2 = \int_{x=0}^{x=a_2} Q \, dx = \int_{x=l}^{x=a_2} Q \, dx$$

Da das 1. Integral gleich dem Inhalt der positiven Querkraftfläche und das 2. Integral gleich dem Inhalt der negativen Querkraftfläche ist, können wir feststellen, daß positive und negative Querkraftflächen dem Betrage nach gleich groß sind.

Aus der vorstehenden Betrachtung ergibt sich noch eine weitere allgemeingültige Erkenntnis. Es war nämlich

$$M_1 = A \cdot a_1 \qquad\qquad\qquad M_2 = A \cdot a_2 - F_1(a_2 - a_1)$$

folglich ist

$$\Delta M_{1,2} = M_2 - M_1 = A \cdot a_2 - F_1(a_2 - a_1) - A \cdot a_1 = +(A - F_1)(a_2 - a_1)$$

Dieser Wert $\Delta M_{1,2} = (A - F_1)(a_2 - a_1)$ ist aber der Inhalt der Querkraftfläche zwischen den Punkten 1 und 2. Es ist also

der Unterschied zwischen den Momenten zweier benachbarter Querschnitte gleich dem Inhalt der Querkraftfläche zwischen diesen beiden Punkten.

Allgemein ist also

$$\Delta M_{ik} = M_k - M_i = Q_{ik}(x_k - x_i) = Q_{ik}\,\Delta x_{ik} \qquad\qquad (5.3)$$

$$Q_{ik} = \frac{\Delta M_{ik}}{\Delta x_{ik}}$$

Für eine beliebig begrenzte Querkraftfläche schreiben wir mit der Differentialrechnung

$$\mathrm{d}M = Q\,\mathrm{d}x \qquad\qquad\qquad Q = \frac{\mathrm{d}M}{\mathrm{d}x} \qquad\qquad (5.4)$$

(s. auch Teil 2, Abschn. 4.3).

Die zweite Form der Gl. (5.3) sagt aus, daß die S t e i g u n g d e r M o m e n t e n l i n i e zwischen zwei Einzellasten gleich der dort vorhandenen Q u e r k r a f t ist: Je größer die Querkraft, um so schneller nimmt das Moment zu oder ab. $Q = 0$ bedeutet, daß sich das Moment nicht ändert. Springt die Querkraft unter einer Einzellast von einem positiven Wert durch Null zu einem negativen Wert, so hat die Momentenlinie links von der Einzellast mit wachsendem x zunehmende Ordinaten, rechts von der Einzellast dagegen mit wachsendem x abnehmende Ordinaten; das bedeuet, daß unter dieser Einzellast das m a x i m a l e M o m e n t auftritt.

Aus der zweiten Form der Gl. (5.4) geht hervor, daß die Q u e r k r a f t die 1. A b l e i t u n g d e s M o m e n t s nach x ist. In Anbetracht dieser Tatsache wird es klar, daß die Stammfunktion $M(x)$ ihre Extremwerte dort hat, wo ihre 1. Abteilung $\mathrm{d}M(x)/\mathrm{d}x = Q(x)$ Nullstellen besitzt.

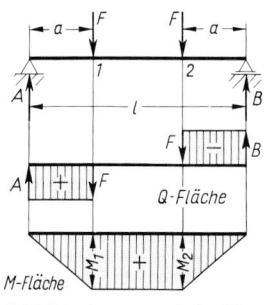

5.24 Zwei symmetrische Einzel-
     lasten

Für den Sonderfall z w e i e r g l e i c h g r o ß e r L a s t e n i n s y m m e t r i s c h e r A n o r d n u n g finden wir nach Bild **5.24.**

$$A = B = F \qquad\qquad (5.5)$$

$$Q_{\text{A bis }1} = +A$$

$$Q_{1 \text{ bis }2} = +A - F = 0$$

$$Q_{2 \text{ bis B}} = 0 - F = -B$$

Zwischen den beiden Einzellasten ist $Q = 0$, also auch $\mathrm{d}M/\mathrm{d}x = 0$ und folglich $M = \text{const} = \max M = M_1 = M_2 = F \cdot a$. Im Bereich 1 bis 2 herrscht q u e r k r a f t f r e i e B i e g u n g.

Zusammenfassend lassen sich aus den vorstehenden Gleichungen und den zugehörigen Bildern **5.21**, **5.22**, **5.23** und **5.**24 für Einzellasten folgende Beziehungen ablesen:

1. Die Querkraft ist zwischen den Einzellasten konstant; unter den Einzellasten weist sie Sprünge von der Größe der Einzellasten auf. Die Querkraftfläche besteht daher aus Rechtecken.

2. Die Momentenfläche ist zwischen den Einzellasten geradlinig begrenzt; unter den Einzellasten weist sie Knicke auf.

Ferner gilt bei Belastung durch eine beliebige Kombination von Einzellasten, Gleichlasten und veränderlichen Lasten, jedoch nicht bei Angriff von Momenten:

3. Das Moment an einer beliebigen Schnittstelle ist gleich dem Inhalt der Querkraftfläche vom Lager A bis zu dieser Schnittstelle und gleich dem negativen Inhalt der Querkraftfläche vom Lager B bis zu dieser Schnittstelle. Die Differenz der Momente zweier benachbarter Querschnitte ist gleich dem Inhalt der Querkraftfläche zwischen diesen Querschnitten.

$$\Delta M = Q \cdot \Delta x \qquad\qquad dM = Q\, dx$$

4. Für $Q = 0$ nehmen die Momente relative Extremwerte an.

5. Positive und negative Querkraftfläche sind dem Betrage nach gleich groß (s. Bild **5.21**: $A \cdot a = B \cdot b$).

5.4.4   Einfacher Träger mit gleichmäßig verteilter Belastung

5.4.4.1   Stütz- und Schnittgrößen

Bezeichnen wir die Gesamtlast $q \cdot l$ mit R, so wird wegen der symmetrischen Lastanordnung nach Bild **5.25**.

$$A = B = \frac{q \cdot l}{2} = \frac{R}{2}$$

Am Lager A wird

$$Q_A = + A = + \frac{q \cdot l}{2}$$

am Lager B

$$Q_B = - B = - \frac{q \cdot l}{2}$$

An beliebiger Stelle erhalten wir die Querkraft (5.25) zu

$$Q\,(x) = A - q \cdot x = q \cdot \frac{l}{2} - q \cdot x$$

$$Q\,(x) = q\left(\frac{l}{2} - x\right)$$

oder mit $\xi = \dfrac{x}{l} \qquad Q\,(x) = q\, l\left(\frac{1}{2} - \xi\right)$

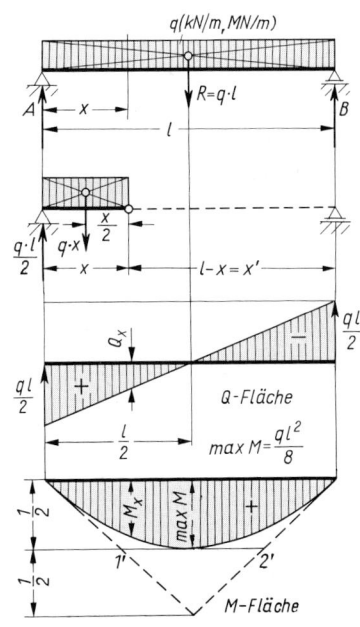

5.25 Gleichmäßig verteilte Last

Dies ist die Gleichung einer geneigten Geraden, deren Nullpunkt bei $x = \dfrac{l}{2}$ oder $\xi = 0,5$ liegt. Hier tritt das größte Moment auf, und es wird

$$\max M = A \cdot \frac{l}{2} - q \cdot \frac{l}{2} \cdot \frac{l}{4} = \frac{q \cdot l}{2} \cdot \frac{l}{2} - \frac{q \cdot l}{2} \cdot \frac{l}{4}$$

$$\mathbf{\max M} = \frac{q \cdot l^2}{8}$$

An beliebiger Stelle x erhalten wir

$$M(x) = A \cdot x - q \cdot x \cdot \frac{x}{2} = \frac{q \cdot l}{2} x - q \cdot x \cdot \frac{x}{2} \qquad M(x) = \frac{q \cdot x(l-x)}{2} = \frac{q \cdot x \cdot x'}{2}$$

$$\text{oder mit} \quad \xi = \frac{x}{l} \quad \text{und} \quad \xi' = \frac{x'}{l} \qquad\qquad M(x) = \frac{q \cdot l^2 \cdot \xi \cdot \xi'}{2} = \frac{q \cdot l^2}{2}\, \omega_R$$

Dies ist die Gleichung einer q u a d r a t i s c h e n P a r a b e l. Die angedeuteten Seilstrahlen $1'$ und $2'$ in Bild 5.25 sind ihre Endtangenten, und die Pfeilhöhe wird halb so groß wie die Höhe des aus Endtangenten und Grundlinie gebildeten Dreiecks. Zu den Zahlen ω_R s. Abschn. 5.4.8, Beispiel 2.

Auch bei gleichmäßig verteilter Belastung ist Gl. (5.4) erfüllt: Die Querkraft ist die Ableitung der Momente

$$\frac{\mathrm{d}M(x)}{\mathrm{d}x} = \frac{\mathrm{d}}{\mathrm{d}x}\left(\frac{ql}{2}x - \frac{q}{2}x^2\right) = \frac{ql}{2} - qx = q\left(\frac{l}{2} - x\right) = Q(x)$$

Zusammenfassend ergibt sich also für g l e i c h m ä ß i g v e r t e i l t e B e l a s t u n g:

1. Die Querkraft ändert sich stetig nach einer linearen Funktion. Die Q u e r k r a f t f l ä c h e besteht aus z w e i g l e i c h e n D r e i e c k e n.

2. Die M o m e n t e n f l ä c h e wird von einer q u a d r a t i s c h e n P a r a b e l begrenzt.

Da Parabeln, von denen die Sehne, die Parabelachse und der Scheitel gegeben sind, in der Statik sehr häufig vorkommen, werden im folgenden zwei Konstruktionen dieser Kurven näher beschrieben.

5.4.4.2   Parabelkonstruktionen

Gegeben: Sehne AB, Scheitel C und Parabelachse CD

a) K o n s t r u k t i o n m i t H i l f e u m h ü l l e n d e r T a n g e n t e n (5.26 links). Man mache $CE = CD$ und ziehe die Endtangenten AE und BE. Die Parallele zur Schlußlinie AB durch den Scheitel C liefert die Scheiteltangente 2–2. Weitere Tangenten findet man, indem man die Strecken AE und BE in gleiche Teile teilt und die entsprechenden Teilpunkte in der aus der Abbildung ersichtlichen Weise verbindet. Diese K onstruktion kann auch verwandt werden, wenn die Punkte A und B nicht auf einer Senkrechten zur Parabelachse liegen.

b) Wir machen $CE = DC$ und ziehen die Endtangenten AE und BE, ferner die Tangente durch C parallel zu AB. Die Schnittpunkte der Endtangenten AE und BE mit der Tangente durch C sind die Punkte F und G. Wir zeichnen die Sehnen AC und BC sowie die Parallelen zur Parabelachse durch F und G, die die Sehnen AC und BC in den Punkten H und I schneiden. Die Viertelspunkte der Parabel liegen in der Mitte zwischen den Punkten F und H bzw. G und I und haben von diesen Punkten den Abstand $f/4$. Im nächsten Schritt können auf die gleiche Weise die Achtelspunkte der Parabel konstruiert werden (**5.26** rechts).

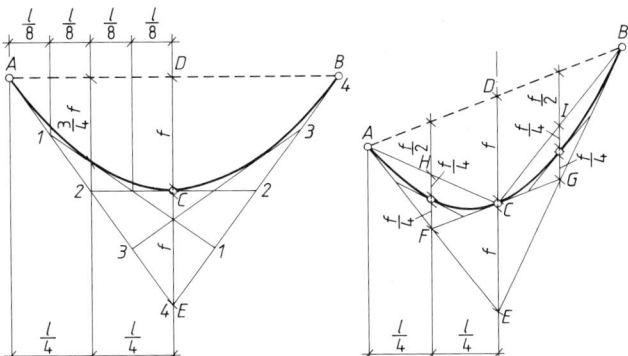

5.26
Parabelkonstruktionen

5.4.5   Träger mit Streckenlasten

5.4.5.5   An einem der beiden Lager beginnende Streckenlast

Faßt man die Gesamtlast $q \cdot a$ zunächst zu einer Einzellast im Abstand $a/2$ von A zusammen, so erhält man nach Bild **5.27**a mit Hilfe der Gleichgewichtsbedingung für Punkt B

$$\Sigma M_{\mathrm{B}} = A \cdot l - q \cdot a(a/2 + b) = 0$$

$$A = \frac{q \cdot a(a/2 + b)}{l}$$

Ebenso findet man mit $\Sigma M_{\mathrm{A}} = 0$ die Lagerkraft B

$$B = \frac{q \cdot a^2}{2l}$$

Nach Bild **5.27**b nimmt die Querkraft vom Lager A bis zum Punkt 1, wo sie den Wert $-B$ erreicht, gleichmäßig um $q \cdot a$ ab. Die Abszisse des maximalen Moments berechnet sich aus der Bedingung

$$Q(x) = 0 = A - q \cdot x \text{ zu } x = \frac{A}{q}$$

Das Größtmoment wird gleich dem Inhalt der dreieckigen Querkraftfläche

$$\mathbf{max}\, M = \frac{A \cdot x}{2} = \frac{A^2}{2q} \qquad (5.5)$$

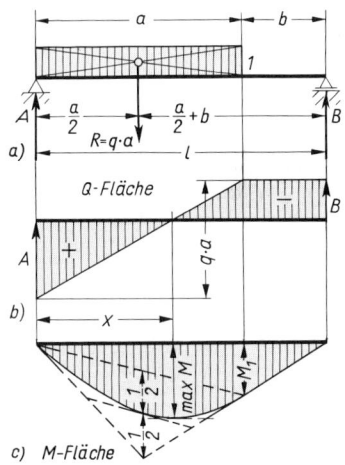

5.27 Einseitige Streckenlast

Dasselbe ergibt sich mit Hilfe der Momentengleichung am Balkenteil der Länge x:
$\max M = A \cdot x - q \cdot x \cdot x/2$, wenn man beachtet, daß $q \cdot x = A$.

Gl. (5.5) kann auch bei anderen Belastungen benutzt werden, wenn nur über die ganze Länge x vom Lager bis zur Stelle des maximalen Moments keine andere Belastung als die gleichmäßig verteilte Last q vorhanden ist.

Die Momentenlinie ist auf der Strecke a eine Parabel, auf der Strecke b eine Gerade, die tangential im Punkt 1 an die Parabel anschließt. Im Punkt 1 wird $M_1 = B \cdot b$. Die Konstruktion der Momentenfläche mit Hilfe dieser Werte zeigt Bild (**5.27**c).

5.4.5.2 Beliebige Streckenlast

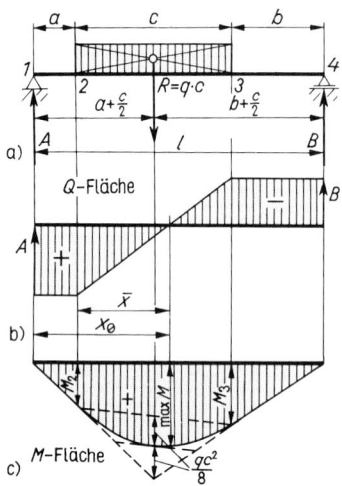

a)

b)

c) M-Fläche

5.28 Beliebige Streckenlast

Die Gesamtlast beträgt $R = q \cdot c$ (**5.28**). Aus der Bedingung

$$\Sigma M_{\mathrm{B}} = 0 = A \cdot l - q \cdot c\,(b + c/2)$$

ergibt sich $A = \dfrac{q \cdot c\,(b + c/2)}{l}$

Aus der Bedingung

$$\Sigma M_{\mathrm{A}} = 0 = B \cdot l - q \cdot c\,(a + c/2)$$

erhält man $B = \dfrac{q \cdot c\,(a + c/2)}{l}$

Auf den Strecken 1 bis 2 und 3 bis 4 wird die Querkraft gleich den Lagerkräften:

$$Q_{1\ldots2} = + A \quad \text{und} \quad Q_{3\ldots4} = - B$$

Zwischen den Punkten 2 und 3 nimmt die Querkraft linear um $q \cdot c$ ab. Die Abszisse x_0 des maximalen Moments finden wir aus der Bedingung

$$Q(x) = 0 = A - q \cdot \bar{x} \qquad \bar{x} = \frac{A}{q} \qquad x_0 = a + \bar{x}$$

Folglich wird

$$\max M = A \cdot x_0 - \frac{q \cdot \bar{x}^2}{2} = A\,x_0 - \frac{A^2}{2q}$$

Auf den Strecken 1 bis 2 und 3 bis 4 ist die Momentenlinie eine Gerade mit $M_2 = A \cdot a$ und $M_3 = B \cdot b$. Im Bereich der Streckenlast ist sie wiederum eine Parabel (**5.28**c).

5.4.4.3 Symmetrische Streckenlast

Bei Balken und Decken steht die Deckenlast meist nur im Bereich der Lichtweite von Vorderkante Mauer bis Vorderkante Mauer. Bei genauer Berechnung wird daher nach Bild **5.29**

$$A = B = \frac{q \cdot w}{2}$$

$$\max M = A\left(\frac{l}{2} - \frac{w}{4}\right) = \frac{q \cdot w}{2} \cdot \frac{w + a}{2} - \frac{q \cdot w}{2} \cdot \frac{w}{4} = \frac{q \cdot w}{8}\,(2w + 2a - w)$$

$$\max M = \frac{q \cdot w\,(w + 2a)}{8} = \frac{q \cdot w\,(l + a)}{8}$$

Für das Größtmoment wird also die Last $q \cdot w$ mit $w + 2a$ bzw. mit $l + a$ und nicht etwa nur mit l multipliziert.

Bei $a = w/20$ ($\hat{=} 5\%$) beträgt der Unterschied im Biegemoment gegenüber auf ganzer Länge l durchgehender Last nur 0,23%. Die etwaige Ersparnis ist also so bedeutungslos, daß man der Einfachheit halber meist nach Abschn. 5.4.3 mit voll durchgehender Last rechnet.

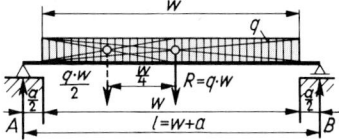

5.29 Symmetrische Streckenlast

5.4.6 Dreieckslasten

5.4.6.1 Symmetrische Dreieckslast (5.30)

Die Last folgt für $0 \leqq x \leqq l/2$ der Funktion

$$q(x) = \frac{q}{l/2} x = \frac{2q}{l} x$$

Mit $R = \dfrac{q \cdot l}{2}$ wird $A = B = \dfrac{R}{2} = \dfrac{q \cdot l}{4}$

An beliebiger Stelle $0 \leq x \leq l/2$ wird die Querkraft

$$Q(x) = \frac{q \cdot l}{4} - \frac{q}{l/2} \cdot x \cdot \frac{x}{2} = \frac{q}{2}\left(\frac{l}{2} - \frac{2x^2}{l}\right) \quad \text{oder mit} \quad \xi = \frac{x}{l}$$

$$Q(x) = \frac{ql}{2}\left(\frac{1}{2} - 2\xi^2\right)$$

Die Q-Linie ist daher keine Gerade mehr, sie besteht vielmehr aus zwei quadratischen Parabeln. Das maximale Moment tritt aber wieder in der Mitte auf, da $Q(x)$ für $x = l/2$ Null wird. Man erhält nach Bild **5.**30 für $0 < x < l/2$

$$M(x) = \frac{q \cdot l}{4} \cdot x - q\,\frac{2x}{l}\,\frac{x}{2}\,\frac{x}{3} = \frac{q \cdot l}{4}\,x - \frac{q}{3l}x^3 \quad \text{oder mit} \quad \xi = \frac{x}{l}$$

$$M(x) = \frac{3ql}{12}\,x - \frac{4qx^3}{12l} = \frac{ql^2}{12}\,(3\xi - 4\xi^3) = \frac{ql^2}{12}\,\omega_\Delta$$

$$\mathbf{max}\,M = \frac{q \cdot l^2}{8} - \frac{q \cdot l^2}{24} = \frac{q \cdot l^2}{12} = \frac{R \cdot l}{6}$$

Die Momentenlinie besteht aus zwei symmetrisch liegenden Stücken einer kubischen Parabel, die hier nicht näher behandelt werden soll. In Bild **5.**30 sind aber einige Hilfstangenten angedeutet. Zu den Zahlen ω_Δ, die auch mit ω_G bezeichnet werden, s. Abschn. 5.4.8, Beispiel 2.

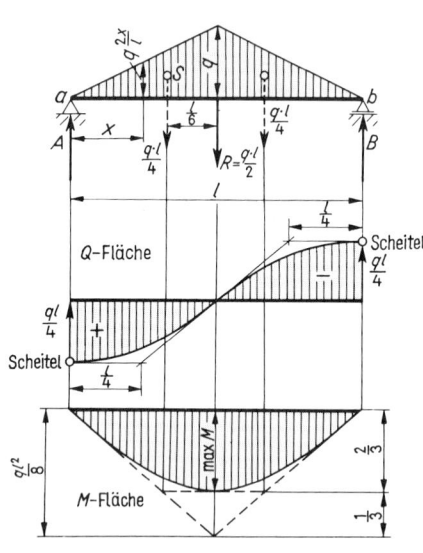

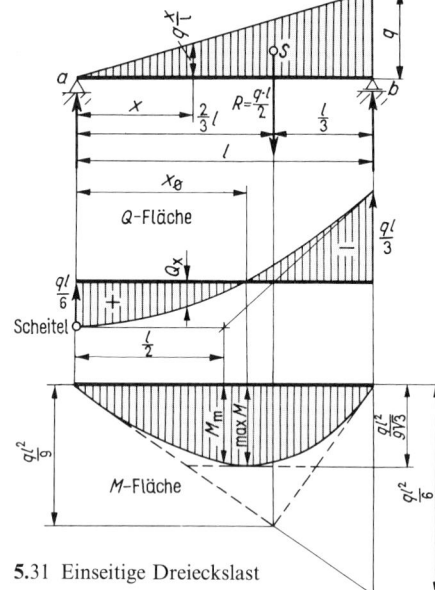

5.30 Symmetrische Dreieckslast   5.31 Einseitige Dreieckslast

5.4.6.2 Einseitige Dreieckslast (5.31)

Die Last folgt der Funktion $q(x) = \dfrac{q}{l}x$.

Die Gesamtlast ergibt sich wie in Abschn. 5.4.6.1 zu $R = \dfrac{q \cdot l}{2}$; ihr Schwerpunkt ist aber

jetzt $l/3$ vom Lager b entfernt. Daher wird nach Bild **5.31**

$$\Sigma M_b = 0 = A \cdot l - \frac{q \cdot l}{2} \cdot \frac{1}{3}l \qquad\qquad A = \frac{R \cdot l/3}{l} = \frac{R}{3} = \frac{q \cdot l}{6}$$

und $\qquad \Sigma M_a = 0 = B \cdot l - \dfrac{q \cdot l}{2} \cdot \dfrac{2}{3}l \qquad\qquad B = \dfrac{R \cdot \,{}^{2}\!/_{3}\, l}{l} = \dfrac{2}{3}R = \dfrac{q \cdot l}{3}$

An beliebiger Stelle wird die Querkraft

$$Q(x) = \frac{q \cdot l}{6} - \frac{q \cdot x}{l} \cdot \frac{x}{2} = \frac{q}{2}\left(\frac{l}{3} - \frac{x^2}{l}\right) \quad \text{oder mit} \quad \xi = \frac{x}{l}$$

$$Q(x) = \frac{ql}{2}\left(\frac{1}{3} - \xi^2\right) \tag{5.6}$$

Die Querkraftlinie ist daher eine quadratische Parabel mit dem Scheitel in A.
Die Querkraft wird gleich Null für

$$\xi^2 = \frac{1}{3} \qquad \xi = \frac{1}{\sqrt{3}} = 0{,}57735 \quad \text{oder für} \quad x_0 = \frac{l}{\sqrt{3}} = 0{,}577\,l$$

An beliebiger Stelle wird ferner

$$M(x) = \frac{q \cdot l}{6} x - \frac{q \cdot x}{l} \cdot \frac{x}{2} \cdot \frac{x}{3} = \frac{q \cdot l}{6} x - \frac{q}{6l} x^3$$

oder $\quad M(x) = \frac{ql^2}{6}(\xi - \xi^3) = \frac{ql^2}{6} \omega_{\mathrm{D}}$ \hfill (5.7)

Als Größtwert ergibt sich

$$\mathbf{max}\,M = \frac{q \cdot l^2}{6\sqrt{3}} - \frac{q \cdot l^2}{18\sqrt{3}} = \frac{q \cdot l^2}{9\sqrt{3}} = \frac{q \cdot l^2}{15{,}59} = 0{,}06415\,q \cdot l^2$$

Die Momentenlinie ist eine kubische Parabel; zu den Zahlen ω_{D} s. Abschn. 5.4.8, Beispiel 2. In der Mitte erhält man das Moment halb so groß wie bei gleichmäßiger Belastung

$$M_{\mathrm{m}} = \frac{q \cdot l}{6} \cdot \frac{l}{2} - \frac{q}{6l} \cdot \frac{l^3}{8} \qquad\qquad M_{\mathrm{m}} = \frac{q \cdot l^2}{16} = \frac{R \cdot l}{8}$$

M_{m} ist also nur wenig kleiner als $\max M$.

Trapezförmige Belastungen ergeben sich durch Zusammensetzen der Belastungs-fälle nach Abschn. 5.4.4 und 5.4.6.2. Die genaueren Querkraft- und Momentenlinien erhält man am einfachsten zeichnerisch aus Krafteck und Seileck durch Aufteilen der Belastungsfläche in Streckenlasten, die zunächst durch Einzellasten ersetzt werden. Die endgültigen Querkraft- und Momentenlinien sind dann, wie aus den Bildern **5**.26, **5**.27 und **5**.31 näher ersichtlich, entsprechend abzuschrägen und auszurunden.

5.4.7 Gemischte Belastung

Die Berechnung von Trägern mit gemischter Belastung wird durch die Beispiele 3 und 4 des Abschnitts 5.4.8 erläutert.

5.4.8 Anwendungen

Beispiel 2 Ein Balken ist durch eine gleichmäßig ansteigende Last (Dreieckslast) belastet (**5**.33). Querkraft- und Momentenfläche sind zu bestimmen.

Die Begrenzung der Querkraftfläche ist eine quadratische, die der Momentenfläche eine kubische Parabel. Bei der Berechnung benutzen wir die bezogene Abszisse $\xi = \frac{x}{l}$ (s. Abschn. 5.4.6.2).

Dies hat den Vorteil, daß die entstehenden Formeln bei allen Aufgaben mit gleicher Lagerung und Belastung, jedoch anderen Werten q und l, benutzt werden können. Der Einfachheit halber schreiben wir die Zahlenwerte in tabellarischer Form (Tafel **5**.32); die Reihenfolge der Spalten entspricht dabei dem Gang der Berechnung. Die Spannweite des Balkens teilen wir in 10 gleiche Felder; dies bedeutet in unserem Beispiel bei

$$\xi = 0{,}1 \quad x = 0{,}1 \cdot 12 = 1{,}20\,\mathrm{m} \quad \text{und bei} \quad \xi = 0{,}3 \quad x = 4{,}80\,\mathrm{m}$$

Für die Querkraft gilt Gl. (5.6)

$$Q(x) = \frac{q \cdot l}{2}(1/3 - \xi^2) = \frac{20 \cdot 12}{2}(0{,}333 - \xi^2) = 120\,\omega_{\mathrm{d}}$$

Beispiel 2 Tafel **5.**32 Tabellarische Ermittlung von Q und M
Forts.

1	2	3	4 (120 · Sp. 3)	5	6 (Sp. 1–Sp. 5)	7 480 · Sp. 6
$\xi = \dfrac{x}{l}$	ξ^2	$\omega_d =$ $0{,}333 - \xi^2$	$Q = \dfrac{ql}{2}\,\omega_d$ $= 120 \cdot \omega_d$ in kN	ξ^3	$\omega_D = \xi - \xi^3$	$M = \dfrac{ql^2}{6}\,\omega_D$ $= 480 \cdot \omega_D$ in kNm
0,0	0,0	0,333	40,0	0,0	0,0	0,0
0,1	0,01	0,323	38,8	0,001	0,099	47,52
0,2	0,04	0,293	35,2	0,008	0,192	92,16
0,3	0,09	0,243	29,2	0,027	0,273	131,04
0,4	0,16	0,173	20,8	0,064	0,336	161,28
0,5	0,25	0,083	10,0	0,125	0,375	180,00
0,6	0,36	− 0,027	− 3,2	0,216	0,384	184,32
0,7	0,49	− 0,157	− 18,8	0,343	0,357	171,36
0,8	0,64	− 0,307	− 36,8	0,512	0,288	138,24
0,9	0,81	− 0,477	− 57,2	0,729	0,171	82,08
1,0	1,0	− 0,667	− 80,0	1,000	0,0	0,0

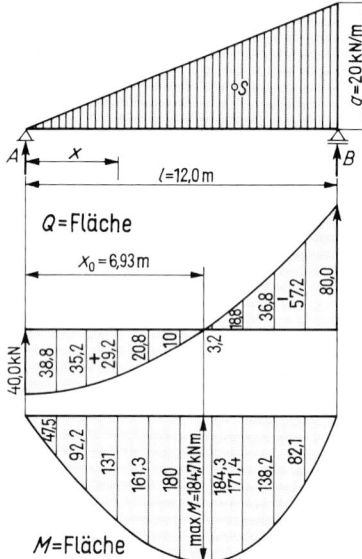

Q=Fläche

$x_0 = 6{,}93$ m

M=Fläche

5.33 Gleichmäßig ansteigende Last

Wir berechnen zuerst den Ausdruck

$$\omega_d = (0{,}333 - \xi^2) \ \text{(Spalte 3)}$$

Die von Müller-Breslau (1851–1925) eingeführten ω-Zahlen sind z. B. in Teil 3, [1] und [4] tabelliert. Die Multiplikation der Spalte 3 mit dem spezifischen Wert des vorliegenden Balkens

$$\frac{q \cdot l}{2} = \frac{20 \cdot 12}{2} = 120$$

liefert die Q-Ordinaten in Spalte 4.

Für das Biegemoment gilt Gl. (5.7)

$$M(x) = \frac{q \cdot l^2}{6}(\xi - \xi^3) = \frac{20 \cdot 12^2}{6}(\xi - \xi^3)$$

Wir berechnen zuerst den Ausdruck

$$\omega_D = (\xi - \xi^3) \ \text{(Spalte 6)}$$

Die Multiplikation der Spalte 6 mit dem spezifischen Wert des vorliegenden Balkens

$$\frac{q \cdot l^2}{6} = \frac{20 \cdot 12^2}{6} = 480$$

liefert die M-Ordinaten in Spalte 7. Zusätzlich wird berechnet bei

$$x_0 = 0{,}577\,l = \frac{l}{\sqrt{3}} = \frac{12{,}0}{\sqrt{3}} = 6{,}928 \text{ m} \qquad \max M = \frac{20 \cdot 12^2}{9\sqrt{3}} = 184{,}75 \text{ kNm}$$

Die Abweichung gegenüber dem M-Wert bei $\xi = 0{,}6$ ist sehr gering. Q- und M-Flächen zeigt Bild **5.**33.

Beispiel 3 Für den im Bild **5.**34 dargestellten Balken sind die Schnittgrößen zu bestimmen.

Die unter 60° gegen die Balkenachse geneigte Last P_1 muß in die senkrecht und parallel zur Balkenachse gerichteten Komponenten P_{1v} und P_{1h} zerlegt werden; P_{1v} verursacht im Balken Querkräfte und Momente, P_{1h} eine Längskraft.

Die Zerlegung von P_1 liefert

$$P_{1v} = 50 \cdot \cos 30° = 50 \cdot 0,866 = 43,3 \text{ kN} \quad P_{1h} = 50 \cdot \sin 30° = 50 \cdot 0,5 = 25,0 \text{ kN}$$

Lagerkräfte

$$\curvearrowright \Sigma M_B = 0 = A \cdot 8,0 - 43,3 \cdot 6,5 - 30 \cdot 4,5 - 5 \cdot 8,0 \cdot 4,0 - 10 \cdot 4,0 \cdot 2,0$$

$$A = \frac{281,5 + 135,0 + 160,0 + 80,0}{8,0} = 82,1 \text{ kN}$$

$$\curvearrowright \Sigma M_A = 0 = 43,3 \cdot 1,5 + 30 \cdot 3,5 + 5 \cdot 8,0 \cdot 4,0 + 10 \cdot 4,0 \cdot 6,0 - B_v \cdot 8,0$$

$$B_v = \frac{65,0 + 105,0 + 160,0 + 240,0}{8,0} = 71,2 \text{ kN}$$

$$\overset{+}{\rightarrow} \Sigma H = 0 = -P_{1h} + B_h = -25 + B_h$$

$$B_h = 25 \text{ kN} \rightarrow$$

Kontrolle:

$$\Sigma V = 82,1 - 43,3 - 30 - 40 - 40 + 71,2$$
$$= 153,3 - 153,3 = 0$$

Querkräfte (5.34 b)

$$Q_A = +82,1 \text{ kN}$$
$$Q_{1l} = \quad 82,1 - 5 \cdot 1,5 \quad = \quad 74,6 \text{ kN}$$
$$Q_{1r} = \quad 74,6 - 43,3 \quad = \quad 31,3 \text{ kN}$$
$$Q_{2l} = \quad 31,3 - 5 \cdot 2,0 \quad = \quad 21,3 \text{ kN}$$
$$Q_{2r} = \quad 21,3 - 30 \quad = \quad -8,7 \text{ kN}$$
$$Q_3 = - \quad 8,3 - 5 \cdot 0,5 \quad = -11,2 \text{ kN}$$
$$Q_B = -11,2 - 15 \cdot 4,0 = -71,2 \text{ kN}$$
$$= -B$$

Biegemomente (5.34 c)

$$M_1 = 82,1 \cdot 1,5 - 5 \cdot \frac{1,5^2}{2}$$
$$= 123,1 - 5,63 = 117,5 \text{ kNm}$$

$$M_2 = 82,1 \cdot 3,5 - 5 \cdot \frac{3,5^2}{2} - 43,3 \cdot 2,0$$
$$= 287,2 - 30,6 - 86,6 = 170,0 \text{ kNm}$$

$$M_3 = 82,1 \cdot 4,0 - 5 \cdot \frac{4,0^2}{2} - 43,3 \cdot 2,5 - 30 \cdot 0,5$$
$$= 328,2 - 40,0 - 108,3 - 15,0 = 165,0 \text{ kNm}$$

oder von rechts
$$M_3 = 71,2 \cdot 4,0 - 15 \cdot \frac{4,0^2}{2} = 285,0 - 120,0 = 165,0 \text{ kNm}$$

$$M_4 = 71,2 \cdot 2,0 - 15 \cdot \frac{2,0^2}{2} = 142,5 - 30,0 = 112,5 \text{ kNm}$$

Längskräfte (5.34 d)

$$N_A = N_{1l} = 0 \qquad\qquad N_{1r} = +25 \text{ kN} \qquad\qquad N_B = +25 \text{ kN}$$

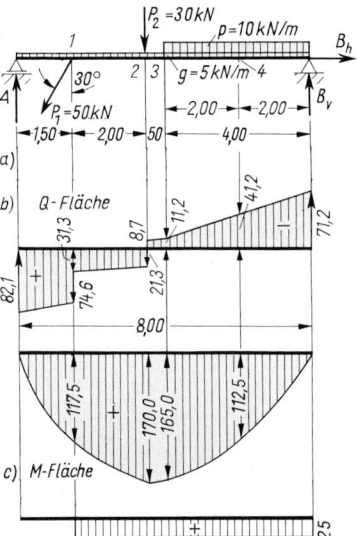

5.34 Balken mit Streckenlasten und Einzellasten

Beispiel 4 Für den in Bild **5**.35 dargestellten Einfeldbalken mit gemischter Belastung sind die Stützgrößen sowie Querkraft- und Momentenfläche zu ermitteln.

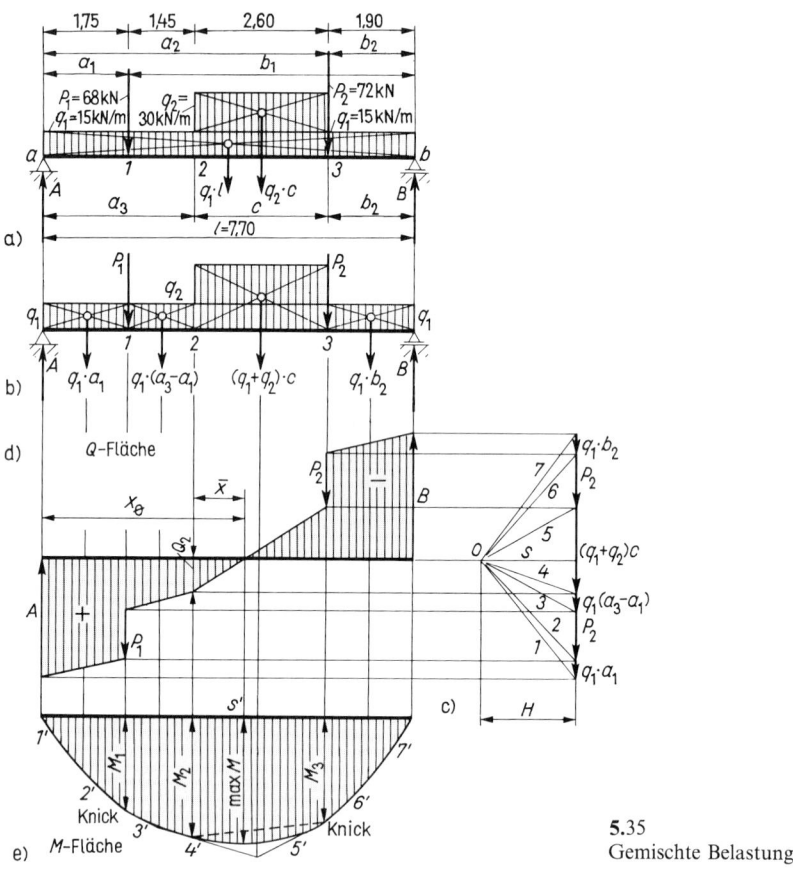

5.35
Gemischte Belastung

Für die Berechnung der Stützgrößen fassen wir die Gleichlast q_1 und die Streckenlast q_2 zu je einer Einzellast zusammen. Wir erhalten dann nach Bild **5**.35a aus

$$\Sigma M_b = 0 = A \cdot l - \frac{q_1 \cdot l^2}{2} - P_1 \cdot b_1 - q_2 \cdot c \left(b_2 + \frac{c}{2} \right) - P_2 \cdot b_2$$

$$A = \frac{q_1 \cdot l}{2} + \frac{P_1 \cdot b_1 + q_2 \cdot c \left(b_2 + \frac{c}{2} \right) + P_2 \cdot b_2}{l} =$$

$$= \frac{15{,}0 \cdot 7{,}70}{2} + \frac{1}{7{,}70} (68{,}0 \cdot 5{,}95 + 30{,}0 \cdot 2{,}60 \cdot 3{,}20 + 72{,}0 \cdot 1{,}90)$$

$$= 160{,}48 \, \text{kN}$$

und aus $\Sigma M_a = 0 = B \cdot l - \dfrac{q_1 \cdot l^2}{2} - P_1 \cdot a_1 - q_2 \cdot c \left(a_3 + \dfrac{c}{2} \right) - P_2 \cdot a_2$

Beispiel 4
Forts.

$$B = \frac{q_1 \cdot l}{2} + \frac{P_1 \cdot a_1 + q_2 \cdot c \left(a_3 + \dfrac{c}{2}\right) + P_2 \cdot a_2}{l} =$$

$$= \frac{15,0 \cdot 7,70}{2} + \frac{1}{7,70}(68,0 \cdot 1,75 + 30,0 \cdot 2,60 \cdot 4,50 + 72,0 \cdot 5,80) = 173,02 \text{ kN}$$

Die Querkräfte ermitteln wir links (Fußzeiger l) und rechts (Fußzeiger r) von jeder Einzellast sowie in den Punkten, in denen Sprünge bei den verteilten Lasten auftreten. Dazu müssen wir die verteilten Lasten neu zu Einzellasten zusammenfassen, und zwar jeweils zwischen den Punkten, in denen wir Querkraft und Moment berechnen (**5**.35b); wir erhalten

$$Q_A = +A = 160,48 \text{ kN}$$

$$Q_{11} = A - q_1 \cdot a_1 = 134,23 \text{ kN}$$

$$Q_{1r} = Q_{11} - P_1 = 66,23 \text{ kN}$$

$$Q_2 = Q_{1r} - q_1(a_3 - a_1) = 44,48 \text{ kN}$$

$$Q_{31} = Q_2 - (q_1 + q_2)c = -72,52 \text{ kN}$$

$$Q_{3r} = Q_{31} - P_2 = -144,52 \text{ kN}$$

$$Q_B = Q_{3r} - q_1 \cdot b_2 = -B = -173,02 \text{ kN}$$

Auf der Strecke c zwischen den Punkten 2 und 3 ist die Querkraftlinie wegen der größeren Belastung stärker geneigt als auf den Strecken a_3 und b_2. Der Vorzeichenwechsel in der Querkraft tritt zwischen den Punkten 2 und 3 ein; die Stelle des maximalen Moments berechnet sich nach Bild **5**.35d daher aus der Bedingung

$$Q(x) = 0 = Q_2 - (q_1 + q_2)\bar{x} \qquad \bar{x} = \frac{Q_2}{q_1 + q_2} = \frac{44,48}{45,0} = 0,99 \text{ m}$$

$$x_0 = a_3 + \bar{x} = 3,20 + 0,99 = 4,19 \text{ m}$$

Die Momente M_1, M_2 und $\max M$ werden

$$M_1 = A \cdot a_1 - \frac{q_1 \cdot a_1^2}{2} = 160,48 \cdot 1,75 - \frac{15,0 \cdot 1,75^2}{2} = 257,87 \text{ kNm}$$

$$M_2 = A \cdot a_3 - P_1(a_2 - a_1) - \frac{q_1 \cdot a_3^2}{2} = 160,48 \cdot 3,20 - 68,0 \cdot 1,45 - \frac{15,0 \cdot 3,20^2}{2}$$

$$= 338,13 \text{ kNm}$$

$$\max M = A \cdot x_0 - P_1(x_0 - a_1) - \frac{q_1 \cdot x_0^2}{2} - \frac{q_2 \cdot \bar{x}^2}{2} =$$

$$= 160,48 \cdot 4,19 - 68,0 \cdot 2,44 - \frac{15,0 \cdot 4,19^2}{2} - \frac{30,0 \cdot 0,99^2}{2} = 360,11 \text{ kNm}$$

M_3 berechnen wir besser von B aus, da für diesen Querschnitt am rechten abgeschnittenen Balkenteil weniger Lasten als am linken wirken. Auch die Querkraftfläche hat rechts von 3 eine einfachere Form als links. Es wird

$$M_3 = B \cdot b_2 - \frac{q_1 \cdot b_2^2}{2} = 173,02 \cdot 1,90 - \frac{15,0 \cdot 1,90^2}{2} = 301,67 \text{ kNm}$$

In der Momentenfläche (**5**.35e) treten unter den Einzellasten Knicke auf, während im Punkt 2 die verschieden gekrümmten Momentenlinien tangential ineinander übergehen.

Will man die Aufgabe zeichnerisch lösen, so hat man die gleichmäßig verteilten Lasten zunächst wie in Bild **5**.35b zu Einzellasten zusammenzufassen und das zugehörige Krafteck mit Polfigur und das Seileck mit Schlußlinie zu zeichnen (**5**.35c bis e). Zwischen den gegebenen Einzellasten sind dann für die gleichmäßig verteilten Lasten in der Querkraftfläche die Abtreppungen abzuschrägen und in der Momentenfläche die Knicke des Seilecks durch Parabelstücke auszurunden.

5.5   Kragträger

5.5.1   Einzellast am freien Ende

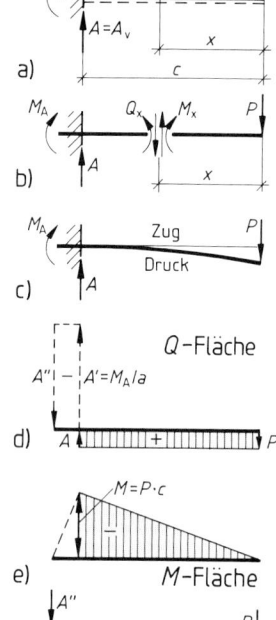

Wir führen an einer beliebigen Stelle des Trägers mit der Abszisse x einen Schnitt und tragen die unbekannten Schnittgrößen $Q(x)$ und $M(x)$ im positiven Sinne an (**5.**36 a, b). Die Gleichgewichtsbedingungen am Teil mit der Kragarmspitze lauten

$$\downarrow + \Sigma V = 0 = -Q(x) + P$$
$$\curvearrowright + \Sigma M = 0 = M(x) + P \cdot x$$

Wir erhalten $Q(x) = P = \text{const}$ und $M(x) = -P \cdot x$
Die Querkraftfläche ist also ein positives Rechteck mit der Höhe P (**5.**36 d), die Momentenfläche ein negatives Dreieck mit $M(0) = 0$ an der Kragarmspitze und dem Extremwert min $M = M(c) = -P \cdot c$ (**5.**36 e) an der Einspannstelle.
M_A hat also nicht den in Bild **5.**36 a angenommenen Richtungssinn, sondern dreht am Trägerende linksherum.

Wenn wir die Einspannung so idealisieren, wie es Bild **5.**36 f zeigt, können wir Q- und M-Fläche noch wie gestrichelt ergänzen. Es bestätigt sich dann die Regel, daß der Extremwert des Moments an einer Querkraft-Nullstelle auftritt und daß der Inhalt der Querkraftfläche unter Beachtung der Vorzeichen Null ergibt; ferner wird deutlich, daß der Träger in der Einspannung eine wesentlich größere Querkraft aufzunehmen hat als im Bereich der Kraglänge.

5.36 Kragträger mit Einzellast

5.5.2   Mehrere Einzellasten

Die Wirkungen der verschiedenen Einzellasten sind zu addieren. Wenn sich wie im Bild **5.**37 das freie Ende links befindet, werden die Querkräfte negativ: Nach dem Durchschneiden des Trägers ist die vorhandene Querkraft der linken Schnittfläche aus Gleichgewichtsgründen aufwärts, der rechten Schnittfläche abwärts gerichtet.

Wir erhalten

$$Q_{1\ldots2} = -P_1 \qquad\qquad Q_{2\ldots3} = -(P_1 + P_2)$$
$$M_2 = -P_2 \cdot a_1 \qquad M_A = -(P_1 \cdot c + P_2 \cdot a_2)$$

Der in Bild **5.**37 angenommene Drehsinn des Einspannmoments, der einem positiven Schnittmoment entspricht, ist also umzukehren.
Alles Weitere ist aus Bild **5.**37 ersichtlich.

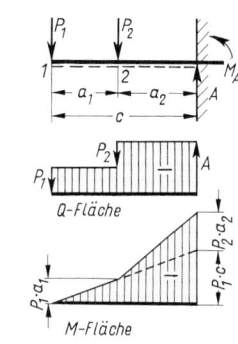

5.37 Kragträger mit mehreren Einzellasten

5.5.3 Gleichmäßig verteilte Belastung

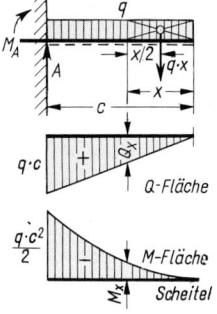

Wenn wie im Bild **5.**38 das freie Ende rechts liegt, wird an einer beliebigen Stelle

$$Q(x) = + q \cdot x$$

Es ist $\quad M(x) = - q \cdot x \cdot \dfrac{x}{2} = - \dfrac{q \cdot x^2}{2}$

An der Einspannstelle erhalten wir

$$Q_A = + q \cdot c$$

$$\boldsymbol{M_A = - \dfrac{q \cdot c^2}{2}}$$

5.38 Kragträger mit gleichmäßig verteilter Last

Die Querkraftlinie ist eine geneigte Gerade, die Momentenlinie eine quadratische Parabel, deren Scheitel an der Spitze des Kragarms liegt.

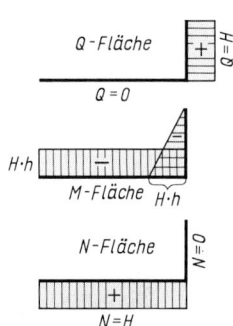

5.5.4 Horizontale Kraft

Wegen der parallel zum Trägerstück (**5.**39) 2 bis A wirkenden Kraft ist das Moment gleichbleibend

$$\boldsymbol{M = - H \cdot h}$$

während die Querkraft $Q = 0$ und die Längskraft $N = + H$ wird. Der Geländerpfosten selbst ist ein Kragträger nach Abschn. 5.5.1.

5.39 Kragträger mit
horizontaler Kraft

5.5.5 Gemischte Belastung

Querkräfte und Momente ergeben sich aus der Überlagerung (Superposition) der vorbesprochenen Belastungsfälle, wie es aus dem folgenden Beispiel zu ersehen ist.

Beispiel 5 Die Beanspruchungsgrößen des Kragträgers nach Bild **5.**40 sind zu bestimmen.

Stützgrößen

$\downarrow + \Sigma V = 0 = 10 \cdot 2,0 - A_\mathrm{v}$

$\overset{\rightarrow}{\rightarrow} \Sigma H = 0 = 0,5 - A_\mathrm{h}$

$\overset{\curvearrowright}{} \Sigma M_A = 0 = 10 \cdot 2,0 \cdot 1,0 + 0,5 \cdot 0,9 - M_A$

$\quad A_\mathrm{v} = 20 \text{ kN}$

$\quad A_\mathrm{h} = 0,5 \text{ kN}$

$\quad M_A = 20 + 0,45 = 20,45 \text{ kNm}$

Beispiel 4 Hier wurde M_A so eingeführt, wie es tatsächlich wirkt, es ergibt sich daher mit positivem
Forts. Vorzeichen. Da es in der Bezugsfaser Druck erzeugt, ist es jedoch als S c h n i t t g r ö ß e
n e g a t i v.

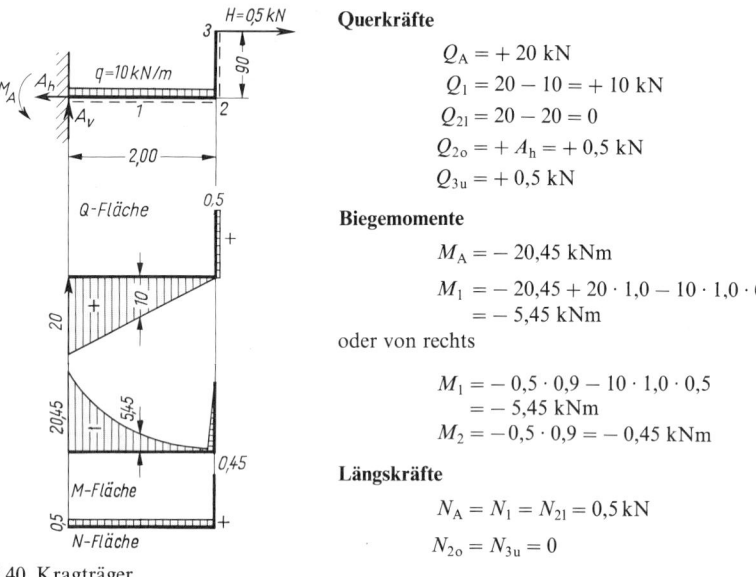

Querkräfte

$$Q_A = + 20 \text{ kN}$$
$$Q_1 = 20 - 10 = + 10 \text{ kN}$$
$$Q_{21} = 20 - 20 = 0$$
$$Q_{2o} = + A_h = + 0,5 \text{ kN}$$
$$Q_{3u} = + 0,5 \text{ kN}$$

Biegemomente

$$M_A = - 20,45 \text{ kNm}$$
$$M_1 = - 20,45 + 20 \cdot 1,0 - 10 \cdot 1,0 \cdot 0,5$$
$$= - 5,45 \text{ kNm}$$

oder von rechts

$$M_1 = - 0,5 \cdot 0,9 - 10 \cdot 1,0 \cdot 0,5$$
$$= - 5,45 \text{ kNm}$$
$$M_2 = - 0,5 \cdot 0,9 = - 0,45 \text{ kNm}$$

Längskräfte

$$N_A = N_1 = N_{21} = 0,5 \text{ kN}$$
$$N_{2o} = N_{3u} = 0$$

5.40 Kragträger

Der G e l ä n d e r p f o s t e n steht rechtwinklig zur Trägerachse, und die Ecke ist unbelastet.
Daher wird die im Pfosten auftretende Querkraft im Träger zur Längskraft. Dieser Wechsel
ist aus der Q-Fläche und der N-Fläche gut zu erkennen.

Bei allen Kragträgern haben wir die Schnittgrößen von der Kragarmspitze her ermittelt.
Wir können demnach bei Kragträgern die Schnittgrößen ohne vorherige Berechnung der
Stützgrößen bestimmen. Bei allen anderen statischen Systemen ist das i. a. nicht möglich.

5.6 Einfeldträger mit Kragarmen

5.6.1 Mit einem Kragarm

5.6.1.1 Belastung durch Einzellasten

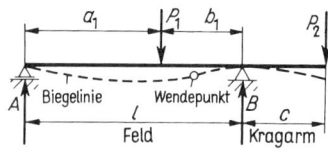

5.41 Kragträger mit Einzellasten

Einfeldträger mit Kragarm werden durch Lasten
im Felde und auf dem Kragarm (**5.41**) verschieden
beeinflußt. Diese unterschiedlichen Wirkungen
werden am klarsten und deutlichsten, wenn man
zunächst die beiden Belastungen getrennt betrachtet. Die Wirkung der Gesamtbelastung erhält man
dann durch algebraische Addition der zusammen-
gehörigen Einzelwerte.

Feldbelastung (5.42). Wie beim einfachen Träger auf zwei Lagern erhalten wir

$$A_1 = \frac{P_1 \cdot b_1}{l} \qquad\qquad B_1 = \frac{P_1 \cdot a_1}{l} \qquad\qquad M_{F1} = \frac{P_1 \cdot a_1 \cdot b_1}{l \cdot}$$

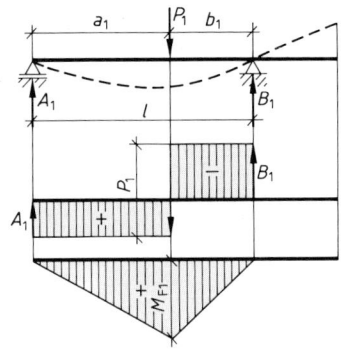
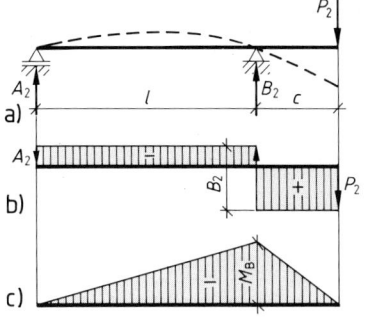

5.42 Feldbelastung   **5.43** Kragarmbelastung

Kragarmbelastung (5.43). Wir setzen auch hier die Lagerkraft A nach oben gerichtet an und erhalten für einen Drehpunkt auf B

$$\circlearrowright \Sigma M_B = A_2 \cdot l + P_2 \cdot c = 0 \qquad A_2 = -\frac{P_2 \cdot c}{l}$$

Die Annahme einer aufwärtsgerichteten Lagerkraft war also falsch; A_2 ist abwärts gerichtet. Wegen der Überlagerung mit A_1 kehren wir die Pfeilrichtung von A_2 in der Systemskizze nicht um, sondern bezeichnen A_2 als negative Lagerkraft. Für einen Drehpunkt auf A ergibt sich

$$\circlearrowright \Sigma M_A = P_2(l + c) - B_2 \cdot l = 0 \qquad B_2 = \frac{P_2(l + c)}{l} = P_2 + \frac{P_2 \cdot c}{l} = P_2 - A_2$$

Kontrolle:

$$\uparrow + \Sigma V = A_2 + B_2 - P_2 = -\frac{P_2 c}{l} + \left(P_2 + \frac{P_2 c}{l}\right) - P_2 = 0$$

Die aufwärts gerichtete Lagerkraft B hält der abwärts gerichteten Lagerkraft A und der abwärts gerichteten Last P_2 das Gleichgewicht.

Die zugehörige Querkraftfläche mit dem wirklichen Richtungssinn von A_2 zeigt Bild **5.43**. Die Lagerkraft B setzt sich hier aus einem negativen und einem positiven Betrag der Querkraft zusammen. Der Vorzeichenwechsel der Querkraft findet über der Kragarmstütze statt. Dort entsteht das dem Betrag nach größte negative Moment, das S t ü t z m o m e n t

$$M_B = -A_2 \cdot l = -P_2 \cdot c$$

Gesamtbelastung (5.44). Durch Überlagerung der Einflüsse der Feld- und Kragarmbelastung oder aber auch bei sofortiger Berücksichtigung der Gesamtbelastung, wie es für praktische Rechnungen meist geschieht, erhalten wir

$$A = A_1 + A_2 = \frac{P_1 \cdot b_1 - P_2 \cdot c}{l} \qquad B = B_1 + B_2 = \frac{P_1 \cdot a_1 + P_2(l + c)}{l}$$

Bei a b w ä r t s g e r i c h t e t e n K r ä f t e n ist B immer a u f w ä r t s gerichtet, sein Zahlenwert also immer p o s i t i v. Die Lagerkraft A ist dagegen

aufwärts gerichtet (Zahlenwert positiv)	für $P_1 b_1 > P_2 c$
gleich Null	für $P_1 b_1 = P_2 c$
abwärts gerichtet (Zahlenwert negativ)	für $P_1 b_1 < P_2 c$

Diese drei Möglichkeiten sind in Bild **5.44** mit den konstanten Werten $a_1 = 2{,}8$ m, $b_1 = c = 1{,}7$ m und den Verhältnissen der Lasten $P_1/P_2 = 2$ kN/1 kN (**5.44**b,c), $P_1 = P_2 = 1$ kN (**5.44**d,e) und $P_1/P_2 = 0{,}5$ kN/1 kN (**5.44**f,g) dargestellt.

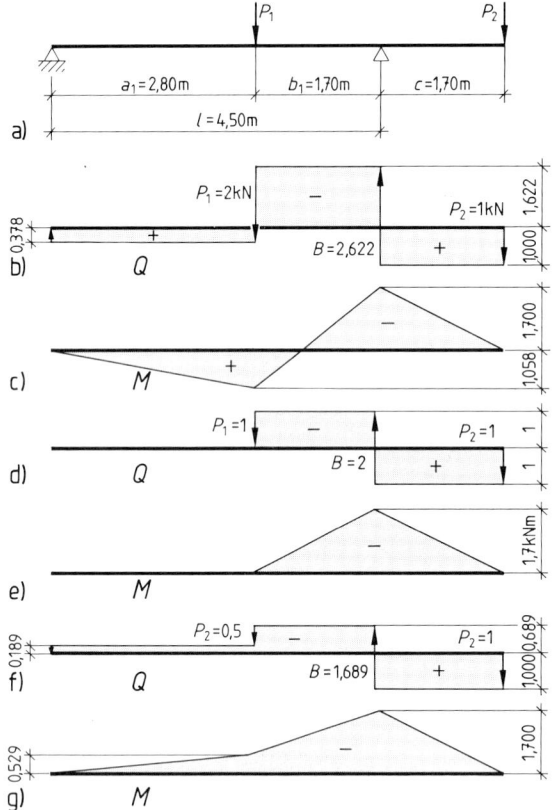

5.44
Einfeldträger mit Kragarm
und Einzellasten

5.6.1.2 Gleichmäßig verteilte Belastung

Eine über die gesamte Trägerlänge gleichmäßig verteilte Last können wir zu einer einzigen Resultierenden $R = g\,(l + c)$ zusammenfassen und mit dieser unmittelbar die Lagerkräfte berechnen. Klarer und übersichtlicher wird die Rechnung jedoch, wenn wir Kragarmbelastung und Feldbelastung trennen, wie es bei Verkehrsbelastung ohnehin erforderlich wird. Um die Veränderlichkeit im Vorzeichen der Querkraft zu zeigen, wurde abweichend vom Belastungsfall nach Abschn. 5.6.1.1 der Kragarm jetzt links angenommen. Nach Bild **5.45** erhalten wir

$$\overset{\curvearrowright}{+}\Sigma M_{\mathrm{B}} = 0 = -g \cdot c\left(\frac{c}{2} + l\right) + A \cdot l - g \cdot \frac{l^2}{2} \qquad A = \frac{g \cdot l}{2} + \frac{g\,c}{l}\left(l + \frac{c}{2}\right) = \frac{g}{2l}(l + c)^2$$

$$\overset{\curvearrowright}{+}\Sigma M_{\mathrm{A}} = 0 = B \cdot l - \frac{g \cdot l^2}{2} + g \cdot \frac{c^2}{2} \qquad B = \frac{g \cdot l}{2} - \frac{g \cdot c^2}{2l} = \frac{g}{2l}(l^2 - c^2)$$

Bei links angeordnetem Kragarm und abwärts gerichteter Belastung ist die Lagerkraft A immer aufwärts gerichtet und deshalb positiv. Für die Lagerkraft B gibt es in Abhängigkeit vom Verhältnis c/l oder Kragarmlänge zu Stützweite drei Möglichkeiten:

> aufwärts gerichtet $(B > 0)$ für $c/l < 1$ oder $c < l$
>
> gleich Null $\quad\quad (B = 0)$ für $c/l = 1$ oder $c = l$
>
> abwärts gerichtet $(B < 0)$ für $c/l > 1$ oder $c > l$

In Bild **5.45** sind für die Verhältnisse $c/l = 1,5$, $c/l = 1$ und $c/l = 0,5$ die Querkraft- und Momentenflächen dargestellt.

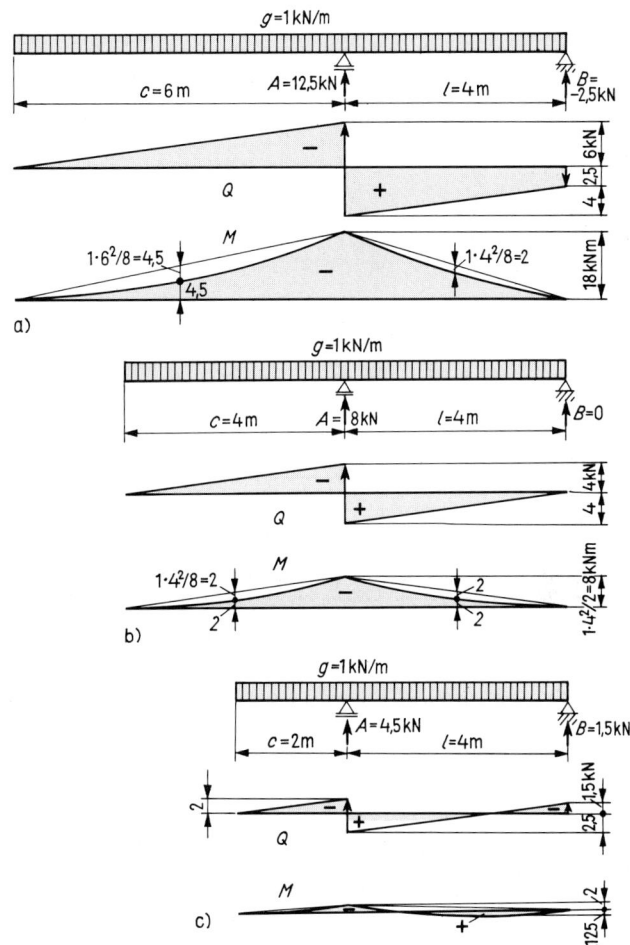

5.45
Einfeldträger mit
Kragarm unter Gleichlast

a) $c/l = 1,5$
b) $c/l = 1,0$
c) $c/l = 0,5$

5.6.1.3 Gemischte Belastung

Dieser Belastungsfall wird in Abschn. 5.6.2, Träger mit zwei Kragarmen, näher behandelt. Beim Träger mit einem Kragarm ist das dort Ausgeführte sinngemäß anzuwenden.

5.6.1.4 Ungünstigste Laststellungen

Beim einfachen Träger auf zwei Lagern erhält man die größten Stützkräfte, Querkräfte und Biegemomente, wenn der Träger v o l l belastet wird. Bei den Trägern mit einem Kragarm liegen die Verhältnisse anders. Da eine Belastung des Kragarmes auf die Lagerkraft der Endstütze und auf die Feldmomente verringernd wirkt, so erhält man bei ihnen

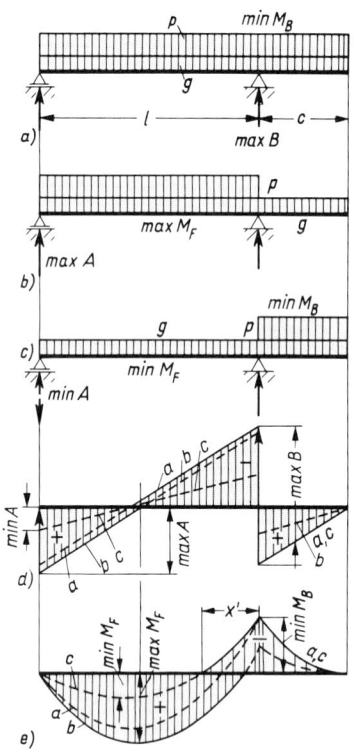

nicht alle ungünstigsten Stütz- und Schnittgrößen bei Vollbelastung; bei der Verkehrslast müssen vielmehr d r e i   v e r s c h i e d e n e   L a s t a n o r d - n u n g e n angesetzt werden. Nach Hinzufügen der ständigen Last ergeben sich die drei in Bild **5.46** dargestellten Lastfälle:

V o l l a s t (**5.46** a) ergibt an der Kragarmstütze die größte Lagerkraft (max B) und das dem Betrage nach größte negative Moment (min M_B).

V e r k e h r s l a s t   n u r   i m   F e l d e (**5.46** b) liefert die größte Lagerkraft für die Endstütze (max A) und das größte Feldmoment (max M_F).

V e r k e h r s l a s t   n u r   a u f   d e m   K r a g a r m (**5.46** c) ergibt die kleinste Lagerkraft der End- stütze (min A), die u. U. negativ wird und dann eine besondere Auflast oder Verankerung erfor- dert. Wie bei Vollbelastung erhält man das mini- male Stützmoment, im Unterschied zur Vollbela- stung ergeben sich jedoch die kleinsten Feldmo- mente (min M_F) und der am weitesten im Feld liegende Momentennullpunkt (Abstand x' im Bild **5.46** e).

Die zugehörigen G r e n z w e r t e der übergelager- ten Querkraft- und Momentenflächen zeigt Bild **5.46** d und e. Diese G r e n z l i n i e n   d e r   Q u e r - k r ä f t e   u n d   M o m e n t e sind z. B. im Stahlbeton- bau für eine genaue Bewehrungsführung und im Spannbetonbau für die Spannungsnachweise in den Bemessungsquerschnitten von Bedeutung.

5.46 Ungünstigste Laststellungen und
        Grenzwerte

5.6.2 Mit beiderseitigen Kragarmen

5.6.2.1 Gemischte Belastung

Einfeldträger mit zwei Kragarmen sind sinngemäß zu behandeln wie Träger mit einem Kragarm. Lasten auf einem Kragarm verringern das Feldmoment, entlasten das gegenüber- liegende Lager und vergrößern den Druck auf das benachbarte Lager.

Die praktische Durchführung der Berechnung zeigt das Beispiel des Abschnitts 5.6.3.

5.6.2.2 Ungünstigste Laststellungen und Grenzwerte

Auch beim Träger auf zwei Lagern mit zwei Kragarmen erhält man die ungünstigsten Werte der Stütz- und Schnittgrößen z. T. nicht bei Vollast, sondern bei Teilbelastungen. Bild **5.**47 zeigt die möglichen Laststellungen bei gleichmäßig verteilter Belastung. Zu beachten ist, daß die s t ä n d i g e L a s t bei a l l e n L a s t z u s t ä n d e n vorhanden ist. Man kann daher die ständige Last auch für sich getrennt berechnen und die erhaltenen Werte dann mit den entsprechenden aus Verkehrsbelastung überlagern.

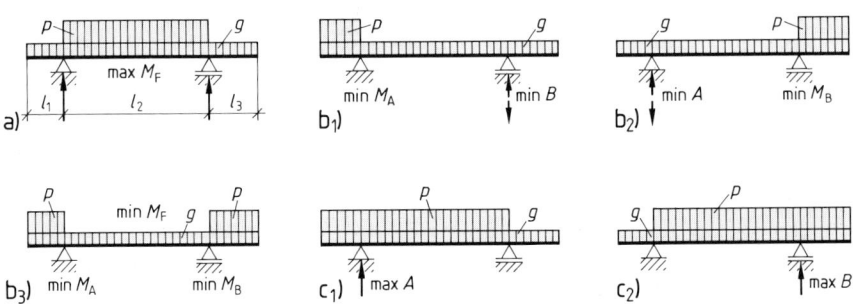

5.47 Ungünstigste Laststellungen
   a) Verkehrslast im Felde
   b) Verkehrslast auf b₁) linkem, b₂) rechtem Kragarm, b₃) beiden Kragarmen
   c) Verkehrslast im Felde und auf einem Kragarm

V e r k e h r s l a s t n u r i m F e l d e (**5.**47a) ergibt das größte Feldmoment max M_F.

V e r k e h r s l a s t n u r a u f e i n e m K r a g - a r m (**5.**47b₁ und b₂) liefert das dem Be- trage nach größte negative Moment am benachbarten Lager und gleichzeitig die kleinstmögliche (u. U. negative) Lagerkraft am gegenüberliegenden Lager.

V e r k e h r s l a s t n u r a u f b e i d e n K r a g - a r m e n (**5.**47b₃) ergibt neben den mini- malen Stützmomenten min M_S das kleinste Feldmoment min M_F, das unter Umständen auch negativ werden kann (gestrichelt in Bild **5.**47).

V e r k e h r s l a s t i m F e l d e u n d a u f d e m l i n k e n o d e r r e c h t e n K r a g a r m (**5.**47c) ergibt die größtmögliche Lagerkraft max A_1 oder max B_1.

Die aus diesen Lastzuständen sich ergeben- den G r e n z w e r t e der Querkräfte und Biegemomente zeigt Bild **5.**48.

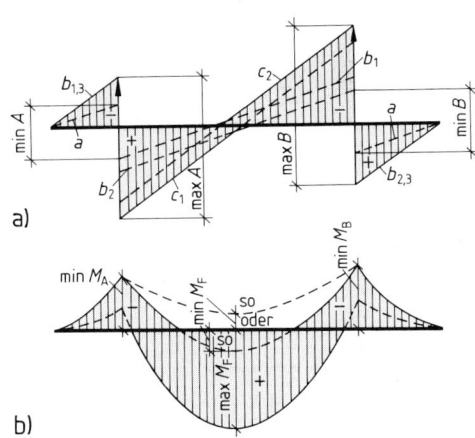

5.48 Grenzlinien der Momente und Querkräfte zu Bild **5.**47

   a) Q-Grenzlinie
   b) M-Grenzlinie

5.6.3 Anwendungen

Beispiel 6 Für einen Träger mit Kragarmen unter den in Bild **5**.49 gegebenen Lasten sollen die Schnittgrößen bestimmt werden.

Lagerkräfte

$$\curvearrowright \Sigma M_B = 0$$

$$= -20 \cdot 10,5 - 10 \cdot 2,5 \cdot 9,25 - 5 \cdot 8,0 \cdot 4,0 - 7 \cdot 4,0 \cdot 3,8 - 40 \cdot 1,8 + 14 \cdot 2,0 \cdot 1,0 + A \cdot 8,0$$

$$A = \frac{1}{8,00}(210,00 + 231,25 + 160,00 + 106,40 + 72,00 - 28,00) = 93,96 \text{ kN}$$

$$\curvearrowright \Sigma M_A = 0$$

$$= -20 \cdot 2,5 - 10 \cdot 2,5 \cdot 1,25 + 5 \cdot 8,0 \cdot 4,0 + 7 \cdot 4,0 \cdot 4,2 + 40 \cdot 6,2 + 14 \cdot 2,0 \cdot 9,0 - B \cdot 8,0$$

$$B = \frac{1}{8,00}(-50,00 - 31,25 + 160,00 + 117,60 + 248,00 + 252,00) = 87,04 \text{ kN}$$

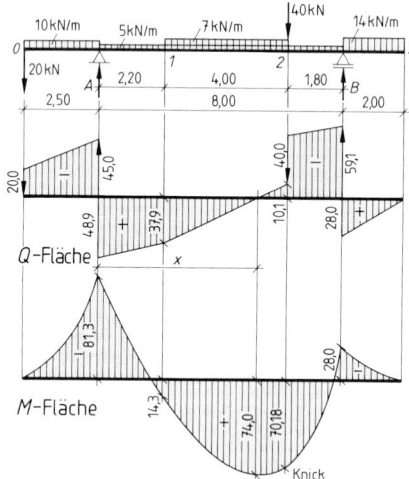

Kontrolle

$$\Sigma V = 20 + 10 \cdot 2,5 + 5 \cdot 8,0 + 7 \cdot 4,0$$
$$+ 40 + 14 \cdot 2,0 - 93,96 - 87,04$$
$$= 181 - 181 = 0$$

Querkräfte

$$Q_{0r} = -20 \text{ kN}$$

$$Q_{Al} = -20 - 10 \cdot 2,5 = -45,0 \text{ kN}$$

$$Q_{Ar} = -45 + 93,96 = +48,96 \text{ kN}$$

$$Q_1 = 48,96 - 5 \cdot 2,2 = +37,96$$

$$Q_{2l} = 37,96 - 12 \cdot 4,0 = -10,04 \text{ kN}$$

$$Q_{2r} = -10,04 - 40 = -50,04 \text{ kN}$$

$$Q_{Bl} = -50,04 - 5 \cdot 1,8 = -59,04 \text{ kN}$$

$$Q_{Br} = -59,04 + 87,04 = +28,0 \text{ kN}$$

$$Q_e = 28 - 14 \cdot 2,0 = 0$$

5.49 Träger mit Kragarmen

Die Nullstelle der Querkraft innerhalb der Stützweite liegt bei

$$x_0 = 2,20 + \frac{37,96}{12} = 2,20 + 3,16 = 5,36 \text{ m}$$

Biegemomente

$$M_A = -20 \cdot 2,50 - 10 \cdot 2,50 \cdot 1,25 = 81,25 \text{ kNm}$$

$$M_1 = -20 \cdot 4,70 - 10 \cdot 2,50 \cdot 3,45 + 93,96 \cdot 2,20 - 5 \cdot 2,20 \cdot 1,10 = 14,35 \text{ kNm}$$

$$\max M_F = -20 \cdot 7,86 - 10 \cdot 2,50 \cdot 6,61 + 93,96 \cdot 5,36 - 5 \cdot 5,36 \cdot 2,68 - 7 \cdot 3,16 \cdot 1,58$$

$$= 74,38 \text{ kNm}$$

$$M_2 = -5 \cdot 1,80 \cdot 0,90 + 87,04 \cdot 1,80 - 14 \cdot 2,00 \cdot 2,80 = 70,18 \text{ kNm}$$

$$M_B = -14 \cdot 2,00 \cdot 1,00 = -28,00 \text{ kNm}$$

5.7   Träger mit geknickter und geneigter Achse und mit Verzweigungen

5.7.1   Allgemeines

In der Praxis kommen auch Stabwerke nach Bild **5.**50 vor. Sie sehen zwar komplizierter aus als die bisher besprochenen Träger, sind jedoch ebenfalls innerlich und äußerlich statisch bestimmt. Wie bei den bisher behandelten Systemen werden Stütz- oder Schnittgrößen mit Hilfe der drei Gleichgewichtsbedingungen am Gesamtsystem oder an abgeschnittenen Teilen ermittelt.

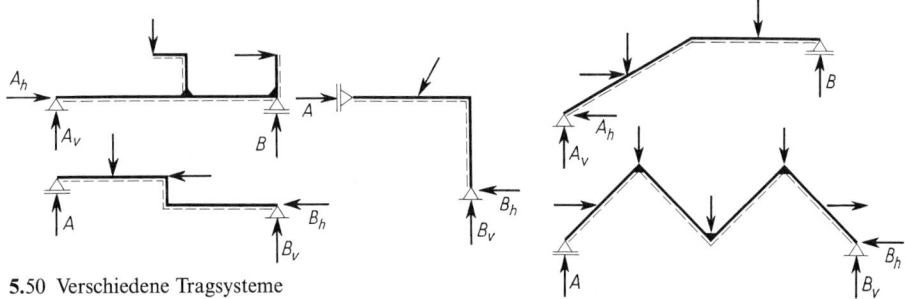

5.50   Verschiedene Tragsysteme

Lotrechte Lagerkräfte oder Lagerkraftkomponenten werden a u f w ä r t s   g e r i c h t e t eingeführt. Sind sie tatsächlich unter der gegebenen Belastung a b w ä r t s gerichtet, ergibt sich aus der Berechnung für sie ein n e g a t i v e s Vorzeichen. Wir kehren dann den R i c h t u n g s - s i n n der Lagerkraft oder -komponente in der Systemskizze n i c h t   u m, sondern lassen ihn a u f w ä r t s   g e r i c h t e t und sprechen von einer n e g a t i v e n   L a g e r k r a f t   o d e r - k o m p o n e n t e. Einspannmomente werden in der Regel so eingeführt, daß sie in der Bezugsfaser Zug erzeugen.

Die Vorzeichen der Biegemomente werden wie bei geraden Trägern mit Hilfe der B e z u g s - f a s e r bestimmt: Positiv sind Momente, die in der Bezugsfaser Zug erzeugen. Die Bezugsfaser oder gestrichelte Stabseite legen wir an die U n t e r s e i t e eines Stabes, wenn wir bei einem Stab von Unter- und Oberseite sprechen können. Bei l o t r e c h t e n Stäben ordnen wir die Bezugsfaser i n n e n an, wenn sich ein „Innen" definieren läßt. Nach Möglichkeit vermeiden wir es, daß die Bezugsfaser einen Stab s c h n e i d e t; diese Empfehlung läßt sich freilich bei Verzweigungen nicht befolgen, und sie führt bei geschlossenen Rahmen (s. Teil 3) dazu, daß die Bezugsfaser beim u n t e r e n Stab o b e n liegt. M o m e n t e   w e r d e n g r u n d s ä t z l i c h   u n d   a u s n a h m s l o s   a n   d e r   S t a b s e i t e   a n g e t r a g e n, an der sie Z u g   e r z e u g e n.

Vor dem Durchrechnen einiger Beispiele wollen wir an die Definitionen von Querkraft und Längskraft erinnern: An der Stelle eines Stabes, an der wir die Schnittgrößen ermitteln wollen, führen wir einen Schnitt senkrecht zu der Richtung, die die Stabachse in diesem Punkt hat. Die Querkraft wirkt dann in der S c h n i t t f l ä c h e und in der Tragwerks- und Lastebene, die Längskraft steht s e n k r e c h t   a u f   d e r   S c h n i t t f l ä c h e. Die positiven Richtungssinne von Q und N sind nach den Bildern **5.**15 und **5.**20 zu bestimmen; die gestrichelte Stabseite ist bei Q und N lediglich für die z e i c h n e r i s c h e   D a r s t e l l u n g der Beanspruchungsflächen, n i c h t jedoch für die Bestimmung des V o r z e i c h e n s von Bedeutung. Wie bereits im Abschn. 5.3.3 vermerkt wurde, tragen wir alle positiven Schnittgrößen an der Seite der Bezugsfaser ab.

5.7.2   Rechtwinklig geknickte Träger

Da bei den rechtwinklig geknickten Trägern die Schnittgrößen i. allg. einfacher zu ermitteln sind als bei Trägern mit geneigten Systemlinien, sollen sie als erste behandelt werden. Bevor wir an die Bestimmung der Schnittgrößen herangehen können, müssen die Stützgrößen berechnet werden.

Beispiel 7   Für den winkelförmigen Träger nach Bild **5**.51 sollen die Lagerkräfte und Schnittgrößen infolge der gegebenen Horizontallast bestimmt werden.

Lagerkräfte (5.52)

$$\curvearrowright \Sigma M_A = 0 = -B \cdot 6,0 + 30 \cdot 2,0 \qquad\qquad B = 10 \text{ kN}$$

$$\curvearrowright \Sigma M_B = 0 = A_v \cdot 6,0 + 30 \cdot 2,0 \qquad\qquad A_v = -10 \text{ kN}$$

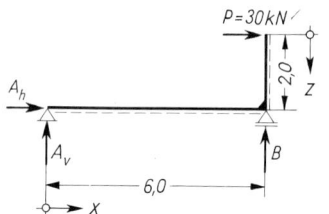
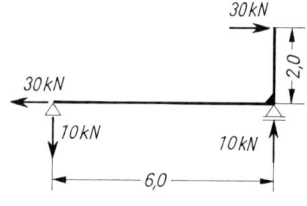

5.51 Winkelförmiger Träger auf zwei Lagern   **5**.52 Lagerkräfte

Die Lagerkraft A_v wirkt demnach als Zugkraft. Mit Angabe des Richtungssinns ergibt sich

$$A_v = 10 \text{ kN}\downarrow$$

$$\overset{+}{\rightarrow} \Sigma H = 0 = 30 + A_h = 0 \qquad\qquad A_h = -30 \text{ kN}$$

Also wirkt A_h entgegengesetzt der zunächst angenommenen Richtung: $A_h = 30 \text{ kN}\leftarrow$

Kontrolle: $\Sigma V = 0 = -10 + 10 = 0$

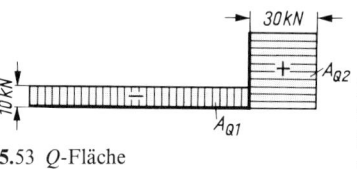

5.53 Q-Fläche

Querkräfte (**5**.53)

$$Q_A = Q_{Bl} = -10 \text{ kN}$$

Für den senkrechten Kragarm ergibt sich bei Betrachtung der Kräfte unterhalb eines horizontalen Schnittes (positive Querkraft am unteren Teil nach rechts gerichtet) (**5**.52)

$$Q_{Bo} = +A_h = +30 \text{ kN}$$

und für die Kräfte oberhalb eines horizontalen Schnitts (positive Querkraft am oberen Teil nach links gerichtet)

$$Q_{Bo} = +P = +30 \text{ kN}$$

Da keine Einspannung vorhanden ist, muß die Bedingung: „Summe der Querkraftflächen eines Systems gleich Null" erfüllt sein. Es wird

$$\Sigma A_Q = A_{Q1} + A_{Q2} = -10 \cdot 6,0 + 30 \cdot 2,0 = 0$$

Beispiel 7 **Biegemomente (5.54) im Feld**
Forts.

$$M_x = -10 \cdot x \text{ kNm} \qquad\qquad M_{Bl} = -10 \cdot 6{,}0 = -60 \text{ kNm}$$

im Kragarm, wobei die Entfernung vom Kragarmende gezählt wird

$$M_z = -30 \cdot z \text{ kNm} \qquad\qquad M_{Bo} = -30 \cdot 2{,}0 = -60 \text{ kNm}$$

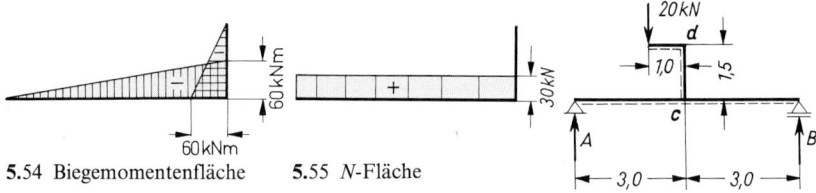

5.54 Biegemomentenfläche   5.55 N-Fläche

Längskräfte (5.55)   5.56 Träger mit aufgesattel-
Es treten lediglich Zugkräfte im waagerechten Trägerteil auf   tem Winkelträger

$$N_{Ar} = N_{Bl} = +30 \text{ kN}$$

Beispiel 8 Für den Träger nach Bild **5.**56 sind Momenten- und Querkraftfläche darzustellen.

Lagerkräfte

$$\circlearrowleft \Sigma M_A = 0 = B \cdot 6{,}0 - 20(3{,}0 - 1{,}0) \qquad B = \frac{40}{6{,}0} = 6{,}67 \text{ kN}$$

$$\circlearrowright \Sigma M_B = 0 = A \cdot 6{,}0 - 20 \cdot 4{,}0 \qquad\qquad A = 13{,}33 \text{ kN}$$

Kontrolle: $\uparrow + \Sigma V = 0 = 13{,}33 - 20 + 6{,}67 = 20 - 20 = 0$

Biegemomente (5.57 und **5.**58). Im Punkt c ist das Moment wegen der Verzweigung des Trägers nicht definiert; dafür müssen in unmittelbarer Nähe von c d r e i M o m e n t e ausgerechnet werden: unmittelbar links von c das Moment M_{cl}, unmittelbar rechts von c das Moment M_{cr} und unmittelbar über c das Moment M_{co}. Die Schnitte, die zur Berechnung dieser drei Momente geführt werden, liegen so nahe an c, daß ihr Abstand von c vernachlässigt werden kann

$$M_{cl} = A \cdot 3{,}0 = 13{,}33 \cdot 3{,}0 = 40 \text{ kNm} \qquad M_{cr} = B \cdot 3{,}0 = 6{,}67 \cdot 3{,}0 = 20 \text{ kNm}$$

$$M_{co} = -20 \cdot 1{,}0 = -20 \text{ kNm} \qquad\qquad M_d = -20 \cdot 1{,}0 = -20 \text{ kNm}$$

Eine wichtige Kontrolle besteht darin, daß die Summe der Momente am Knoten c gleich Null werden muß; nach Bild **5.**57 wird

$$\circlearrowright \Sigma M_c = 40 - 20 - 20 = 0$$

Querkräfte (5.59)

$$Q_{Ar} = Q_{cl} = A = 13{,}33 \text{ kN} \qquad\qquad Q_{cr} = Q_{Bl} = -B = -6{,}67 \text{ kN}$$

$$Q_{dl} = -P = -20 \text{ kN} \qquad\qquad Q_{co} = Q_{du} = 0$$

5.57 Momente am Knoten c 5.58 M-Fläche   5.59 Q-Fläche

Beispiel 9   Für einen zweifach geknickten Träger sind die Schnittgrößen infolge der Kräfte P und H zu ermitteln (**5.60**).

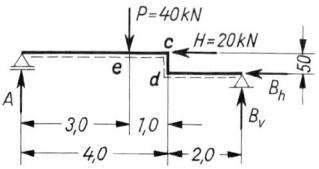

5.60 Zweifach geknickter Träger

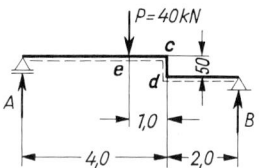

5.61 Träger mit Einzellast P

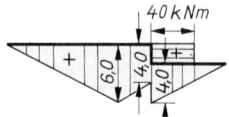

5.62 M-Fläche infolge P

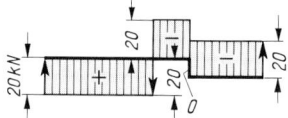

5.63 Q-Fläche infolge P

5.64 N-Fläche infolge P

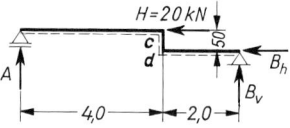

5.65 Träger mit horizontaler Last H

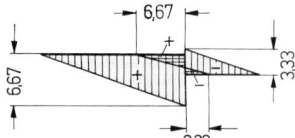

5.66 M-Fläche infolge H

Lagerkräfte infolge P (**5.61**)

$$\circlearrowleft \Sigma M_B = 0 = A \cdot 6,0 - P \cdot 3,0$$

$$\circlearrowleft \Sigma M_A = 0 = -B \cdot 6,0 + P \cdot 3,0$$

$$A = \frac{40 \cdot 30}{6,0} = 20 \,\text{kN}$$

$$B = 20 \text{ kN}$$

Biegemomente infolge P (**5.62**)

$$M_e = A \cdot 3,0 = 20 \cdot 3,0 = 60 \text{ kNm}$$

$$M_{cl} = M_{cu} = M_{do} = M_{dr} = A \cdot 4,0 - P \cdot 1,0$$
$$= 20 \cdot 4,0 - 40 \cdot 1,0 = B \cdot 2,0 = 40 \text{ kNm}$$

Querkräfte infolge P (**5.63**)

$$Q_{Ar} = Q_{el} = +20 \text{ kN}$$

$$Q_{dr} = Q_{Bl} = -B = -20 \text{ kN}$$

$$Q_{er} = Q_{cl} = Q_{dr} = A - P = 20 - 40 = -20 \text{ kN}$$

$$Q_{cu} = Q_{do} = 0$$

Längskräfte infolge P (**5.64**)

im Bereich A bis c: $N_{Ar} = N_{cl} = 0$

im Bereich c bis d: $N_{cu} = N_{do} = -20 \text{ kN}$

im Bereich d bis B: $N_{dr} = N_{Bl} = 0$

Lagerkräfte infolge H (**5.65**)

$$\circlearrowleft \Sigma M_B = 0 = A \cdot 6,0 - H \cdot 0,5$$

$$\rightarrow \Sigma H = 0 = -H - B_h = -20 - B_h$$

$$\circlearrowleft \Sigma M_A = 0 = B_v \cdot 6,0 - B_h \cdot 0,5$$
$$= B_v \cdot 6,0 + 20 \cdot 0,5$$

$$A = \frac{20 \cdot 0,5}{6,0} = 1,67 \text{ kN}$$

$$B_h = -20 \text{ kN}$$

$$B_v = -1,67 \text{ kN}$$

Kontrolle $\Sigma V = 1,67 - 1,67 = 0$

Biegemomente infolge H (**5.66**)

$$M_c = A \cdot 4,0 = 1,67 \cdot 4,0 = 6,67 \text{ kNm}$$

$$M_d = A \cdot 4,0 - H \cdot 0,5 = 1,67 \cdot 4,0 - 20 \cdot 0,5$$
$$= -3,33 \text{ kNm}$$

oder $M_d = B_v \cdot 2,0 = -1,67 \cdot 2,0 = -3,33 \text{ kNm}$

Beispiel 9   Querkräfte infolge H **(5.67)**
Forts.

$$Q_{Ar} = Q_{cl} = + A = 1,67 \text{ kN} \qquad\qquad Q_{cu} = Q_{do} = -H = -20 \text{ kN}$$

$$Q_{dr} = Q_{Bl} = -B_v = + 1,67 \text{ kN}$$

Längskräfte infolge H **(5.68)**

$$N_{Ar} = N_{cl} = 0 \qquad\qquad N_{cu} = N_{do} = + 1,67 \text{ kN} \qquad\qquad N_{dr} = N_{Bl} = + 20 \text{ kN}$$

5.67 Q-Fläche infolge H **5.68** N-Fläche infolge H

Beispiel 10 Ein an ein bestehendes Gebäude angelehnter Halbrahmen ist nach Bild **5**.69 gelagert und belastet. Lagerkräfte und Schnittgrößen sind zu ermitteln.

Lagerkräfte. Bei einem solchen System, bei dem das bewegliche Lager n i c h t w a a g e r e c h t v e r s c h i e b l i c h ist, treten auch infolge senkrechter Lasten horizontale Lagerkräfte auf. Wie bei geraden Trägern versuchen wir, mindestens zwei der drei Lagerkräfte aus voneinander unabhängigen Gleichungen zu bestimmen. Eine unabhängige Gleichung für die Berechnung einer Lagerkraft ergibt sich, wenn wir für den Schnittpunkt der beiden anderen Lagerkräfte $\Sigma M = 0$ ansetzen.

$$\curvearrowright \Sigma M_B = 0 = A \cdot 2,5 - 24 \cdot 2,0 \qquad\qquad A = \frac{38}{2,5} = 19,2 \text{ kN}$$

$$\xrightarrow{+} \Sigma H = 0 = A - B_h \qquad\qquad B_h = 19,2 \text{ kN} \leftarrow$$

$$\curvearrowright \Sigma M_A = 0 = 24 \cdot 2,0 + B_h \cdot 2,5 - B_v \cdot 4,0 \qquad B_v = \frac{48 + 19,2 \cdot 2,5}{4} = 24 \text{ kN} \uparrow$$

K o n t r o l l e : $\Sigma V = 24 - B_v = 24 - 24 = 0$

Auch die zeichnerische Ermittlung der Lagerkräfte nach Bild **5**.70 kann gut zur Kontrolle herangezogen werden:

Sie benutzt die Gleichgewichtsbedingung, daß drei Kräfte nur dann im Gleichgewicht sein können, wenn sich ihre Wirkungslinien in e i n e m Punkt schneiden. Die Wirkungslinien von A und P schneiden sich in d; durch diesen Punkt muß auch die Wirkungslinie der Lagerkraft $B = \sqrt{B_v^2 + B_h^2}$ hindurchgehen.

Querkräfte (5.71)

$$Q_{Ar} = 0 \qquad\qquad Q_{dr} = Q_{cl} = -24 \text{ kN} \qquad\qquad Q_{cu} = Q_{bo} = + B_h = + 19,2 \text{ kN}$$

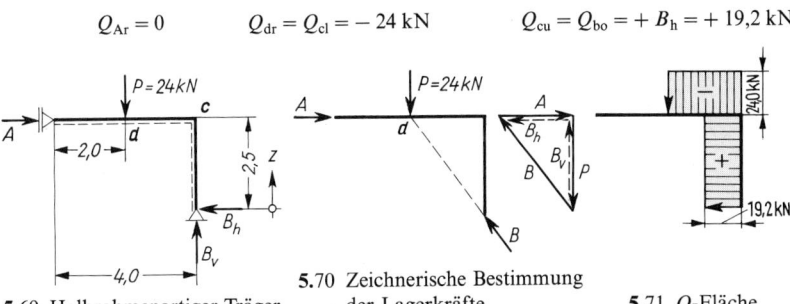

5.69 Halbrahmenartiger Träger   **5.70** Zeichnerische Bestimmung der Lagerkräfte   **5.71** Q-Fläche

Beispiel 10 Da der Träger nicht eingespannt, sondern durch ein verschiebliches und ein unverschiebli-
Forts.   ches Kipplager gestützt ist, liefert die Summierung der Querkrafteinzelflächen den Wert
Null:

$$\Sigma A_Q = A_{Q1} + A_{Q2} = 24 \cdot 2,0 - 19,2 \cdot 2,5 = 48 - 48 = 0$$

Biegemomente (5.72)

$$M_{Ar} = M_d = 0 \qquad\qquad M_{cl} = M_{cu} = -24 \cdot 2,0 = -48 \text{ kNm}$$

Im S t i e l wird

$$M_z = -B_h \cdot z = -19,2 \cdot z \text{ kNm} \qquad M_B = 0$$

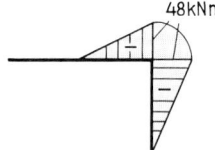

48kNm

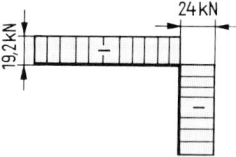

24kN

19,2kN

5.72 M-Fläche   **5.73** N-Fläche

Längskräfte (5.73)

$$N_{Ar} = N_{cl} = -19,2 \text{ kN} \qquad\qquad N_{cu} = N_{Bo} = -24 \text{ kN}$$

B e m e r k u n g : Wird für den gleichen Träger das Lager A um einen rechten Winkel gedreht,
so daß eine senkrechte Lagerkraft A entsteht, ergeben sich für die gleiche Belastung völlig
andere Schnittgrößen: Der Riegel verhält sich dann nämlich wie ein einfacher Träger
auf zwei Lagern. Der Leser kann sich davon durch eine kleine Vergleichsrechnung leicht
überzeugen.

Beispiel 11 Der Halbrahmen mit Kragarm nach Bild **5.74** soll ohne Zugverankerung des Lagers A bei
einer Höchstbelastung am Kragarmende mit $P = 12$ kN mindestens eine 1,5fache Sicherheit
gegen Kippen aufweisen. Dafür ist die Eigenlast g des waagerechten Trägers zu bestimmen.
Anschließend sind die Schnittgrößen zu ermitteln. Ausgangsgleichung (s. Abschn. Kippsicherheit) ist Gl. (4.8). Sie lautet hier

$$M_S = 1,5 M_K$$

Das Kippmoment wird gebildet aus den um die „Kippkante" b rechtsdrehenden Momenten,
hier

$$M_K = 12 \cdot 1,0 + g \cdot 1,0 \cdot 0,5 = 12 + 0,5g$$

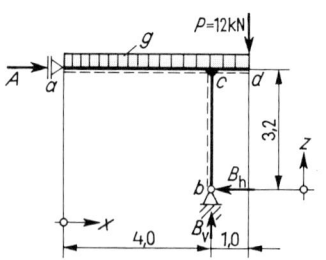

5.74 Halbrahmen mit Kragarm

und das Standmoment aus dem um b linksdrehenden Moment

$$M_S = g \cdot 4,0 \cdot 2,0 = 8,0g$$

So erhält man

$$8,0g = 1,5(12 + 0,5g) = 18 + 0,75g$$

$$7,25g = 18 \text{ kNm}$$

und daraus

$$g = \frac{18 \text{ kNm}}{7,25 \text{ m}^2} = 2,48 \approx 2,5 \text{ kN/m}$$

Beispiel 11 Lagerkräfte
Forts.

$$\curvearrowright \Sigma M_B = 0 = A \cdot 3{,}2 - g \cdot 5{,}0 \cdot 1{,}5 + P \cdot 1{,}0$$

$$A \cdot 3{,}2 = 18{,}75 - 12 = 6{,}75 \text{ kNm}$$

$$A = 2{,}11 \text{ kN} \rightarrow$$

$$\overset{+}{\rightarrow} \Sigma H = 0 = A - B_h$$

$$B_h = 2{,}11 \text{ kN} \leftarrow$$

$$\curvearrowright \Sigma M_A = 0 = g \cdot 5{,}0 \cdot 2{,}5 + P \cdot 5{,}0 + B_h \cdot 3{,}2 - B_v \cdot 4{,}0$$

$$B_v \cdot 4{,}0 = 2{,}5 \cdot 5 \cdot 2{,}5 + 12 \cdot 5{,}0 + 2{,}11 \cdot 3{,}2 = 31{,}25 + 60 + 6{,}75$$

$$B_v = \frac{98}{4{,}0} = 24{,}5 \text{ kN}$$

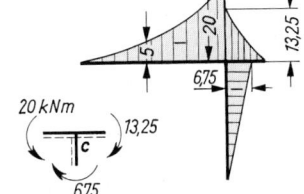

Kontrolle: $\Sigma V = g \cdot 5{,}0 + P - B_v = 12{,}5 + 12 - 24{,}5 = 0$

Querkräfte (5.75) zwischen a und c

$$Q_x = -g \cdot x = -2{,}5 \cdot x$$

5.75 Q-Fläche

$$Q_{cl} = -2{,}5 \cdot 4{,}0 = -10{,}0 \text{ kN}$$

$$Q_{cr} = -10 + 24{,}5 = +14{,}5 \text{ kN}$$
$$= +2{,}5 + 12{,}0 = +14{,}5 \text{ kN}$$

Im Schnitt unmittelbar links von d wird mit den Kräften links vom Schnitt

$$Q_d = -2{,}5 \cdot 5{,}0 + 24{,}5 = -12{,}5 + 24{,}5 = +12 \text{ kN}$$

Mit der Kraft rechts vom Schnitt

$$Q_d = +P = +12 \text{ kN}$$

Im Stiel ist

$$Q_B = Q_{cu} = +B_h = +A = +2{,}11 \text{ kN}$$

Die Summierung der Querkraftflächen liefert

$$\Sigma A_Q = A_{Q1} + A_{Q2} + A_{Q3} = -\frac{10 \cdot 4{,}0}{2} - \frac{14{,}5 + 12}{2} \cdot 1{,}0 + 2{,}11 \cdot 3{,}2$$

$$= -20 + 13{,}25 + 6{,}75 = -20 + 20 = 0$$

Biegemomente (5.76)
im waagerechten Träger (Riegel)

$$M_x = -2{,}5x \cdot 0{,}5x = -1{,}25x^2$$

für den Bereich a bis c_1

$$M_{cl} = -1{,}25 \cdot 4{,}0^2 = -20 \text{ kNm}$$

$$M_{cr} = -2{,}5 \cdot 1{,}0^2/2 - 12 \cdot 1{,}0 = -13{,}25 \text{ kNm}$$

5.76 M-Fläche und Momente am Knoten c

Von links her ermittelt ergibt sich als Kontrolle

$$M_d = -2{,}5 \cdot 5{,}0 \cdot 2{,}5 + 24{,}5 \cdot 1{,}0 + 2{,}11 \cdot 3{,}2 = -31{,}25 + 31{,}25 = 0$$

im Stiel, von unten gemessen

$$M_z = -B_h \cdot z = -2{,}11 \cdot z \text{ kNm}$$

$$M_{cu} = -2{,}11 \cdot 3{,}2 = -6{,}75 \text{ kNm}$$

Beispiel 11
Forts.

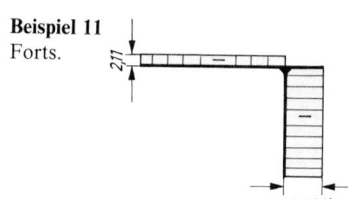

5.77 N-Fläche

Die Kontrolle über die Summe der Biegemomente am Knoten c (**5.**76) ergibt

$$\overset{\curvearrowright}{+}\Sigma M_c = -20 + 13,25 + 6,75 = -20 + 20 = 0$$

Längskräfte (5.77)

im Bereich a bis c: $N_A = N_{cl} = -2,11\ \text{kN}$

im Bereich c bis d: $N_{cr} = N_{dl} = 0$

im Bereich c bis b: $N_{cu} = N_{bo} = -24,5\ \text{kN}$

Beispiel 12 Für einen Halbrahmen nach Bild **5.**78 sind die Schnittgrößen infolge der gegebenen Lasten zu bestimmen.

Lagerkräfte

$$\overset{\curvearrowright}{+}\Sigma M_A = 0 = K \cdot 9,0 + H \cdot 2,0 - B \cdot 8,0$$

$$B \cdot 8,0 = 50 \cdot 9,0 + 8,0 \cdot 2,0 = 466 \qquad\qquad B = 58,25\ \text{kN}\uparrow$$

$$\overset{+}{\rightarrow}\Sigma H = 0 = A_h - H \qquad\qquad A_h = 8,0\ \text{kN}\rightarrow$$

$$\overset{\curvearrowright}{+}\Sigma M_B = 0 = A_v \cdot 8,0 + A_h \cdot 6,0 + K \cdot 1,0 - H \cdot 4,0$$

$$A_v \cdot 8,0 = -8,0 \cdot 6,0 - 50 \cdot 1,0 + 8,0 \cdot 4,0 = -66\ \text{kNm}$$

$$A_v = -\frac{66}{8,0} = -8,25\ \text{kN}$$

Für die Aufnahme der Lagerkraft A_v ist also eine Zugverankerung nötig.

Kontrolle: $\uparrow + \Sigma V = -8,25 - 50 + 58,25 = -58,25 + 58,25 = 0$

Querkräfte (5.79)

$$Q_A = Q_{cl} = +A_v = -8.25\ \text{kN} \qquad Q_{du} = Q_B = +8,0 - 8,0 = 0$$

$$Q_{cu} = Q_{do} = A_h = +8,0\ \text{kN} \qquad Q_{dr} = -8,25 + 58,25 = +50\ \text{kN}$$

Biegemomente (5.80)

im Riegel $M_x = A_v \cdot x = -8,25 \cdot x\ \text{kNm}$ $\qquad M_{cl} = -8,25 \cdot 8,0 = -66\ \text{kNm}$

im Stiel $M_B = M_{du} = 0 \quad M_{do} = -50 \cdot 1,0 = -50\ \text{kNm}$

$\qquad\qquad M_{cu} = -50 \cdot 1,0 - 8,0 \cdot 2,0 = -66\ \text{kNm}$

im Kragarm

$\qquad\qquad M_e = 0 \qquad\qquad\qquad\qquad\qquad M_{dr} = -50 \cdot 1,0 = -50\ \text{kNm}$

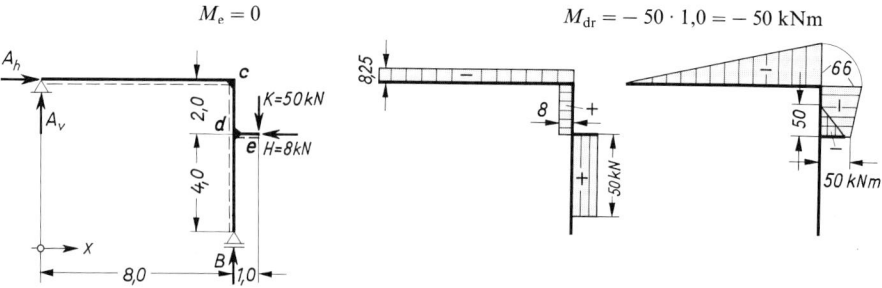

5.78 Halbrahmen mit Kranlast   **5.79** Q-Fläche   **5.80** M-Fläche

Beispiel 12 Längskräfte (5.81)
Forts.

im Riegel $\quad N_A = N_{cl} = -8,0$ kN

im Stiel $\quad N_B = N_{du} = -58,25$ kN

$\qquad N_{do} = N_{cu} = -58,25 + 50 = -8,25$ kN

im Kragarm

$\qquad N_{dr} = N_e = -8,0$ kN

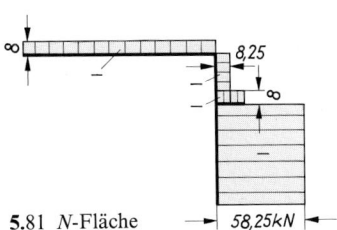

5.81 N-Fläche $\qquad$ 58,25 kN

Beispiel 13 Für das Tragsystem nach Bild **5.**82 sind die Beanspruchungsflächen zu ermitteln.

Statisch gesehen ist das Tragsystem ein d r e i f a c h
r e c h t w i n k l i g g e k n i c k t e r K r a g a r m.

Die Lösung erfolgt getrennt 1. für die lotrechte
Last P_v und 2. für die horizontale Last P_h.

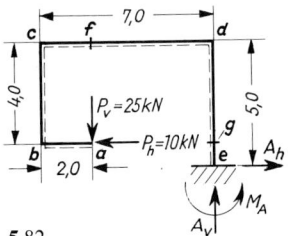

5.82
Eingespannter rahmenartiger Träger

1.1 Stützgrößen infolge P_v (**5.**83)

$$\downarrow + \Sigma V = 0 = P_v - A_v$$
$$A_v = 25 \text{ kN}$$
$$\curvearrowleft \Sigma M_A = 0 = P_v \cdot 5,0 + M_A$$
$$M_A = -25 \cdot 5,0 = -125 \text{ kNm}$$

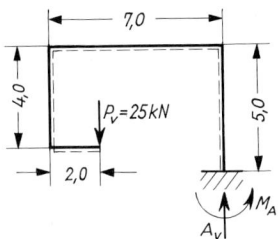

5.83 Träger mit senkrechter Last P_v

1.2 Biegemomente infolge P_v (**5.**84)

$$M_{br} = -25 \cdot 2,0 = -50 \text{ kNm}$$

$$M_{bo} = M_c = +50 \text{ kNm}$$

Der Wechsel im Vorzeichen des Biegemoments ist
die Folge davon, daß die gestrichelte Stabseite im
Eckpunkt b den Stab schneidet.

$$M_f = P_v \cdot 0 = 0$$
$$M_d = M_e = -P_v \cdot 5,0 = -25 \cdot 5,0$$
$$= -125 \text{ kNm}$$
$$M_A = -125 \text{ kNm}$$

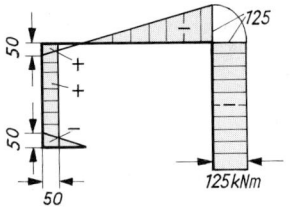

5.84 M-Fläche

1.3 Querkräfte infolge P_v (**5.**85)

$$Q_{a...b} = +P_v = +25 \text{ kN}$$
$$Q_{b...c} = 0$$
$$Q_{c...f} = -P_v = -25 \text{ kN}$$
$$Q_{f...d} = -A = -25 \text{ kN}$$
$$Q_{d...e} = 0$$

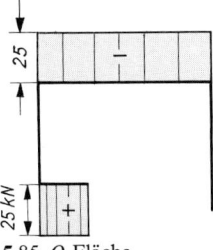

5.85 Q-Fläche

Beispiel 13
Forts.

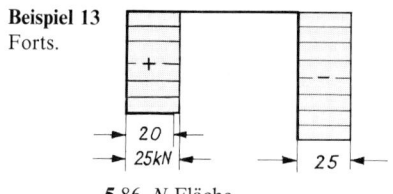

20
$25kN$ 25

5.86 N-Fläche

1.4 **Längskräfte** infolge P_v (**5.86**)

$$N_{a...b} = 0$$
$$N_{b...c} = + P_v = + 25 \text{ kN}$$
$$N_{c...d} = 0$$
$$N_{d...e} = - A = - 25 \text{ kN}$$

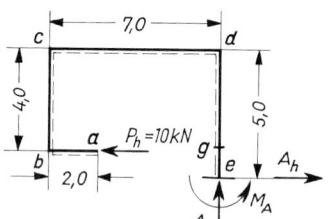

5.87 Träger mit horizontaler Last P_h

2.1 **Stützgrößen** infolge P_h (**5.87**)

$$\xrightarrow{+} \Sigma H = 0 = A_h - P_h$$
$$A_h = 10 \text{ kN}$$
$$\curvearrowright \Sigma M_A = 0 = + 10 \cdot 1{,}0 + M_A$$
$$M_A = - 10 \text{ kNm}$$

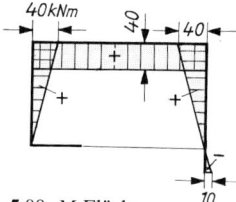

5.88 M-Fläche

2.2 **Biegemomente** infolge P_h (**5.88**)

$$M_a = M_b = 0$$
$$M_c = M_d = + 10 \cdot 4{,}0 = 40 \text{ kNm}$$
$$M_g = P_h \cdot 0 = 0$$

oder $\quad M_g = M_A + A_h \cdot 1{,}0 = - 10 + 10 \cdot 1{,}0 = 0$
$$M_A = - 10 \text{ kNm}$$

2.3 **Querkräfte** infolge P_h (**5.89**)

$$Q_{a...b} = 0$$
$$Q_{b...c} = + P_h = 10 \text{ kN}$$
$$Q_{c...d} = 0$$
$$Q_{d...e} = - P_h = - 10 \text{ kN}$$

5.89 Q-Fläche

Will man bei dieser Aufgabe die Summenprobe über alle Querkraftflächen durchführen, so ist zu beachten, daß das Einspannmoment M_A durch ein Kräftepaar aufgenommen werden muß. Die damit entstehende Querkraftfläche $F \cdot c = M_A$ kNm ist bei der Summenbildung zu berücksichtigen und läßt ΣA_Q zu Null werden.

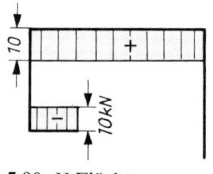

5.90 N-Fläche

2.4 **Längskräfte** infolge P_h (**5.90**)

$$N_{a...b} = - P_h = - 10 \text{ kN}$$
$$N_{b...c} = 0$$
$$N_{c...d} = + P_h = + 10 \text{ kN}$$
$$N_{d...e} = 0$$

5.7.3   Geneigte und mit beliebigem Winkel geknickte Träger

5.7.3.1   Allgemeines

Geneigte und geknickte Träger kommen bei Treppen und Dach- und Hallenbauten vor (**5.91**). Bei ihrer Berechnung ist vor allem auf die Art und Ausbildung der Lager und auf die Richtungen der Lasten und Lagerkräfte zu achten. Bei einem geneigten Träger mit einem festen und einem waagerecht verschieblichen Lager (**5.92**) müssen bei l o t r e c h t e r Belastung auch beide Lagerkräfte lotrecht gerichtet sein, weil andernfalls $\Sigma H = 0$ nicht erfüllt wäre.

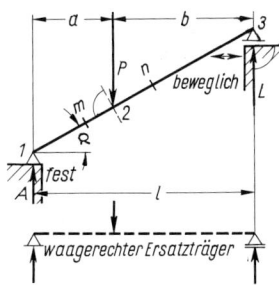

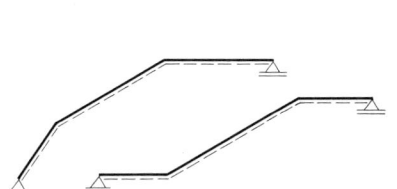

5.91 Geneigte, geknickte Träger   5.92 Geneigter Träger mit lotrechter Einzellast

Eine lotrechte E i n z e l l a s t a n b e l i e b i g e r S t e l l e ergibt bei einer solchen Lagerung aus der Momentengleichung für den Drehpunkt auf B bzw. A, wenn die w a a g e r e c h t e P r o j e k t i o n der Trägerlänge als Stützweite l eingeführt wird, die Lagerkräfte

$$A = \frac{P \cdot b}{l} \quad \text{und} \quad B = \frac{P \cdot a}{l}$$

Das größte Biegemoment erhält man für den Schnitt unter der Einzellast im Punkt *2* zu

$$M = A \cdot a = B \cdot b = \frac{P \cdot a \cdot b}{l}$$

Das sind dieselben Werte wie für einen waagerechten Träger („Ersatzträger") gleicher Stützweite (**5.92**).

Gegenüber den waagerechten Trägern nehmen aber jetzt die Q u e r k r ä f t e, d. h. die ⊥ zur Stabachse wirkenden Kräfte, andere Werte an, und es treten infolge der Neigung der Trägerachse auch L ä n g s k r ä f t e auf.

Zur Erläuterung führen wir an der Stelle x zwischen den Punkten *1* und *2* einen Schnitt durch den Träger und zeichnen den linken abgeschnittenen Teil heraus (**5.93**); mit Hilfe der drei Gleichgewichtsbedingungen ergeben sich die Schnittgrößen

$$N(x) = -A_N = -A \cdot \sin\alpha$$
$$Q(x) = +A_Q = +A \cdot \cos\alpha$$
$$M(x) = A \cdot x = A_Q \cdot \bar{x} = A \cdot \cos\alpha \cdot x/\cos\alpha$$

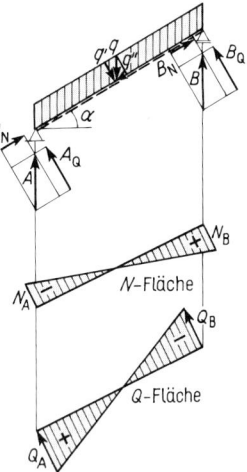

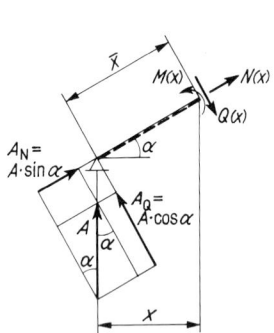

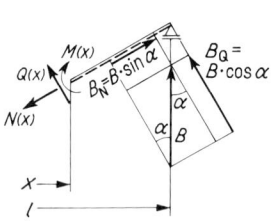

5.93 Schnittgrößen am linken
unteren Teil des geneig-
ten Trägers

5.94 Schnittgrößen am rechten oberen Trägerteil

5.95 Geneigter Träger mit
gleichmäßig verteilter
lotrechter Belastung

Als nächstes führen wir einen Schnitt zwischen den Punkten *2* und *3*; wir bezeichnen die
Abszisse wieder mit x und zeichnen den rechten abgeschnittenen Teil heraus (**5.94**). Die
Schnittgrößen ergeben sich hier zu

$$N(x) = + B_{\mathrm{N}} = + B \cdot \sin \alpha \qquad Q(x) = - B_{\mathrm{Q}} = - B \cdot \cos \alpha$$
$$M(x) = B(l - x)$$

Für gleichmäßig verteilte, lotrechte Belastung ergeben sich in ähnlicher Weise,
wenn man die lotrechte Last q der Einfachheit halber auf 1 m Grundrißlänge (s.
Ersatzträger in Bild **5.92**) bezieht,

$$A = B = \frac{q \cdot l}{2} \qquad\qquad \max M = \frac{q \cdot l^2}{8}$$

Die Längs- und Querkräfte nehmen bei dieser Belastung von den Lagern aus bis zur Mitte
geradlinig bis auf Null ab (**5.95**). An den Lagern erhält man ihre Extremwerte mit

$$N_{\mathrm{A}} = - A \cdot \sin \alpha \ (\text{Druck}) \qquad N_{\mathrm{B}} = + B \cdot \sin \alpha \ (\text{Zug})$$
$$Q_{\mathrm{A}} = + A \cdot \cos \alpha \qquad\qquad Q_{\mathrm{B}} = - B \cdot \cos \alpha$$

Bei Stahl- und Holzträgern sind die Längs- und Querkräfte, gemessen an den zulässigen
Spannungen, oft von untergeordneter Bedeutung; sie bleiben deshalb häufig außer Be-
tracht. Anders ist dies bei Stahlbetonbalken, bei denen wegen der verhältnismäßig geringen
Schubfestigkeit und der sehr kleinen Zugfestigkeit des Betons der Einfluß der Quer- und
Zugkräfte stets zu berücksichtigen ist.

Zuweilen werden geneigte Träger auch durch K r ä f t e ⊥ z u r S t a b a c h s e belastet. So haben z. B. S p a r r e n (**5.**96) außer lotrechter Belastung durch Eigenlast und Schnee auch noch Winddruck ⊥ zur Dachfläche aufzunehmen. Da die Pfetten durch das Aufklauen der Sparren Lagerkräfte in Richtung des Winddrucks aufzunehmen vermögen, erhält man jetzt mit s = wahrer Trägerlänge

$$A = B = \frac{w \cdot s}{2} \qquad\qquad \max M = \frac{w \cdot s^2}{8}$$

Ferner ist

$$Q_A = A; \quad Q_B = -B; \quad N \equiv 0$$

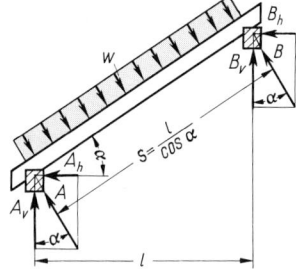

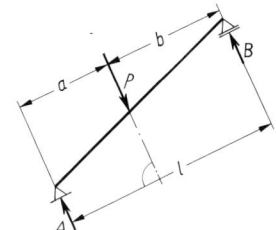

5.96 Sparren mit Windbelastung   5.97 Geneigter Träger mit beliebig schiefer Belastung

Die Lagerkräfte kann man erforderlichenfalls in ihre senkrechten und waagerechten Komponenten zerlegen. Es wird dann

$$A_v = B_v = A \cdot \cos\alpha \qquad\qquad A_h = B_h = A \cdot \sin\alpha$$

Allgemein läßt sich zur Berechnung geneigter Träger nach Bild **5.**97 folgender Satz aufstellen:

> **Ist das verschiebliche Lager eines geneigten, beliebig belasteten Träger so ausgebildet, daß die Verschiebung ⊥ zur Resultierenden der Belastung erfolgen muß, so lassen sich die Lagerkräfte und Biegemomente wie bei einem einfachen Träger auf zwei Lagern berechnen, dessen Stützweite gleich der Projektion der Trägerlinie ⊥ zur Kraftrichtung ist.**

Die zugehörigen Längs- und Querkräfte sind dagegen auf die Achse des Trägers zu beziehen und sinngemäß nach Bild **5.**93, **5.**94 und Bild **5.**95 zu ermitteln.

Geknickte Träger bringen hinsichtlich der Berechnung der Lagerkräfte nichts Neues; bei der Ermittlung der Schnittgrößen gehen wir a b s c h n i t t s w e i s e von Knick zu Knick vor.

5.7.3.2   Beispiele

Beispiel 14 Geneigter, einmal geknickter Träger mit horizontal verschieblichem Kipplager unter lotrechter Belastung (**5.**98). Die Gleichlasten q_{13} und q_{34} sind auf den lfd. m Grundrißprojektion bezogen (kN/m GP); die Lagerkräfte bezeichnen wir in diesem Beispiel gemäß DIN 1080 T4 mit C.

Beispiel 14
Forts.

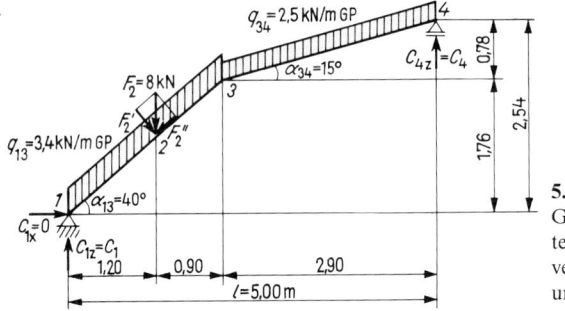

5.98
Geneigter, einmal geknickter Träger mit horizontal
verschieblichem Kipplager
unter lotrechter Belastung

Resultierende der Streckenlasten:

$$R_{13} = q_{13} \cdot 2,10 = 3,4 \cdot 2,10 = 7,14 \text{ kN} \qquad R_{34} = q_{34} \cdot 2,90 = 2,5 \cdot 2,90 = 7,25 \text{ kN}$$

1. Lagerkräfte: Da sämtliche Lasten v e r t i k a l gerichtet sind und das Lager im Punkt 4
h o r i z o n t a l verschieblich ist, wird $C_{4h} = 0$.
Aus den Momentengleichgewichtsbedingungen um die Lagerpunkte *4* und *1* ergibt sich

$$C_{1z} = C_1 = (7,14(0,5 \cdot 2,10 + 2,90) + 8,00(0,90 + 2,90) + 7,25 \cdot 0,5 \cdot 2,90)/5,00 = 13,82 \text{ kN}$$

$$C_{4z} = C_4 = (7,14 \cdot 0,5 \cdot 2,10 + 8,00 \cdot 1,20 + 7,25(2,10 + 0,5 \cdot 2,90))/5,00 = 8,57 \text{ kN}$$

Kontrolle: $\downarrow + \Sigma V = 7,14 + 8,00 + 7,25 - 13,82 - 8,57 = 0$

2. Momente:

$$M_2 = C_1 \cdot 1,20 - q_{13} \cdot 1,20^2/2 = 14,14 \text{ kNm}$$

$$M_3 = C_1 \cdot 2,10 - q_{13} \cdot 2,10^2/2 - F_2 \cdot 0,90 = 14,33 \text{ kNm}$$

3. Quer- und Längskräfte: Wir zerlegen die Last F_2 in die Komponenten F_2' senkrecht zum
Trägerstück *13* und F_2'' parallel zum Trägerstück *13*:

$$F_2' = F_2 \cos\alpha_{13} = 8 \cdot \cos 40° = 6,13 \text{ kN} \qquad F_2'' = F_2 \sin\alpha_{13} = 8 \cdot \sin 40° = 5,14 \text{ kN}$$

Mit diesen Werten ergibt sich von links (**5.99**):

$$Q_1 = \quad C_1 \cos\alpha_{13} = \quad 13,82 \cdot \cos 40° = 10,59 \text{ kN}$$

$$N_1 = -C_1 \sin\alpha_{13} = -13,82 \cdot \sin 40° = -8,89 \text{ kN}$$

$$Q_{21} = \quad Q_1 - q_{13} \cdot 1,20 \cos\alpha_{13} = +10,59 - 3,4 \cdot 1,20 \cdot \cos 40° = +7,46 \text{ kN}$$

$$N_{21} = N_1 + q_{13} \cdot 1,20 \sin\alpha_{13} = -8,89 + 3,4 \cdot 1,20 \cdot \sin 40° = -6,26 \text{ kN}$$

$$Q_{2r} = Q_{21} - F_2' \qquad\qquad = +7,46 - 6,13 = +1,34 \text{ kN}$$

$$N_{2r} = N_1 + F_2'' \qquad\qquad = -6,26 + 5,14 = -1,12 \text{ kN}$$

$$Q = 0 \text{ für } x_0 = 1,20 + \bar{x} = 1,20 + Q_{2r}/q_{13} \cos\alpha_{13} = 1,20 + 0,51 = 1,71 \text{ m}$$

$$Q_{31} = Q_{2r} - q_{13} \cdot 0,90 \cos\alpha_{13} = +1,34 - 3,4 \cdot 0,90 \cos 40° = -1,01 \text{ kN}$$

$$N_{31} = N_{2r} + q_{13} \cdot 0,90 \sin\alpha_{13} = -1,12 + 3,4 \cdot 0,90 \sin 40° = +0,85 \text{ kN}$$

Weiter ermitteln wir von rechts:

$$Q_4 = -C_4 \cos\alpha_{34} = -8,57 \cos 15° = -8,27 \text{ kN}$$

$$N_4 = +C_4 \sin\alpha_{34} = +8,57 \sin 15° = +2,22 \text{ kN}$$

$$Q_{3r} = Q_4 + q_{34} \cdot 2,90 \cos\alpha_{34} = -8,27 + 2,5 \cdot 2,90 \cos 15° = -1,27 \text{ kN}$$

$$N_{3r} = N_4 - q_{34} \cdot 2,90 \sin\alpha_{34} = +2,22 - 2,5 \cdot 2,90 \sin 15° = +0,34 \text{ kN}$$

Beispiel 14
Forts.

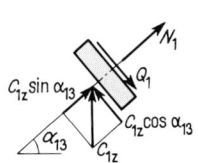

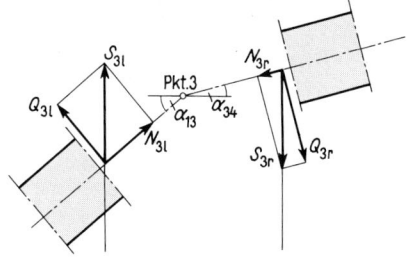

5.99 Lagerkraft $C_{1z} = C_1$ und Schnittkräfte Q_1 und N_1

5.100 Schnittkräfte S_{3l} bzw. S_{3r} als Resultierende von Q_{3l} und N_{3l} bzw. Q_{3r} und N_{3r}

4. Kontrolle: Die aus Q und N resultierende Schnittkraft S muß links und rechts des Punktes 3 den gleichen Betrag haben:

$$S_{3l} = \sqrt{Q_{3l}^2 + N_{3l}^2} = \sqrt{1,01^2 + 0,85^2} = 1,32 \text{ kN}$$

$$S_{3r} = \sqrt{Q_{3r}^2 + N_{3r}^2} = \sqrt{1,27^2 + 0,34^2} = 1,32 \text{ kN}$$

Diese Schnittkraft muß v e r t i k a l gerichtet sein: S_3 ist nämlich dem Betrage nach die Q u e r k r a f t des h o r i z o n t a l e n E r s a t z b a l k e n s :

$$Q_{3B} = \quad C_1 - q_{13} \cdot 2,10 - F_2 = 13,82 - 3,4 \cdot 2,10 - 8 = -1,32 \text{ kN}$$

$$= -C_4 + q_{34} \cdot 2,90 \qquad = -8,57 + 2,5 \cdot 2,90 \qquad = -1,32 \text{ kN}$$

Die Überprüfung der Richtung von S_{3l} und S_{3r} erfolgt am einfachsten zeichnerisch (**5.**100).
5. Wir errechnen abschließend noch das **maximale Moment** an der Stelle $x_0 = 1,71$ m: von links ergibt sich

$$\begin{aligned}
\max M &= C_1 x_0 - q_{13} x_0^2/2 - F_2(x_0 - 1,20) \\
&= 13,82 \cdot 1,71 - 3,4 \cdot 1,71^2/2 - 8(1,71 - 1,20) \\
&= 14,59 \text{ kNm}
\end{aligned}$$

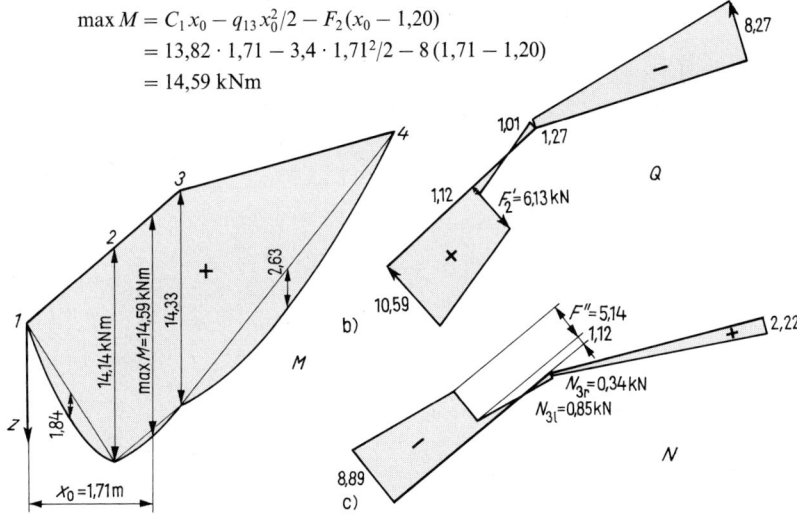

5.101 Schnittgrößenflächen

a) Momente, Ordinaten parallel zur z-Achse aufgetragen

b) Querkräfte und c) Längskräfte, Ordinaten senkrecht zur Stabachse aufgetragen

Beispiel 14 und von rechts
Forts.

$$\max M = C_4(l - x_0) - q_{34} \cdot 2{,}90\,(l - x_0 - 2{,}90/2) - q_{13}(l - x_0 - 2{,}90)^2/2$$
$$= 14{,}59 \text{ kNm}$$

Die Pfeile der Momentenparabeln zwischen den Punkten *1* und *2* bzw. *3* und *4* messen 3,4 · 2,10²/8 = 1,84 kNm bzw. 2,5 · 2,90²/8 = 2,63 kNm. Bild **5**.101 zeigt die *M*-, *Q*- und *N*-Fläche. Zur Rechengenauigkeit ist zu bemerken: Gerechnet wurde mit einem Taschenrechner, der viele Speicher besitzt; sämtliche Zwischenergebnisse wurden gespeichert und bei Bedarf aus den Speichern abgerufen. Hier angegebene Ergebnisse sind auf zwei Stellen nach dem Komma gerundet.

Beispiel 15 Geneigter, einmal geknickter Träger mit horizontal verschieblichem Kipplager unter Winddruck und -sog (**5**.102).

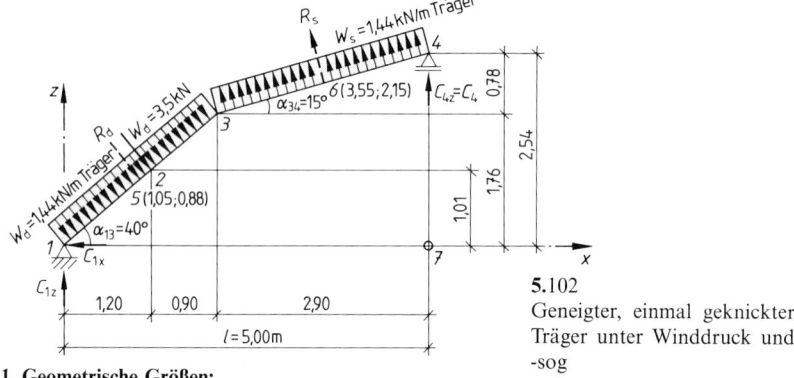

5.102
Geneigter, einmal geknickter Träger unter Winddruck und -sog

1. Geometrische Größen:

Wahre Längen:

$$l_{12} = 1{,}20/\cos 40° = 1{,}57 \text{ m} \qquad l_{23} = 0{,}90/\cos 40° = 1{,}17 \text{ m}$$
$$l_{13} = 2{,}10/\cos 40° = 2{,}74 \text{ m} \qquad l_{34} = 2{,}90/\cos 15° = 3{,}00 \text{ m}$$

2. Koordinaten:

Angriffspunkt der Resultierenden R_d des Winddrucks w_d: Punkt *5* (1,05; 0,88)

Angriffspunkt der Resultierenden R_s des Windsogs w_s: Punkt *6* (3,55; 2,15)

3. Lasten und ihre Zerlegung in Komponenten parallel zur *x*- und *z*-Achse:

$$R_\mathrm{d} = w_\mathrm{d} l_{13} = 1{,}44 \cdot 2{,}74 = 3{,}95 \text{ kN}$$

$$R_\mathrm{dx} = R_\mathrm{d} \sin \alpha_{13} = 3{,}95 \cdot \sin 40° = 2{,}54 \text{ kN} \rightarrow$$

$$R_\mathrm{dz} = R_\mathrm{d} \cos \alpha_{13} = 3{,}95 \cdot \cos 40° = 3{,}02 \text{ kN} \downarrow$$

$$R_\mathrm{s} = w_\mathrm{s} l_{34} = 1{,}44 \cdot 3{,}00 = 4{,}32 \text{ kN}$$

$$R_\mathrm{sx} = R_\mathrm{s} \sin \alpha_{34} = 4{,}32 \cdot \sin 15° = 1{,}12 \text{ kN} \leftarrow$$

$$R_\mathrm{sz} = R_\mathrm{s} \cos \alpha_{34} = 4{,}32 \cdot \cos 15° = 4{,}18 \text{ kN} \uparrow$$

$$W_\mathrm{d} = 3{,}5 \text{ kN};$$
$$W_\mathrm{dx} = 3{,}50 \sin 40° = 2{,}25 \text{ kN} \rightarrow$$
$$W_\mathrm{dz} = 3{,}50 \cos 40° = 2{,}68 \text{ kN} \downarrow$$

4. Berechnung der Lagerkräfte:

$$C_{1x} = + R_\mathrm{dx} - R_\mathrm{sx} + W_\mathrm{dx} = + 2{,}54 - 1{,}12 + 2{,}25 = 3{,}67 \text{ kN} \leftarrow$$

Beispiel 15 Aus $\Sigma M = 0$ bezüglich des Punktes 7 (5,00; 0):
Forts.

$$C_{1z} = (R_{dz} \cdot 3,95 - R_{dx} \cdot 0,88 - R_{sz} \cdot 1,45 + R_{sx} \cdot 2,15 + W_{dz} \cdot 3,80 - W_{dx} \cdot 1,01)/5,00$$
$$= (11,94 - 2,24 - 6,06 + 2,41 + 10,19 - 2,27)/5,00$$
$$= 13,98/5,00 = 2,80\ \text{kN}\uparrow$$

Aus $\Sigma M = 0$ bezüglich des Punktes 1:

$$C_{4z} = C_4 = (R_{dz} \cdot 1,05 + R_{dx} \cdot 0,88 - R_{sz} \cdot 3,55 - R_{sx} \cdot 2,15 + W_{dz} \cdot 1,20 + W_{dx} \cdot 1,01)/5,00$$
$$= (3,18 + 2,24 - 14,82 - 2,41 + 3,22 + 2,27)/5,00$$
$$= -6,34/5,00 = -1,27\ \text{kN};\ C_4\ \text{ist abwärts gerichtet.}$$

Kontrolle: $\downarrow + \Sigma V = 3,02 - 4,18 + 2,68 - 2,80 + 1,27 = 0$

5. Momente:

$$M_2 = C_{1z} \cdot 1,20 + C_{1x} \cdot 0,88 - 1,44 \cdot 1,57^2/2 = +4,82\ \text{kNm}$$

von links:

$$M_3 = C_{1z} \cdot 2,10 + C_{1x} \cdot 1,76 -$$
$$1,44 \cdot 2,74^2/2 - 3,50 \cdot 1,17 = 2,81\ \text{kNm}$$

von rechts:

$$M_3 = C_4 \cdot 2,90 + 1,44 \cdot 3,00^2/2 = +2,81\ \text{kNm}$$

6. Quer- und Längskräfte (5.103):

$$Q_1 = C_{1z}\cos\alpha_{13} + C_{1x}\sin\alpha_{13}$$
$$= 2,80\cos 40° + 3,67\sin 40° = +4,50\ \text{kN}$$

$$N_1 = -C_{1z}\sin\alpha_{13} + C_{1x}\cos\alpha_{13}$$
$$= -2,80\sin 40° + 3,67\cos 40° = +1,01\ \text{kN}$$

$$Q_{2l} = Q_1 - w_d l_{12} = +4,50 - 1,44 \cdot 1,57$$
$$= +2,24\ \text{kN}$$

$$N_{2l} = N_1 = +1,01\ \text{kN}$$

$$Q_{2r} = Q_{2l} - W_d = +2,24 - 3,50 = -1,26\ \text{kN}$$

$$N_{2r} = N_{2l} = N_1 = +1,01\ \text{kN}$$

$$Q_{3l} = Q_{2r} - w_d l_{23} = -1,26 - 1,44 \cdot 1,17$$
$$= -2,95\ \text{kN}$$

$$N_{3l} = N_{2r} = N_{2l} = N_1 = +1,01\ \text{kN}$$

5.103 Quer- und Längskräfte von Punkt 1 bis Punkt $2r$

Weiter ergibt sich von rechts her:

$$Q_4 = -C_4\cos\alpha_{34} = 1,27\cos 15° = +1,22\ \text{kN}$$

$$N_4 = +C_4\sin\alpha_{34} = -1,27\cos 15° = -0,33\ \text{kN}$$

$$Q_{3r} = Q_4 + w_s l_{34} = +1,22 - 1,44 \cdot 3,00 = -3,10\ \text{kN}$$

$$N_{3r} = N_4 = -0,33\ \text{kN}$$

7. Kontrolle: Die aus Q und N resultierende Schnittkraft muß links und rechts des Punktes 3 den gleichen Betrag haben:

$$S_{3l} = \sqrt{Q_{3l}^2 + N_{3l}^2} = \sqrt{2,95^2 + 1,01^2} = 3,12\ \text{kN}$$
$$S_{3r} = \sqrt{Q_{3r}^2 + N_{3r}^2} = \sqrt{3,10^2 + 0,33^2} = 3,12\ \text{kN}$$

Beispiel 15 Die weitergreifende Kontrolle, ob S_{3l}
Forts.   und S_{3r} die gleiche Richtung, jedoch entgegengesetzte Richtungssinne haben, führen wir zweckmäßigerweise zeichnerisch durch (**5.104**).

8. Darstellung der Schnittgrößen

Die Querkraftlinie hat zwei Nullstellen, die Momentenlinie besitzt dementsprechend zwei relative Extremwerte: Der eine liegt im Lastangriffspunkt *2*, der andere hat vom Punkt *4* in Richtung des Stabes *34* den Abstand $l_0 = Q_4/w_s = 1{,}22/1{,}44 = 0{,}85$ m und den Zahlenwert $\min M = -w_s l_0^2/2 = -1{,}44 \cdot 0{,}85^2/2 = -0{,}55$ kNm (**5.105**). Die Pfeile der Momentenparabeln errechnen sich wie folgt:

Abschnitt *12*: $1{,}44 \cdot 1{,}57^2/8 = 0{,}44$ kNm

Abschnitt *23*: $1{,}44 \cdot 1{,}17^2/8 = 0{,}25$ kNm

Abschnitt *34*: $1{,}44 \cdot 3{,}00^2/8 = 1{,}62$ kNm

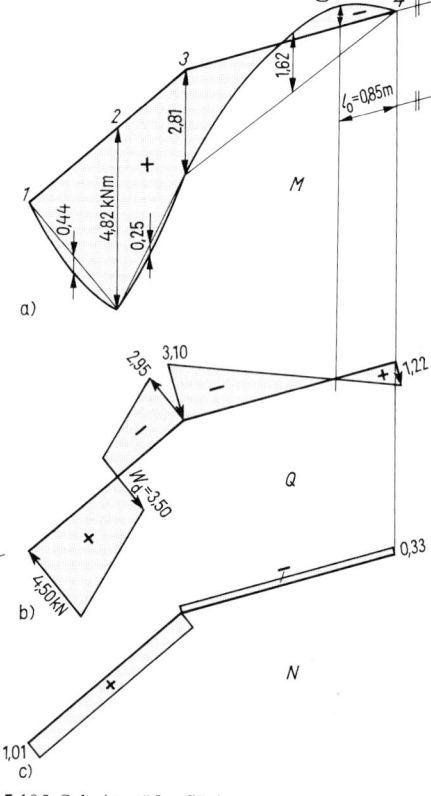

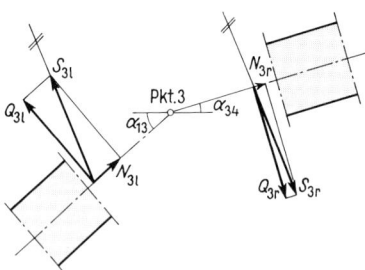

5.104 Schnittkräfte S_{3l} bzw. S_{r3} als Resultierende von Q_{3l} und N_{3l} bzw. Q_{3r} und N_{3r}

5.105 Schnittgrößenflächen

a) Momente, Ordinaten parallel zur z-Achse aufgetragen

b) Querkräfte und

c) Längskräfte, Ordinaten senkrecht zur Stabachse aufgetragen

5.7.3.3 Anwendung auf das Berechnen von Treppen

Die Treppenläufe sind geneigte Träger. Die lotrechten Eigen- und Verkehrslasten bezieht man, wie oben bereits erläutert, zweckmäßigerweise auf die Grundrißfläche. Für die Treppenläufe, -absätze (Podeste) und -zugänge sind folgende Lasten zu berücksichtigen:

Verkehrslasten in Wohnhäusern   3,5 kN/m² Grdfl.

in allen übrigen Fällen   5   kN/m² Grdfl.

Eigenlasten. Die Eigenlasten sind für die gewählte Ausführungsart nach den in der DIN 1055 gegebenen Werten von Fall zu Fall zu ermitteln.

Beispiel 16 Die Treppe in einem Wohnhaus nach Bild **5**.106 besteht aus eichenen Trittstufen von 5 cm Dicke, die mittels geknickter Flacheisen auf stählernen Rechteckhohlprofilen (MSH-Profilen) (Laufträger Pos. 1) aufgesattelt sind. Das Podest besteht wie die Trittstufen aus eichenen Bohlen, der Podestträger Pos. 2 wie die Laufträger aus stählernem Rechteckhohlprofil. Gesucht sind die Beanspruchungsflächen.

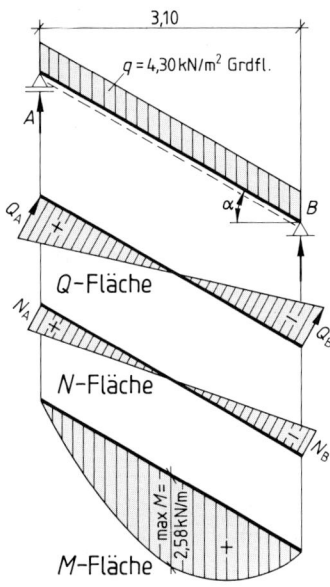

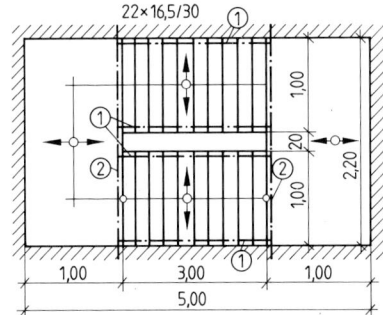

5.106 Grundriß eines Treppenhauses

5.107 Laufträger

Pos. 1: Laufträger (5.107)

$$\tan\alpha = 16{,}5/30 = 0{,}550 = \tan 28{,}81°; \quad l = 3{,}00 + 0{,}10 = 3{,}10 \text{ m}$$

Belastung: Gleichmäßig verteilte Eigen- und Verkehrslast: Für den Laufträger wird großzügigerweise $g = 0{,}20$ kN/m angesetzt.

$$g = 5 \cdot 0{,}08 + 2 \cdot 0{,}20 = 0{,}80 \text{ kN/m}^2$$
$$p = \qquad\qquad\quad 3{,}50 \text{ kN/m}^2$$
$$q = \qquad\qquad\quad 4{,}30 \text{ kN/m}^2$$

Stütz- und Schnittgrößen für einen Laufträger unter der Annahme eines unverschieblichen und eines waagerecht verschieblichen Kipplagers:

$$A = B = \frac{0{,}5 \cdot 4{,}30 \cdot 3{,}10}{2} = 3{,}33 \text{ kN}$$

$$Q_A = +A \cdot \cos\alpha = 3{,}33 \cdot 0{,}8762 = 2{,}92 \text{ kN} = -Q_B$$

$$N_A = +A \cdot \sin\alpha = 3{,}33 \cdot 0{,}4819 = 1{,}61 \text{ kN} = -N_B$$

$$\max M = q \cdot l^2/8 = 0{,}5 \cdot 4{,}30 \cdot 3{,}10^2/8 = 2{,}58 \text{ kNm}$$

Pos. 2: Podestträger (5.108)

$$l = 0{,}10 + 2{,}20 + 0{,}10 = 2{,}40 \text{ m}$$

Belastung: Gleichmäßig verteilt vom Podest:

$$q = 0{,}5 \cdot 0{,}40 + 0{,}20 + 0{,}5 \cdot 3{,}50 = 2{,}15 \text{ kN/m}$$

Beispiel 16 Einzellast von jedem Laufträger
Forts.
$$P = 3,33 \text{ kN}$$

Stütz- und Schnittgrößen:

$$A = B = 2,15 \cdot 2,40/2 + 2 \cdot 3,33 = 2,58 + 6,66 = 9,24 \text{ kN}$$

$$\max M = 2,15 \cdot 2,40^2/8 + 3,33 \cdot 0,20 + 3,33 \cdot 1,00 = 5,54 \text{ kNm}$$

$$M_2 = 9,24 \cdot 1,00 - 2,15 \cdot 1,00^2/2 - 3,33 \cdot 0,80 = 5,50 \text{ kNm}$$

$$M_1 = 9,24 \cdot 0,20 - 2,15 \cdot 0,20^2/2 = 1,81 \text{ kNm}$$

Bild **5**.108 zeigt die Querkraft- und die Momentenflächen.

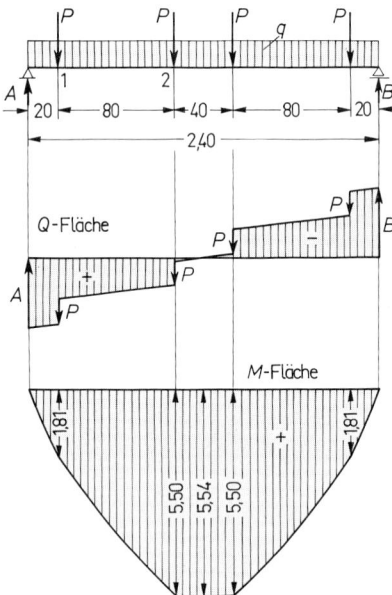

5.108 Podestträger

5.8   Gelenk- oder Gerberträger[1])

5.8.1   Allgemeines und Gelenkanordnungen

Die Aufgabe, zwei oder mehr hintereinander liegende Stützweiten mit Biegeträgern zu
überspannen, läßt sich hinsichtlich des statischen Systems auf drei verschiedene Weisen
lösen:

---

[1]) Heinrich G e r b e r (1832 bis 1912) erhielt 1866 ein Patent für die Anordnung von Gelenken bei
einem über mehrere Öffnungen durchlaufenden Träger. Der damals auch für Stahl (vor der Entdeckung
der Plastizitätstheorie) für schädlich gehaltene Einfluß geringer Stützensenkungen konnte dadurch
ausgeschaltet werden. Das System der Gelenkträger ist für Vollwand- und Fachwerkträger anwendbar.

a) mit einer Kette von Einfeldträgern (**5.**109 a)
b) mit einem Gelenk- oder Gerberträger (**5.**109 b)
c) mit einem Durchlaufträger (**5.**109 c).

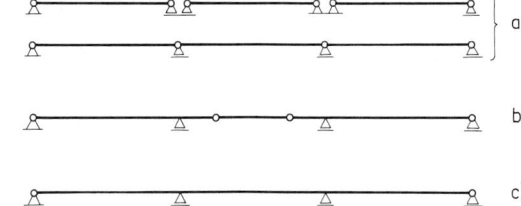

5.109
a) Kette von Einfeldträgern
b) Gelenkträger oder Gerberträger
c) Durchlaufträger

Bei der Untersuchung, welches System für die jeweilige Bauaufgabe das günstigste ist, sind die Vor- und Nachteile der Systeme gegeneinander abzuwägen:

a) Kette von Einfeldträgern

Vorteile: einfache Montage bei Ausführung in Fertigteilen; nur eine Sorte von Fertig-
              teilen; unempfindlich gegen ungleichmäßige Setzungen;

Nachteile: größere Bemessungsmomente und Durchbiegungen als bei Gelenk- und Durch-
              laufträgern; Fugen oder Übergangskonstruktionen über allen inneren Lagern;
              volle Ausnutzung der Biegesteifigkeit des Baustoffs nur in den Feldmitten;

b) Gelenkträger

Vorteile: unempfindlich gegen ungleichmäßige Setzungen; kleinere Bemessungsmo-
              mente und Durchbiegungen als bei einer Kette von Einfeldträgern; Ausnut-
              zung der Biegesteifigkeit des Baustoffs besser als bei einer Kette von Einfeld-
              trägern;

Nachteile: Gelenke sind teuer; Gelenke sind Schwachstellen und bedingen in vielen Fällen
              Fugen oder Übergangskonstruktionen;

c) Durchlaufträger

Vorteile: kleinere Bemessungsmomente und Durchbiegungen als bei einer Kette von
              Einfeldträgern; Ausnutzung der Biegesteifigkeit des Baustoffs besser als bei
              einer Kette von Einfeldträgern; zwischen den Trägern befinden sich keine
              Gelenke, Fugen oder Übergangskonstruktionen;

Nachteile: je nach Baustoff mehr oder weniger empfindlich gegen ungleichmäßige Setzun-
              gen; Herstellung aus Fertigteilen schwierig.

Durchlaufträger sind statisch unbestimmte Systeme, sie werden in Teil 2 behandelt; die Kette von Einfeldträgern und der Gelenkträger sind dagegen statisch bestimmte Systeme: Bei der Kette von Einfeldträgern wird jeder Träger für sich als einfacher Träger auf zwei Lagern behandelt (s. Abschn. 5.4); bei den Gelenkträgern oder Gerberträgern treten eine Reihe von Besonderheiten auf, die im folgenden behandelt werden.

Die Gelenke der Gerberträger sind so konstruiert, daß sie Längs- und Querkräfte, aber keine Biegemomente übertragen können (**5.**111). Für jedes Gelenk besteht daher die Bedingungsgleichung: Die Summe der Momente aller Lagerkräfte und Lasten bezüglich des Gelenkpunktes, ermittelt am Trägerteil links o d e r rechts vom Gelenk, muß gleich Null sein. Die Gelenkträger müssen eine bestimmte Anzahl Gelenke haben; aus Bild **5.**110 ist abzulesen, daß bei einem Durchlaufträger über drei Felder 5 unbekannte Stützgrößen auftreten, jedoch nur 3 Gleichgewichtsbedingungen zur Verfügung stehen: dieser Durchlaufträger ist also $5 - 3 = 2$fach statisch unbestimmt.

5.110 Durchlaufträger   5.111 Gelenk für $M = 0$

Allgemein hat ein Durchlaufträger auf n Stützen $(n + 1)$ unbekannte Stützgrößen. Da 3 Gleichgewichtsbedingungen in der Ebene zur Verfügung stehen, ist er $n + 1 - 3 = n - 2$fach statisch unbestimmt. Soll ein solcher Träger statisch bestimmt gemacht werden, müssen also $n - 2$ Gelenke eingefügt werden. Aus dieser Betrachtung ergibt sich die einfache Beziehung:

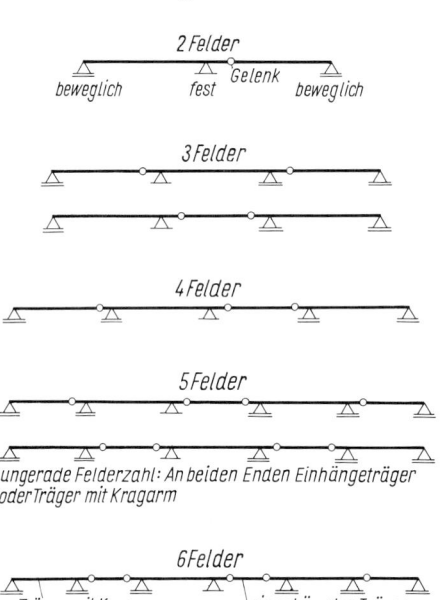

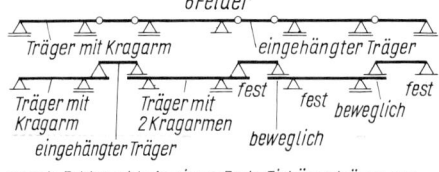

5.112 Gelenkanordnungen bei Gerberträgern

Anzahl der erforderlichen Gelenke = Anzahl der vorhandenen inneren Lager

Damit die Gelenkträger stabil bleiben und nicht in sich beweglich werden, dürfen in e i n e m   F e l d   n i c h t   m e h r   a l s   z w e i G e l e n k e angeordnet werden. Die Nachbarfelder müssen in diesem Fall von Gelenken frei bleiben. Da die Endlager auch als Gelenke aufzufassen sind, darf in e i n e m   E n d f e l d   n u r   e i n   w e i t e r e s G e l e n k vorkommen. Es ergeben sich daher bei verschiedener Felderzahl die in Bild **5.**112 dargestellten Möglichkeiten an Gelenkanordnungen.

Man kann auch in jedem Felde, mit Ausnahme eines einzigen, nur je ein Gelenk anordnen (**5.**113). Man erhält dann die K o p p e l t r ä g e r , die im Holz-Hallenbau bei Sparrenpfetten angewendet werden. Sparrenpfetten als Koppelträger erleichtern das Aufstellen der Dachbinder. Ein Nachteil der Koppelträger ist ihre geringe K a t a s t r o p h e n s i c h e r h e i t : Wird der Träger mit Kragarm zerstört, fällt die Kette der Koppelträger zusammen.

5.113 Koppelträger

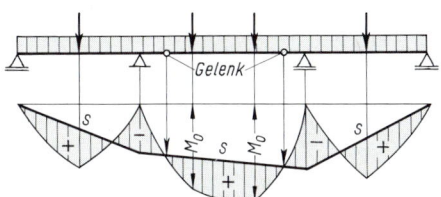

5.114 Bestimmen der Momentenfläche eines Gelenkträgers

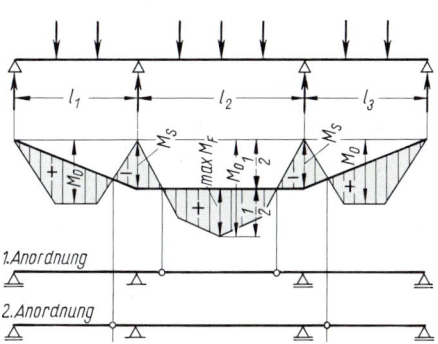

5.115 Bestimmen der Gelenke für Momentenausgleich im Mittelfeld

Gelenkträger werden vornehmlich in Dachtragwerken bei Pfetten und Sparrenpfetten angewendet. In Decken dürfen dagegen alle Träger, die gleichzeitig der Aussteifung von Gebäuden dienen, nicht als Gelenkträger ausgebildet werden. Damit die Gelenke frei spielen können, sind durchgehende Fugen im Zuge der Gelenke anzuordnen, wodurch sich Gelenkträger in Decken von Wohn- und Geschäftsgebäuden und ähnlichen Bauten von vornherein verbieten. In Dächern sind dagegen durchgehende Fugen im allgemeinen wegen der meist dünnen, nachgiebigen Dachhaut entbehrlich. Windverbände dürfen jedoch in den Gelenkfeldern nicht angeordnet werden.

Im Hochbau wählt man den Abstand der Gelenke von den Lagern meist so, daß die Feldmomente gleich den Stützmomenten werden, daß also Momentenausgleich und damit eine gute Ausnutzung der Baustoffe vorhanden ist. Die bei Gelenkträgern auftretenden Biegemomente ermittelt man für beliebige Belastung am besten zeichnerisch. Man trägt zunächst die Momente M_0 auf, das sind die Momente, die sich bei einer Kette von Einfeldträgern ergeben würden. Dann projiziert man die Gelenkpunkte auf die M_0-Linie und zieht durch die projizierten Gelenkpunkte die Schlußlinie s (5.114), die unter den Innenstützen Knicke aufweist. Die Momentenordinaten des Gelenkträgers liegen jetzt zwischen M_0-Linie und Schlußlinie.

Umgekehrt läßt sich auf diese Weise, wenn man die Forderung nach Momentenausgleich stellt, die Lage der Gelenke bestimmen. Sollen z. B. für den Träger nach Bild 5.115 die Gelenke so angeordnet werden, daß das größte Moment im Mittelfeld gleich den Beträgen der benachbarten Stützmomente wird, so braucht man nach Zeichnen der M_0-Linie nur die Schlußlinie im Mittelfeld so zu führen, daß sie horizontal verläuft und die Ordinate des größten Feldmoments halbiert. Die Schnittpunkte der Schlußlinie mit der M_0-Linie sind die Momentennullpunkte des Gelenkträgers; in zwei von ihnen werden unter Beachtung der oben angeführten Regeln Gelenke angeordnet.

Wendet man diese Betrachtungen auf den bei Pfetten und Sparrenpfetten vorkommenden

Sonderfall: Gleichmäßig verteilte Gesamtlast über den ganzen Träger bei gleichen Stützweiten an, so ergibt sich für die Mittelfelder (5.116)

$$\mathbf{max}\, M_{\mathbf{F}} = -M_{\mathbf{S}} = \frac{1}{2} \cdot \frac{q \cdot l^2}{8} = \frac{q \cdot l^2}{16} = 0{,}0625\, ql^2 \qquad (5.8)$$

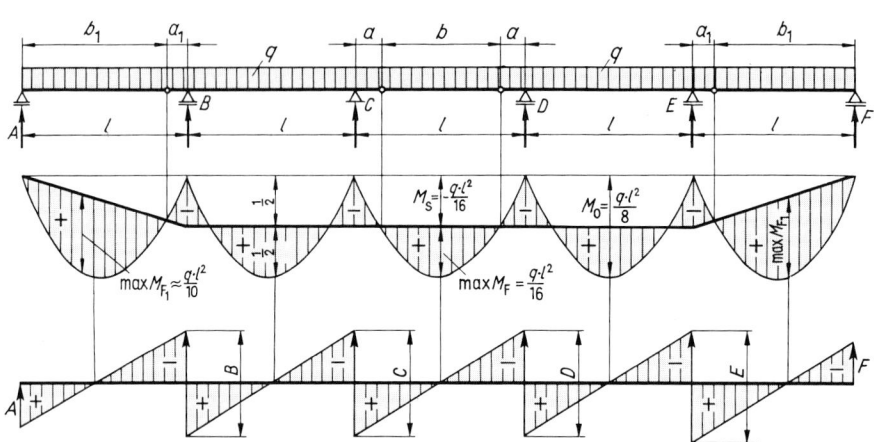

5.116 Momente und Querkräfte eines Gelenkträgers mit gleichmäßig verteilter Belastung, gleichen Feldweiten und Momentenausgleich in den Mittelfeldern

Die Lage der Gelenke im Mittelfeld berechnet sich aus der Bedingung, daß die am Kragarm wirkenden Lasten das Stützmoment $q \cdot l^2/16$ hervorrufen (**5.117**)

$$M_S = - \frac{q(l - 2a)}{2} a - \frac{q \cdot a^2}{2} = - \frac{q \cdot l^2}{16}$$

$2 \cdot -M_S \Rightarrow M_F = q \cdot a(l - 2a) + q \cdot a^2$

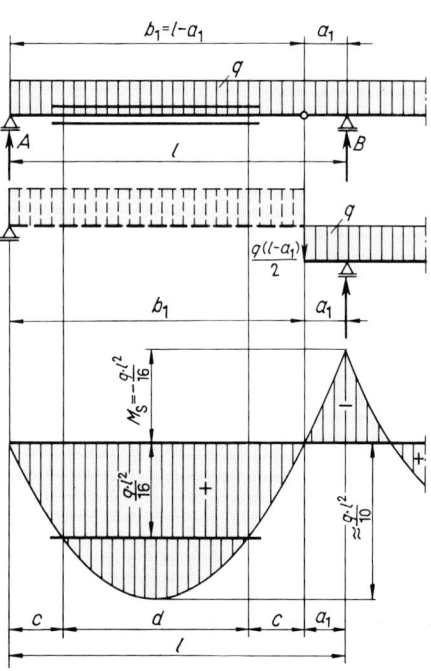

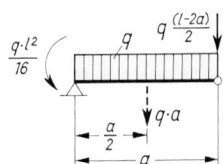

5.117 Herausgeschnittener Trägerteil zur Bestimmung von a

5.118 Gelenklage im verstärkten Endfeld

Hieraus erhält man die gemischt-quadratische Gleichung

$$a^2 - a \cdot l + l^2/8 = 0$$

Deren Auflösung ergibt

$$\boldsymbol{a = 0{,}14645\,l \approx l/7} \tag{5.9}$$

Die Länge des eingehängten Trägers wird damit

$$\boldsymbol{b = l - 2\,a = 0{,}7071\,l \approx 5/7 \cdot l} \tag{5.10}$$

Soll auch über dem ersten und letzten inneren Lager das Moment $- q\,l^2/16$ auftreten, so ergibt sich die Lage des Gelenks im Endfeld aus der Gleichung (**5**.118)

$$M_{\mathrm{S}} = - \frac{q\,(l - a_1)}{2}\,a_1 - \frac{q \cdot a_1^2}{2} = - \frac{q \cdot l^2}{16}$$

daraus $- a_1 \cdot l + a_1^2 - a_1^2 = - l^2/8$

$$\boldsymbol{a_1 = l/8 = 0{,}125\,l} \tag{5.11}$$

$$\boldsymbol{b_1 = 7/8 \cdot l = 0{,}875\,l} \tag{5.12}$$

Mit diesen Werten berechnet sich im Endfeld das größte Feldmoment zu

$$\boldsymbol{\max M_{\mathrm{F1}} = q\,(0{,}875\,l)^2/8 = 0{,}0957\,q \cdot l^2 \approx q\,l^2/10} \tag{5.13}$$

d. h., im E n d f e l d ist das Biegemoment g r ö ß e r als im M i t t e l f e l d. Die Länge d der Biegemomentfläche, über die eine Verstärkung des Trägers nötig ist, sofern er nicht im ganzen stärker ausgeführt wird, findet man aus der Bedingung (**5**.118)

$$\frac{q \cdot b_1}{2}\,c - q \cdot c\,\frac{c}{2} = \frac{q \cdot l^2}{16}$$

Mit $b_1 = 0{,}875\,l$ erhält man die quadratische Gleichung

$$c^2 - 0{,}875\,c \cdot l = - 0{,}125\,l^2$$

$$\boldsymbol{c = 0{,}18\,l} \tag{5.14}$$

$$\boldsymbol{d = 0{,}875\,l - 2\,c = (0{,}875 - 0{,}360)\,l = 0{,}515\,l}$$

Bei dieser Gelenkanordnung werden die Lagerkräfte (**5**.116)

$$A = F = 0{,}5 \cdot 0{,}875\,q \cdot l = 0{,}4375\,q \cdot l$$

$$B = E = 0{,}5\,q \cdot l + 0{,}5625\,q \cdot l = 1{,}0625\,q \cdot l$$

$$C = D = q \cdot l$$

Um die Verstärkung der Endfelder zu vermeiden, kann man die Endfelder so verkürzen, daß auch bei ihnen das größte Feldmoment $\max M_{\mathrm{F}} = q \cdot l^2/16$ wird.

Dann muß (wie im Mittelfeld) auch im Endfeld werden (**5**.119)

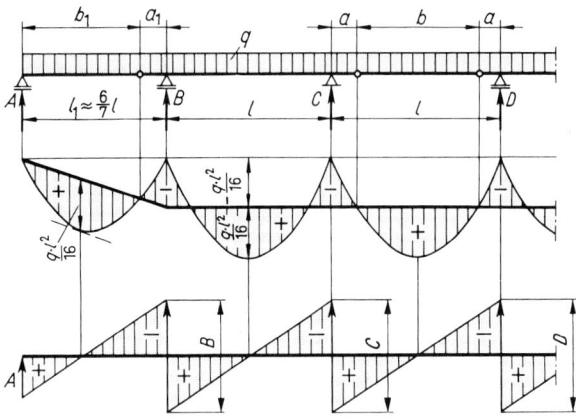

5.119
Momente und Querkräfte eines Gelenkträgers mit verkürztem Endfeld und Momentenausgleich in allen Feldern

$$b_1 = b = 0{,}7071\,l \approx 5/7 \cdot l \qquad\qquad a_1 = a = 0{,}14645\,l \approx l/7$$

und damit die gesamte Stützweite l_1 im Endfeld

$$\mathbf{l_1 = (0{,}7071 + 0{,}14645)}\,l = \mathbf{0{,}8536}\,l \approx \mathbf{6/7 \cdot l}$$

Damit erhält man die Lagerkräfte

$$A = F = 0{,}5 \cdot 0{,}7071\,q \cdot l = 0{,}354\,q \cdot l \qquad\qquad B = C = D = \cdots = q \cdot l$$

5.8.2 Anwendungen

Beispiel 17 Eine Fabrikhalle von $15\,\text{m} \times 27\,\text{m}$ Grundfläche (**5.120**) soll durch vier Fachwerkbinder überdacht werden. Die Binder sind so aufzustellen, daß die als Gelenkträger auszubildenden Pfetten in allen Feldern und über allen Stützen das gleiche Biegemoment erhalten. Welche Binderabstände sind hierfür zu wählen, und welches größte Biegemoment müssen die Pfetten des flachen Daches aufnehmen, wenn die Gesamtlast aus Eigenlast, Schnee und Wind $6{,}5\,\text{kN/m}$ beträgt?

Die beiden Endfelder müssen eine Spannweite von je $0{,}8536\,l$ der Mittelfelder erhalten. Bei vier Bindern oder fünf Feldern besteht also die Beziehung

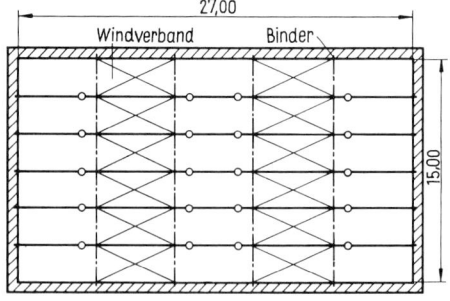

$$2 \cdot 0{,}8536\,l + 3\,l = 27 + 2 \cdot \frac{0{,}20}{2}$$

$$l = \frac{27{,}20}{4{,}707} = 5{,}78\,\text{m}$$

$$l_1 = \frac{27{,}20 - 3 \cdot 5{,}78}{2} = 4{,}93\,\text{m}$$

$$a = 0{,}1465 \cdot 5{,}78 = 0{,}85\,\text{m}$$

$$b = 5{,}78 - 2 \cdot 0{,}85 = 4{,}08\,\text{m}$$

$$b_1 = 4{,}93 - 0{,}85 = 4{,}08\,\text{m}$$

5.120 Fabrikhallengrundriß mit Gelenkpfetten   Diese Gelenkmaße zeigt Bild **5.121**.

Beispiel 17 Stütz- und Feldmomente haben nach Gl. (5.8) die Größe

Forts.

$$\max M_F = -M_S = \frac{6{,}50 \cdot 5{,}78^2}{16} = \frac{6{,}50 \cdot 4{,}08^2}{8} \approx 13{,}55 \text{ kNm}$$

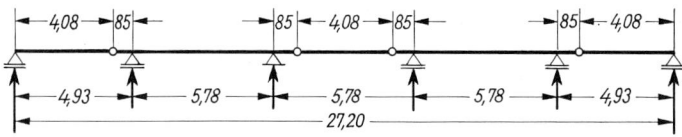

5.121   Binderteilung und Gelenkmaße bei verkürzten Endfeldern

Beispiel 18 Für die Fabrikhalle des Beispiels 17 sollen alle Binderfelder gleich groß werden. Wie sind die Gelenke anzuordnen, und welche Momente treten auf?

$$l = \frac{27{,}20}{5} = 5{,}44 \text{ m}$$

In den **Mittelfeldern** und über den Innenstützen

$$\max M_F = -M_S \approx \frac{6{,}50 \cdot 5{,}44^2}{16} = 12 \text{ kNm}$$

Im **Endfeld** wird nach Gl. (5.13)

$$\max M_F \approx \frac{6{,}50 \cdot 5{,}44^2}{10} = 19{,}2 \text{ kNm}$$

Die Gelenkmaße werden (**5.**122) (Gl. (5.9), (5.10), (5.11), (5.12), (5.14))

$$a = 0{,}1465 \cdot 5{,}44 = 0{,}80 \text{ m} \qquad a_1 = 0{,}125 \cdot 5{,}44 = 0{,}68 \text{ m}$$
$$b = 0{,}7071 \cdot 5{,}44 = 3{,}84 \text{ m} \qquad b_1 = 0{,}875 \cdot 5{,}44 = 4{,}76 \text{ m}$$
$$c = 0{,}180 \ \cdot 5{,}44 = 0{,}98 \text{ m}$$

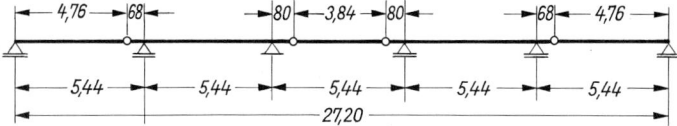

5.122   Gelenkmaße bei gleichem Binderabstand und verstärkten Endfeldern

5.9   Dreigelenkrahmen und Dreigelenkbogen

5.9.1   Allgemeines

Dreigelenkrahmen und -bogen besitzen zwei feste Lager, so daß sich für den allgemeinen Lastfall 4 unbekannte Stützgrößen ergeben. Zu ihrer Bestimmung stehen die drei Gleichgewichtsbedingungen der ebenen Statik zur Verfügung, die am ganzen Tragwerk aufgestellt werden. Hinzu kommt eine Momentengleichgewichtsbedingung bezüglich des Gelenks, die sich nur auf einen Teil des Systems bezieht: Die Summe der Momente aller Lagerkräfte und Lasten bezüglich des Gelenkpunktes, ermittelt am Tragwerkteil links o d e r rechts vom Gelenk, muß gleich Null sein. Dreigelenkrahmen und -bogen sind also in gleicher Weise statisch bestimmt wie vorher der Gelenkträger. Infolge ihrer statischen Bestimmtheit sind diese Tragwerke recht unempfindlich gegen Senkungen oder Verdrehungen der Lager – im Gegensatz zu statisch unbestimmten und komplizierten Tragwerken, die in Teil 2 und 3 behandelt werden.

Wie bereits im Abschn. 5.2.1 erwähnt wurde, sind Rahmen und Bogen dadurch gekennzeichnet, daß lotrechte Belastung nicht nur lotrechte, sondern auch w a a g e r e c h t e L a g e r k r a f t k o m p o n e n t e n (Horizontalschübe) hervorruft.

Beim Dreigelenkrahmen (5.123) bezeichnet man die in den Lagerpunkten beginnenden lotrechten oder geneigten Stäbe als S t i e l e und den die Stiele verbindenden horizontalen oder geneigten Stab als R i e g e l. Die Rahmenstiele sind in den Lagerpunkten gelenkig gelagert und mit dem Rahmenriegel durch „biegesteife Ecken", die die Biegemomente weiterleiten, verbunden, sofern nicht das Gelenk in einer Ecke angeordnet ist. Als eine Sonderform des Dreigelenkrahmens kann das S p a r r e n d a c h angesehen werden, das nur aus zwei geneigten Stielen besteht, die gelenkig miteinander verbunden sind.

Der Dreigelenkbogen ist ein statisch bestimmtes bogenförmiges Tragwerk. Die später behandelten statisch unbestimmten Bogen können vom Dreigelenkbogen her leichter in ihrer Tragwirkung verstanden werden. Die Gelenke in den festen Lagerpunkten oder Kämpfern heißen Kämpfergelenke; das dritte, in der Bogenachse gelegene Gelenk wird häufig im Scheitel des Bogens angeordnet und heißt dann Scheitelgelenk. Die Form des Bogens ist beliebig. Sie wird tunlichst so gewählt, daß die Biegemomente infolge der auftretenden Belastungen möglichst klein werden. Sehr übersichtlich und zweckmäßig läßt sich die Bogenform, auch bei verschiedenen Lastfällen, mit dem S t ü t z l i n i e n v e r f a h r e n ermitteln, das in Band 2 dieses Werkes besprochen wird. An dieser Stelle sei bemerkt, daß Bogen und Gewölbe aus Stein, die der Form einer Kreislinie oder einer Parabel oder anderen mathematischen Funktionen folgten, in der Baugeschichte eine bedeutende Rolle gespielt haben.

5.9.2   Symmetrischer Dreigelenkrahmen

5.9.2.1   Allgemeines zur Bestimmung der Lagerkräfte

Unbekannt sind 4 Größen, z. B. die Beträge der resultierenden Lagerkräfte A und B und deren Neigungswinkel α und β (**5.**123a) o d e r die Komponenten A_v, H_A und B_v, H_B der Lagerkräfte (**5.**123b). Zur Verfügung stehen 3 Gleichgewichtsbedingungen. Weil das Biegemoment im Gelenk g verschwinden muß, ist die 4. erforderliche Bedingung in der Form gegeben, daß das Moment aller Kräfte links o d e r rechts von der Schnittstelle g gleich Null sein muß, also $M_g = 0$.

5.9.2.2   Rahmen mit senkrechter Einzellast auf dem Riegel

Für einen Dreigelenkrahmen (**5.**124) mit der Last P sind die Lagerkräfte und die inneren Kraftgrößen zu bestimmen.

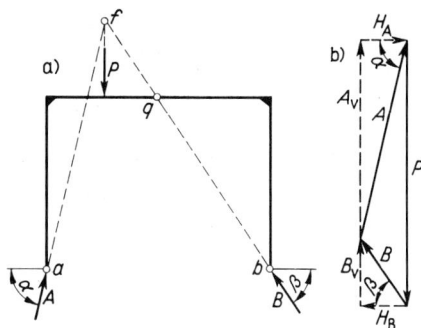

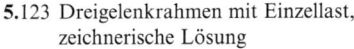

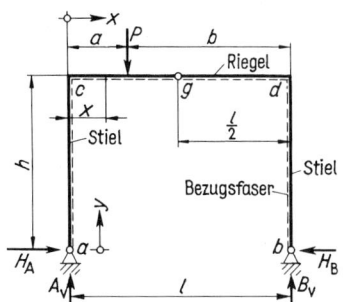

5.123 Dreigelenkrahmen mit Einzellast,   5.124 Dreigelenkrahmen mit Einzellast P
zeichnerische Lösung

1. Lagerkräfte

Zeichnerisch sind die Lagerkräfte (**5.**123) rasch zu finden: Insgesamt greifen 3 Kräfte, nämlich P, A und B am System an. Die rechte Hälfte des Dreigelenkrahmens ist unbelastet, sie wirkt auf die belastete linke Hälfte wie eine ge k n i c k t e P e n d e l s t ü t z e. Deshalb kann die Wirkungslinie von B sofort angegeben werden: Weil im Gelenk g das Moment $M_g = 0$ sein muß, fällt die Wirkungslinie von B mit der Geraden b–g zusammen; diese Wirkungslinie trifft, über g hinaus verlängert, die Wirkungslinie der Kraft P im Punkt f. Da aber 3 Kräfte nur im Gleichgewicht stehen können, wenn sie sich in e i n e m Punkt schneiden, ist die Wirkungslinie von A durch die Punkte a und f bestimmt. Mit den so gewonnenen Wirkungslinien von A und B können im Krafteck (**5.**123 b) deren Größe und Richtung unmittelbar gefunden werden. Auch die Komponenten A_v, H_A, B_v und H_B können aus dem Krafteck leicht ermittelt werden.

Für die r e c h n e r i s c h e Lösung werden die 3 Gleichgewichtsbedingungen $\Sigma M_b = 0$, $\Sigma M_a = 0$, $\Sigma H = 0$ und die Gelenkbedingung $M_g = 0$ benutzt.

Es ist $\quad \curvearrowright \Sigma M_b = 0 = A_v \cdot l - P \cdot b \qquad A_v = \dfrac{P \cdot b}{l}$

$\qquad \curvearrowleft \Sigma M_a = 0 = B_v \cdot l - P \cdot a \qquad B_v = \dfrac{P \cdot a}{l}$

Die lotrechten Lagerkräfte sind also genau so groß wie die eines einfachen Trägers auf zwei Lagern mit der Stützweite l [Ersatzträger, Nullsystem des Riegels (**5.**125)].

$\qquad \xrightarrow{+} \Sigma H = 0 = H_A - H_B \qquad H_A = H_B$

und schließlich am unbelasteten Teil rechts vom Gelenk

$\qquad \curvearrowleft M_g = 0 = B_v \cdot \dfrac{l}{2} - H_B \cdot h$

$\qquad H_B = \dfrac{B_v \cdot l}{2h} = \dfrac{P \cdot a}{l} \cdot \dfrac{l}{2h} = \dfrac{P \cdot a}{2h} = H_A = H$

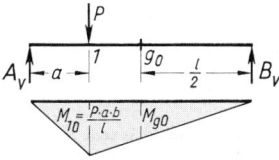

5.125 Nullsystem des Riegels =
Träger mit Spannweite l

Das gleiche Ergebnis erhält man am Rahmenteil links von g:

$$\curvearrowright M_g = 0 = A_v \cdot \frac{l}{2} - H_A \cdot h - P\left(\frac{l}{2} - a\right)$$

$$H_A = \frac{1}{h}\left[A_v \cdot \frac{l}{2} - P\left(\frac{l}{2} - a\right)\right] = \frac{1}{h}\left[\frac{P \cdot b}{l} \cdot \frac{l}{2} - P \cdot \frac{l}{2} + P \cdot a\right]$$

da $b = l - a$, ist

$$H_A = \frac{1}{h}\left[\frac{P(l-a)}{l} \cdot \frac{l}{2} - P \cdot \frac{l}{2} + P \cdot a\right] = \frac{1}{h}\left[\frac{P \cdot l}{2} - \frac{P \cdot a}{2} - \frac{P \cdot l}{2} + P \cdot a\right]$$

$$= \frac{P \cdot a}{2h} = H_B$$

Der letzte Rechnungsgang zeigt, wieviel Rechenarbeit erspart wird, wenn man für die Berechnung von H die Seite auswählt, auf der weniger Kräfte wirken.
Aus der Momentenbedingung $\Sigma M_g = 0$ am unbelasteten Teil rechts vom Gelenk geht deutlich hervor, wie das Moment des Nullsystems im Gelenkpunkt $B_v \cdot \frac{l}{2} = \frac{P \cdot a}{l} \cdot \frac{l}{2}$ durch das Moment des Horizontalschubes $H \cdot h$ zum Verschwinden gebracht wird. Mit $B_v \cdot l/2 = M_{g0}$ können wir schreiben $M_{g0} = H \cdot h$ oder

$$H = \frac{M_{g0}}{h} \tag{5.15}$$

Wir erhalten also den Horizontalschub, wenn wir das an der Stelle des Gelenks im Ersatzträger oder Nullsystem auftretende Moment durch die Rahmenhöhe teilen. Formel (5.15) gilt für jede beliebige lotrechte Belastung des Riegels.

2. Momente (5.126)

S t i e l e ac und bd

$$M(y) = -H \cdot y = -\frac{P \cdot a}{2h} y$$

$$M_c = M_d = -H \cdot h = -\frac{P \cdot a}{2h} h = -\frac{P \cdot a}{2}$$

R i e g e l an der Stelle x

$$M(x) = A_v \cdot x - H \cdot h = \frac{P \cdot b}{l} x - \frac{P \cdot a}{2h} h = \frac{P \cdot b}{l} x - \frac{P \cdot a}{2}$$

An der Stelle $x = a$ ist

$$M_1 = A_v \cdot a - H \cdot h = \frac{P \cdot a \cdot b}{l} - \frac{P \cdot a}{2}$$

Darin ist $\dfrac{P \cdot a \cdot b}{l}$, d. h. das erste Glied des

Momentes M_1, das Moment des Nullsystems für die Stelle $x = a$ **(5.125)** Da das Moment $M_g = 0$ ist, kann man bereits mit den errechneten Momenten M_c und M_d die Momentenfläche zeichnen: Man trägt in den Punkten c und d an Stiel und Riegel die Momente **(5.126)**

$$-H \cdot h = -\frac{P \cdot a}{2}$$

5.126   Momentenfläche

auf, verbindet c' mit a und d' mit b und zieht von d'' eine Gerade durch g bis unter den Punkt 1 (Punkt $1'$); die Gerade von $1'$ nach c'' vervollständigt die Momentenfläche. Die Ordinate $1\ 1'$ muß gleich dem errechneten Moment M_1 sein, was als Kontrolle dienen kann. Man erkennt aus der Figur eine wichtige Tatsache: Sämtliche Ordinaten zwischen der Verbindungslinie $c''\ d''$ und dem Riegel sind gleich dem Moment des Horizontalschubs

$-H \cdot h = -\dfrac{P \cdot a}{2}$. Die Ordinate $11'$ im Punkt 1 ist $M_1 = \dfrac{P \cdot a \cdot b}{l} - \dfrac{P \cdot a}{2}$, folglich hat die

gesamte Ordinate $1'\ 1''$ den Wert $\dfrac{P \cdot a \cdot b}{l}$, also das Moment des Ersatzbalkens oder Nullsystems. Die Momente des Riegels lassen sich also zeichnerisch und auch rechnerisch sofort ermitteln, wenn man die Eckmomente des Rahmens und die Momente eines einfachen Trägers auf 2 Lagern kennt: Man zieht oberhalb der Riegelachse cd im Abstand $H \cdot h$ eine Parallele $c''d''$ und hat damit die Grundlinie für die Momente des Ersatzbalkens oder Nullsystems. Von ihr trägt man die M_0-Fläche ab, in unserem Fall die dreieckige Momentenfläche mit der Spitze $P \cdot a \cdot b/l$ im Punkt $1''$. Die Riegelmomente des Dreigelenkrahmens werden dann durch die Riegelachse cd bestimmt. Die Momente sind oberhalb cd negativ, unterhalb positiv. Der Rahmenberechnung genügt die Kenntnis der Eckmomente oder, wie wir später sagen werden, der Stabendmomente, um sämtliche Momente des Systems ermitteln zu können. Das ist für die Berechnung statisch unbestimmter Rahmen von Bedeutung (s. Teile 2 und 3).

Wie wir im Abschn. 5.3.3 festgelegt haben, werden diejenigen Momente als positiv bezeichnet, die in der Bezugsfaser **(5.124)** Zugspannungen erzeugen. Die Bezugsfaser liegt innen.

3. Querkräfte

Stiel ac $\qquad\qquad Q_y = -H$ $\qquad$ Stiel bd $\qquad\qquad Q_y' = +H$

Riegel im Bereich c bis $1\ Q = +A$ $\qquad$ Riegel im Bereich d bis $1\ Q = -B$

4. Längskräfte

Stiel $ac\ N = -A$ (Druck)

Riegel $\ N = -H$ (Druck) $\qquad\qquad$ Stiel $bd\ N = -B$ (Druck)

5.9.2.3 Gleichlast auf dem Riegel

1. Lagerkräfte (5.127)

$$\curvearrowright \Sigma M_b = 0 = A_v \cdot l - \frac{q \cdot l^2}{2} \qquad\qquad A_v = \frac{q \cdot l}{2}$$

$$\curvearrowleft \Sigma M_a = 0 = B_v \cdot l - \frac{q \cdot l^2}{2} \qquad\qquad B_v = \frac{q \cdot l}{2}$$

$$\rightarrow \Sigma H = 0 = H_A - H_B \qquad\qquad H_A = H_B = H$$

$$\curvearrowright M_g = 0 = A_v \cdot \frac{l}{2} - H_A \cdot h - \frac{q \cdot l^2}{8}$$

$$H_A = \frac{1}{h}\left(A_v \frac{l}{2} - \frac{q \cdot l^2}{8}\right) = \frac{1}{h} \cdot \frac{q \cdot l^2}{8} \quad \text{oder} \quad H_A = \frac{M_{g0}}{h} = \frac{\dfrac{q \cdot l^2}{8}}{h} = \frac{q \cdot l^2}{8 \cdot h}$$

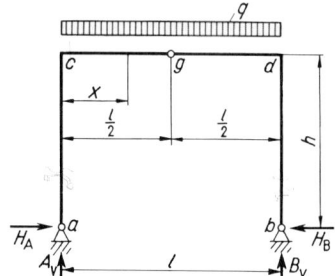

5.127 Riegel mit Gleichlast q

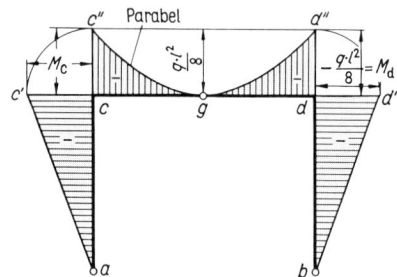

5.128 Momentenflächen zu Bild 5.127

2. Momente (5.128)

$$M_c = -H \cdot h = -\frac{q \cdot l^2}{8 \cdot h} h = -\frac{q \cdot l^2}{8}$$

$$M_d = -H \cdot h = -\frac{q \cdot l^2}{8 \cdot h} h = -\frac{q \cdot l^2}{8} = M_c$$

Momente im R i e g e l für $0 \leq x \leq l/2$

$$M(x) = A_v \cdot x - H \cdot h - \frac{q \cdot x^2}{2} = +\frac{ql}{2}x + \frac{q}{2}x^2 - \frac{ql^2}{8}$$

Man trägt in den Eckpunkten c und d die Eckmomente M_c und M_d ab und erhält die Punkte c', $\check{c}$, d' und d''. Verbindet man wiederum c' mit a und d' mit b, so sind die Dreiecke acc' und bdd' die Momentenflächen für die Stiele.

Die Momentenfläche des Riegels erhält man durch die von der Verbindungslinie $c''\,d''$ abgetragene Parabel mit dem Pfeil $\dfrac{q \cdot l^2}{8}$ in g. Die schraffierte Fläche cc'' gdd $''$ ist dann die Momentenfläche des Riegels.

5.9.2.4 Waagerechte Einzellast im Rahmeneckpunkt

1. Lagerkräfte (5.129)

$$\curvearrowright \Sigma M_b = 0 = A_v \cdot l + W \cdot h \qquad A_v = -\frac{W \cdot h}{l}$$

$$\uparrow + \Sigma V = 0 = A_v + B_v \qquad B_v = -A_v = +\frac{W \cdot h}{l}$$

$$\rightarrow \Sigma H = 0 = H_A + W - H_B \qquad H_A = -W + H_B$$

$$\curvearrowleft M_g = B_v \cdot \frac{l}{2} - H_B \cdot h$$

$$H_B = \frac{B_v \cdot l/2}{h} = \frac{W \cdot h}{l} \cdot \frac{l/2}{h} = \frac{W}{2}$$

$$H_A = -W + \frac{W}{2} = -\frac{W}{2}$$

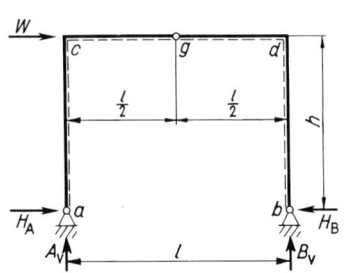

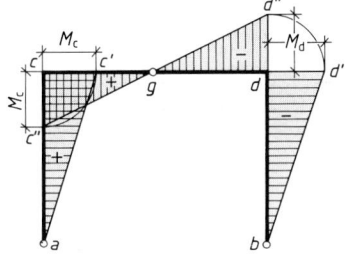

5.129 Dreigelenkrahmen mit horizontaler Ein-   5.130 Momentenflächen zu Bild 5.129
zellast W

Die negativen Vorzeichen von A_v und H_A sagen aus, daß diese Größen entgegengesetzt der ersten Annahme gerichtet sind.

2. Momente (5.130)

$$M_c = -H_A \cdot h = +\frac{W}{2}h; \quad M_d = -H_B \cdot h = -\frac{W}{2}h$$

Da außer W keine Lasten im Riegel vorhanden sind und das Moment M_g gleich Null ist, kann man die Momentenfläche sofort zeichnen. Positive Momente werden an der Innenseite angetragen, wo sie Zug erzeugen und wo die Bezugsfaser liegt. Man trägt also vom Punkt c nach innen bis c' und nach unten bis c'' das Moment M_c, vom Punkt d nach außen bis d' und nach oben bis d'' das Moment M_d ab. Verbindet man c' mit a und d' mit b, so sind wiederum die Dreiecke acc' und bdd' die Momentenflächen der Stiele. In diesem Beispiel ist aber die Momentenfläche acc' positiv und die Momentenfläche bdd' negativ. Die Verbindung von c'' mit d'' ergibt die Momentenfläche des Riegels. Die Teilmomentenfläche $cc''g$ des Riegels ist positiv, die Teilmomentenfläche $dd''g$ negativ.

5.9.2.5 Gleichlast auf linken Rahmenstiel

Der Stiel ac des Rahmens wird durch die gleichmäßig verteilte Last w belastet (5.131).

1. Lagerkräfte

$$\curvearrowright \Sigma M_b = 0 = A_v \cdot l + w \cdot h \cdot \frac{h}{2} \qquad A_v = -\frac{w \cdot h^2/2}{l} = -\frac{w \cdot h^2}{2l}$$

$$\uparrow + \Sigma V = 0 = A_v + B_v \qquad B_v = -A_v = +\frac{w \cdot h^2}{2l}$$

$$\overset{+}{\rightarrow} \Sigma H = 0 = H_A + w \cdot h - H_B \qquad H_A = -w \cdot h + H_B$$

An der rechten Rahmenhälfte:

$$\curvearrowleft M_g = 0 = B_v \cdot \frac{l}{2} - H_B \cdot h$$

$$H_B = \frac{B_v \cdot l/2}{h} = \frac{\dfrac{w \cdot h^2}{2l} \cdot \dfrac{l}{2}}{h} = \frac{w \cdot h}{4}$$

$$H_A = -w \cdot h + H_B = -w \cdot h + \frac{w \cdot h}{4} = -\frac{3}{4} w \cdot h$$

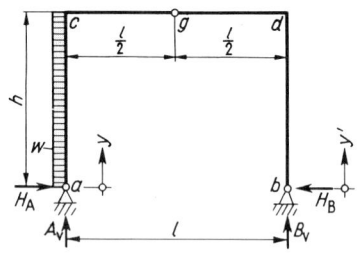

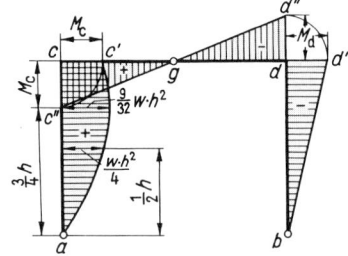

5.131 Dreigelenkrahmen mit horizontaler Stiel-   5.132 Momentenflächen zu Bild **5.131**
     belastung w

2. Momente (5.132)

Stiel ac: $M(y) = -H_A \cdot y - w \cdot y \cdot \dfrac{y}{2} = +\dfrac{3}{4} w \cdot h \cdot y - \dfrac{w \cdot y^2}{2}$

$$M_c = \frac{3}{4} w \cdot h \cdot h - w \cdot h \cdot \frac{h}{2} = \frac{3}{4} w \cdot h^2 - \frac{w \cdot h^2}{2} = \frac{1}{4} w \cdot h^2$$

Stiel bd: $M(y) = -H_B \cdot y = -\dfrac{w \cdot h}{4} y \qquad M_d = -H_B \cdot h = -\dfrac{w \cdot h}{4} h = -\dfrac{w \cdot h^2}{4}$

Die Gleichung für $M(y)$ im Stiel c ist die einer quadratischen Parabel (**5.132**). Die Stelle y, an der max M auftritt, erhalten wir aus

$$\frac{dM(y)}{dy} = 0 = \frac{3}{4} w \cdot h - \frac{2w \cdot y}{2} \qquad \text{und daraus} \qquad y = \frac{3}{4} h$$

Das größte Moment im Stiel in $3/4\,h$ beträgt $9/32 \cdot w \cdot h^2 = 0{,}281\, w h^2$.

5.9.2.6   Tragwerk aus drei geraden Stäben mit einer Einspannung und drei Gelenken

Das Tragwerk (**5.133**) kann gedeutet werden als ein S p a r r e n d a c h (Stäbe *35* und *57*), das auf der rechten Seite wie üblich durch ein unverschiebliches Kipplager, auf der linken Seite jedoch durch den e i n g e s p a n n t e n Stab *13* unterstützt wird. Gesucht sind die Momente sowie die Quer- und Längskräfte infolge der angegebenen Belastung.

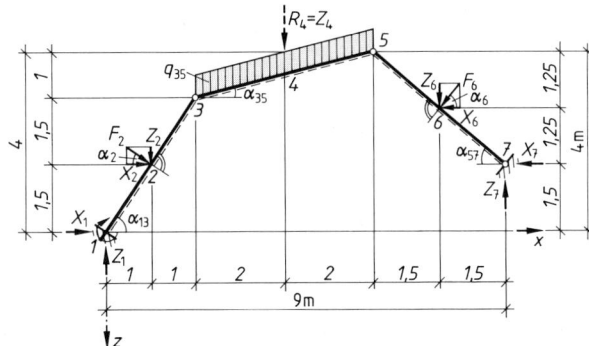

5.133 System und Belastung

1. Geometrische Größen. Wir rechnen mit den g l o b a l e n , d. h. für das ganze Tragwerk geltenden Koordinaten x und z, die ihren Ursprung im Punkt *1* haben (Tafel **5.134**). Neben den globalen Koordinaten gibt es für jeden Stab *ij* eigene l o k a l e Koordinaten x_i und z_i; deren Ursprung liegt im Punkt *i*, ihre x-Achse fällt mit der Stabachse zusammen und ist von *i* nach *j* gerichtet, und ihre z-Achse steht senkrecht auf ihrer x-Achse und geht durch Rechtsdrehung um $90°$ aus ihrer x-Achse hervor.

Tafel **5.134** Globale Koordinaten in m

Punkt	1	2	3	4	5	6	7
x	0	1	2	4	6	7,50	9
z	0	− 1,50	− 3	− 3,50	− 4	− 2,75	− 1,5

Stablängen:

$l_{13} = \sqrt{(x_3 - x_1)^2 + (z_3 - z_1)^2} = \sqrt{2^2 + 3^2} = 3,606 \text{ m}$

$l_{35} = \sqrt{(x_5 - x_3)^2 + (z_5 - z_3)^2} = \sqrt{4^2 + 1^2} = 4,123 \text{ m}$

$l_{57} = \sqrt{(x_7 - x_5)^2 + (z_7 - z_5)^2} = \sqrt{3^2 + 2,5^2} = 3,905 \text{ m}$

Winkel:

$\alpha_{13} = \arctan (3/2) = 56,31°$

$\alpha_{35} = \arctan (1/4) = 14,04°$

$\alpha_{57} = \arctan (2,5/3) = 39,81°$

$\alpha_{F2} = 90° - \alpha_{13} = 33,69°$

$\alpha_{F6} = 90° - \alpha_{57} = 50,19°$

2. Belastung

$F_2 = 8 \text{ kN}$ $X_2 = 8 \cdot \cos\alpha_{F2} = 6,656 \text{ kN}$

$Z_2 = 8 \cdot \cos\alpha_{F2} = 4,438 \text{ kN}$

$q_{35} = 6 \text{ kN}$ je m Grundrißprojektion, lotrecht gerichtet

$R_4 = 6 \cdot 4 = 24 \text{ kN} = Z_4$

$F_6 = 9 \text{ kN}$ $X_6 = 9 \cdot \cos\alpha_{F6} = 5,762 \text{ kN}$

$Z_6 = 9 \cdot \cos\alpha_{F6} = 6,914 \text{ kN}$

3. Zerlegung des Tragwerks, Einführung der Stützgrößen und Gelenkdruckkomponenten. Zur Berechnung des Tragwerks führen wir um jeden der drei Stäbe einen Rundschnitt durch die Gelenke bzw. durch ein Gelenk und die Einspannung und zeichnen die drei Stäbe getrennt heraus (**5.**135). An den Stabenden bringen wir die freigeschnittenen Kraftgrößen an; bei den Kräften verwenden wir dabei die für die Rechnung zweckmäßige Form der Komponentendarstellung.

Wir erhalten dadurch 9 unbekannte Kraftgrößen:

in der Einspannung *1* die Lagerkraftkomponenten X_1 und Z_1 sowie das Einspannmoment M_1,

in den Gelenken *3* und *5* die Gelenkdruckkomponenten X_3, Z_3 und X_5, Z_5 und schließlich im Gelenk des unverschieblichen Kipplagers *7* die Lagerkraftkomponenten X_7 und Z_7.

Die Gelenkdruckkomponenten beiderseits des Schnittes durch ein Gelenk treten paarweise, gleich groß und entgegengesetzt gerichtet auf.

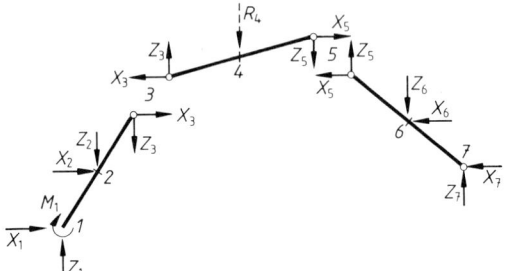

5.135
Zerlegtes Tragwerk mit Belastung, Stützgrößen, Komponenten der Gelenkdrücke

4. Gleichgewichtsbedingungen, Gleichungssystem und Lösung. Wenn sich ein Tragwerk im ganzen unter seinen Belastungen und Stützgrößen im Gleichgewicht befindet, muß jeder herausgeschnittene Stab unter der Wirkung der auf ihn wirkenden Kraftgrößen ebenfalls im Gleichgewicht sein. Zu diesen Kraftgrößen gehören Belastungen, Stützgrößen und Schnittgrößen. Wir können darum für jeden der drei herausgeschnittenen Stäbe die drei Gleichgewichtsbedingungen der ebenen Statik aufstellen und erhalten dadurch 9 Gleichungen, aus denen sich die im Abschn. 3 bereits aufgeführten 9 unbekannten Kraftgrößen berechnen lassen. Diese Tatsache bestätigt uns, daß wir ein statisch bestimmtes System vorliegen haben. Es gibt viele Möglichkeiten, die 9 Gleichgewichtsbedingungen aufzustellen; wir schreiben für jeden Stab die Komponentengleichgewichtsbedingungen $\Sigma X = 0$ und $\Sigma Z = 0$ sowie die Momentengleichgewichtsbedingung $\Sigma M = 0$ bezüglich der Stabmitte an; als positiv führen wir dabei nach rechts und unten gerichtete Kräfte sowie rechtsdrehende Momente ein.

Stab *13*:

1. $\xrightarrow{+} \Sigma X = 0 = \quad X_1 + X_2 + X_3; \qquad X_1 + X_3 = -X_2 = -6{,}656 \, \text{kN}$

2. $\downarrow + \Sigma Z = 0 = -Z_1 + Z_2 + Z_3; \qquad -Z_1 + Z_3 = -Z_2 = -4{,}438 \, \text{kN}$

3. $\overset{\curvearrowright}{+} \Sigma M_2 = 0 = +M_1 - X_1 \cdot 1{,}50 + Z_1 \cdot 1{,}00 + X_3 \cdot 1{,}50 + Z_3 \cdot 1;$
   $\qquad -1{,}50 \, X_1 + 1{,}00 \, Z_1 + M_1 + 1{,}50 \, X_3 + 1 \, Z_3 = 0$

Stab *35*:   4. $\xrightarrow{+} \Sigma X = 0 = -X_3 + X_5$

            5. $\downarrow{+}\Sigma Z = 0 = -Z_3 + R_4 + Z_5; \quad -Z_3 + Z_5 = -R_4 = -24\,\text{kN}$

            6. $\curvearrowright \Sigma M_4 = 0 = +X_3 \cdot 0,50 + Z_3 \cdot 2 + X_5 \cdot 0,50 + Z_5 \cdot 2;$
                            $+0,50\,X_3 + 2\,Z_3 + 0,50\,X_5 + 2\,Z_5 = 0$

Stab *57*:   7. $\xrightarrow{+} \Sigma X = 0 = -X_5 - X_6 - X_7; \quad -X_5 - X_7 = -X_6 = \quad 5,762\,\text{kN}$

            8. $\downarrow{+}\Sigma Z = 0 = -Z_5 + Z_6 - Z_7; \quad -Z_5 - Z_7 = -Z_6 = -6,914\,\text{kN}$

            9. $\curvearrowright \Sigma M_2 = 0 = -X_5 \cdot 1,25 + Z_5 \cdot 1,50 + X_7 \cdot 1,25 - Z_7 \cdot 1,50;$
                            $-1,25\,X_5 + 1,50\,Z_5 + 1,25\,X_7 - 1,50\,Z_7 = 0$

Diese Gleichungen ergeben das Raster Tafel **5.136**, und sie haben die in der letzten Zeile angegebenen Lösungen.

Tafel **5.**136 Rasterdarstellung der Gleichgewichtsbedingung, Lösung

	X_1	Z_1	M_1	X_3	Z_3	X_5	Z_5	X_7	Z_7	rechte Seite
1	+ 1			+ 1						− 6,656
2		− 1			+ 1					− 4,438
3	− 1,50	+ 1	+ 1	+ 1,50	+ 1					0
4				− 1		+ 1				0
5					− 1		+ 1			− 24
6				+ 0,50	+ 2	+ 0,50	+ 2			0
7						− 1		− 1		+ 5,762
8							− 1		− 1	− 6,914
9						− 1,25	+ 1,50	+ 1,25	− 1,50	0
	+ 9,828	+ 20,559	+ 2,788	− 16,484	+ 16,121	− 16,484	− 7,879	+ 10,722	+ 14,793	

Die aus den Faktoren der unbekannten Kraftgrößen gebildete Determinante hat die Größe $D = 13 \neq 0$; das Tragwerk ist also **unverschieblich** und **brauchbar**.

5. Gleichgewichtskontrollen. Wir ermitteln am gesamten System aus allen seinen äußeren Kraftgrößen (Belastungen und Stützgrößen)

$$\Sigma X, \quad \Sigma Z, \quad \Sigma M \text{ um Punkt } 4$$

Da wir die Stützgrößen so ermittelt haben, daß sie mit den Belastungen im Gleichgewicht stehen, müssen diese Summen gleich Null sein.

$$\xrightarrow{+} \Sigma X = X_1 + X_2 - X_6 - X_7 = 9,828 + 6,656 - 5,762 - 10,722 \approx 0$$

$$\downarrow{+}\Sigma Z = -Z_1 + Z_2 + R_4 + Z_6 - Z_7 = -20,559 + 4,438 + 24 +$$
$$\qquad\qquad + 6,914 - 14,793 = 0$$

$$\curvearrowright \Sigma M_4 = -X_1 \cdot 3,5 + Z_1 \cdot 4 + M_1 - X_2 \cdot 2 - Z_2 \cdot 3 + X_6 \cdot 0,75 + Z_6 \cdot 3,5$$
$$\qquad\qquad + X_7 \cdot 2 - Z_7 \cdot 5$$
$$\qquad\qquad = -9,828 \cdot 3,5 + 20,559 \cdot 4 + 2,788 - 6,656 \cdot 2 - 4,438 \cdot 3$$
$$\qquad\qquad + 5,762 \cdot 0,75 + 6,914 \cdot 3,5 + 10,722 \cdot 2 - 14,793 \cdot 5 \approx 0$$

6. Momentenfläche. Um die Momentenfläche zeichnen zu können, müssen wir noch die Momente in den Punkten *2*, *4* und *6* ausrechnen.

Punkt *2*: Wir führen einen Schnitt durch den Punkt *2* und um die untere Stabhälfte und stellen an diesem abgeschnittenen Teil die Summe der Momente um den Punkt *2* auf (**5.**137 a):

$$\circlearrowleft \Sigma M_2 = - X_1 \cdot 1{,}5 + Z_1 \cdot 1{,}0 + M_1 - M_2 = 0$$
$$M_2 = - X_1 \cdot 1{,}5 + Z_1 \cdot 1{,}0 + M_1 = 8{,}605 \text{ kNm}$$

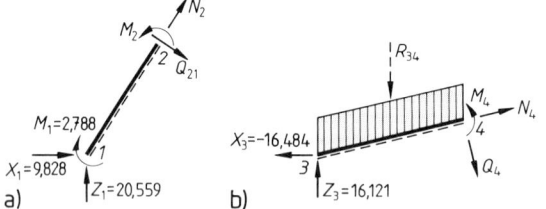

5.137
Berechnung der Momente M_2 und M_4
a) Stababschnitt *12* zur Berechnung von M_2
b) Stababschnitt *34* zur Berechnung von M_4

Punkt *4*: Wir führen einen Schnitt durch den Punkt *4* und um die linke Hälfte des Stabes und stellen an diesem abgeschnittenen Teil die Summe der Momente um den Punkt *4* auf (**5.**137 b):

$$\circlearrowleft \Sigma M_4 = X_3 \cdot 0{,}5 + Z_3 \cdot 2 - R_1 \cdot 1 - M_4 = 0$$
$$M_4 = X_3 \cdot 0{,}5 + Z_3 \cdot 2 - R_1 \cdot 1 = 12 \text{ kNm} = q_{35}(l_{35} \cos \alpha_{35})^2/8$$

Punkt *6*: Der Stab *57* trägt die senkrecht zu seiner Achse wirkende Kraft F_6 hinsichtlich der Momente wie ein einfacher Träger auf zwei Lagern; die anderen Belastungen erzeugen in ihm keine Momente.

$$M_6 = F_6 l_{5\,7}/4 = 9 \cdot 3{,}905/4 = 8{,}787 \text{ kNm}$$

7. Quer- und Längskräfte. Die positiven Richtungen der Quer- und Längskräfte sind in Bild **5.**138 angegeben; der Erläuterung der Berechnung dienen die Bilder **5.**139.

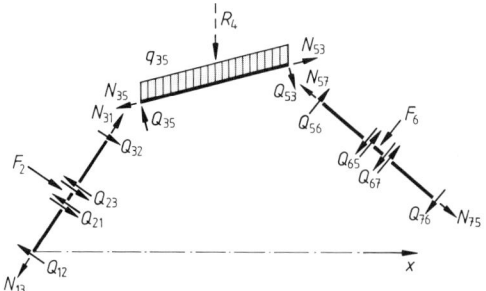

5.138
Bezeichnungen und positive Richtungen der Quer- und Längskräfte

$$Q_{12} = -X_1 \sin\alpha_{13} + Z_1 \cos\alpha_{13} = \quad 3,23 \quad \text{kN} = Q_{21}$$
$$N_{12} = -X_1 \cos\alpha_{13} - Z_1 \sin\alpha_{13} = -22,555 \text{ kN}$$

$$Q_{32} = \quad X_3 \sin\alpha_{13} + Z_3 \cos\alpha_{13} = -\quad 4,773 \text{ kN}$$
$$N_{32} = \quad X_3 \cos\alpha_{13} - Z_3 \sin\alpha_{13} = -22,557 \text{ kN}$$

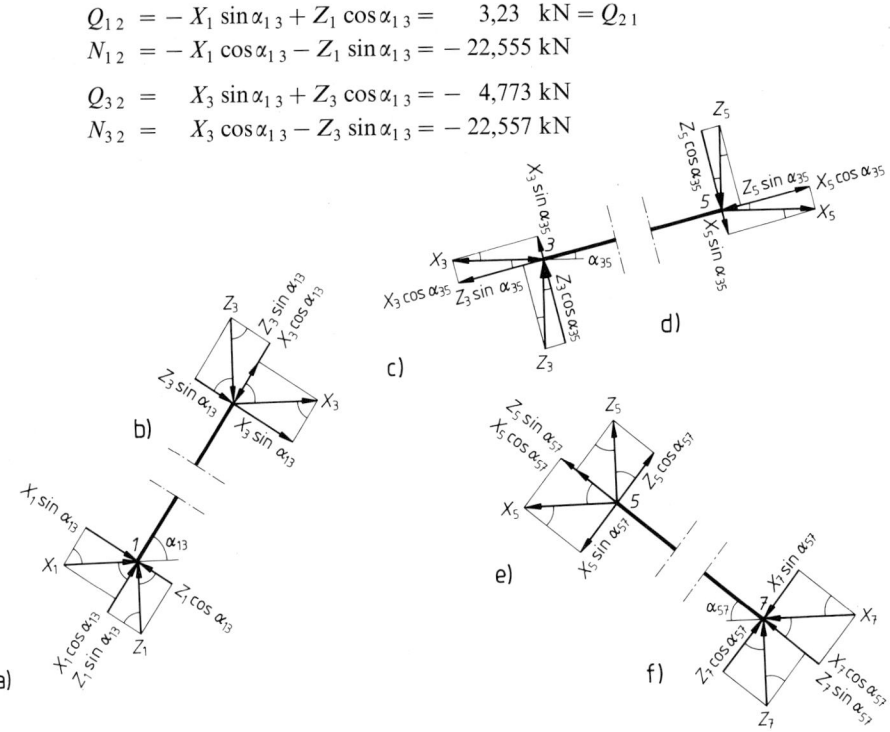

5.139 Erläuterungen zur Berechnung der Quer- und Längskräfte an den Stabenden

    a) Lagerpunkt *1*,   Stabende *13*
    b) Gelenkpunkt *3*, Stabende *31*
    c) Gelenkpunkt *3*, Stabende *35*
    d) Gelenkpunkt *5*, Stabende *53*
    e) Gelenkpunkt *5*, Stabende *57*
    f) Lagerpunkt *7*,   Stabende *75*

Die Längskraft im Stab *13* ist konstant, da längs des Stabes keine Kraftkomponente in Richtung der Stabachse eingeleitet wird.

$$Q_{35} = \quad X_3 \sin\alpha_{35} + Z_3 \cos\alpha_{35} = \quad 11,642 \text{ kN}$$
$$N_{35} = \quad X_3 \cos\alpha_{35} - Z_3 \sin\alpha_{35} = -19,902 \text{ kN}$$

$$Q_{53} = \quad X_5 \sin\alpha_{35} + Z_5 \cos\alpha_{35} = -11,642 \text{ kN}$$
$$N_{53} = \quad X_5 \cos\alpha_{35} - Z_5 \sin\alpha_{35} = -14,081 \text{ kN}$$

$$Q_{57} = -X_5 \sin\alpha_{57} + Z_5 \cos\alpha_{57} = +\quad 4,5 \quad \text{kN}$$
$$N_{57} = \quad X_5 \cos\alpha_{57} + Z_5 \sin\alpha_{57} = -17,707 \text{ kN}$$

$$Q_{75} = \quad X_7 \sin\alpha_{57} + Z_7 \cos\alpha_{57} = -\quad 4,5 \quad \text{kN}$$
$$N_{75} = -X_7 \cos\alpha_{57} - Z_7 \sin\alpha_{57} = -17,707 \text{ kN}$$

8. Zustandsflächen. Bild **5.140** zeigt *M*-, *Q*- und *N*-Fläche.

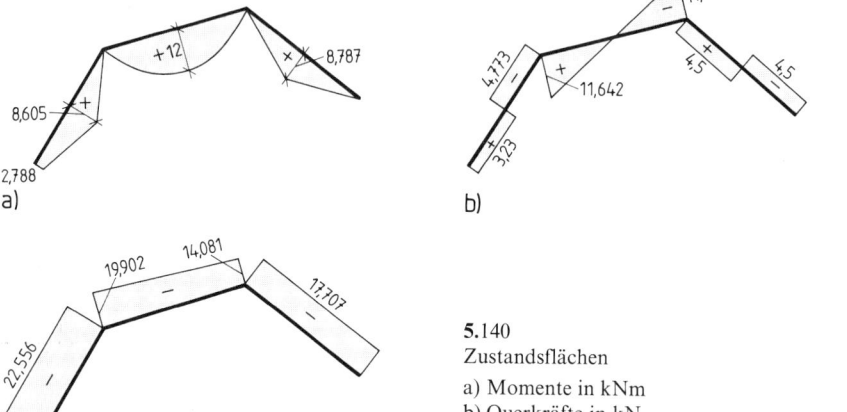

5.140
Zustandsflächen

a) Momente in kNm
b) Querkräfte in kN
c) Längskräfte in kN
   Die Längskräfte sind halb so groß gezeichnet
   wie die Querkräfte

9. Kontrollen. Als Beispiel für eine Kontrolle ermitteln wir den Betrag des Gelenkdrucks G_3 auf dreifache Weise:

9.1 aus seinen Komponenten X_3 und Z_3:

$$G_3 = \sqrt{X_3{}^2 + Z_3{}^2} = \sqrt{16{,}484^2 + 16{,}121^2} = 23{,}057 \text{ kN}$$

9.2 aus den Stabendschnittgrößen Q_{32} und N_{32}:

$$G_3 = \sqrt{Q_{32}{}^2 + N_{32}{}^2} = \sqrt{4{,}773^2 + 22{,}557^2} = 23{,}056 \text{ kN}$$

9.3 aus den Stabendschnittgrößen Q_{35} und N_{35}:

$$G_3 = \sqrt{Q_{53}{}^2 + N_{53}{}^2} = \sqrt{11{,}642^2 + 19{,}902^2} = 23{,}057 \text{ kN}$$

5.9.3 Dreigelenkbogen

5.9.3.1 Allgemeines

Die Spannweite l und die Pfeilhöhe f (**5.**146 und **5.**148) sind charakteristische Hauptabmessungen aller Bogen. Den Quotienten f/l bezeichnet man als Pfeilverhältnis. Man kann sich merken, daß bei Bogen eine größere statische Unbestimmtheit auch ein größeres Pfeilverhältnis erforderlich macht. Bei Massivbogenbrücken liegen im allgemeinen folgende Pfeilverhältnisse vor:

beim Dreigelenkbogen	$f/l = 1/10$ bis $1/12$
beim Zweigelenkbogen	$f/l = 1/7$ bis $1/10$
beim eingespannten Bogen	$f/l = 1/6$ bis $1/7$ und größer

Der Hauptvorteil des Dreigelenkbogens gegenüber dem eingespannten oder gelenklosen Bogen und dem Zweigelenkbogen besteht darin, daß er wegen seiner statischen Bestimmtheit gegen etwaige geringe Nachgiebigkeiten der Widerlager und gegen Wärmeschwankungen unempfindlich ist, während bei den anderen Bogen infolge dieser Lastfälle größere Spannungen entstehen.

5.9.3.2 Zeichnerisches Verfahren, Stützlinie, Schnittkraft, Schnittgrößen

Wirkt auf den Bogen n u r e i n e Einzellast, so lassen sich die Lagerkräfte C_a und C_b, die hier als linker und rechter Kämpferdruck K_l und K_r bezeichnet werden, graphisch leicht bestimmen (**5.**141). Weil für den Gelenkpunkt g das Moment gleich Null sein muß, geht bei einseitiger Belastung des Bogens der Kämpferdruck K_l der unbelasteten Bogenseite durch den Gelenkpunkt g. Wäre dies nicht der Fall und würde der Kämpferdruck im Abstand c am Gelenk vorbeigehen, so müßte das Gelenk g ein Moment von der Größe $K_l \cdot c$ aufnehmen, wozu es nicht imstande ist. Die Richtung des Kämpferdruckes K_l am unbelasteten Bogenteil liegt also fest. Da nur Gleichgewicht herrscht, wenn sich die drei Kräfte K_l, K_r und R in einem Punkt schneiden, muß auch der Kämpferdruck K_r des belasteten Teiles durch den Schnittpunkt d von K_l und R hindurchgehen. Damit ist aber auch seine Richtung festgelegt. Im Krafteck finden wir dann die Beträge von K_l und K_r.

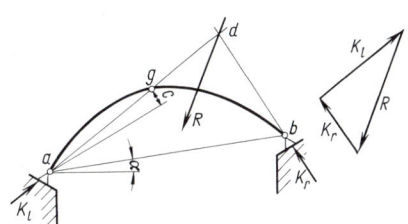

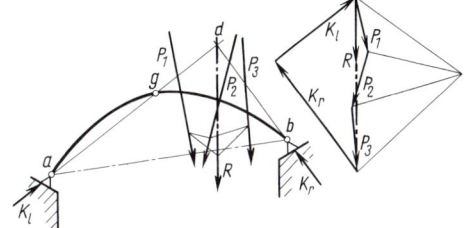

5.141 Zeichnerische Bestimmung der Lagerkräfte eines Dreigelenkbogens bei Belastung durch eine Last R

5.142 Zeichnerische Bestimmung der Lagerkräfte eines Dreigelenkbogens bei einseitiger Belastung durch mehrere Lasten

Aus K_l und K_r können die senkrechten Komponenten A_v und B_v und die Horizontalschübe H_a und H_b bestimmt werden.

Auch bei mehreren Einzellasten $P_{i\,(i\,=\,1\,bis\,n)}$ auf e i n e r B o g e n h ä l f t e führt dieses Verfahren zum Ziel. Nur ist zunächst aus den Kräften P_i Größe und Lage der Resultierenden R mit dem Kraft- und Seileck oder rechnerisch zu bestimmen (**5.**142).

Sind b e i d e B o g e n h ä l f t e n belastet, so wird die Gesamtbelastung in die beiden Teilbelastungen der linken und der rechten Bogenhälfte zerlegt. Aus der Teilbelastung der linken Bogenhälfte bestimmen wir dann wie soeben angegeben die Kämpferdrücke K_{ll} und K_{rl} und anschließend mit demselben Verfahren aus der Teilbelastung der rechten Bogenhälfte die Kämpferdrücke K_{lr} und K_{rr}. Von den beiden Fußzeigern eines Kämpferdrucks bezeichnet der 1. den Ort des Kämpferdrucks, der 2. die Ursache des Kämpferdrucks, d.h. die Bogenhälfte, die belastet ist. Durch Zusammensetzen der Kämpferdrücke K_{ll} und K_{lr} sowie K_{rl} und K_{rr} erhält man die endgültigen Kämpferdrücke K_l und K_r aus der Gesamtbelastung. Ein Beispiel zeigt Bild **5.**143:

Für die Kräfte P_1 bis P_4 ermittelt man mit dem Krafteck $AO'C$ und dem Seileck $1'$ bis $5'$ die Resultierende R_l sowie mit dem Krafteck $CO'B$ und dem Seileck $5'$ bis $8'$ die Resultierende R_r der Kräfte P_5 bis P_7. Dann bestimmt man den Schnittpunkt d der

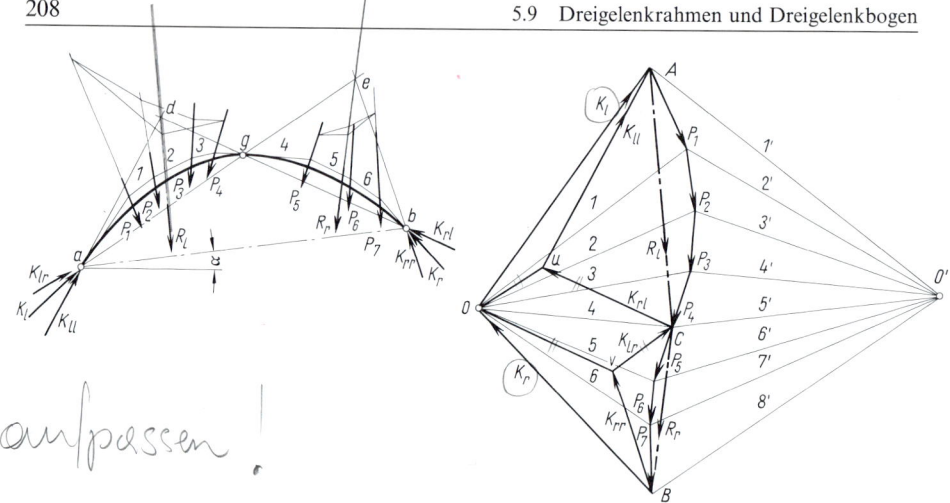

5.143 Konstruktion der Stützlinie für einen Dreigelenkbogen, der mit beliebig gerichteten Kräften belastet ist

Resultierenden R_l mit dem Kämpferdruck K_{rl}, dessen Richtung durch die Verbindungslinie des Kämpfergelenkes b mit dem Scheitelgelenk g festgelegt ist. Durch den Punkt d geht auch der Kämpferdruck K_{ll}, dessen Richtung also durch die Linie ad bestimmt ist. Im Krafteck kann nun R_l in die Kämpferdrücke K_{ll} und K_{rl} aus der linksseitigen Belastung zerlegt werden. Auf der rechten Seite schneidet die Wirkungslinie des Kämpferdrucks K_{lr}, die durch die Punkte a und g bestimmt ist, die Resultierende R_r in e; durch diesen Punkt geht auch der Kämpferdruck K_{rr}. Mit den Richtungen der Kämpferdrücke K_{lr} und K_{rr} aus dem Lageplan kann nun R_r im Krafteck in K_{lr} und K_{rr} zerlegt werden.

Die endgültigen Kämpferdrücke K_l und K_r findet man dann als Resultierende der Kämpferdrücke der Teilbelastungen K_{ll} und K_{lr} bzw. K_{rl} und K_{rr}, indem man im Krafteck durch den Punkt u eine Parallele zu K_{lr} und durch den Punkt v eine Parallele zu K_{rl} zieht. Die beiden Parallelen schneiden sich im Punkt O. Die Verbindungslinien OA und OB sind die endgültigen Kämpferdrücke K_l und K_r.

Wählt man den Punkt O als Pol der Polfigur $OACB$ und zeichnet durch den Kämpferpunkt a ein Seileck zu den Lasten P_1 bis P_7 mit den Seilstrahlen K_l, 1, 2 bis K_r, so geht dieses Seileck auch durch den Gelenkpunkt g und den Kämpfer b. Dieses Seileck nennt man die Gewölbedruck-, Druck- oder Stützlinie. Der durch das Gelenk gehende Seilstrahl und der zugehörige Polstrahl geben nach Lage, Größe und Richtung den Gelenkdruck des Dreigelenkbogens unter der gegebenen Belastung an.

Die Stützlinie ist ein anschauliches Mittel, die Schnittgrößen im beliebigen Punkt n des Bogens anzugeben. So ist z. B. für den Punkt n zwischen den Lasten P_2 und P_3

5.144 Ermittlung der Schnittgrößen des Dreigelenkbogens für einen beliebigen Querschnitt

(**5.**144) der Polstrahl 2 in Größe und Richtung gleich der resultierenden inneren Kraft S_n. S_n kann aus der Polfigur herausgemessen werden. Die Lage von S_n wird in der Hauptfigur durch den Seilstrahl 2 gegeben, der ein Stück der Wirkungslinie von S_n ist. Der Richtungssinn von S_n am linken abgeschnittenen Teil ergibt sich schließlich aus dem Krafteck dieses Teils, das aus K_1, P_1, P_2 und S_n besteht: S_n ist am linken abgeschnittenen Teil nach links unten gerichtet, wirkt also als Druckkraft.

Bild **5.**144 zeigt dann weiter die Zerlegung von S_n in Komponenten senkrecht und parallel zur Richtung der Bogenachse im Punkt n. Dadurch erhalten wir die Querkraft $Q_n = S_n \cdot \sin\beta_n$ und die Längskraft $N_n = -S_n \cdot \cos\beta_n$, wobei β_n der Winkel zwischen der Richtung der Bogenachse im Punkt n und S_n ist. Da die resultierende innere Kraft S_n nicht durch den Punkt n hindurchgeht, wird der Bogen in n auch durch ein Moment beansprucht, das die Größe $M_n = +|N_n| \cdot e_n$ hat. Dabei ist e_n die Ausmitte der resultierenden inneren Kraft im Punkt n, das ist die Strecke vom Punkt n auf der Bogenachse bis zum Seilstrahl z, gemessen senkrecht zur Bogenachse. Legen wir die gestrichelte Stabseite an die Innenseite des Bogens, gehören zu einer oberhalb der Bogenachse liegenden Stützlinie positive Biegemomente; eine unterhalb der Bogenachse befindliche Stützlinie hat negative Biegemomente zur Folge.

Die Ermittlung der Kämpferdrücke ist besonders einfach, wenn ein symmetrischer Bogen, dessen Gelenk g im Scheitel liegt, symmetrisch belastet ist (**5.**145). In diesem Falle verläuft der durch g gehende Seilstrahl horizontal. Da der linke Kämpferdruck und die Belastung der linken Bogenhälfte mit dem Gelenkdruck im Gleichgewicht stehen müssen, ist die Richtung des linken Kämpferdruckes K_1 durch den Schnittpunkt d von H und R_1 festgelegt. Es genügt die Untersuchung einer Bogenhälfte, da ja $K_1 = K_r$.

5.145
Zeichnerische Ermittlung der Lagerkräfte für einen symmetrischen Dreigelenkbogen mit symmetrischer Belastung

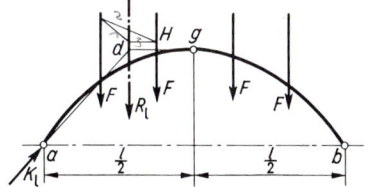
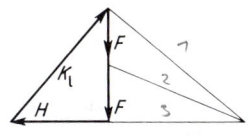

5.9.3.3 Rechnerische Verfahren bei lotrechten Lasten und ungleich hohen Kämpfern

Wir zerlegen die Kämpferdrücke in die senkrechten Komponenten A_0 und B_0 und in die Komponenten H'_A und H'_B, die in die Verbindungsstrecke der Kämpfergelenke fallen (**5.**146). Aus der Momentenbedingung für Punkt b bzw. a erhält man

$$\curvearrowright \Sigma M_b = 0 = A_0 \cdot l - \Sigma(P_i \cdot b_i)$$

$$A_0 = \frac{\Sigma(P_i \cdot b_i)}{l}$$

$$\curvearrowright \Sigma M_a = 0 = B_0 \cdot l - \Sigma(P_i \cdot a_i)$$

$$B_0 = \frac{\Sigma(P_i \cdot a_i)}{l}$$

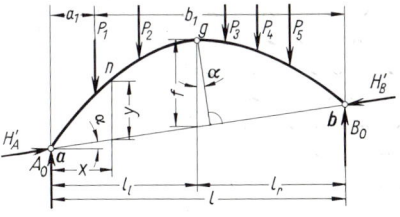

5.146 Rechnerische Bestimmung der Lagerkräfte des Dreigelenkbogens

Die Gleichungen zeigen, daß bei der gewählten Kämpferdruckzerlegung die senkrechten Komponenten A_0 und B_0 genauso groß sind wie die Lagerkräfte eines geneigten Trägers auf zwei Lagern mit der Stützweite l und derselben lotrechten Belastung. Dabei ist l die Grundrißprojektion der Entfernung der Kämpfergelenke. Den einfachen Träger auf zwei Lagern mit der Stützweite l nennen wir Ersatzträger oder Nullsystem.

Zur Bestimmung der Horizontalschübe H'_A und H'_B stehen noch zwei Bedingungen zur Verfügung

1. $\overset{+}{\rightarrow} \Sigma H = 0 = H'_A \cdot \cos\alpha - H'_B \cdot \cos\alpha$ $H'_A = H'_B = H'$

2.   <u>Das Moment aller Kräfte links oder rechts vom Gelenk für den Gelenkpunkt g</u>
      <u>muß gleich Null sein.</u>

Es ist also

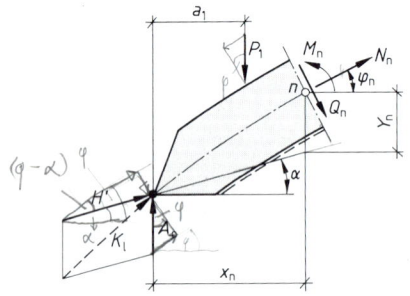

$$\curvearrowright M_g = 0 = A_0 \cdot l_1 - H' \cdot f \cdot \cos\alpha - \sum_{i=1}^{2} P_i(l_1 - a_i)$$

$$H' \cdot \cos\alpha = \frac{1}{f}\left(A_0 \cdot l_1 - \sum_{i=1}^{2} P_i(l_1 - a_i)\right)$$

Der Klammerausdruck ist aber nichts anderes als das Moment des Ersatzträgers für den Punkt mit der Abszisse $x = l_1 = x_g$, das wir mit M_{g0} bezeichnen. Dann ist

$$\boxed{H' \cdot \cos\alpha = \frac{M_{g0}}{f}}$$

5.147 Rechnerische Ermittlung der Schnittgrößen im beliebigen Querschnitt n eines Dreigelenkbogens

Für einen beliebigen Querschnitt n ist das Moment (5.147)

$$M_n = A_0 \cdot x_n - \sum_{i=1}^{n} P_i(x_n - a_i) - H' \cos\alpha \cdot y_n.$$

Die ersten beiden Summanden sind das Moment des Ersatzträgers für den Punkt mit der Abszisse x_n, wir bezeichnen es mit M_{n0} und können dann schreiben $M_n = M_{n0} - H' \cdot y_n \cdot \cos\alpha$. Ferner ist die Längskraft

$$N_n = -\left(A_0 - \sum_{i=1}^{n} P_i\right) \sin\varphi_n - H' \cdot \cos(\varphi_n - \alpha)$$

$A_0 - \sum_{i=1}^{n} P_i$ ist die Querkraft des Ersatzträgers für den Punkt n und wird mit Q_{n0} bezeichnet. Dann ist

$$N = -[Q_{n0} \cdot \sin\varphi_n + H' \cdot \cos(\varphi_n - \alpha)]$$

Ebenso findet man für die Querkraft Q_n

$$Q_n = \left(A_0 - \sum_{i=1}^{n} P_i\right) \cos\varphi_n - H' \cdot \sin(\varphi_n - \alpha) = Q_{n0} \cdot \cos\varphi_n - H' \cdot \sin(\varphi_n - \alpha)$$

Bei der Berechnung der N- und Q-Fläche ist zu beachten, daß φ_n in jedem Punkt der Bogenachse einen anderen Wert annimmt. Das bringt einen im Vergleich mit den bisher behandelten Systemen erhöhten Rechenaufwand mit sich. Die Berechnung der Schnittgrößen eines Dreigelenkbogens soll deshalb an einem einfachen Beispiel gezeigt werden.

Beispiel 19 Gegeben ist ein Dreigelenkbogen mit einer Einzellast P im linken Viertelspunkt. Die Bogenachse ist nach einer quadratischen Parabel geformt, das Pfeilverhältnis des Bogens beträgt $f/l = 1/6$. Die Kämpfergelenke liegen auf gleicher Höhe ($\alpha = 0$), das Scheitelgelenk in der Mitte. Zu berechnen sind die Lagerkäfte und die Schnittgrößen infolge der Last P (5.148)

$$\circlearrowleft \Sigma M_b = 0 = A \cdot l - P \cdot 0{,}75 \, l \qquad\qquad \text{hieraus: } A = A_0 = 0{,}75 \, P$$

$$\circlearrowright \Sigma M_a = 0 = B \cdot l - P \cdot 0{,}25 \, l \qquad\qquad \text{hieraus: } B = B_0 = 0{,}25 \, P$$

$$\overset{+}{\rightarrow} \Sigma H = 0 = H_a - H_b \qquad\qquad\qquad\quad \text{hieraus: } H = H_a = H_b$$

$$\circlearrowright M_g = 0 = B \cdot 0{,}5 l - H \cdot f = 0{,}25 \, P \cdot 0{,}5 l - H \cdot \frac{l}{6} \quad \text{hieraus: } H = 0{,}75 \, P$$

O. K.

Die Schnittgrößen für einen Punkt mit der Abszisse $x < l/2$ ergeben sich mit Bild **5.**149 zu

$$N(x) = -Q_0(x)\sin\varphi(x) - H\cos\varphi(x)$$

$$Q(x) = Q_0(x)\cos\varphi(x) - H\sin\varphi(x)$$

$$M(x) = M_0(x) - H \cdot y(x)$$

Für Punkte rechts vom Scheitel (**5.**150) gelten dieselben Formeln, wenn wir bei diesen den Winkel φ negativ einführen (z. B. $\varphi = -10°$) oder aber positiv im 4. Quadranten (z. B. $\varphi = 360° - 10° = +350°$). Die Sinus- und Tangenswerte erhalten dadurch das negative Vorzeichen, während die Kosinuswerte sich nicht ändern.

Zur Geometrie:

$$y = \frac{4f}{l^2} x(l-x) = \frac{4f}{l} x - \frac{4f}{l^2} x^2$$

$$y' = \tan\varphi = \frac{4f}{l} - \frac{8f}{l^2} x = \frac{4f}{l} - \frac{8f}{l}\frac{x}{l}$$

und schließlich mit $f/l = 1/6$

$$y' = \tan\varphi = 0{,}6667 - 1{,}3333 \, x/l$$

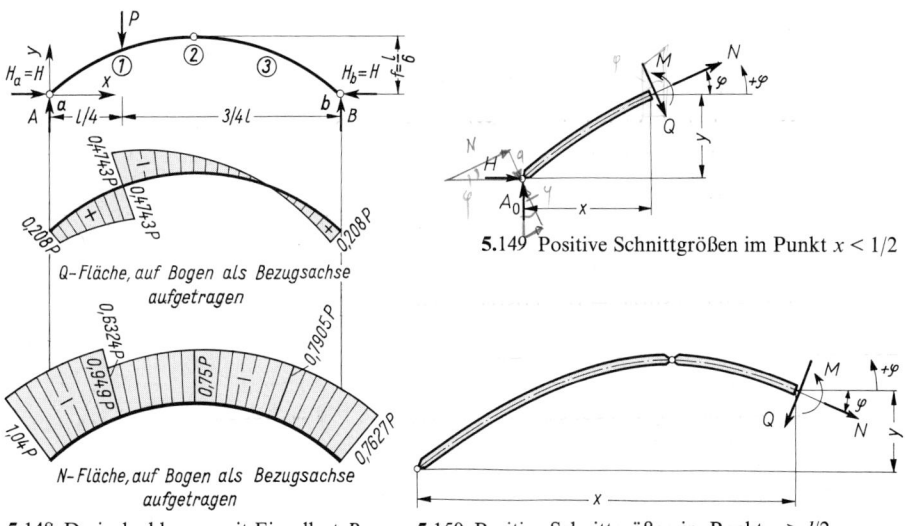

5.148 Dreigelenkbogen mit Einzellast P im Viertelspunkt

Q-Fläche, auf Bogen als Bezugsachse aufgetragen

N-Fläche, auf Bogen als Bezugsachse aufgetragen

5.149 Positive Schnittgrößen im Punkt $x < 1/2$

5.150 Positive Schnittgrößen im Punkt $x > l/2$

Beispiel 19 Für die Schnittstelle 1_1 wird z. B.
Forts.

$$Q_{11} = 0,75 P \cdot 0,9487 - 0,75 P \cdot 0,3162 = 0,4743 P$$
$$N_{11} = -0,75 P \cdot 0,3162 - 0,75 P \cdot 0,9487 = -0,9487 P$$
$$M_1 = 0,75 P \cdot 0,25 l - 0,75 P \cdot 0,125 l = 0,09375 P \cdot l$$

Die Berechnung ist in Tafel **5.**151 tabellarisch durchgeführt.

Aus Spalte 11 sind die Querkräfte, aus Sp. 14 die Längskräfte und aus Sp. 17 die Biegemomente zu entnehmen. In Bild **5.**148 sind Q und N mit dem Bogen als Bezugsachse aufgetragen. Meist werden Q und N nicht in dieser Form dargestellt; man wählt vielmehr vorzugsweise die Spannweite l, also die waagerechte Projektion der Bogenachse, als Bezugsachse und trägt von ihr aus die Werte $Q(x)/\cos\varphi(x)$ und $N(x)/\cos\varphi(x)$ auf. Diese Werte sind in Tafel **5.**153 ausgerechnet und in Bild **5.**152 aufgezeichnet; sie ergeben sich übrigens aus den Formeln

Tafel **5.**151   Berechnung der Schnittgrößen Q, N, M

1	2	3	4	5	6	7	8	9
Punkt	x	y	$y' = \tan\varphi$	φ°	$\sin\varphi$	$\cos\varphi$	Q_0	$Q_0 \cdot \cos\varphi$
	$l \cdot$	$l \cdot$					$P \cdot$	$P \cdot$
a	0,0	0,0	0,6667	33,69	0,5547	0,8321	0,75	0,6240
1_1	0,25	0,125	0,3333	18,43	0,3162	0,9487	0,75	0,7115
1_r	0,25	0,125	0,3333	18,43	0,3162	0,9487	$-0,25$	$-0,2371$
$2 = g$	0,50	0,166	0	0	0	1,0	$-0,25$	$-0,25$
3	0,75	0,125	$-0,3333$	$-18,43$	$-0,3162$	0,9487	$-0,25$	$-0,2371$
b	1,0	0	$-0,6667$	$-33,69$	$-0,5547$	0,8321	$-0,25$	$-0,208$

10	11	12	13	14	15	16	17
$H \cdot \sin\varphi$	$Q = $ (9)–(10)	$Q_0 \cdot \sin\varphi$	$H \cdot \cos\varphi$	$N = $ –(12)–(13)	M_0	$H \cdot y$	$M = $ (15)–(16)
$P \cdot$	$P \cdot$	$P \cdot$	$P \cdot$	$P \cdot$	$P \cdot l \cdot$	$P \cdot l \cdot$	$P \cdot l \cdot$
0,416	0,208	0,416	0,624	$-1,0400$	0	0	0
0,2372	0,4743	0,2372	0,7115	$-0,9487$	0,1875	0,0938	0,0937
0,2372	$-0,4743$	$-0,079$	0,7115	$-0,6324$	0,1875	0,0938	0,0937
0	$-0,25$	0	0,75	$-0,7500$	0,1250	0,1250	0
$-0,2372$	0	0,079	0,7115	$-0,7905$	0,0625	0,0938	$-0,0313$
$-0,416$	$+0,208$	0,1387	0,624	$-0,7627$	0	0	0

Beispiel 19
Forts.

$$Q(x)/\cos\varphi(x) =$$
$$= Q_0(x) - H \cdot \tan\varphi(x)$$
$$N(x)/\cos\varphi(x) =$$
$$= - Q_0(x) \cdot \tan\varphi(x) - H$$

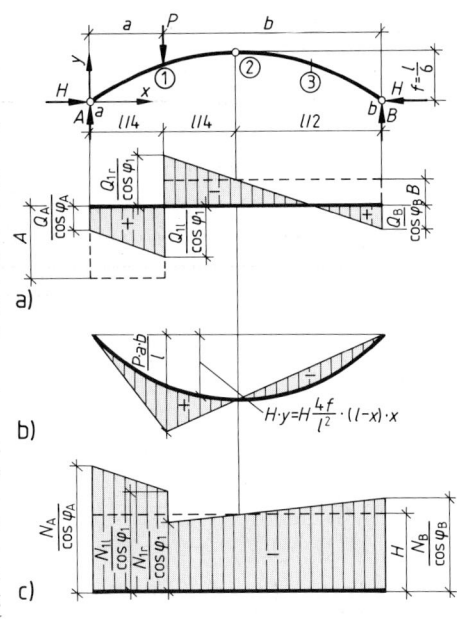

Bei dieser Form der Darstellung von Q und N ergeben sich geradlinige Begrenzungen der Zustandsflächen, wenn wie in unserem Beispiel die Bogenachse nach einer quadratischen Parabel geformt ist. Es ist dann nämlich $\tan\varphi = y'$ eine lineare Funktion von x.

Bild **5.**152 zeigt auch die von der Bogenachse aus aufgetragene M-Fläche.

Im Anschluß an dieses Beispiel sei noch bemerkt, daß der Parabelbogen für eine Gleichlast q die Drucklinie oder Stützlinie (s.a. Teil 2) darstellt; das bedeutet: Im Bogen treten infolge dieser Belastung keine Biegemomente auf, wenn man die elastische Zusammendrückung des Bogens infolge der Längskraft N vernachlässigt. Der Horizontalschub beträgt

$$H = \frac{\max M_0}{f} = \frac{ql^2}{8f}$$

5.152 Dreigelenkbogen
a) Querkraftfläche $\dfrac{Q}{\cos\varphi}$ ($\cos\varphi$ veränderlich)
b) Momentenfläche
c) Normalkraftfläche $\dfrac{N}{\cos\varphi}$ ($\cos\varphi$ veränderlich)

Tafel **5.**153 Berechnung der Werte $Q/\cos\varphi$ und $N/\cos\varphi$

Punkt	$\cos\varphi$	Q	$Q/\cos\varphi$	N	$N/\cos\varphi$
a	0,8321	0,208	0,25	− 1,0400	− 1,2500
l_1	0,9487	0,4743	0,50	− 0,9487	− 1,0
l_r	0,9487	− 0,4743	− 0,50	− 0,6324	− 0,6667
$2 = g$	1,0	− 0,25	− 0,25	− 0,7500	− 0,7500
3	0,9487	0	0	− 0,7905	− 0,8333
b	0,8321	0,208	0,25	− 0,7627	− 0,9166

5.10   Ebene Stabwerke mit räumlicher Belastung und räumliche Stabwerke

5.10.1   Allgemeines

Wie wir bereits im Abschn. 5.1 festgestellt haben, ist die Statik des Raumes, die räumliche Statik oder Raumstatik anzuwenden

1. auf ein e b e n e s S t a b w e r k, wenn die Wirkungslinien seiner Lasten nicht alle in der Ebene des Stabwerks liegen und

2. in j e d e m F a l l auf ein e c h t e s r ä u m l i c h e s S t a b w e r k, d. h. ein Stabwerk, dessen Stäbe nicht alle in einer Ebene liegen.

Tafel 5.154 zeigt einige Beispiele für die Einordnung ebener Stabwerke in die ebene oder räumliche Statik, und sie enthält zwei räumliche Stabwerke. Derartige Stabwerke sind zum großen Teil mehrfach oder sogar vielfach statisch unbestimmt. Für die Berechnung statisch bestimmter räumlicher Stabwerke stehen gemäß Abschn. 4.1.3.3 die sechs Gleichgewichtsbedingungen

$$\Sigma X = 0, \quad \Sigma Y = 0, \quad \Sigma Z = 0$$
$$\Sigma M_x = 0, \quad \Sigma M_y = 0, \quad \Sigma M_z = 0$$

zur Verfügung, und zwar sowohl am g e s a m t e n S y s t e m für die Berechnung der S t ü t z g r ö ß e n als auch an a b g e s c h n i t t e n e n T e i l e n des Stabwerks für die Ermittlung der S c h n i t t g r ö ß e n.

Tafel 5.154 Übersicht über räumliche und ebene Stabwerke/ebene und räumliche Statik

Statik der Ebene	Statik des Raumes

Ein Stabwerk ist – ebenso wie ein Fachwerk – s t a t i s c h b e s t i m m t g e l a g e r t, wenn die Stützgrößen eindeutig aus den Gleichgewichtsbedingungen berechnet werden können. Da aus den sechs Gleichgewichtsbedingungen der räumlichen Statik sechs Stützgrößen berechnet werden können, gehören zu einem statisch bestimmt gelagerten Stab- oder Fachwerk $n = 6$ Stützgrößen.

Mit $n < 6$ ist eine stabile Lagerung des Tragwerks nicht möglich; bei $n > 6$ ist die Lagerung s t a t i s c h u n b e s t i m m t, zur Ermittlung der Stützgrößen müssen in diesem Falle auch die Verformungen des Tragwerks berücksichtigt werden.

Das Vorhandensein von sechs Stützgrößen ist allerdings nur ein notwendiges und k e i n h i n r e i c h e n d e s K r i t e r i u m für die statisch bestimmte Lagerung eines räumlichen Tragwerks; es ist nämlich möglich, sechs Stützgrößen so anzuordnen, daß das Tragwerk v e r s c h i e b l i c h ist. Die Unverschieblichkeit und Brauchbarkeit der Lagerung ist gewährleistet, wenn das System der sechs Gleichgewichtsbedingungen, das zur Berechnung der Stützgrößen verwendet wird, eine Determinante $D \neq 0$ besitzt, wodurch eine Lösung möglich und eindeutig wird.

Die Schnittgrößen eines räumlichen Tragwerks setzen sich entsprechend den Gleichgewichtsbedingungen aus drei Kräften und drei Momenten zusammen; für ein Trägerstück ∥ zur x-Achse sind dies (**5.**155): die Längskraft N, die beiden Querkräfte Q_y und Q_z, die beiden Biegemomente M_y und M_z und das Torsionsmoment $M_x = M_T$. Bild **5.**155 zeigt die p o s i t i v e n S c h n i t t g r ö ß e n einer p o s i t i v e n S c h n i t t f l ä c h e ; bei ihr hat jeder Vektor den Richtungssinn der zu ihm parallelen positiven Koordinatenachse. Auf der der positiven Schnittfläche gegenüberliegenden negativen Schnittfläche, die in Bild **5.**155 nicht gezeichnet ist, besitzen die positiven Schnittgrößen den entgegengesetzten Richtungs- oder Drehsinn.

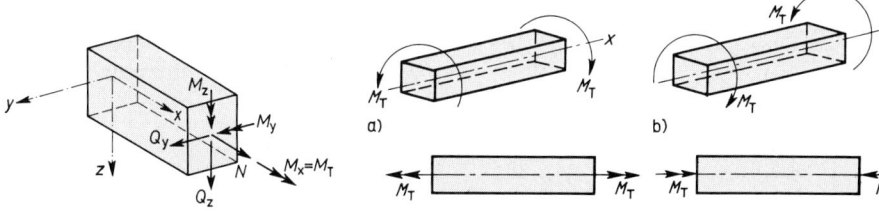

5.155 Positive Schnittgrößen der po-   5.156 Vorzeichen der Torsionsmomente
     sitiven   Schnittfläche   eines   a) positive M_T, b) negative M_T
     räumlichen Tragwerks

Eine positive Schnittfläche wird nach DIN 1080 T1 Abschn. 7 dadurch definiert, daß der äußere Normalenvektor, der vom abgeschnittenen Teil wegweist, den Richtungssinn der zu ihm parallelen positiven Koordinatenachse hat.

Das in Bild **5.**155 mit den anderen fünf Schnittgrößen dargestellte Torsionsmoment M_T ist in Bild **5.**156 an den Enden eines Stabelementes allein angreifend gezeichnet: in Bild **5.**156a mit p o s i t i v e m , in Bild **5.**156b mit n e g a t i v e m Drehsinn, jeweils als g e k r ü m m t e r P f e i l und als M o m e n t e n v e k t o r mit zwei Pfeilspitzen. Bei der zweiten Art der Darstellung zeigt sich Übereinstimmung in der Vorzeichenfestsetzung von T o r s i o n s m o m e n - t e n - und L ä n g s k r a f t v e k t o r e n : von der Schnittfläche w e g w e i s e n d e Vektoren erhalten das p o s i t i v e , zur Schnittfläche h i n w e i s e n d e Vektoren das n e g a t i v e Vorzeichen. Diese Regel gilt gleichermaßen für positive wie für negative Schnittflächen.

> **Positive Längskräfte sind Zugkräfte, positive Torsionsmomente drehen bei Blickrichtung auf die Schnittfläche linksherum; negative Längskräfte sind Druckkräfte, negative Torsionsmomente drehen bei Blickrichtung auf die Schnittfläche rechtsherum.**

Die Torsionsmomente eines Tragwerks können wir entsprechend dem Vorgehen bei den anderen Schnittgrößen durch Torsionsmomentenflächen veranschaulichen.

5.10.2 Anwendungen

Beispiel 20 Für den einseitig eingespannten geknickten Träger nach Bild **5.**157 sind die Schnittgrößen infolge der lotrechten Last P und der waagerechten Last W zu ermitteln und zeichnerisch darzustellen.

Beispiel 20
Forts.

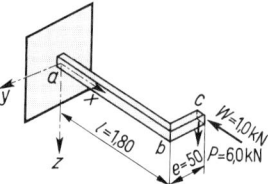

5.157 Eingespannter Träger

Der Träger liegt in der (x,y)-Ebene, ist also ein **ebenes Tragwerk**. Ob die Ermittlung seiner Schnittgrößen ein Problem der ebenen oder der räumlichen Statik darstellt, hängt von der **Richtung der Belastung** ab: Die Wirkungslinie der lotrechten Last P liegt **nicht in der Tragwerksebene**; mit P ist der Träger daher ein **räumlich belastetes ebenes Tragwerk**, das in die **Statik des Raumes** gehört. Die Kraft W dagegen wirkt in der **Tragwerksebene**; ihr Einfluß kann mit den Methoden der **ebenen Statik** untersucht werden. Wir behandeln die beiden Lasten nacheinander und überlagern anschließend die Schnittgrößen.

Die 6 Stützgrößen des Trägers sind die Lagerkräfte A_x, A_y, A_z und die Einspannmomente M_{Ax}, M_{Ay}, M_{Az}; wir setzen sie in **Richtung positiver Schnittgrößen** an. Da der an der Einspannung liegende Trägerendquerschnitt im Sinne von DIN 1080 T 1 Abschn. 7.2 eine **negative Schnittfläche** ist, haben die Vektoren der positiven Schnittgrößen am Trägerendquerschnitt die entgegengesetzten Richtungssinne der Koordinatenachsen. In den **Gleichgewichtsbedingungen** führen wir die Kraft- und Momentenvektoren mit positivem Vorzeichen ein, die die Richtungssinne der Koordinatenachsen haben.

a) lotrechte Last P (5.158)
Berechnung der **Stützgrößen**:

$$\Sigma X = 0 = - A_x; \qquad A_x = 0$$
$$\Sigma Y = 0 = - A_y; \qquad A_y = 0$$
$$\Sigma Z = 0 = - A_z + P; \qquad A_z = P = 6 \text{ kN}$$

Für die Momentengleichgewichtsbedingungen wählen wir die Koordinatenachsen als Bezugsachsen:

$$\Sigma M_x = 0 = - M_{Ax} - P \cdot e \qquad M_{ax} = M_T =$$
$$\Sigma M_y = 0 = - M_{Ay} - P \cdot l \qquad \qquad - P \cdot e = - 3,0 \text{ kNm}$$
$$\Sigma M_z = 0 = - M_{Az} \qquad \qquad M_{Ay} = - P \cdot l = - 10,8 \text{ kNm}$$
$$M_{Az} = 0$$

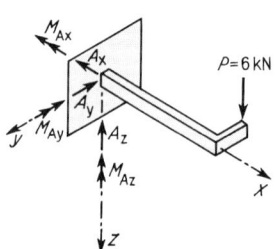

5.158 Träger mit lotrechter Last und Stützgrößen (Stützgrößen im Sinne positiver Schnittgrößen des Trägerendquerschnitts angesetzt)

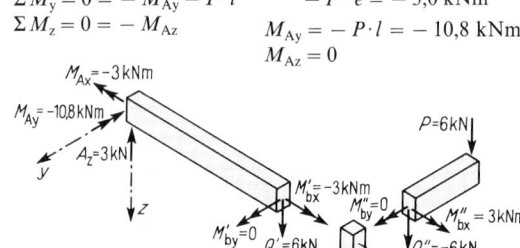

5.159 Schnitte b' und b'' an der Ecke, Schnittgrößen der positiven Schnittflächen. Vektoren mit positivem Richtungssinn eingetragen

Die **Stützgrößen des Trägers** sind zugleich die **Schnittgrößen des Trägerendquerschnitts**, und zwar ist $A_z = Q_{az}$ die lotrechte Querkraft, M_{Ay} das Biegemoment um die y-Achse und $M_{Ax} = M_T$ das Torsionsmoment. Um den Verlauf der Schnittgrößen längs des Trägerstücks ab leichter angeben zu können, führen wir unmittelbar vor dem Punkt b einen lotrechten Schnitt b' parallel zur (x,z)-Ebene (**5.159**) (Koordinate $x'_b = x_b - \mathrm{d}x$) und betrachten den Trägerteil von a bis zum Schnitt. An der Schnittfläche, die nach DIN 1080

Beispiel 20 T 1 Abschn. 7.2 positiv orientiert ist, setzen wir nur die an der Einspannung vorhandenen
Forts. Schnittgrößen Q_z, M_x und M_y im positiven Sinne an – die anderen Schnittgrößen sind gleich
Null. Wenn wir die Summen der Momente um die x- und z-Achse der Schnittfläche bilden,
lauten die drei den angesetzten Schnittgrößen entsprechenden Gleichgewichtsbedingungen

$$\Sigma Z = 0 = -A_z + Q'_{bz} \qquad Q'_{bz} = A_z = 6\,\text{kN}$$
$$\Sigma M_x = 0 = -M_{Ax} + M'_{bx} \qquad M'_{bx} = M_T = M_{Ax} = -P \cdot e = -3\,\text{kNm}$$
$$\Sigma M_y = 0 = -M_{Ay} + M'_{by} - A_z \cdot l \qquad M'_{by} = M_{Ay} + A_z \cdot l = -10{,}8 + 6 \cdot 1{,}80 = 0$$

Querkraft und Torsionsmoment sind also konstant, das Biegemoment um die y-Achse
nimmt geradlinig auf Null ab.

Als nächstes führen wir einen lotrechten Schnitt b'' parallel zur (x,z)-Ebene unmittelbar
neben dem Punkt b (Koordinate $y''_b = -dy$) und betrachten das Trägerstück von der
Kragarmspitze c bis zum Schnitt b''. Die Schnittfläche dieses Trägerteils ist ebenfalls positiv
orientiert, so daß die Schnittgrößen denselben Richtungssinn erhalten wie die des Schnittes
b'. Wir führen wieder nur Q_z, M_x und M_y ein und stellen nur die zugehörigen Gleichgewichtsbedingungen auf. Wenn wir die Summen der Momente um x- und y-Achse der Schnittfläche
bilden, erhalten wir

$$\Sigma Z = 0 = Q''_{bz} + P \qquad Q''_{bz} = -P = -6\,\text{kN}$$
$$\Sigma M_{bx} = 0 = M''_{bx} - P \cdot e \qquad M''_{bx} = +P \cdot e = +3\,\text{kNm}$$
$$\Sigma M_{by} = 0 = M''_{by} \qquad M''_{by} = M_T = 0$$

Mit den in DIN 1080 T 1 Abschn. 7 festgelegten Regeln für die Orientierung von Koordi-
naten, Schnittflächen und Kraftgrößen wechseln beim Übergang vom Schnit b' zum
Schnitt b'' alle Schnittgrößen ihr Vorzeichen. Wegen des Knicks wird ferner aus dem
Torsionsmoment M'_{bx} das Biegemoment M''_{bx} und aus dem Biegemoment M'_{by}
das Torsionsmoment M''_{by}. Im Fall einer allgemeinen Belastung würde noch aus der
Längskraft N'_b die Querkraft Q''_{bx} und aus der Querkraft Q'_{by} die Längskraft N''_b.
Querkraft Q_z und Biegemoment M_z ändern beim Übergang von b' nach b'' ihren Charakter
nicht; die Vektoren beider Schnittgrößen stehen senkrecht auf der (x, y)-Ebene, in der der
geknickte Träger liegt. In Bild **5.160** sind die von der Last P verursachten Schnittgrößen
zeichnerisch dargestellt.

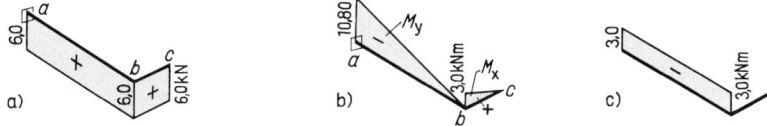

5.160 Schnittgrößen infolge P a) Q_z Fläche, b) Biegemomente, c) Torsionsmoment M_x

b) horizontale Last W (5.161)

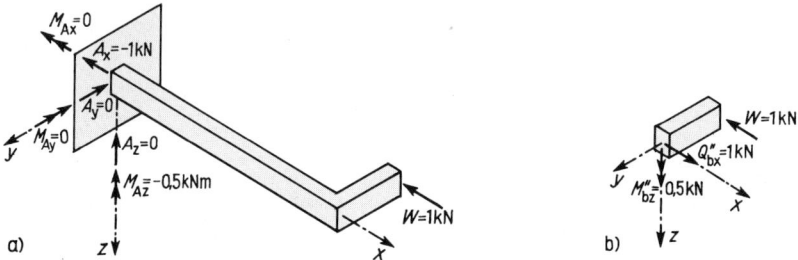

5.161 Träger mit horinzontaler Last a) Stützgrößen, im Sinne positiver Schnittgrößen
angesetzt, b) Trägerstück bc mit Schnittgrößen

Beispiel 20 Berechnung der Stützgrößen: Es liegt zwar ein ebenes Problem vor, wir wollen aber
Forts.   übungshalber die sechs Gleichgewichtsbedingungen des Raumes ansetzen; die Summen der
Momente bilden wir um die Koordinatenachsen

$$\Sigma X = 0 = A_x + W \qquad\qquad A_x = -W = -1\ \text{kN} = N_{ab}$$
$$\Sigma Y = 0 = -A_y \qquad\qquad\qquad A_y = 0$$
$$\Sigma Z = 0 = -A_z \qquad\qquad\qquad A_z = 0$$
$$\Sigma M_x = 0 = -M_{Ax} \qquad\qquad\quad M_{Ax} = 0$$
$$\Sigma M_y = 0 = -M_{Ay} \qquad\qquad\quad M_{Ay} = 0$$
$$\Sigma M_z = 0 = -M_{Az} - W\cdot 0{,}5 \qquad M_{Az} = -W\cdot 0{,}5 = -0{,}5\ \text{kNm} = M_{z,\,ab}$$

Die Kraft W wird im Trägerstück ab als Längskraft, im Trägerstück bc als Querkraft
abgetragen; im Trägerstück ab herrscht querkraftfreie Biegung mit $M_z =
-0{,}5\ \text{kNm} = \text{const}$; dieses Moment nimmt vom Trägerknick bis zur Kragarmspitze auf
Null ab (**5.162**).

Um die Vorzeichen von Querkraft und Moment im Trägerstück bc zu bestimmen, führen
wir einen Schnitt b'' parallel zur (x,z)-Ebene, betrachten den Trägerteil bc als abgeschnitten
und bringen an der Schnittfläche, die positiv orientiert ist, die Schnittgrößen Q''_{bx} und M''_{bz}
im positiven Sinn an. Die zugehörigen Gleichgewichtsbedingungen – Summe der Momente
bezogen auf die z-Achse der Schnittfläche – ergeben

$$\Sigma X = 0 = Q''_{bx} - W \qquad\qquad Q''_{bx} = W = 1\ \text{kN}$$
$$\Sigma M_z = 0 = M''_{bz} - W\cdot e \qquad\quad M''_{bz} = +W\cdot e = +0{,}5\ \text{kNm}$$

Bild **5.**162 zeigt die Schnittgrößenflächen infolge $W = 1\ \text{kN}$; in Bild **5.**163 wurden die
Schnittgrößen aus P und W überlagert.

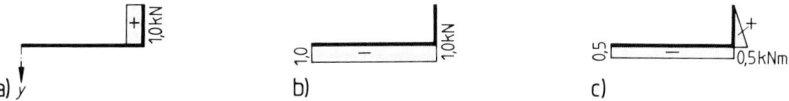

5.162 Schnittgrößen infolge W

     a) Q_x-Fläche, b) N-Fläche, c) M_z-Fläche

Bei der hier gewählten Orientierung der Schnittgrößen nach Koordinaten
(DIN 1080 T2, Abschn. 2.2) wie bei der Orientierung der Momente nach der
gekennzeichneten Seite oder gestrichelten Faser (DIN 1080 T2 Abschn. 2.3)
tragen wir ein Biegemoment unabhängig von seinem Vorzeichen ausnahmslos an der Seite
des Stabes an, an der es Zug erzeugt (vgl. Abschn. 5.3.3). Die Beachtung dieser Regel
erleichtert es, zu einer gegebenen Momentenfläche die Biegelinie zu skizzieren und dadurch
das Tragverhalten der Konstruktion zu veranschaulichen oder die Plausibilität der Rechen-
ergebnisse zu überprüfen.

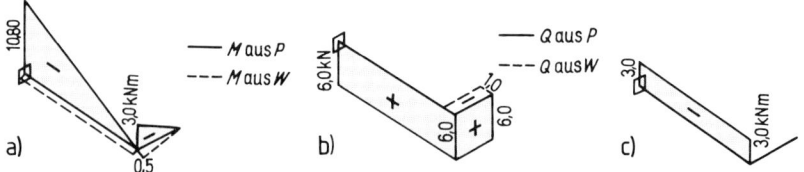

5.163 Schnittgrößen infolge P und W

     a) M-Fläche infolge P und W, b) Q-Fläche aus P und W, c) M_T-Fläche infolge P

Beispiel 21 Für den Verkehrszeichenträger des Beispiels 19 aus dem Abschnitt 3.4.6 sollen die Schnittgrößen berechnet und grafisch dargestellt werden.

1. Belastungen (5.164). Die im Abschnitt 3.4.6 gegebenen Einzellasten müssen in Linienlasten konstanter Größe umgerechnet werden: Eigenlast des Auslegers:

$$g_A = 11 \text{ kN}/8 \text{ m} = 1{,}375 \text{ kN/m}$$

Eigenlast des Mastes:

$$g_M = 10 \text{ kN}/7 \text{ m} = 1{,}429 \text{ kN/m}$$

Winddruck auf den Mast:

$$w_M = 5 \text{ kN}/7 \text{ m} = 0{,}714 \text{ kN/m}$$

Eigenlast des Verkehrsschildes:

$$g_S = 8 \text{ kN}/6 \text{ m} = 1{,}333 \text{ kN/m}$$

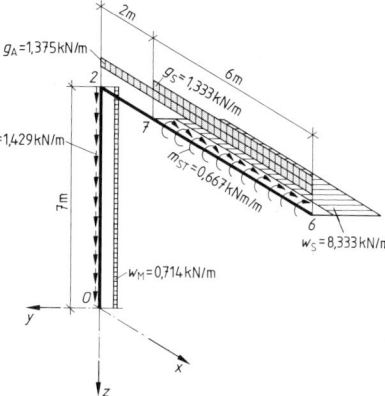

5.164 Verkehrszeichenträger, Systemskizze mit Belastung

Die Eigenlast des Verkehrsschildes wirkt 0,5 m neben der Achse des Auslegers. Wir verschieben sie in die Achse des Auslegers und erhalten dadurch ein Versatzmoment, das auf den Ausleger als Strecken-Torsionsmoment wirkt:

$$m_{s\,T} = 1{,}333 \text{ kN/m} \cdot 0{,}5 \text{ m} = 0{,}667 \text{ kNm/m}$$

Winddruck auf das Verkehrsschild:

$$w_S = 50 \text{ kN}/6 \text{ m} = 8{,}333 \text{ kN/m}$$

Da der Ausleger in der Mitte der Höhe des Verkehrsschildes angebracht ist, geht dieser Winddruck in den Ausleger, ohne in ihm ein Torsionsmoment zu erzeugen.

Der Winddruck auf den Ausleger zwischen den Punkten *2* und *7* ist klein gegenüber dem Winddruck auf das Verkehrsschild und wird vernachlässigt.

2. Vorzeichenfestsetzungen. Wir haben zwei voneinander unabhängige Vorzeichenfestsetzungen zu treffen:

2.1 Um den Schnittgrößen ein Vorzeichen geben zu können, legen wir fest: Das positive Vorzeichen erhalten die Vektoren, die auf positiven Schnittflächen die Richtungssinne der zugeordneten positiven Koordinatenachsen haben (s. 5.155). Auf negativen Schnittflächen haben positive Vektoren den entgegengesetzten Richtungssinn.

2.2 Beim Aufstellen der Gleichgewichtsbedingungen erhalten unabhängig vom Vorzeichen der Schnittfläche die Vektoren das positive Vorzeichen, die denselben Richtungssinn haben wie die zugeordnete positive Koordinatenachse.

3. Ermittlung der Schnittgrößen Wir führen zwei lotrechte Schnitte durch den Ausleger, und zwar im Punkt *7* und unmittelbar neben dem Punkt *2*, sowie zwei horizontale Schnitte durch den Mast, nämlich unmittelbar unterhalb von Punkt *2* und unmittelbar über Punkt *1*.

3.1 Lotrechter Schnitt durch Punkt *7*. Wir schneiden das Stück des Auslegers zwischen den Punkten *6* und *7* vom restlichen Tragwerk ab und zeichnen es mit seinen Lasten gesondert heraus (5.165). Die Schnittfläche des abgeschnittenen Teils hat das negative Vorzeichen, da der Richtungssinn ihres äußeren Normalenvektors entgegengesetzt zum Richtungssinn der positiven *x*-Achse ist. Die Vektoren der positiven Schnittgrößen, die wir am abgeschnittenen Teil anbringen, sind deswegen entgegengesetzt gerichtet wie die jeweils zugeordneten positiven Koordinatenachsen.

Beispiel 21
Forts.

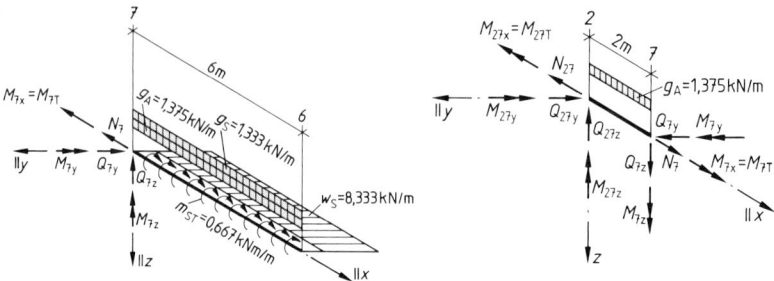

5.165 Stababschnitt *67* mit Belastung und Schnittgrößen; Parallelen zu den globalen Koordinatenachsen *x, y, z* (Koordinatenursprung *0(0;0;0)*) werden mit $\|x$, $\|y$, $\|z$ bezeichnet

5.166 Gleichgewicht am Stababschnitt *27*

Die Gleichgewichtsbedingungen am abgeschnittenen Teil lauten dann folgendermaßen – die Momentengleichgewichtsbedingungen stellen wir um die Parallelen zu den Koordinatenachsen durch den Punkt *7* auf:

1. $\Sigma X = 0 = -N_7$; $N_7 = 0$

2. $\Sigma Y = 0 = -Q_{7y} + w_S \cdot 6$;
   $Q_{7y} = w_S \cdot 6 = 8{,}333 \cdot 6 = 50$ kN

3. $\Sigma Z = 0 = -Q_{7z} + (g_A + g_S) \cdot 6$;
   $Q_{7z} = (g_A + g_S) \cdot 6 = (1{,}375 + 1{,}333) \cdot 6 = 16{,}248$ kN

4. $\Sigma M_{x(7)} = 0 = -M_{7x} - m_{ST} \cdot 6$;
   $M_{7x} = -m_{ST} \cdot 6 = -0{,}667 \cdot 6 = -4$ kNm $= M_{7T}$

5. $\Sigma M_{y(7)} = 0 = -M_{7y} - (g_A + g_S) \cdot 6 \cdot 3$;
   $M_{7y} = (g_A + g_S) \cdot 6 \cdot 3 = -(1{,}735 + 1{,}333) \cdot 6 \cdot 3 = -48{,}744$ kNm

6. $\Sigma M_{z(7)} = 0 = -M_{7z} + w_S \cdot 6 \cdot 3$;
   $M_{7z} = w_S \cdot 6 \cdot 3 = 8{,}333 \cdot 6 \cdot 3 = 150$ kNm

Verlauf der Schnittgrößen zwischen den Punkten *6* und *7*:

$N \equiv 0$;

Die übrigen beginnen im Punkt *6* mit dem Wert Null; von dort aus bis zu ihrem Wert im Punkt *7* verlaufen Q_y, Q_z und $M_x = M_T$ geradlinig, M_y und M_z nach einer quadratischen Kragarmparabel.

3.2 Eckpunkt 2. Wir führen unmittelbar neben dem Punkt *2* einen lotrechten Schnitt durch den Ausleger und einen waagerechten Schnitt durch den Mast. Zur Unterscheidung der Schnittgrößen beider Schnitte führen wir einen dritten Fußzeiger ein:

der 1. Fußzeiger „₂" gibt den Punkt an, in dessen unmittelbarer Nähe sich der Schnitt befindet („**anliegendes Stabende**"),

der 2. Fußzeiger „₇" für die Schnittgrößen des Auslegers oder „₀" für die Schnittgrößen des Mastes gibt das **abliegende Ende** des geschnittenen Stabes an,

der 3. Fußzeiger ist der Fußzeiger der **parallelen Koordinatenachse** – er ist bei *N* entbehrlich.

3.2.1 Lotrechter Schnitt durch den Ausleger unmittelbar neben dem Punkt 2 (5.166). Wir betrachten nur das Stück zwischen den Punkten *2* und *7*, das im Punkt *2* eine **negative** und im Punkt *7* eine **positive** Schnittfläche besitzt. An dieser

Beispiel 21 bringen wir die soeben ermittelten, an jener die gesuchten Schnittgrößen als äußere Kräfte
Forts. an, die wir wieder mit Hilfe der Gleichgewichtsbedingungen am abgeschnittenen Teil ermitteln. Die Momentengleichgewichtsbedingungen stellen wir um die zu x- und y-Achse parallelen Achsen durch den Punkt 2 sowie um die z-Achse auf.

1. $\Sigma X = 0 = -N_{27} + N_7$; $N_{27} = N_7 = 0$

2. $\Sigma Y = 0 = -Q_{27y} + Q_{7y}$; $Q_{27y} = Q_{7y} = 50$ kN

3. $\Sigma Z = 0 = -Q_{27z} + g_A \cdot 2 + Q_{7z}$;
$$Q_{27z} = g_A \cdot 2 + Q_{7z} = 1{,}375 \cdot 2 + 16{,}248$$
$$= 19 \text{ kN}$$

4. $\Sigma M_{x(2)} = 0 = -M_{27x} + M_{7x}$;
$$M_{27x} = M_{7x} = -4 \text{ kNm} = M_{2T}$$

5. $\Sigma M_{y(2)} = 0 = -M_{27y} - g_A \cdot 2 \cdot 1 - Q_{7z} \cdot 2 + M_{7y}$;
$$M_{27y} = -g_A \cdot 2 \cdot 1 - Q_{7z} \cdot 2 + M_{7y}$$
$$= -1{,}375 \cdot 2 \cdot 1 - 16{,}248 \cdot 2 - 48{,}744$$
$$= -84 \text{ kNm}$$

6. $\Sigma M_z = 0 = -M_{27z} + Q_{7y} \cdot 2 + M_{7z}$;
$$M_{27z} = Q_{7y} \cdot 2 + M_{7z} = 50 \cdot 2 + 150 = 250 \text{ kNm}$$

5.167 Gleichgewicht an der
Ecke (Punkt 2)

Verlauf der Schnittgrößen zwischen den Punkten 7 und 2:

$N \equiv 0$;

Q_y und M_x konstant;

Q_z und M_z geradliniger Verlauf;

M_y quadratisch-parabolischer Verlauf mit dem Parabelpfeil
$M_0 = 1{,}375 \cdot 2^2/8 = 0{,}688$ kNm.

3.2.2 H o r i z o n t a l e r S c h n i t t d u r c h d e n M a s t u n m i t t e l b a r u n t e r d e m P u n k t
2 (**5.**167). Wir betrachten nur die E c k e des Stabwerks, die durch den soeben untersuchten
lotrechten Schnitt durch den Ausleger und den neuen Schnitt abgetrennt wird. Beide
S c h n i t t f l ä c h e n sind p o s i t i v: Die äußeren Normalenvektoren der Schnittflächen durch
Ausleger bzw. Mast haben die Richtungssinne der positiven x- bzw. z-Achse. Bild **5.**167
zeigt die Stabwerksecke und die an ihr angreifenden Schnittgrößen. Der Deutlichkeit halber
haben in der Zeichnung die Abstände der Schnitte vom Punkt 2 eine endliche Größe,
während sie in dem unserer Berechnung zugrundeliegenden mathematischen Modell unendlich klein sind.

Die folgende Betrachtung zeigt noch einmal, wie sich in der räumlichen Statik ein Knick
von 90° auf die Weiterleitung der Momente (Biegung/Torsion) und Kräfte (Querkraft/
Längskraft) auswirkt. Daß sich bei Q_y und M_y die Vorzeichen ändern, ist bedingt durch die
gewählte Vorzeichenfestsetzung. Deren Vorteile liegen in ihrer Einfachheit, Übersichtlichkeit und mathematischen Konsequenz.

Die betrachtete Ecke (Punkt 2) ist u n b e l a s t e t; in die Komponentengleichgewichtsbedingungen gehen daher nur die Schnittkräfte beider Schnittflächen ein. Diese liegen unendlich
nahe beieinander, so daß die Schnittkräfte des einen Schnitts keine Hebelarme bezüglich der
Achsen des anderen Schnittes haben. Die Momentengleichgewichtsbedingungen beziehen
wir wieder auf die Parallelen zu x- und y-Achse durch den Punkt 2 sowie auf die z-Achse.

1. $\Sigma X = 0$ $= Q_{20x} + N_{27}$; $Q_{20x} = -N_{27} = \quad 0$

2. $\Sigma Y = 0$ $= Q_{20y} + Q_{27y}$; $Q_{20y} = -Q_{27y} = -50$ kN

3. $\Sigma Z = 0$ $= N_{20} + Q_{27z}$; $N_{20z} = -Q_{27z} = -19$ kN

4. $\Sigma M_{x(2)} = 0 = M_{20x} + M_{27x}$; $M_{20x} = -M_{27x} = \quad +4$ kNm

5. $\Sigma M_{y(2)} = 0 = M_{20y} + M_{27y}$; $M_{20y} = -M_{27y} = \quad +84$ kNm

6. $\Sigma M_z = 0 = M_{20z} + M_{27z}$; $M_{20z} = -M_{27z} = -250$ kNm

Beispiel 21 3.3 P u n k t *0*. Wir betrachten den Mast zwischen dem vorstehend behandelten Schnitt
Forts.   unmittelbar unter dem Punkt *2* und einem Schnitt unmittelbar über dem Fußpunkt *0*
(5.168). Der Mast wird belastet durch seine Eigenlast g_M und den Winddruck w_M. Wir
bringen diese Lasten sowie die Schnittgrößen an den beiden Stabendflächen an; dabei ist
zu beachten, daß die o b e r e S c h n i t t f l ä c h e das n e g a t i v e , die u n t e r e das p o s i t i v e
V o r z e i c h e n besitzt. Auf nun schon gewohnte Weise berechnen wir die Schnittgrößen der
unteren Schnittfläche:

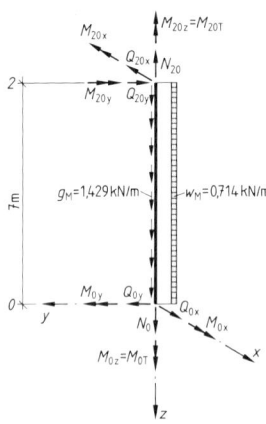

1. $\Sigma X = 0 = \quad Q_{0x} - Q_{20x}; \; Q_{0x} = Q_{20x} = 0 \text{ kN}$

2. $\Sigma Y = 0 = \quad Q_{0y} + w_M \cdot 7 - Q_{20y};$
   $$Q_{0y} = -w_M \cdot 7 + Q_{20y} = -0,714 \cdot 7 - 50$$
   $$= -55 \text{ kN}$$

3. $\Sigma Z = 0 = \quad N_0 + g_M \cdot 7 - N_{20};$
   $$N_0 = -g_M \cdot 7 + N_{02} = -1,429 \cdot 7 - 19$$
   $$= -29 \text{ kN}$$

4. $\Sigma M_x = 0 = M_{0x} + w_M \cdot 7 \cdot 3,5 - Q_{20y} \cdot 7 - M_{20x};$
   $$M_{0x} = -w_M \cdot 7 \cdot 3,5 + Q_{20y} \cdot 7 + M_{20x}$$
   $$= -0,714 \cdot 7 \cdot 3,5 - 50 \cdot 7 + 4$$
   $$= -363,5 \text{ kNm}$$

5. $\Sigma M_y = 0 = M_{0y} + Q_{20x} \cdot 7 - M_{20y};$
   $$M_{0y} = -Q_{20x} \cdot 7 + M_{20y} = 0 \cdot 7 + 84$$
   $$= +84 \text{ kNm}$$

6. $\Sigma M_z = 0 = M_{0z} - M_{20z}; \; M_{0z} = M_{20z} = -250 \text{ kNm}$

5.168 Stababschnitt *02* mit
Belastung und Schnitt-
größen

Verlauf der Schnittgrößen über die Höhe des Mastes:

$Q_x \equiv 0;$

M_y und M_z konstant;

Q_y und N geradlinig;

M_x quadratisch-parabolisch mit dem Parabelpfeil $M_0 = 0,714 \cdot 7^2/8 = 4,373 \text{ kNm}$

4. Kontrollen. Zur Kontrolle vergleichen wir die im Abschnitt 3.3 errechneten Schnittgrößen
mit den im Abschn. 3.4.6, Beispiel 2, unmittelbar aus sämtlichen Lasten ermittelten, auf das
Fundament wirkenden Kraft- und Momentenvektoren. Wir stellen fest, daß entsprechende
Kraftgrößen d e n s e l b e n a b s o l u t e n B e t r a g , jedoch jeweils das a n d e r e V o r z e i c h e n
haben. Der Grund dafür liegt darin, daß wir in beiden Berechnungen verschiedene Vorzeichenfestsetzungen getroffen haben. Im Beispiel des Abschn. 3.4.6 trennten wir zwar auch
durch einen horizontalen Schnitt im Punkt 0 den Mast vom Fundament, gaben aber ohne
Rücksicht auf das Vorzeichen der unteren Schnittfläche den am Fundament wirkenden
Kraftgrößen das positive Vorzeichen, wenn sie den Richtungssinn der zugeordneten positiven Koordinatenachse hatten. Im vorliegenden Beispiel berücksichtigen wir, daß die
Schnittfläche unmittelbar über dem Fundament das negative Vorzeichen besitzt, und geben
den positiven Schnittgrößen den entgegengesetzten Richtungssinn der jeweils zugeordneten
positiven Koordinatenachse.

Tragen wir die errechneten Schnittgrößen an der unteren Schnittfläche an, und zwar jede
mit ihrem wirklichen Richtungssinn, so ergibt sich Übereinstimmung mit Bild **3.75**.

5. Zustandsflächen. Bild **5.**169 zeigt die Zustandsflächen der Schnittgrößen. Biegemomente
sind an der Stabseite angetragen, an der sie Zug erzeugen.

Beispiel 21
Forts.

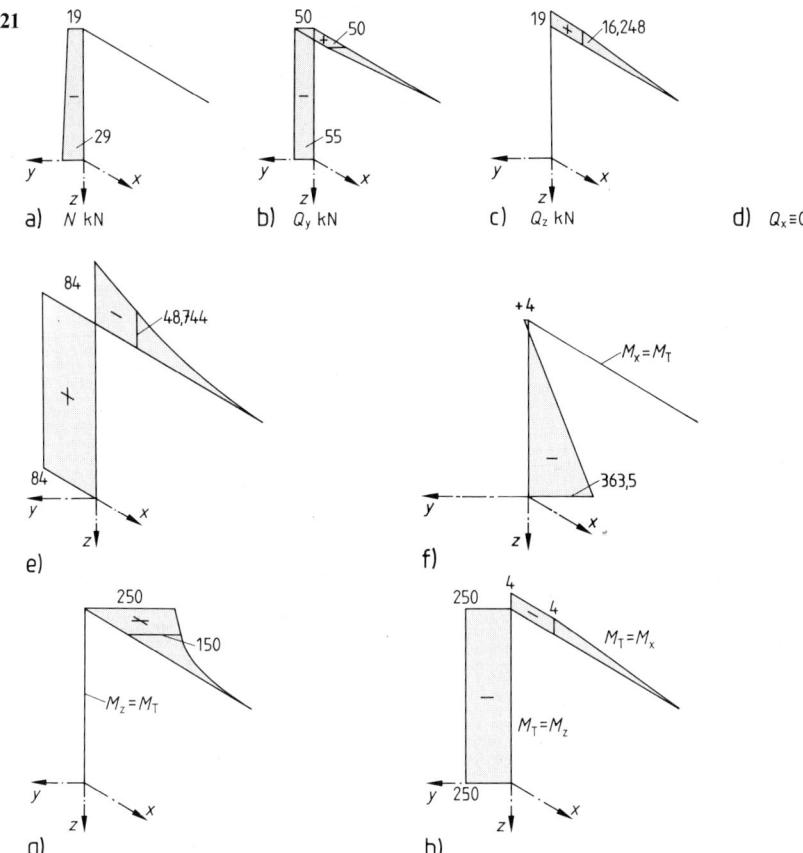

a) N kN   b) Q_y kN   c) Q_z kN   d) $Q_x \equiv 0$

e)   f)

g)   h)

5.169 Zustandsflächen

a) N in kN, b) Q_y in kN, c) Q_z in kN, d) $Q_x \equiv 0$, e) Biegemoment M_y in kNm, f) Biegemoment M_x in kNm, g) Biegemoment M_z in kNm, h) Torsionsmomente M_T in kNm (Ausleger und Mast mit verschiedenem Momentenmaßstab)

Beispiel 22 Der ebene Rahmen nach Bild **5.**170 ist durch zwei horizontale Lasten P_1 und P_2 beansprucht, deren Wirkungslinien senkrecht auf der Rahmenebene stehen; der Rahmen ist daher ein ebenes Tragwerk mit räumlicher Belastung. Die Stützgrößen und Beanspruchungsflächen sind zu bestimmen.

1. Lagerung, Berechnung der Stützgrößen. Im Punkt a befindet sich ein in der horizontalen (x, y)-Ebene frei verschiebliches Lager, das außerdem Verdrehungen um alle drei Koordinatenachsen ermöglicht. Es kann im Punkt a deshalb nur eine lotrechte Lagerkraft A_z aufgenommen werden; horizontale Lagerkräfte sowie Einspannmomente sind nicht möglich.

Das Lager im Punkt b ist unverschieblich, weswegen Lagerkräfte B_x, B_y und B_z auftreten können; außerdem verhindert das Lager Verdrehungen um x- und z-Achse, so daß Einspannmomente M_{Bx} und M_{Bz} möglich sind. Verdrehungen um die y-Achse werden nicht verhindert, es ist also $M_{By} \equiv 0$.

Insgesamt sind also 6 Stützgrößen vorhanden.

Beispiel 22 Aus den Gleichungen
Forts.

$$\Sigma Z = 0 \qquad \Sigma X = 0 \qquad \Sigma M_{ay} = 0$$

ergeben sich die Lagerkräfte

$$A_z = B_x = B_z = 0$$

Infolge der Lasten P_1 und P_2 wird

$$\Sigma Y = + 5,0 - 12,0 + B_y = 0 \qquad\qquad B_y = 12,0 - 5,0 = 7,0 \text{ kN}$$

B_y ist also nach vorn gerichtet.

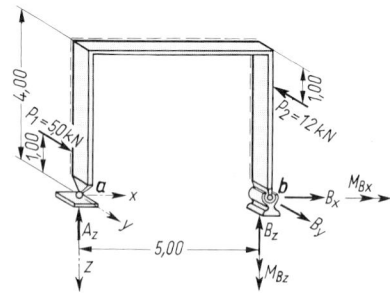

5.170 Rahmen, räumlich belastet

Um die x-Achse ist

$$\Sigma M_x = 5,0 \cdot 1,0 - 12,0 \cdot 3,0 + M_{Bx} = 0$$
$$M_{Bx} = 36,0 - 5,0 = 31,0 \text{ kNm}$$

Das Einspannmoment dreht also, wenn man in $+ x$-Richtung blickt, rechtsherum, d. h. der Vektor M_{Bx} zeigt in Richtung der positiven x-Achse.

Um die Parallele zur z-Achse durch b ist

$$\Sigma M_z = -5,0 \cdot 5,0 + M_{Bz} = 0$$
$$M_{Bz} = 25,0 \text{ kNm}$$

Das Einspannmoment dreht, wenn man in $+ z$-Richtung blickt, rechtsherum, d. h. der Vektor M_{Bz} zeigt in die $+ z$-Richtung, das bedeutet nach unten (**5.**171).

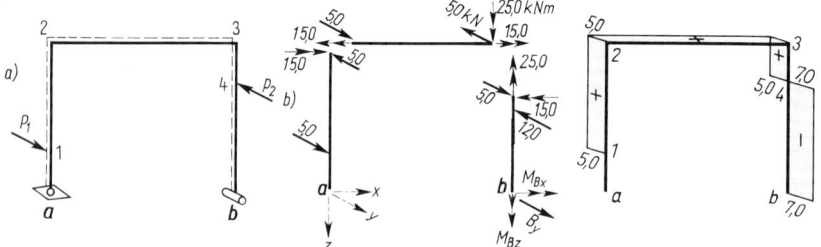

5.171 Rahmen mit Belastung und Schnittgrößen   5.172 Q_y-Fläche

2. Querkräfte. Es treten nur Querkräfte in y-Richtung auf. Wir ermitteln sie von a aus über die Ecken nach b und geben der von P_1 hervorgerufenen Querkraft das positive Vorzeichen.

linker Stiel	$Q_{1 \text{ bis } 2} = + 5,0$ kN
Riegel	$Q_{2 \text{ bis } 3} = + 5,0$ kN
rechter Stiel	$Q_{3 \text{ bis } 4o} = + 5,0$ kN
	$Q_{4u \text{ bis } b} = - 7,0$ kN

3. Biegemomente (**5.**173). Infolge der gegebenen Belastung treten nur Biegemomente M_x und M_z auf, die an der Vorder- oder Rückseite des Rahmens Zug erzeugen. Um diesen Momenten ein Vorzeichen geben zu können, ordnen wir an der Rückseite des Rahmens eine gestrichelte Faser an (**5.**170).

Beispiel 22   linker Stiel $M_1 = 0$ $M_{2x} = + 5,0 \cdot 3,0 = + 15,0$ kNm
Forts.   Riegel $M_{2z} = 0$ $M_{3z} = + 5,0 \cdot 5,0 = + 25,0$ kNm
                     rechter Stiel $M_{3x} = - 15,0$ kNm
                                     $M_{4x} = - 15,0 + 5,0 \cdot 1,0 = - 10,0$ kNm
                                     $M_{bx} = - 15,0 + 5,0 \cdot 4,0 - 12,0 \cdot 3,0 = - 31,0$ kNm

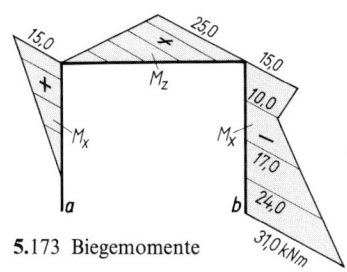

5.173 Biegemomente

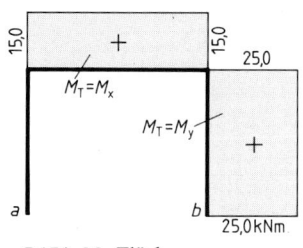

5.174 M_T-Fläche

4. Torsionsmomente. Verdreht werden die Querschnitte des Riegels und des rechten Stieles (**5.**174).

Riegel $M_x = M_T = 5,0 \cdot 3,0 = + 15,0$ kNm
rechter Stiel $M_z = M_T = 5,0 \cdot 5,0 = + 25,0$ kNm

Bild **5.**174 zeigt die Torsionsmomentenfläche. Aus den Bildern **5.**173 und **5.**174 ist zu erkennen, wie im Laufe der Kraftübertragung zum Lager *B* hin an den Rahmenecken *2* und *3* die Biegemomente als Torsionsmomente weitergeleitet werden und wie an der Ecke *3* aus dem Torsionsmoment wieder ein Biegemoment wird.

6 Fachwerke

6.1 Einleitung und Übersicht

Fachwerke gehören zu den Stabtragwerken. Sie bestehen aus geraden Stäben, die in Knotenpunkten miteinander verbunden sind. Bei der Berechnung der Fachwerke treffen wir folgende Annahmen:

1. Die Lasten und Lagerkräfte greifen nur in den Knotenpunkten an.

2. Jeder Knotenpunkt ist Schnittpunkt der Achsen angeschlossener Stäbe und der Wirkungslinien am Knoten angreifender äußerer Kräfte.

3. Die Stäbe sind in jedem Knotenpunkt durch ein reibungsfreies Gelenk miteinander verbunden.

Durch diese Annahmen erreicht man, daß sich in Fachwerkstäben nur Längskräfte ergeben, Biegemomente und Querkräfte aber nicht auftreten.

Tatsächlich sind die Stäbe in den Knotenpunkten fast immer biegesteif miteinander verbunden, was dazu führt, daß in den Stäben doch Biegemomente und Querkräfte hervorgerufen werden. Diese verursachen Zusatz- oder Nebenspannungen, die 10 bis 20% der mit obigen Annahmen ermittelten Spannungen ausmachen können, in der Regel aber vernachlässigt werden.

Auch die Annahme, daß die Lasten nur in Knotenpunkten angreifen, trifft die Wirklichkeit nicht genau: Die Eigenlast der Stäbe wirkt als gleichmäßig verteilte Last, und bei Dachbindern kommt es vor, daß Pfetten auf einem Fachwerkstab zwischen zwei Knotenpunkten gelagert sind. Hier hilft man sich so, daß man Lasten, die auf Stäbe anstatt auf Knoten wirken, den nächstliegenden Knoten zuweist (**6.**1). Nach der Ermittlung der Längskräfte in den Fachwerkstäben unter Beachtung der obigen Annahmen werden dann in einem zweiten Rechnungsgang Biegemomente und Querkräfte in den zwischen den Knoten belasteten Stäben ermittelt. Dabei betrachtet man aber nicht den Fachwerkträger im ganzen, sondern nur einen zwischen den Knoten belasteten Stab allein oder in Zusammenhang mit seinen nächsten Nachbarstäben. Bei der Bemessung werden dann Längskräfte aus Knotenlasten und Biegemomente und Querkräfte aus Lasten zwischen den Knoten gemeinsam angesetzt (überlagert).

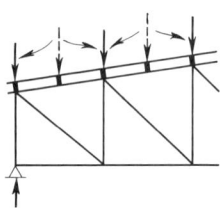

6.1 Verteilen der Lasten auf die Knotenpunkte

Die Bindereigenlast ist im allgemeinen verhältnismäßig gering. Sie wird bei Fachwerkbalken und -bindern als gleichmäßig verteilt angenommen und vielfach nicht allen Knoten zugewiesen, sondern nur denen, die auch andere Lasten erhalten.

Liegen bei einem Fachwerk alle Stäbe in einer Ebene, so sprechen wir von einem ebenen Fachwerk; andernfalls liegt ein Raumfachwerk vor. Viele Raumfachwerke lassen sich in ebene Fachwerke zerlegen, was die Berechnung vereinfacht. Bis zum Abschn. 6.8. wird im folgenden nur von ebenen Fachwerken die Rede sein; Abschn. 6.9 ist den Raumfachwerken gewidmet. Ein ebenes Fachwerk kann im Gegensatz zu einem ebenen Stabwerk keine Lasten aufnehmen, die senkrecht zu seiner Ebene wirken; die räumliche Belastung eines ebenen Fachwerks ist also nicht möglich.

Bei den Fachwerken begegnen uns dieselben statischen Systeme wie bei den Vollwandtragwerken oder Stabwerken. Grundsätzlich kann jedes Tragsystem als Fachwerk- oder als
Vollwandtragwerk (Stabwerk) ausgeführt werden. In Bild **6.**2 sind einige Beispiele dafür
gezeichnet.

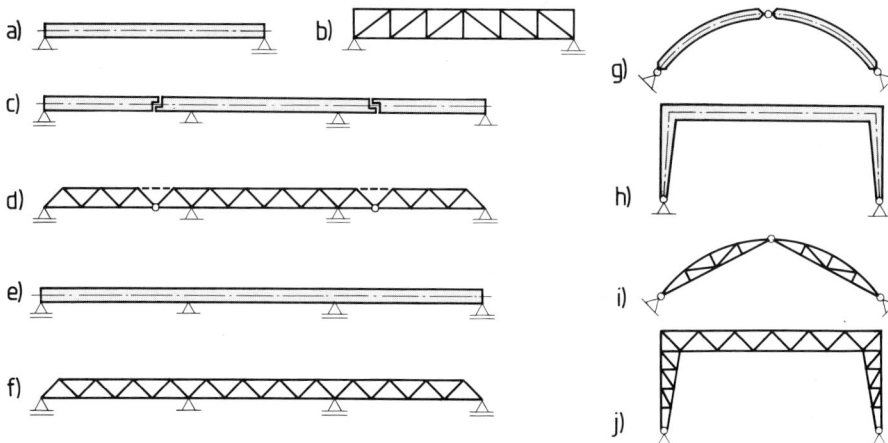

6.2 Stabtragwerke in Vollwandausführung (Stabwerke) und Fachwerkausführung

   a) einfacher Vollwandbalken auf zwei Lagern, b) einfacher Fachwerkbalken auf zwei Lagern,
   c) vollwandiger Gerberträger, d) Fachwerk-Gerberträger; gestrichelt: „Blindstäbe“, einseitig mit
   Langlöchern angeschlossen, e) vollwandiger Durchlaufträger, f) Fachwerk-Durchlaufträger,
   g) vollwandiger Dreigelenkbogen, h) vollwandiger Zweigelenkrahmen, i) Fachwerk-Dreigelenk-
   bogen, j) Fachwerk-Zweigelenkrahmen

Die Stäbe eines Fachwerkes lassen sich einteilen in die inneren F ü l l s t ä b e und die äußeren
G u r t s t ä b e. Die Füllstäbe ergeben die Ausfachung, die Gurtstäbe bilden die beiden
Gurtungen oder Ober- und Untergurt.

Die Gurtungen können gerade, einfach geknickt oder mehrfach geknickt sein, so daß es
viele Möglichkeiten gibt, den Umriß eines Fachwerks zu gestalten. In Bild **6.**3 sind mit
P a r a l l e l -, T r a p e z - und H a l b p a r a b e l t r ä g e r Umrisse dargestellt, die im Brücken-
bau üblich sind. Die Zeichnung des P a r a b e l t r ä g e r s dient nur der Klärung der Begriffe;
er wird wegen der ungünstigen spitzen Enden nicht mehr ausgeführt.

Die Lasten, die bei Dachbindern durch die Pfetten, bei Brücken durch die Querträger
eingeleitet werden, greifen in der Regel nur in den Knoten e i n e r Gurtung an, die deswegen
L a s t g u r t genannt wird.

Für die Ausfachung des durch die Gurtungen gegebenen Umrisse eines Fachwerks gibt es
viele Lösungen. In Bild **6.**4 sind einige weit verbreitete angegeben, und zwar am Beispiel
eines waagerechten Parallelträgers. Aus den Bildunterschriften geht hervor, daß lotrechte

6.3
Umrisse von Brückenträgern

a) Parallelträger
b) Halbparabelträger
c) Trapezträger
d) Parabelträger

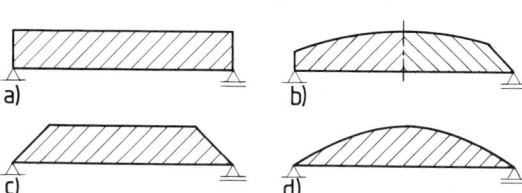

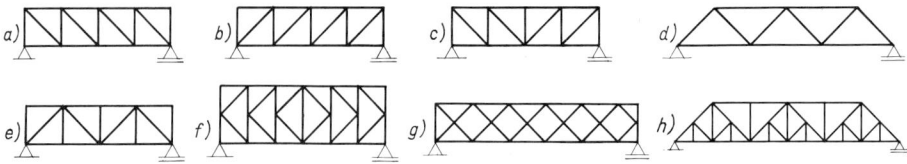

6.4 Einfeldträger als Parallelträger mit verschiedenen Ausfachungen

a) Ständerfachwerk mit fallenden Streben, b) Ständerfachwerk mit steigenden Streben, c) Ständerfachwerk mit zur Mitte hin fallenden Streben, d) Reines Strebenfachwerk, e) Strebenfachwerk mit Pfosten, f) K-Fachwerk, g) Rautenfachwerk, h) Hilfsstäbe (Zwischenfachwerk) in einem Strebenfachwerk mit Pfosten; Lastgurt unten

Füllstäbe als Ständer oder Pfosten bezeichnet werden, ferner sind die Ausdrücke Vertikalstäbe oder kurz Vertikalen gebräuchlich. Geneigte Füllstäbe heißen Schrägstäbe, Streben oder Diagonalen. Das in Bild **6.**4f dargestellte K-Fachwerk wird auch Fachwerk mit halben Diagonalen oder Halbstrebenfachwerk genannt, während das Rautenfachwerk nach Bild **6.**4g auch unter der Bezeichnung Netzwerk zu finden ist und Träger mit dieser Ausfachung Gitterträger heißen. In Bild **6.**4h ist schließlich ein Brückenträger als Parallelträger mit Zwischenfachwerk (Sekundärfachwerk) gezeichnet. Durch das Zwischenfachwerk wird der Abstand der Untergurtknoten und damit der Abstand der in den Untergurtknoten angeschlossenen Querträger auf die Hälfte vermindert, so daß auch die Stützweite der von Querträger zu Querträger gespannten Fahrbahnlängsträger halbiert wird. Das kann sich bei weitgespannten und deshalb hohen Fachwerkträgern günstig auswirken.

In Bild **6.**5 sind weitere Beispiele für Umrisse und Ausfachung von Fachwerken dargestellt.

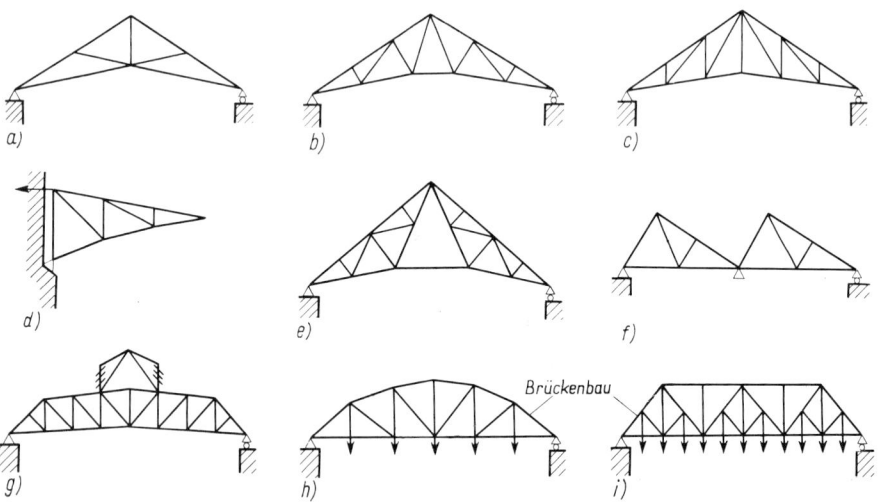

6.5 Dachbinder und Brückenträger

a) Deutscher, b) Belgischer, c) Englischer Dachbinder, d) Vordach, e) Wiegmann- oder Polonceau-(Französischer) Dachbinder, f) Säge- oder Sheddach, g) Dachbinder mit Laternenaufsatz, h) Halbparabelträger, i) Trapezträger mit Zwischenfachwerk

6.2 Der Entwurf von Fachwerknetzen; das 1. Bildungsgesetz

An eine Fachwerkkonstruktion stellen wir ebenso wie an ein Stabwerk die Forderung, daß sie s t a n d f e s t und in sich u n v e r s c h i e b l i c h ist. Die Standfestigkeit ist eine Frage der richtigen Wahl der Lager oder Abstützungen; hier gelten für Fachwerke dieselben Regeln wie für die entsprechenden Stabwerke (s. Abschn. 5). Wir setzen diese Regeln hier als bekannt voraus und überlegen uns im folgenden, welche Bedingungen zu erfüllen sind, damit ein statisch bestimmt gelagertes Fachwerk in sich unverschieblich ist.

Wir kommen einfach und sicher zu einem unverschieblichen Fachwerk, wenn wir von einer unverschieblichen G r u n d f i g u r ausgehen und nacheinander weitere Knoten so anschließen, daß jeder neue Knoten gegenüber der vorhandenen Figur unverschieblich festgelegt ist. Die einfachste unverschiebliche Grundfigur – auf sie wollen wir uns beschränken – ist das Dreieck, das statisch gesehen aus drei Stäben (*1, 2, 3*) und drei Knoten (I, II, III) besteht (**6.6**). Um den nächsten Knoten IV gegenüber der starren Scheibe I-II-III festzulegen, brauchen wir mindestens zwei Stäbe (*4, 5*), die von zwei vorhandenen Knoten zum neuen Knoten hinführen. Ein dritter Stab *5'* würde die Konstruktion steifer machen; wenn wir aber nach der M i n d e s t a n z a h l von Stäben in einem unverschieblichen Fachwerk fragen, und genau das wollen wir tun, ist dieser Stab überflüssig. Wir lassen ihn darum weg und schließen weiter an den Knoten V mit den Stäben *6* und *7*, den Knoten VI mit den Stäben *8* und *9*, den Knoten VII mit den Stäben *10* und *11* usw. Damit dürfte das Verfahren schon ausreichend erläutert sein. Man nennt es den z w e i s t ä b i g e n K n o t e n p u n k t a n s c h l u ß, a u s g e h e n d v o n e i n e m D r e i e c k.

Die soeben anschaulich abgeleitete Vorschrift über den Aufbau eines unverschieblichen Fachwerkes ist ein A u f b a u k r i t e r i u m und wird das 1. B i l d u n g s - g e s e t z f ü r F a c h w e r k e genannt.

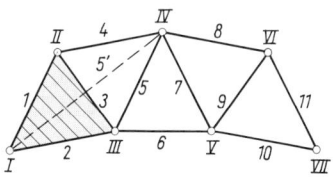

Welche Beziehung besteht nun rechnerisch bei Fachwerken nach dem 1. Bildungsgesetz zwischen der Anzahl *k* der Knoten und der Anzahl *s* der Stäbe?

6.6 Erstes Bildungsgesetz für Fachwerke: zweistäbiger Knotenpunktanschluß

Die ersten drei Knoten erfordern drei Stäbe, jeder weitere Knoten verlangt zwei weitere Stäbe. Wir erhalten demnach die Anzahl der Stäbe, wenn wir von den drei Stäben der Grundfigur ausgehen und für jeden Knoten, ausgenommen die drei Knoten der Grundfigur, zwei Stäbe hinzufügen:

$$s = 3 + 2(k - 3) \qquad\qquad s = 2k - 3$$

Diese Gleichung wird auch als A b z ä h l k r i t e r i u m für Fachwerke bezeichnet. Vor der Berechnung der Stabkräfte wollen wir noch zwei Punkte behandeln:

1. Der Anschluß eines neuen Knotens durch zwei Stäbe ist nicht völlig beliebig. Da wir auch eine u n e n d l i c h k l e i n e V e r s c h i e b l i c h k e i t des neuen Knotens ausschließen müssen, dürfen seine beiden Stäbe n i c h t i n e i n e r G e r a d e n liegen. Bild **6.7** gibt anschaulich die Begründung (Knoten VII).

Diese Einschränkung für den Anschluß eines neuen Knotens bedeutet keinesfalls, daß zwei Fachwerkstäbe überhaupt nicht in einer Geraden liegen dürfen. Wenn die Stäbe dem Anschluß verschiedener Knoten dienen, darf sehr wohl ein Stab in der Verlängerung des anderen angeordnet sein. So liegen in Bild **6.7** die Stäbe *3* und *5* zwar in einer Geraden, aber Stab *3* fixiert den Knoten III, Stab *5* den Knoten IV.

2. Mit dem 1. Bildungsgesetz lassen sich nicht nur D r e i e c k s f a c h w e r k e herstellen, also Fachwerke, die nur aus Dreiecken bestehen, sondern auch Fachwerke, die S t a b v i e r e c k e enthalten. Anders ausgedrückt: nicht jedes Stabviereck in einem Fachwerk bedeutet, daß das Fachwerk verschieblich und damit als Baukonstruktion unbrauchbar ist. An dem Rautenfachwerk des Bildes 6.8 soll das durch Kennzeichnung der Grundfigur, also des Ausgangsdreiecks, und durch Numerierung von Knoten und Stäben dargelegt werden (6.8). Wir haben dabei die K r e u z u n g s s t e l l e n der Diagonalen als K n o t e n angenommen und damit unterstellt, daß die Diagonalen eines Feldes miteinander verbunden werden. Für das Fachwerk nach Bild 6.8 ergibt sich dann

$$s = 2k - 3 = 2 \cdot 20 - 3 = 37$$

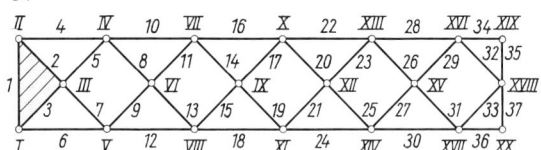

6.8 Rautenfachwerk, gebildet durch zweistäbigen Knotenpunktanschluß

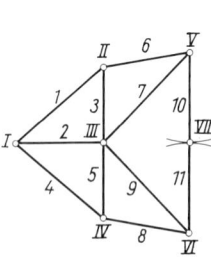

6.7 Anschluß eines Knotens (VII) durch zwei Stäbe, die in einer Geraden liegen

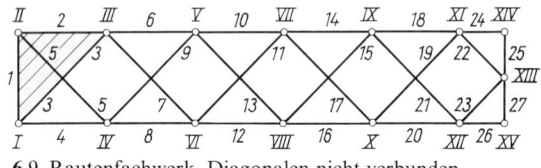

6.9 Rautenfachwerk, Diagonalen nicht verbunden

Der gezeichnete Gitterträger kann aber auch ganz anders gesehen werden, ebenfalls entstanden durch zweistäbigen Knotenpunktanschluß, jedoch mit einer anderen Grundfigur und mit n i c h t v e r b u n d e n e n D i a g o n a l e n (6.9). Auch dann ist das Abzählkriterium erfüllt:

$$s = 2k - 3 = 2 \cdot 15 - 3 = 27$$

Eine nähere Betrachtung zeigt, daß es für die Kräfte in den Fachwerkstäben ohne Bedeutung ist, ob die Diagonalen an den Kreuzungsstellen verbunden werden oder nicht: Sind sie verbunden, so läuft doch die Kraft aus einer Halbdiagonalen unverändert durch den Knoten hindurch in die andere, die in ihrer Richtung liegt. Mit den Bezeichnungen von Bild 6.9 ist also am Knoten III $S_2 = S_7$ und $S_3 = S_5$; anders ist das Gleichgewicht am Knoten III nicht herzustellen. – Nach beiden Betrachtungsweisen erscheint also auch das Rautenfachwerk als Fachwerk nach dem 1. Bildungsgesetz. – Wir werden übrigens später feststellen, daß es andere Rautenfachwerke gibt, die nicht wie das hier gezeigte ausschließlich durch zweistäbigen Knotenpunktanschluß entstehen.

6.3 Unverschieblichkeit und statische Bestimmtheit

Zur Berechnung der Stabkräfte in Fachwerken stehen uns die G l e i c h g e w i c h t s b e d i n g u n g e n zur Verfügung. Wir werden im folgenden untersuchen, ob sie zur Berechnung eines Fachwerkes ausreichen, das unverschieblich ist und dabei mit $s = 2k - 3$ Stäben keinen überflüssigen Stab aufweist.

Wir führen dazu um jeden Knoten des Fachwerks einen Rundschnitt (**6.**10) und stellen fest, daß nur die beiden Komponentengleichungen $\Sigma V = 0$ und $\Sigma H = 0$ anzusetzen sind: Kräfte an einem Punkt sind im Gleichgewicht, wenn die Resultierende verschwindet. Das haben wir bei der Berechnung des Zweibocks im Abschn. 4.2.1.4 bereits praktisch angewendet. Betrachten wir das Fachwerk im ganzen, so stehen uns bei k Knoten $2k$ Gleichgewichtsbedingungen zur Verfügung; berechnet werden müssen $s = 2k - 3$ Stab-kräfte und – bei statisch bestimmter Lagerung – $a = 3$ Lagerkräfte, insgesamt also $s + a = 2k - 3 + 3 = 2k$ Unbekannte. Das bedeutet: Für ein Fachwerk, das nach dem 1. Bildungs-gesetz durch zweistäbigen Knotenpunktanschluß aufgebaut wurde und das statisch be-stimmt gelagert ist, lassen sich Stabkräfte und Stützgrößen ausrechnen, wenn wir alle Knoten durch Rundschnitte abtrennen und an jedem von ihnen die beiden Komponenten-gleichgewichtsbedingungen ansetzen; die Anzahl der zur Verfügung stehenden Gleichungen reicht dabei genau aus.

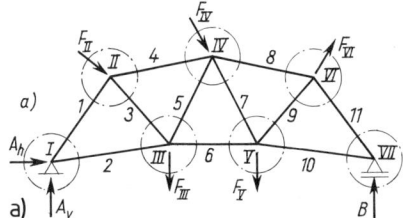
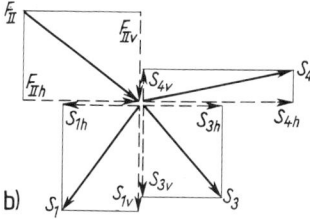

6.10 Rundschnitte um die Knoten eines Fachwerks
    a) Fachwerk im ganzen, b) Knoten II mit Zerlegung der Kräfte

Wenn danach jeder Knoten des Fachwerks im Gleichgewicht ist, so ist es auch das Gesamt-system. Die drei Gleichgewichtsbedingungen $\Sigma V = 0$, $\Sigma H = 0$, $\Sigma M = 0$, die wir für das Gesamtsystem anzuschreiben pflegen, um die Lagergrößen zu ermitteln, stehen darum nicht als zusätzliche, von den erwähnten $2k$ Gleichgewichtsbedingungen unabhängige Gleichungen zur Verfügung.

Nehmen wir aus einem durch zweistäbigen Knotenpunktanschluß gebildeten Fachwerk einen Stab heraus, so wird es verschieblich; fügen wir aber einen Stab hinzu (z. B. Stab 5′ in Bild **6.**6), so lassen sich die Stabkräfte mit den Gleichgewichtsbedingungen allein nicht berechnen, es ist eine ü b e r z ä h l i g e S t a b k r a f t vorhanden, das Fachwerk ist s t a t i s c h u n b e s t i m m t. Mathematisch geschrieben gilt bei statisch bestimmter Lagerung:

$$s < 2k - 3 \quad \text{Fachwerk verschieblich}$$
$$s = 2k - 3 \quad \text{Fachwerk unverschieblich und statisch bestimmt}$$
$$s > 2k - 3 \quad \text{Fachwerk unverschieblich und statisch unbestimmt}$$

Durch das Ableiten der Formel $s = 2k - 3$ sind wir vom „Aufbaukriterium" des 1. Bil-dungsgesetzes zu einem „Abzählkriterium" gekommen: Um festzustellen, ob ein Fach-werk unverschieblich und statisch bestimmt ist, brauchen wir nur Stäbe und Knoten zu zählen und zu prüfen, ob die Gleichung $s = 2k - 3$ erfüllt ist. Das ist einfach und geht schnell – leider versagt aber das A b z ä h l k r i t e r i u m in Sonderfällen, weil es zwar ein n o t w e n d i g e s, aber k e i n h i n r e i c h e n d e s K r i t e r i u m darstellt. Ein statisch bestimm-tes, unverschiebliches Fachwerk m u ß demnach $s = 2k - 3$ Stäbe besitzen; das Vorhanden-sein dieser Stabzahl g e w ä h r l e i s t e t jedoch n i c h t statische Bestimmtheit und Unver-schieblichkeit. Deshalb benötigen wir neben dem Abzählkriterium als weitere Bedingung das Aufbaukriterium eines Bildungsgesetzes.

Der Veranschaulichung dieser Aussage dienen die beiden Fachwerke des Bildes **6.11**. Sie sind als einfache Träger auf zwei Lagern statisch bestimmt gelagert; das linke entstand durch zweistäbigen Knotenpunktanschluß, mit $s = 9$ und $k = 6$ ist $s = 2k - 3 = 2 \cdot 6 - 3 = 9$. Das rechte erhält man aus dem linken durch Versetzen der Diagonale des linken Feldes ins rechte Feld als zweite Diagonale (Stabvertauschung). Dadurch wird weder die Anzahl k der Knoten noch die Anzahl s der Stäbe verändert, das Abzählkriterium ist nach wie vor erfüllt, und doch ist das neue Fachwerk verschieblich: Das linke Feld wird durch die Fortnahme der Diagonalen zu einem Gelenkviereck; die Knoten a und I sind nicht durch fortlaufenden zweistäbigen Knotenpunktanschluß fixiert.

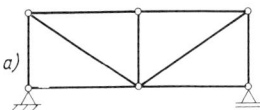
a)

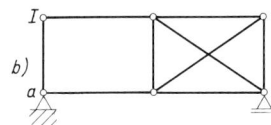
b)

6.11
a) Zweistäbiger Knotenpunktanschluß, $s = 2k - 3$
b) Abzählkriterium erfüllt, Tragwerk verschieblich

6.4 Das 2. und 3. Bildungsgesetz für Fachwerke

Während das 1. Bildungsgesetz für Fachwerke sehr ausführlich dargestellt wurde, sollen die beiden weiteren wegen ihrer geringeren Bedeutung nur kurz erwähnt werden.

Das 2. Bildungsgesetz sagt, daß man aus zwei unverschieblichen, statisch bestimmten Fachwerken auf zwei Wegen ein neues, ebenfalls unverschiebliches und statisch bestimmtes Fachwerk bilden kann:

a) man gibt Fachwerken einen gemeinsamen Knoten und zieht einen Verbindungsstab ein

b) man zieht zwischen den beiden Fachwerken drei Verbindungsstäbe ein, und zwar so, daß sich die Verbindungsstäbe oder ihre Verlängerungen nicht in einem Punkt schneiden.

Der erste Weg wird beim Entwurf von Dachbindern begangen. Bild **6.5**e zeigte bereits ein Beispiel und veranschaulicht zugleich die Wirkungsweise: Die beiden symmetrischen Binderhälften sind die Ausgangsfachwerke; gibt man ihnen zunächst am First einen gemeinsamen Knotenpunkt, so können sie sich noch gegeneinander verdrehen. Das wird durch das Einziehen eines Verbindungsstabes unmöglich gemacht. Der so entstandene Wiegmannsbinder läßt sich mit dem 1. Bildungsgesetz allein nicht herstellen.

Der zweite Weg ist baupraktisch von geringer Bedeutung, häufig kommt er auf den zweistäbigen Knotenpunktanschluß des 1. Bildungsgesetzes hinaus. In Bild **6.12** ist für den

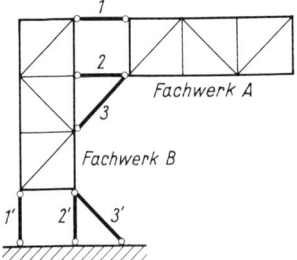

6.12 Verbindung von zwei Fachwerken mit drei Stäben

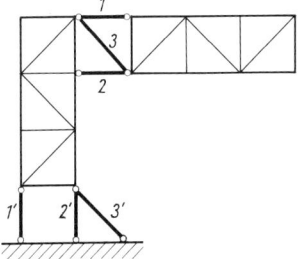

6.13 Variante zu Bild **6.12**

zweiten Weg ein Lehrbeispiel konstruiert worden; es fällt daran auf, daß das Fachwerk *A* durch die Verbindungsstäbe *1, 2* und *3* am Fachwerk *B* genauso angeschlossen ist wie das Fachwerk *B* mit den Stäben *1', 2'* und *3'* an der Erdscheibe. Tatsächlich sind die Pendelstäbe *1* und *1'* gleichbedeutend mit beweglichen Lagern, während die Zweiböcke aus den Stäben *2, 3* und *2', 3'* die Wirkungen von festen Lagern ausüben. Damit ergibt sich in beiden Fällen eine statisch bestimmte „Lagerung".

Wird der Stab *3* als Diagonale zwischen die Stäbe *1* und *2* gelegt (**6.**13), so ändert sich an der Gesamtwirkung auf das Fachwerk *A* gar nichts, die beiden Fachwerke *A* und *B* verschmelzen aber dadurch zu einer Einheit, die von einem Ende bis zum anderen durch ununterbrochenen zweistäbigen Knotenpunktanschluß entstanden sein kann.

Zum Schluß der Ausführungen über das 2. Bildungsgesetz soll erläutert werden, warum sich die drei Verbindungsstäbe oder ihre Verlängerungen nicht in einem Punkt schneiden dürfen. Bild **6.**14 zeigt den S o n d e r f a l l, daß sich die drei Verbindungsstäbe in einem unendlich fernen Punkt schneiden. Die drei Stäbe sind also p a r a l l e l, und es ist klar, daß sich bei einer solchen Stabführung die beiden Fachwerke um ein e n d l i c h e s S t ü c k gegeneinander verschieben können, ohne daß die Verträglichkeitsbedingungen des Systems verletzt werden. Auch nach einer endlichen Verschiebung schneiden sich die drei Verbindungsstäbe in einem unendlich fernen Punkt, sie bleiben stets parallel.

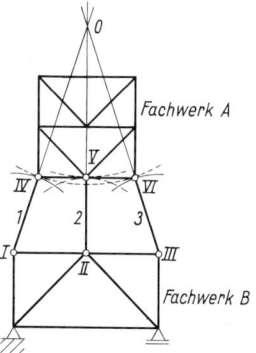

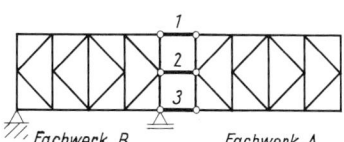

6.14 Verbindung zweier Fachwerke durch
       drei parallele Stäbe

6.15 Verbindungsstäbe mit unendlich kleiner
       Beweglichkeit

Den a l l g e m e i n e n F a l l zeigt Bild **6.**15. Hier schneiden sich die Verlängerungen der drei Verbindungsstäbe im Endlichen, und zwar im Pol *0*. Wenn sich nun die Stäbe *1, 2* und *3* um die Punkte I, II und III drehen, beschreiben die Punkte IV, V und VI die ausgezogenen Kreisbogen. Für ein unendlich kleines Stück fällt jeder dieser Kreisbogen zusammen mit einem der gestrichelten Kreisbogen um den Pol *0*: Bei sehr kleinen Winkeln ersetzt man mit sehr guter Näherung den Kreisbogen durch die Tangente. In den Punkten IV, V und VI haben aber jeweils zwei Kreise eine gemeinsame Tangente, die deswegen für ein unendlich kleines Stück beide Kreisbogen vertritt. Demnach kann das Fachwerk *A* eine u n e n d - l i c h k l e i n e D r e h u n g um den Pol *0* vollführen, es ist also beweglich. Das ist für die kritischen Stäbe in Bild **6.**16 der Anschaulichkeit halber stark übertrieben dargestellt.

Das 3. Bildungsgesetz ist das Gesetz der S t a b v e r t a u s c h u n g. Er besagt folgendes: Jedes nach dem 1. oder 2. Bildungsgesetz aufgebaute, statisch bestimmt gelagerte Fachwerk läßt sich durch Herausnehmen eines Stabes und Einsetzen eines neuen Stabes an anderer Stelle in ein anderes statisch bestimmtes Fachwerk verwandelt. Der Ersatzstab muß zwi-

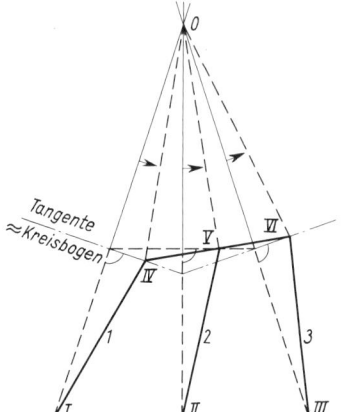

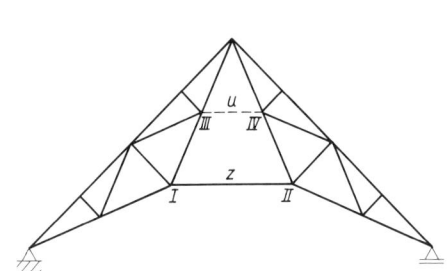

6.16 Drehung des Stabes IV-V-VI um den
         Pol *0*

6.17 Stabvertauschung bei einem Wiegmann-
         binder

schen zwei Knotenpunkten eingezogen werden, die nach dem Herausnehmen des Stabes in dem nunmehr beweglich gewordenen Fachwerk schon bei einer unendlich kleinen Bewegung ihren gegenseitigen Abstand ändern.

Dies soll an einem W i e g m a n n - oder P o l o n c e a u binder gezeigt werden (**6.**17). Das Zugband *z*, das die beiden Knoten I und II und damit die beiden Binderhälften zusammenhält, läßt sich entfernen, wodurch das Tragwerk beweglich wird. Die beiden Binderhälften können sich gegeneinander um den gemeinsamen Firstpunkt drehen, sie können aufklappen wie die Schenkel eines Zirkels. Diese Bewegung kann dadurch verhindert werden, daß wir einen neuen Stab (Ersatzstab) zwischen einem Knoten der linken Binderhälfte und einem Knoten der rechten Binderhälfte einziehen. Beide Knoten können im vorliegenden Beispiel beliebig gewählt werden, da sich schon bei einem unendlich kleinen Aufklappen der Binderhälften jeder Knoten der einen Binderhälfte von jedem Knoten der anderen Binderhälfte entfernt. Man kann z. B. einen neuen Stab *u* zwischen den Knoten III und IV einziehen; der neue Dachbinder ist dann wie der W i e g m a n n binder ein statisch bestimmtes, unverschiebliches Fachwerk. Während aber der W i e g m a n n binder mit dem Zugband *z* zu seinem Aufbau das 1. und 2. Bildungsgesetz in Anspruch nehmen mußte, kann man das Fachwerk mit dem Untergurtstab *u* auch unmittelbar durch zweistäbigen Knotenpunktanschluß aufbauen.

Auf weitere Ausführungen zum Verfahren der Stabvertauschung, das mit dem Namen H e n n e b e r g[1]) verbunden ist, kann wegen seiner heute nur noch geringen Bedeutung verzichtet werden.

6.5 Ergänzungen zum Rauten- und K-Fachwerk

Rautenfachwerk. Das in den Bildern **6.**4g und **6.**8 gezeigte statisch bestimmte und unverschiebliche Rautenfachwerk beginnt links mit einer halben Raute und endet rechts mit einer ganzen. Die halbe Raute ist die G r u n d f i g u r des Fachwerks, an die alle weiteren Knoten zweistäbig angeschlossen sind. Das gilt auch für die beiden rechten Eckpunkte, zu deren Anschluß kürzere Stäbe verwendet wurden.

---
[1]) L. Henneberg, 1878 bis 1920 Professor an der TH Darmstadt

Lassen wir den Gitterträger rechts so enden, wie wir ihn links begonnen haben, bilden wir ihn also s y m m e t r i s c h aus mit h a l b e n R a u t e n an beiden Enden, so können wir das erreichen durch Wegnahme der Knoten XVIII, XIX, XX (**6.**8) und Einziehen des Stabes 32 zwischen den bereits fixierten Knoten XVI und XVII (**6.**18). Dieser Stab ist für den zweistäbigen Knotenpunktanschluß n i c h t e r f o r d e r l i c h; nachdem er vorhanden ist,

enthält das Fachwerk e i n e n S t a b z u v i e l, so daß es mit Hilfe der Gleichgewichtsbedingungen nicht berechnet werden kann. Die Stabkräfte sind dann „unbestimmt" im Hinblick auf die Anwendung der Gleichgewichtsbedingungen oder kurz: das Fachwerk ist „statisch unbestimmt".

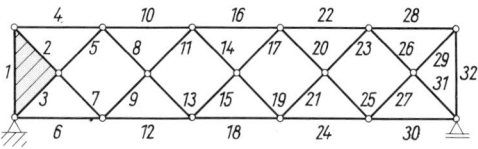

6.18 Gitterträger mit einem überzähligen Stab

Die dritte Möglichkeit für die Gestaltung der Enden eines Gitterträgers zeigt Bild **6.**19: Das Tragwerk ist s y m m e t r i s c h und weist an beiden Enden g a n z e R a u t e n auf. Mit $s = 24$ Stäben und $k = 14$ Knoten ist $s = 24 < 2k - 3 = 25$: Das Fachwerk enthält e i n e n S t a b z u w e n i g, es ist b e w e g l i c h (**6.**20). Es entstand durch zweistäbigen Knotenpunktanschluß an z w e i gegeneinander b e w e g l i c h e Scheiben. Ein solches Gebilde bezeichnet

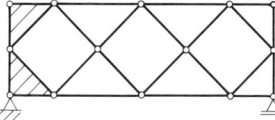

6.19 Bewegliches Rautenfachwerk

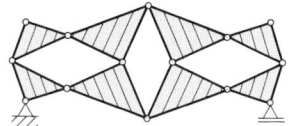

6.20 Verschobenes Rautenfachwerk

man als k i n e m a t i s c h e K e t t e; sie kann ohne Änderung der Stablängen ihre Form wesentlich verändern. Durch Einfügen eines S t a b i l i t ä t s s t a b e s kann das System u n v e r s c h i e b l i c h gemacht werden. Dafür sind in Bild **6.**21 drei Möglichkeiten angegeben, wobei an dritter Stelle die Verwendung eines b i e g e s t e i f e n S t a b e s gezeigt wird.

Sämtliche bisher betrachteten Rautenfachwerke werden als Träger mit e i n f a c h e r R a u t e oder als z w e i f a c h e s N e t z w e r k bezeichnet (die Schrägstäbe teilen sich gegenseitig in zwei Teile); daneben gibt es Träger mit e i n e i n h a l b f a c h e n R a u t e n (d r e i f a c h e s

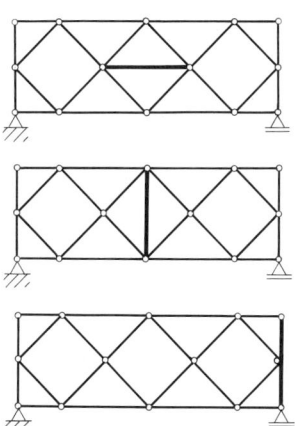

6.21 Stabilitätsstäbe in einem Rautenfachwerk

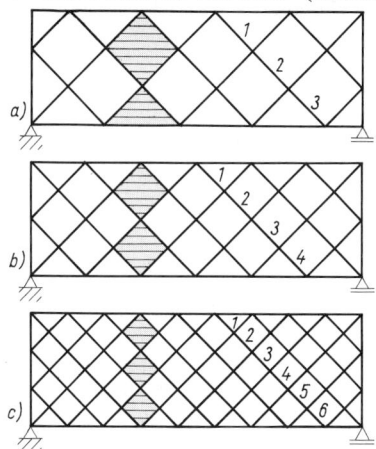

6.22 Weitere Rautenfachwerke

Netzwerk), doppelten Rauten (vierfaches Netzwerk) und dreifachen Rauten (sechsfaches Netzwerk) (**6.22**).

Es ist aufschlußreich, auf die dargestellten Systeme das Abzählkriterium anzuwenden; man stellt dann fest, daß die Systeme keineswegs eine Menge überzähliger Stäbe enthalten: das erste System (**6.22**a) ist statisch bestimmt, die beiden folgenden (**6.22**b und c) sind einfach statisch unbestimmt; für das letzte liefert das Abzählkriterium

$$s = 132 > 2 \cdot 67 - 3 = 131$$

oder bei Annahme aneinander vorbeilaufender Netzwerkstäbe

$$s = 46 > 2 \cdot 24 - 3 = 45.$$

K-Fachwerk. Das in Bild **6.4** dargestellte K-Fachwerk ist symmetrisch. An der Symmetrieachse steht links ein richtiges, rechts ein spiegelverkehrtes K. Wie Bild **6.23** zeigt, geht das Fachwerk aus einem der beiden großen Dreiecke neben der Symmetrieachse durch zweistäbigen Knotenpunktanschluß hervor; es ist also statisch bestimmt und unverschieblich.

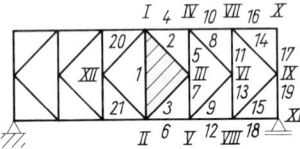

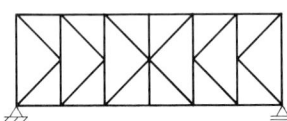

6.23 Symmetrisches K-Fachwerk, linke Hälfte mit seitenrichtigem K: statisch bestimmt und starr

6.24 Symmetrisches K-Fachwerk: rechte Hälfte mit seitenrichtigem K: einfach statisch unbestimmt

Die zweite Erscheinungsform eines symmetrischen K-Fachwerks ist in Bild **6.24** aufgezeichnet: Hier steht an der Symmetrieachse links ein spiegelverkehrtes, rechts ein richtiges K. Dieses Tragwerk ist aus zwei unverschieblichen, statisch bestimmten Fachwerken hervorgegangen; sie haben einen Knoten (I) gemeinsam und sind durch zwei Stäbe (1, 2) verbunden (**6.25**). Da neben einem gemeinsamen Knoten ein Verbindungsstab notwendig und hinreichend ist, um zwei Fachwerkscheiben gegeneinander festzulegen, ist ein Stab zuviel vorhanden. Das Fachwerk ist also einfach statisch unbestimmt. Die Stabkräfte dieses Systems können mit Hilfe der Gleichgewichtsbedingungen allein nicht bestimmt werden.

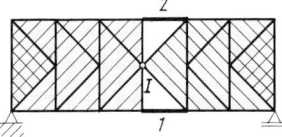

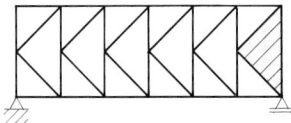

6.25 Nachweis eines überzähligen Stabes mit dem zweiten Bildungsgesetz

6.26 K-Fachwerk, statisch bestimmt

Aus Bild **6.26** geht hervor, daß das nicht symmetrische, einheitlich aus lauter richtigen oder aus lauter spiegelverkehrten K gebildete Fachwerk unverschieblich und statisch bestimmt ist. – Gezeichnet ist das Fachwerk mit lauter richtigen K, die von der anderen Seite her gesehen spiegelverkehrt erscheinen.

6.6 Belastungszustände von Dachbindern

Unter Beachtung der DIN 1055 „Lastannahmen für Bauten" sind Dachbinder für Eigenlast, Schnee und Wind zu berechnen (s. Abschn. 2.3.2). Hinzu kommen gegebenenfalls
noch Lasten von angehängten Kranen.

In den G u r t u n g e n entstehen die größten Zug- und Druckkräfte bei höchster V o l l b e l a -
s t u n g ; für einen Füllstab ist dieser Lastfall nur maßgebend, wenn sich die zugehörigen
Gurtstäbe in den Lagerpunkten oder innerhalb der Stützweite schneiden. Liegt der Schnittpunkt der zugehörigen Gurtstäbe a u ß e r h a l b der Stützweite, so entsteht die maßgebende
Kraft in einem Füllstab bei einer T e i l b e l a s t u n g des Binders, deren Ausmaß mit Hilfe
einer E i n f l u ß l i n i e (s. Abschn. 8) bestimmt werden kann. Bei Dachbindern unter Satteldächern liegen einfache Sonderfälle vor, weil bei den dort gegebenen veränderlichen Lasten
Schnee und Wind keine beliebigen Teilbelastungen möglich sind: Es kommt nur die links-
oder rechtsseitige Belastung jeweils von der Traufe bis zum First in Frage; dann ist aber
für eine Reihe von Füllstäben die Vollbelastung ungünstiger als eine einseitige Belastung.
Beide Lastfälle sind zu untersuchen, auf das Zeichnen von Einflußlinien kann verzichtet
werden.

Bei Bindern unter h o r i z o n t a l e n D ä c h e r n ist überhaupt k e i n e T e i l b e l a s t u n g möglich: Schnee und Wind beanspruchen, wenn vorhanden, stets gleichmäßig die gesamte
Dachfläche. Ausnahmen können sich ergeben, wenn der Schnee auf Teilen der Konstruktion abtauen kann.

Es ergeben sich folgende B e l a s t u n g s z u s t ä n d e :

für Dreiecksbinder

1. V o l l b e l a s t u n g d u r c h E i g e n l a s t + S c h n e e (zusammengefaßt). Bei symmetrischen Bindern
mit symmetrischer Belastung genügt die Bestimmung der Stabkräfte bis zur Bindermitte. Will man die
Einflüsse der Eigen- und der vollen Schneebelastung getrennt erhalten, so bestimmt man zunächst nur
die Stabkräfte S_g für Eigenlast. Die Stabkräfte S_s infolge „Schnee voll" berechnen sich dann aus dem
Verhältnis der Einheitslasten s/g zu

$$S_s = \frac{s}{g} \cdot S_g \qquad\qquad (6.1)$$

2. E i n s e i t i g e S c h n e e l a s t . Die Schneelast reicht entweder links oder rechts von der Traufe bis zum
First. Bei symmetrischen Tragwerken genügt die Ermittlung sämtlicher Stabkräfte des Binders aus der
Belastung der linken o d e r rechten Binderhälfte.

3. W i n d v o m f e s t e n L a g e r u n d

4. W i n d v o m b e w e g l i c h e n L a g e r h e r

Meistens, besonders bei symmetrischen Bindern, ergibt Wind vom festen Lager die ungünstigeren
Stabkräfte, so daß die Untersuchung zu 4. entfallen kann. Immer, auch bei symmetrischen Bindern,
sind die Stabkräfte infolge von Wind für den ganzen Binder zu bestimmen.

für Balkenbinder

1. E i g e n l a s t . Bei symmetrischen Bindern ist die Untersuchung wieder nur bis zur Mitte erforderlich.

2. S c h n e e e i n s e i t i g l i n k s u n d r e c h t s . Sofern nicht wegen eines waagerechten Daches oder eines
Pultdaches eine „einseitige" Schneebelastung ausgeschlossen werden kann, genügt bei symmetrischen
Bindern die Untersuchung links o d e r rechts; doch müssen für diesen Belastungszustand die Stabkräfte
für den ganzen Binder ermittelt werden.

3. S c h n e e v o l l . Hierfür erübrigt sich eine besondere Untersuchung, da sich die Stabkräfte ohne
weiteres rechnerisch durch algebraische Addition der Kräfte für die einseitigen Belastungen ermitteln

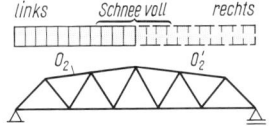

6.27 Einseitige und volle
Schneebelastung

lassen. Besonders einfach gestaltet sich dies bei symmetrischen Bindern. Ist z. B. für den Binder nach Bild **6.**27 bei linksseitiger Schneebelastung

$$O_{2l} = -4 \text{ kN} \quad \text{und} \quad O'_{2l} = -3 \text{ kN}$$

so würde bei r e c h t s s e i t i g e r Belastung wegen der Symmetrie umgekehrt werden

$$O_{2r} = -3 \text{ kN} \quad \text{und} \quad O'_{2r} = -4 \text{ kN}$$

Bei Vollbelastung wird jede Stabkraft schließlich gleich der Summe der Einzelwerte, nämlich

$$O_2 = O'_2 = O_{2l} + O_{2r} = O'_{2l} + O'_{2r} = (-4) + (-3) = -7 \text{ kN}$$

Wenn die gesamte Eigenlast ebenso wie die Schneelast an den Knoten des Obergurts angreift, können die Stabkräfte für Schnee voll auch aus einer Umrechnung gemäß Gl. (6.1) ermittelt werden.

4. W i n d   v o m   f e s t e n   L a g e r   und

5. W i n d   v o m   b e w e g l i c h e n   L a g e r   her

Oft ist bei Balkenbindern die Dachneigung so flach, daß sich eine besondere Winduntersuchung erübrigt.

Ist ein verschiebliches Lager nicht vorhanden, können also beide Lager waagerechte Kräfte aufnehmen, so verteilt man meistens die waagerechten Komponenten der Windlasten gleichmäßig auf beide Lager. Das kommt z. B. bei kleinen Bindern oder bei Lagerung auf eingespannten Stützen vor. Bei symmetrischen Bindern genügt dann wiederum die Untersuchung für eine Windrichtung.

Hinsichtlich der Ermmittlung der ungünstigsten Stabkräfte aus ständiger Last, Schnee- und Windlast gelten für B r ü c k e n und K r a n b a h n e n dieselben Grundsätze wie für Dachbinder. Die Wirkungen der V e r k e h r s l a s t müssen dagegen bei Brücken und Kranbahnen unter Zuhilfenahme von E i n f l u ß l i n i e n ermittelt werden (s. Abschn. 8).

6.7 Ermittlung der Stabkräfte

6.7.1 Allgemeines, Übersicht, Nullstäbe

Die Ermittlung der Stabkräfte kann z e i c h n e r i s c h oder r e c h n e r i s c h erfolgen. Beide Möglichkeiten sollen ausführlich behandelt werden. Bei beiden Verfahren werden i. allg. zuerst die L a g e r k r ä f t e des gegebenen Fachwerks ermittelt.

Es ist vorteilhaft, vor der Ermittlung der Stabkräfte das Fachwerk daraufhin zu untersuchen, ob unter der gegebenen Belastung spannungs- oder kraftlose Stäbe oder N u l l s t ä b e vorhanden sind. Ihrer Ermittlung dienen die folgenden drei wichtigen, aber nicht alle Fälle erfassenden Regeln:

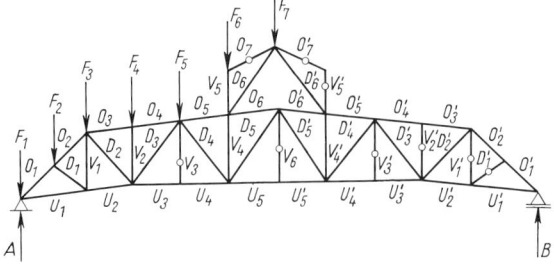

6.28
„Nullstäbe" (0) bei einseitiger
Schneelast

1. Wenn in einem unbelasteten Knotenpunkt nur zwei Stäbe zusammenstoßen, sind beide spannungslos (**6.28**; O_7' und V_5').

2. Fällt in einem Knoten mit zwei Stäben die angreifende Last in die Richtung eines Stabes, so nimmt dieser Stab allein die Last auf, der andere ist spannungslos (**6.28**; O_7).

3. Ein Füllstab wird spannungslos, wenn er an einem unbelasteten Knotenpunkt, in dem die Gurtstäbe in gerader Linie durchlaufen, allein angeschlossen ist (**6.28**; V_3, V_6, V_3', V_2', D_1') oder sonst noch vorhandene Füllstäbe von anderen Knotenpunkten her ebenfalls spannungslos sind (**6.28**; V_1').

6.7.2 Zeichnerische Bestimmung der Stabkräfte nach Cremona[1])

Im Abschn. 6.3 haben wir uns überlegt, wie die Stabkräfte eines Fachwerks berechnet werden können: Wir führen um jeden Knoten einen Rundschnitt und setzen die beiden Gleichgewichtsbedingungen $\Sigma V = 0$ und $\Sigma H = 0$ an. Bei einem Fachwerk mit $s = 2k - 3$ Stäben reicht die Anzahl der Gleichgewichtsbedingungen an sämtlichen Knoten genau aus, um alle Stab- und Lagerkräfte zu berechnen.

Zum Ansetzen der Gleichgewichtsbedingungen $\Sigma V = 0$ und $\Sigma H = 0$ kamen wir durch die Überlegung, daß jeder Knoten unter seinen Stabkräften und Lasten im Gleichgewicht sein muß: Die Resultierende aller Stabkräfte und Lasten jedes Knotens muß verschwinden.

Diese Bedingung läßt sich aber auch nacheinander an jedem einzelnen Knoten zeichnerisch erfüllen, sofern jeweils nicht mehr als zwei unbekannte Stabkräfte auftreten. Nach den bekannten Regeln vom Gleichgewicht lassen sich nämlich zu einer an einem Punkt angreifenden Resultierenden in eindeutiger Weise zwei gegeneinander geneigte Kräfte bestimmen, die ihr das Gleichgewicht halten (**6.29**).

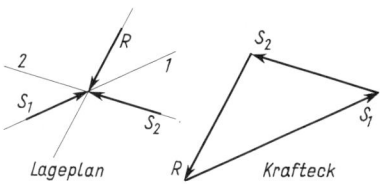

6.29 Zwei Kräfte halten einer Resultierenden das Gleichgewicht

Demnach könnten wir die Stabkräfte in einem Fachwerk mit bereits bekannten Methoden zeichnerisch ermitteln, wenn wir nur immer Knoten vorfinden würden, an denen höchstens zwei unbekannte Stabkräfte auftreten. Diese Bedingung ist aber bei Fachwerken, die nach dem 1. Bildungsgesetz durch zweistäbigen Knotenpunktanschluß entwickelt worden sind, genau erfüllt:

Betrachten wir nämlich den zuletzt angeschlossenen Knoten eines solchen Fachwerks, so kann mit Hilfe eines Kraftecks auf eindeutige Weise Gleichgewicht hergestellt werden zwischen einer angreifenden Last und den Kräften in den beiden Stäben dieses Knotens. Eine der beiden Stabkräfte verfolgen wir dann weiter zum vorletzten Knoten, wo wir sie mit einer eventuell vorhandenen Last zu einer Resultierenden zusammensetzen. Dieser kann das Gleichgewicht gehalten werden durch Kräfte in den beiden Stäben, mit welchen der vorletzte Knoten angeschlossen wurde. In diesem Sinne geht es weiter, bis wir beim Stab 1 der Grundfigur angekommen sind. Wir erhalten auf diese Weise für jeden Knoten ein geschlossenes Krafteck. Da jeder Stab des Fachwerk an zwei Knoten angeschlossen ist, tritt jede Stabkraft in zwei Kraftecken auf. Cremona setzte als erster die Kraftecke sämtlicher Knoten zu einem Kräfteplan zusammen, in dem jede Stabkraft nur e i n m a l

---

[1]) Luigi Cremona, 1830 bis 1903, Professor an der Universität Rom, Direktor der Ingenieurschule, Unterrichtsminister

enthalten ist. Beim Zeichnen dieses C r e m o n a s c h e n K r ä f t e p l a n e s dürfen die Kräfte eines Kraftecks n i c h t i n b e l i e b i g e r R e i h e n f o l g e aneinandergereiht werden, sondern es sind die folgenden beiden Regeln zu beachten.

1. Im Krafteck der äußeren Kräfte, das Lagerkräfte und Lasten enthält, müssen die Kräfte so aufeinander folgen, wie sie beim Umfahren des Fachwerks im Uhrzeigersinn nacheinander angetroffen werden.

2. Im Krafteck jedes Knotens müssen Stabkräfte und Lasten so aufeinander folgen, wie sie beim Umfahren des Knotens im Uhrzeigersinn nacheinander angetroffen werden.

Eine weitere Voraussetzung für das Zustandekommen des Kräfteplanes ist, daß die äußeren Kräfte nicht innerhalb der Fachwerkscheibe angreifen.

Beispiel 1   Für einen Vordachbinder (**6.**30) sind die Stabkräfte zu bestimmen. Die Knotenlasten betragen $Z_1 = Z_4 = 10{,}40$ kN und $Z_3 = 16{,}00$ kN.

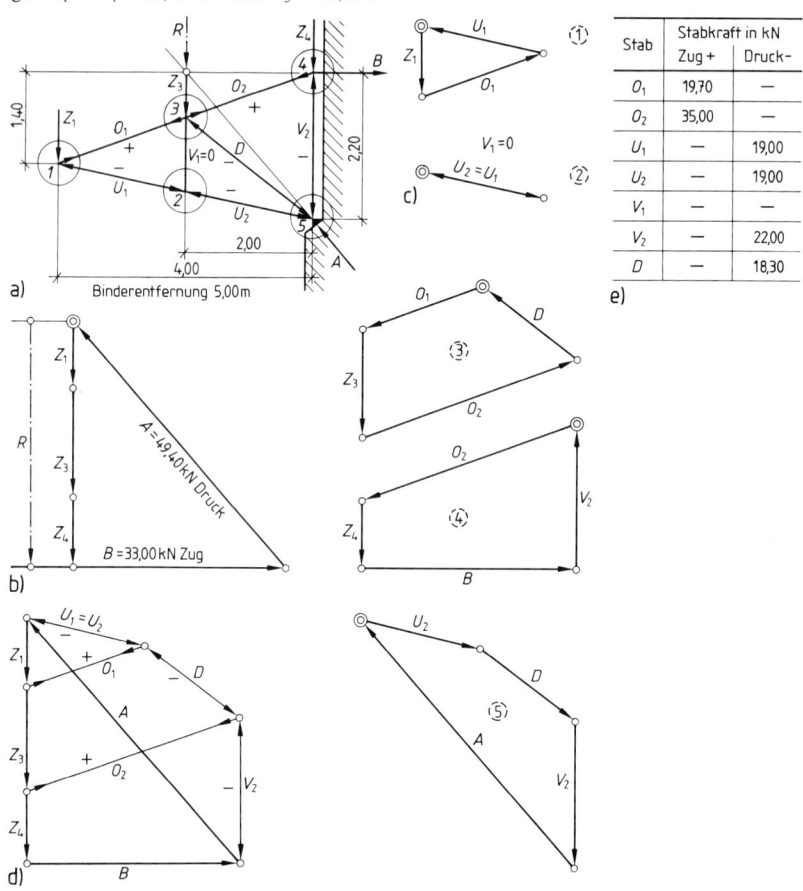

Stab	Stabkraft in kN	
	Zug +	Druck −
O_1	19,70	—
O_2	35,00	—
U_1	—	19,00
U_2	—	19,00
V_1	—	—
V_2	—	22,00
D	—	18,30

6.30 Stabkräfte und Lagerkräfte eines Vordachbinders

a) Lageplan, b) Gleichgewicht der äußeren Kräfte, c) Gleichgewicht in den 5 Knoten, d) Cremonaplan, e) Stabkräfte

Beispiel 1 Die Resultierende $R = \Sigma Z = 36{,}80$ kN liegt wegen der symmetrischen Anordnung der
Forts. Lasten in der Mitte (**6.**30 a). Das Gleichgewicht verlangt, daß die Resultierende R und ihre
beiden Lagerkräfte A und B sich in einem Punkte schneiden. Deshalb bringt man B mit R
zum Schnitt. Durch diesen Schnittpunkt muß auch A gehen. Damit liegt auch dessen
Richtung fest. Die Größen von A und B ergeben sich aus dem Krafteck (**6.**30 b) zu

$$A = 49{,}40 \text{ kN und } B = 33{,}00 \text{ kN}$$

Mit der Bestimmung der Stabkräfte könnte man am Knotenpunkt *1* bei Z_1 oder *4* bei B
beginnen, da an beiden nur zwei unbekannte Stabkräfte, nämlich O_1 und U_1 oder O_2 und
V_2 auftreten. Wir wählen den Knotenpunkt *1* und zeichnen des leichteren Verständnisses
halber sowohl für diesen als auch für alle anderen Knotenpunkte das jeweils den Gleichgewichtszustand kennzeichnende Krafteck.

Für den Knotenpunkt *1* (**6.**30 c) beginnt man mit dem Auftragen der bekannten Kraft Z_1,
stößt beim Umkreisen des Knotenpunktes im Uhrzeigersinn auf O_1 und zieht deshalb durch
den Endpunkt von Z_1 eine Parallele zu O_1. Um das Krafteck zu schließen, wird dann durch
den Anfangspunkt von Z_1 eine Parallele zur letzten Stabkraft U_1 gezogen. Damit sind O_1
und U_1 dem absoluten Betrage nach bestimmt. Um auch ihr Vorzeichen zu finden, umfährt
man das Krafteck, mit der bekannten Kraft Z_1 beginnend, und trägt die gefundenen
Richtungssinne sowohl im Krafteck als auch in der Hauptfigur an den Enden der Stäbe
unmittelbar am betrachteten Knotenpunkt ein. Es ergibt sich, daß O_1 vom Knotenpunkt
weggerichtet und deshalb eine Zugkraft $(+)$ ist, während U_1 zum Knotenpunkt hinzeigt
und eine Druckkraft $(-)$ sein muß.

Als nächster kommt Knotenpunkt *2* in Betracht, da hier nur zwei Unbekannte, V_1 und U_2,
vorhanden sind, während am Punkte *3* deren drei, nämlich O_2, D und V_1, vorkommen. Am
Punkt *2* ist bekannt die Stabkraft U_1, die als Druckkraft einen Pfeil zum Knotenpunkt *2*,
also umgekehrt gerichtet wie am Punkt *1*, erhalten muß.

Es gilt allgemein: **D a s G l e i c h g e w i c h t i n j e d e m S t a b e v e r l a n g t , d a ß d i e P f e i l e
a n s e i n e n b e i d e n E n d e n e n t g e g e n g e s e t z t s i n d .**

Im Endpunkt von U_1 ist die Richtung von V_1 und durch den Anfangspunkt jene von U_2
anzutragen. Da hier U_1 und U_2 in dieselbe Richtung fallen, findet man, daß U_1 und U_2
gleich groß werden und V_1 selbst gleich Null wird. Der Stab V_1 wäre also statisch gar nicht
erforderlich; er dient bei der gegebenen Belastung nur zur Aussteifung des Untergurtes und
ist hier ein **N u l l s t a b**. Diese Tatsache hätten wir schon vor der Konstruktion der Kraftecke
aus der dritten Regel über die Nullstäbe ableiten können.

Geht man im Uhrzeigersinn um den Punkt *3* herum, so ist $V_1 = 0$ die erste und O_1 die
zweite bekannte Kraft. An O_1 ist Z_3 anzureihen, die Unbekannten O_2 und D findet man
durch Parallelen zu ihren Stabrichtungen, die durch den Endpunkt von Z_3 und den Anfangspunkt von O_2 zu ziehen sind.

Im Krafteck für Punkt *4* ist nur eine (V_2), in dem für Punkt *5* gar keine Unbekannte
zu ermitteln. Beide Kraftecke können zur Prüfung der zeichnerischen Richtigkeit der
vorhergehenden Kraftecke dienen. Man könnte aber auch die Lagerkräfte B und A erst
jetzt als letzte Unbekannte aus den Kraftecken der Punkte *4* und *5* ermitteln.

In den Bildern wurde der Anfangspunkt, in dem das Krafteck zum Schließen gebracht
werden muß, durch einen Doppelkreis kenntlich gemacht.

In den sechs einzelnen Kräfteplänen der Bilder **6.**30 b und c kommt jede äußere Kraft und
jede Stabkraft zweimal vor. Um dieses doppelte Zeichnen zu vermeiden, kann man die
Einzelpläne zu einem einzigen Kräfteplan zusammenfügen, in dem jede Kraft nur einmal
erscheint (**6.**30 d). Die abgemessenen Stabkräfte stellt man in einer Tafel übersichtlich
zusammen (**6.**30 e).

Der in Bild **6.**30 d gezeichnete Kräfteplan heißt der „C r e m o n a s c h e Kräfteplan" oder
einfach „Cremonaplan". Zwischen ihm und dem zugehörigen Lageplan **6.**30 a besteht die
folgende Reziprozität:

1. Die Stabkräfte und äußeren Lasten eines Fachwerkknotens bilden im Cremonaplan ein geschlossenes Krafteck.

2. Die Stabkräfte von Stäben, die im Lageplan ein Dreieck bilden, besitzen im Cremonaplan einen gemeinsamen Schnittpunkt.

6.7.3 Rechnerische Bestimmung der Stabkräfte

6.7.3.1 Allgemeines

Den rechnerischen Verfahren liegt das Schnittprinzip zugrunde, das wir bereits bei der Ermittlung der Schnittgrößen von Stabwerken angewendet haben (Abschn. 5):

Ist ein Tragwerk unter der Wirkung seiner äußeren Kraftgrößen, d. h. seiner Lasten und Stützgrößen, im Gleichgewicht, dann herrscht auch an jedem abgeschnitten gedachten Teil Gleichgewicht, wenn wir an diesem Teil außer seinen äußeren Kraftgrößen (Lasten und Stützgrößen) noch die Kraftgrößen wirken lassen, die im unzerschnittenen Tragwerk an den Schnittstellen als innere Kraftgrößen oder Schnittgrößen wirksam sind. Mit anderen Worten: Äußere Kraftgrößen und Schnittgrößen des abgeschnittenen Teils müssen zusammen die drei Gleichgewichtsbedingungen erfüllen. Diese Tatsache dient zur Berechnung der unbekannten Schnittgrößen.

6.7.3.2 Rittersches Schnittverfahren[1])

Seine Anwendung setzt voraus, daß die gesuchte Stabkraft aus einem Schnitt durch das Fachwerk ermittelt werden kann, der höchstens drei Stäbe trifft (Ritterschnitt).

Zur Bestimmung des Stabkraft S_i führen wir durch das Fachwerk einen Schnitt, der die gesuchte Stabkraft S_i und zwei weitere Stabkräfte S_j und S_k freischneidet, d.h. zu äußeren Kräften und damit bestimmbar macht. Die drei freigeschnittenen Stabkräfte bringen wir an den Schnittflächen als Zugkräfte an. Wir betrachten einen der beiden durch den Schnitt entstandenen Teile als abgeschnitten und stellen an ihm die Momentengleichgewichtsbedingung $\Sigma M = 0$ um den Schnittpunkt der Wirkungslinien der beiden nicht gesuchten Stabkräfte S_j, S_k auf. In dieser Momentengleichgewichtsbedingung tritt als einzige Unbekannte die gesuchte Stabkraft S_i auf.

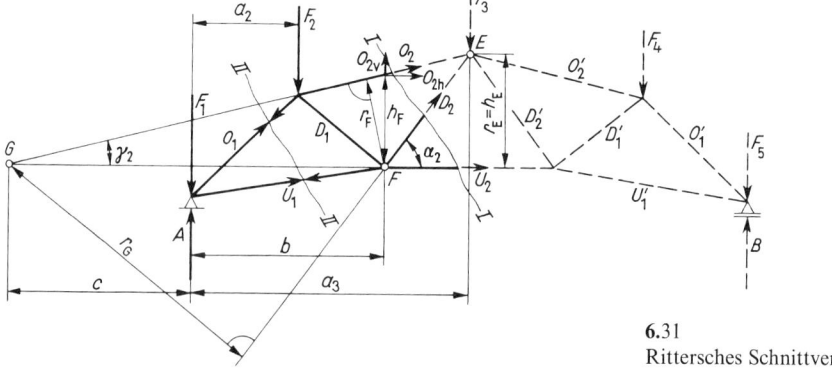

6.31
Rittersches Schnittverfahren

---

[1]) Georg Dietrich Ritter, 1826 bis 1908, Professor an der Polytechnischen Schule Aachen

Das Rittersche Schnittverfahren v e r s a g t, wenn die beiden nicht gesuchten Stabkräfte S_j, S_k p a r a l l e l sind; in diesem Falle hilft uns eine K r ä f t e g l e i c h g e w i c h t s b e d i n g u n g senkrecht zu S_j und S_k weiter (s. u.). Ferner führt das Verfahren nicht zum Ziel, wenn sich die Achsen der drei geschnittenen Stäbe i n e i n e m P u n k t s c h n e i d e n und wenn der Schnitt insgesamt v i e r o d e r m e h r Stäbe trifft. Im folgenden wird das Rittersche Schnittverfahren an einigen Stäben des Binders (**6.**31) erläutert.

Untergurtkraft U_2. Wir führen einen Ritterschnitt durch die Stäbe O_2, D_2, U_2, betrachten den linken Teil als abgeschnitten und stellen die Summe der Momente um den Schnittpunkt der Wirkungslinien von O_2 und D_2, den Punkt E auf. Da der Untergurt U_2 horizontal verläuft, ist der Hebelarm r_E der Untergurtkraft U_2 bezüglich E gleich der Höhe h_E des Fachwerks im Punkt E. Die Momentengleichgewichtsbedingung lautet

$$\curvearrowright \Sigma M_E = (A - F_1)a_3 - F_2(a_3 - a_2) - U_2 h_E = 0$$

und wir erhalten

$$U_2 = [(A - F_1)a_3 - F_2(a_3 - a_2)]/h_E = M_E/h_E \qquad (6.2)$$

M_E ist das Moment der äußeren Kräfte am linken abgeschnittenen Teil bezüglich des Punktes E; rechtsdrehende Momente wurden positiv eingeführt.

Für die Berechnung von U_2 hätten wir auch einen Ritterschnitt durch die Stäbe O'_2, D'_2 und U_2 führen können; die Momentengleichgewichtsbedingung hätte dann für den Schnittpunkt der Wirkungslinien von O'_2 und D'_2 aufgestellt werden müssen, das ist aber ebenfalls der Punkt E.

Obergurt O_2. Wir legen den Ritterschnitt wieder durch O_2, D_2 und U_2 und stellen die Momentengleichgewichtsbedingung für den Schnittpunkt von D_2 und U_2, den Punkt F auf. Vorher zerlegen wir O_2 senkrecht über F in die Komponenten $O_{2h} = O_2 \cos \gamma_2$ und $O_{2v} = O_2 \sin \gamma_2$; O_{2h} hat als Hebelarm die Höhe h_F des Fachwerks im Punkt F, O_{2v} geht durch den Momentenbezugspunkt hindurch und liefert deswegen keinen Beitrag zu ΣM_F. Die Momentengleichgewichtsbedingung lautet

$$\curvearrowright \Sigma M_F = (A - F_1)b - F_2(b - a_2) + O_2 \cos \gamma_2 h_F = 0$$

Es ergibt sich weiter

$$O_2 = -[(A - F_1)b - F_2(b - a_2)]/h_F \cos \gamma_2 = -M_F/h_F \cos \gamma_2 = -M_F/r_F \qquad (6.3)$$

Das letzte Glied dieser Gleichungskette berücksichtigt die aus Bild **6.**31 ersichtliche Tatsache, daß $h_F \cos \gamma_2 = r_F$ ist. M_F ist das Moment der äußeren Kräfte am linken abgeschnittenen Teil bezüglich des Punktes F; rechtsdrehende Momente wurden positiv eingeführt. Ein Ritterschnitt durch O_2, D_1, U_1 würde ebenfalls zum Momentenbezugspunkt F und damit zum selben Ergebnis führen.

Diagonale D_2. Der Ritterschnitt trifft O_2, D_2, U_2, die Summe der Momente ist um den Schnittpunkt der Wirkungslinien von O_2 und U_2 aufzustellen. Wir bezeichnen diesen Punkt mit G und ermitteln seinen Abstand c vom Lager A. Außerdem zeichnen wir die Wirkungslinie von D_2 so weit, daß wir den Hebelarm r_G der Diagonale D_2 bezüglich G konstruieren können. Vor dem Aufstellen der Momentensumme zerlegen wir D_2 im Punkt F in die Komponenten $D_{2h} = D_2 \cos \alpha_2$ und $D_{2v} = D_2 \sin \alpha_2$; D_{2h} hat bezüglich G keinen Hebelarm, so daß wir erhalten

$$\curvearrowright \Sigma M_G = -(A - F_1)c + F_2(a_2 + c) - D_2 \sin \alpha_2 (c + b) = 0$$

$$D = [-(A - F_1)c + F_2(a_2 + c)]/(c + b) \sin \alpha_2 = M_G/(c + b) \sin \alpha_2 = M_G/r_G$$

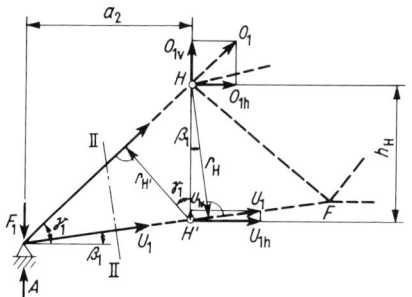

6.32 Rittersches Schnittverfahren bei zwei geschnittenen Stäben

M_G ist das Moment der äußeren Kräfte am
linken abgeschnittenen Teil bezüglich des
Punktes G, rechtsdrehende Momente positiv eingeführt. Aus Bild **6.31** geht hervor,
daß der Ausdruck $(c + b)\sin\alpha_2$ gleich dem
Hebelarm r_G der Diagonale D_2 für den
Punkt G ist.

Auch O_1 und U_1 lassen sich, obwohl sie
nur durch einen Zweischnitt (II-II in
Bild **6.31** und **6.32**) getroffen werden, nach
dem Ritterschen Verfahren berechnen. Für
O_1 legt man den Drehpunkt auf die Wirkungslinie von U_1; für U_1 auf die Wirkungs-
linie von O_1, n i c h t aber in den Schnittpunkt beider. Zweckmäßig sind Punkte, deren
Abstände im Bindernetz bereits festliegen.

Mit der Zerlegung der jeweils gesuchten Stabkraft in horizontale und vertikale Komponente wird für den Momentenbezugspunkt H

$$\curvearrowright \Sigma M_H = (A - F_1)a_2 - U_1\cos\beta_1\, h_H = 0$$

$$U_1 = (A - F_1)/h_h\cos\beta_1 = M_H/h_H\cos\beta_1 = M_H/r_H$$

und für den Momentenbezugspunkt H', der auf U_1 lotrecht unter H liegt

$$\curvearrowright \Sigma M_{H'} = (A - F_1)a_2 + O_1\cos\gamma_1\, h_H = 0$$

$$O_1 = -(A - F_1)a_2/h_H\cos\gamma_1 = -M_{H'}/h_H\cos\gamma_1 = -M_{H'}/r_{H'} \qquad (6.4)$$

Bei Balkenbindern mit nahezu parallelen Gurten bereitet das Rittersche Schnittverfahren
für die F ü l l s t ä b e Schwierigkeiten, da die Schnittpunkte der zugehörigen Gurtungen sehr
weit vom Schnitt entfernt liegen. Man kann sich dann in der Weise helfen, daß man eine

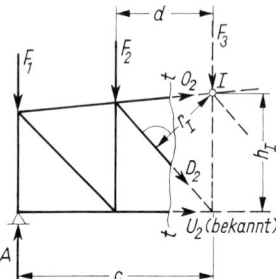

6.33 Schrägstab bei fast
parallelen Gurtungen

der berechneten Gurtkräfte als bekannte Kraft mit einsetzt
und einen beliebigen günstig gelegenen Knotenpunkt auf der
anderen Gurtung als Drehpunkt annimmt.

So erhält man z. B. nach Bild **6.33** die Stabkraft D_2 für den
Schnitt t–t mit dem Drehpunkt I, wenn U_2 bereits berechnet
ist, aus der Gleichung

$$\curvearrowright \Sigma M_I = (A - F_1)c - F_2 \cdot d - U_2 \cdot h_1 - D_2 \cdot r_1 = 0$$

$$D_2 = \frac{(A - F_1)c - F_2 \cdot d - U_2 \cdot h}{r_1}$$

Weitere Möglichkeiten der Berechnung sind in den folgenden
Abschnitten zu finden.

6.7.3.3 Kräfte in Füllstäben mit $\Sigma V = 0$ und $\Sigma H = 0$

Beim h o r i z o n t a l e n P a r a l l e l f a c h w e r k mit lotrechter Belastung (**6.34**) lassen sich die
S c h r ä g s t ä b e D auf einfache Weise mit der Gleichgewichtsbedingung $\Sigma V = 0$ berechnen.
Ist an der Schnittstelle t–t die Querkraft $= Q$, so folgt aus Bild **6.34** für nach rechts fallende
Schrägen ohne weiteres

$$D \cdot \sin\alpha = Q$$

und hieraus

$$D_{\text{fallend}} = Q/\sin\alpha$$

Bei positiver Querkraft also Zug, bei negativer Druck.

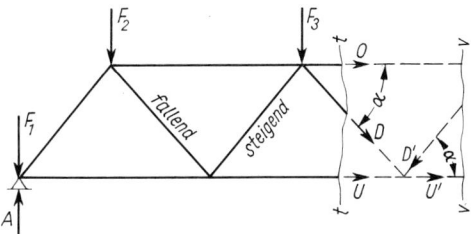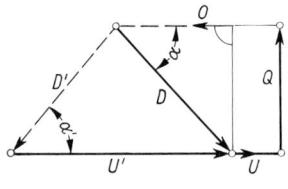

6.34 Schrägstäbe bei Parallelträgern

Bei nach rechts steigenden Schrägstäben D' (6.34, Schnitt v–v) kehrt sich das Vorzeichen um; man erhält für diese bei positiver Querkraft Druck:

$$D_{\text{steigend}} = -Q/\sin\alpha$$

Für die P f o s t e n des parallelgurtigen Ständerfachwerks (6.35, Schnitt t–t) ergibt sich mit $\alpha = 90°$ und $\sin\alpha = 1$ sofort bei fallenden Schrägen

$$V = -Q$$

und bei steigenden Streben umgekehrt

$$V = +Q$$

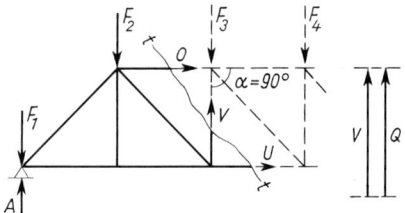

6.35 Pfosten bei parallelgurtigem Ständerfachwerk

Die Pfosten haben also im Bereich positiver Querkräfte in Verbindung mit fallenden Schrägstäben Druck, in Verbindung mit steigenden Schrägstäben Zug. Bei negativer Querkraft kehrt sich das Vorzeichen der Pfostenkraft um.

Zu beachten ist noch, daß bei f a l l e n d e n Schrägstäben für die Berechnung von V_{m} eine Last F_{mo} zum rechten abgeschnittenen Teil gehört (6.36), bei der Ermittlung von Q am linken abgeschnittenen Teil also nicht berücksichtigt werden darf. F_{mu} gehört dagegen zum linken abgeschnittenen Teil. Bei s t e i g e n d e n Schrägstäben ist es umgekehrt (6.37): F_{mo} gehört zum linken, F_{mu} zum rechten abgeschnittenen Teil.

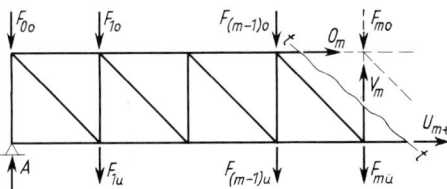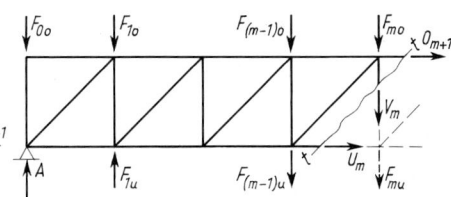

6.36 V_{m} bei fallenden Schrägstäben im Parallelbinder

6.37 V_{m} bei steigenden Schrägstäben im Parallelbinder

Sind die Gurtungen nicht parallel (**6.38**), so führt bei der Berechnung einer Strebenkraft die 2. Gleichgewichtsbedingung $\Sigma H = 0$ leichter zum Ziel. Bei lotrechter Belastung erhält man für den fallenden Schrägstab, wenn O zunächst als Zugstab eingeführt
wird

$$D \cdot \cos\alpha + U \cdot \cos\beta + O \cdot \cos\gamma = 0 \qquad\qquad D \cdot \cos\alpha = - O \cdot \cos\gamma - U \cdot \cos\beta$$

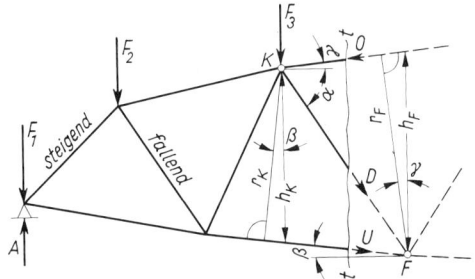 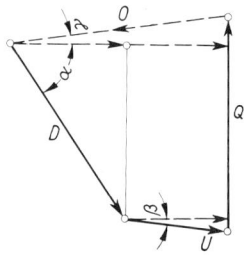

6.38 Schrägstäbe bei Gurtungen beliebiger Steigung

Nun wird nach dem Ritterschen Schnittverfahren (vgl. Gl. (6.3), (6.2), (6.4))

$$O = - \frac{M_F}{h_F \cdot \cos\gamma} \quad \text{und} \quad U = \frac{M_K}{h_K \cdot \cos\beta}$$

so daß sich ergibt

$$\boldsymbol{D \cdot \cos\alpha = \frac{M_F}{h_F} - \frac{M_K}{h_K}} = \left(\frac{M}{h}\right)_{\text{Fuß}} - \left(\frac{M}{h}\right)_{\text{Kopf}} \tag{6.5}$$

Bei steigenden Streben gilt dieselbe Gleichung. Auch hier ist das Fußmoment der Strebe
mit + und das Kopfmoment mit − einzusetzen. Die vorstehende einprägsame Gl. (6.5)
gilt ferner gleichermaßen für Ständer- wie für Strebenfachwerke.

6.7.3.4 Kräfte in Vertikalstäben von Ständerfachwerken

Die Kräfte in den Vertikalstäben von Ständerfachwerken mit nichtparallelen
Gurten sollen nur für die gebräuchlichen Fälle angegeben werden, in denen der Lastgurt
horizontal verläuft. Er kann oben oder unten liegen und in Verbindung mit fallenden
oder steigenden Streben auftreten, so daß insgesamt vier Formeln abzuleiten sind. Wir
führen dazu jeweils einen schrägen Schnitt durch den betrachteten Pfosten und zwei
Gurtstäbe. Um die aufwendige Ermittlung des Schnittpunktes der verlängerten Achsen
der beiden geschnittenen Gurtstäbe zu vermeiden, stellen wir eine Momentengleichung für
den Knoten des unbelasteten Gurtes auf, der dem Schnitt benachbart ist, aber nicht den
betrachteten Pfosten aufnimmt. Die Kraft im geschnittenen Stab des Lastgurtes geht nicht
durch den gewählten Momentenbezugspunkt hindurch, für sie muß daher die weiter oben
abgeleitete Formel eingesetzt werden.

1. Waagerechter Lastgurt oben, fallende Streben (6.39). Der Ritterschnitt trifft die Stäbe
O_m, V_m und U_{m+1}.

Wir betrachten den rechten abgeschnittenen Teil mit dem Momentenbezugspunkt $(m + 1)_u$
und schreiben

$$\curvearrowright \Sigma M_{(m+1)u} = B \cdot x'_{m+1} - F_r(x'_{m+1} - x'_r)$$

$$+ F_m \cdot a_{m+1} + V_m \cdot a_{m+1} + O_m \cdot h_{m+1} = 0$$

Für die ersten beiden Summanden können wir abkürzend M_{m+1} setzen: Sie sind das Moment der äußeren Kräfte bezüglich des Punktes $m+1$, hier ermittelt am rechten abgeschnittenen Teil. Mit dieser Schreibweise greifen wir auf die Berechnung der Momente an Vollwandbalken zurück. Der nächste Summand $F_m \cdot a_{m+1}$ ist in M_{m+1}, ermittelt am rechten abgeschnittenen Teil, nicht enthalten, denn F_m steht links von $m+1$. Wir müssen darum diesen Summanden neben M_{m+1} stehenlassen. Er ist die Folge unseres schrägen Schnittes sowie der Tatsache, daß wir nicht den äußersten linken Knoten des abgeschnittenen rechten Teils m_0 als Momentenbezugspunkt gewählt haben. Mit $O_m = -M_m/h_m$ ergibt sich

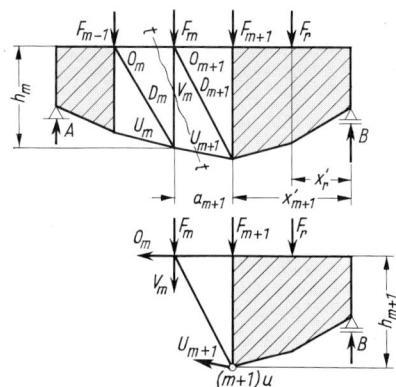

6.39 V_m bei fallenden Schrägstäben; geknickter Untergurt

$$V_m = -F_m + \frac{1}{a_{m+1}}\left(M_m \frac{h_{m+1}}{h_m} - M_{m+1}\right)$$

und schließlich

$$V_m = -F_m + \frac{h_{m+1}}{a_{m+1}}\left(\frac{M_m}{h_m} - \frac{M_{m+1}}{h_{m+1}}\right) \tag{6.6}$$

2. Waagerechter Lastgurt oben, steigende Streben (6.40). Der Ritterschnitt trifft die Stäbe O_{m+1}, V_m und U_m. Wir betrachten den linken abgeschnittenen Teil mit dem Momentenbezugspunkt $(m-1)_u$ und schreiben

$$\curvearrowright \Sigma M_{(m-1)u} = A \cdot x_{m-1} - F_r(x_{m-1} - x_r) + F_m \cdot a_m + V_m \cdot a_m + O_{m+1} \cdot h_{m-1} = 0$$

Für die ersten beiden Summanden können wir M_{m-1} setzen. Sie sind das Moment der äußeren Kräfte bezüglich des Punktes $m-1$, hier ermittelt am linken abgeschnittenen Teil. Wegen des schrägen Schnittes steht auch noch F_m auf dem linken abgeschnittenen Teil, es ist aber in M_{m-1}, ermittelt am linken abgeschnittenen Teil, nicht enthalten und muß daher gesondert aufgeführt werden. Mit $O_{m+1} = -M_m/h_m$ ergibt sich

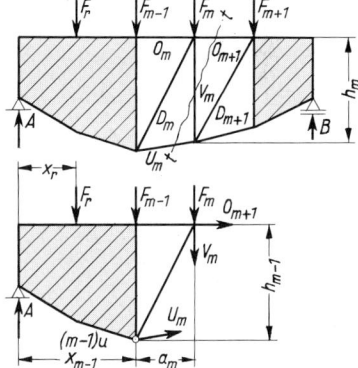

$$V_m = -F_m + \frac{1}{a_m}\left(M_m \frac{h_{m-1}}{h_m} - M_{m-1}\right)$$

und schließlich

$$V_m = -F_m + \frac{h_{m+1}}{a_m}\left(\frac{M_m}{h_m} - \frac{M_{m+1}}{h_{m+1}}\right) \tag{6.7}$$

6.40 V_m bei steigenden Schräbstäben; geknickter Untergurt

3. Waagerechter Lastgurt unten, fallende Streben (6.41). Der Ritterschnitt trifft die Stäbe O_m, V_m und U_{m+1}. Wir betrachten den linken abgeschnittenen Teil mit dem Momentenbezugspunkt $(m-1)_o$ und schreiben

$$\curvearrowright \Sigma M_{(m-1)o} = A \cdot x_{m-1} - F_r(x_{m-1} - x_r) + F_m \cdot a_m - V_m \cdot a_m - U_{m+1} \cdot h_{m-1} = 0$$

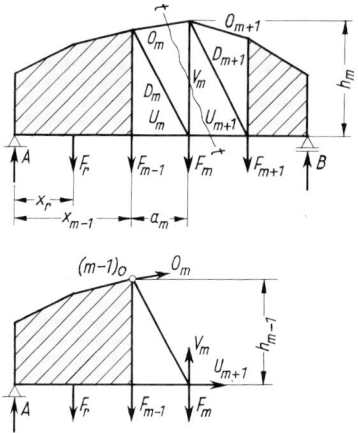

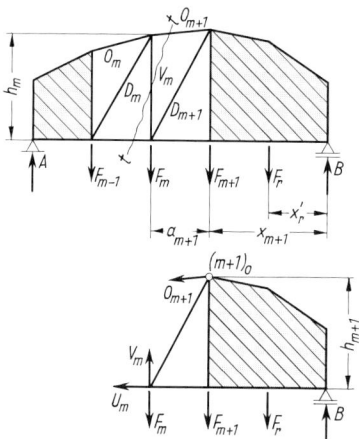

6.41 V_m bei fallenden Schrägstäben; geknickter Obergurt

6.42 V_m bei steigenden Schräbstäben; geknickter Obergurt

Die ersten beiden Summanden sind wieder gleich M_{m-1}, hier ermittelt am linken abgeschnittenen Teil; $F_m \cdot a_m$ muß hinzugenommen werden, da in M_{m-1} nur die Lasten von 0 bis $m-1$ enthalten sind, wenn man M_{m-1} am linken abgeschnittenen Teil berechnet. Mit $U_{m+1} = M_m/h_m$ ergibt sich

$$V_m = F_m - \frac{1}{a_m}\left(M_m \frac{h_{m-1}}{h_m} - M_{m-1}\right)$$

und schließlich

$$\boldsymbol{V_m = F_m - \frac{h_{m-1}}{a_m}\left(\frac{M_m}{h_m} - \frac{M_{m-1}}{h_{m-1}}\right)}$$

4. Waagerechter Lastgurt unten, steigende Streben (6.42). Hier trifft der Ritterschnitt die Stäbe O_{m+1}, V_m und U_m. Wir betrachten den rechten abgeschnittenen Teil mit dem Momentenbezugspunkt $(m+1)_o$ und schreiben

$$\curvearrowleft \Sigma M_{(m+1)o} = B \cdot x'_{m+1} - F_r(x'_{m+1} - x'_r) + F_m \cdot a_{m+1} - V_m \cdot a_{m+1} - U_m \cdot h_{m+1} = 0$$

Für die ersten beiden Summanden schreiben wir abkürzend M_{m+1}; der dritte Summand $F_m \cdot a_m$ muß stehenbleiben, weil in M_{m+1}, das am rechten abgeschnittenen Teil ermittelt wird, keine Lasten links von $m+1$ enthalten sind. Mit $U_m = M_m/h_m$ ergibt sich

$$V_m = F_m - \frac{1}{a_{m+1}}\left(M_m \frac{h_{m+1}}{h_m} - M_{m+1}\right)$$

und daraus

$$\boldsymbol{V_m = F_m - \frac{h_{m+1}}{a_{m+1}}\left(\frac{M_m}{h_m} - \frac{M_{m+1}}{h_{m+1}}\right)}$$

Befindet sich der Lastgurt unten, so ändern sich also gegenüber den Gl. (6.6) und (6.7) die Vorzeichen der Summanden.

6.7.3.5 Kräfte in Pfosten von Strebenfachwerken

Als letztes sollen die Kräfte in den Pfosten berechnet werden, die in einem Strebenfachwerk angeordnet werden (**6.43**).

Ein Ritterschnitt durch drei Stäbe ist hier nicht möglich, da von einem Schnitt durch einen Pfosten stets vier Stäbe geschnitten werden. Wir kommen hier zum Ziel durch Rundschnitte um die Knoten, in denen keine Streben angeschlossen sind. Bei der Berechnung von V_m betrachten wir den Knoten m_u, bei der Berechnung von V_{m+1} den Knoten $(m+1)_o$.

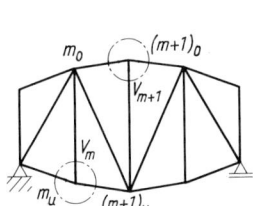

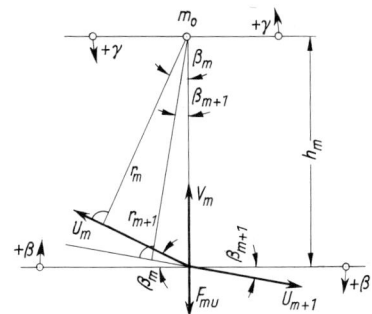

6.43 Pfosten in einem Strebenfachwerk

6.44 Rundschnitt um den Knoten m_u

Den Rundschnitt um den Knoten m_u zeigt Bild **6.44**. Die Gleichgewichtsbedingung für die lotrechten Komponenten lautet dann

$$\uparrow + \Sigma V = 0 = V_m + U_m \cdot \sin \beta_m - U_{m+1} \cdot \sin \beta_{m+1} - F_{mu}$$

Nun haben U_m und U_{m+1} denselben Momentenbezugspunkt (Drehpunkt) m_o, und es gilt unter Beachtung von Bild **6.32** und **6.44**

$$U_m = \frac{M_{mo}}{r_m} = \frac{M_{mo}}{h_m \cdot \cos \beta_m} \qquad U_{m+1} = \frac{M_0}{r_{m+1}} = \frac{M_{mo}}{h_m \cdot \cos \beta_{m+1}}$$

In diesen beiden Formeln wird nicht mit h, sondern mit $r = h \cos \beta$ gearbeitet, da U_m und U_{m+1} nicht horizontal verlaufen.

Wenn nur lotrechte Lasten vorhanden sind, was wir unterstellen wollen, ist $M_{mo} = M_{mu} = M_m$; wir setzen ein und erhalten für den Stab V_m mit Strebenanschluß am Kopf

$$V_m = -\frac{M_m}{h_m} \tan \beta_m + \frac{M_m}{h_m} \tan \beta_{m+1} + F_{mu}$$

$$\boldsymbol{V_m = -\frac{M_m}{h_m} (\tan \beta_m - \tan \beta_{m+1}) + F_{mu}}$$

Sinngemäß ergibt sich für den Stab V_{m+1} mit Strebenanschluß am Fuß

$$\boldsymbol{V_{m+1} = +\frac{M_{m+1}}{h_{m+1}} (\tan \gamma_{m+1} - \tan \gamma_{m+2}) - F_{(m+1)o}}$$

Die Winkel β und γ sind mit Vorzeichen einzusetzen; sie werden positiv im Uhrzeigersinn (β) bzw. im Gegensinn des Uhrzeigers (γ) von der Waagerechten aus gemessen (**6.44**).

6.7.3.6 Stabkräfte und Stützgrößen aus Rundschnitten um alle Knoten

Dieses Verfahren, das sich gut für programmierbare Rechenanlagen eignet, wurde bereits im Abschn. 6.3 beschrieben. Zur näheren Erläuterung benutzen wir es in den beiden Beispielen des Abschn. 6.8 für die rechnerische Ermittlung der Stabkräfte.

6.8 Anwendungen

Beispiel 2 Die Stabkräfte des Dachbinders aus dem Abschn. 6.7.2, Beispiel 1, sollen rechnerisch ermittelt werden, und zwar mit Hilfe der an jedem Knoten angesetzten Gleichgewichtsbedingungen $\Sigma X = 0$ und $\Sigma Z = 0$.

1. Koordinaten der Knotenpunkte: s. Tafel **6.45** und Bild **6.46**

Tafel **6.45** Koordinaten der Knotenpunkte

Punkt	x m	z m
1	0	0
2	2	0,40
3	2	− 0,70
4	4	− 1,40
5	4	0,80

2. Stäbe, Stablängen, Richtungskosinus. Für die rechnerische Behandlung mit Hilfe der Knotengleichgewichtsbedingungen ist es zweckmäßig, jeden Stab nach den beiden Knoten zu benennen, die er verbindet. Es wird dann z.B. der Untergurtstab U_1 zum Stab *12*. In diesem Stab wirkt bei Betrachtung des Rundschnitts um den Knoten *1* die Stabkraft S_{12}, bei Betrachtung des Rundschnitts um den Knoten 2 die Stabkraft S_{21} (**6.46**). Beide Schnittgrößen haben d e n s e l b e n B e t r a g, sie sind jedoch e n t g e g e n g e s e t z t g e r i c h t e t. Deswegen ist

$$\cos\alpha_{ij} = -\cos\alpha_{ji} \text{ und } \cos\gamma_{ij} = -\cos\gamma_{ji}.$$

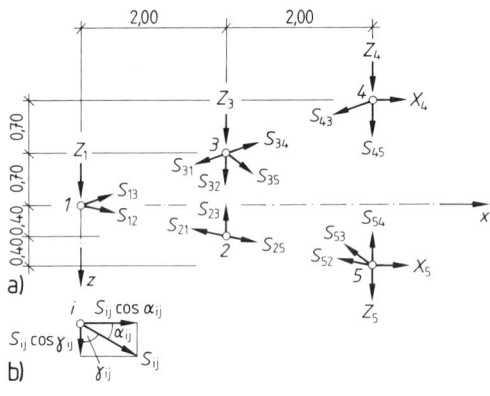

6.46
Vordachbinder

a) Kräfte an den Knoten
b) Zerlegung der Stabkräfte in
   Komponenten

Die Stablängen berechnen wir mit der Formel

$$l_{ij} = \sqrt{(x_j - x_i)^2 + (z_j - z_i)^2}$$

Für die Richtungskosinus gilt

$$\cos\alpha_{ij} = (x_j - x_i)/l_{ij} = -\cos\alpha_{ji} \quad \cos\gamma_{ij} = (z_j - z_i)/l_{ij} = -\cos\gamma_{ji}$$

Wir berechnen die Komponenten der Kräfte nämlich zweckmäßigerweise wie im Abschn. 3.4.1 mit den R i c h t u n g s k o s i n u s der Kräfte:

$$X_{ij} = S_{ij}\cos\alpha_{ij}; \quad Z_{ij} = S_{ij}\cos\gamma_{ij}$$

3. Knotengleichgewichtsbedingungen. Vorzeichenfestsetzung für das Aufstellen der Gleichgewichtsbedingungen: Den Richtungen der positiven Koordinatenachsen entsprechend er-

Beispiel 2
Forts.

Tafel **6.**47 Stablängen und Richtungskosinus

Stab	von Knoten	nach Knoten	Stablänge m	$\cos\alpha_{ij} = -\cos\alpha_{ji}$	$\cos\gamma_{ij} = -\cos\gamma_{ji}$
U_1	12	1	2	2,040	0,9806	0,1961
O_1	13	1	3	2,119	0,9439	$-0,3304$
V_1	23	2	3	1,100	0	-1
U_2	25	2	5	2,040	0,9806	0,1961
O_2	34	3	4	2,119	0,9439	$-0,3304$
D	35	3	5	2,500	0,8000	0,6000
V_2	45	4	5	2,200	0	1

halten nach rechts und unten gerichtete Kräfte und Komponenten das positive Vorzeichen. Die Lagerkräfte führen wir in diesem Sinne positiv ein: X_4 und X_5 nach rechts, Z_5 nach unten gerichtet (**6.**46). In den Gleichgewichtsbedingungen erhalten die Lagerkräfte dann den Faktor $+1$.

Wir führen um jeden Knoten einen R u n d s c h n i t t , setzen an jedem geschnittenen Stab die unbekannte Stabkraft als Z u g k r a f t an und zerlegen sie in ihre Komponenten. In den Gleichgewichtsbedingungen erhalten die Komponenten X_{ij} und Z_{ij} der Stabkraft S_{ij} ihr Vorzeichen d u r c h i h r e n R i c h t u n g s k o s i n u s . S_{ij} und S_{ji} haben den gleichen Betrag, jedoch entgegengesetzte Richtungssinne; beim Aufstellen der Gleichgewichtsbedingungen unterscheiden wir deswegen zwischen S_{ij} und S_{ji}. In der Tabelle der Stabkräfte geben wir nur S_{ij} an und verstehen darunter die im Stab *ij* wirkende Längskraft N_{ij}.

$$\text{Knoten } 1: \ \Sigma X = S_{12}\cos\alpha_{12} + S_{13}\cos\alpha_{13} \qquad\qquad\qquad\qquad = 0$$
$$\Sigma Z = S_{12}\cos\gamma_{12} + S_{13}\cos\gamma_{13} + Z_1 = 0$$

$$\text{Knoten } 2: \ \Sigma X = S_{21}\cos\alpha_{21} + S_{23}\cos\alpha_{23} + S_{25}\cos\alpha_{25} = 0$$
$$\Sigma Z = S_{21}\cos\gamma_{21} + S_{23}\cos\gamma_{23} + S_{25}\cos\gamma_{25} = 0$$

$$\text{Knoten } 3: \ \Sigma X = S_{31}\cos\alpha_{31} + S_{32}\cos\alpha_{32} + S_{34}\cos\alpha_{34} + S_{35}\cos\alpha_{35} \qquad = 0$$
$$\Sigma Z = S_{31}\cos\gamma_{31} + S_{32}\cos\gamma_{32} + S_{34}\cos\gamma_{34} + S_{35}\cos\gamma_{35} + Z_3 = 0$$

$$\text{Knoten } 4: \ \Sigma X = S_{43}\cos\alpha_{43} + S_{45}\cos\alpha_{45} + X_4 = 0$$
$$\Sigma Z = S_{43}\cos\gamma_{43} + S_{45}\cos\gamma_{45} + Z_4 = 0$$

$$\text{Knoten } 5: \ \Sigma X = S_{52}\cos\alpha_{52} + S_{53}\cos\alpha_{53} + S_{54}\cos\alpha_{54} + X_5 = 0$$
$$\Sigma Z = S_{52}\cos\gamma_{52} + S_{53}\cos\gamma_{53} + S_{54}\cos\gamma_{54} + Z_5 = 0$$

4. Gleichungssystem, Raster und Lösung (Tafel **6.**48). Für die Rasterdarstellung werden die unbekannten Stab- und Lagerkräfte aus den Summanden, in denen sie auftreten, herausgezogen. Die übrigbleibenden Richtungskosinus der unbekannten Stabkräfte und Faktoren $+1$ der unbekannten Lagerkräfte ergeben die D e t e r m i n a n t e D des Fachwerks, die wir in die Zeilen und Spalten 1 bis 10 des Rasters schreiben. D ist u n a b h ä n g i g v o n d e r B e l a s t u n g und deswegen eine reine S y s t e m k o n s t a n t e. Die herausgezogenen unbekannten Stab- und Lagerkräfte tragen wir als Z e i l e n v e k t o r in die Zeile 0 des Rasters ein. Die äußeren Knotenlasten X_i und Z_i ($i = 1$ bis 5) der Gleichgewichtsbedingungen fassen wir unter dem Namen S p a l t e n v e k t o r d e r B e l a s t u n g zusammen. In unserem Beispiel sind nur Z_1, Z_3 und Z_4 von Null verschieden. Diesen Spaltenvektor bringen wir auf die r e c h t e S e i t e des Gleichungssystems; dabei ändern alle Elemente ihre Vorzeichen, und wir erhalten den n e g a t i v e n S p a l t e n v e k t o r d e r B e l a s t u n g, den wir in die Spalte 11 des Rasters eintragen.

Die in Zeile 11 ausgedrückte Lösung des Gleichungssystems, die S t a b - u n d L a g e r - k r ä f t e in kN, erhalten wir, indem wir die inverse Matrix oder Kehrmatrix D^{-1} der Matrix D ausrechnen und mit dem negativen Spaltenvektor der Belastung multiplizieren.

Ein Vergleich dieser Stabkräfte mit den des Cremonaplanes zeigt, daß die zeichnerisch ermittelten Stabkräfte von den genaueren berechneten um höchstens 1,7% abweichen.

Beispiel 2 Tafel **6.**48 Gleichungssystem in Rasterdarstellung, Stab- und Lagerkräfte
Forts.

Z	K	R	1	2	3	4	5	6	7	8	9	10	11
0			S_{12}	S_{13}	S_{23}	S_{25}	S_{34}	S_{35}	S_{45}	X_4	X_5	Z_5	
1	1	x	+0,9806	+0,9439									0
2	1	z	+0,1961	−0,3304									−10,4
3	2	x	−0,9806		0	+0,9806							0
4	2	z	−0,1961		−1	+0,1961							0
5	3	x		−0,9439	0		+0,9439	+0,8000					0
6	3	z		+0,3304	+1		−0,3304	+0,6000					−16,0
7	4	x					−0,9439		0	+1			0
8	4	z					+0,3304		+1	0			−10,4
9	5	x				−0,9806		−0,8000	0		+1	0	0
10	5	z				−0,1961		−0,6000	−1		0	+1	0
11			−19,284	+20,034	0	−19,284	+35,445	−18,182	−22,109	+33,455	−33,455	−36,800	

Abkürzung: Z = Zeile; K = Knoten; R = Richtung

Erläuterungen:

Zeile 0: Zeilenvektor s der unbekannten Stab- und Lagerkräfte

Zeilen und Spalten 1 bis 10: Determinante D des Fachwerks

Spalte 11: negativer Spaltenvektor $-p$ der Belastung

Zeile 11: Stab- und Lagerkräfte in kN

Elemente der Determinante, deren Wert nicht angegeben ist, sind gleich Null

Bemerkung zum Raster der Gleichgewichtsbedingungen: Diese Darstellung ist sehr übersichtlich und deshalb leicht auf ihre Richtigkeit zu überprüfen. Jede Z e i l e gehört zu einer Gleichgewichtsbedingung, je zwei Zeilen zu einem Knoten. Aus den Zeilen 1 und 2 ist abzulesen, daß im Knoten *1* zwei Stabkräfte und eine lotrechte Last angreifen; die Zeilen 5 und 6 zeigen, daß auf den Knoten *3* vier Stabkräfte und eine lotrechte Last wirken.

Jede S p a l t e gehört zu einer S t a b - oder L a g e r k r a f t. In der Spalte einer Stabkraft stehen immer nur die v i e r R i c h t u n g s k o s i n u s des Stabes, beim Stab *ij* also die Werte $\cos\alpha_{ij}$, $\cos\gamma_{ij}$, $\cos\alpha_{ji}$, $\cos\gamma_{ji}$.

In der Spalte einer Lagerkraft steht eine einzige 1; aus der Zeile, in der sie steht, geht der Knoten, an dem sie wirkt, und ihre Richtung hervor.

5. Matrizendarstellung der rechnerischen Lösung. Die unbekannten Stab- und Lagerkräfte werden in der Matrizendarstellung nicht zu einem Zeilen-, sondern zu einem Spaltenvektor zusammengefaßt, den wir mit s bezeichnen; den Spaltenvektor der Belastung nennen wir p. Die Gleichgewichtsbedingungen lauten dann in der Kurzschrift der Matrizenschreibweise

$$D \cdot s + p = 0$$

Bringen wir den Spaltenvektor der Belastung auf die rechte Seite des Gleichungssystems, erhalten wir

$$D \cdot s = -p$$

Mit der Kehrmatrix oder inversen Matrix D^{-1} ergibt sich schließlich der Spaltenvektor s der Stab- und Lagerkräfte aus

$$s = D^{-1} \cdot (-p)$$

Beispiel 3 Für den stählernen belgischen Dachbinder (**6.49**) sind die Stabkräfte zu ermitteln.

1. Stabkräfte nach Cremona

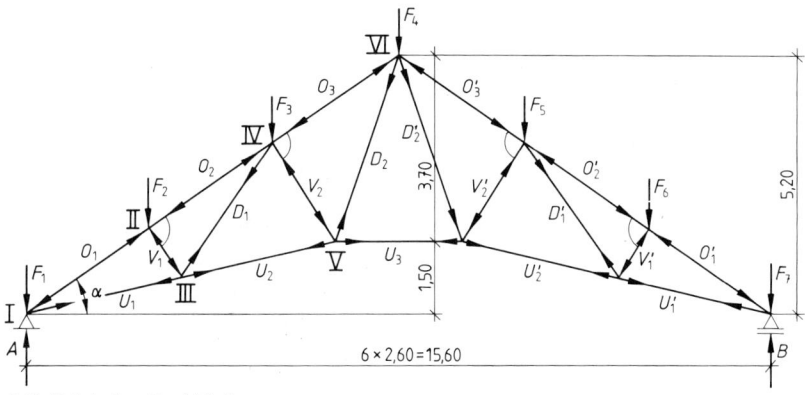

6.49 Belgischer Dachbinder

1.1 Eigenlast und beidseitige Schneelast (**6.50**). Da ein Dreiecksbinder vorliegt, können Eigenlast und volle Schneelast zusammen betrachtet werden; für keinen Stab des Binders ist einseitige Schneelast ungünstiger als volle. Wir berechnen zunächst die Knotenlasten aus der auf 1 m² Grundfläche entfallenden Gesamtlast.

Belastung für 1 m² Grundfläche

Dachhaut einschl. Sparren und Schneelast	1,35 kN/m² Grdfl.
Pfetteneigenlast	$\approx 0,08$ kN/m² Grdfl.
Bindereigenlast einschl. Verbände	$\approx 0,12$ kN/m² Grdfl.
	$g + s = 1,55$ kN/m² Grdfl.

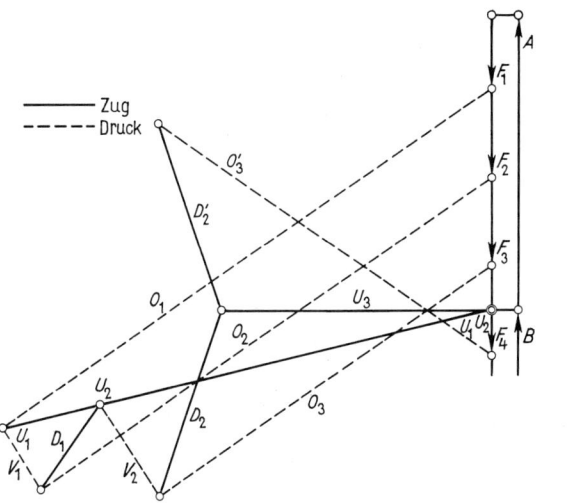

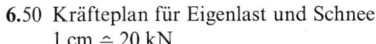

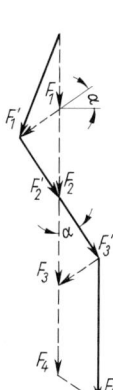

6.50 Kräfteplan für Eigenlast und Schnee
1 cm ≙ 20 kN

6.51 Wirklicher Kräftezug der
Knotenlasten 1 cm ≙ 20 kN

Beispiel 3 Hiermit ergeben sich folgende K n o t e n l a s t e n (Binderabstand 5,70 m):
Forts.
bei 80 cm Dachüberstand

$$F_1 = F_7 = \left(\frac{2,60}{2} + 0,80\right) 5,7 \cdot 1,55 = 18,6 \text{ kN}$$

$$F_2 \text{ bis } F_6 = 2,60 \cdot 5,7 \cdot 1,55 = \text{je } 23,0 \text{ kN}$$

Wegen der Symmetrie wird

$$A = B = \frac{\Sigma F}{2} = 18,6 + \frac{5}{2} \cdot 23,0 = 76,1 \text{ kN}$$

Der Kräfteplan braucht nur bis zur Mitte gezeichnet werden. Deshalb ist der Kräftezug der äußeren Kräfte nur für A und F_1 bis F_4 aufgetragen. Die an den Lagern angreifenden Kräfte sind ohne Wirkung auf die Stabkräfte; sie beeinflussen aber die Lagerkräfte.

Schnee und Eigenlast wirken lotrecht. Wenn man bei der Berechnung der Mittelpfetten annimmt, daß sie nur Kräfte ⊥ zur Dachoberfläche aufnehmen, während die Komponenten in Richtung der Dachneigung auf Trauf- und Firstpfette übertragen werden, ergibt sich als Krafteck der äußeren Kräfte Bild **6**.51. Dies hätte zur Folge, daß O_1 etwas kleiner, O_3 etwas größer als im Kräfteplan **6**.50 werden würde. Da aber für die Querschnittsbemessung ohnehin O_1 maßgebend ist, wurde die in der Praxis meist übliche Annahme überall lotrechter Knotenlasten für Eigenlast und Schnee auch hier beibehalten.

Wir fangen den Cremonaplan am Knoten I an: Der Kräftezug beginnt mit der bekannten Lagerkraft A, es folgt die bekannte Last F_1, durch deren Endpunkt eine Parallele zu O_1 gezogen wird. Ihr Schnittpunkt mit einer Parallelen zu U_1 durch den Anfangspunkt von A liefert die Beträge von O_1 und U_1. Nochmaliges Umfahren des Kraftecks ergibt U_1 als Zugkraft und O_1 als Druckkraft.

Der Kräftezug des Knotens II beginnt mit O_1, es folgt die bekannte Last F_2, durch deren Endpunkt wir eine Parallele zu O_2 legen. Mit der Richtung von V_2 müssen wir an den Ausgangspunkt des Kräftezuges zurückkommen. Der durch O_1 und F_2 gegebene Umfahrungssinn ergibt O_2 und V_2 als Druckkräfte. In der gleichen Weise zeichnen wir im Rahmen des Cremonaplanes die Kraftecke der übrigen Knoten bis Knoten VI und bestimmen durch Messung die Stabkräfte. Sie stimmen gut mit den errechneten Werten (Tafel **6**.61, Spalte 1) überein.

1.2 W i n d   v o m   f e s t e n   L a g e r. Die Dachneigung beträgt $\alpha = \arctan(5,20/7,80) = 33,69°$, Traufe und First liegen zwischen 8 m und 20 m über Gelände. Für die dem Wind zugewandte Seite erhalten wir den aerodynamischen Druckbeiwert $c_p = \alpha°/50 - 0,2 = 0,474$ und den Winddruck $w_d = c_p q = 0,474 \cdot 0,80 = 0,379$ kN/m² Dachfläche. Auf der dem Wind abgewandten Seite ist Sog der Größe $w_s = 0,60 \cdot 0,80 = 0,48$ kN/m² Dachfläche anzusetzen. Der Binderabstand beträgt 5,70 m, und die parallel zum geneigten Binderobergurt gemessene Einzugsbreite der Windangriffsfläche ergibt sich aus ihrer Grundrißprojektion, indem wir diese durch $\cos\alpha = 0,832$ teilen.

Mit diesen Ausgangswerten errechnen wir die folgenden Windlasten:

$$\begin{aligned}
W_1 &= 0,379 \cdot 5,70 \, (0,80 + 1,30)/0,832 &&= 5,45 \text{ kN} \searrow \\
W_2 &= 0,379 \cdot 5,70 \cdot 2,60/0,832 &&= 6,75 \text{ kN} \searrow \\
W_3 &= W_2 &&= 6,75 \text{ kN} \searrow \\
W_4 &= W_3/2 &&= 3,38 \text{ kN} \searrow \\
W_5 &= 0,480 \cdot 5,70 \cdot 1,30/0,832 &&= 4,27 \text{ kN} \nearrow \\
W_6 &= 2\, W_5 &&= 8,55 \text{ kN} \nearrow \\
W_7 &= W_6 &&= 8,55 \text{ kN} \nearrow \\
W_8 &= 0,480 \cdot 5,70 \, (1,30 + 0,80)/0,832 &&= 6,91 \text{ kN} \nearrow
\end{aligned}$$

Beispiel 3 Lagerkräfte aus Windbelastung: Die horizontalen Komponenten aller Windlasten
Forts. sind nach rechts gerichtet, so daß wir schreiben können

$$\overset{+}{\rightarrow} \Sigma H = 0 = - A_h + \Sigma W_{ih}$$

$$A_h = \Sigma W_{ih} = \Sigma W_i \sin \alpha = \sin \alpha \, \Sigma W_i = 28{,}07 \, \text{kN} \leftarrow$$

Für die Berechnung der lotrechten Stützkräfte zerlegen wir die Windlasten W_i in die
Komponenten $W_{iv} = W_i \cos \alpha$ und $W_{ih} = W_i \sin \alpha$; die Angriffspunkte der Windlasten W_2
und W_7 liegen $5{,}20/3 = 1{,}73 \, \text{m}$, die der Windlasten W_3 und W_6 $2 \cdot 5{,}20/3 = 3{,}47 \, \text{m}$ über den
Lagerpunkten. Aus den Momentengleichgewichtsbedingungen um die Lager errechnen wir

$$\begin{aligned}
B_v = (\ & W_{2v} \cdot \ 2{,}60 + W_{2h} \cdot 1{,}73 + W_{3v} \cdot \ 5{,}20 + W_{3h} \cdot 3{,}47 \\
+ \ & W_{4v} \cdot \ 7{,}80 + W_{4h} \cdot 5{,}20 - W_{5v} \cdot \ 7{,}80 + W_{5h} \cdot 5{,}20 \\
- \ & W_{6v} \cdot 10{,}40 + W_{6h} \cdot 3{,}47 - W_{7v} \cdot 13{,}00 + W_{7h} \cdot 1{,}73 \\
- \ & W_{8v} \cdot 15{,}60)/15{,}60 = -9{,}74 \, \text{kN}; \ B_v \ \text{ist abwärts gerichtet}
\end{aligned}$$

$$\begin{aligned}
A_v = (\ & W_{1v} \cdot 15{,}60 \\
+ \ & W_{2v} \cdot 13{,}00 - W_{2h} \cdot 1{,}73 + W_{3v} \cdot 10{,}40 - W_{3h} \cdot 3{,}47 \\
+ \ & W_{4v} \cdot \ 7{,}80 - W_{4h} \cdot 5{,}20 - W_{5v} \cdot \ 7{,}80 - W_{5h} \cdot 5{,}20 \\
- \ & W_{6v} \cdot \ 5{,}20 - W_{6h} \cdot 3{,}47 - W_{7v} \cdot \ 2{,}60 - W_{7h} \cdot 1{,}73)/15{,}60 \\
= \ & 4{,}79 \, \text{kN} \uparrow
\end{aligned}$$

Kontrolle: $\downarrow + \Sigma V = 0 = (W_1 + W_2 + W_3 + W_4) \cos \alpha - (W_5 + W_6 + W_7 + W_8) \cos \alpha$
$- A_v - B_v = 0$

Weiter erhalten wir

$$\alpha_A = \arctan (4{,}79/28{,}07) = 9{,}68° \qquad A = \sqrt{A_v^2 + A_h^2} = 28{,}48 \, \text{kN}$$

Damit können wir das Krafteck der äußeren Kräfte zeichnen und daran den Cremonaplan
entwickeln (**6.**52). Die Stabkräfte des Cremonaplans stimmen gut mit den errechneten
Stabkräften (Tafel **6.**61, Spalte 2) überein.

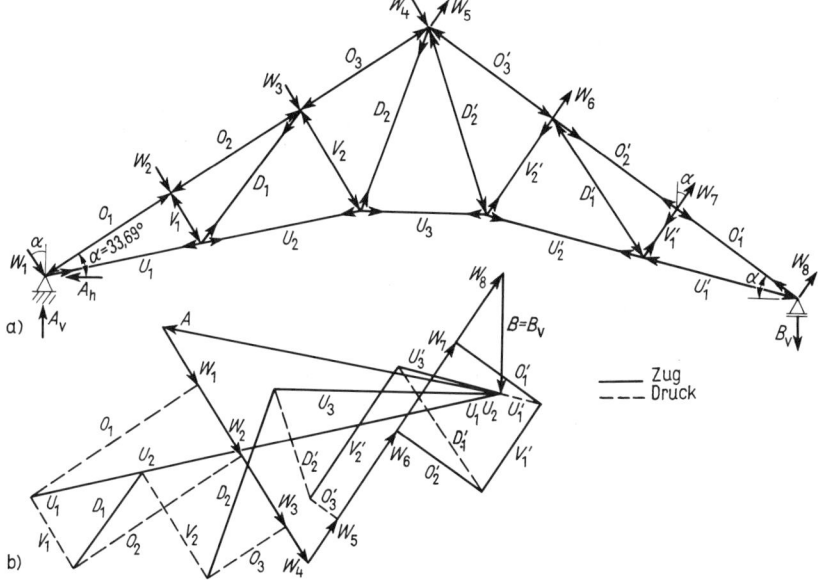

6.52 a) Bindernetz, b) Cremonaplan für Wind vom festen Lager

Beispiel 3 1.3 Wind vom verschieblichen Lager
Forts.

Hier beschränken wir uns auf die rechnerische Ermittlung der Stabkräfte (s. 5.)

2. Rechnerische Nachprüfung der Stabkräfte O_3, D_2, U_3

Eine rechnerische Nachprüfung einzelner Stabkräfte ist zu empfehlen, wenn alle Stabkräfte entweder nur durch Cremonapläne oder nur mit Hilfe eines Rechenprogramms bestimmt wurden; sie wird hier der Vollständigkeit halber gebracht.

Für die Berechnung der Stabkräfte O_3, D_2, U_3 genügt ein Ritterschnitt (**6.53** und **6.54**).

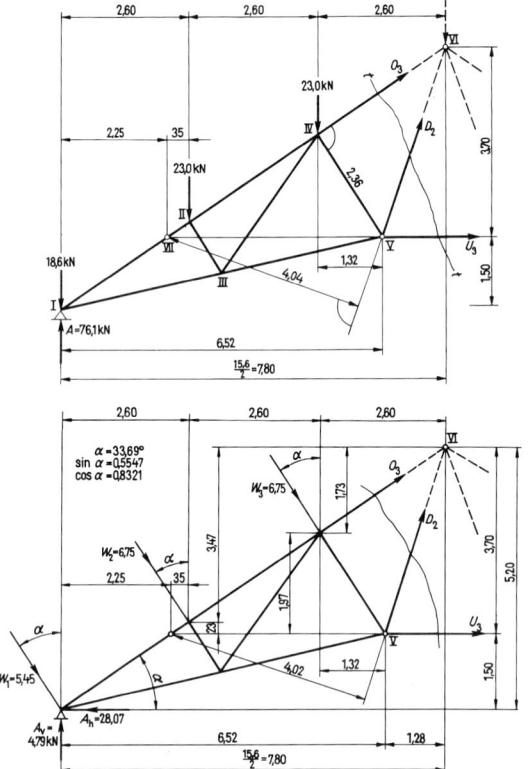

6.53
Rechnerische Bestimmung der Stabkräfte O_3, D_2 und U_3 für Eigenlast und Schnee

6.54
Rechnerische Bestimmung der Stabkräfte O_3, D_2 und U_3 für Wind vom festen Lager

2.1 Eigenlast und Schnee

U_3 Momentenbezugspunkt VI:

$$\curvearrowright M_{VI} = (76,1 - 18,6)\,7,80 - 23,0 \cdot 5,20 - 23,0 \cdot 2,60 - U_3 \cdot 3,70 = 0$$
$$U_3 = [(76,1 - 18,6)\,7,80 - 23,0 \cdot 5,20 - 23,0 \cdot 2,60]/3,70$$
$$= M_{VI}/3,70 = 269,1/3,70 = 72,73 \text{ kN}$$

O_3, Momentenbezugspunkt V: Der Stab V_2 mit der Länge 2,36 m steht senkrecht auf dem Obergurt und ist deswegen Hebelarm von O_3 bezüglich Punkt V:

$$\curvearrowright M_V = (76,1 - 18,6)\,6,52 - 23,0\,(6,52 - 2,60) - 23,0\,(6,52 - 5,20) + O_3 \cdot 2,36$$
$$= 0$$
$$O_3 = -\,[(76,1 - 18,6)\,6,52 - 23,0\,(6,52 - 2,60) - 23,0\,(6,52 - 5,20)]/2,36$$
$$= -\,M_V/2,36 = -\,254,4/2,36 = -\,107,4 \text{ kN}$$

Beispiel 3
Forts.
D_2, Momentenbezugspunkt VII im horizontalen Abstand 2,25 m vom Lager A: wir zerlegen die Stabkraft D_2 im Punkt V in die Komponenten $D_{2v} = D_2 \sin \alpha_{D2}$ und $D_{2h} = D_2 \cos \alpha_{D2}$; D_{2v} geht durch den Momentenbezugspunkt hindurch. Die Gleichgewichtsbedingung lautet

$$\curvearrowright M_{VII} = (76,1 - 18,6)\,2,25 + 23,0 \cdot 0,35 + 23,0 \cdot 2,95 - D_2 \sin \alpha_{D2}(6,52 - 2,25)$$
$$= 0$$

Mit $\alpha_{D2} = \arctan(3,70/(7,80 - 6,52)) = 70,92°$ erhalten wir

$$D_2 = [(76,1 - 18,6)\,2,25 + 23,0 \cdot 0,35 + 23,0 \cdot 2,95)]/(4,27 \cdot \sin \alpha_{D2}) = M_{VII}/4,04$$
$$= 205,3/4,04 = 50,9 \text{ kN}$$

2.2 Wind vom festen Lager (**6.54**). Wie bei der Berechnung der Lagerkräfte zerlegen wir die Windlasten in ihre Komponenten $W_{iv} = W_i \cos \alpha$ und $W_{ih} = W_i \sin \alpha$.
U_3, Momentenbezugspunkt VI:

$$\curvearrowright M_{VI} = A_v \cdot 7,80 + A_h \cdot 5,20 - W_{1v} \cdot 7,80 - W_{1h} \cdot 5,20$$
$$- W_{2v} \cdot 5,20 - W_{2h} \cdot 3,47 - W_{3v} \cdot 2,60 - W_{3h} \cdot 1,73 - U_3 \cdot 3,70 = 0$$
$$U_3 = M_{VI}/3,70 = 68,93/3,70 = 18,6 \text{ kN}$$

O_3, Momentenbezugspunkt V:

$$\curvearrowright M_V = A_v \cdot 6,52 + A_h \cdot 1,50 - W_{1v} \cdot 6,52 - W_{1h} \cdot 1,50 - W_{2v} \cdot 3,92$$
$$+ W_{2h} \cdot 0,23 - W_{3v} \cdot 1,32 + W_{3h} \cdot 1,97 + O_3 \cdot 2,36 = 0$$
$$O_3 = - M_V/2,36 = - 18,0/2,36 = - 7,6 \text{ kN}$$

D_2, Momentenbezugspunkt VII: Wir zerlegen die Stabkraft D_2 im Punkt V in $D_{2v} = D_2 \sin \alpha_{D2}$ und $D_{2h} = D_2 \cos \alpha_{D2}$; die Komponente D_{2h} liefert keinen Beitrag zum Moment um den Punkt VII.

$$\curvearrowright M_{VII} = A_v \cdot 2,25 + A_h \cdot 1,50 - W_{1v} \cdot 2,25 - W_{1h} \cdot 1,50 + W_{2v} \cdot 0,35$$
$$+ W_{2h} \cdot 0,23 + W_{3v} \cdot 2,95 + W_{3h} \cdot 1,97 - D_2 \sin \alpha_{D2}(6,52 - 2,25) = 0$$
$$D_2 = M_{VII}/(4,27 \cdot \sin \alpha_{D2}) = 64,92/4,04 = 16,1 \text{ kN}$$

3. Berechnung sämtlicher Stabkräfte mit Hilfe der Knotengleichgewichtsbedingungen $\Sigma X = 0$ und $\Sigma Z = 0$

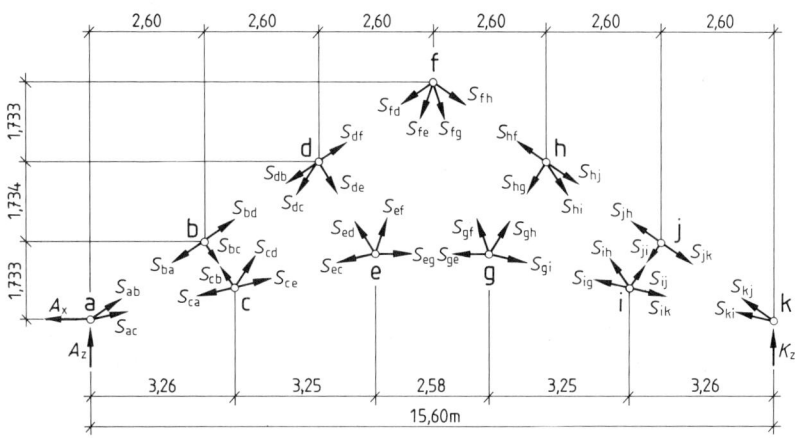

6.55 Stab- und Lagerkräfte an den Knoten

Beispiel 3
Forts.

3.1 Allgemeines, Bezeichnung und Koordinaten der Knotenpunkte. Der Rechengang ist derselbe wie im vorigen Beispiel, die Berechnung wird umfangreicher wegen der größeren Anzahl von Knoten (11 statt 5) und unbekannten Kraftgrößen (22 statt 10); die Determinante D enthält im vorliegenden Beispiel $22 \cdot 22 = 484$ statt vorher $10 \cdot 10 = 100$ Elemente. Schließlich erhöht sich die Zahl der Lastfälle von 1 auf 3.

Für die rechnerische Ermittlung der Stabkräfte bezeichnen wir die Knotenpunkte mit den Kleinbuchstaben a bis k (**6.**55) sowie jeden Stab nach den beiden Knoten, die er verbindet. Die Koordinaten der Knotenpunkte sind in Tafel **6.**56 angegeben.

Tafel **6.**56 Koordinaten der Knotenpunkte

Punkt	x m	z m
a	0	0
b	2,60	$-1,7333$
c	3,2556	$-0,75$
d	5,20	$-3,4667$
e	6,5111	$-1,50$
f	7,80	$-5,20$
g	9,0889	$-1,50$
h	10,40	$-3,4667$
i	12,3444	$-0,75$
j	13,00	$-1,7333$
k	15,60	0

3.2 Stäbe, Stablängen, Richtungskosinus. Im Stab ij tritt als Schnittgröße am Knoten i die Längskraft S_{ij} auf, als Schnittgröße am Knoten j die Längskraft S_{ji}. Beide Schnittgrößen werden bei der Ermittlung der Stabkräfte als Z u g k r ä f t e eingeführt; sie haben denselben Betrag, jedoch entgegengesetzte Richtungssinne. Für ihre Richtungskosinus gilt daher

$$\cos\alpha_{ij} = (x_j - x_i)/l_{ij} = -\cos\alpha_{ji}$$
$$\cos\gamma_{ij} = (z_j - z_i)/l_{ij} = -\cos\gamma_{ji}$$

Die Stablänge l_{ij} berechnen wir mit der Formel

$$l_{ij} = \sqrt{(x_j - x_i)^2 + (z_j - z_i)^2}$$

Beim Aufstellen der Gleichgewichtsbedingungen an den Knoten i und j unterscheiden wir zwischen den Schnittgrößen S_{ij} und S_{ji}. Nach der Auflösung des Gleichungssystems interessiert nur die Kraft im Stab ij, die wir dann mit S_{ij} bezeichnen; sie ist bei positivem Vorzeichen eine Zug-, bei negativem Vorzeichen eine Druckkraft.

Tafel **6.**57 Stablängen und Richtungskosinus

Stab	von Knoten	nach Knoten	Stablänge m	$\cos\alpha_{ij} = -\cos\alpha_{ji}$	$\cos\gamma_{ij} = -\cos\gamma_{ji}$
ab	a	b	3,125	$+0,83205$	$-0,55470$
ac	a	c	3,341	$+0,97448$	$-0,22449$
bc	b	c	1,182	$+0,55470$	$+0,83205$
bd	b	d	3,125	$+0,83205$	$-0,55470$
cd	c	d	3,341	$+0,58201$	$-0,81318$
ce	c	e	3,341	$+0,97448$	$-0,22449$
de	d	e	2,364	$+0,55470$	$+0,83205$
df	d	f	3,125	$+0,83205$	$-0,55470$
ef	e	f	3,918	$+0,32897$	$-0,94434$
eg	e	g	2,578	$+1$	0
fg	f	g	3,918	$+0,32897$	$+0,94434$
fh	f	h	3,125	$+0,83205$	$+0,55470$
gh	g	h	2,364	$+0,55470$	$-0,83205$
gi	g	i	3,341	$+0,97448$	$+0,22449$
hi	h	i	3,341	$+0,58201$	$+0,81318$
hj	h	j	3,125	$+0,83205$	$+0,55470$
ij	i	j	1,182	$+0,55470$	$-0,83205$
ik	i	k	3,341	$+0,97448$	$+0,22449$
jk	j	k	3,125	$+0,83205$	$+0,55470$

Beispiel 3 3.3 Zerlegung der Windkräfte in Komponenten (**6.**58)
Forts.

3.3.1 Wind vom unverschieblichen Lager (Wind in Richtung der positiven x-Achse)

Die Windkräfte der l i n k e n D a c h f l ä c h e haben dieselbe Richtung und denselben Richtungssinn wie die Stabkraft S_{bc}; es gilt darum

$$W_x = W \cos \alpha_{bc}; \ W_z = W \cos \gamma_{bc}$$

An der r e c h t e n D a c h f l ä c h e haben die Windkräfte dieselbe Richtung und denselben Richtungssinn wie die Stabkraft S_{ij}; es ist daher

$$W_x = W \cos \alpha_{ij}; \ W_z = W \cos \gamma_{ij}$$

V o r z e i c h e n f e s t s e t z u n g : Wenn wir die Komponenten auf diese Weise berechnen, erhalten sie durch ihren Richtungskosinus das Vorzeichen, mit dem sie in die Gleichgewichtsbedingung einzusetzen sind; dafür gilt: N a c h r e c h t s und n a c h u n t e n gerichtete Kräfte sind mit dem p o s i t i v e n V o r z e i c h e n einzuführen.

Tafel **6.**58 Komponenten der Windkräfte

Punkt	W	W_x	W_z
a	5,45 ↘	+ 3,023	+ 4,535
b	6,75 ↘	+ 3,744	+ 5,616
d	6,75 ↘	+ 3,744	+ 5,616
f_{links}	3,38 ↘	+ 1,875	+ 2,812
f_{rechts}	4,27 ↗	+ 2,369	− 3,553
f_{Summe}		+ 4,244	− 0,741
h	8,55 ↗	+ 4,743	− 7,114
j	8,55 ↗	+ 4,743	− 7,114
k	6,91 ↗	+ 3,833	− 5,749

3.3.2 Wind vom verschieblichen Lager (Wind entgegen der Richtung der positiven x-Achse)

Die unter 5.3.1 ermittelten Windkräfte und ihre Komponenten sind um die lotrechte Achse durch den Punkt f zu spiegeln; die Vorzeichen müssen der getroffenen Festsetzung entsprechend neu bestimmt werden.

3.4 Knotengleichgewichtsbedingungen

Wir führen um jeden Knoten einen Rundschnitt, setzen an jedem geschnittenen Stab die unbekannte Stabkraft S als Zugkraft an und zerlegen sie mit Hilfe ihrer Richtungskosinus in ihre Komponenten X und Z; die Vorzeichen der Richtungskosinus sind automatisch die richtigen Vorzeichen der Komponenten für die Gleichgewichtsbedingungen.

Die Lagerkraft A_x nehmen wir nach links, die Lagerkräfte A_z und K_z nach oben gerichtet an; mit unserer Vorzeichenfestsetzung (s. Abschn. 5.3.1) erscheinen dann alle drei Lagerkräfte in den Gleichgewichtsbedingungen mit dem Faktor -1.

Da wir d r e i L a s t f ä l l e haben, nämlich 1. Eigenlast und Schnee, 2. Wind vom festen Lager und 3. Wind vom verschieblichen Lager, müssen wir das System der Gleichgewichtsbedingungen d r e i m a l aufstellen.

Jede Gleichgewichtsbedingung enthält höchstens zwei verschiedene Arten von Summanden:

1. in jedem Fall Summanden, die entweder das Produkt aus einer unbekannten Stabkraft und derem Richtungskosinus, oder das Produkt aus einer unbekannten Lagerkraft und dem Faktor -1 sind, und

2. je nach der Belastung des Fachwerks eine oder keine Knotenlast X_i oder Z_i.

Zur Verdeutlichung schreiben wir die Gleichgewichtsbedingungen des Knotens a für den Lastfall 1 Eigenlast und Schnee ausführlich hin:

Knoten a, x-Richtung:

$$\xrightarrow{+} \ \Sigma X = 0 = A_x(-1) + S_{ab} \cos \alpha_{ab} \quad + S_{ac} \cos \alpha_{ac} \quad + X_a \quad = 0$$
$$A_x(-1) + S_{ab} \, 0{,}83205 \quad + S_{ac} \, 0{,}97448 \quad + 0 \quad = 0$$

Knoten a, z-Richtung:

$$\downarrow{+} \ \Sigma Z = 0 = A_z(-1) + S_{ab} \cos \gamma_{ab} \quad + S_{ac} \cos \gamma_{ac} \quad + Z_a \quad = 0$$
$$A_z(-1) + S_{ab}(-0{,}55470) + S_{ac}(-0{,}22449) + 18{,}60 = 0$$

Tafel 6.59 Linke Seite des Rasters mit der linken Seite des Gleichungssystems

Spalte			1	2	3	4	5	6	7	8	9	10	11	12	13	14	15	16	17	18	19	20	21	22
Z	K	R	A_x	A_z	S_{ab}	S_{ac}	S_{bc}	S_{bd}	S_{cd}	S_{ce}	S_{de}	S_{df}	S_{ef}	S_{eg}	S_{fg}	S_{fh}	S_{gh}	S_{gi}	S_{hi}	S_{hj}	S_{ij}	S_{ik}	S_{jk}	B_z
0																								
1	a	x	-1	0	$c\alpha_{ab}$	$c\alpha_{ac}$																		
2	a	z	0	-1	$c\gamma_{ab}$	$c\gamma_{ac}$																		
3	b	x			$c\alpha_{ba}$		$c\alpha_{bc}$	$c\alpha_{bd}$																
4	b	z			$c\gamma_{ba}$		$c\gamma_{bc}$	$c\gamma_{bd}$																
5	c	x				$c\alpha_{ca}$	$c\alpha_{cb}$		$c\alpha_{cd}$	$c\alpha_{ce}$														
6	c	z				$c\gamma_{ca}$	$c\gamma_{cb}$		$c\gamma_{cd}$	$c\gamma_{ce}$														
7	d	x						$c\alpha_{db}$	$c\alpha_{dc}$		$c\alpha_{de}$	$c\alpha_{df}$												
8	d	z						$c\gamma_{db}$	$c\gamma_{dc}$		$c\gamma_{de}$	$c\gamma_{df}$												
9	e	x								$c\alpha_{ec}$	$c\alpha_{ed}$		$c\alpha_{ef}$	$c\alpha_{eg}$										
10	e	z								$c\gamma_{ec}$	$c\gamma_{ed}$		$c\gamma_{ef}$	$c\gamma_{eg}$										
11	f	x										$c\alpha_{fd}$	$c\alpha_{fe}$		$c\alpha_{fg}$	$c\alpha_{fh}$								
12	f	z										$c\gamma_{fd}$	$c\gamma_{fe}$		$c\gamma_{fg}$	$c\gamma_{fh}$								
13	g	x												$c\alpha_{ge}$	$c\alpha_{gf}$		$c\alpha_{gh}$	$c\alpha_{gi}$						
14	g	z												$c\gamma_{ge}$	$c\gamma_{gf}$		$c\gamma_{gh}$	$c\gamma_{gi}$						
15	h	x														$c\alpha_{hf}$	$c\alpha_{hg}$		$c\alpha_{hi}$	$c\alpha_{hj}$				
16	h	z														$c\gamma_{hf}$	$c\gamma_{hg}$		$c\gamma_{hi}$	$c\gamma_{hj}$				
17	i	x																$c\alpha_{ig}$	$c\alpha_{ih}$		$c\alpha_{ij}$	$c\alpha_{ik}$		
18	i	z																$c\gamma_{ig}$	$c\gamma_{ih}$		$c\gamma_{ij}$	$c\gamma_{ik}$		
19	j	x																		$c\alpha_{jh}$	$c\alpha_{ji}$		$c\alpha_{jk}$	
20	j	z																		$c\gamma_{jh}$	$c\gamma_{ji}$		$c\gamma_{jk}$	
21	k	x																				$c\alpha_{ki}$	$c\alpha_{kj}$	0
22	k	z																				$c\gamma_{ki}$	$c\gamma_{kj}$	-1

Erläuterung: Zeile 0: Zeilenvektor der unbekannten Stab- und Lagerkräfte;
Zeilen und Spalten 1 bis 22: Determinante D des Fachwerks;
Elemente der Determinante, deren Wert nicht angegeben ist, sind gleich Null

Abkürzungen: Z = Zeile, K = Knoten, R = Richtung
$c\alpha_{ij} = \cos\alpha_{ij}$; $c\gamma_{ij} = \cos\gamma_{ij}$

Beispiel 3
Forts.
Die Summanden der ersten Art werden bei der Matrizen- und Rasterdarstellung zunächst in ihre Faktoren aufgespalten. Die Richtungskosinus und die Faktoren -1 setzen wir dann zur Determinante D des Tragwerks zusammen, und aus den unbekannten Stab- und Lagerkräften bilden wir bei der Matrizendarstellung einen Spalten-, bei der Rasterdarstellung einen Zeilenvektor.

Aus den Summanden der zweiten Art bilden wir den Spaltenvektor der Belastung. Diesen bringen wir nach dem Aufstellen der Gleichgewichtsbedingungen eines Lastfalles auf die rechte Seite des Gleichungssystems; dabei ändern sich die Vorzeichen aller Summanden, und wir erhalten den negativen Spaltenvektor der Belastung.

Wenn wir diese Schritte für jeden der drei Lastfälle durchgeführt haben, liegen uns drei Gleichungssysteme vor, die eine gemeinsame linke Seite haben. Sie lassen sich daher in einem Raster darstellen.

Dafür tragen wir zunächst die allen Gleichungssystemen gemeinsame linke Seite in einen Raster ein (Tafel 6.59). Die Determinante D des Fachwerks belegt im vorliegenden Beispiel die Zeilen und Spalten 1 bis 22; die unbekannten Stab- und Lagerkräfte erscheinen als Zeilenvektor in der Zeile 0.

Tafel **6**.60 Rechte Seite des Rasters, Matrix der negativen Belastung (kN)

Z	K	R	1	2	3
1	a	x	0	$-3,023$	$+3,833$
2	a	z	$-18,6$	$-4,535$	$+5,749$
3	b	x	0	$-3,744$	$+4,743$
4	b	z	-23	$-5,616$	$+7,114$
5	c	x	0	0	0
6	c	z	0	0	0
7	d	x	0	$-3,744$	$+4,743$
8	d	z	-23	$-5,616$	$+7,114$
9	e	x	0	0	0
10	e	z	0	0	0
11	f	x	0	$-4,244$	$+4,244$
12	f	z	-23	$+0,741$	$+0,741$
13	g	x	0	0	0
14	g	z	0	0	0
15	h	x	0	$-4,743$	$+3,744$
16	h	z	-23	$+7,114$	$-5,616$
17	i	x	0	0	0
18	i	z	0	0	0
19	j	x	0	$-4,743$	$+3,744$
20	j	z	-23	$+7,114$	$-5,616$
21	k	x	0	$-3,833$	$+3,023$
22	k	z	$-18,6$	$+5,749$	$-4,535$

Erläuterung:
Z = Zeile, K = Knoten, R = Richtung;
Spalte 1: Eigenlast und Schnee
Spalte 2: Wind vom festen Lager
Spalte 3: Wind vom verschieblichen Lager

Auf die rechte Seite des Rasters schreiben wir in drei Spalten nebeneinander die drei negativen Spaltenvektoren der Belastung, die zu unseren drei Lastfällen gehören. Dadurch entsteht auf der rechten Seite des Rasters die negative dreispaltige Matrix der Belastung (Tafel **6**.60).

3.5 Auflösung der Gleichungssysteme

Wir bilden die Kehrmatrix oder die inverse Matrix D^{-1} der Matrix D und multiplizieren D^{-1} mit der negativen Matrix der Belastung. Das Ergebnis ist die dreispaltige Matrix der unbekannten Stab- und Lagerkräfte, die in jeder Spalte die Stab- und Lagerkräfte eines Lastfalles enthält (Tafel **6**.61).

Tafel **6.**61 Stab- und Lagerkräfte

Lagerkraft Stab			1	2	3	4
1	A_h	A_x	+ 0,000	+ 28,104	− 28,074	+ 28,104
2	A_v	A_y	+ 76,100	+ 4,781	− 9,739	+ 80,881
3	O_1	ab	− 158,395	− 16,595	+ 26,374	− 174,990
4	U_1	ac	+ 135,245	+ 39,907	− 47,396	+ 175,152
5	V_1	bc	− 19,137	− 6,750	+ 8,550	− 25,887
6	O_2	bd	− 145,637	− 16,595	+ 26,375	− 162,232
7	D_1	cd	+ 27,049	+ 9,540	− 12,085	+ 36,589
8	U_2	ce	+ 108,196	+ 30,367	− 35,311	+ 138,563
9	V_2	de	− 28,706	− 10,141	+ 12,825	− 38,847
10	O_3	df	− 107,579	− 7,697	+ 15,071	− 115,276
11	D_2	ef	+ 51,013	+ 16,154	− 19,694	+ 67,168
12	U_3	eg	+ 72,730	+ 18,653	− 20,817	+ 91,383
13	D_2'	fg	+ 51,013	− 9,226	+ 5,667	(+ 56,680)
14	O_3'	fh	− 107,579	− 2,763	+ 10,145	(− 110,342)
15	V_2'	gh	− 28,706	+ 12,825	− 10,124	− 38,830
16	U_2'	gi	+ 108,196	+ 8,727	− 13,686	(+ 116,922)
17	D_1'	hi	+ 27,049	− 12,085	+ 9,540	+ 36,589
18	O_2'	hj	− 145,637	+ 8,540	+ 1,222	(− 145,637)
19	V_1'	ij	− 19,137	+ 8,550	− 6,750	− 25,887
20	U_1'	ik	+ 135,245	− 3,358	− 4,146	(+ 135,245)
21	O_1'	jk	− 158,395	+ 8,540	+ 1,222	(− 158,395)
22	B_v	K_z	+ 76,100	− 9,732	+ 4,788	+ 80,888

Spalte 1: Eigenlast und Schnee
Spalte 2: Wind vom festen Lager
Spalte 3: Wind vom verschieblichen Lager
Spalte 4: Extremwert der Stab- oder Lagerkraft (absolut genommen größter Betrag). Wenn symmetrisch liegende Stäbe den gleichen Querschnitt erhalten, sind die eingeklammerten Werte nicht maßgebend. Der Binder besitzt keine Stäbe mit Wechselbeanspruchung, d. h. Stäbe, die bei e i n e r Lastkombination Zug, bei einer a n d e r e n Druck erhalten.

3.6 Matrizendarstellung

D Determinante des Fachwerks,
D^{-1} Kehrmatrix oder inverse Matrix von D
s Spaltenvektor der unbekannten Stab- und Lagerkräfte
P dreispaltige Matrix der Belastung; die Spalten 1, 2, 3 sind die Spaltenvektoren der Belastung für die Lastfälle 1, 2, 3
S dreispaltige Matrix der Stab- und Lagerkräfte; die Spalten 1, 2, 3 enthalten die Stab- und Lagerkräfte der Lastfälle 1, 2, 3

Mit diesen Bezeichnungen läßt sich der mathematische Teil des vorstehenden Beispiels sehr kurz darstellen:

$$D \cdot s = - P \qquad\qquad S = D^{-1} \cdot (- P)$$

6.9 Raumfachwerke

6.9.1 Allgemeines

Raumfachwerke bestehen wie ebene Fachwerke aus geraden Stäben, die in Knotenpunkten miteinander verbunden sind. Für ihre Berechnung stehen die sechs Gleichgewichtsbedingungen der räumlichen Statik zur Verfügung (s. Abschn. 4.1.3). Die Voraussetzungen und Annahmen, die wir bei der Ermittlung der Stabkräfte treffen, sind bei Raum- und ebenen Fachwerken dieselben:

1. Jeder Knotenpunkt ist so konstruiert, daß sich die Achsen seiner Fachwerkstäbe in einem Punkt schneiden.

2. Jeder Knotenpunkt wirkt als Gelenk: die an ihn angeschlossenen Fachwerkstäbe können sich in ihm reibungsfrei gegeneinander verdrehen.

3. Lasten und Lagerkräfte greifen nur in Knotenpunkten an.

Als Folge dieser Berechnungsgrundlagen erhalten Fachwerkstäbe n u r L ä n g s k r ä f t e.

6.9.2 Raumfachwerke einfachster Art, Aufbaukriterium, Abzählkriterium

Ein Raumfachwerk einfachster Art entsteht, wenn wir an das einfachste Raumfachwerk-Grundelement weitere Knotenpunkte mit jeweils drei Stäben anschließen, die nicht in einer Ebene liegen. Einen solchen Aufbau bezeichnen wir als d r e i s t ä b i g e n K n o t e n p u n k t - a n s c h l u ß.

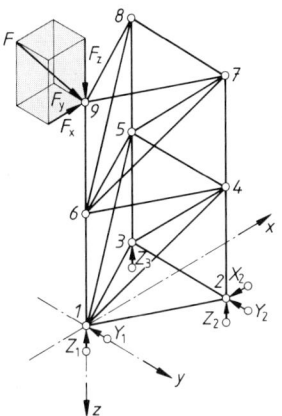

Das einfachste Raumfachwerk-Grundelement besitzt 4 Knotenpunkte und 6 Stäbe und kann als D r a h t m o d e l l e i n e s T e t r a e d e r s veranschaulicht werden (Bild 6.62, Knotenpunkte *1*, *2*, *3*, *4* und die diese verbindenden Stäbe).

Raumfachwerke, die auf die angegebene Weise entstehen, sind i n s i c h u n v e r s c h i e b l i c h und haben g e n a u s o v i e l e S t ä b e, wie für ihre Unverschieblichkeit erforderlich sind.

Bild 6.62 zeigt ein Raumfachwerk, das durch dreistäbigen Knotenpunktanschluß entstanden ist; an das Grundelement mit den Knotenpunkten *1*, *2*, *3*, *4* wurden nacheinander die Knotenpunkte *5*, *6*, *7*, *8*, *9* in dieser Reihenfolge angebaut.

6.62 Raumfachwerk einfachster Art mit Last und Lagerkräften

Bei jedem Raumfachwerk einfachster Art besteht zwischen der Anzahl s der Stäbe und der Anzahl k der Knotenpunkte die folgende Beziehung:

Die Anzahl der Stäbe ist gleich der dreifachen Anzahl der Knotenpunkte, wenn wir bei der Anzahl der Knotenpunkte die ersten vier des Grundelementes nicht berücksichtigen, dafür aber die Anzahl der Stäbe um die 6 des Grundelementes erhöhen; als Formel:

$$s = 3(k - 4) + 6 = 3k - 12 + 6;$$
$$s = 3k - 6$$

Mit dieser Formel haben wir aus dem Aufbaukriterium des dreistäbigen Knotenpunktanschlusses ein Abzählkriterium entwickelt. Wird dieses auf ein Raumfachwerk angewendet, das nicht von einfachster Art ist, so muß beachtet werden, daß das Abzählkriterium nur ein notwendiges und kein hinreichendes Kriterium für die innere Unverschieblichkeit statisch bestimmter Raumfachwerke ist.

Die unverschiebliche und statisch bestimmte Lagerung eines Raumfachwerks erfordert 6 Lagerkräfte. Das bloße Vorhandensein von 6 Lagerkräften gewährleistet jedoch nicht die unverschiebliche Lagerung des Raumfachwerks; es kommt vielmehr auch auf eine richtige Anordnung der Lagerkräfte an. Diese ist vorhanden, wenn die Determinante des Gleichungssystems, aus dem die Lagerkräfte berechnet werden, von Null verschieden ist. Nur in diesem Falle ist die Lösung des Gleichungssystems und damit die Bestimmung der Lagerkräfte möglich und eindeutig.

6.9.3 Ermittlung der Stabkräfte von Raumfachwerken der einfachsten Art

1. Die Stabkräfte von Raumfachwerken der einfachsten Art können von Hand Schritt für Schritt errechnet werden (Bild **6.**62): Die am zuletzt hinzugefügten Knotenpunkt 9 angreifende Kraft F wird in die Richtungen der drei Stäbe 69, 79, 89 zerlegt, was eindeutig möglich ist und zu den Stabkräften S_{69}, S_{79}, S_{89} führt; aus der auf den Knotenpunkt 8 wirkenden Stabkraft S_{89} lassen sich dann in gleicher Weise die Stabkräfte S_{58}, S_{68}, S_{78} ermitteln. Weiter setzen wir am Knoten 7 die bekannten Stabkräfte S_{79} und S_{78} zusammen und zerlegen ihre Resultierende in die Stabkräfte S_{47}, S_{57}, S_{67}. Mit dieser Methode können wir fortfahren: Bei einem durch dreistäbigen Knotenpunktanschluß aufgebauten Raumfachwerk kommen wir in der angegebenen Weise stets zu Knotenpunkten, an denen eine bekannte Stabkraft oder eine bekannte Resultierende, in der außer Stabkräften auch äußere Kräfte enthalten sein können, in die Richtungen von drei unbekannten Stabkräften oder von drei unbekannten Stab- oder Lagerkräften zerlegt werden muß.

2. Eine schrittweise zeichnerische Bestimmung der Stabkräfte entsprechend der unter 1 beschriebenen schrittweisen rechnerischen ist ebenfalls möglich; sie ist anschaulich, in der Regel aber sehr aufwendig. Bei Symmetrie von Raumfachwerk und Belastung vermindert sich der Aufwand im allgemeinen so sehr, daß eine zeichnerische Lösung etwa als Kontrolle in Betracht gezogen werden kann.

3. Bei der Berechnung der Stabkräfte mit Hilfe eines programmierbaren Rechners stellen wir die Komponentengleichgewichtsbedingungen $\Sigma X = 0$, $\Sigma Y = 0$, $\Sigma Z = 0$ an allen herausgeschnitten gedachten Knoten in einem Zuge auf, fassen sie zu einem Gleichungssystem zusammen und bestimmen alle Stabkräfte sowie die sechs unbekannten Lagerkräfte gleichzeitig durch Lösen dieses Gleichungssystems. Bei k Knotenpunkten stehen uns $3k$ Gleichungen zur Verfügung, aus denen wir $3k$ Unbekannte errechnen können, und das sind neben den $s = 3k - 6$ Stabkräften auch die 6 Lagerkräfte, die ja ebenfalls in die Gleichgewichtsbedingungen eingegangen sind.

4. Das allgemeine Schnittverfahren läßt sich anwenden, wenn der Schnitt nicht mehr als 6 Stäbe trifft. Wir schneiden in einem solchen Fall einen Teil des Fachwerks

ab, führen an den Schnittstellen des abgeschnittenen Teils die unbekannten Stabkräfte als Zugkräfte ein und stellen am abgeschnittenen Teil mit seinen Schnittgrößen und äußeren Kräften die Gleichgewichtsbedingungen auf. Günstigstenfalls kann bei geschicktem Ansatz der Gleichgewichtsbedingungen e i n e a l l e i n g e s u c h t e S t a b k r a f t aus e i n e r e n t - k o p p e l t e n Gleichgewichtsbedingung direkt berechnet werden. Im allgemeinen Fall ergibt sich bei 6 geschnittenen Stäben ein System von 6 gekoppelten Gleichungen, dessen Lösung alle 6 Schnittgrößen in einem Zuge liefert.

6.9.4 Statisch bestimmte Raumfachwerke, die nicht der einfachsten Art angehören

Diese sind n i c h t oder n i c h t a u s s c h l i e ß l i c h durch d r e i s t ä b i g e n K n o t e n p u n k t - a n s c h l u ß entstanden, erfüllen aber die Bedingung $s = 3k - 6$.

Wir können derartige Raumfachwerke herstellen, indem wir z. B. zwei durch dreistäbigen Knotenpunktanschluß gebildete Raumfachwerke unverschieblich miteinander verbinden, oder indem wir in einem durch dreistäbigen Knotenpunktanschluß aufgebauten Raumfachwerk einen Stab entfernen und an anderer Stelle wieder einfügen, ohne die innere Unverschieblichkeit des Raumfachwerks zu beseitigen. Eine solche S t a b v e r t a u s c h u n g wurde vor der Einführung programmierbarer Rechner in umgekehrter Richtung ausgeführt, um nämlich ein R a u m f a c h w e r k e i n f a c h s t e r A r t zu erhalten, das schrittweise berechnet werden konnte.

Alle Fachwerke, die die Bedingung $s = 3k - 6$ erfüllen, können unabhängig davon, ob sie der einfachsten Art angehören oder nicht, durch g l e i c h z e i t i g e s A n s e t z e n s ä m t l i - c h e r K n o t e n g l e i c h g e w i c h t s b e d i n g u n g e n und Auflösen des entstehenden Gleichungssystems berechnet werden (s. Abschn. 6.9.3, Ziffer 3).

Bei Raumfachwerken, die n i c h t d e r e i n f a c h s t e n A r t angehören, muß zusätzlich die i n n e r e U n v e r s c h i e b l i c h k e i t nachgewiesen werden, da diese durch das Abzählkriterium $s = 3k - 6$ nicht hinreichend gesichert wird.

Der Nachweis der inneren Unverschieblichkeit ist erbracht, wenn die Determinante D des Systems der $3k$ Gleichungen von Null verschieden ist; er wird i. a. automatisch vom Rechner durchgeführt, der im Fall von $D = 0$ eine Fehlermeldung ausgibt, z. B. „Stop! Division durch Null!" und die Rechnung abbricht. Es kann aber auch geschehen, daß der Rechner zwar „$D = 0$" meldet, trotzdem aber weiterarbeitet und schließlich Stab- und Lagerkräfte in der Größenordnung von 10^{15} kN ausgibt.

In beiden Fällen ist die gewählte K o m b i n a t i o n aus dem F a c h w e r k und seiner L a g e - r u n g wegen V e r s c h i e b l i c h k e i t unbrauchbar. Wir müssen dann klären, ob ein in sich unverschiebliches Raumfachwerk verschieblich gelagert ist, oder ob das Raumfachwerk zwar unverschieblich gelagert, aber in sich verschieblich ist.

Diese Frage können wir z. B. dadurch klären, daß wir am unzerschnittenen Raumfachwerk die sechs Gleichgewichtsbedingungen für die Bestimmung der Lagerkräfte aufstellen. Ist die Determinante D dieses Gleichungssystems gleich Null, so ist das Raumfachwerk verschieblich gelagert.

6.9.5 Beispiel

Für das Raumfachwerk nach Bild **6**.63 ermitteln wir mit Hilfe der Knotengleichgewichtsbedingungen $\Sigma X = 0$, $\Sigma Y = 0$, $\Sigma Z = 0$ die Stab- und Lagerkräfte, die sich aus den drei Lastfällen $X_1 = 1$ kN, $Y_1 = 1$ kN, $Z_1 = 1$ kN ergeben.

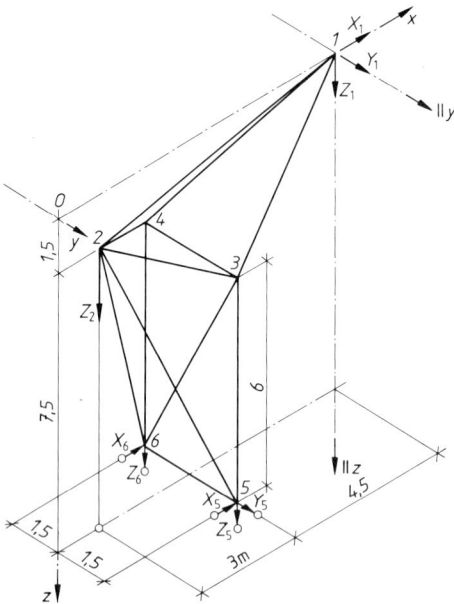

1. Koordinaten der Knotenpunkte in m:
s. Tafel **6.64**

Tafel **6.64** Koordinaten der Knotenpunkte

Pkt.	x	y	z
1	7,5	0	0
2	0	0	1,5
3	3	1,5	3
4	3	$-1,5$	3
5	3	1,5	9
6	3	$-1,5$	9

2. Stäbe, Stablängen, Richtungskosinus
(s. Tafel **6.65**)

$$l_{ij} = \sqrt{(x_j - x_i)^2 + (y_j - y_i)^2 + (z_j - z_i)^2}$$

$$\cos\alpha_{ij} = (x_j - x_i)/l_{ij} = -\cos\alpha_{ji}$$
$$\cos\beta_{ij} = (y_j - y_i)/l_{ij} = -\cos\beta_{ji}$$
$$\cos\gamma_{ij} = (z_j - z_i)/l_{ij} = -\cos\gamma_{ji}$$

6.63 Berechnungsbeispiel Raumfachwerk mit
Lasten X_1, Y_1, Z_1 und Lagerkräften Z_2, X_5,
Y_5, Z_5, X_6, Z_6

Tafel **6.65** Stäbe, Stablängen, Richtungskosinus

Stab	von Knoten	nach Knoten	Stablänge m	$\cos\alpha_{ij} =$ $-\cos\alpha_{ji}$	$\cos\beta_{ij} =$ $-\cos\beta_{ji}$	$\cos\gamma_{ij} =$ $-\cos\gamma_{ji}$
12	1	2	7,6485	$-0,98058$	0	$+0,19612$
13	1	3	5,6125	$-0,80178$	$+0,26726$	$+0,53452$
14	1	4	5,6125	$-0,80178$	$-0,26726$	$+0,53452$
23	2	3	3,6742	$+0,81650$	$+0,40825$	$+0,40825$
24	2	4	3,6742	$+0,81650$	$-0,40825$	$+0,40825$
25	2	5	8,2158	$+0,36515$	$+0,18257$	$+0,91287$
26	2	6	8,2158	$+0,36515$	$-0,18257$	$+0,91287$
34	3	4	3	0	-1	0
35	3	5	6	0	0	$+1$
36	3	6	6,7082	0	$-0,44721$	$+0,89443$
46	4	6	6	0	0	$+1$
56	5	6	3	0	-1	0

3. Knotengleichgewichtsbedingungen

Vorzeichenfestsetzung für das Aufstellen der Knotengleichgewichtsbedingungen:

Mit p o s i t i v e m Vorzeichen führen wir die Kraftkomponenten ein, die d e n s e l b e n
R i c h t u n g s s i n n haben wie die zu ihnen parallele p o s i t i v e K o o r d i n a t e n a c h s e.

Die Lagerkräfte des Raumfachwerks setzen wir mit dem Richtungssinn der zu ihnen parallelen positiven Koordinatenachse an, so daß sie in die Gleichgewichtsbedingungen mit positivem Vorzeichen eingehen.

Auch die Einheitsbelastungen $X_1 = 1$, $Y_1 = 1$, $Z_1 = 1$ erhalten den nach unserer Vorzeichenfestsetzung positiven Richtungssinn.

Wir führen um jeden Knotenpunkt einen kugelförmigen Schnitt, setzen an jedem geschnittenen Stab die unbekannte Stabkraft S als Zugkraft an und zerlegen sie mit Hilfe ihrer Richtungskosinus in ihre Komponenten X, Y und Z. Die Vorzeichen der Richtungskosinus sind automatisch die richtigen Vorzeichen der Komponenten für die Gleichgewichtsbedingungen.

Bei der Untersuchung jedes Lastfalles stellen wir für jeden der 6 Knotenpunkte die drei Knotengleichgewichtsbedingungen $\Sigma X = 0, \Sigma Y = 0, \Sigma Z = 0$ auf. Dadurch erhalten wir für jeden Lastfall ein System von $6 \cdot 3 = 18$ Gleichungen. Im folgenden schreiben wir nicht sämtliche $3 \cdot 18$ Gleichgewichtsbedingungen in ihrer Ausgangsform an, sondern beschränken uns auf die drei, in denen eine Belastung auftritt:

Lastfall 1, 1. Gleichung (Knoten 1, x-Richtung):
$S_{12} \cos \alpha_{12} + S_{13} \cos \alpha_{13} + S_{14} \cos \alpha_{14} + X_1 = 0;$

Lastfall 2, 2. Gleichung (Knoten 1, y-Richtung):
$S_{12} \cos \beta_{12} + S_{13} \cos \beta_{13} + S_{14} \cos \beta_{14} + Y_1 = 0;$

Lastfall 3, 3. Gleichung (Knoten 1, z-Richtung):
$S_{12} \cos \gamma_{12} + S_{13} \cos \gamma_{13} + S_{14} \cos \gamma_{14} + Z_1 = 0.$

Wenn wir die Zahlenwerte der Richtungskosinus einsetzen und die Lasten auf die rechten Seiten der Gleichungen bringen, erhalten wir

$$S_{12}(-0,98058) + S_{13} \quad (0) \qquad + S_{14}(+0,19621) = -1$$
$$S_{12}(-0,80178) + S_{13}(+0,26726) + S_{14}(+0,53452) = -1$$
$$S_{12}(-0,80178) + S_{13}(-0,26726) + S_{14}(+0,53452) = -1$$

4. Raster und Lösung

Wie wir bereits bei den Beispielen für die ebenen Fachwerke gesehen haben, enthalten die Gleichgewichtsbedingungen Summanden, die unabhängig von der Belastung sind; sie entstehen durch Multiplikation entweder einer unbekannten Stabkraft mit einem Richtungskosinus oder einer unbekannten Lagerkraft mit dem Faktor $+1$. Diese Summanden spalten wir in ihre Faktoren auf. Die Richtungskosinus und die Faktoren $+1$ setzen wir dann zur Determinante D des Raumfachwerks zusammen, und aus den unbekannten Stab- und Lagerkräften bilden wir den Spaltenvektor s.

Die von der Belastung abhängigen Summanden fassen wir bei jedem Lastfall zu einem Spaltenvektor der Belastung p zusammen und bringen ihn auf die rechte Seite des jeweiligen Gleichungssystems, das damit die Form

$$D \cdot s = -p$$

annimmt; $-p$ ist darin der negative Spaltenvektor der Belastung.

Die drei Gleichungssysteme der drei Lastfälle, die sich nur in ihren rechten Seiten, nämlich den negativen Spaltenvektoren der Belastung unterscheiden, stellen wir nun in einem Raster dar (Tafel **6.**66):

Tafel **6.66** Rasterdarstellung der drei Gleichungssysteme

Z	K	R	Spalte 0	1 S_{12}	2 S_{13}	3 S_{14}	4 S_{23}	5 S_{24}	6 S_{25}	7 S_{26}	8 S_{34}	9 S_{35}	10 S_{36}	11 S_{46}	12 S_{56}	13 X_5	14 Y_5	15 Z_5	16 X_6	17 Z_6	18 Z_2	LF 1	LF 2	LF 3
1	1	x		$c\alpha_{12}$	$c\alpha_{13}$	$c\alpha_{14}$																-1	0	0
2	1	y		$c\beta_{12}$	$c\beta_{13}$	$c\beta_{14}$																0	-1	0
3	1	z		$c\gamma_{12}$	$c\gamma_{13}$	$c\gamma_{14}$																0	0	-1
4	2	x		$c\alpha_{21}$			$c\alpha_{23}$	$c\alpha_{24}$	$c\alpha_{25}$	$c\alpha_{26}$											0			
5	2	y		$c\beta_{21}$			$c\beta_{23}$	$c\beta_{24}$	$c\beta_{25}$	$c\beta_{26}$											0			
6	2	z		$c\gamma_{21}$			$c\gamma_{23}$	$c\gamma_{24}$	$c\gamma_{25}$	$c\gamma_{26}$											1			
7	3	x			$c\alpha_{31}$		$c\alpha_{32}$				$c\alpha_{34}$	$c\alpha_{35}$	$c\alpha_{36}$											
8	3	y			$c\beta_{31}$		$c\beta_{32}$				$c\beta_{34}$	$c\beta_{35}$	$c\beta_{36}$											
9	3	z			$c\gamma_{31}$		$c\gamma_{32}$				$c\gamma_{34}$	$c\gamma_{35}$	$c\gamma_{36}$											
10	4	x				$c\alpha_{41}$		$c\alpha_{42}$			$c\alpha_{43}$			$c\alpha_{46}$										
11	4	y				$c\beta_{41}$		$c\beta_{42}$			$c\beta_{43}$			$c\beta_{46}$										
12	4	z				$c\gamma_{41}$		$c\gamma_{42}$			$c\gamma_{43}$			$c\gamma_{46}$										
13	5	x							$c\alpha_{52}$			$c\alpha_{53}$			$c\alpha_{56}$	1	0	0						
14	5	y							$c\beta_{52}$			$c\beta_{53}$			$c\beta_{56}$	0	1	0						
15	5	z							$c\gamma_{52}$			$c\gamma_{53}$			$c\gamma_{56}$	0	0	1						
16	6	x								$c\alpha_{62}$			$c\alpha_{63}$	$c\alpha_{64}$	$c\alpha_{65}$				1	0				
17	6	y								$c\beta_{62}$			$c\beta_{63}$	$c\beta_{64}$	$c\beta_{65}$				0	0				
18	6	z								$c\gamma_{62}$			$c\gamma_{63}$	$c\gamma_{64}$	$c\gamma_{65}$				0	1				

(linke Seite: Spalten 1–18; rechte Seite: Lastfall 1, 2, 3)

Abkürzungen:
Z = Zeile, K = Knoten, R = Richtung;
$c\alpha_{ij} = \cos\alpha_{ij}$; $c\beta_{ij} = \cos\beta_{ij}$; $c\gamma_{ij} = \cos\gamma_{ij}$;

Erläuterungen:
linke Seite:
Zeile 0: Zeilenvektor der unbekannten Stab- und Lagerkräfte;
Zeilen und Spalten 1 bis 18: Determinante D des Raumfachwerks;
rechte Seite:
Matrix der negativen Belastung;
Lastfall 1: $X_1 = 1$ kN; Lastfall 2: $Y_1 = 1$ kN; Lastfall 3: $Z_1 = 1$ kN;
Elemente der Determinante, deren Wert nicht angegeben ist, sind gleich Null

Auf der linken, von der Belastung unabhängigen Seite steht in den Zeilen und Spalten 1 bis 18 die Determinante **D** des Raumfachwerks sowie in Zeile 0 der in einen Zeilenvektor umgewandelte Spaltenvektor **s** der unbekannten Stab- und Lagerkräfte. Auf der rechten Seite befinden sich in den Spalten 1 bis 3 die zu den Lastfällen 1 bis 3 gehörenden negativen Spaltenvektoren der Belastung; sie bilden zusammen die dreispaltige Matrix der negativen Belastung, die wir mit $-P$ bezeichnen. Der Raster ist damit die ausführliche Darstellung der Matrizengleichung

$$D \cdot s = -P$$

Die weitere Arbeit übernimmt der Rechner: Wir lassen ihn erst die Kehrmatrix oder inverse Matrix D^{-1} und dann das Produkt $D^{-1} \cdot (-P)$ bilden; das Ergebnis ist die dreispaltige Matrix **S**, die in ihren Spalten die Stab- und Lagerkräfte der drei Lastfälle des Raumfachwerks enthält (Tafel **6.**67).

5. Gleichgewichtskontrollen am Gesamtsystem

An Hand der Tafel **6.**67 läßt sich leicht nachprüfen, daß am Gesamtsystem die Komponentengleichgewichtsbedingungen $\Sigma X = 0$, $\Sigma Y = 0$, $\Sigma Z = 0$ für jeden Lastfall erfüllt sind. Die äußeren Kräfte des Raumfachwerks ergeben also keine Resultierende, sie dürfen aber auch kein Moment ausüben. Das ist gewährleistet, wenn auch die Momentengleichgewichtsbedingungen $\Sigma M_x = 0$, $\Sigma M_y = 0$, $\Sigma M_z = 0$ erfüllt werden, aber auch dann, wenn wir zeigen, daß sich aus den errechneten Lagerkräften und der äußeren Last ein zentrales Kräftesystem darstellen läßt, bei dem sich die Wirkungslinien aller Kräfte in einem Punkt schneiden.

Wir wählen die zweite Möglichkeit und verwenden dabei anschauliche zeichnerische Verfahren.

Tafel **6.**67 Stab- und Lagerkräfte in kN

Zeile	Stab	Stab- und Lagerkräfte für Lastfall		
		$X_1 = 1$	$Y_1 = 1$	$Z_1 = 1$
1	*12*	+ 1,4569	0,0000	+ 2,1853
2	*13*	− 0,2673	− 1,8708	− 1,3363
3	*14*	− 0,2673	+ 1,8708	− 1,3363
4	*23*	− 0,2624	− 1,8371	− 1,3122
5	*24*	− 0,2624	+ 1,8371	− 1,3122
6	*25*	− 1,3693	+ 4,1079	0,0000
7	*26*	− 1,3693	− 4,1079	0,0000
8	*34*	+ 0,1786	− 1,2500	+ 0,8929
9	*35*	− 0,2500	− 6,7500	− 1,2500
10	*36*	0,0000	+ 5,5902	0,0000
11	*46*	− 0,2500	+ 1,7500	− 1,2500
12	*56*	+ 0,2500	− 1,7500	0,0000
13	X_5	− 0,5000	+ 1,5000	0,0000
14	Y_5	0,0000	− 1,0000	0,0000
15	Z_5	− 1,5000	− 3,0000	− 1,2500
16	X_6	− 0,5000	− 1,5000	0,0000
17	Z_6	− 1,5000	+ 3,0000	− 1,2500
18	Z_2	+ 3,0000	0,0000	+ 1,5000

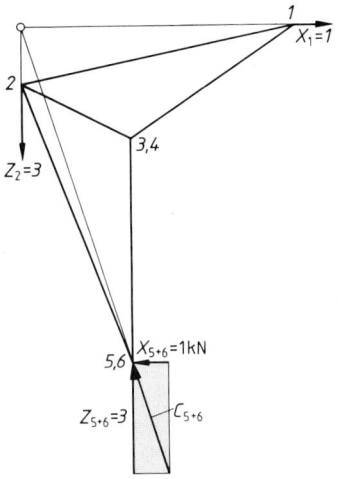

6.68 Gleichgewicht am Raumfachwerk unter $X_1 = 1$ kN; dargestellt ist die (x, z)-Ebene

In den Lastfällen 1 und 3 besteht bei System und Belastung Symmetrie zur (x, z)-Ebene; der Fachwerkstab S_{36}, stört diese Symmetrie nicht, weil er in beiden Lastfällen ein Nullstab, also kraftlos ist.

Im Lastfall 1 fassen wir daher die symmetrisch liegenden Lagerkräfte X_5 und X_6 sowie Z_5 und Z_6 zu den in der (x, z)-Ebene liegenden Resultierenden X_{5+6} und Z_{5+6} zusammen und zeichnen diese sowie die Lagerkraft Z_2 und die Last X_1 in die (x, z)-Ebene ein (Bild **6.68**). Wir stellen fest, daß sich die drei Kräfte in einem Punkt schneiden, wie es das Gleichgewicht erfordert.

Im Lastfall 3 bilden wir aus Z_5 und Z_6 die Resultierenden Z_{5+6}; diese liegt wie die Last Z_1 und die Lagerkraft Z_2 in der (x, z)-Ebene. Es ist nun leicht nachzurechnen, daß die drei parallelen Kräfte Z_1, Z_2 und Z_{5+6} eine G l e i c h g e w i c h t s g r u p p e bilden (**6.69**).

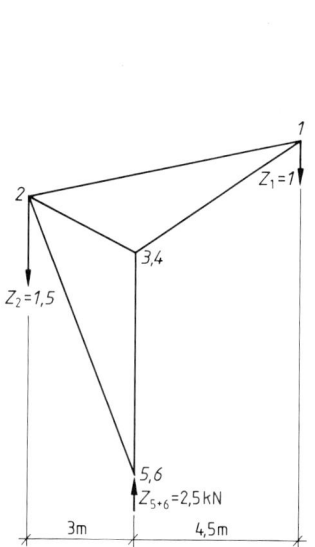

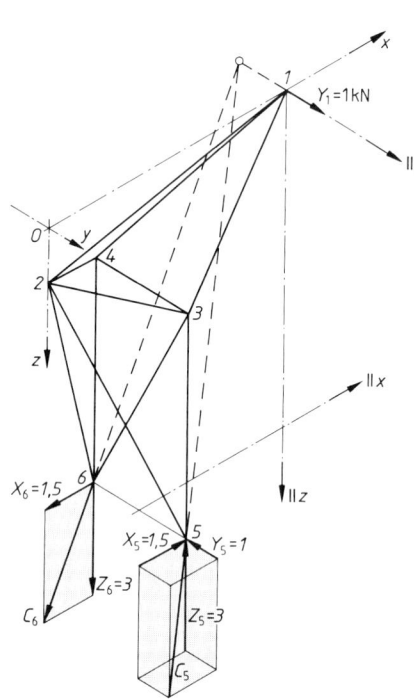

6.69 Gleichgewicht am Raumfachwerk unter $Z_1 = 1$ kN; dargestellt ist die (x, z)-Ebene

6.70 Gleichgewicht am Raumfachwerk unter $Y_1 = 1$ kN

Im Lastfall 2 gibt es bei den äußeren Kräften des Raumfachwerks k e i n e S y m m e t r i e. Wir fassen hier die Lagerkräfte X_5, Y_5 und Z_5 zur resultierenden Lagerkraft C_5 zusammen, bilden aus X_6 und Z_6 die Resultierende C_6 und zeichnen C_5 und C_6 in eine axonometrische Darstellung ein; dabei ergibt sich, daß sich C_5, C_6 und Y_1 i n e i n e m P u n k t s c h n e i d e n (Bild **6.70**). Damit ist auch für den Lastfall 2 das Gleichgewicht der äußeren Kräfte nachgewiesen.

7 Gemischte Systeme

7.1 Allgemeines

Gemischte Systeme enthalten Stäbe, die nur durch Längskräfte beansprucht werden, und Stäbe, in denen auch oder nur Momente und Querkräfte auftreten. Ferner finden wir in solchen Systemen Seile, um starre Scheiben zu unterspannen oder aufzuhängen.

Um die Schnittgrößen statisch bestimmter gemischter Systeme zu ermitteln, brauchen wir keine neuen Grundkenntnisse zu erwerben: Wie bei reinen vollwandigen Tragwerken (Stabwerken) und reinen Fachwerken genügen die drei Gleichgewichtsbedingungen und das Schnittprinzip. Das soll an einer Reihe von Beispielen vorgeführt werden.

7.2 Unterspannter Gelenkträger mit Mittelgelenk

Die Unterspannung (7.1) greift an beiden Lagern in Höhe der Stabachse an. In derselben Höhe liegt das Gelenk. Das ist in Bild **7.1** deutlich gezeichnet, während für die folgenden Bilder eine vereinfachte Darstellung gewählt wird.

Berechnung des Winkels α und seiner Funktionen:

$$\tan\alpha = 1,00/4,00 = 0,25 = \tan 14,04°$$
$$\sin\alpha = 0,2425$$
$$\cos\alpha = 0,9701$$

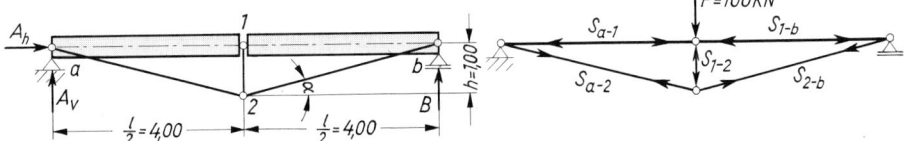

7.1 Unterspannter Gelenkträger (Abschn. 7.2) | 7.2 Unterspannter Gelenkträger mit mittiger Einzellast

Belastung durch mittige Einzellast $F = 100$ kN (7.2). Da die Belastung nicht an den biegesteifen Stäben a–1 und 1–b angreift, sondern im Knoten 1, trägt das System wie ein Fachwerk. Die Biegesteifigkeit der Stäbe a–1 und 1–b wird bei dieser Belastung gar nicht benötigt, a–1 und 1–b erhalten auch nur Längskräfte.

Die Lagerkräfte ergeben sich aus Symmetriegründen zu $A_v = B = F/2 = 50$ kN. Weil die Belastung senkrecht zur Bewegungsrichtung des Lagers b gerichtet ist, wird $A_h = 0$. Damit kann der Cremonaplan gezeichnet werden (7.3).

Die rechnerische Ermittlung der Stabkräfte erfolgt an Hand des Cremonaplanes:

$$S_{1-2} = -F = -100 \text{ kN}$$
$$S_{a-1} = S_{1-b} = -A/\tan\alpha = -50/0,25 = -200 \text{ kN}$$
$$S_{a-2} = S_{2-b} = +A/\sin\alpha = 50/0,2425 = 206 \text{ kN}$$

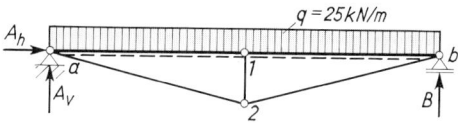

7.4 Belastung durch Gleichlast

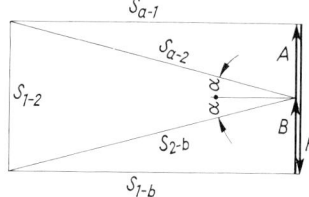

7.3 Cremonaplan

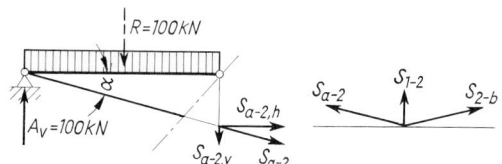

7.5 Linke Tragwerkshälfte und Rundschnitt um Knoten 2

Belastung durch Gleichlast $q = 25$ **kN/m** (7.4). Die lotrechten Lagerkräfte ergeben sich wieder aus Symmetriegründen zu

$$A_v = B = q \cdot l/2 = 25 \cdot 8/2 = 100 \text{ kN}$$

die waagerechte Lagerkraft ist wiederum gleich Null.

Bei der Ermittlung der Schnittgrößen ist zu beachten, daß im Punkt a die Lagerkraft A_v nicht nur der lotrechten Komponente von S_{a-1} das Gleichgewicht hält, sondern auch der Querkraft im Stab $a - 1$. A_v darf also nicht einfach in die Richtungen der Stäbe $a - 1$ und $a - 2$ zerlegt werden.

Wir bestimmen darum als erstes die Horizontalkomponente von S_{a-2}, indem wir für den Schnitt durch den Gelenkpunkt 1 ($M_1 = 0$) an der linken Trägerhälfte ansetzen (7.5):

$$\curvearrowright \Sigma M_1 = 0 = A_v \cdot \frac{l}{2} - \frac{q \cdot l}{2} \frac{l}{4} - S_{a-2,h} \cdot h$$

$$S_{a-2,h} = \frac{1}{h} \left(A_v \cdot \frac{l}{2} - \frac{q \cdot l}{2} \frac{l}{4} \right) = \frac{1}{h} \left(\frac{q \cdot l}{2} \frac{l}{2} - \frac{q \cdot l}{2} \frac{l}{4} \right) = \frac{1}{h} \frac{q \cdot l^2}{8} = \frac{M_{01}}{h}$$

$$= \frac{25 \cdot 8^2}{1 \cdot 8} = 200 \text{ kN} = S_{2-b,h}$$

M_{01} ist dabei das Moment eines frei aufliegenden Ersatzträgers auf zwei Lagern ohne Gelenk und ohne Unterspannung an der Stelle 1 unter Gleichlast 25 kN/m.

Aus den Horizontalkomponenten lassen sich die Stabkräfte S_{a-2} und S_{2-b} selbst sowie ihre Vertikalkomponenten $S_{a-2,v}$ und $S_{2-b,v}$ errechnen

$$S_{a-2,v} = S_{a-2,h} \cdot \tan \alpha = 200 \cdot 0,25 = 50 \text{ kN} = S_{2-b,v}$$

$$S_{a-2} = S_{a-2,h}/\cos \alpha = 200/0,9701 = 206,2 \text{ kN} = S_{2-b}$$

Wird für denselben Schnitt die Gleichgewichtsbedingung $\Sigma H = 0$ angesetzt, so ergibt sich die Längskraft in den Stäben $a - 1$ und $1 - b$

$$N_{a-1} = N_{1-b} = -S_{a-2,h} = -S_{2-b,h} = -200 \text{ kN}$$

Schließlich erhalten wir aus der Gleichgewichtsbedingung $\Sigma V = 0$ an dem durch einen Rundschnitt abgetrennten Knoten 2 (7.5)

$$S_{1-2} = -S_{a-2,v} - S_{2-b,v} = -50 - 50 = -100 \text{ kN}$$

Von der Lagerkraft $A_v = 100$ kN halten also 50 kN der Vertikalkomponente von S_{a-2} das Gleichgewicht (7.6). Der Rest, ebenfalls 50 kN, ist die Reaktion der Querkraft Q_a des Stabes $a - 1$. Dieser Stab hat die „Stützweite" $l_{a-1} = l/2 = 4,00$ m, und es gilt

$$Q_a = q \cdot l_{a-1}/2 = 25 \cdot 4/2 = 50 \text{ kN}$$

Es zeigt sich damit, daß die Stäbe $a - 1$ und $1 - b$ wie e i n f a c h e T r ä g e r a u f z w e i L a g e r n wirken, jeweils mit der Stützweite $l/2$. In Trägermitte geben sie ihre Querkräfte an eine Fachwerkkonstruktion ab, zu der sie selbst auch gehören. Trennt man die Biegesteifigkeit von der Aufnahmefähigkeit für Längskräfte, so erhält man das System Bild 7.7. Hier ist das unterstützende Fachwerk durch eine mittige Einzellast von 100 kN beansprucht, was wir im Beispiel vorher betrachtet haben.

Nunmehr können Momenten-, Querkraft- und Längskraftfläche gezeichnet werden (7.8). Die größten Momente sind

$$\max M = q \cdot l_{a-1}^2/8 = 25 \cdot 4^2/8 = 50 \text{ kNm}$$

Demgegenüber hätte ein einfacher Träger auf zwei Lagern mit 8 m Stützweite unter der hier gegebenen Belastung das größte Moment $\max M_0 = 25 \cdot 8^2/8 = 200$ kNm.

Die gewählte Unterspannung vermindert also das maximale Moment auf ein Viertel.

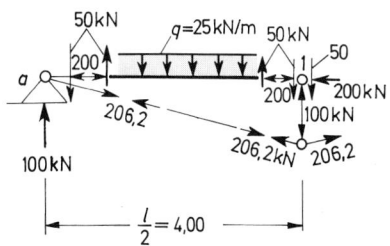

7.6 Kraftfluß in der linken Tragwerkshälfte

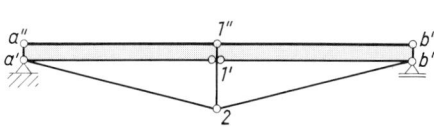

7.7 Trennung von Biegesteifigkeit und Aufnahmefähigkeit für Längskräfte: $a'' - l'' - b''$ biegesteife Stäbe; $a' - l' - b'$ Fachwerkstäbe

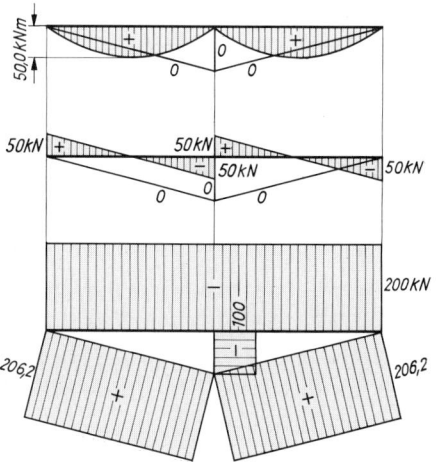

7.8 M-, Q- und N-Fläche

7.3 Träger auf zwei Lagern mit Mittelgelenk, in den Drittelspunkten unterstützt durch eine Unterspannung

Die Endpunkte der Unterspannung und das Mittelgelenk liegen in der Achse der beiden biegesteifen Stäbe a–g und g–b. Dadurch wird erreicht, daß die Horizontalkomponenten der Zugstäbe a–2 und 4–b keine Momente in den biegesteifen Stäben hervorrufen (7.9).

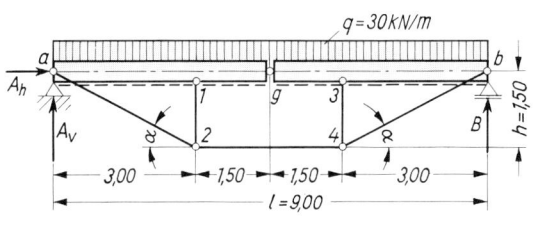

7.9 Unterspannter Träger (Abschn. 7.3)

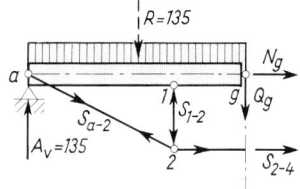

7.10 Lager- und Schnittgrößen
an der linken Trägerhälfte

Berechnung des Winkels α und seiner Funktionswerte

$$\tan\alpha = 1{,}5/3{,}0 = 0{,}5 = \tan 26{,}57° \qquad \sin\alpha = 0{,}4472 \qquad \cos\alpha = 0{,}8944$$

Belastung mit durchgehender Gleichlast $q = 30$ kN/m. Die lotrechten Lagerkräfte ergeben sich aus Symmetriegründen zu

$$A_v = B = q \cdot l/2 = 30 \cdot 9/2 = 135 \text{ kN}$$

Da die Last q lotrecht wirkt und das Lager b waagerecht verschieblich ist, wird $A_h = 0$.
Als erstes wird nun die Kraft im waagerechten Zugstab 2–4 bestimmt, indem ein Schnitt durch das Gelenk g gelegt und der linke Tragwerksteil betrachtet wird (7.10). Dabei muß das Moment in g gleich Null sein.

$$\curvearrowright \Sigma M_g = 0 = \underbrace{A_v \frac{l}{2} - \frac{q \cdot l}{2}\frac{l}{4}}_{M_{0g}} - S_{2-4} \cdot h$$

Die ersten beiden Summanden bilden das Biegemoment eines Trägers von der Stützweite l, bezogen auf den Gelenkpunkt; wegen dessen mittiger Lage ist $M_{0g} = q \cdot l^2/8$. Die Kraft im Zugstab 2–4 wird darum

$$S_{2-4} = M_{0g}/h = \frac{q \cdot l^2}{8 \cdot h} = \frac{30 \cdot 9^2}{8 \cdot 1{,}5} = 202{,}50 \text{ kN}$$

Als zweite Gleichgewichtsbedingung wird angesetzt

$$\xrightarrow{+} \Sigma H = 0 = N_g + S_{2-4} \text{ aus ihr folgt } N_g = -S_{2-4} = -202{,}5 \text{ kN}$$

Die dritte Gleichgewichtsbedingung schließlich liefert

$$\downarrow + \Sigma V = 0 = -A_v + q \cdot l/2 + Q_g = 0 = -135 + 135 + Q_g$$

und damit

$$Q_g = 0$$

Im Gelenk wird bei dieser Belastung keine Querkraft übertragen. Das war zu erwarten: Tragwerk und Belastung sind symmetrisch, das Gelenk liegt in der Symmetrieachse und ist selbst nicht belastet. Unter diesen Bedingungen ist die Querkraft im Symmetrieschnitt Null.

Als nächstes lassen sich aus dem Krafteck für den Knoten 2 die Kräfte in den Fachwerkstäben der Unterspannung berechnen (7.11)

$$S_{a-2} = S_{2-4}/\cos\alpha = 202{,}50/0{,}8944 = 226{,}40 \text{ kN} = S_{4-b}$$

$$S_{1-2} = -S_{2-4} \cdot \tan\alpha = -202{,}50 \cdot 0{,}5 = -101{,}25 \text{ kN} = S_{3-4}$$

Damit sind alle Längskräfte bekannt, und wir können Momente und Querkräfte in den beiden biegesteifen Stäben a–g und g–b ermitteln. Aus Symmetriegründen genügt die Untersuchung des Stabes a–g; an ihm bringen wir sämtliche Kräfte an, die auf ihn wirken: Belastung, Lagerkraft, Gelenkdruck, Kraft des Zugstabes a–2 und Kraft des unterstützenden Stabes 1–2 (7.12). S_{a-2} zerlegen wir zuvor in eine lotrechte und waagerechte Komponente; dabei ist (7.11)

$$S_{a-2,v} = S_{1-2} \quad \text{und} \quad S_{a-2,h} = S_{2-4}$$

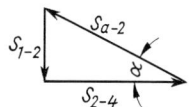

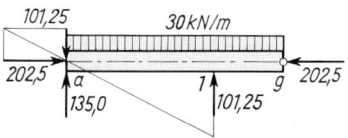

7.11 Krafteck für Knoten 2   7.12 Stab a–g mit Kräften

Die Berechnung der Momente und Querkräfte bringt nichts Neues, weshalb wir uns kurz fassen

$$Q_a = 135{,}0 - 101{,}25 = 33{,}75 \text{ kN}$$

$$Q_{1li} = 33{,}75 - 30 \cdot 3 = -56{,}25 \text{ kN}$$

$$Q_{1re} = -56{,}25 + 101{,}25 = +45{,}0 \text{ kN}$$

von links:

$$M_1 = 33{,}75 \cdot 3 - 30 \cdot 3^2/2 = -33{,}75 \text{ kNm}$$

und von rechts:

$$M_1 = -30 \cdot 1{,}5^2/2 = -33{,}75 \text{ kNm}$$

Das größte Feldmoment erhalten wir mit der Formel $\max M = A^2/2q$. An die Stelle der Lagerkraft A ist hier die Querkraft Q_a zu setzen, weil die Lagerkraft A auch die lotrechte Komponente der Zugkraft des Stabes a–2 enthält, die keinen Einfluß auf die Biegemomente im Stab a–g hat.

$$\max M = Q_a^2/2q = 33{,}75^2/(2 \cdot 30) = 18{,}98 \text{ kNm}$$

In Bild 7.13 sind M-, Q- und N-Fläche des Systems aufgezeichnet. Aus der N-Fläche geht hervor, daß bei der hier gewählten Art der Unterspannung die Druckkraft in den biegesteifen Stäben a–g und g-b konstant ist, während die Kraft im „Zugglied" a–2–4-b mit der Neigung der Einzelstäbe wechselt.

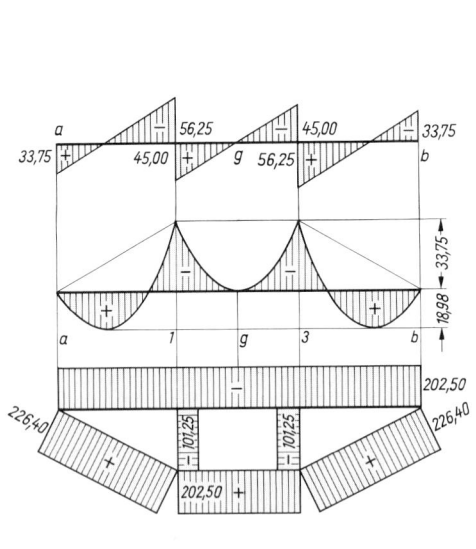

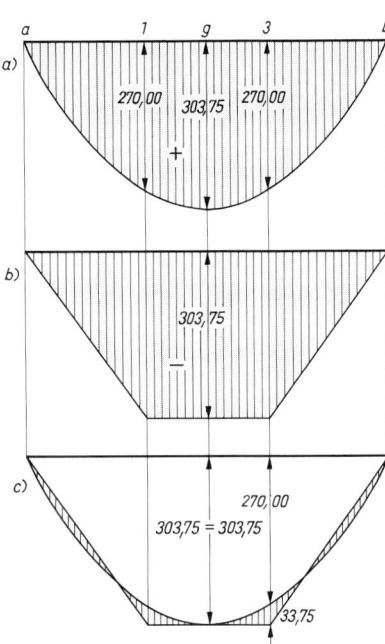

7.13 *Q*-, *M*- und *N*-Fläche

7.14 M_0-Fläche, M_u-Fläche und *M*-Fläche durch Überlagerung

Die Betrachtung der *M*-Fläche regt zu einem Vergleich mit der M_0-Fläche des einfachen Trägers auf zwei Lagern mit gleicher Stützweite und Belastung sowie zu der Frage an, wie beide zusammenhängen. In Bild **7.14**a ist die $q \cdot l^2/8$-Parabel für $q = 30$ kN/m und $l = 9$ m aufgetragen; sie hat den Pfeil $M_0 = 30 \cdot 9^2/8 = 303{,}75$ kNm und in den Punkten *1* und *3* die Ordinate

$$M_{0,1/3} = \frac{q \cdot l}{2} \frac{l}{3} - \frac{q \cdot l}{3} \frac{l}{6} = \frac{q \cdot l^2}{6} - \frac{q \cdot l^2}{18} = \frac{q \cdot l^2}{9} = 270{,}00 \text{ kNm}$$

Bild **7.14**b zeigt die Wirkung der unterstützenden Stäbe *1–2* und *3–4* auf die biegesteifen Stäbe *a–g* und *g–b*: eine trapezförmige Momentenfläche (M_u-Fläche) mit negativen Ordinaten. Dabei ist

$$M_{u,1\,\text{bis}\,3} = -101{,}25 \cdot 3{,}00 = -303{,}75 \text{ kNm}$$

In Bild **7.14**c sind beide Momentenflächen überlagert: Soweit sich beide Flächen überdecken, heben sich die Momente auf; übrig bleibt die schraffierte Momentenfläche, die wir in anderer Darstellung schon in Bild **7.13** kennengelernt haben. Aus Bild **7.14**c geht hervor, in welch hohem Maße die Biegemomente durch das Unterspannen vermindert werden.

Abschließend ist in Bild **7.15** dargestellt, wie die Momentenfläche der Stäbe *a–g* und *g–b* aus den drei $\bar{M}_0$-Parabeln abgeleitet werden kann, die zwischen den Unterstützungen *a*, 1, 3 und *b* vorhanden sind. Die Schlußlinie ist aus drei Stücken zusammengesetzt; sie verläuft im mittleren Teil aus Symmetriegründen waagerecht und berührt an der Stelle des Gelenks die mittlere Parabel. Es ist

$$\bar{M}_0 = q \cdot l_{a-1}^2/8 = 30 \cdot 3^2/8$$

$$= 33{,}75 \text{ kNm}$$

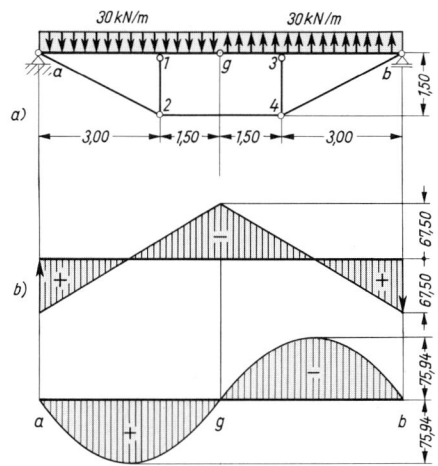

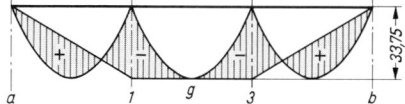

7.15 M_0-Parabeln mit Schlußlinie

7.16 Antimetrische Belastung des Trägers (Abschn. 7.3)

    a) Tragsystem und Belastung

    b) Q- und M-Fläche

Belastung durch antimetrische[1]) Gleichlast $q = \pm 30$ kN/m (7.16)

Berechnung der Lagerkräfte

$$\overset{+}{\to} \Sigma H = 0 = A_{\mathrm h}$$

$$+\!\downarrow \Sigma V = 0 = -A_{\mathrm v} + \frac{q \cdot l}{2} - \frac{q \cdot l}{2} - B$$

$$A_{\mathrm v} = -B$$

$$\overset{\curvearrowright}{+} \Sigma M_{\mathrm a} = 0 = \frac{q \cdot l}{2}\frac{l}{4} - \frac{q \cdot l}{2}\frac{3l}{4} - B \cdot l$$

$$B = \frac{q \cdot l}{8} - \frac{3q \cdot l}{8} = -\frac{q \cdot l}{4} = -67{,}50 \text{ kN}$$

$$A_{\mathrm v} = -B = +\frac{q \cdot l}{4} = +67{,}50 \text{ kN}$$

Bestimmung der Kraft 2–4 aus $\Sigma M_{\mathrm g} = 0$ an der linken Tragwerkshälfte (S_{2-4} wird als Zugkraft eingeführt)

$$\overset{\curvearrowright}{+} \Sigma M_{\mathrm g} = 0 = A_{\mathrm v}\frac{l}{2} - \frac{q \cdot l}{2} \cdot \frac{l}{4} - S_{2-4} \cdot h$$

$$S_{2-4} = \frac{l}{h}\left(A_{\mathrm v}\frac{l}{2} - \frac{q \cdot l}{2} \cdot \frac{l}{4}\right) = \frac{1}{h}\left(\frac{q \cdot l}{4} \cdot \frac{l}{2} - \frac{q \cdot l}{2} \cdot \frac{l}{4}\right) = 0$$

---

[1]) Die Belastung ist „antimetrisch" bezüglich der lotrechten Achse durch die Trägermitte. Punkte, die zu dieser Achse symmetrisch liegen, haben Ordinaten q mit gleichem absoluten Betrag, aber verschiedenem Vorzeichen.

Bei der antimetrischen Belastung des symmetrischen Tragwerks wird die Unterspannung nicht benötigt. Aus $S_{2-4} = 0$ folgt nämlich, daß sämtliche Fachwerkstäbe des Systems spannungslos sind. Als weitere Folge haben auch die biegesteifen Stäbe keine Längskraft, sondern nur Biegemomente und Querkräfte.

Im Gelenk g ist von links:

$$Q_g = A_v - q \cdot 4,5 = 67,50 - 30 \cdot 4,5 = -67,50 \text{ kN (aufwärts gerichtet)}$$

oder von rechts:

$$Q_g = B - q \cdot 4,5 = -67,50 \text{ kN (abwärts gerichtet)}$$

Hier ist also im Gelenk g eine Querkraft vorhanden. Da die Fachwerkstäbe sich an der Kraftübertragung nicht beteiligen, ist zu folgern:

Die beiden biegesteifen Stäbe a–g und g–b halten sich gegenseitig im Gleichgewicht. Die Querkraft Q_g des einen ist die Reaktionskraft für die Querkraft Q_g des anderen. Beide Stäbe tragen infolge der antimetrischen Belastung als einfache Träger auf zwei Lagern über die Spannweite $l/2 = 4,50$ m. Die Biegelinien beider Stäbe schließen wegen der Antimetrie ohne Knick aneinander an; daraus folgt, daß das Herstellen der Biegesteifigkeit im Punkt g oder die Beseitigung des Gelenks die Schnittgrößen nicht verändern würde.

Q- und M-Fläche sind in Bild 7.16b aufgezeichnet; es ist

$$\max M = |\min M| = q\,(l/2)^2/8 = 75,94 \text{ kNm}$$

Halbseitige Gleichlast. Als dritte Belastung soll eine abwärts gerichtete Gleichlast auf den Stab a–g wirken (7.17). Diese Belastung gibt uns in Verbindung mit den im vorstehenden behandelten Belastungen die Möglichkeit, das „Belastungsumordnungsverfahren" („BU-Verfahren") anzuwenden. Überlagern wir nämlich die symmetrische Belastung (7.9) und die antimetrische Belastung (7.16a), so erhalten wir für die linke Tragwerkshälfte $q = 60$ kN/m abwärts gerichtet, während sich auf der rechten Tragwerkshälfte die Belastungen aufheben.

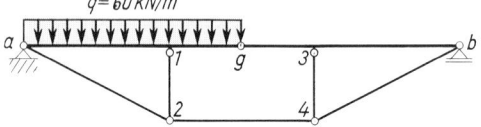

7.17
Halbseitige Gleichlast

Die halbseitige Belastung, die weder symmetrisch noch antimetrisch ist, kann demnach „umgeordnet", in zwei Teilbelastungen aufgespalten werden: in eine symmetrische Vollbelastung q' und in eine antimetrische Belastung q'' (7.18). Es müssen dann zwei Lastfälle behandelt und anschließend überlagert werden; das Mehr an Lastfällen wird jedoch bei vielen Systemen durch ein Weniger an Arbeit infolge der Ausnutzung von Symmetrie und Antimetrie ausgeglichen.

7.18
Belastungsumordnung

Nachdem wir bereits mit den Teilbelastungen $q' = 30$ kN/m und $q'' = \pm 30$ kN/m gearbeitet haben, wählen wir hier die Belastung $q = q' + q'' = 30 + 30 = 60$ kN/m. Bei praktischen Aufgaben ist in der Regel q gegeben, und die Teilbelastungen ergeben sich dann zu $q' = +q/2$ und $q'' = \pm q/2$.

Die Lagerkräfte werden durch Überlagerung gefunden

$$A_{\mathrm{h}} = 0$$

$$A_{\mathrm{v}} = A'_{\mathrm{v}} + A''_{\mathrm{v}} = \frac{q' \cdot l}{2} + \frac{q'' \cdot l}{4} = 135{,}00 + 67{,}50 = 202{,}50 \text{ kN}$$

$$B = B' + B'' = \frac{q' \cdot l}{2} - \frac{q'' \cdot l}{4} = 135{,}00 - 67{,}50 = 67{,}50 \text{ kN}$$

Die Kräfte in den Fachwerkstäben und die Längskräfte in den biegesteifen Stäben stammen nur aus der Teilbelastung q':

$S_{2-4} = + 202{,}50$ kN $S_{a-2} = S_{4-b} = + 226{,}40$ kN

$S_{1-2} = S_{3-4} = - 101{,}25$ kN $N_{a-g} = N_{g-b} = - S_{2-4} = - 202{,}5$ kN

Die Querkräfte ergeben sich ebenfalls durch Überlagerung; die Werte in den beiden Lagern sind

$Q_{a} = + 33{,}75 + 67{,}50 = 101{,}25$ kN $Q_{b} = - 33{,}75 + 67{,}50 = + 33{,}75$ kN

Im Gelenk ist aus Teilbelastung q' die Querkraft gleich Null, so daß sich ergibt

$$Q_{g} = Q''_{g} = - 67{,}50 \text{ kN}$$

In Bild **7.19** ist die Q u e r k r a f t f l ä c h e durch Ü b e r l a g e r u n g der Querkraftflächen der Teilbelastungen ermittelt worden. Zunächst wurde die Q''-Fläche aufgetragen: Sie enthält keine Sprünge und eignet sich deshalb besser als Ausgangsfläche. Von ihrer Begrenzung (gestrichelt) aus wurden dann die Ordinaten Q' (schraffiert) aufgezeichnet. Die e n d g ü l - t i g e F l ä c h e – in Bild **7.20** ohne Hilfslinien dargestellt – weist in der rechten Tragwerks-hälfte von g bis 3 und von 3 bis b konstante Ordinaten auf: diese Trägerstücke sind unbelastet.

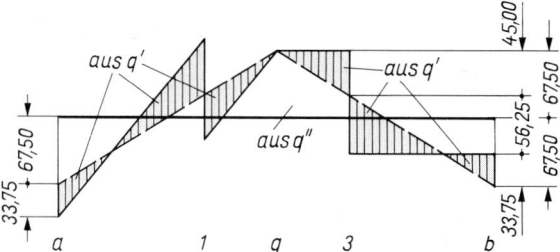

7.19
Querkraftfläche durch
Überlagerung

Auf das Zeichen der N- F l ä c h e können wir verzichten. Da q'' keine Längskraft verursacht, ist die N-Fläche aus halbseitiger Gleichlast $q = 60$ kN/m gleich der N-Fläche aus Voll-belastung mit $q' = q/2 = 30$ kN/m (**7.13**).

Bei der M o m e n t e n f l ä c h e ist eine anschauliche zeichnerische Überlagerung nicht mög-lich, weil infolge der Teilbelastung q' quadratische Parabeln über $l/3$ (**7.13**), infolge der Teilbelastung q'' aber quadratische Parabeln über $l/2$ (**7.16**) auftreten. Wir errechnen daher gleich die endgültigen Momente, wozu wir die endgültige Q-Fläche benutzen. Anschließend versuchen wir noch, die Momente aus der M_{0}-Fläche des einfachen Trägers von 9 m Stützweite zu entwickeln.

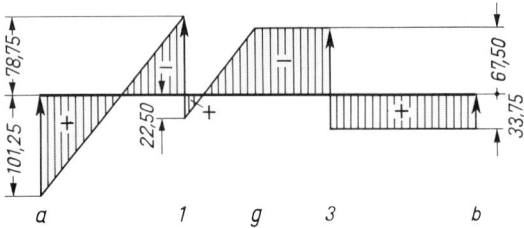

7.20
Querkraftfläche ohne Hilfslinien

Berechnung der endgültigen Momente
Größtes Feldmoment an der Stelle

$$x_1 = Q_a/q = 101{,}25/60 = 1{,}69 \text{ m}$$

mit der Größe

$$\max M = Q_a^2/2q = 101{,}25^2/120 = 85{,}43 \text{ kNm}$$

Das „Stützmoment" im Punkt *1*

$$M_1 = 101{,}25 \cdot 3{,}00 - 60 \cdot 3{,}00^2/2 = 303{,}75 - 270{,}00 = 33{,}75 \text{ kNm}$$

bleibt positiv.

Eine weitere Querkraft-Nullstelle ist vorhanden bei $x_2 = 3{,}00 + 22{,}5/60 = 3{,}00 + 0{,}375 = 3{,}375$ m. Hier ergibt sich also ein weiterer Extremwert der Momente. Wir berechnen ihn von rechts, da das Moment im Gelenk gleich Null ist

$$\max \bar{M} = Q_g^2/2q = 67{,}5^2/(2 \cdot 60) = 37{,}97 \text{ kNm}$$

oder über den Inhalt der Querkraftfläche

$$\max \bar{M} = \frac{1}{2} \cdot 67{,}5 \cdot 1{,}125 = 37{,}969 \approx 37{,}97$$

Schließlich ermitteln wir das Moment über die Unterstützung im Punkt *3*, und zwar von rechts

$$M_3 = -33{,}75 \cdot 3{,}00 = -101{,}25 \text{ kNm}$$

Pfeil der Momentenparabel zwischen *a* und *1*

$$M_{0,a-1} = 60 \cdot 3^2/8 = 67{,}50 \text{ kNm}$$

Pfeil der Momentenparabel zwischen *1* und *g*

$$M_{0,1-g} = 60 \cdot 1{,}5^2/8 = 16{,}88 \text{ kNm}$$

In Bild **7.21** sind die endgültigen Momente aufgezeichnet.

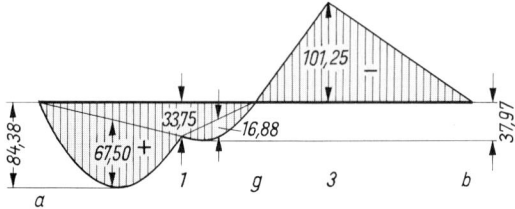

7.21
Momentenfläche

Nun zur Entwicklung der endgültigen Momentenfläche aus der M_0-Fläche:
Die M_0-Fläche eines einfachen Trägers auf zwei Lagern von 9 m Stützweite mit $q = 60\,\text{kN/m}$ auf der linken Trägerhälfte zeigt das Mittenmoment

$$M_\text{m} = B \cdot l/2 = \frac{1}{4} \cdot \frac{q \cdot l}{2} \cdot \frac{l}{2} = \frac{q \cdot l^2}{16} = \frac{60 \cdot l^2}{16} = 303,75\ \text{kNm}$$

Der Pfeil der Momentenparabel in der linken Trägerhälfte mißt (7.22)

$$q\left(\frac{l}{2}\right)^2\bigg/8 = 60 \cdot 4{,}5^2/8 = 151{,}88\ \text{kNm}$$

Die Wirkung der unterstützenden Stäbe *1–2* und *3–4* ist wieder eine trapezförmige M_u-Fläche – die Kräfte in den Stäben *1–2* und *3–4* sind nämlich auch bei unsymmetrischer Belastung wegen der Symmetrie des Tragwerks gleich groß:

$$S_{1-2} = S_{3-4} = S_{2-4} \cdot \tan \alpha$$

Da nun durch Überlagerung von M_0- und M_u-Fläche das Moment im Gelenk gleich Null werden muß, ergibt sich für die Höhe des Momententrapezes $M_{\text{u},1-\text{g}-3} = -303{,}75\ \text{kNm}$ – und damit haben wir die endgültige Momentenfläche ohne Berechnung von Lagerkräften, Quer- und Längskräften ermittelt. Wir können nachprüfen:

$$M_{\text{u},1} = S_{1-2,\text{v}} \cdot 3{,}00 =$$
$$- 101{,}25 \cdot 3{,}00 = - 303{,}75\ \text{kNm}$$

Soweit sich M_0- und M_u-Fläche überdecken, heben sich die Momente auf; übrig bleibt die schraffierte endgültige Momentenfläche

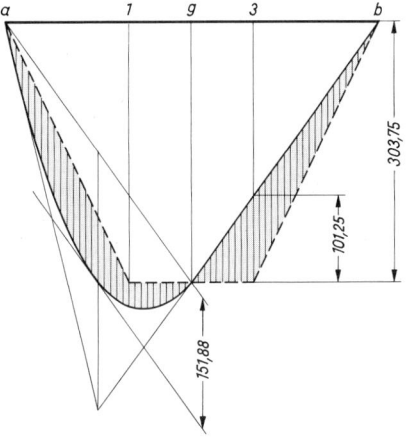

7.22 M-Fläche durch Überlagerung
—— M_0-Fläche
‐ ‐ ‐ ‐ Momente infolge Unterspannung (M_u-Fläche)
||||||| M-Fläche

(7.22). Das größte auftretende Moment beträgt nur $^1/_3$ max M des entsprechenden Trägers auf zwei Lagern.

7.4 Doppelstegiger Träger auf zwei Lagern mit Mittelgelenken, Querträgern und Unterspannung

Gesucht sind die Schnittgrößen des Gesamtquerschnitts unter durchgehender Gleichlast $q = 10\,\text{kN/m}$ (7.23).
Es handelt sich um einen Träger mit TT-Querschnitt, Endquerträgern und zwei inneren Querträgern. In Trägermitte sind die Stege durch Gelenke unterbrochen, die in Höhe der Schwerachse des Querschnitts liegen. Die Unterspannung beginnt hinter den Endquer-

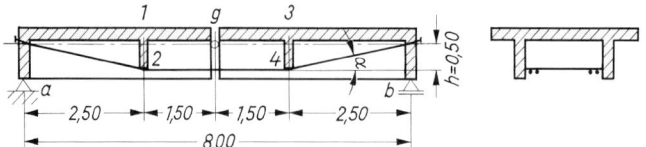

7.23
Unterspannter Träger
(Abschn. 7.4)

trägern, schneidet lotrecht über den Lagern die Schwerachse des Querschnitts und führt unter den inneren Querträgern hindurch. Wir nehmen an, daß sich die Unterspannung gegenüber den inneren Querträgern reibungsfrei bewegen kann, was in der Praxis durch Gleitbleche oder Pendellager gewährleistet sein muß.

Wenn wir bei diesem Träger die Gelenke beseitigen und dafür Biegesteifigkeit herstellen, können wir ihn mit den bisher dargebotenen Hilfsmitteln der Statik n i c h t berechnen. Jeder Schnitt durch den Träger legt dann nämlich 4 S c h n i t t g r ö ß e n frei: Moment, Querkraft und Längskraft des biegesteifen TT-Querschnitts und dazu die Zugkraft in der Unterspannung. Mit den 3 Gleichgewichtsbedingungen der Statik können aber nur 3 Schnittgrößen ermittelt werden, eine wäre überzählig. Für sie werden wir später eine „Formänderungsbedingung" aufstellen. Bis dahin müssen wir durch die Einführung von Gelenken (eins je Trägersteg) für e i n e n Schnitt, nämlich für den Schnitt durch die Gelenke, die Anzahl der unbekannten Größen um eine vermindern: Da in Gelenken kein Moment übertragen werden kann, legt der Schnitt durch die Gelenke nur 3 Schnittgrößen frei: Längskraft und Querkraft des TT-Trägers sowie Zugkraft in der Unterspannung. Diese 3 Schnittgrößen können mit den 3 Gleichgewichtsbedingungen bestimmt werden. Ist auf diese Weise die Zugkraft in der Unterspannung ermittelt worden, kann die Berechnung mit Schnitten an beliebigen Stellen des Trägers fortgeführt werden. In allen weiteren Schnitten treten nunmehr als Unbekannte nur noch M, Q und N des TT-Querschnittes auf, so daß die drei Gleichgewichtsbedingungen für die Lösung ausreichen.

Ohne die Gelenke in der Mitte hätten wir einen Träger, wie er in „Vorspannung ohne Verbund" ausgeführt werden könnte; bei dieser Bauweise ist es möglich, die Spannglieder, die auch wie eine Unterspannung wirken, a u ß e r h a l b d e s B e t o n q u e r s c h n i t t s anzuordnen (vgl. DIN 4227).

Welche Unterschiede bestehen zwischen den Systemen der Abschn. 7.3 und 7.4? Wir stellen beide Träger in gleichwertigen Systemskizzen nebeneinander (**7.24**a und b).

Im Fall **7.24**a besteht die Unterspannung aus f ü n f F a c h w e r k s t ä b e n, aus Stäben also, die nur durch Längskräfte beansprucht werden. Für die Knoten 2 und 4 können jeweils die Gleichgewichtsbedingungen $\Sigma V = 0$ und $\Sigma H = 0$ aufgestellt werden. Es ergibt sich dann, daß die waagerechten Komponenten der Zugstäbe a–2 und 4–b gleich der Stabkraft 2–4 sind. Die Kraft im „Zugglied" a–2–4–b ist also n i c h t k o n s t a n t. Im Fall **7.24**b ist

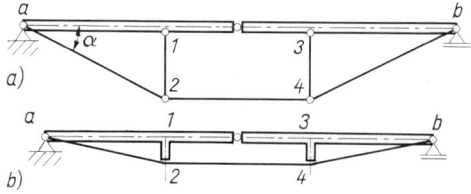

7.24 Träger der Abschn. 7.3 und 7.4

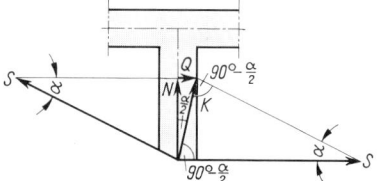

7.25 Die Umlenkkraft K und ihre Zerlegung in N und Q

dagegen von *a* über *2* und *4* nach *b* ein „Seil" gespannt, das in *2* und *4* reibungsfrei abgestützt wird. Deswegen ist die Kraft im Seil von *a* bis *b* konstant:

$$S_{a-2} = S_{2-4} = S_{4-b}$$

Die Fachwerkstäbe *1–2* und *3–4* des Systems **7.24**a erhalten die lotrechten Komponenten der Stabkräfte S_{a-2} und S_{4-b}

$$S_{1-2} = S_{3-4} = -S_{a-2} \cdot \sin\alpha = -S_{4-b} \cdot \sin\alpha$$

Demgegenüber sind im System **7.24**b die Stäbe *1–2* und *3–4* Kragarme, die auf B i e g u n g m i t L ä n g s k r a f t beansprucht werden: sie müssen die U m l e n k k r ä f t e *K* des Seiles aufnehmen, die den Winkel zwischen den Richtungen des Seiles halbieren (**7.25**).

Nach diesen Vorbemerkungen beginnen wir mit der Ermittlung der Lagerkräfte

$$A_h = 0$$
$$A_v = B = q \cdot l/2 = 10 \cdot 8/2 = 40\,\text{kN}$$

Als nächstes wird die S e i l k r a f t berechnet: Der Schnitt durch das Gelenk liefert

$$M_{g0} - S \cdot h = 0$$
$$S = M_{g0}/h = q \cdot l^2/(8 \cdot h) = 10 \cdot 8^2/(8 \cdot 0,5) = 160\,\text{kN}$$

Diese Seilkraft wird in den Lagerpunkten in ihre lotrechte und waagerechte Komponente zerlegt. Dazu brauchen wir den Winkel α

$$\tan\alpha = 0{,}50/2{,}50 = 0{,}2000 = \tan 11{,}31° \qquad \sin\alpha = 0{,}1961 \qquad \cos\alpha = 0{,}9806$$

Damit wird

$$S_v = S \cdot \sin\alpha = 160 \cdot 0{,}1961 = 31{,}38\,\text{kN}$$
$$S_h = S \cdot \cos\alpha = 160 \cdot 0{,}9806 = 156{,}89\,\text{kN}$$

Von den Lagerkräften A_v und B mit je 40 kN gehen also jeweils 31,38 kN in die Unterspannung; der Rest ergibt die Querkraft in den Lagerpunkten

$$Q_a = Q_b = 40{,}00 - 31{,}38 = 8{,}62\,\text{kN}$$

Die Längskräfte haben zwischen *a* und *b* die Größe

$$N_{a-1} = N_{3-b} = -S \cdot \cos\alpha = -156{,}89\,\text{kN}$$
$$N_{1-3} = -S = -160\,\text{kN}$$

Die lotrechten Kragarme *1–2* und *3–4* nehmen die Umlenkkräfte *K* auf (**7.25**). Mit dem Sinussatz erhält man

$$\frac{K}{S} = \frac{\sin\alpha}{\sin(90° - \alpha/2)} = \frac{\sin\alpha}{\cos(\alpha/2)}$$

$$K = S\frac{\sin\alpha}{\cos(\alpha/2)}$$

Die Beziehung $\sin\alpha = 2\sin(\alpha/2) \cdot \cos(\alpha/2)$ liefert

$$K = S\frac{2\sin(\alpha/2)\cos(\alpha/2)}{\cos(\alpha/2)}$$

$$K = S \cdot 2\sin(\alpha/2) = 160 \cdot 2 \cdot \sin 5{,}65° = 31{,}53\,\text{kN}$$

Die Schnittgrößen der lotrechten Kragarme erhalten wir nach der Zerlegung von K in seine lotrechte und waagerechte Komponente

$$N_{1-2} = N_{3-4} = -K\cos(\alpha/2) = -S\frac{\sin\alpha}{\cos(\alpha/2)}\cdot\cos(\alpha/2) = -S\sin\alpha$$

$$= -160\cdot\sin 11{,}31° = -31{,}38\,\text{kN} = -S_{v}$$

$$Q_{1-2} = -Q_{3-4} = -K\sin(\alpha/2) = -S\frac{2\sin(\alpha/2)\cos(\alpha/2)}{\cos(\alpha/2)}\cdot\sin(\alpha/2)$$

$$= -S\cdot 2\sin^2(\alpha/2) = -160\cdot 2\cdot\sin^2 5{,}65° = -3{,}11\,\text{kN}$$

Diese Querkräfte verursachen an den Stellen, an denen die lotrechten Kragarme in die waagerechten Träger eingespannt sind (Punkt *1* unten und Punkt *3* unten) die Momente $M_{1u} = M_{3u} = 3{,}11\cdot 0{,}50 = 1{,}55$ kNm, und als weitere Folge treten in den Momentenflächen der Stäbe *a–g* und *g–b* in den Punkten *1* und *3* Sprünge auf. Es ist also $M_{1li} \neq M_{1re}$ und $M_{3li} \neq M_{3re}$.

Wir berechnen (7.26)

$$M_{1li} = M_{3re} = 8{,}62\cdot 2{,}50 - 10\cdot 2{,}50^2/2 = 21{,}55 - 31{,}25 = -9{,}70\,\text{kNm}$$

$$M_{1re} = M_{3li} = -9{,}70 - 3{,}11\cdot 0{,}5 = -9{,}70 - 1{,}55 = -11{,}25\,\text{kNm}$$

Die Pfeile der Momentenparabeln über den Strecken *a–1*, *3–b* und *1–3* haben die Größe

$$M_{0,a-1} = M_{0,3-b} = 10\cdot 2{,}5^2/8$$

$$= 7{,}81\,\text{kNm}$$

$$M_{0,1-3} = 10\cdot 3{,}0^2/8 = 11{,}25\,\text{kNm}$$

$$= |M_{1re}| = |M_{3li}|$$

Zur Kontrolle wird ermittelt (7.26)

$$M_{g} = 8{,}62\cdot 4{,}00 - 10\cdot 4{,}00^2/2$$

$$+ 31{,}38\cdot 1{,}50 - 3{,}11\cdot 0{,}50$$

$$= 34{,}48 - 80{,}00 + 47{,}07 - 1{,}55$$

$$= 0$$

Bild **7.27** zeigt *M*-, *Q*- und *N*-Fläche.

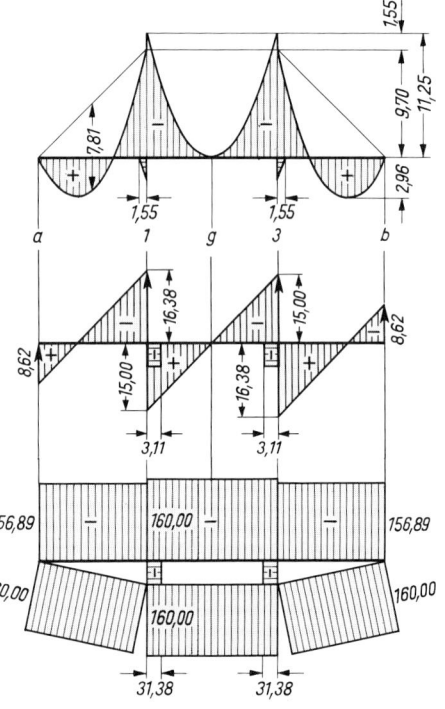

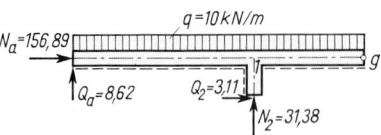

7.26 Kräfte am linken biegesteifen Stab
      (Stab idealisiert)

7.27 *M*-, *Q*- und *N*-Fläche des Trägers
      Abschn. 7.4

Bei der N-Fläche fällt der Unterschied gegenüber der N-Fläche des Bildes **7.**13 auf: Beim Unterspannen mit einem reibungsfrei gelagerten Seil (Abschn. 7.4) ist die Seilkraft konstant ohne Rücksicht auf die jeweilige Neigung des Seils; dagegen ist die Druckkraft in den biegesteifen Stäben mit dem cos des Neigungswinkels des Seils veränderlich. Bei geringen Seilneigungen, wie sie bei schlanken Trägern vorkommen, setzt man üblicherweise zur Vereinfachung $\cos \alpha \approx 1$ und rechnet mit Zugkraft im Seil gleich Druckkraft in den biegesteifen Trägern.

7.5   Der Langersche Balken[1]) oder versteifte Stabbogen mit Mittelgelenk

Auch der Langersche Balken (**7.**28) ist ein gemischtes System: er besteht aus Fachwerkstäben und biegesteifen Stäben. Wie bei den unterspannten Trägern greifen die Nutzlasten nur an den biegesteifen Stäben an, die den Lastgurt oder die Fahrbahn bilden. Während die Fachwerkstäbe aber bei den unterspannten Trägern unterhalb der biegesteifen Stäbe angeordnet sind, liegen sie beim Langerschen Balken oberhalb derselben.

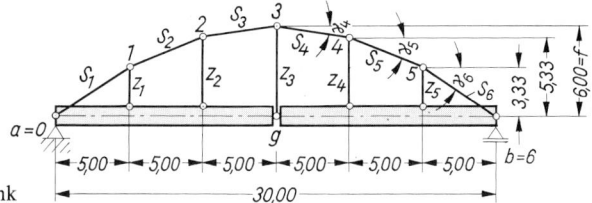

7.28
Langerscher Balken mit Mittelgelenk

Wie wir sehen werden, sind deswegen bei allen Teilen des Langerschen Balkens die Vorzeichen der Längskräfte anders als bei den entsprechenden Teilen der unterspannten Träger. Dem Zugglied der Unterspannung entspricht der auf Druck beanspruchte Stabbogen, der auch als „bogenförmiges Druckband" bezeichnet werden kann; den auf Druck beanspruchten Abstützungen der biegesteifen Träger gegen das Zugglied entsprechen die auf Zug beanspruchten Hängestangen des Langerschen Balkens; die biegesteifen Stäbe erhalten bei Unterspannung Druck, weil das Zugglied an ihren äußeren Enden verankert ist. Der Stabbogen oberhalb der Fahrbahn gibt an die biegesteifen Stäbe seinen Horizontalschub H ab und verursacht dadurch Zug in den biegesteifen Stäben, die hier als „Versteifungsträger" bezeichnet werden.

Das Wort „Stabbogen" soll ausdrücken, daß ein aus Fachwerkstäben zusammengesetzter Bogen vorliegt, der nur Längskräfte aufnehmen kann. Demgegenüber ist ein „Bogen" in der Lage, Momente, Querkräfte und Längskräfte zu übertragen (s. Abschn. 5.9.3). Der Stabbogen verläuft bei strenger Beachtung seines statischen Prinzips zwischen den Anschlüssen der Hängestangen geradlinig, wegen des besseren Aussehens wird er jedoch auch mit stetiger Krümmung hergestellt.

Durch das Mittelgelenk wird der Langersche Balken zu einem statisch bestimmten System. Diese Form wird zwar in der Praxis nicht ausgeführt, wir behandeln sie jedoch als Vorbereitung auf den gelenklosen, statisch unbestimmten Langerschen Balken.

---

[1]) Das System wurde 1862 von Langer statisch untersucht und erstmals 1881 in Graz angewandt.

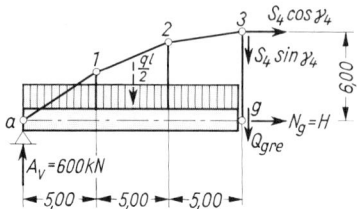

7.29 Trägerstück von a bis g und 3

Belastung mit Gleichlast $q = 40$ kN/m von a bis b.

Die Lagerkräfte ergeben sich zu

$$A_h = 0 \qquad A_v = B = \frac{q \cdot l}{2} = \frac{40 \cdot 30{,}00}{2} = 600 \text{ kN}$$

Der Schnitt unmittelbar rechts vom Gelenk und Punkt 3 und die Betrachtung des linken Teils liefert (7.29)

aus $\quad \Sigma H = 0 \qquad S_4 \cdot \cos\gamma_4 = -N_g = -H$

aus $\quad \Sigma V = 0 \qquad Q_{gre} = -S_4 \cdot \sin|\gamma_4|$

Der Winkel γ_4 wird hier vorsorglich mit Absolutstrichen versehen. Es ergibt sich später, daß er das negative Vorzeichen erhalten muß.

Die dritte Gleichgewichtsbedingung lautet, wenn als Momentenbezugspunkt der Punkt 3 gewählt wird

$$\curvearrowright \Sigma M_3 = 0 = A_v \frac{l}{2} - \frac{q \cdot l}{2} \cdot \frac{l}{4} - H \cdot f = \frac{q \cdot l^2}{4} - \frac{q \cdot l^2}{8} - H \cdot f$$

$$= \frac{q \cdot l^2}{8} - H \cdot f = M_{g0} - H \cdot f$$

Aus ihr errechnen wir die Längskraft im Gelenk, die gleich dem Horizontalschub ist

$$\mathbf{N_g = H = \frac{M_{g0}}{f}} \tag{7.1}$$

$$N_g = \frac{q \cdot l^2}{8f} = \frac{40 \cdot 30^2}{8 \cdot 6} = 750 \text{ kN}$$

An dieser Stelle ist auf die Schwierigkeit hinzuweisen, die in der Wahl des Vorzeichens von H steckt: Der Horizontalschub als innere Größe, die nach außen nicht in Erscheinung tritt, wirkt im V e r s t e i f u n g s t r ä g e r als Z u g k r a f t, im S t a b b o g e n als D r u c k k r a f t, er ist also im Grunde genommen mit beiden Vorzeichen behaftet. Um Eindeutigkeit zu erreichen, setzen wir fest $H = N_g$ und verstehen damit unter dem Horizontalschub die Z u g k r a f t im V e r s t e i f u n g s t r ä g e r.

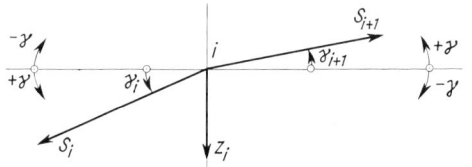

7.30 Rundschnitt um einen Knoten des Stabbogens

Für die Kräfte S_i in den Bogenstäben und Z_i in den Hängestangen wollen wir allgemeine Formeln entwickeln. Wir ziehen einen Rundschnitt um einen Knoten (7.30) und setzen die beiden Komponentengleichungen $\Sigma H = 0$ und $\Sigma V = 0$ an

$$\xrightarrow{+} \Sigma H = 0 = -S_i \cdot \cos\gamma_1 + S_{i+1} \cdot \cos\gamma_{i+1}$$

$$S_i \cdot \cos\gamma_i = S_{i+1} \cdot \cos\gamma_{i+1}$$

Es zeigt sich also, daß die Horizontalkomponenten sämtlicher Bogenstäbe gleich groß sind. Nachdem wir aus Bild 7.29 schon gewonnen haben $S_4 \cdot \cos\gamma_4 = -N_g = -H$, können wir zusammenfassen

$$\mathbf{S_i \cdot \cos\gamma_i = -N_g = -H}$$

In Worten: **Die Horizontalkomponenten sämtlicher Bogenstäbe sind gleich dem negativen Horizontalschub.**

$$\downarrow + \Sigma\, V = 0 = S_i \cdot \sin\gamma_i + Z_i - S_{i+1} \cdot \sin\gamma_{i+1}$$

$$Z_i = S_{i+1} \cdot \sin\gamma_{i+1} - S_i \cdot \sin\gamma_i$$

Solange in den Formeln nur die Funktion $\cos\gamma$ erscheint, spielt das Vorzeichen des Winkels γ keine Rolle, denn es gilt ja $\cos(-\gamma) = \cos\gamma$. Die Funktionen $\sin\gamma$ und $\tan\gamma$ verlangen jedoch wegen $\sin(-\gamma) = -\sin\gamma$ und $\tan(-\gamma) = -\tan\gamma$ die Definition des positiven Winkels. Diese Definition ist in Bild **7.30** gegeben. Nach ihr sind die Winkel in der linken Trägerhälfte (γ_1 bis γ_3) positiv, in der rechten Trägerhälfte (γ_4 bis γ_6) negativ.

Aus Gl. (7.30) folgt

$$\mathbf{S_i = -\frac{H}{\cos\gamma_i}} \tag{7.2}$$

und sinngemäß zu (7.2)

$$S_{i+1} = -\frac{H}{\cos\gamma_{i+1}}$$

eingesetzt ergibt sich

$$Z_i = -\frac{H}{\cos\gamma_{i+1}}\sin\gamma_{i+1} + \frac{H}{\cos\gamma_i}\sin\gamma_i$$

$$\mathbf{Z_i = H\,(\tan\gamma_i - \tan\gamma_{i+1})} \tag{7.3}$$

Die Werte $\tan\gamma_i$ und die Kräfte Z_i werden in Tafel **7.31** berechnet; mit $\Delta x = 5{,}00\ \mathrm{m} =$ Abstand der Hängestangen und y_i = Höhe des Punktes i über der Schwerachse des Versteifungsträgers ist darin

$$\tan\gamma_i = \frac{y_i - y_{i-1}}{\Delta x} = \frac{y_i - y_{i-1}}{5{,}00}$$

Tafel **7.31** Berechnung der Kräfte Z_i und S_i

1	2	3	4	5	6	7	8	9	10
i	x in m	y_i in m	$y_i - y_{i-1}$ in m	$\tan\gamma_i$	γ_i	$\tan\gamma_i - \tan\gamma_{i+1}$	Z_i in kN	$\cos\gamma_i$	S in kN
$0 = a$	0	0							
			3,333	0,6667	33,69°			0,8321	−901,4
1	5,00	3,333				0,2667	200,0		
			2,000	0,4000	21,80°			0,9285	−807,8
2	10,00	5,333				0,2667	200,0		
			0,666	0,1333	7,594°			0,9912	−756,6
3	15,00	6,000				0,2667	200,0		
			−0,666	−0,1333	− 7,594°			0,9912	−756,6
4	20,00	5,333				0,2667	200,0		
			−2,000	−0,4000	−21,80°			0,9285	−807,8
5	25,00	3,333				0,2667	200,0		
			−3,333	−0,6667	−33,69°			0,8321	−901,4
$6 = b$	30,00	0							

Es bietet sich dann an, die der Berechnung der Z_i dienende Tafel noch um zwei Spalten zu verbreitern, um in übersichtlicher Form auch die Kräfte S_i im Stabbogen zu ermitteln [Gl. (7.2)].

Die Kräfte Z in den Hängestangen sind bei unserem Träger alle gleich groß. Die Ursache dafür ist, daß die Stabbogenpunkte *0* bis *6* auf einer q u a d r a t i s c h e n P a r a b e l liegen. Für diese gilt die Gleichung

$$y_i = f \cdot 4 \cdot \xi \cdot \xi' = 4f \frac{x \cdot x'}{l^2} = 0,02667\, x \cdot x'$$

mit $x' = l - x$ $\xi = x/l$ $\xi' = (l - x)/l$

$\tan \gamma_i = \Delta y / \Delta x$ ist der D i f f e r e n z e n q u o t i e n t der Kurve, der mit $\Delta x \to 0$ in den Differentialquotienten $y' = dy/dx$ übergeht. Der in Tafel 7.31 bereits errechnete Ausdruck $(\tan \gamma_i - \tan \gamma_{i+1}) = -(\tan \gamma_{i+1} - \tan \gamma_i)$ ist die negative D i f f e r e n z der D i f f e r e n z e n oder die negative z w e i t e D i f f e r e n z. Der daraus zu bildende zweite Differenzenquotient

$$\frac{-(\tan \gamma_{i+1} - \tan \gamma_i)}{\Delta x} = \frac{0,2667}{5} = 0,05334$$

ist bei einer quadratischen Parabel k o n s t a n t, genauso wie der z w e i t e D i f f e r e n t i a l - q u o t i e n t. Wir prüfen nach

$$y = 0,02667\, x \cdot x' = 0,02667\, x\,(l - x) = 0,02667\, l \cdot x - 0,02667\, x^2$$

$$y' = 0,02667\, l - 0,05333\, x \qquad y'' = -0,05333 = \text{const}$$

Nach dem Errechnen des Horizontalschubes H lassen sich die Stabkräfte S_i und Z_i auch zeichnerisch ermitteln; für jeden Knoten i kann ein Krafteck gezeichnet werden, es lassen sich aber auch alle Kraftecke nach Art eines C r e m o n a planes zusammenfassen (7.32). Dieser „Cremonaplan" ist die „Polfigur" zum „Seileck", als das der Stabbogen aufgefaßt werden kann. Da wir entgegen unserer früheren Übung den Pol P links von den Kräften Z_1 bis Z_5 angenommen haben, die Kräfte aber wie bisher so aneinandergereiht sind, wie sie von links nach rechts aufeinander folgen, erhalten die „Seilstrahlen" D r u c k k r ä f t e; das Seileck wird zur S t ü t z l i n i e, zum b o g e n f ö r m i g e n D r u c k b a n d oder zur Ge- w ö l b e d r u c k l i n i e.

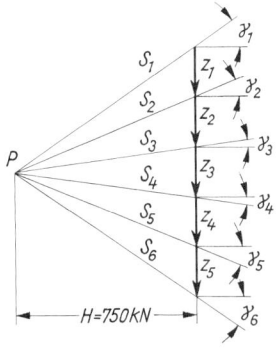

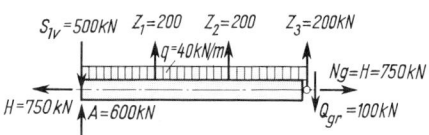

7.32 Kräfteplan für Stabbogen   7.33 Trägerstück *ag* mit Aktionen und Reaktionen
und Hängestangen

Querkräfte und Momente der biegesteifen Stäbe $a–g$ und $g–b$: wegen der Symmetrie von Tragwerk und Belastung genügt die Betrachtung des Stabes $a–g$; er wird mit allen auf ihn wirkenden Aktionen und Reaktionen aufgezeichnet (**7.33**). Dazu müssen wir zuvor die Querkraft unmittelbar rechts vom Gelenk ausrechnen, für die wir die Gleichung bereits aufgestellt haben

$$Q_{\text{gre}} = - S_4 \cdot \sin\gamma_4 = - (-756,6)\sin 7,594° = 100 \text{ kN}$$

Q_{gre} ist also gleich der halben Kraft der Hängestange Z_3, was aus Symmetriegründen verständlich ist.

Am Lager a zerlegen wir noch die Stabbogenkraft S_1 in ihre lotrechte und waagerechte Komponente

$$S_{1\text{h}} = S_1 \cdot \cos\gamma_1 = - H = - 750 \text{ kN}$$
$$S_{1\text{v}} = S_1 \cdot \sin\gamma_1 = - H \cdot \tan\gamma_1 = - 750 \cdot 0,666 = - 500 \text{ kN}$$

Damit ergibt sich die auf den Stab $a–g$ in a wirkende Querkraft (**7.33** und **7.34**)

$$Q_{\text{a}} = A + S_{1\text{v}} = 600 + (-500) = 100 \text{ kN}$$

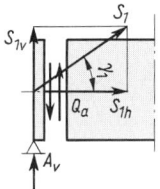

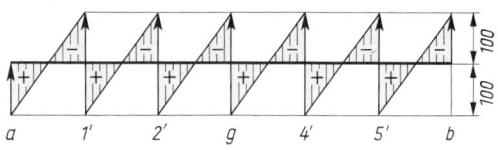

7.34 Querkraft am Lager a 7.35 Q-Fläche

Beim Zeichnen der Querkraftfläche (**7.35**) ist zu beachten, daß die Querkraft auf die Länge $\Delta x = 5,00$ m um $40 \cdot 5,00 = 200$ kN abnimmt.

Die Berechnung der Momente bereitet keine Schwierigkeit

$$M_1 = 100 \cdot 5,00 - 40 \cdot 5,00 \cdot 2,50 = 0 \text{ kNm}$$
$$M_2 = 100 \cdot 10,00 + 200 \cdot 5,00 - 40 \cdot 10,00 \cdot 5,00 = 0 \text{ kNm}$$
$$M_{\text{g}} = 100 \cdot 15,00 + 200 \cdot 10,00 + 200 \cdot 5,00 - 40 \cdot 15,00 \cdot 7,50 = 0 \text{ kNm}$$

Aus dieser Berechnung folgt, daß bei Gleichstreckenlast zwischen den „Aufhängepunkten" des Versteifungsträgers die $q\,(\Delta x)^2/8$-Parabeln einzuhängen sind (**7.36**)

$$M_{0\Delta x} = \frac{40 \cdot 5,00^2}{8} = 125 \text{ kNm}$$

Nach der ausführlichen Ermittlung von Q und M als letzte Schnittgrößen des Tragwerks sollen Formeln abgeleitet werden, mit denen man schneller zum Ziel kommt. Wir schneiden den Langerschen Balken an der beliebigen Stelle m des Versteifungsträgers durch, führen den Schnitt lotrecht nach oben durch den Stabbogen und dann um das Lager a herum (**7.37**). Die geschnittene Stabbogenkraft S_i zerlegen wir in die waagerechte Komponente H und die lotrechte Komponente $H \cdot \tan\gamma_i$. Dabei haben wir die Stabkraft

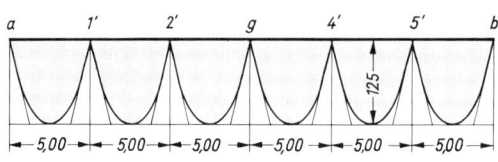

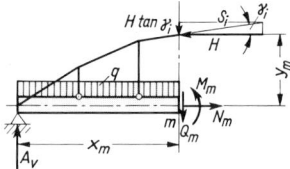

7.36 M-Fläche

7.37 Berechnung von M_m und Q_m

S_i so eingeführt, wie sie wirkt, nämlich als Druckkraft. Die Höhe des Stabbogens über der Achse des Versteifungsträgers hat im Punkt m die Größe y_m. Die Summe der Momente um den Punkt m lautet dann

$$\curvearrowright \Sigma M = 0 = A_v \cdot x_m - \frac{q \cdot x^2}{2} - H \cdot y_m - M_m$$

Die ersten beiden Summanden sind das Moment eines einfachen Trägers auf zwei Lagern mit gleicher Stützweite und Belastung wie der Versteifungsträger für die Stelle mit der Abszisse x_m; wir bezeichnen es mit M_{m0} und können dann schreiben

$$M_{m0} - H \cdot y_m - M_m = 0 \quad \text{und weiter} \quad \boldsymbol{M_m = M_{m0} - H \cdot y_m}$$

Die Gleichgewichtsbedingung $\Sigma V = 0$ liefert die folgende Beziehung

$$\downarrow + \Sigma V = 0 = - A_v + q \cdot x_m + H \cdot \tan\gamma_i + Q_m$$

Die ersten beiden Summanden zusammen können wir mit $-Q_{m0}$ bezeichnen: Q_{m0} ist die Querkraft eines einfachen Trägers auf zwei Lagern, der dieselbe Stützweite und Belastung wie der Versteifungsträger hat, im Abstand x_m vom linken Lager. γ_i ist der Neigungswinkel des Stabbogenstücks, das lotrecht über m liegt. Somit ist

$$\boldsymbol{Q_m = Q_{m0} - H \cdot \tan\gamma_i}$$

Diskussion des Ergebnisses: Querkraft- und Momentenfläche zeigen, daß der Versteifungsträger als frei aufliegender Träger von Hängestange zu Hängestange oder von Hängestange zu Lager trägt, also jeweils über $^1/_6$ der Stützweite $l = 30{,}00$ m. Das größte Moment ist hier nur der 36. Teil des Moments $M_0 = q \cdot l^2/8 = 40 \cdot 30{,}00^2/8 = 4500$ kNm. Dieses Moment wird wie bei einem Fachwerkträger durch den „Obergurt" Stabbogen und den „Untergurt" Versteifungsträger mit dem Hebelarm der inneren Kräfte $f = 6$ m aufgenommen. Der Versteifungsträger als Untergurt wird – wie in Bild 7.33 gezeigt – nicht nur auf Biegung, sondern auch auf Zug beansprucht.

Auf das Zeichnen der N-Fläche wird verzichtet; sie weist für den Versteifungsträger die konstante Längskraft $N = H = 750$ kN auf.

Abschließend möchten wir darauf hinweisen, daß die Frage der Durchbiegung des versteiften Stabbogens von Bedeutung ist, an dieser Stelle aber noch nicht abgehandelt werden kann.

Belastung mit rechtsseitiger Streckenlast $q = 40$ kN/m (7.38). Im Gegensatz zu unserem Vorgehen beim unterspannten Träger mit Mittelgelenk (Abschn. 7.3) soll hier nicht das Belastungsumordnungsverfahren angewendet werden.

Die Lagerkräfte ergeben sich wieder wie bei einem einfachen Träger auf zwei Lagern

$$A_h = 0$$

$$A_v = \frac{1}{4} \cdot \frac{q \cdot l}{2} = \frac{q \cdot l}{8} = \frac{40 \cdot 30,00}{8} = 150 \text{ kN}$$

$$B = \frac{3}{4} \cdot \frac{q \cdot l}{2} = \frac{3q \cdot l}{8} = \frac{3 \cdot 40 \cdot 30,00}{8} = 450 \text{ kN}$$

Der Horizontalschub H wird wie bei Belastung mit Gleichlast aus dem Moment M_0 für das Gelenk berechnet: (Gl. (7.1) ist nämlich von der Belastung unabhängig. Es gilt jetzt

$$M_{g0} = A_v \cdot \frac{l}{2} = 150 \cdot 15,00$$

$$= 2250 \text{ kNm}$$

damit wird

$$H = \frac{M_{g0}}{f} = \frac{2250}{6,00} = 375 \text{ kN}$$

7.38 Halbseitige Gleichlast auf dem Langerschen Balken mit Mittelgelenk

Auch Gl. (7.2) und (7.3) für die Kräfte S_i und Z_i gelten bei jeder Belastung. Deswegen können wir von Tafel 7.31 die Spalten 1 bis 7 und 9 unverändert übernehmen – zweckmäßigerweise beginnen wir die neue Tafel 7.39 erst mit Spalte 7. In Sp. 8 steht

$$Z_i = H \left(\tan \gamma_i - \tan \gamma_{i+1} \right) = 375 \left(\tan \gamma_i - \tan \gamma_{i+1} \right)$$

und in Sp. 10

$$S_i = - H / \cos \gamma_i = - 375 / \cos \gamma_i$$

Tafel 7.39

1	7	8	9	10
i	$\tan \gamma_i - \tan \gamma_{i+1}$	Z_i in kN	$\cos \gamma_i$	S_i in kN
$0 = a$			0,8321	$-450,67$
1	0,2667	100,0		
			0,9285	$-403,88$
2	0,2667	100,0		
			0,9912	$-378,33$
3	0,2667	100,0		
			0,9912	$-378,33$
4	0,2667	100,0		
			0,9285	$-403,88$
5	0,2667	100,0		
			0,8321	$-450,67$
$6 = h$				

Ebenso wie das Moment M_{g0} sind auch der Horizontalschub und die Kräfte im Stabbogen und in den Hängestangen halb so groß wie im Fall der Vollbelastung mit Gleichlast.

Nun zu den Querkräften und Momenten im Versteifungsträger: Das Tragwerk ist symmetrisch, aber die Belastung ist es nicht. Deswegen ist die Querkraftfläche nicht antimetrisch und die Momentenfläche nicht symmetrisch. Wir müssen den ganzen Versteifungsträger von a über g bis b untersuchen.

Wir beginnen mit Q_a (7.34):

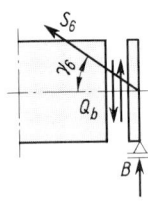

$$+\!\uparrow \Sigma\, V = 0 = A_v + S_1 \cdot \sin\gamma_1 - Q_a$$
$$Q_a = A_v + S_1 \cdot \sin\gamma_1 = 150 + (-450,67)\sin 33,69°$$
$$= 150 - 250 = -100\ \text{kN}$$

Der Wert Q_b wird als Kontrolle errechnet (7.40):

$$+\!\uparrow \Sigma\, V = 0 = Q_b + S_6 \cdot \sin\gamma_6 + B$$

7.40   Querkraft
am Lager b

$$Q_b = -B - S_6 \cdot \sin\gamma_6 = -450 - (-450,67)\sin 33,69°$$
$$= -450 + 250 = -200\ \text{kN}$$

Als nächstes zeichnen wir den Versteifungsträger mit allen auf ihn wirkenden Kräften und Lasten (7.41) und berechnen von links nach rechts

$$Q_{1'li} = + Q_a = -100\ \text{kN}$$
$$Q_{1're} = + Q_{1'li} + Z_1 = -100 + 100 = 0\ \text{kN}$$
$$Q_{2'li} = + Q_{1're} = 0\ \text{kN}$$
$$Q_{2're} = + Q_{2'li} + Z_2 = 0 + 100 = +100\ \text{kN}$$
$$Q_{gli} = + Q_{2're} = +100\ \text{kN}$$
$$Q_{gre} = + Q_{gli} + Z_3 = +100 + 100 = +200\ \text{kN}$$
$$Q_{4'li} = + Q_{gre} - q \cdot \Delta x = +200 - 40 \cdot 5,00 = 0\ \text{kN}$$
$$Q_{4're} = + Q_{4'li} + Z_4 = 0 + 100 = 100\ \text{kN}$$
$$Q_{5'li} = + Q_{4're} - q \cdot \Delta x = 100 - 40 \cdot 5,00 = -100\ \text{kN}$$
$$Q_{5're} = + Q_{5'li} + Z_5 = -100 + 100 = 0\ \text{kN}$$
$$Q_b = + Q_{5're} - q \cdot \Delta x = 0 - 40 \cdot 5,00 = -200\ \text{kN}$$

Berechnung der Momente, ebenfalls schrittweise von links nach rechts

$$M_{1'} = Q_a \cdot \Delta x = -100 \cdot 5,00 = -500\ \text{kNm}$$
$$M_{2'} = M_{1'} + Q_{1'-2'} \cdot \Delta x = -500 - 0 \cdot 5,00 = -500\ \text{kNm}$$
$$M_g = M_{2'} + Q_{2'-g} \cdot \Delta x = -500 + 100 \cdot 5,00 = -500 + 500 = 0\ \text{kNm}$$
$$M_{4'} = Q_{gre} \cdot \Delta x - q\,(\Delta x)^2/2 = 200 \cdot 5,00 - 40 \cdot 5,00^2/2 = 1000 - 500 = 500\ \text{kNm}$$
$$M_{5'} = M_{4'} + Q_{4're} \cdot \Delta x - q\,(\Delta x)^2/2 = 500 + 100 \cdot 5,00 - 40 \cdot 5,00^2/2$$
$$= 500 + 500 - 500 = 500\ \text{kNm}$$
$$M_b = M_{5'} + Q_{5're} \cdot \Delta x - q\,(\Delta x)^2/2 = 500 - 0 \cdot 5,00 - 40 \cdot 5,00^2/2$$
$$= 500 - 500 = 0\ \text{kNm}$$

Querkraft- und Momentenfläche sind in Bild **7.41**b und c aufgezeichnet. Der Pfeil der $M_{0\Delta x}$-Parabel ist wie im Fall der Gleichlast (**7.36**) 125 kNm.

Die Momentenfläche zeigt, daß die einseitige Last zu einer rund fünfmal so großen Biegebeanspruchung des Versteifungsträgers führt wie die Vollbelastung, während der Horizontalschub auf die Hälfte abnimmt. Das leuchtet ein: Unser Bogen ist nach einer quadratischen Parabel geformt, was dazu führt, daß sämtliche Hängestangen unabhängig von der Art der Belastung dieselbe Kraft erhalten. Der Versteifungsträger wird infolgedessen in jedem inneren Sechstelpunkt (*1'*, *2'*, *g*, *4'*, *5'*) durch gleich große aufwärts gerichtete Kräfte beansprucht.

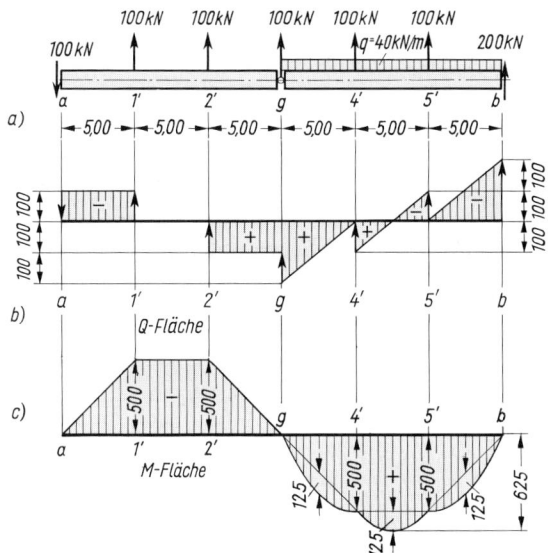

7.41
Kräfte am Versteifungsträger;
Q-Fläche und *M*-Fläche

Das ist dann sehr günstig, wenn bei **Vollbelastung** mit Gleichlast im „Einzugsbereich" jedes Unterstützungspunktes (je $\Delta x/2$ links und rechts eines Unterstützungspunktes) auch dieselbe Last steht. Es brauchen dann nicht große Teile der Belastung durch Biegemomente im Versteifungsträger zu entfernten Unterstützungspunkten hin abgetragen zu werden, vielmehr stellt sich die Kraft in einer Hängestange gerade so groß ein, daß sie die Last in ihrem „Einzugsbereich" übernimmt. Der Versteifungsträger trägt dann nur von Hängestange zu Hängestange.

Anders bei **halbseitiger Belastung** mit Gleichlast: Die Zugkräfte Z_4 und Z_5 sind nur halb so groß wie die in ihren Einzugsbereichen stehende Last. Die nicht von Z_4 und Z_5 aufgenommene Last wird deswegen durch Biegemomente bis in die linke Trägerhälfte abgetragen, wo in den Einzugsbereichen der Zugkräfte Z_1 und Z_3 überhaupt keine Last steht. Das führt zu den im Vergleich mit der Vollbelastung durch Gleichlast (**7.36**) sehr großen Biegemomenten.

8 Einflußlinien

8.1 Wesen und Zweck der Einflußlinien

In den vorhergehenden Abschnitten haben wir uns mit der Frage befaßt, wie wir in einem belasteten Tragwerk die Stütz- und Schnittgrößen ermitteln können. „Last" war dabei der Oberbegriff für ständige Last g, Verkehrslast p, Winddruck w und Schnee s, gelegentlich auch für Erd- und Wasserdrücke, Seitenstöße und Bremskräfte. Über die A n o r d n u n g und das u n g ü n s t i g s t e Z u s a m m e n w i r k e n der Lasten haben wir uns anfangs gar keine Gedanken gemacht: Ein einfacher Träger auf zwei Lagern wurde ohne Erörterung mit der größtmöglichen Belastung versehen und dann untersucht; eine Gesamtlast q wurde nicht in ständige Last g und Verkehrslast p aufgespalten.

Eine Änderung dieses einfachen Verfahrens wurde beim Träger auf zwei Lagern mit Kragarmen erforderlich: Hier mußten mehrere „L a s t f ä l l e" untersucht werden, um die g r ö ß - t e n L a g e r k r ä f t e und an den Bemessungsstellen Feld und Stütze die u n g ü n s t i g s t e n S c h n i t t g r ö ß e n zu erhalten; auf eine Trennung von g und p konnte hier nicht verzichtet werden.

Auch bei den Fachwerk-Dachbindern haben wir festgestellt, daß die u n g ü n s t i g s t e n K r ä f t e in allen Stäben zum Teil nur durch die Untersuchung m e h r e r e r L a s t f ä l l e ermittelt werden können: Für die Füllstäbe mancher Binderformen liefern Teilbelastungen größere Zug- und Druckkräfte als die Vollbelastung.

Die Teilbelastungen sind bei Dachbindern sehr einfach, sie umfassen bei Satteldächern „Schnee links" und „Schnee rechts" sowie „Wind von links" und „Wind von rechts", während bei Bindern unter horizontalen Dächern oder unter Pultdächern gar keine Teilbelastungen zu berücksichtigen sind.

Die Lastfälle sind also in den erwähnten Beispielen gering an Zahl und deswegen leicht überschaubar; sie werden jedoch sehr zahlreich und unübersichtlich, wenn b e w e g l i c h e E i n z e l l a s t e n und T e i l b e l a s t u n g e n der Felder und Kragarme auftreten können, wie es bei B r ü c k e n und K r a n b a h n e n der Fall ist; hier führt jede Verschiebung einer Einzellast und jede Änderung der Länge und der Lage einer Streckenlast zu neuen Schnittgrößen, also zu einem neuen Lastfall.

Unter diesen Umständen ist es erforderlich, ein neues Verfahren zu entwickeln, mit dem die Bemessungsschnittgrößen sicher und schnell bestimmt werden können. Dieses neue Verfahren bedient sich der E i n f l u ß l i n i e n. Wir wollen deren Wesen dadurch erläutern, daß wir sie den „Zustandsflächen" M-Fläche, Q-Fläche und N-Fläche gegenüberstellen. Die Z u s t a n d s f l ä c h e z.B. für das Moment M bezieht sich auf eine u n v e r ä n d e r l i c h e Belastung. In jedem Punkt des Trägers wird das Moment infolge dieser Belastung ermittelt und in dem Punkt selbst als Ordinate aufgetragen.

Die E i n f l u ß l i n i e für das Moment M_m bezieht sich demgegenüber auf einen u n v e r ä n - d e r l i c h e n, f e s t l i e g e n d e n P u n k t m, den „Aufpunkt"; eine Last von der Größe 1 (einheitenlos) wandert über den Träger; für j e d e S t e l l u n g d e r E i n h e i t s l a s t wird im f e s t l i e g e n d e n P u n k t m das Moment M_m ermittelt und u n t e r d e m j e w e i l i g e n S t a n d o r t d e r L a s t als Einflußordinate η aufgetragen.

Eine Momentenfläche gibt für jeden Punkt des Tragwerks das in diesem Punkt vorhandene Moment infolge einer unveränderlichen Belastung an; die Ordinate $y(x)$ der Momentenfläche ist das an dieser Stelle vorhandene Moment $M(x)$ infolge einer feststehenden Belastung.

Eine Momenteneinflußlinie gibt die in einem festliegenden Punkt m von einer über das Tragwerk wandernden Last $P = 1$ hervorgerufene Moment M_m an; M_m wird in dem Punkt angetragen, in dem die verursachende Last steht. Die Einflußordinate η an der Stelle x ist demnach das Moment im Punkt m, das von der in x stehenden Last $P = 1$ erzeugt wird.

An den Einflußlinien eines einfachen vollwandigen Trägers auf zwei Lagern sollen Wesen und Zweck der Einflußlinien im folgenden weiter erläutert werden.

8.2 Einflußlinien des vollwandigen Trägers auf zwei Lagern

8.2.1 Einflußlinien für Lagerkräfte

Nach Bild **8.**1 wird die Lagerkraft A infolge von $P = 1$ im Abstand x' vom Lager b:

$A = 1 \cdot \dfrac{x'}{l} = \dfrac{x'}{l}$; x' ist jetzt eine Veränderliche: $l \geqq x' \geqq 0$; x'/l ist die von x' abhängige

Einflußordinate η: $\eta(x') = x'/l$ (einheitenlos); sie gibt den Einfluß der Last $P = 1$ auf die Lagerkraft A an, wenn die Last $P = 1$ im Abstand x' vom Lager b steht. η wird an der Stelle x' als Ordinate von einer Grundlinie aus aufgetragen.

Da die unabhängige Veränderliche x' im Ausdruck für die abhängige Veränderliche η nur in der ersten Potenz vorkommt, ist das Bild der Funktion $\eta(x')$ eine Gerade; es genügt, zwei η-Werte zu errechnen und diese geradlinig zu verbinden. Zweckmäßigerweise wählt man die besonderen Abszissen $x' = 0$ und $x' = l$ und erhält dafür die Ordinaten

$$\eta_{x'=0} = \frac{0}{l} = 0$$

und $$\eta_{x'=1} = \frac{l}{l} = 1$$

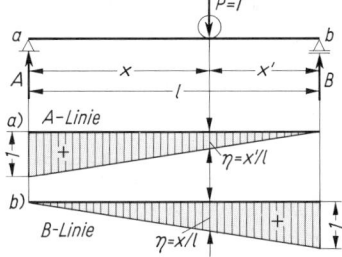

8.1 Ableitung der A- und B-Linie

Die Einflußlinie für die Lagerkraft A, A-Linie genannt, ist in Bild **8.**1a aufgezeichnet. Bild **8.**1b zeigt die B-Linie, die sich sinngemäß ergibt.

Sämtliche Einflußordinaten der A- und B-Linie sind positiv; jede (abwärts gerichtete!) Last auf dem Träger, wo sie auch stehen mag, gibt positive Lagerkräfte A und B. Die Lagerkraft A ist um so größer, je näher eine Last an das Lager a heranrückt; steht die Last unmittelbar über dem Lager a, hat sie die Einflußordinate $\eta = 1$, die Last geht dann voll in das Lager a hinein. In der B-Linie gehört zu dieser Laststellung die Ordinate $\eta = 0$, denn aus einer Last über dem Lager a erhält das Lager b keinen Beitrag. Für $P = 1$ in der

Mitte des Trägers haben beide Einflußlinien die Ordinate $\eta = 0{,}5$: Die Last verteilt sich aus Symmetriegründen gleichmäßig auf beide Lager. Allgemein gilt: Die Summe der Einflußordinaten von A- und B-Linie für dieselbe Abszisse ist gleich 1: Die gesamte Last, nicht mehr und nicht weniger, wird bei jeder Laststellung auf beide Lager verteilt.

Wir haben bisher davon gesprochen, daß die einheitenlose Last $P = 1$ über den Träger wandert, so daß sich bei A- und B-Linie eine einheitenlose Einflußordinate η ergibt. η kann aber auch auf andere Weise gedeutet werden: Wir setzen die beliebige Last P (in kN) auf den Träger, erhalten die Lagerkraft $A = P \cdot x'/l$ und teilen diese Gleichung durch P, so daß sich auf der linken Seite die bezogene Lagerkraft A/P ergibt: $A/P = x'/l$. Diese bezogene Lagerkraft A/P, das Verhältnis von Lagerkraft A und verursachender Last P, ist dann die einheitenlose Einflußordinate η.

8.2.2 Einflußlinien für Querkräfte

Gesucht ist die Einflußlinie der Querkraft für den Punkt m mit den Abständen x_m und x'_m von den Lagern a und b (**8.2**). Wir betrachten zuerst den Fall, daß die wandernde Last $P = 1$ zwischen a und m steht ($0 \le x_p < x_m$). Es ist dann zweckmäßig, die Querkraft in m von rechts her zu ermitteln: Wir schneiden den Träger in m durch und betrachten den rechten abgeschnittenen Teil (**8.2**a), der unbelastet ist. Aus $\Sigma V = 0$ folgt sogleich $Q_m = -B$. Das sieht sehr einfach aus, wir müssen aber beachten, daß die Lagerkraft B wegen der wandernden Last $P = 1$ eine veränderliche Größe ist. B ist hier kein fester Wert, sondern eine Einflußlinie, die B-Linie. Die Q_m-Linie ist also gleich der negativen B-Linie, wenn die Last zwischen dem Lager a und dem Punkt m steht, wie wir es oben angenommen haben (**8.2**a). Durch die Tatsache, daß wir Q_m zweckmäßigerweise am rechten abgeschnittenen Teil bestimmt haben, dürfen wir uns dabei nicht verwirren lassen: Die Einflußordinate wird jeweils unter der Last $P = 1$ aufgetragen, und die steht vereinbarungsgemäß zwischen a und m.

Wandert die Last $P = 1$ über m hinaus in den Bereich zwischen m und b ($x'_m > x'_p \ge 0$), so betrachten wir für die Ermittlung von Q_m besser den linken abgeschnittenen Teil (**8.2**b), haben dabei aber zu beachten, daß die Einflußordinaten, die zu ermitteln wir im

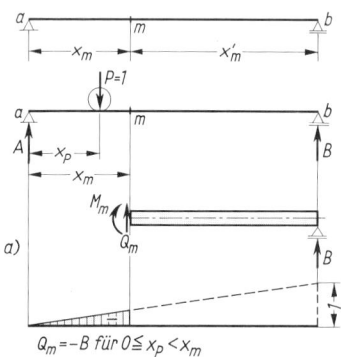
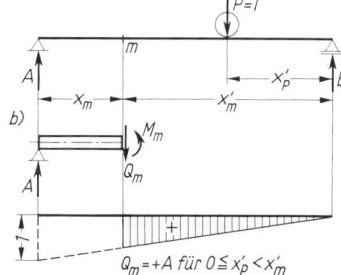

8.2 Einfacher Träger mit „Aufpunkt" m
  a) Ermittlung von Q_m für $P = 1$ links von m
  b) Ermittlung von Q_m für $P = 1$ rechts von m

Begriff sind, zwischen m und b anzutragen sind. Es gilt jetzt $Q_m = A$; dabei ist A kein fester Wert, sondern eine Funktion der Stellung der wandernden Last; A ist eine Einflußlinie, die A-Linie. Für Laststellungen zwischen m und b sind also Q_m-Linie und A-Linie identisch.

Damit haben wir die gesamte Q_m-Linie (8.3); sie weist im Punkt m eine Unstetigkeitsstelle, einen Sprung auf: Für $P = 1$ im Punkt m selbst ist Q_m nicht definiert.

An Hand des Bildes 8.3 fällt es nicht schwer, die Q_m-Linie für eine beliebige andere Lage des Punktes m, z. B. m_1 und m_2 zu zeichnen: Beim Hin- und Herschieben des Punktes m nach m_1 oder m_2 verschiebt sich lediglich der Sprung von der negativen B-Linie zur positiven A-Linie, während die beiden „Außenstrecken" $+1$ und -1 unverändert bleiben. Es gilt also immer links vom Aufpunkt die negative B-Linie, rechts vom Aufpunkt die positive A-Linie.

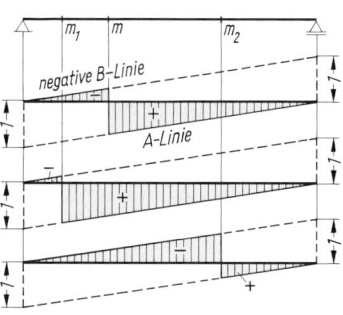

8.3 Querkraft-Einflußlinien der Punkte m, m_1, m_2

Die Q_m-Linie weist positive und negative Ordinaten auf. Der Bereich des Trägers mit positiven Ordinaten wird positive Beitragsstrecke, der Bereich mit negativen Ordinaten negative Beitragsstrecke genannt; der Übergang zwischen beiden heißt Lastenscheide.

8.2.3 Einflußlinien für Biegemomente

Wenn für den Punkt m mit den Abständen x_m und x'_m von den Lagern a und b die Einflußlinie für das Biegemoment, die M_m-Linie, zu zeichnen ist, so werden wie bei der Ermittlung der Q_m-Linie die beiden Fälle „Last links von m" und „Last rechts von m" getrennt behandelt.

Bei „Last links von m" ($0 \leq x_P \leq x_m$) schneiden wir den Träger in m und betrachten den rechten abgeschnittenen Teil (8.4). Es ist dann

$$M_m = B \cdot x'_m$$

Diese Formel ist uns aus Abschn. 4 bekannt, in dem wir uns mit der Ermittlung der Schnittgrößen befaßt haben. Dort wurde für eine feststehende Last P das Moment im veränderlichen Punkt m berechnet, es waren also x_P und B konstant, x'_m dagegen veränderlich.

Beim Aufstellen der M_m-Linie ist es umgekehrt: Hier wird der Punkt m festgehalten, und die Last $P = 1$ wandert über den Träger. Es ist demnach x'_m konstant, x_P und B sind veränderlich. B läßt sich durch eine Einflußlinie, die B-Linie, darstellen. Die M_m-Linie ist demnach zwischen a und m gleich der mit x'_m multiplizierten B-Linie. Die Verlängerung dieses Stücks der M_m-Linie über m hinaus hat unter dem Lager b die Ordinate („Außenstrecke") x'_m.

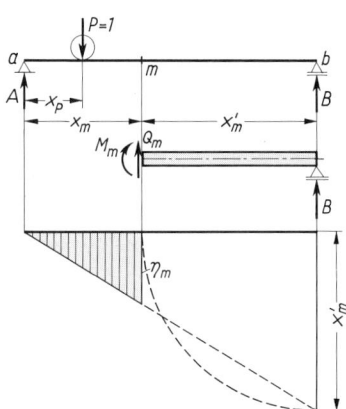

8.4 Ermittlung von M_m-Linie für Last links von m

Steht die Last rechts von m, so betrachten wir den linken abgeschnittenen Teil (**8.**5) und können schreiben

$$M_{\mathrm{m}} = A \cdot x_{\mathrm{m}}$$

Auch hier müssen wir umdenken: x_{m} ist ein konstanter Wert, während A eine Einflußlinie, die A-Linie ist. Zwischen m und b ist die M_{m}-Linie also gleich der mit x_{m} multiplizierten A-Linie. Verlängern wir diesen rechten Teil der M_{m}-Linie bis zum Lager a, so finden wir dort die Ordinate x_{m}, die als linke Außenstrecke bezeichnet wird.

Wie groß ist die Ordinate der M_{m}-Linie im Punkt m? Von links her (s. Bild **8.**4) ergibt sich

$$\frac{\eta_{\mathrm{m}}}{x'_{\mathrm{m}}} = \frac{x_{\mathrm{m}}}{l} \qquad\qquad \eta_{\mathrm{m}} = \frac{x_{\mathrm{m}} \cdot x'_{\mathrm{m}}}{l}$$

und von rechts (**8.**5)

$$\frac{\eta_{\mathrm{m}}}{x_{\mathrm{m}}} = \frac{x'_{\mathrm{m}}}{l} \qquad\qquad \boldsymbol{\eta_{\mathrm{m}} = \frac{x_{\mathrm{m}} \cdot x'_{\mathrm{m}}}{l}}$$

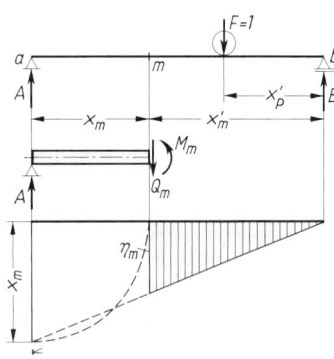

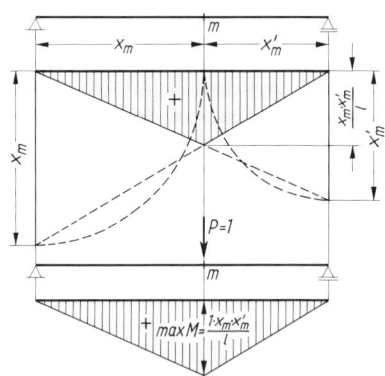

8.5 Ermittlung der M_{m}-Linie für Last rechts von m

8.6 M_{m}-Linie und M-Fläche für $P = 1$ in m

Die beiden Geradenstücke, aus denen sich die M_{m}-Linie zusammensetzt, schneiden sich also unter dem Punkt m. Die M_{m}-Linie hat demnach im Aufpunkt ihre größte Ordinate. Das bedeutet: Das größte Moment im beliebigen Punkt m eines einfachen Trägers auf zwei Lagern aus einer wandernden Einzellast erhält man, wenn man die Last in den Punkt m selbst stellt. Für $P = 1$ in m ergibt sich übrigens mit $\max M = P \cdot x_{\mathrm{m}} \cdot x'_{\mathrm{m}}/l$ $= 1 \cdot x_{\mathrm{m}} \cdot x'_{\mathrm{m}}/l$ eine Momentenfläche, deren Begrenzung gleich der Einflußlinie für M_{m} ist (**8.**6).

Aus dem Vorhergehenden ergibt sich, daß die Ordinaten der Momenteneinflußlinie die Einheit [m] oder [cm] haben: Je nach Betrachtungsweise geben die Ordinaten das Moment einer einheitenlosen Kraft $P = 1$ [] an, oder sie stellen das auf die Kraft bezogene, durch die Kraft dividierte Moment dar. Es gilt also z. B.

$$\max M_{\mathrm{m}, P=1} = \frac{1 \cdot x_{\mathrm{m}} \cdot x'_{\mathrm{m}}}{l} = \eta \quad \text{in m}$$

oder mit

$$\max M_\mathrm{m} = \frac{P \cdot x_\mathrm{m} \cdot x'_\mathrm{m}}{l} \quad \text{in Nm}$$

$$\frac{\max M_\mathrm{m}}{P} = \frac{x_\mathrm{m} \cdot x'_\mathrm{m}}{l} = \eta \quad \text{in m}$$

Beim Zeichnen von Momenteneinflußlinien ist es n i c h t erforderlich, für die Trägerlänge l (Abszissenrichtung) und die Einflußordinaten η d e n s e l b e n M a ß s t a b zu verwenden.

Der bei der Ableitung der M_m-Linie erkennbar gewordene Zusammenhang zwischen Momentenfläche und Momenteneinflußlinie soll im folgenden noch kurz herausgearbeitet werden.

Ein einfacher Träger mit zwei Lagern ist im Punkt p mit der Last P belastet; die Abstände der Last von den Lagern sind a_p und b_p (**8.7**). In den Punkten m (links von der Last) und n (rechts von der Last) ergeben sich dann die Momente

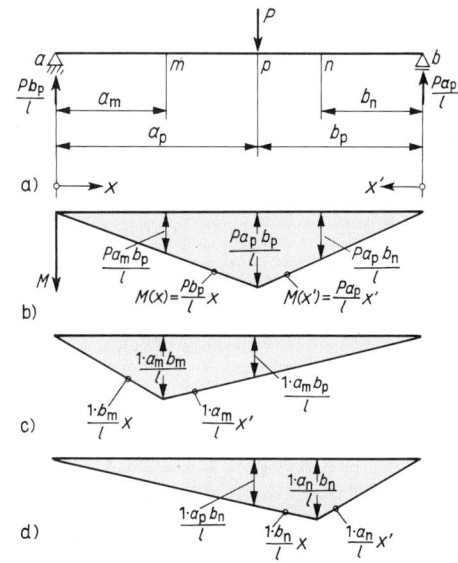

$$M_\mathrm{m} = A\,a_\mathrm{m} = \frac{P\,b_\mathrm{p}}{l}\,a_\mathrm{m} = \frac{P\,a_\mathrm{m}\,b_\mathrm{p}}{l} \tag{8.1}$$

$$M_\mathrm{n} = B\,b_\mathrm{n} = \frac{P\,a_\mathrm{p}}{l}\,b_\mathrm{n} = \frac{P\,a_\mathrm{p}\,b_\mathrm{n}}{l} \tag{8.2}$$

Mit diesen beiden Momenten wollen wir zeichnen

1. die M o m e n t e n f l ä c h e oder M o m e n t e n l i n i e des Trägers für die im Punkt p wirkende Last P

2. die M o m e n t e n e i n f l u ß l i n i e n für die Punkte m und n.

8.7 Zusammenhang zwischen Zustandslinie (Momentenfläche) und (Momenten-)Einflußlinie

a) einfacher Träger mit Einzellast
b) Momentenfläche
c) M_m-Linie, d) M_n-Linie

Zu 1. Die M o m e n t e n f l ä c h e infolge der im Punkt p wirkende Last P erhalten wir, wenn wir die Momente M_m und M_n in den Abszissen der Punkte m und n von einer Grundlinie aus antragen und mit diesen Ordinaten über der Grundlinie ein Dreieck konstruieren (**8.**7b). Die Spitze dieses Dreiecks liegt unter dem Punkt p und hat die Ordinate $M_\mathrm{p} = \max M = P\,a_\mathrm{p}\,b_\mathrm{p}/l$; die geneigten Geraden erfüllen die Gleichungen $M(x) = P\,b_\mathrm{p}\,x/l$ und $M(x') = P\,a_\mathrm{p}\,x'/l$.

Zu 2. Die E i n f l u ß l i n i e für das Moment im Punkt m oder die M_m-Linie erhalten wir, wenn wir $P = 1$ in den Punkt p stellen, $M_\mathrm{m} = 1 \cdot a_\mathrm{m}\,b_\mathrm{p}/l$ an der Abszisse des Punktes p von einer Grundlinie aus antragen und mit Hilfe dieser Ordinate über der Grundlinie ein Dreieck konstruieren, dessen Spitze unter der Abszisse des Punktes m liegt (**8.**7c). Die Spitzenordinate des Dreiecks ist

$$\max \eta = \eta_\mathrm{m} = 1 \cdot a_\mathrm{m}\,b_\mathrm{m}/l$$

Sinngemäß erhalten wir die Einflußlinie für das Moment im Punkt n oder die M_n-Linie, wenn wir $P = 1$ in den Punkt p stellen, $M_n = 1 \cdot a_p b_n / l$ an der Abszisse des Punktes p von einer Grundlinie aus antragen und mit dieser Ordinate über der Grundlinie ein Dreieck konstruieren, dessen Spitze unter der Abszisse des Punktes n liegt (**8.**7 d). Die Spitzenordinate dieses Dreiecks ist

$$\max \eta = \eta_n = 1 \cdot a_n b_n / l$$

Die Gleichungen der Geraden, aus denen sich die Einflußlinien zusammensetzen, lassen sich wie die Gleichungen der Geraden, die die M_m-Fläche begrenzen, aus den Gl. (8.1) und (8.2) ableiten.

8.3 Auswertung von Einflußlinien

Bevor wir weitere Einflußlinien ableiten, soll das Arbeiten mit Einflußlinien erläutert und an Beispielen vorgeführt werden.

Einflußlinien werden „ausgewertet"; man benötigt dazu das „Lastband", in dem Größe und gegenseitiger Abstand von Einzellasten und Größe und Länge von Streckenlasten festgehalten sind, die den betrachteten Träger belasten.

Bei K r a n b a h n e n erhält der Konstrukteur die erforderlichen Angaben vom Hersteller der Kranbrücke und ihrer Laufkatze; bei S t r a ß e n - und W e g b r ü c k e n muß sich der Ingenieur das Lastband selbst ermitteln unter Beachtung der DIN 1072, des vom Auftraggeber verlangten Brückenquerschnitts und des gewählten Haupttragwerks; bei Brücken unter Bundesbahngleisen sind für das Lastband maßgebend die DS 804, die Anzahl der Gleise und wiederum das gewählte Haupttragwerk.

Um die Wirkung einer G r u p p e v o n E i n z e l l a s t e n auf eine Schnitt- oder Stützgröße S zu ermitteln, ordnet man diese Gruppe im Maßstab der Abszisse über der Einflußlinie an und ermittelt die Einflußordinaten η_i, die zu den Einzellasten P_i gehören. Die Schnitt- oder Stützgröße ergibt sich dann zu

$$S_p = P_1 \cdot \eta_1 + P_2 \cdot \eta_2 + P_3 \cdot \eta_3 \cdots + P_i \cdot \eta_i \cdots + P_n \cdot \eta_n = \sum_{i=1}^{n} (P_i \cdot \eta_i)$$

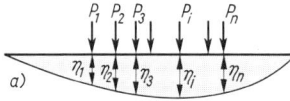
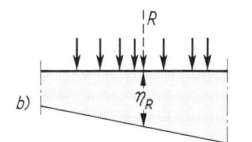

Verläuft die Einflußlinie im Bereich der Lastengruppe g e r a d l i n i g , so kann mit der R e s u l t i e r e n d e n und deren E i n f l u ß o r d i n a t e gearbeitet werden (**8.**8)

$$S_p = \sum_{i=1}^{n} (P_i \cdot \eta_i) = R \cdot \eta_R \qquad (8.3)$$

Sind die Einzellasten g l e i c h g r o ß , wird P ausgeklammert oder vor das Summenzeichen gesetzt

Mit

$$P_1 = P_2 = P_i = P_n$$

wird

$$S_P = P \sum_{i=1}^{n} \eta_i$$

8.8 Auswertung der S-Linie für eine Lastengruppe
a) allgemeiner Fall: S-Linie gekrümmt
b) Sonderfall: S-Linie geradlinig

Ist es unklar, ob die gewählte Stellung der Lastengruppe die maßgebende Schnitt- oder Stützgröße ergibt, so wird die Lastengruppe v e r s c h o b e n und auch für weitere Stellungen die Größe der betrachteten Schnitt- oder Stützgröße ermittelt. Nach einiger Übung findet man i. allg. sehr schnell die maßgebende Stellung der Einzellasten.

Neben E i n z e l l a s t e n, die von den Radlasten der Kranbrücken, der SLW und LKW und von den Achslasten der Lastenzüge herrühren, treten in DIN 1072 und in der DS 804 auch F l ä c h e n l a s t e n und M e t e r l a s t e n auf, die in den Lastbändern als G l e i c h l a s t e n oder S t r e c k e n l a s t e n erscheinen.

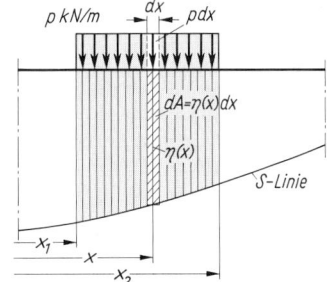

Bei der Auswertung einer Einflußlinie für eine S t r e k - k e n l a s t p in kN/m fassen wir die Streckenlast zu E i n z e l l a s t e n von der Größe $p \cdot dx$ zusammen und bestimmen unter jeder dieser Einzellasten die Einfluß- ordinate $\eta(x)$ (**8.9**). Der Beitrag der Einzellast $p \cdot dx$ zur gesuchten Schnitt- oder Stützgröße S ist dann

$$dS = p \cdot dx \cdot \eta(x)$$

Die gesamte Schnitt- oder Stützgröße S erhalten wir durch Integration über die Länge der Streckenlast

$$S = \int_{x_1}^{x_2} dS = \int_{x_1}^{x_2} p \cdot dx \cdot \eta(x)$$

8.9 Auswertung der S-Linie für Gleichlast p

Da wir p = konst vorausgesetzt haben, kann diese Größe vor das Integral gestellt werden

$$S = p \int_{x_1}^{x_2} dx \cdot \eta(x) = p \int_{x_1}^{x_2} \eta(x)\,dx$$

Das übrigbleibende Integral ist aber die F l ä c h e d e r E i n f l u ß l i n i e u n t e r d e r S t r e k - k e n l a s t. Diese Fläche A ist mit der gleichmäßigen Belastung p malzunehmen, um die gesuchte Schnitt- oder Stützgröße S zu erhalten. Allgemein gilt also

$$S_p = p \cdot A$$

Beispiel 1 Für den vorgespannten Einfeldbalken (einzelliger Hohlkastenquerschnitt mit beiderseitigen Konsolen) nach Bild **8**.10 sollen das g r ö ß t e M o m e n t und die g r ö ß t e und k l e i n s t e Q u e r k r a f t aus V e r k e h r s l a s t im l i n k e n V i e r t e l s p u n k t bestimmt werden. Zur B e m e s s u n g d e r L a g e r und L a g e r b ä n k e ist ferner die g r ö ß t e L a g e r k r a f t A_p eines Lagers zu ermitteln. Die Brücke liegt im Zuge einer S t a d t s t r a ß e und soll die Lasten der B r ü c k e n k l a s s e 60/30 aufnehmen können.

1. Festlegung des Lastbandes. Maßgebend ist DIN 1072 Straßen- und Wegbrücken, Last- annahmen. Nach dieser Vorschrift wird die Brückenfläche eingeteilt in die 3 m breite H a u p t s p u r, die 3 m breite Nebenspur, die a u ß e r h a l b d e r H a u p t - und N e b e n s p u r liegenden Flächen der Fahrbahn sowie die Gehwege. In der Hauptspur ist an ungünstigster Stelle das R e g e l f a h r z e u g nach Bild 1 DIN 1072 aufzustellen, im vorliegenden Beispiel

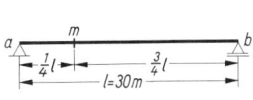

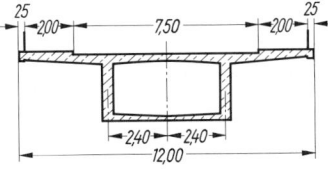

8.10 Längsschnitt (schematisch) und Querschnitt der Brücke

Beispiel 1 also der SLW (Schwerlastwagen) mit 60 t Gewicht (Gesamtlast 600 kN; 6 Radlasten zu je
Forts.   10 t oder 3 Achslasten zu je 20 t). Genau neben dem 60-t-SLW, also nicht in Längsrichtung
               gegenüber diesem verschoben, ist in der Nebenspur ein 30-t-SLW aufzustellen (Gesamtlast
               300 kN, 6 Radlasten zu je 5 t oder 3 Achslasten zu je 10 t).

Vor und hinter dem 60-t-SLW steht in der Hauptspur die gleichmäßig verteilte Flächenlast
$p_1 = 5$ kN/m². Die gesamte Brückenfläche außerhalb der Hauptspur und außerhalb der
Grundfläche des 30-t-SLW ist für die Ermittlung der in unserem Beispiel gefragten Schnittgrößen mit der Flächenlast $p_2 = 3$ kN/m² zu belasten. Bei der Berechnung der Bemessungsschnittgrößen für die beiderseits des Hohlkastens auskragenden Konsolen müßten auf dem
Gehweg größere Lasten angesetzt werden (DIN 1072 Abschn. 5.3.3).

Die Frage, wo die 3 m breite Hauptspur auf der 7,5 m breiten Fahrbahn liegen soll, ist in
unserem Beispiel für Biegemomente und Querkräfte ohne Bedeutung, wenn der Hohlkasten
ausreichend durch Querschotten ausgesteift ist. Er trägt dann wie ein einheitlicher, im
Querschnitt nicht gegliederter Träger: Beide Trägerstege erhalten gleiche Lastanteile
auch dann, wenn die Resultierende der Lasten nicht in die Symmetrieachse des Querschnitts fällt (**8.**11). Die dann entstehenden Drillmomente können vom Hohlkastenquerschnitt leicht aufgenommen werden, wir wollen sie jedoch an dieser Stelle nicht untersuchen
(s. dazu Teil 2, Abschn. 5). Bei der Bemessung auf Biegung wird also der Gesamtquer-
schnitt betrachtet, und in das Lastband geht die gesamte auf Fahrbahn und Gehwegen
stehende Last ein.

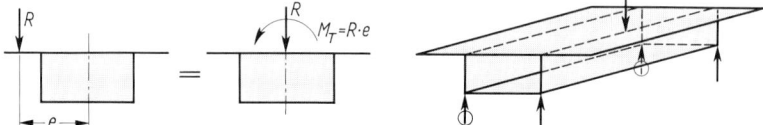

8.11 Ausmittige Belastung des Hohlkastens   **8.**12 Last über einem Steg des Hohlkastens

Die Verhältnisse liegen jedoch anders, wenn es um die größte Kraft in einem der vier
unter den Enden der Hohlkastenstege angeordneten Lager geht: Da die Resultierende der
vier Lagerkräfte stets in derselben Wirkungslinie liegen muß wie die Resultierende der auf
der Brücke stehenden Belastung, führt eine Verschiebung der Lastresultierenden aus der
Symmetrieachse des Querschnitts heraus zu ungleicher Belastung der Lager eines Wider-
lagers (**8.**12 und **8.**13). Strenggenommen ist die Ermittlung der vier lotrechten Lagerkräfte
des nunmehr räumlichen Systems eine Aufgabe, die mit den sechs Gleichgewichtsbedingungen des Raumes allein nicht gelöst werden kann, man hilft sich hier jedoch üblicherweise
mit einer Näherung: Die Lasten werden zunächst im Querschnitt nach dem Hebelgesetz auf die beiden Stege und dann im Längsschnitt wieder nach dem Hebelgesetz auf die beiden Lager eines Steges verteilt.

Um nun vom Querschnitt her gesehen z. B. für den linken Steg die größtmögliche Belastung
zu erhalten, wird die Hauptspur an den linken Schrammbord gerückt und der linke Gehweg
sowie die Fahrbahnteile zwischen Hauptspur und rechtem Steg mit der Flächenlast p_2
belastet; die rechte Konsole und die Fahrbahn außerhalb des rechten Stegs bleiben unbelastet: eine Last, die dort steht, erzeugt ja im betrachteten linken Steg eine negative Lagerkraft, mindert also dessen Beanspruchung (**8.**13).

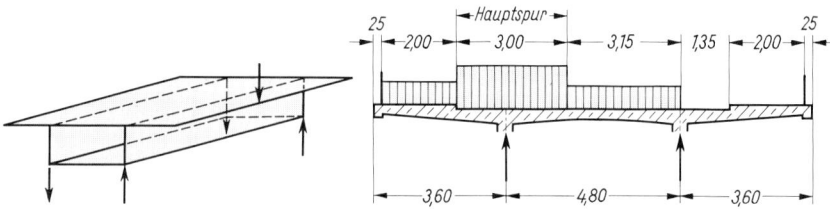

8.13 Last am Rand Gehwegkonsole   **8.**14 Größte Last für die Lager des linken Steges

Beispiel 1 Bevor diese Überlegungen in Zahlen umgesetzt werden können, muß noch ein wichtiger
Forts. Begriff eingeführt werden: der Schwingbeiwert φ.

Die angeführten Belastungen sind bewegliche Belastungen, die mindestens teilweise
stoßartig aufgebracht werden und dadurch Erschütterungen und Schwingungen
verursachen. Diese Erscheinungen führen aber zu einer Vergrößerung der Beanspruchung der Baustoffe, die sehr beträchtlich sein kann. Außerdem ist die Beanspruchung, die ein Material gerade noch ohne Bruch ertragen kann, bei langsam aufgebrachter
und dann gleichbleibender Belastung größer als bei vielfach wiederholter Be- und Ent-
lastung. Diese Tatsachen werden in der DIN 1072 durch die Einführung des Schwingbeiwertes φ berücksichtigt. Er hat bei Bauwerken ohne Überschüttung die Größe $\varphi =
1,4 - 0,008 \cdot l_\varphi \geq 1,0$.

Mit ihm sind vor der Ermittlung des Lastbandes die Verkehrslasten des Hauptspur
malzunehmen, und das so gewonnene Lastband gilt für die Berechnung aller Brückenteile
einschließlich der Lager, Lagerbänke und Stützen, ausgenommen Widerlager, Pfeiler und
Gründungskörper samt Bodenfuge.

In der Formel ist l_φ die maßgebende Länge in m; in unserem Beispiel wird $l_\varphi = l =
30$ m und damit

$$\varphi = 1,4 - 0,008 \cdot 30 = 1,40 - 0,24 = 1,16$$

Nun können wir die Lastbänder aufstellen:

a) Lastband für die Auswertung der M- und Q-Linie. Gehwege und Fahrbahn
werden mit Lasten vollgestellt. Im Bereich vor und hinter den Regelfahrzeugen
ergibt sich dann die Gleichlast

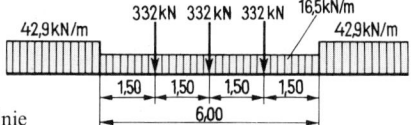

8.15
Lastband zur Auswertung der M- und Q-Linie

$$p = 3,00 \cdot \varphi \cdot p_1 + ((7,50 - 3,00) + 2 \cdot 2,00)p_2 = 3,00 \cdot 1,16 \cdot 5,00 + 8,50 \cdot 3,00$$
$$= 17,4 + 25,5 = 42,9 \text{ kN/m}$$

Neben den Regelfahrzeugen steht (**8.15**)

$$\bar{p} = [(7,500 - 6,00) + 2 \cdot 2,00]p_2 = 5,50 \cdot 3,00 = 16,5 \text{ kN/m}$$

und die Regelfahrzeuge liefern die Achslasten

$$\varphi P_{60} + P_{30} = 1,16 \cdot 200 + 100 = 332 \text{ kN}$$

Um die Einflußlinie über die ganze Trägerlänge hinweg mit einer gleichbleibenden
Meterlast auswerten zu können, wird nun von den drei Einzellasten der Teil abgezogen,
mit dem die Last $\bar{p}$ auf die Last p „aufgefüllt" werden kann. Es fehlen insgesamt

$$6,00(42,9 - 16,5) = 6,00 \cdot 26,4 = 158,4 \text{ kN}$$

Dieser Betrag verteilt sich auf drei Einzellasten; eine Einzellast ist also zu vermindern um
$158,4/3 = 52,8$ kN. Damit ergibt sich das Lastband (**8.16**) mit den Einzellasten
$332,0 - 52,8 = 279,2$ kN. Zu diesen Einzellasten wären wir bei den beiden 3achsigen, 6 m
langen und 3 m breiten SLW schneller gekommen mit

$$(200,0 - 2,00 \cdot 3,00 \cdot 5,00)\varphi + (100 - 2,00 \cdot 3,00 \cdot 3,00) = 170,0 \cdot 1,16 +
82,0 = 279,2 \text{ kN}$$

Bei dieser Rechnung wurde gleich von jeder Achslast des 60-t-SLW 6 m² Flächenlast p_1 und
von jeder Achslast des 30-t-SLW 6 m² Flächenlast p_2 abgezogen; der Beitrag des 60-t-SLW
wurde mit dem Schwingbeiwert φ vervielfacht.

Beispiel 1
Forts.

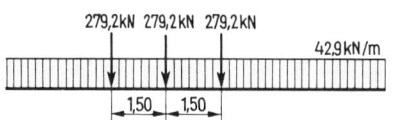

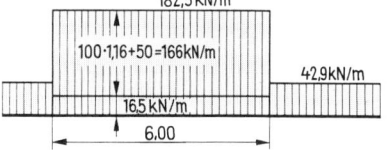

8.16 Lastband zur Auswertung der *M*- und *Q*-Linie mit gleichbleibender Meterlast

8.17 Lastband zur Auswertung der *M*- und *Q*-Linie mit Ersatzflächenlast p'

DIN 1072, 5.3.3, gestattet übrigens, bei Einflußflächen gleichen Vorzeichens mit mehr als 30 m Länge mit der Ersatzflächenlast p' anstelle der Einzellasten zu arbeiten; für den 60-t-SLW ist $p' = 33,3$ kN/m², für den 30-t-SLW $p' = 16,7$ kN/m². Bei einer Breite der Hauptspur von drei Metern ergibt sich daraus die Hauptspur-Meterlast $3,00 \cdot 33,3 \approx 100,0$ kN/m, die noch mit dem Schwingbeiwert φ malzunehmen ist, und in der ebenfalls 3 m breiten Nebenspur kann der 30-t-SLW durch die Meterlast $3 \cdot 16,7 \approx 50,0$ kN/m ersetzt werden.

In unserem Beispiel liegen wir gerade an der Grenze der Zulässigkeit dieser Vereinfachung. Hätten wir die Stützweite 30,01 m, so könnten wir auch das Lastband nach Bild **8.17** ansetzen. Es dürfte aber fraglich sein, ob es sich mit diesem Lastband wirklich einfacher arbeiten läßt als mit dem des Bildes (**8.16**).

b) Lastband für die Ermittlung der größten Lagerbelastung (Lager des linken Stegs). Die Anordnung der Belastung im Querschnitt zeigt Bild **8.14**. Mit Berücksichtigung des Schwingbeiwertes erhalten wir

in der Hauptspur die Gleichlast
oder die Achslasten

$\varphi \cdot p_1 = 1,16 \cdot 5,00 = 5,80$ kN/m²
$\varphi \cdot 200 = 1,16 \cdot 200 = 232$ kN

außerhalb der Hauptspur vom linken Geländer bis zur Achse des rechten Steges die Gleichlast

$p_2 = 3,00$ kN/m²

in der Nebenspur neben dem 60-t-SLW die Achslasten des 30-t-SLW von je 100 kN.

Nach dem Hebelgesetz ergibt das für den linken Steg die folgende Belastung:

		kN/m
Gleichlast vor und hinter den Regelfahrzeugen:		
Hauptspur	$3,00 \cdot 5,80 \cdot 4,65/4,80$	$= 16,9$
linker Gehweg	$2,00 \cdot 3,00 \cdot 7,15/4,80$	$= 8,9$
Fahrbahn außerhalb der Hauptspur		
(3 m breite Nebenspur zuzüglich 0,15 m breite Restfläche)	$3,15 \cdot 3,00 \cdot 1,58/4,80$	$= 3,1$
		$28,9$

		kN/m
Gleichlast neben den Regelfahrzeugen:		
linker Gehweg	$2,00 \cdot 3,00 \cdot 7,15\ /4,80$	$= 8,9$
Fahrbahn außerhalb Haupt- und Nebenspur	$0,15 \cdot 3,00 \cdot 0,075/4,80$	$\approx 0,0$
		$8,9$

		kN
Achslasten:		
60-t-SLW	$232 \cdot 4,65/4,80$	$= 224,8$
30-t-SLW	$100 \cdot 1,65/4,80$	$= 34,4$
		$259,2$

Dieses Lastband ist in Bild **8.18** dargestellt. Wollen wir wieder eine durchgehende Gleichlast erhalten, muß jede Einzellast um $2(28,9 - 8,9) = 40,0$ kN vermindert werden; sie erhält dann die Größe 219,2 kN (**8.19**).

Beispiel 1
Forts.

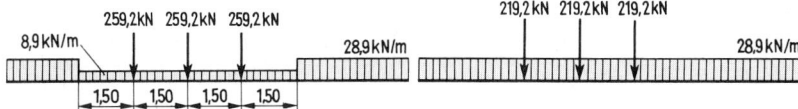

259,2 kN 259,2 kN 259,2 kN   219,2 kN 219,2 kN 219,2 kN

8,9 kN/m   28,9 kN/m   28,9 kN/m

1,50 1,50 1,50 1,50

8.18 Lastband zur Ermittlung der größten   8.19 Lastband zur Ermittlung der größten
      Lagerbelastung   Lagerbelastung mit gleichbleibender
                                                            Meterlast

2. Berechnung von max $M_{p,1/4}$. Die Einflußlinie ist in Bild **8**.20 aufgezeichnet; sie hat die Spitzenordinate

$$\max \eta = x_m \cdot x'_m / l = 7{,}50 \cdot 22{,}50 / 30{,}00 = 5{,}63 \text{ m}$$

Die Auswertung gestaltet sich sehr einfach; die einzige Frage, die zu entscheiden ist, lautet: Muß die linke oder die mittlere Achslast des SLW über der Spitzenordinate der Einflußlinie stehen (**8**.20, ausgezogene und gestrichelte Einzellasten)? Aus der Zeichnung geht nun sofort hervor, daß die Ordinate 1,50 m links von max η kleiner ist als die Ordinate $2 \cdot 1{,}50$ m rechts von max η, weswegen die Stellung „linke Achslast über der größten Ordinate" das maximale Moment liefert. Es ergibt sich also

$$\max M_{p,1/4} = P\sum_i \eta_i + p \cdot A = 279{,}2\,(5{,}63 + 5{,}25 + 4{,}88) + 42{,}9 \cdot 0{,}5 \cdot 30{,}00 \cdot 5{,}63$$
$$= 279{,}2 \cdot 15{,}76 + 3623 = 4400 + 3623 = 8023 \text{ kNm}$$

Da bei der maßgebenden Laststellung die Einflußlinie im Bereich der Lastengruppe geradlinig verläuft, hätten wir auch von der Gl. (8.3) Gebrauch machen können. Mit $R = 3 \cdot 279{,}2 = 837{,}6$ kN

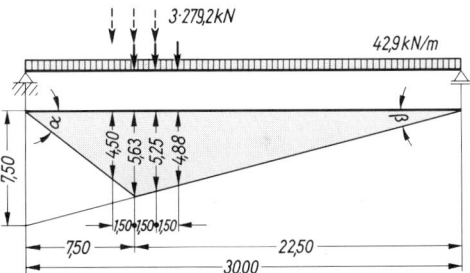

                                                        3·279,2 kN
                                                             42,9 kN/m

7,50 α 4,50 5,63 5,25 4,88 β

1,50 1,50 1,50

7,50   22,50

30,00

8.20
Auswertung der $M_{1/4}$-Linie

und $\eta_R = 5{,}25$ m – die Resultierende fällt mit der mittleren Last zusammen – sähe die Berechnung des Anteils der Einzellasten dann wie folgt aus:

$$\sum_i (P_i \cdot \eta_i) = R \cdot \eta_R = 837{,}6 \cdot 5{,}25 = 4397 \text{ kNm}$$

(Die Abweichung von den zuvor errechneten 4400 kNm kommt daher, daß die genauen Ordinaten der linken und rechten Achslast 5,625 m und 4,875 m messen.)

Als Abschluß der Auswertung der $M_{1/4}$-Linie wollen wir uns noch überlegen, wie sich die Einflußordinaten der Einzellasten ändern, wenn wir den SLW geringfügig nach links verschieben – eine Verschiebung nach rechts verursacht offensichtlich bei allen drei Einzellasten kleinere Einflußordinaten.

Dazu überlegen wir uns zunächst, daß das linke Stück der $M_{1/4}$-Linie die Steigung

$$\tan \alpha = \frac{3}{4} l/l = 0{,}75 \quad \text{und das rechte die Steigung} \quad \tan \beta = \frac{1}{4} l/l = 0{,}25$$

besitzt.

Beispiel 1
Forts. Eine Verschiebung des SLW um 1 cm = 0,01 m nach links führt demnach bei der mittleren und rechten Achslast zu einer Ve r g r ö ß e r u n g der Einflußordinaten um $\Delta\eta_m = \Delta\eta_r = \Delta x \cdot \tan\beta = 0,01 \cdot 0,25 = 0,0025$ m (**8.**21), beide Ordinaten zusammen werden um $\Delta\eta_m = \Delta\eta_r = 0,0050$ m größer. Demgegenüber erhält die linke Achslast, die über der Spitzenordinate steht, bei einer Verschiebung des SLW um 1 cm nach links eine Einflußordinate, die um $\Delta\eta_l = \Delta x \cdot \tan\alpha = 0,01 \cdot 0,0075$ m k l e i n e r ist als die Spitzenordinate (**8.**22). Insgesamt wird also die Größe $\Sigma\eta_i$ bei der Verschiebung des SLW um 1 cm nach links um $0,0075 - 0,0050 = 0,0025$ m kleiner. Die gewählte Stellung des SLW mit einer Achslast über der größten Einflußordinate ergibt also tatsächlich das größte Moment.

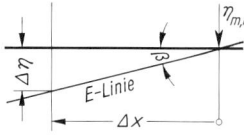   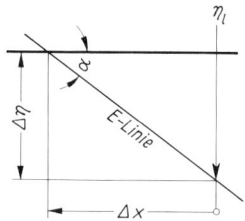

8.21 Verschiebung des SLW um Δx nach
links: mittlere und rechte Achslast

8.22 Verschiebung des SLW um Δx nach
links: linke Achslast

3. Berechnung von max $Q_{p,1/4}$ und min $Q_{p,1/4}$. Die Einflußlinie ist in Bild **8.**23 aufgezeichnet; sie hat die Spitzenordinaten $-0,25$ und $+0,75$.

Die Auswertung bietet keine Schwierigkeiten; es ergibt sich sofort

$$\max Q_{p,\,1/4} = 837,6 \cdot 0,70 + 42,9 \cdot 0,5 \cdot 22,50 \cdot 0,75 = 586 + 362 = 948 \text{ kN}$$

$$\min Q_{p,\,1/4} = 837,6(-0,20) + 429 \cdot 0,5 \cdot 7,50(-0,25) = -167,5 - 40,2 = -207,7 \text{ kN}$$

Dabei haben wir wieder mit der Resultierenden der Einzellasten und ihrer Einflußordinate gearbeitet.

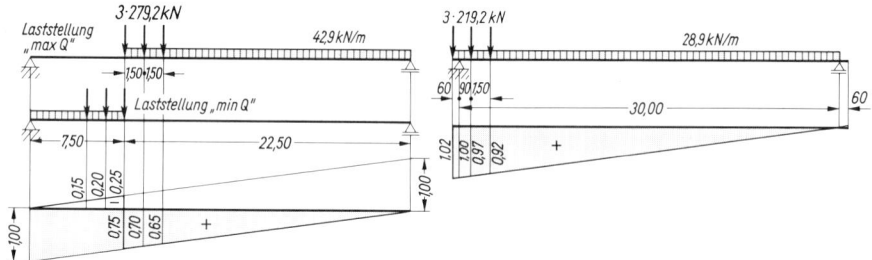

8.23 $Q_{1/4}$-Linie mit Auswertung

8.24 Bestimmung der größten Lagerbelastung

4. Berechnung der größten Lagerbelastung. Die Einflußlinie ist in Bild **8.**24 aufgezeichnet; zu ihr muß noch folgendes bemerkt werden:

Entsprechend der üblichen Idealisierung im Längsschnitt (**8.**10) erstrecken sich Brückenträger und Einflußlinie nur zwischen den Senkrechten durch die Lager. In Wirklichkeit ragt der Brückenträger aber noch über die Lagerachsen hinaus: Das halbe Lager und das halbe Lagerquerschott liegen auf jeder Seite außerhalb der Stützweite l. Unter Umständen müssen in der Verlängerung der Stege noch kleine Stummel ausgeführt werden, um die Verankerungen der Spannglieder einbetonieren zu können, weswegen dann die Fahrbahnplatte bis ans Ende dieser Stummel hin verlängert werden muß. Dadurch entstehen kleine Kragarme, zu denen ebenfalls Einflußordinaten gehören. Diese Tatsache ist in Bild **8.**24 mit der Annahme einer Kragarmlänge von 0,60 m berücksichtigt.

Beispiel 1
Forts.
Die Genauigkeit ließe sich übrigens noch weiter treiben: Man könnte berücksichtigen, daß jedes Rad des SLW in Fahrtrichtung gemessen eine Aufstandslänge von 0,20 m hat. Wenn ein Rad also gerade noch voll auf dem Überbau steht, ist die Ordinate 0,10 m vor Ende des Überbaues maßgebend. Diese Feinheit wollen wir aber vernachlässigen.

Nach diesen Vorbemerkungen kommen wir schnell zum Schluß: Es ergibt sich

$$\max A_\mathrm{p} = 3 \cdot 219{,}2 \cdot 0{,}97 + 28{,}9 \cdot 0{,}5 \cdot 30{,}60 \cdot 1{,}02 = 637{,}9 + 451 = 1089 \text{ kN}$$

Ohne Berücksichtigung der Kragarme errechnen wir

$$\max A_\mathrm{p} = 3 \cdot 219{,}2 \cdot 0{,}95 + 28{,}9 \cdot 0{,}5 \cdot 30{,}00 \cdot 1{,}00 = 624{,}7 + 434 = 1059 \text{ kN}$$

also rund 3% weniger. Die „Kragarme" sollten also bei der Ermittlung der Lagerbelastung berücksichtigt werden; bei der Berechnung von max M spielen sie dagegen keine Rolle, weil zu ihnen negative Einflußordinaten gehören, und bei der Bestimmung von max Q_p und min Q_p können sie wegen ihres ganz geringen Einflusses vernachlässigt werden.

5. Schlußbemerkung. In der 17. Auflage dieses Teils der Praktischen Baustatik, die 1981 erschien, wurde das Beispiel noch mit Brückenklasse 60 durchgerechnet; wir erhielten im Viertelspunkt das maximale Moment max $M_\mathrm{p,1/4;60} = 6731$ kNm und die maximale Querkraft max $Q_\mathrm{p,1/4;60} = 776$ kN sowie die größte Lagerbelastung max $A_\mathrm{p,60} = 1007$ kN. Die Einführung der Brückenklasse 60/30 brachte hier demnach eine Erhöhung des Moments um 19%, der Querkraft um 22% und der Lagerkraft um 8%.

8.4 Mittelbare Belastung

Den bisher abgeleiteten Einflußlinien liegt die Annahme zugrunde, daß die Lasten den untersuchten Träger u n m i t t e l b a r oder allenfalls unter Z w i s c h e n s c h a l t u n g einer q u e r g e s p a n n t e n Fahrbahnplatte oder -tafel beanspruchen. Wir sprechen dann von u n m i t t e l b a r e r oder direkter Belastung oder Lasteintragung. Diese ist n i c h t mehr gegeben, wenn die Lasten über F a h r b a h n l ä n g s - und -querträger in den betrachteten Hauptträger gelangen. Wir haben dann m i t t e l b a r e oder i n d i r e k t e B e l a s t u n g vorliegen und müssen an den bekannten Einflußlinien zum Teil Korrekturen vornehmen. Das soll an der Momenteneinflußlinie für den Punkt m gezeigt werden. Der Einfachheit halber wird dabei unterstellt, daß die F a h r b a h n l ä n g s t r ä g e r über jedem Querträger g e s t o ß e n sind (**8.**25).

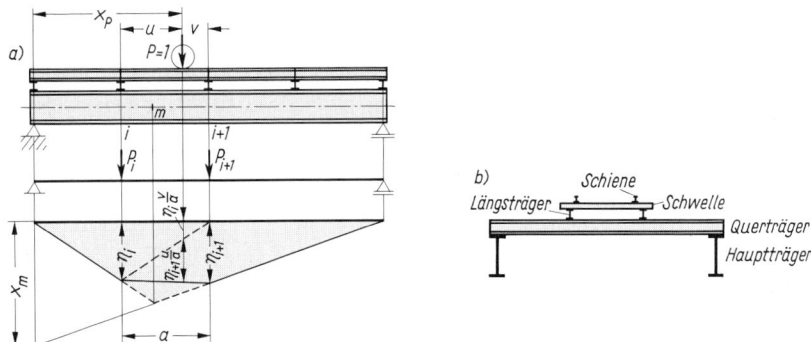

8.25 Mittelbare Belastung
a) Längsschnitt und M_m-Linie, b) Querschnitt, schematisch am Beispiel Eisenbahnbrücke

Der Punkt m liegt zwischen den Querträgern i und $i+1$, und wir beschränken uns darauf, die Einflußordinaten zwischen diesen beiden Querträgern zu ermitteln. Die unter der Last $P = 1$ vorhandene Ordinate der in bekannter Weise ermittelten M_m-Linie dürfen wir nicht der Momentenermittlung zugrunde legen, da der Hauptträger an dieser Stelle nicht belastet ist. Der Hauptträger erhält vielmehr aus der Last $P = 1$ an der Stelle i die Querträger-Lagerkraft $P_i = 1 \cdot v/a$ und an der Stelle $i+1$ die Querträger-Lagerkraft $P_{i+1} = 1 \cdot u/a$, und mit diesen beiden „Lasten", deren Größe sich beim Verschieben von P ändert, muß die M_m-Linie ausgewertet werden. Es ist

$$M_m = P_i \cdot \eta_i + P_{i+1} \cdot \eta_{i+1} = \frac{v}{a}\eta_i + \frac{u}{a}\eta_{i+1}$$

Wegen $P = 1$ ist aber M_m die gesuchte Einflußordinate η, die unter der jeweiligen Stellung von P aufgetragen wird.

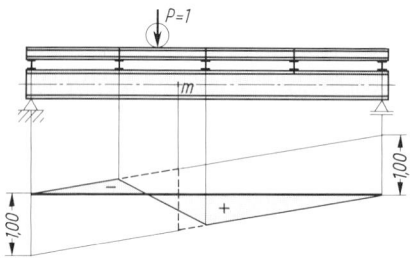

$\eta = \dfrac{v}{a}\eta_i + \dfrac{u}{a}\eta_{i+1}$ läßt sich nun sehr leicht geometrisch deuten; wir erhalten es, wenn wir die Ordinaten unter den Querträgern η_i und η_{i+1} geradlinig verbinden (**8.25**a).

Wir können demnach ganz allgemein feststellen: Bei mittelbarer Belastung verläuft die Einflußlinie von Querträger zu Querträger geradlinig.

8.26 Q_m-Linie bei mittelbarer Belastung

Zwischen den anderen Querträgern links von i und rechts von $i+1$ ist das ohnehin der Fall; dort ergibt sich also wegen mittelbarer Belastung keine Änderung.

Die abgeleitete Regel gilt für alle Arten von Einflußlinien; Bild **8.26** zeigt eine Q-Linie bei mittelbarer Belastung.

8.5   Die Linien der größten Biegemomente und der größten und kleinsten Querkräfte

Nachdem wir mit Hilfe der Einflußlinien für eine ausgewählte Reihe von Punkten (Bemessungspunkte, z.B. Viertelspunkte, Sechstelspunkte, Achtelspunkte ...) das größte Biegemoment aus lotrechter Verkehrslast $\max M_p$ ermittelt haben, fügen wir das jeweilige Moment aus ständiger Last M_g hinzu, tragen die Summe $M_g + \max M_p$ im zugehörigen Punkt als Ordinate an und verbinden die Ordinaten aller ausgewählten Punkte durch eine Kurve. Dadurch erhalten wir die Linie der größten Biegemomente, die auch $\max M$-Linie oder Grenzlinie der Momente genannt wird.

Da die Momenteneinflußlinien sämtlicher Punkte des einfachen Trägers auf zwei Lagern nur positive Ordinaten aufweisen, ist das kleinste Moment aus Verkehrslast immer gleich Null: $\min M_p = 0$; bei Berücksichtigung der ständigen Last ist $\min M = M_g > 0$.

Bei der Querkraft liegen die Verhältnisse nicht so einfach: Jeder Punkt zwischen den Lagerpunkten a und b hat in seiner Q-Linie eine negative und eine positive Beitragsstrecke; für jeden dieser Punkte gibt es also ein $\max Q_p > 0$ und ein $\min Q_p < 0$.

Um die Linien der größten und kleinsten Querkräfte (= Grenzlinie der Querkräfte) zu erhalten, zeichnen wir zunächst die Q_g-Fläche und tragen dann von ihrer Begrenzungslinie aus die Größen $\max Q_p$ und $\min Q_p$ an.

An zwei einfachen Beispielen sollen diese Ausführungen veranschaulicht werden:

Beispiel 2 Linien der größten Momente und größten und kleinsten Querkräfte für einen einfachen Träger auf zwei Lagern mit ständiger Last g (Gleichlast) und einer wandernden Einzellast P.

Lastfall g $A = B = g \cdot l/2 \qquad Q_g(x) = g \cdot l/2 - g \cdot x \qquad M_g(x) = \dfrac{g \cdot l}{2}x - \dfrac{g \cdot x^2}{2} = \dfrac{g}{2}x(l-x)$

Die Zustandsflächen der Querkraft und des Moments sind in Bild **8.**27 aufgezeichnet.

Lastfall P. Für den beliebigen Punkt m ist

$$\max Q_{mP} = + P\,\frac{x'_m}{l} \quad \text{mit} \quad l \geqq x'_m \geqq 0 \qquad \min Q_{mP} = - P\,\frac{x_m}{l} \quad \text{mit} \quad 0 \leqq x_m \leqq l$$

Die Last P wird für $\max Q_m$ unmittelbar rechts von m, für $\min Q_m$ unmittelbar links von m aufgestellt (**8.**28).

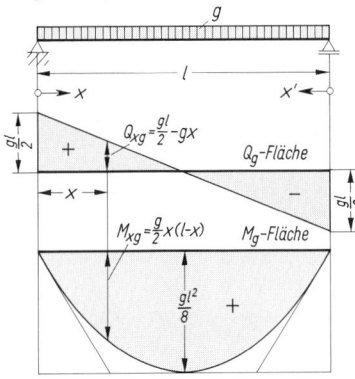

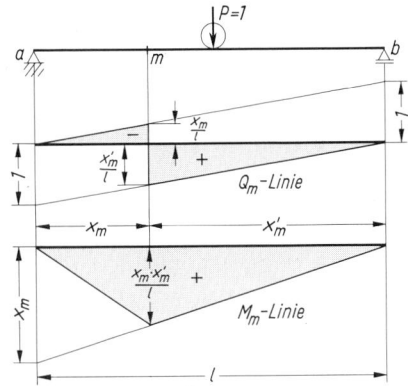

8.27 Lastfall g

8.28 Einflußlinien für die Behandlung des Lastfalles P

Die Linie der $\max Q_p$ ist in diesem Beispiel eine G e r a d e, die im Auflager b mit der Ordinate 0 beginnt und im Auflager a die Ordinate $+ P$ erreicht. Die Linie $\min Q_p$ beginnt in a mit 0 und hat in b den Wert $- P$.

Für das g r ö ß t e M o m e n t aus der E i n z e l l a s t P steht diese jeweils im Aufpunkt über der größten Ordinate der jeweiligen Einflußlinie, so daß sich ergibt

$$\max M_P = P\,\frac{x_m \cdot x'_m}{l} = \frac{P \cdot x_m(l - x_m)}{l} = \frac{P \cdot l}{4}\frac{4}{l}\frac{x_m(l - x_m)}{l} = \frac{P \cdot l}{4}\frac{4}{l^2}x_m(l - x_m)$$

mit $\qquad 0 \leqq x_m \leqq l$

In der letzten Formel ist $P \cdot l/4$ das ü b e r h a u p t g r ö ß t e M o m e n t a u s P, welches in Trägermitte $(x_m = l/2)$ bei Laststellung P in Trägermitte auftritt; $\dfrac{4}{l^2}x_m(l - x_m) =$

$= 4\,\dfrac{x_m}{l}\dfrac{l - x_m}{l} = 4\,\xi_m\,\xi'_m$ ist die Gleichung der E i n h e i t s p a r a b e l, die der $q \cdot l^2/8$-Parabel ähnlich ist, jedoch die größte Ordinate 1 aufweist. Die Linie der größten Biegemomente infolge einer wandernden Einzellast ist also eine q u a d r a t i s c h e P a r a b e l. Mit $P = 1$ enthält diese Parabel übrigens die S p i t z e n sämtlicher M o m e n t e n e i n f l u ß l i n i e n des einfachen Trägers auf zwei Lagern (**8.**29).

Die Ü b e r l a g e r u n g der M o m e n t e und Q u e r k r ä f t e aus den Lastfällen g und P ist in Bild **8.**30 aufgetragen.

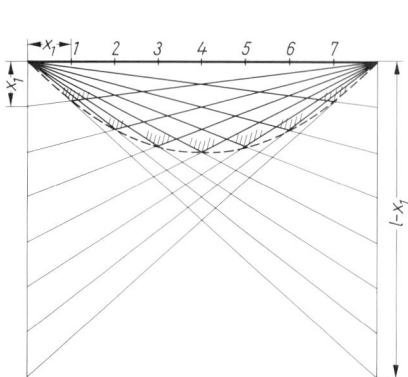

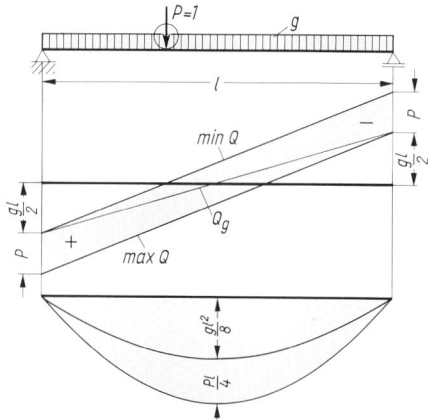

8.29 M-Einflußlinien der Achtelspunkte und Spitzenkurve $x(l - x)/l$

8.30 Grenzlinien der Querkräfte und Momente

Beispiel 3   Grenzlinien der Momente und Querkräfte für einen einfachen Träger auf zwei Lagern mit Gleichlasten g (ständige Last) und p (Verkehrslast)

Lastfall g: s. Beisp. 1.

Lastfall p: Einflußlinien s. Bild **8**.28. Für maxQ_m wird die positive, für minQ_m die negative Beitragsstrecke belastet; es ergibt sich

$$\max Q_m = p \cdot A_{+,m} = p \frac{1}{2} \frac{x'_m}{l} x'_m = \frac{p}{2l} (x'_m)^2 \qquad \text{mit} \qquad l \geqq x'_m \geqq 0$$

$$\min Q_m = p \cdot A_{-,m} = -p \frac{1}{2} \frac{x_m}{l} x_m = -\frac{p}{2l} (x_m)^2 \qquad \text{mit} \qquad 0 \leqq x_m \leqq l$$

maxQ_m und minQ_m ergeben sich als F u n k t i o n e n 2. G r a d e s (quadratische Parabeln) in Abhängigkeit von den Abszissen x'_m (positiv vom Lager b nach links) und x_m (positiv vom Lager a nach rechts); die Parabelscheitel liegen in den jeweiligen Nullpunkten der Abszissen, d.h. für maxQ_m in b, für minQ_m in a. Dem Betrage nach erreichen beide Funktionen den gleichen größten Wert

$$\frac{p}{2l} l^2 = \frac{p \cdot l}{2} = A_p = B_p$$

Wie in Beisp. 1 müssen die Linien der größten und kleinsten Querkräfte aus p der Q_g-Linie überlagert werden, was in Bild **8**.31 geschehen ist.

Wir wollen an dieser Stelle unterstreichen, daß der Anteil der Verkehrslast in dieser Grenzlinie aus der A u s w e r - t u n g v o n E i n f l u ß l i n i e n stammt, wobei T e i l b e l a s t u n g e n des ein- fachen Trägers angesetzt wurden.

Um maxM_m zu erhalten, ist für a l l e P u n k t e m des Trägers V o l l b e l a - s t u n g mit p maßgebend, da alle M_m- Linien nur positive Ordinaten besit- zen. In diesem Falle ist der Anteil der

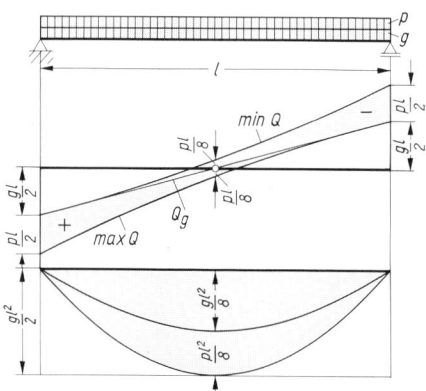

8.31 Extremwerte der Querkraft und des Biege- momentes bei Gleichlasten g und p

Beispiel 3 Verkehrslast an der Linie der größten Momente gleich der Momentenfläche (Zustandsflä-
Forts.   che) für Vollbelastung mit p

$$\max M_\mathrm{m} = p \cdot A = p\, \frac{1}{2}\, \frac{x_\mathrm{m} \cdot x'_\mathrm{m}}{l}\, l = \frac{p \cdot x_\mathrm{m} \cdot x'_\mathrm{m}}{2} = \frac{p \cdot x_\mathrm{m}(l - x_\mathrm{m})}{2} = \frac{p \cdot l^2}{8}\, \frac{4}{l^2}\, x_\mathrm{m}(l - x_\mathrm{m})$$

mit. $0 \leqq x_\mathrm{m} \leqq l$

Der erste Faktor ist das überhaupt größte Moment aus p, das in Trägermitte auftritt, der
zweite Faktor ist wieder die Gleichung der E i n h e i t s p a r a b e l. Die Gleichung für max M_m
infolge p ist hier also identisch mit der bekannten Gleichung für M_x infolge von Vollbelastung mit p. Die Grenzlinie der Momente ist die $(g + p)\, l^2/8$-Parabel und ebenfalls in Bild
8.31 aufgezeichnet.

8.6   Die Ermittlung der Einflußlinien mit der kinematischen Methode

8.6.1   Erläuterung des Verfahrens

Ein schnelles und sehr anschauliches Verfahren zur Gewinnung der Einflußlinien ergibt
sich aus dem S a t z v o n L a n d; wir wollen mit dieser kinematischen Methode die Einflußlinien der Lagerkräfte, Momente und Querkräfte von Trägern auf zwei Lagern mit Kragarmen und von Gelenkträgern ermitteln.

Das Prinzip des Verfahrens besteht darin, das Tragwerk durch einen gedachten Eingriff
e i n f a c h b e w e g l i c h zu machen: Es wird in eine „zwangläufige kinematische Kette"
verwandelt, bei der die Bahnkurven aller Punkte eindeutig vorgeschrieben sind; ein solches
System kann nur e i n e Art von Bewegung ausführen.

Der gedachte Eingriff wird bestimmt von der statischen Größe, deren Einflußlinie wir
suchen.

Wollen wir die Einflußlinie einer l o t r e c h t e n L a g e r k r a f t ermitteln, so machen wir in
Gedanken das betrachtete Lager l o t r e c h t v e r s c h i e b l i c h.

Suchen wir die Einflußlinie des B i e g e m o m e n t s im Punkt m, so beseitigen wir in
Gedanken dort die B i e g e s t e i f i g k e i t, ohne die Übertragung von Querkräften und
Längskräften zu behindern: wir führen im Punkt m ein G e l e n k ein.

Fragen wir nach der Einflußlinie der Q u e r k r a f t im Punkt
m, so heben wir dort in Gedanken die Möglichkeit auf, eine
Querkraft zu übertragen, ohne die Weiterleitung von Momenten
und Längskräften zu beeinträchtigen. Das geschieht durch die
Einführung einer „Querkraft-Nullstelle", die auch „Querkraftgelenk" oder „Querkraft-Nullfeld" genannt wird. Sie läßt sich
durch ein Gelenkviereck nach Bild **8.**32 veranschaulichen.

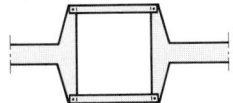

8.32 Querkraft-Nullstelle
(M und N können
übertragen werden)

Der Vollständigkeit halber wollen wir erwähnen, daß zur Ermittlung der Einflußlinie einer
L ä n g s k r a f t im betrachteten Punkt eine „Längskraft-Nullstelle" gedacht wird (**8.**33), die
die Übertragung von Biegemomenten und Querkräften nicht behindert, die Weiterleitung
von Längskräften aber ausschließt.

Der zwangläufigen kinematischen Kette erteilen wir nun eine g e d a c h t e („virtuelle" =
„der Möglichkeit nach vorhandene") V e r s c h i e b u n g oder V e r d r e h u n g von der
Größe 1 (einheitenlos), und zwar e n t g e g e n der positiven Richtung der gesuchten statischen Größe.

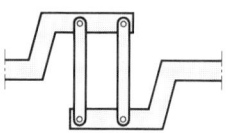

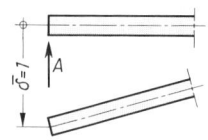

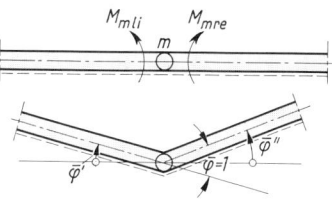

8.33 Längskraft-Nullstelle (M und Q können übertragen werden)

8.34 Virtuelle Verschiebung eines Lagerpunktes

8.35 Virtueller Knick zur Ermittlung der M_m-Linie

Die virtuelle Verschiebungsgröße müssen wir uns so klein vorstellen, daß sie keinen Einfluß auf die Gleichgewichtsbedingungen der äußeren Kräfte und der Schnittgrößen ausübt: Wir wollen nämlich auch weiterhin mit den Maßen des unverformten Systems arbeiten (Theorie I. Ordnung).

Im einzelnen sehen die virtuellen Verschiebungsgrößen folgendermaßen aus:

Suchen wir die Einflußlinie für eine lotrechte Lagerkraft, so verschieben wir deren Angriffspunkt um $\bar{\delta} = 1$ nach unten – durch das Überstreichen von δ wollen wir ausdrücken, daß eine virtuelle Verschiebung vorliegt (**8.34**).

Wollen wir die Einflußlinie für das Moment M_m ermitteln, so erzeugen wir im Punkt m einen Knick von der Größe $\bar{\varphi} = 1$, wobei die beiden Tragwerksteile links und rechts des gedachten Gelenks entgegen der Richtung der angreifenden Schnittgröße gedreht werden (**8.35**). Sollte einer der beiden Teile nicht beweglich sein, so wird nur der andere „bewegt", das heißt in diesem Falle, er wird um das Gelenk in m gedreht (**8.36**).

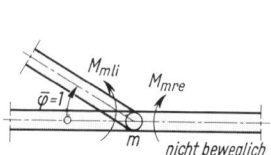

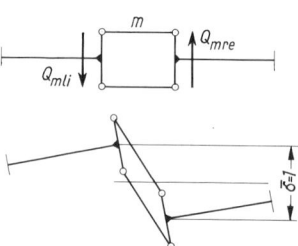

8.36 Virtueller Knick (eine Seite nicht beweglich)

8.37 Virtuelle Verschiebung zur Ermittlung der Q_m-Linie

Bei der Bestimmung der Einflußlinie der Querkraft Q_m erzeugen wir eine Klaffung $\bar{\delta} = 1$ zwischen den beiden Tragwerksteilen links und rechts von m, und zwar wird der linke Teil nach oben, der rechte nach unten verschoben (**8.37**). Die Eigenart des „Querkraftgelenks" sorgt dann dafür, daß die beiden Tragwerksteile unmittelbar links und rechts von m parallel bleiben.

Damit sind wir schon fertig: Nach der virtuellen Verrückung ist nämlich die Achse des Tragwerks gleich der Einflußlinie – wie gewohnt sind positive Ordinaten nach unten abgetragen.

Bevor wir uns mit dem Beweis dieser Behauptung befassen, wollen wir das neue Verfahren an zwei Beispielen weiter erläutern.

8.6.2 Einflußlinien des Einfeldträgers mit Kragarmen

1. Einflußlinien der Lagerkräfte (8.38). Die lotrechte Verschiebung 1 des Lagerpunktes *a* nach unten führt zu einer D r e h u n g des gesamten Trägers u m d a s L a g e r *b*. Für den l i n k e n K r a g a r m ergeben sich dadurch Einflußordinaten, die g r ö ß e r a l s 1 sind. Wir wollen unterstreichen, daß die gedachte Verschiebung 1 und damit auch jede Einflußordinate η e i n h e i t e n l o s ist.

2. Einflußlinie des Momentes M_m für Punkte *m* zwischen *a* und *b*. Der Punkt *m* mit dem gedachten Gelenk wird so weit nach u n t e n verschoben, bis der Träger einen Knick von der Größe $\bar{\varphi} = 1 = 1$ rad aufweist; das ist der Fall, wenn die Verlängerungen der Trägerstücke links und rechts von *m* unter den Lagern *b* und *a* die Ordinaten x'_m und x_m abschneiden. Wir haben dann wieder näherungsweise mit der Formel

$$\text{Winkel im Bogenmaß} = \text{Winkel in rad} = \frac{\text{Bogen}}{\text{Halbmesser}}$$

$$= \frac{x_\mathrm{m}}{x_\mathrm{m}} = 1 \quad (\text{links von } m) \qquad = \frac{x'_\mathrm{m}}{x'_\mathrm{m}} = 1 \quad (\text{rechts von } m)$$

gearbeitet. Bei der gedachten Bewegung dreht sich der l i n k e Trägerteil im U h r z e i g e r s i n n um das Lager *a*, der r e c h t e Trägerteil gegen den Uhrzeigersinn um das Lager *b*.

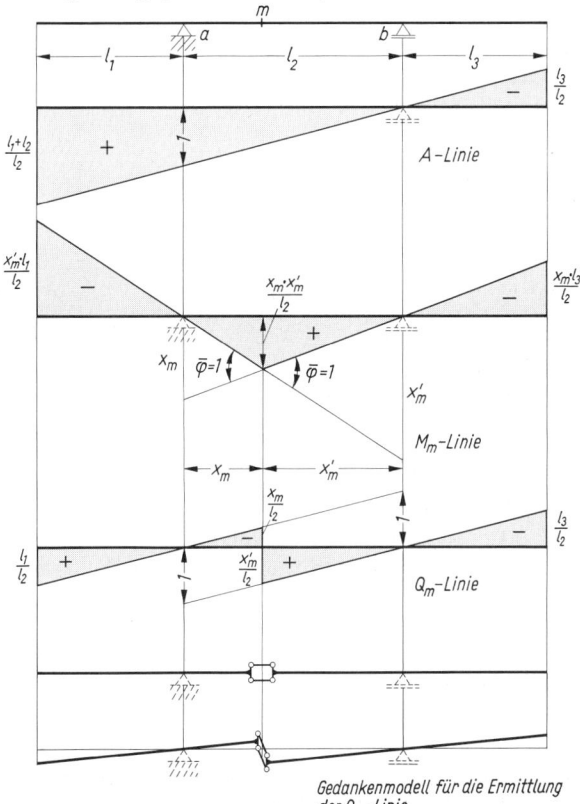

8.38
Einflußlinien für
Punkte *m* zwischen
den Lagern *a* und *b*

Die größte Ordinate ergibt sich wie beim Träger ohne Kragarme zu $\max \eta = x_{\mathrm{m}} \cdot x'_{\mathrm{m}}/l_2$, während die negativen Ordinaten an den Kragarmenden die Werte $-x'_{\mathrm{m}} \cdot l_1/l_2$ und $-x_{\mathrm{m}} \cdot l_3/l_2$ annehmen (**8.38**).

3. Einflußlinie der Querkraft Q_{m} für Punkte m zwischen a und b. Die gegenseitige Verschiebung 1 im „Querkraftgelenk" führt zum S p r u n g von der Größe 1 (einheitenlos) in m b e i P a r a l l e l i t ä t der Trägerstücke links und rechts von m. Die Ve r l ä n g e r u n g e n der Trägerstücke schneiden unter a und b die Ordinaten $+1$ und -1 ab, und an den K r a g - a r m e n d e n ergeben sich die Ordinaten $+l_1/l_2$ und $-l_3/l_2$. Wie bei der M_{m}-Linie dreht sich jeder Trägerteil um das Lager, das ihn unterstützt; bei der Q_{m}-Linie folgen jedoch beide Teile demselben Drehsinn (**8.38**).

4. Einflußlinien der Momente und Querkräfte für Punkte auf den Kragarmen (8.39). Hier ist auch nach Einführung eines Gelenkes oder einer Querkraft-Nullstelle der e i n e Te i l des Trägers u n b e w e g l i c h, weil ihn die beiden Lager a und b unterstützen. Der Knick mit dem Winkel $\bar{\varphi} = 1$ bei der Momenteneinflußlinie oder der Sprung $\bar{\delta} = 1$ bei der Querkrafteinflußlinie kann dann nur durch eine Bewegung des a n d e r e n Teils zustande kommen. Da sich von Null verschiedene Einflußordinaten nur aus der B e w e g u n g eines Trägerteiles ergeben, hat die Einflußlinie im Bereich eines unbeweglichen Trägerteiles durchgehend die Ordinate $\eta = 0$: Eine Last, die sich auf diesem Trägerteil bewegt, hat auf die betrachtete Schnittgröße in den Punkten r oder s keinen Einfluß.

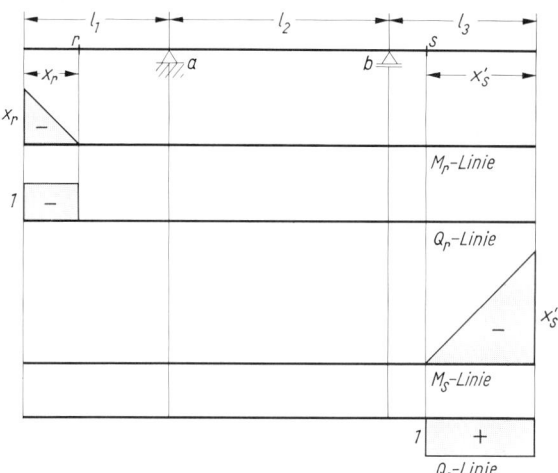

8.39
Einflußlinien für Punkte auf den
Kragarmen

In Bild **8.**39 sind die Einflußlinien der Momente und Querkräfte für die Punkte r und s auf dem linken und rechten Kragarm aufgezeichnet:

Um die M_r- und M_s-Linie darzustellen, d r e h e n s i c h d i e K r a g a r m e n d e n um die Punkte r und s, und zwar so weit, bis die „Außenstrecken" x_r und x'_s auftreten ($\bar{\varphi} = 1$ rad);

Q_r- und Q_s-Linie entstehen durch P a r a l l e l v e r s c h i e b u n g der Kragarmenden um $\delta = 1$ entgegen der Richtung der positiven Querkraft.

Bei m i t t e l b a r e r Belastung gilt auch hier, daß die Einflußlinien zwischen Querträgern g e r a d l i n i g verlaufen. S p i t z e n zwischen zwei Querträgern werden a b g e s c h n i t t e n, ein S p r u n g wird durch die d i r e k t e Ve r b i n d u n g der positiven Ordinate unter dem einen und der negativen Ordinate unter dem anderen Querträger ersetzt.

8.6.3   Einflußlinien von Gerberträgern (Gelenkträgern)

Zunächst sollen die Gerberträger behandelt werden, die aus a b w e c h s e l n d a n g e o r d n e -
t e n T r ä g e r n m i t K r a g a r m e n u n d e i n g e h ä n g t e n T r ä g e r n bestehen. Innenfelder
mit eingehängten Trägern besitzen zwei Gelenke, in Endfeldern mit eingehängten Trägern
ist nur ein Gelenk möglich. Wenn man von den Endfeldern mit eingehängten Trägern
absieht, besitzen diese Gerberträger i n j e d e m z w e i t e n F e l d z w e i G e l e n k e (**8.40**).

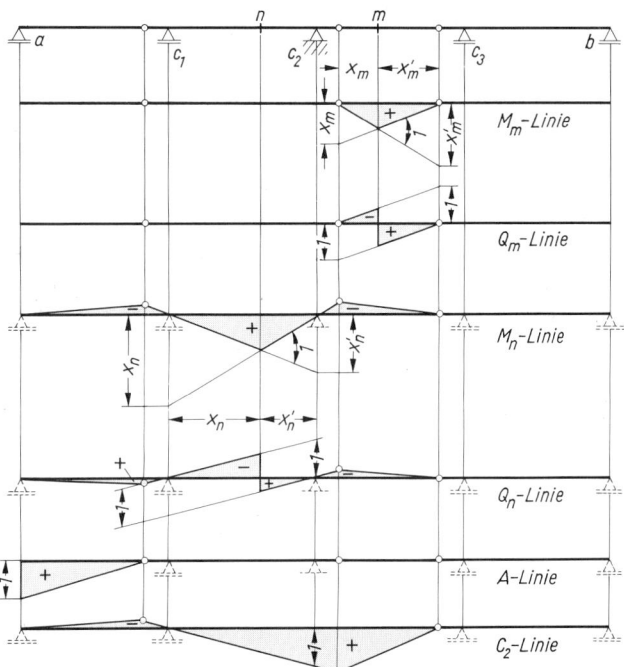

8.40
Einflußlinien eines
Gerberträgers

Bei einem solchen System werden Lasten, die auf einem T r ä g e r m i t K r a g a r m e n stehen,
o h n e B e a n s p r u c h u n g v o n e i n g e h ä n g t e n T r ä g e r n o d e r a n d e r e n T r ä g e r n
m i t K r a g a r m e n in die Lager dieses Trägers mit Kragarmen geleitet. Die Einflußlinien
für Punkte eines e i n g e h ä n g t e n T r ä g e r s erstrecken sich demnach n i c h t a u f d i e u n t e r -
s t ü t z e n d e n T r ä g e r m i t K r a g a r m e n, sondern beschränken sich auf den betrachteten
eingehängten Träger selbst – es sind die bekannten Einflußlinien des einfachen Trägers auf
zwei Lagern.

Lasten auf einem i n n e r e n E i n h ä n g e t r ä g e r können dagegen n i c h t o h n e die Mitwir-
kung von z w e i T r ä g e r n m i t K r a g a r m e n in die Erdscheibe abgeleitet werden; sie
erzeugen Gelenkdrücke, die die beiden unterstützenden Träger mit Kragarmen belasten.
Ein am Ende angeordneter Einhängeträger gibt sinngemäß seine Lasten an das Endauflager
und den ihn unterstützenden Träger mit Kragarmen ab. Die Einflußlinien von Punkten
eines T r ä g e r s m i t K r a g a r m e n reichen darum auch über den oder die anschließenden
e i n g e h ä n g t e n T r ä g e r hinweg. Diese Überlegungen leuchten sofort ein, wenn man die
Einflußlinien mit Hilfe der kinematischen Methode ermittelt; dafür sind in Bild **8.40** einige
Beispiele gegeben.

Eine andere Möglichkeit der Gelenkanordnung bei Gerberträgern zeigt Bild **8.**41: Von einem Feld abgesehen, besitzt hier j e d e s F e l d e i n G e l e n k. Ein solcher Träger (Koppelträger) hat eine g e r i n g e r e K a t a s t r o p h e n s i c h e r h e i t als ein Träger nach Bild **8.**40: Beim Einsturz des einzigen Trägers mit Kragarm in Bild **8.**41 fällt der ganze Gelenkträger zusammen, während im System nach Bild **8.**40 der Einsturz eines stabilisierenden Trägers mit Kragarmen nur die beiden anschließenden Einhängeträger in Mitleidenschaft zieht. Gelenkanordnungen nach Bild **8.**41 werden daher n u r i m H o l z b a u bei S p a r r e n - p f e t t e n verwendet, weil sie g ü n s t i g e r e S c h n i t t l ä n g e n für die Hölzer ergeben. Wenn man die Gelenke der einzelnen Pfettenstränge abwechselnd in der linken und rechten Hälfte der Felder anordnet, erreicht man in Verbindung mit einer Dachschalung auch eine ausreichende Katastrophensicherheit.

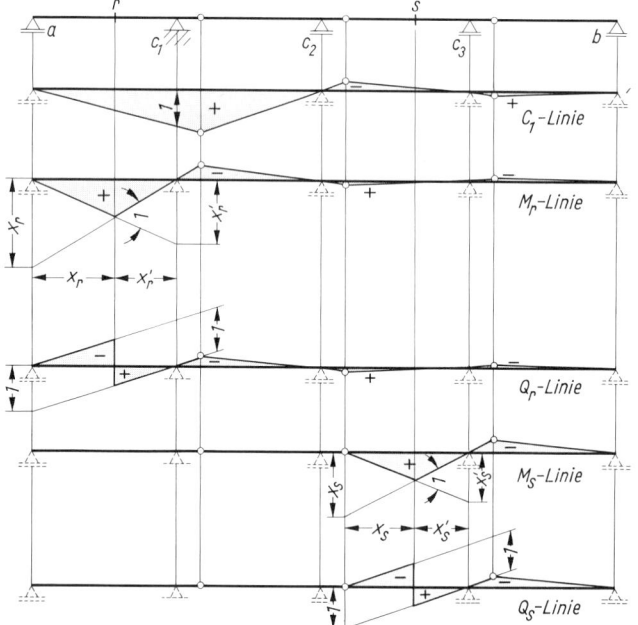

8.41
Einflußlinien eines Gerberträgers

8.6.4 Hinweis auf die theoretischen Grundlagen des Verfahrens

An dieser Stelle soll nur ein kurzer Hinweis auf die theoretischen Grundlagen der kinematischen Methode zur Bestimmung von Einflußlinien gegeben werden. Eine ausführliche Darstellung befindet sich in Teil 3 (Abschn. 1.3.6 und 7.4.3) der „Praktischen Baustatik".

Das hier erläuterte Verfahren ergibt sich aus der Anwendung des „Prinzips der virtuellen Verschiebungsgrößen", das in der Baustatik eine große Rolle spielt. Bei seinem Gebrauch wird einem belasteten, im Gleichgewicht befindlichen System eine unendlich kleine, gedachte, mit den Lagerbedingungen verträgliche (virtuelle) Verschiebung oder Verdrehung erteilt. Diese Verschiebung oder Verdrehung ist nicht die Folge der vorhandenen Belastung, sondern völlig unabhängig von ihr; die virtuelle Verschiebung oder Verdrehung wird auch erst erteilt, wenn die Formänderungen aus der Belastung bereits eingetreten sind.

Bei der Ermittlung von Einflußlinien statisch bestimmter Systeme haben wir das Prinzip der virtuellen Verrückungen auf Träger angewendet, die wir zuvor durch Wegnahme einer lotrechten Abstützung, durch Einführung eines Gelenkes oder durch Anbringen einer Querkraftnullstelle e i n f a c h b e w e g l i c h gemacht hatten; wir erteilten also einer k i n e - m a t i s c h e n K e t t e eine unendlich kleine Bewegung. Diese Bewegung war möglich, o h n e daß sich die Teile der kinematischen Kette zu v e r f o r m e n b r a u c h t e n.

In solchen Fällen spielt die V e r f o r m b a r k e i t der Träger k e i n e R o l l e; wir können so tun, als ob unsere Träger v ö l l i g s t a r r wären, und sprechen deswegen von der Anwendung des Prinzips der virtuellen Verrückungen auf s t a r r e K ö r p e r.

Später werden wir das Prinzip der virtuellen Verschiebungsgrößen zur Ermittlung der E i n f l u ß l i n i e n s t a t i s c h u n b e s t i m m t e r S y s t e m e benutzen. Diese sind nach Weg-nahme einer Abstützung oder nach Einführung eines Gelenks oder einer Querkraftnullstelle s t a t i s c h b e s t i m m t oder noch immer s t a t i s c h u n b e s t i m m t. In beiden Fällen kann eine virtuelle Verschiebungsgröße nur dadurch erzeugt werden, daß sich die Systeme v e r - f o r m e n. Wir sprechen dann von der Anwendung des Prinzips der virtuellen Verschie-bungsgrößen auf e l a s t i s c h e T r a g w e r k e.

Für die belastete kinematische Kette, an der zwischen Lasten, Lagerkräften und der gesuchten Schnittgröße S G l e i c h g e w i c h t herrscht, gilt nun erfahrungsgemäß, daß bei einer virtuellen Verschiebung oder Verdrehung k e i n e A r b e i t geleistet wird: Die Summe der von Lagerkräften, Lasten und der gesuchten Schnittgröße S geleisteten Arbeit ist gleich N u l l. Da hier wirkliche Kräfte und Schnittgrößen auf virtuellen Wegen δ Arbeit leisten, entsteht v i r t u e l l e A r b e i t. Wir kennzeichnen die virtuellen Größen durch Überstreichen und schreiben

$$\Sigma \, \overline{W} = \Sigma(P \cdot \overline{\delta}) + S\overline{\delta}_s = 0$$

Damit haben wir zum ersten Mal in unsere Betrachtungen die A r b e i t einbezogen.

Zur v i r t u e l l e n A r b e i t, die bei virtuellen Verschiebungen oder Verdrehungen geleistet wird, liefert zunächst einmal die g e s u c h t e S t ü t z- o d e r S c h n i t t g r ö ß e einen Beitrag. Dabei wollen wir gleich beachten, daß nach unserer Annahme die Verschiebung bei Lager- und Querkräften und die Verdrehung beim Moment e n t g e g e n d e r p o s i t i v e n R i c h - t u n g der gesuchten Größe erfolgt. Daraus folgt, daß die gesuchte Größe n e g a t i v e v i r t u e l l e A r b e i t leistet. Die Größe dieser Arbeit wird für die Lagerkraft A (**8.42**)

$$- A \cdot \overline{\delta} = - A \cdot 1$$

für das Moment M_m (**8.43**)

$$- M_{mli} \cdot \overline{\varphi}_{li} - M_{mre} \cdot \overline{\varphi}_{re} = - M_m \cdot \overline{\varphi} = - M_m \cdot 1$$

für die Querkraft Q_n (**8.44**)

$$- Q_{nli} \cdot \overline{\delta}_{li} - Q_{nre} \cdot \overline{\delta}_{re} = - Q_n \cdot \overline{\delta} = - Q_n \cdot 1$$

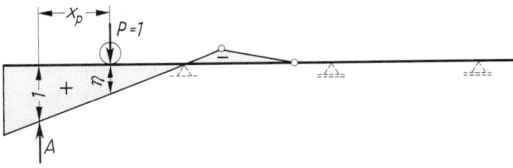

8.42
Arbeit bei der virtuellen
Verrückung des Lagers A

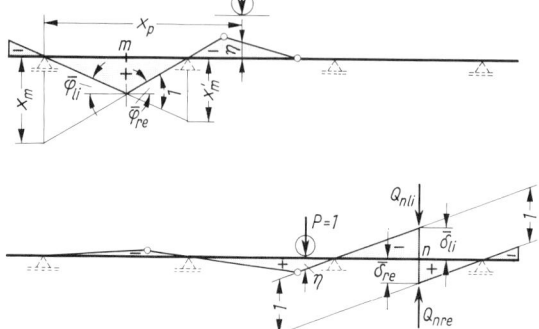

8.43
Arbeit in Zusammenhang
mit der Einflußlinie für M_m

8.44
Arbeit in Zusammenhang
mit der Einflußlinie für Q_m

Bei der Ermittlung von Einflußlinien geht in die Summe der virtuellen Arbeiten $(\Sigma \overline{W})$ nur noch ein weiterer Summand ein, nämlich der Beitrag der wandernden Einzel-last P.

Steht P an der Stelle x, so leistet sie virtuelle Arbeit auf dem virtuellen Wege $\eta(x)$ (**8.42** für die Lagerkraft A); wir können also schreiben

$$\Sigma \overline{W} = 0 = -A \cdot 1 + 1 \cdot \eta(x)$$

Nach den in der Baustatik üblichen Annahmen sind alle Größen in dieser Gleichung einheitenlos. Wir können diese Gleichung nun nach A auflösen und erhalten

$$A = \eta(x)$$

in Worten: **Der einheitenlose Zahlenwert der Lagerkraft A unter der Wirkung der einheitenlosen Last $P = 1$ an der Stelle x ist gleich der einheitenlosen Verschiebung $\eta(x)$, die der Träger an der Stelle x erfährt, wenn der Lagerpunkt a um 1 (einheiten-los) nach unten verschoben wird.**

Die virtuelle Arbeit im Zusammenhang mit der Einflußlinie eines Momentes erläutert Bild **8.43**. Wir erhalten aus

$$\Sigma \overline{W} = 0 = -M_m \cdot 1 + 1 \cdot \eta(x)$$
$$M_m = \eta(x)$$

Die Einflußordinate η ist in der Zahlenrechnung stets mit ihrem Vorzeichen einzusetzen. In Bild **8.44** steht $P = 1$ über einer negativen Beitragsstrecke, weil die Bewegung der kinematischen Kette in diesem Bereich nach oben gerichtete Ordinaten verursacht. Somit ist für diese Laststellung, weil $\eta(x)$ negativ ist, auch M_m negativ.

Schließlich zeigt die Betrachtung der virtuellen Verrückung eines statisch bestimmten Trägers mit Querkraftgelenk (**8.44**)

$$\Sigma \overline{W} = 0 = -Q_n \cdot 1 + 1 \cdot \eta(x)$$
$$Q_n = \eta(x)$$

8.7 Einflußlinien für Stabkräfte von einfachen Fachwerkträgern

Die Einflußlinien für die Stabkräfte von einfachen F a c h w e r k t r ä g e r n lassen sich aus den Einflußlinien der Biegemomente und Querkräfte von v o l l w a n d i g e n T r ä g e r n herleiten. Dabei werden die im Abschn. 6 entwickelten Gleichungen für die Stabkräfte von Fachwerkträgern benutzt.

8.7.1 Einflußlinien für Gurtstäbe

Nach den R i t t e rschen Schnittverfahren wird (**8.**45)

$$U_2 = \frac{M_K}{r_K} = \frac{M_K}{h_K \cdot \cos\beta_2}$$

In Abschn. 6 war M_K das Moment im Punkt K infolge einer unveränderlichen Belastung des Fachwerkträgers. Jetzt fassen wir M_K als E i n f l u ß l i n i e für das Moment im Punkt K auf und erhalten deswegen die Einflußlinie für U_2, indem wir die M_K-Linie mit dem Faktor $1/(h_K \cdot \cos\beta_2)$ malnehmen. Die U_2-Linie (**8.**45) hat demnach die Außenstrecken

$$\frac{x_K}{r_K} = \frac{x_K}{h_K \cdot \cos\beta_2}$$

$$\frac{x'_K}{r_K} = \frac{x'_K}{h_K \cdot \cos\beta_2}$$

Sinngemäß wird

$$O_2 = -M_F/r_F = -\frac{M_F}{h_F \cdot \cos\gamma_2}$$

Jetzt ist M_F kein unveränderliches Moment, sondern eine E i n f l u ß l i n i e, die durch Malnehmen mit dem Faktor $-\dfrac{1}{h_F \cdot \cos\gamma_2}$ zur O_2-Linie wird (**8.**45). Sie hat die Außenstrecken

$$\frac{x_F}{r_F} = \frac{x_F}{h_F \cdot \cos\gamma_2}$$

und

$$\frac{x'_F}{r_F} = \frac{x'_F}{h_F \cdot \cos\gamma_2}$$

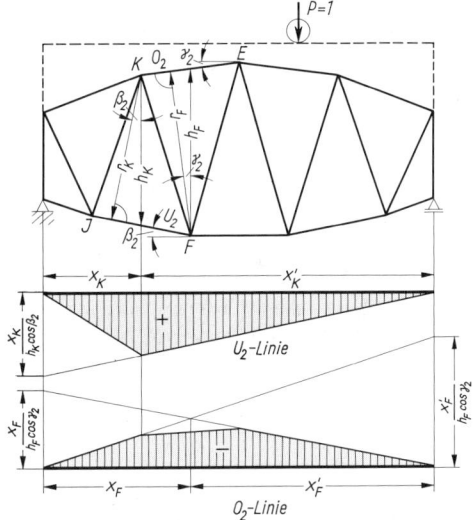

8.45 Einflußlinien für Gurtstäbe (Lastgurt oben, reines Strebenfachwerk)

Bei Fachwerkträgern greifen Verkehrslasten nur in den K n o t e n p u n k t e n des L a s tg u r t e s an: Hier sind die Q u e r t r ä g e r angeschlossen, die die F a h r b a h n l ä n g s t r ä g e r unterstützen. Damit liegt stets m i t t e l b a r e B e l a s t u n g vor; ihretwegen müssen auch bei Fachwerkträgern die Einflußlinien von Querträger zu Querträger geradlinig verlaufen. Bei dem reinen Strebenfachwerk nach Bild **8.**45 wird darum bei „Lastgurt oben" die Spitze der O_2-Linie a b g e s c h n i t t e n : Sie würde sonst zwischen den Querträgern K und E nicht geradlinig verlaufen. An der U_2-Linie ist k e i n e Ä n d e r u n g erforderlich, da ihre Spitze unter einem Querträger liegt (Lastgurt ist oben).

Umgekehrt muß bei „Lastgurt unten" die Spitze der U_2-Linie abgeschnitten werden, damit sie auch zwischen den Querträgern J und F geradlinig verläuft, während die O_2-Linie durch die mittelbare Belastung des unteren Gurtes keine Änderung erfährt und ihre Spitze unter F behält.

Liegt übrigens über oder unter einem Knoten des unbelasteten Gurtes stets ein Knoten des Lastgurtes, wie es beim Strebenfachwerk mit Pfosten oder beim Ständerfachwerk der Fall ist, so brauchen an den Einflußlinien keine Spitzen abgeschnitten zu werden (**8.46** und **8.47**).

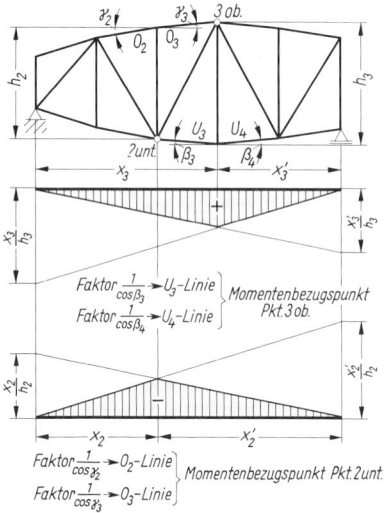

8.46 Strebenfachwerk mit Pfosten, Lastgurt oben oder unten

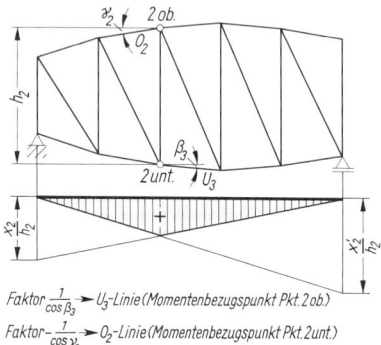

8.47 Ständerfachwerk, Lastgurt oben oder unten

8.7.2 Einflußlinien für Schrägstäbe

In Abschn. 6 haben wir für die Kraft in einem Schrägstab Gl. (6.5) abgeleitet

$$D \cdot \cos\varphi = \left(\frac{M}{h}\right)_{\text{Fuß}} - \left(\frac{M}{h}\right)_{\text{Kopf}}$$

Aus dieser Gleichung können wir die Einflußlinie von D gewinnen, wenn wir $M_{\text{Fuß}}$ und M_{Kopf} als Einflußlinien auffassen. Den Faktor $\cos\varphi$ lassen wir zweckmäßigerweise auf der linken Seite stehen, wir zeichnen also die $D \cdot \cos\varphi$-Linie. Erst nach der Auswertung teilen wir das Ergebnis noch durch $\cos\varphi$ und erhalten dadurch D.

Die $D \cdot \cos\varphi$-Linie ergibt sich als D i f f e r e n z z w e i e r M o m e n t e n e i n f l u ß l i n i e n, die zuvor noch durch je einen Faktor (h_{Kopf} oder $h_{\text{Fuß}}$) zu teilen sind. Die Außenstrecken der $D \cdot \cos\varphi$-Linie sind demnach die Differenzen der Außenstrecken zweier im Maßstab der Ordinaten veränderter Momenteneinflußlinien.

Bei einer steigenden Diagonalen eines Ständer- oder Strebenfachwerks ergibt sich (**8.**48)

$$D_{\mathrm{m}} \cdot \cos\varphi_{\mathrm{m}} = \frac{M_{\mathrm{m-1}}}{h_{\mathrm{m-1}}} - \frac{M_{\mathrm{m}}}{h_{\mathrm{m}}}$$

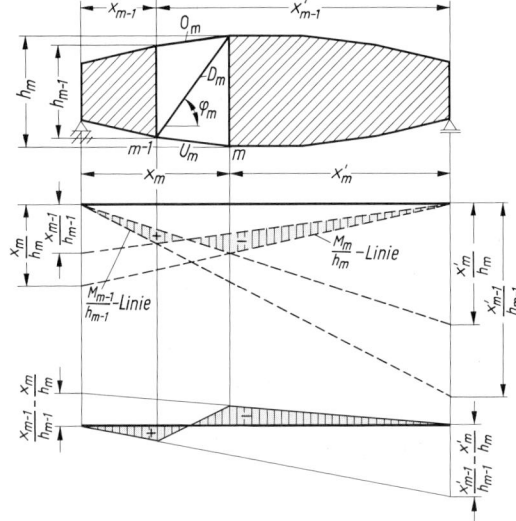

8.48
$D_{\mathrm{m}} \cdot \cos\varphi_{\mathrm{m}}$-Linie als Differenz der
$M_{\mathrm{m-1}}/h_{\mathrm{m-1}}$- und der $M_{\mathrm{m}}/h_{\mathrm{m}}$-Linie

und die Außenstrecken werden

links $\qquad \dfrac{x_{\mathrm{m-1}}}{h_{\mathrm{m-1}}} - \dfrac{x_{\mathrm{m}}}{h_{\mathrm{m}}}$

und rechts $\dfrac{x'_{\mathrm{m-1}}}{h_{\mathrm{m-1}}} - \dfrac{x'_{\mathrm{m}}}{h_{\mathrm{m}}}$

Für eine fallende Diagonale gilt entsprechend

$$D_{\mathrm{m}} \cdot \cos\varphi_{\mathrm{m}} = \frac{M_{\mathrm{m}}}{h_{\mathrm{m}}} - \frac{M_{\mathrm{m-1}}}{h_{\mathrm{m-1}}}$$

Außenstecke links

$$\frac{x_{\mathrm{m}}}{h_{\mathrm{m}}} - \frac{x_{\mathrm{m-1}}}{h_{\mathrm{m-1}}}$$

und rechts

$$\frac{x'_{\mathrm{m}}}{h_{\mathrm{m}}} - \frac{x'_{\mathrm{m-1}}}{h_{\mathrm{m-1}}}$$

Der Übergang von der positiven zur negativen Beitragsstrecke hat in beiden Fällen dieselbe Tendenz (steigend oder fallend) wie die Diagonale.

Neben diesem rechnerischen Verfahren der Ermittlung einer D-Einflußlinie gibt es noch einen teils zeichnerischen, teils rechnerischen Weg, der den Vorteil der größeren Anschaulichkeit hat (**8.49**). Um die Einflußlinie der Diagonalen D_2 zu ermitteln, führen wir den

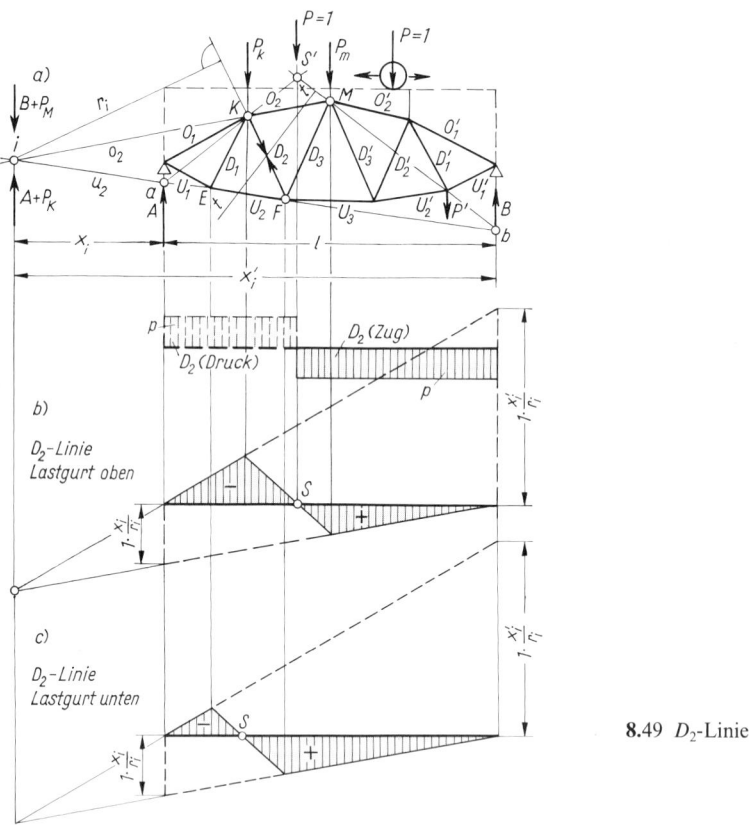

8.49 D_2-Linie

Schnitt $t - t$ und bringen die beiden vom Schnitt getroffenen Gurtstäbe O_2 und U_2 zum Schnitt im Punkt i. Steht jetzt bei Lastgurt oben die Last $P = 1$ r e c h t s vom K n o t e n -
p u n k t M, so betrachten wir den l i n k e n abgeschnittenen Teil, an dem neben O_2 und U_2 nur A angreift. Für i als Momentenbezugspunkt gilt dann

$$\Sigma M_i = 0 = D_2 \cdot r_i - A \cdot x_i$$

oder $\qquad D_2 = + A \, \dfrac{x_i}{r_i}$

Die D_2-Linie ist also r e c h t s v o n M gleich der mit x_i/r_i malgenommenen A-L i n i e.
Befindet sich die Last l i n k s v o n K, so erhalten wir für den r e c h t e n a b g e s c h n i t t e n e n
T e i l, an dem außer O_2 und U_2 nur B wirkt, wieder mit dem Momentenbezugspunkt i

$$\Sigma M_i = 0 = D_2 \cdot r_i + B \cdot x_i'$$

oder $\qquad D_2 = - B \, \dfrac{x_i'}{r_i}$

Die D_2-Linie ist demnach links von K gleich der mit $-x'_i/r_i$ malgenommenen B-Linie. Die Verlängerungen der $A \cdot x_i/r_i$-Linie und der $-B \cdot x'_i/r_i$-Linie schneiden sich unter dem Punkt i; der Übergang von der negativen zur positiven Beitragsstrecke erfolgt zwischen dem letzten Querträger des linken abgeschnittenen Teils und dem ersten Querträger des rechten abgeschnittenen Teils, bei Lastgurt oben also zwischen K und M (**8.**49 b), bei Lastgurt unten zwischen E und F (**8.**49 c).

Die Lage der Lastenscheide S läßt sich auch wie folgt bestimmen oder nachprüfen: Bei Lastgurt oben verlängert man den vom Schnitt $t - t$ getroffenen Untergurtstab bis zum Schnitt mit den Lagersenkrechten (Schnittpunkte a und b). Legt man nun zwei Geraden durch den Schnittpunkt a und den letzten Obergurtknoten K des linken abgeschnittenen Teils sowie den Schnittpunkt b und den ersten Obergurtknoten M des rechten abgeschnittenen Teils, so liegt der Schnittpunkt S' der beiden Geraden über der Lastenscheide S.

Der Beweis dieser Behauptung ergibt sich aus der Überlegung, daß der Linienzug $aKMb$ das Seileck zu den Kräften A, P_K, P_M und B ist; dabei sind P_K und P_M die Lagerkräfte der Querträger in K und M infolge der wandernden Einzellast $P = 1$ in S'. Sowohl die Resultierende der Kräfte A und P_K am linken abgeschnittenen Teil als auch die Resultierende der Kräfte P_M und B am rechten abgeschnittenen Teil gehen durch den Schnittpunkt der äußeren Seilstrahlen $KM = o_2$ und $ab = u_2$, also durch i. Für einen Kraftangriff in S' wird daher M_i und damit auch D_2 und die zugehörige Einflußordinate gleich Null.

Das Arbeiten mit dem Punkt i bringt nur dann eine Erleichterung, wenn i noch auf dem Zeichenblatt liegt oder wenn die Lage von i auf einfache Weise rechnerisch ermittelt werden kann.

Der Punkt i hat aber auch eine Bedeutung, wenn man x_i, x'_i und r_i nicht zur Konstruktion der D-Linie benutzt: Aus der Lage von i läßt sich ablesen, ob die zugehörige D-Linie zwei Beitragsstrecken mit unterschiedlichen Vorzeichen oder nur eine Beitragsstrecke aufweist.

Liegt i in den Lagerpunkten selbst oder zwischen ihnen, so tragen alle Einflußordinaten dasselbe Vorzeichen; befindet sich dagegen i außerhalb der Lagersenkrechten, so besitzt die D-Linie zwei Beitragsstrecken und eine Lastenscheide.

Der erste Fall ist an den Schrägstäben D_1 und D_2 eines Dreiecksbinders mit Lastgurt oben in Bild **8.**50 veranschaulicht.

Zum Schluß des Abschnitts über die Schrägstäbe wollen wir den Paralleltäger betrachten, bei dem der Punkt i im Unendlichen liegt. Die Gleichungen für die Stabkräfte infolge ruhender Belastung haben wir in Abschn. 6 aus der Komponentengleichung $\Sigma V = 0$ entwickelt:

$$D_{\text{fallend}} = \frac{Q}{\sin \alpha}$$

$$D_{\text{steigend}} = -\frac{Q}{\sin \alpha}$$

Auch hier brauchen wir zur Ermittlung der Einflußlinien die Gleichungen für die Stabkräfte nur umzudeuten: Q ist nicht die unveränderliche Querkraft aus einer ruhenden Belastung, sondern die bekannte Einflußlinie mit den Außenstrecken ± 1. Die D-Linie hat demnach die Außenstrecken $\pm 1/\sin \alpha$ (**8.**51). Der Übergang von einer Beitragsstrecke zur anderen hat wieder dieselbe Tendenz (steigend oder fallend) wie die Diagonale selbst.

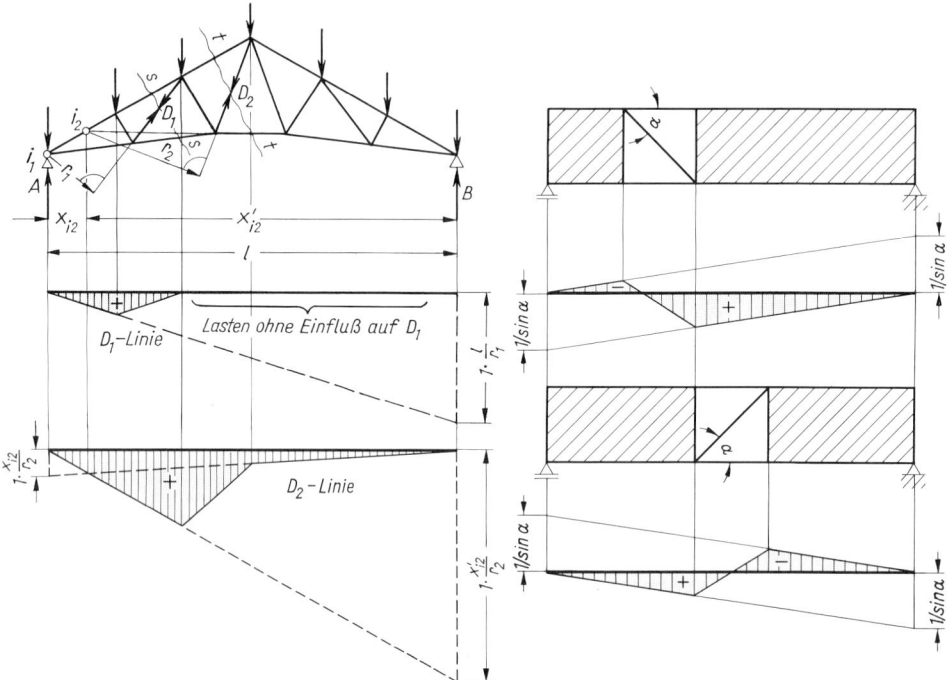

8.50 Einflußlinien für Schrägstäbe bei Dreiecks-
bindern (Lastgurt oben)

8.51 Einflußlinien fallender und steigender Diagonalen beim Parallelträger

8.7.3   Einflußlinien für Vertikalstäbe

Hier ergeben sich für die Vertikalstäbe eines S t ä n d e r f a c h w e r k s ganz andere Formeln
als für die Pfosten eines S t r e b e n f a c h w e r k s. Bei beiden Fachwerken hat die L a g e d e s
L a s t g u r t e s einen Einfluß auf die Form der V-Linie.

Vertikalstäbe des Ständerfachwerks. Auch bei diesen Stäben greifen wir auf die Gleichungen
für die Stabkräfte infolge ruhender Belastung zurück, die wir in Abschn. 6.7.2 abgeleitet
haben. F ü r w a a g e r e c h t e n L a s t g u r t o b e n und f a l l e n d e S t r e b e n fanden wir dort
die Gleichung

$$V_{\mathrm{m}} = -P_{\mathrm{m}} + \frac{h_{\mathrm{m}+1}}{a_{\mathrm{m}+1}}\left(\frac{M_{\mathrm{m}}}{h_{\mathrm{m}}} - \frac{M_{\mathrm{m}+1}}{h_{\mathrm{m}+1}}\right)$$

Die r u n d e K l a m m e r in dieser Gleichung erinnert an die Einflußlinie für einen Schräg-
stab: Sie enthält die Differenz der mit $1/h_{\mathrm{m}}$ malgenommenen M_{m}-Linie und der mit $1/h_{\mathrm{m}+1}$
malgenommenen $M_{\mathrm{m}+1}$-Linie; diese Differenz wird hier noch mit dem Quotienten $h_{\mathrm{m}+1}/$
$a_{\mathrm{m}+1}$ multipliziert. Das ergibt eine Einflußlinie nach Bild **8.**52 mit den A u ß e n s t r e c k e n

$$\text{links} \quad \frac{h_{\mathrm{m}+1}}{a_{\mathrm{m}+1}}\left(\frac{x_{\mathrm{m}}}{h_{\mathrm{m}}} - \frac{x_{\mathrm{m}+1}}{h_{\mathrm{m}+1}}\right) \quad \text{und rechts} \quad \frac{h_{\mathrm{m}+1}}{a_{\mathrm{m}+1}}\left(\frac{x'_{\mathrm{m}}}{h_{\mathrm{m}}} - \frac{x'_{\mathrm{m}+1}}{h_{\mathrm{m}+1}}\right)$$

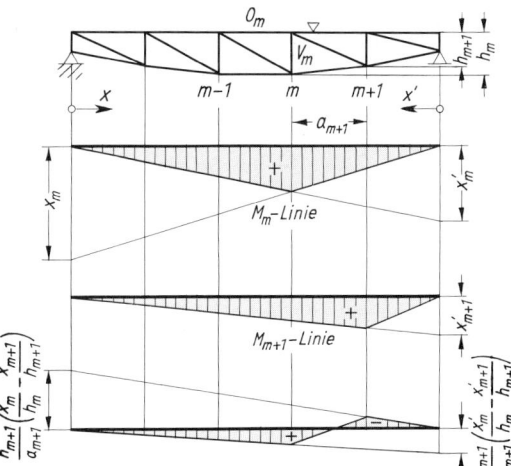

8.52

Teileinflußlinie $\dfrac{h_{m+1}}{a_{m+1}}\left(\dfrac{M_m}{h_m}-\dfrac{M_{m+1}}{h_{m+1}}\right)$

Entsprechend ihrer Entstehung aus der M_m-Linie mit Spitze im Punkt m und der M_{m+1}-Linie mit Spitze im Punkt $m+1$ hat diese den zweiten Summanden der obigen Gleichung darstellende Einflußlinie Spitzen in m und $m+1$; mit anderen Worten: Der Übergang von der positiven zur negativen Beitragsstrecke erfolgt zwischen den Punkten m und $m+1$.

Dieser Einflußlinie ist zu überlagern die „$-P_m$-Linie". P_m ist die K n o t e n l a s t im Punkt m infolge der über die Fahrbahnlängsträger wandernden Einzellast $P=1$; sie wird durch den Querträger in m in den Hauptträger eingeleitet. Nun erhält aber der Querträger in m nur eine Belastung, wenn die Einzellast $P=1$ zwischen den Querträgern in $m-1$ und $m+1$ steht, und die Belastung ist am größten, nämlich gleich 1, für $P=1$ in m. Die $-P_m$-Linie ist demnach ein D r e i e c k mit der Höhe -1 in m und einer von $m-1$ bis $m+1$ reichenden Grundlinie (**8.53**).

Das Hinzufügen der $-P_m$-Linie zur Teil-Einflußlinie nach Bild **8.52** führt nun zu einem überraschenden Ergebnis: Wir stellen fest, daß lediglich der Übergang von der positiven zur negativen Beitragsstrecke um ein Feld nach links verschoben wird. Er liegt jetzt zwischen den Punkten $m-1$ und m (**8.54**). Diese Tatsache leuchtet ein, wenn wir noch einmal das durch den Schnitt $t-t$ zerlegte Tragwerk betrachten (**8.55**): Bei Lastgurt oben gehört eine Last im Punkt $m-1$ zum linken, eine Last im Punkt m zum rechten abgeschnittenen Teil; der Stab O_m bildet die obere Verbindung beider Teile; auf seiner Länge muß der Übergang von einer Beitragsstrecke zur anderen erfolgen. Diese Überlegung wird

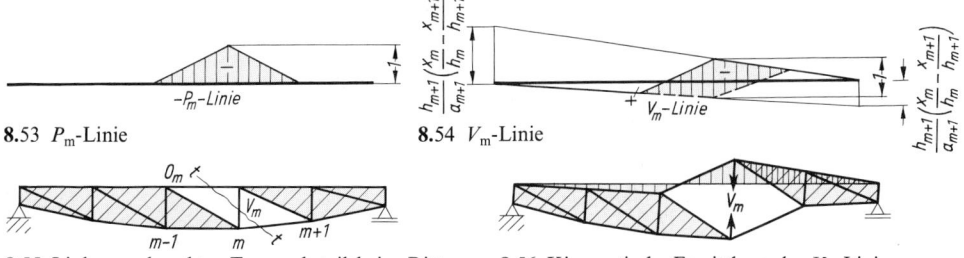

8.53 P_m-Linie   **8.54** V_m-Linie

8.55 Linker und rechter Tragwerksteil beim Ritter-schnitt durch V_m **8.56** Kinematische Ermittlung der V_m-Linie

noch deutlicher, wenn wir die Form der V_m-Linie k i n e m a t i s c h ableiten (**8**.56); dabei wird der Stab V_m d u r c h g e s c h n i t t e n, und die Schnittflächen werden um $\Delta s = 1$ a u s - e i n a n d e r g e r ü c k t und damit e n t g e g e n der positiv angenommenen Stabkraft verschoben.

Zusammenfassend können wir feststellen, daß sich die V_m-Linie aus der Differenz zweier Momenteneinflußlinien ergibt, die zuvor mit Koeffizienten malgenommen, also im Maßstab der Ordinaten verzerrt wurden. Die hinzuzufügende Einflußlinie für die Knotenlast P_m sorgt dafür, daß der Übergang von der positiven zur negativen Beitragsstrecke in dem Feld des Lastgurtes erfolgt, der vom Schnitt $t - t$ getroffen wird. Diese Überlegungen sollen an einem Beispiel verdeutlicht werden.

Auf die Darstellung der V_m-Linien bei Lastgurt oben und steigenden Streben sowie bei Lastgurt unten kann verzichtet werden: Sie sind sinngemäß zu entwickeln.

Beispiel 4   Gesucht ist die Einflußlinie für den Stab V_3 des Fachwerks nach Bild **8**.57, Lastgurt oben

$$V_m = -P_m + \frac{h_{m+1}}{a_{m+1}}\left(\frac{M_m}{h_m} - \frac{M_{m+1}}{h_{m+1}}\right) \qquad V_3 = -P_3 + \frac{h_4}{a_4}\left(\frac{M_3}{h_3} - \frac{M_4}{h_4}\right)$$

Die mit h_4/a_4 malgenommene Differenz der M_3/h_3- und der M_4/h_4-Linie (**8**.57 c) hat die Außenstrecken

links $\dfrac{h_4}{a_4}\left(\dfrac{x_3}{h_3} - \dfrac{x_4}{h_4}\right) = \dfrac{1,80}{4,00}\left(\dfrac{12,00}{2,20} - \dfrac{16,00}{1,80}\right) = -1,55\,\text{m}$

rechts $\dfrac{h_4}{a_4}\left(\dfrac{x_3'}{h_3} - \dfrac{x_4'}{h_4}\right) = \dfrac{1,80}{4,00}\left(\dfrac{8,00}{2,20} - \dfrac{4,00}{1,80}\right) = +0,64\,\text{m}$

Um die $-P_3$-Linie (**8**.57 b) brauchen wir uns nicht zu kümmern, wenn wir uns überlegen, daß die nicht geschnittenen Stäbe des Fachwerkträgers zwei starre Scheiben bilden, die durch die geschnittenen Stäbe O_3, V_3 und U_4 verbunden sind. Da der Lastgurt oben liegt, erfolgt für die Wanderlast der Übergang von einer starren Scheibe zu anderen zwischen den

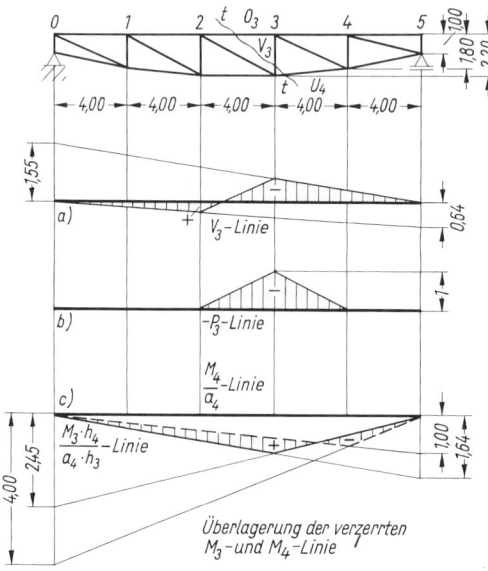

Überlagerung der verzerrten
M_3- und M_4-Linie

8.57
Fachwerk des Beispiels 1

Beispiel 4 Punkten 2 und 3. In diesem Bereich muß auch der Übergang von der positiven zur negativen
Forts. Beitragsstrecke liegen. Der mit Hilfe der Außenstrecken und des Übergangs zwischen 2
und 3 gewonnene Linienzug stellt also unmittelbar die V_3-Linie dar (**8.57** a).

Vertikalstäbe in Strebenfachwerken. In Abschn. 6.7.2 haben wir die folgenden beiden
Gleichungen abgeleitet:

Vertikalstab mit Strebenanschluß am Kopf, wobei β die Neigungswinkel des Untergurts
sind:

$$V_{\mathrm{m}} = -\frac{M_{\mathrm{m}}}{h_{\mathrm{m}}}\,(\tan\beta_{\mathrm{m}} - \tan\beta_{\mathrm{m}+1}) + P_{\mathrm{mu}}$$

Vertikalstab mit Strebenanschluß am Fuß mit γ = Neigungswinkel des Obergurts:

$$V_{\mathrm{m}+1} = +\frac{M_{\mathrm{m}+1}}{h_{\mathrm{m}+1}}\,(\tan\gamma_{\mathrm{m}+1} - \tan\gamma_{\mathrm{m}+2}) - P_{(\mathrm{m}+1)\mathrm{o}}$$

Auch sie lassen sich zur Aufstellung der Einflußlinien verwenden: Die Einflußlinien der
V-Stäbe erscheinen als das Ergebnis der Überlagerung einer verzerrten Momenteneinflußlinie und einer Knotenlast-Einflußlinie. Weitere Überlegungen zeigen, daß die Einflußlinien
der Knotenlasten fortfallen, wenn der angesprochene Knoten auf dem unbelasteten
Gurt liegt. Anders ausgedrückt: Bei Lastgurt oben gibt es kein P_{mu}, bei Lastgurt unten
kein $P_{(\mathrm{m}+1)\mathrm{o}}$.

Beschränken wir uns ferner auf waagerechte Lastgurte, so vereinfacht sich die Einflußlinie weiter: Für waagerechten Lastgurt unten wird

$$(\tan\beta_{\mathrm{m}} - \tan\beta_{\mathrm{m}+1}) = (0 - 0) = 0$$

und damit (**8.58**)

$$V_{\mathrm{m}} = P_{\mathrm{mu}}$$

(Stab mit Strebenanschluß am Kopf); für den nächsten Pfosten gilt (**8.58**)

$$V_{\mathrm{m}+1} = +\frac{M_{\mathrm{m}+1}}{h_{\mathrm{m}+1}}\,(\tan\gamma_{\mathrm{m}+1} - \tan\gamma_{\mathrm{m}+2}) - 0$$

(Stab mit Strebenanschluß am Fuß).

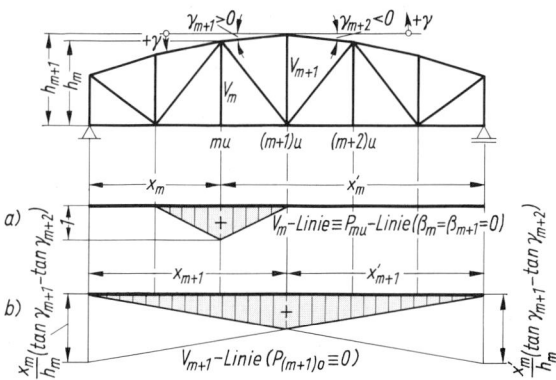

8.58
V_{m}- und $V_{\mathrm{m}+1}$-Linie beim Strebenfachwerk, Lastgurt unten

Für waagerechten Lastgurt o b e n ergibt sich

$$(\tan \gamma_{m+1} - \tan \gamma_{m+2}) = (0 - 0) = 0$$

und damit (**8.**59)

$$V_{m+1} = - P_{(m+1)o}$$

(Stab mit Strebenanschluß am Fuß).

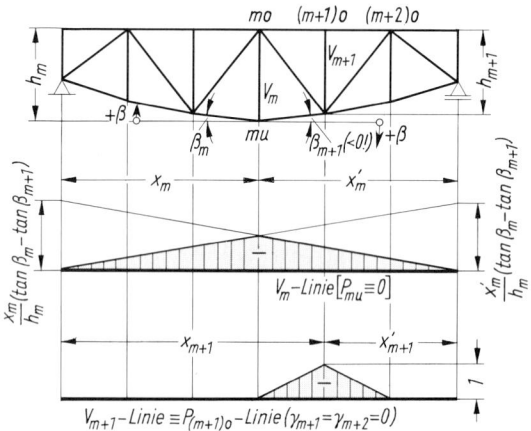

8.59
V_m- und V_{m+1}-Linie beim Strebenfachwerk, Lastgurt oben

Der Pfosten davor hat die Einflußlinie (**8.**59)

$$V_m = - \frac{M_m}{h_m} (\tan \beta_m - \tan \beta_{m+1}) + 0$$

(Stab mit Strebenanschluß am Kopf).
Von einer Überlagerung kann also nicht mehr die Rede sein, es fällt entweder die eine
oder die andere Teileinflußlinie fort. Wir erhalten somit vier verschiedene Arten von
Einflußlinien, die in den Bildern **8.**58 und **8.**59 aufgezeichnet sind.

8.8 Einflußlinien des Dreigelenkbogens

Wir beschränken uns auf D r e i g e l e n k b o g e n m i t g l e i c h h o h e n K ä m p f e r g e l e n -
k e n. Wie wir in Abschn. 5.9.3 abgeleitet haben, werden sie im Punkt n mit der Abszisse
x_n durch die folgenden Schnittgrößen beansprucht:

$$M_n = M_{n0} - H \cdot y_n \qquad Q_n = Q_{n0} \cdot \cos \varphi_n - H \cdot \sin \varphi_n \qquad N_n = - Q_{n0} \cdot \sin \varphi_n - H \cdot \cos \varphi_n$$

M_{n0} und Q_{n0} sind darin die Schnittgrößen des einfachen Trägers auf zwei Lagern mit
derselben Stützweite und Belastung wie der Dreigelenkbogen, und zwar für den Punkt mit
der Abszisse x_n; φ_n ist die Neigung der Bogenachse im Punkt n und H der Horizontalschub
des Bogens.

Für H fanden wir die Gleichung

$$H = \frac{M_{g0}}{f}$$

in der M_{g0} das Moment des erwähnten Trägers für den Punkt mit der Abszisse x_g (= Abszisse des Gelenks) und f die Ordinate der Bogenachse im Gelenk bedeuten (**8.60** und **8.61**).

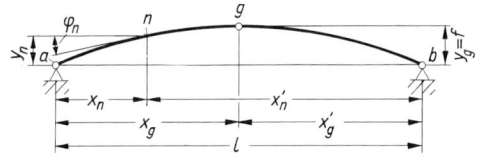

8.60 Dreigelenkbogen

8.61 System zur Ermittlung von M_{n0}, Q_{n0}, M_{g0}
(Ersatzträger, Nullsystem)

Diese Gleichungen stellen auch Einflußlinien dar: Wir brauchen nur die in ihnen auftretenden Größen M_{n0}, Q_{n0}, H und M_{g0} als Einflußlinien aufzufassen. Der Betrachtung legen wir einen nach der quadratischen Parabel geformten Bogen mit den Maßen

$$l = 10 \text{ m}, \quad x_g = x'_g = 5 \text{ m}, \quad f = 1{,}0 \text{ m}, \quad x_n = 2{,}5 \text{ m}, \quad y_n = \frac{4f}{l^2}\,x_n \cdot x'_n = 0{,}75 \text{m}$$

zugrunde.

Beginnen wir mit dem Horizontalschub: Die H-Linie ist gleich der mit $1/f$ multiplizierten Einflußlinie des Momentes M_{g0}, hat also die Außenstrecken x_g/f und x'_g/f. Das ist in Bild **8.62**a gezeichnet; die Außenstrecken haben die Größe 5/1 = 5 (einheitenlos).

Die Einflußlinien der Schnittgrößen im beliebigen Punkt n des Bogens entstehen durch Überlagerung von jeweils zwei Einflußlinien, die wie die M_{g0}-Linie von einem einfachen Träger auf zwei Lagern herzuleiten sind, der dieselbe Stützweite hat wie der Dreigelenkbogen (**8.61**).

Bei der M_n-Linie (**8.62**), mit der wir uns zuerst beschäftigen wollen, setzen wir die Formel für H in den Ausdruck für M_n ein und erhalten

$$M_n = M_{n0} - M_{g0}\,\frac{y_n}{f}$$

Die M_n-Linie wird demnach als Differenz zweier Momenteneinflußlinien gewonnen, von denen die zweite zuvor im Maßstab der Ordinaten verändert oder verzerrt wird. Die M_n-Linie kann daher schnell mit Hilfe ihrer Außenstrecken gezeichnet werden, die sich ebenfalls als Differenzen ergeben.

links $\qquad x_n - x_g\,\dfrac{y_n}{f}$

rechts $\qquad x'_n - x'_g\,\dfrac{y_n}{f}$

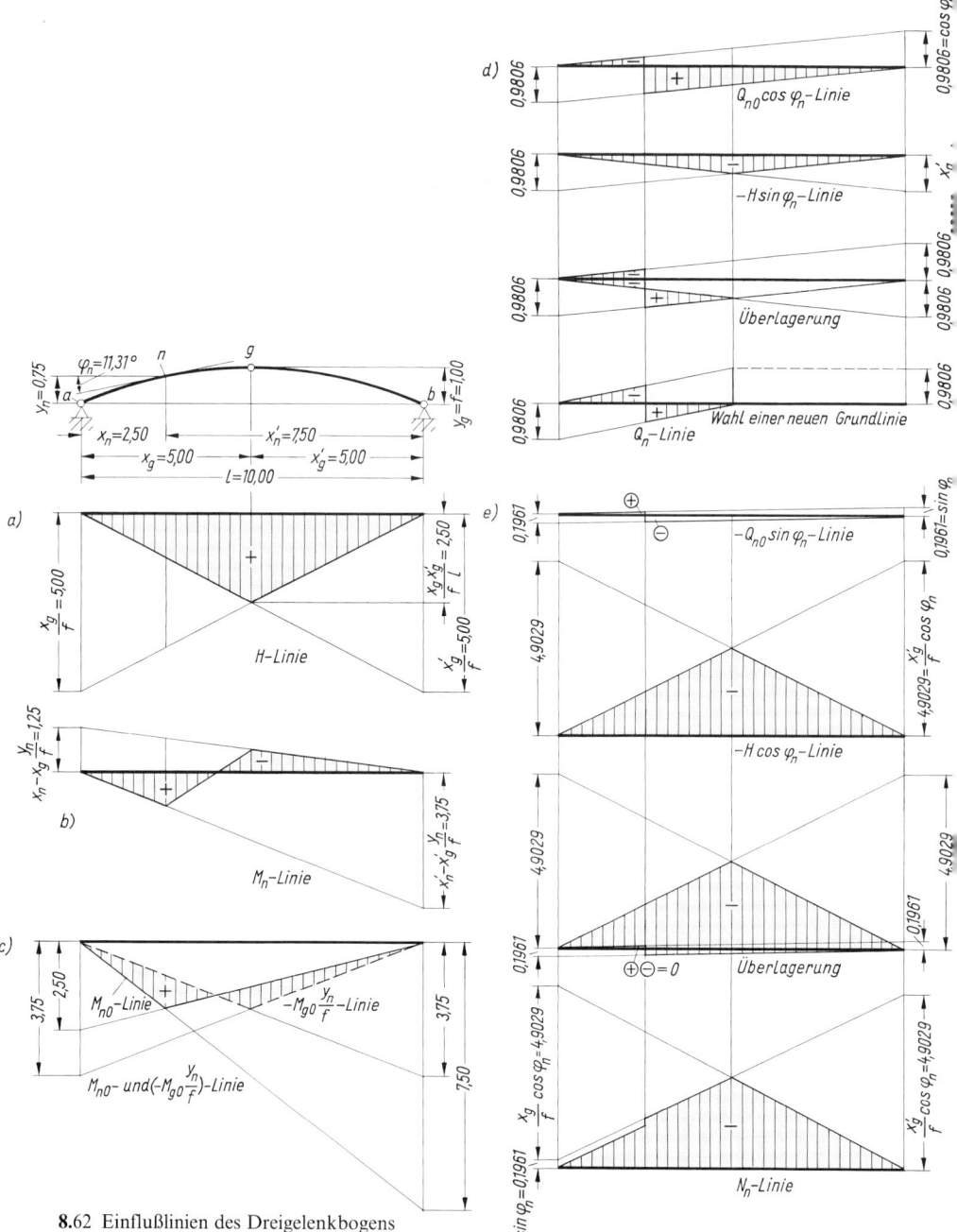

8.62 Einflußlinien des Dreigelenkbogens

a) Horizontalschub, b) bis e) Einflußlinien des linken Viertelspunktes (Punkt *n*):
b) M_n-Linie, c) Aufbau der M_n-Linie, d) Entwicklung und Darstellung der Q_n-Linie, e) Entwicklung und Darstellung der N_n-Linie

Mit $x_n = 2{,}50$ m, $x_n' = 7{,}50$ m und $y_n = 0{,}75$ m werden in Bild **8**.62 b die Außenstrecken links

$$2{,}50 - 5{,}00 \cdot 0{,}75/1{,}00 = 2{,}50 - 3{,}75 = -1{,}25 \text{ m}$$

und rechts

$$7{,}50 - 5{,}00 \cdot 0{,}75/1{,}00 = 7{,}50 - 3{,}75 = +3{,}75 \text{ m}$$

Die M_n-Linie hat also eine negative und eine positive Beitragsstrecke; der Übergang von einer zur anderen erfolgt zwischen den Punkten n und g, denn in diesen Punkten befinden sich die Spitzen der die M_n-Linie aufbauenden Momenteneinflußlinien. Bild **8**.62 c soll das weiter verdeutlichen, dort sind M_{n0}- und $(-M_{g0} \cdot y_n/f)$-Linie überlagert worden.

Die Q_n-Linie wird gewonnen als Differenz der mit $\cos\varphi_n$ malgenommenen Q_{n0}-Linie und der mit $\sin\varphi_n$ malgenommenen H-Linie. Auch diese Differenz läßt sich sehr anschaulich zeichnerisch bilden, indem wir beide Einflußlinien überlagern. Wir führen dabei das gewählte Beispiel fort und erhalten mit $\tan\varphi_n = y_n' = \dfrac{4f}{l^2}(l - 2x_n) = 0{,}2000$ den Winkel $\varphi_n = 11{,}31°$ und weiter $\sin\varphi_n = 0{,}19612$; $\cos\varphi_n = 0{,}98058$.

Die $Q_{n0} \cdot \cos\varphi_n$-Linie hat dann die Außenstrecken $\pm 0{,}9806$, die $-H \cdot \sin\varphi_n$-Linie die Außenstrecken

$$-\frac{x_g}{f}\sin\varphi_n = -\frac{x_g'}{f}\sin\varphi_n = -\frac{5{,}00}{1{,}00}\,0{,}19612 = -0{,}9806$$

Was dieses Ergebnis bedeutet, zeigt Bild **8**.62 d: Für $P = 1$ auf der rechten Bogenhälfte ist für unseren Punkt n, den Viertelspunkt, die Querkraft gleich Null. Bei jeder Belastung der rechten Bogenhälfte geht nämlich der linke Kämpferdruck durch die Gelenke in a und g, seine Wirkungslinie ist zugleich die Sehne der linken Bogenhälfte und damit parallel zur Tangente im Viertelspunkt n (**8**.62). Beweis: Die Neigung der Sehne der Bogenhälfte ist

$$\tan\gamma = f/(l/2) = 1{,}00/5{,}00 = 0{,}2 = \tan 11{,}31° = \tan\varphi_n$$

Bei unserem Parabelbogen gibt es also im Viertelspunkt der einen Bogenhälfte bei Belastung der anderen keine Querkraft, sondern nur ein Moment und eine Längskraft. Die $Q_{1/4}$-Linie ist insofern n i c h t t y p i s c h für die Q-Linien des Dreigelenkbogens, weswegen wir am Schluß dieses Abschnittes die Q-Linien von zwei „gewöhnlichen" Bogenpunkten aufstellen wollen.

Zuvor jedoch zur Längskraft: Hier erscheint wieder die Querkraft Q_{n0} des einfachen Trägers auf zwei Lagern – auf eine Längskraft können wir ja bei diesem System nicht zurückgreifen. Der zweite Summand enthält abermals den Horizontalschub; bei beiden Summanden sind gegenüber der Q_n-Linie die Winkelfunktionen und beim ersten Summand ist auch noch das Vorzeichen vertauscht; grundsätzliche Neuerungen gegenüber der Q_n-Linie ergeben sich jedoch nicht.

Die $(-Q_{n0} \cdot \sin\varphi_n)$-Linie hat in unserem Beispiel die Außenstrecken $\pm 0{,}1961$, und die $(-H \cdot \cos\varphi_n)$-Linie die Außenstrecken $-\dfrac{x_g}{f}\cos\varphi_n = -\dfrac{x_g'}{f}\cos\varphi_n = -4{,}9029$; in Bild **8**.62 e sind beide Linien getrennt, überlagert und zum Schluß auf eine neue Grundlinie bezogen dargestellt.

Zum Schluß ermitteln wir noch die Q-Linien der Punkte m mit der Abszisse $x_m = 0,4\,l = 4,00$ m ($x'_m = 6,00$ m) und r mit der Abszisse $x_r = 0,15\,l = 1,50$ m ($x'_r = 8,50$ m). Für den P u n k t m gilt:

Höhe des Bogens über der Horizontalen durch die Kämpfer

$$y_m = 0,04\,x \cdot x' = 0,04 \cdot 4,00 \cdot 6,00 = 0,96 \text{ m}$$

$$\tan\varphi_m = 0,08\,(l/2 - x_m) = 0,08 = \tan 4,57°$$

$$\sin\varphi_m = 0,0797$$

$$\cos\varphi_m = 0,9968$$

Außenstrecken der $Q_{m0} \cdot \cos\varphi_m$-Linie

$$\pm\cos\varphi_m = \pm\,0,9968$$

Außenstrecken der $-H \cdot \sin\varphi_m$-Linie

$$-\frac{x_g}{f}\sin\varphi_m = -\frac{x'_g}{f}\sin\varphi_m = -\frac{5,00}{1,00}\,0,0797 = -\,0,3987$$

Für den P u n k t r errechnen wir:

$$y_r = 0,04 \cdot 1,50 \cdot 8,50 = 0,51 \text{ m}$$

$$\tan\varphi_r = 0,08 \cdot 3,50 = 0,28 = \tan 15,64° \qquad \sin\varphi_r = 0,2696 \qquad \cos\varphi_r = 0,9630$$

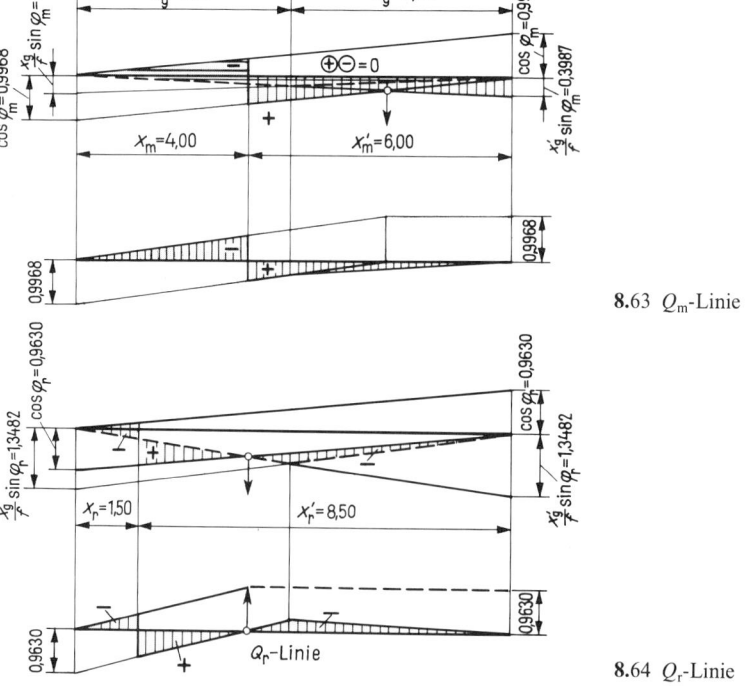

8.63 Q_m-Linie

8.64 Q_r-Linie

Außenstrecken der $Q_{r0} \cdot \cos \varphi_r$-Linie

$$\pm \cos \varphi_r = \pm 0{,}9630$$

Außenstrecken der $- H \cdot \sin \varphi_r$-Linie

$$-\frac{x_g}{f} \sin \varphi_r = -\frac{x_g'}{f} \sin \varphi_r = -\frac{5{,}00}{1{,}00} \, 0{,}2696 = -1{,}3482 \text{ m}$$

Q_m- und Q_r-Linie sind in Bild **8**.63 und **8**.64 aufgezeichnet.

Literatur

[1] Beton-Kalender, verschiedene Jahrgänge. Berlin

[2] Straub, H.: Die Geschichte der Bauingenieurkunst. 2. Aufl., Basel–Stuttgart

[3] Stüssi, F.: Vorlesungen über Baustatik, Bd. 1., 4. Aufl., Basel–Stuttgart

[4] Wendehorst: Bautechnische Zahlentafeln. 26. Aufl., Stuttgart 1994

[5] Westphal, W. H.: Physik. 25./26. Aufl., Berlin 1970

[6] Simmer: Grundbau, Bd. 1, 18. Aufl., Bd. 2, 17. Aufl., Stuttgart, 1987/1992

[7] Dimitrov: Festigkeitslehre, Beton-Kalender 1987 T. 1

[8] Falk, S.: Technische Mechanik T. 2. Berlin 1968

[9] Göldner/Holzweissig: Leitfaden der Technischen Mechanik. Leipzig 1976

[10] Groß/Hauger/Schnell: Technische Mechanik T. 1. Berlin 1982

[11] Hahn, H. G.: Technische Mechanik. München 1990

[12] Hirschfeld, K.: Baustatik. Berlin 1969

[13] Holzmann/Meyer/Schumpich: Technische Mechanik. Stuttgart 1982

[14] Krätzig/Wittek: Tragwerke 1. Berlin 1990

[15] Magnus/Müller: Grundlage der Technischen Mechanik. Stuttgart 1974

[16] Pflüger, A.: Statik der Stabtragwerke. Berlin 1978

[17] Ramm, E.: Stabtragwerke. Institut für Baustatik, Universität Stuttgart, 1985

[18] Roik, K.: Vorlesungen über Stahlbau. Berlin 1983

[19] Rothe, A.: Stabstatik für Bauingenieure. Wiesbaden 1984

[20] Schneider/Schweda: Baustatik, statisch bestimmte Systeme. Düsseldorf 1984

[21] Vogel, U.: Baustatik. Institut für Baustatik, Universität Karlsruhe, 1992

Sachverzeichnis

A-Linie 295, 317
Abzählkriterium, Raumfachwerk 263
–, ebenes Fachwerk 229, 231
Achslasten 303
Addition, algebraische 36, 39
Aktionskraft 42
Alberti, Leon Battista 13
Arbeit, virtuelle 317
Archimedes 9
Aristoteles 17
Aufbaukriterium, Raumfachwerk 263
–, ebenes Fachwerk 229
Aufstandslänge 307
Ausfachung 227
Ausmitte 209
Auswertung von Einflußlinien 300
Außenstrecke 297

B-Linie 295
Baustatik 12
Beanspruchbarkeit 23
Beanspruchung 23
Beanspruchungsfläche 140
Beitragsstrecke 297
Belastung, gemischt 153, 155, 156, 159, 163
Belastungsumordnung 278
Bemessungswerte 22
Bezugsfaser 140, 167
Biegemoment 135
Biegung, quer- und längskraftfrei 140, 146
Bildungsgesetz, erstes 229
–, zweites und drittes 232
Bindereigenlast 226
Blindstäbe 227
Bodenfuge 101
Bogenwirkung 133
Bremslast 21
Bundesbahn-Dienstvorschrift 804 22, 300

CEN 14
CENELEC 14
charakteristische Werte 22
Coulomb 11
Cremona, Luigi 11
– plan 239

Cross, Hardy 11
Culmann, Karl 11, 45
Culmannsche Hilfsgerade 45, 88

DIN 13
– 1045 108, 131, 132
– 1052 131
– 1053 98
– 1054 99, 103
– 1055 21, 26, 99, 103, 108
– 1072 22, 97, 98, 300
– 1080 19, 33, 48, 135, 215, 218
– 1303 18
– 4017 103
– 4084 103
– 4112 22
– 4118 22
– 4131 22, 108
– 4132 22
– 4141 109
– 4149 22
– 4178 22
– 4420 22
– 11 535 22
– 15 018 22
– 18 800 98
Dachbinder 228
–, Belastungszustände 237
Determinante D 83, 203, 215, 251, 260, 265, 267
– der Lagerkräfte 264, 265
Diagonalen 228
Drehmoment 46
Drehsinn 46, 215
Dreibock 91
Dreiecksfachwerk 230
Dreieckslasten 151
Dreigelenkbogen 133, 193, 206
Dreigelenkrahmen 133, 193
dreistäbiger Knotenpunktanschluß 363
Drillmomente 302
Druckband 285
Druckbeiwert, aerodynamischer 22
Druckkraft 84
Drucklinie 208

Druckstab 84
Durchlaufträger 134, 187
Dyname 71, 94
Dynamik 10
dynamische Lasten 21

ETB 13
Eigenlast 19
Einfeldträger mit Kragarmen 160
Einflußlinien 294
–, Dreigelenkbogen 328
–, Fachwerkträger 319
–, Gelenkträger 315
–, Träger auf zwei Lagern 295
–, Träger mit Kragarmen 313
–, kinematische Methode 311
–, mittelbare Belastung 307, 319
Einflußordinate 295
eingespannte Bogen 134
– Rahmen 134
Einheitensystem, internationales 19
Einheitsparabel 309
Einheitsvektor 39
Einspannmomente 82
Einspannung, feste 111
–, räumlich 113
Einsvektor 39
Einwirkungen 22
Einzellast 21
–, beweglich 294
Eislast 21
Elastomerlager 110, 111
Erdbebenlasten 21
Erdbeschleunigung 19
Erddruck 21
Ersatzflächenlast 304
Ersatzstab 234
Ersatzträger 177, 210
Eurocode 1 22

Fachwerk mit halben Diagonalen 228
Fachwerk, statisch bestimmt 231
–, statisch unbestimmt 231
Fachwerke 130, 226
Fachwerkstab 130
Fahrbahnlängsträger 307
Fahrzeuganprall 21
Fallbeschleunigung 18

Faltwerke 129
Fernkraft 19
Fernmeldeturm 103
Flächenlast 20
Flächentragwerke 129
Formänderungsbedingung 282
freischneiden 135, 242
Freiträger 132
Frontius 12
Fundamentverdrehung 108
Füllstäbe 227

Galilei, Galileo 9, 17
gekennzeichnete Seite 140
Gelenkdruck 208
Gelenkträger 132, 186
–, unterspannt 271, 274, 281
Gelenkviereck 232
gemischte Systeme 130, 271
Gerber, Heinrich 186
– träger 132, 186
gestrichelte Faser 140
gestrichelte Stabseite 140
Gewölbedrucklinie 208, 288
Gitterträger 228
Gleichgewicht, indifferent 97
–, labil 97
–, stabil 96
Gleichgewichtsbedingungen 77
Gleichgewichtsbedingungen im Raum 89
–, Rasterdarstellung 203
Gleichgewichtsgruppe 77, 139
Gleichgewichtskraft 78, 138
Gleichgewichtssystem 77
Gleichgewichtszustände 96
Gleichlast 21
–, antimetrisch 277
Gleichstreckenlast 21
Gleitreibung 99
Gleitsicherheit 97
Glockenlasten 21
Gravitation 19
Grenzlinien der Querkräfte und Momente 164, 165, 308
Grenzwerte der Querkräfte und Momente 164
Grundbruchsicherheit 103
Grundfigur 229

Guldinsche Regel 119
Gurtstäbe 227
Gurtung 227

Haftreibung 99
Halbparabelträger 227
Halbrahmen 171
Halbstrebenfachwerk 228
Hauptfigur 33, 37
Hauptlasten 22
Hauptspur 301
Henneberg, L. 234
Hohlkastenquerschnitt 301
Honnecourt, Villard de 13
Horizontalschub 133, 194
Hyperboloidschale 130
Hypothesen 9

Impuls 17
Internationales Einheitensystem 19
ISO 14

Kämpfer 194
– druck 207
– gelenke 194
K-Fachwerk 228, 236
Kani, Gaspar 11
Katastrophensicherheit 188
Kinematik 10
kinematische Kette 235
Kinetik 10
Kippen 97
Kippkante 98
Kipplager, unverschieblich 111
–, verschieblich 109
Kippmoment 98, 172
Kippsicherheit 97
Knotenlasten 226, 254
Knotenpunkt 84, 226
Köcherfundament 112
Kombinationsfaktor 23
kommutatives Gesetz 37
Komponentengleichgewichtsbedingungen 79
Koordinatensystem, rechtwinklig und rechtsdrehend 48
Koppelträger 188
Kräfte in einer Wirkungslinie 36, 78

–, Zerlegen im Raum 66
–, Zerlegen in der Ebene 31
–, Zusammensetzen im Raum 67
–, Zusammensetzen in der Ebene 31
– dreieck 37
– maßstab 31, 140
– paar 62
– plan 33
– polygon 37
– system, allgemeines, ebenes 43, 81
– –, allgemeines, räumliches 70, 90, 93
– –, zentrales, räumliches 67, 89, 91
– –, zentrales, ebenes 37, 79
– vieleck 37
– zug 37
Kraft, Parallelverschiebung 65
–, resultierende, innere 138, 207, 209
–, richtungstreue 47
Kraftbeiwert, aerodynamischer 22, 27
Krafteck 33, 37
Kraftgrößen, innere 82, 113, 135
–, äußere 135
Kraftschraube 71
Kraftvektoren, Darstellung 31
Kraftwinder 71
Kragträger 132, 158

Längskräfte 84, 135
Längskraft-Nullstelle 311
Lageplan 33, 37
Lager 109
Lager, bewegliches 109
–, dreiwertiges 112
–, einwertiges 109
–, festes 111
–, zweiwertiges 111
– kraft, negative 161, 167
– kräfte 82
– momente 82
– tiefe 131
Lagesicherheit 97
Land, Satz von 311
Langerscher Balken mit Mittelgelenk 285
Lastband 300
Lastebene 135, 167
Lastenscheide 297
Lastfälle 141
Lastgurt 227

Laststellungen, ungünstigste 165
Laternenaufsatz 228
Laufplatte 24
Laufträger 185
Lichtweite 131
Linienkipplager 114
Linienlast 20

M-Linie 297, 318
Maßabweichungen, unvermeidliche 108
Maßsystem 19
Mechanik 10
mittelbare Belastung 307, 319
Mittellinie 115
Mohr, Otto 11
Moment einer Kraft im Raum 68
–, stabilisierendes 96
Momente am Knoten 169
–, Zerlegen 31
–, Zusammensetzen 31
Momentenausgleich 189
Momentenbezugspunkt 45
Momentengleichgewichtsbedingungen 81
Momentenlinie, Steigung 146
Momentenmaßstab 140
Momentennullpunkte 189
Momentensatz 49
Momentenvektor 46
Müller-Breslau, Heinrich 11, 154

Nahkraft 19
Naturgesetze 10
Navier 11
Nebenschnittgrößen 114
Nebenspannungen 226
Nebenspur 301
Nennerdeterminante 82, 83
Newton, Isaac 9, 17
Normalkraft 135, 209
Normenausschuß Bauwesen 13
Nullstäbe 238
Nullsystem 210
Nullvektor 65

Obergurt 227
ω-Zahlen 154
Ortsvektor 47, 64

Parabel, kubisch 151
–, quadratisch 148
– bogen 211, 288
– konstruktion 148
– träger 227
Parallelogramm der Kräfte 32, 37
Parallelträger 227
Parallelverschieben einer Kraft 65, 69
Pendelstütze 109
Pfeilhöhe 206
Pfeilverhältnis 206
Pfetten 192
Pfosten 228
Pfosten von Strebenfachwerken 248
Platten 129
Podestträger 185
Pol 57
Polfigur 55, 88, 157, 208
Polstrahlen 57
Polweite 57
Prinzip der virtuellen Verschiebungsgrößen 316
Produkt, vektorielles 47, 48
Punktkipplager 113
Punktlast 21

Q-Linie 296, 316
Querkraft 135, 209
Querkraft-Nullstelle 311
Querkraftgelenk 311
Querschnitt, gefährdeter 143
Querschott 302

Radlasten 302
Rahmenriegel 194
Rahmenstiel 194
Rahmenwirkung 133
Raster 85
Raumdiagonale 66
Raumfachwerk 226, 263
Rautenfachwerk 228, 234
Reaktionskraft 42
Reaktionsprinzip 135
Rechte-Hand-Regel 48
Rechtssystem 34, 47
Reduktion von Kräften 36, 51, 70
Regelfahrzeug 301
Regelschneelast 22

Reibung 99
Reibungsbeiwert 99
Reibungswinkel 100
Resultierende 36, 51
–, Gleichung der Wirkungslinie 52
Richtungskosinus 66, 250, 258, 266
richtungstreue Kraft 47
Ritter, Wilhelm 11
–, Georg Dietrich 242
Rittersches Schnittverfahren 242
Ritterschnitt 242
Rollenlager 109
Rollwiderstand 99
Rundschnitt 136
Rundschnitte um alle Knoten 249, 257, 265
– um alle Knoten, Matrizendarstellung
    252, 262

Sägedach 228
Satteldach 26
Schalen 130
Schalenkuppel 130
Scheiben 129
Scheitelgelenk 194
Schlußlinie 89, 157, 189
Schneelast 21, 22, 27
–, Rechenwert 22
– zone 22
Schnittflächen, positive und negative 215
Schnittgrößen 82, 113, 135, 207
–, räumlich 215
Schnittverfahren 135, 242
– bei räumlichen Fachwerken 264
Schrägstäbe 228
Schwerachse 119
Schwerkraft 19
Schwerlinie 114
Schwerpunktbestimmungen 114
Schwerpunkte von Flächen 117
– von Körpern 126
– von Linien 115
Schwingbeiwert 303
Segeljolle 35
Seil über eine Rolle 41
– – zwei Rollen 86
Seileck 55, 81, 88, 157, 208
Seilstrahlen 57
Sekundärfachwerk 228

Setzung, ungleiche 108
Sheddach 228
SI 19
Skalar 18
SLW 302
Sogbelastung 27
Sonderlasten 22
Sonneneinstrahlung 108
Spannweite 132
Sparren 179
– dach 194
– pfetten 188
Stabbogen 285
Stabendmomente 197
Stabilitätsstab 235
Stabkraft 84, 91, 238
Stabtragwerke 130
Stabvertauschung 232, 233, 265
Stabviereck 230, 265
Stabwerke 129, 130
–, eben, statisch bestimmt 131
–, eben, statisch unbestimmt 134
–, ebene mit räumlicher Belastung 214
–, räumlich 214
Ständer 228
– fachwerk 228
ständige Lasten 21
Standmoment 98, 172
Statik 10
– der Ebene 31
– des Raumes 31
statisch bestimmte Systeme 131
– unbestimmte Systeme 13
statische Berechnung 14
statisches System 12
Staudruck 22, 27
Stevin, Simon 31
Streben 228
– fachwerk 228
Streckenlast 21
Stütze, eingespannt 112
Stützfläche 98
Stützgrößen 82
Stützlinie 57, 207, 288
Stützlinienverfahren 194
Stützmauer 44, 54, 101
Stützmoment 161, 189
Stützweite 132

Superpositionsgesetz 141

Technik 10
Teilresultierende 43
Teilsicherheitsbeiwerte 22
Theorie 10
– I. Ordnung 312
– II. Ordnung 108
Topflager 111
Torsionsmoment 215
Tragwerke, Übersicht 129
Tragwerksebene 216
Trapezlast 153
Trapezträger 227
Treppen 184
Träger auf zwei Lagern 141
– mit Verzweigungen 167
– mit geknickter Achse 167, 177
– mit geneigter Achse 167, 177
TT-Platten 25

Umfahrungssinn 37, 88, 240
Untergurt 227
Unverschieblichkeit 230

Vektor, freier 49, 63
–, gebundener 32, 49
–, linienflüchtiger 32
Vektoren 17
– im Raum 66
Verformungsfälle 131
Verformungsgleitlager 109
Verformungslager 109
Verkehrslast 21
Verkehrszeichenträger 74, 219
Versatzmoment 65, 69, 74, 112, 138
Verschieblichkeit beim Fachwerk 231, 233
versteifter Stabbogen mit Mittelgelenk 285
Versteifungsträger 285
Vertikalstäbe 228

– von Ständerfachwerken 246
virtuelle Arbeit 317
– Verschiebungsgröße 311
Vitruv 12
Vollast 164
Vollwandtragwerke 130
Volumenkräfte 20
Vordachbinder 240
Vorspannung ohne Verbund 282
Vorzeichenregelung für Schnittgrößen 135

Wand, Belastung 28
Wasserdruck 20
Wechselwirkungsgesetz 135
Widerstandsgrößen 23
Wiegmann-Binder 228, 234
Windbelastung, Abminderungsbeiwert 107
–, Grundkraftwert 107
–, Völligkeitsgrad 107
Windlast 21, 27
Winkel, räumliche 66

Zentralachse des Kräftesystems 71
Zerlegen in drei Richtungen 45, 88
–, schrittweise 45
Zugband 234
Zugkraft 84
Zugstab 84
Zusammenhang zwischen Q und M 145
Zusammensetzen, schrittweise 43
Zusatzlasten 22
Zusatzspannungen 226
Zustandsfläche 140
zwangläufige kinematische Kette 311
Zweibock 84
Zweigelenkbogen 134
Zweigelenkrahmen 134
Zweischnitt 244
zweistäbiger Knotenpunktanschluß 229
Zwischenfachwerk 228

Ein Leitfaden der Baustatik
für Studium und Praxis

Kräfte und Lasten

Zusammensetzen und Zerlegen
von Kräften und Momenten

Gleichgewicht, Kipp- und Gleitsicherheit,
Schwerpunktbestimmung

Stabwerke

Fachwerke

Gemischte Systeme

Einflußlinien

 B. G. Teubner Stuttgart

ISBN 3-519-05260-1